Roger Gloor

Bertone — Pioniere des Autodesigns

Mit Einblick in die Automobilgeschichte

Giovanni & Nuccio Bertone, aufgenommen 1961 vor dem neuen Firmensitz in Grugliasco bei Turin (bw).

Bertone Genesis, 1988; Lamborghini Countach LP 400 S, 1978 (rg).

Bertone Carabo, 1968; Alfa Romeo Giulia 1600 Sprint, 1962 (rg).

Roger Gloor

Bertone — Pioniere des Autodesigns

Mit Einblick in die Automobilgeschichte

Bertone Stratos 0 (Lancia), 1970; Bertone Nivola (Corvette), 1990 (rg).

Bertone Slalom (Opel), 1996; Bertone Pickster (BMW), 1998 (rg).

Bibliografische Information der Deutschen Nationalbibliothek
Die Deutsche Nationalbibliothek verzeichnet diese Publikation in der Deutschen Nationalbibliografie; detaillierte bibliografische Daten sind im Internet über http://dnb.d-nb.de abrufbar.

Das Foto auf dem Einband vorn zeigt Nuccio Bertone mit dem Bertone Carabo von 1968.
Quelle: Bertone Werkbild.
Bildnachweis: Uber Bilder / Alamy Stock Foto
Foto auf dem Einband hinten: Alfa Romeo Montreal 2, 1970
Quelle: Alfa-Romeo-Werkbild

www.olms.de
Korrektorat: Walter Grimme
Layout: Roger Gloor
Bildbearbeitung: Andy Soldan
Bildretuschen: Simon Gloor
Umschlaggestaltung: Weiß-Freiburg GmbH - Graphik & Buchgestaltung
Gedruckt auf säurefreiem und alterungsbeständigem Papier
Herstellung: BALTO print
Printed in Lithuania
ISBN 978-3-487-08632-3

Giovanni Bertone
(1884—1972, Vater)
Karosseriebauer,
Firmengründer

Nuccio Bertone
(1914—1997, Sohn)
Designtalent,
Ideenträger,
Unternehmer

Die großen Designer, die für Bertone tätig waren:

Mario Revelli di Beaumont
(1907–1985)
Freier Designer
1934–1950

Giovanni Michelotti
(1921–1980)
Freier Designer
ca. 1950–1953

Franco Scaglione
(1916–1993)
Design-Mitarbeiter
1952–1959

Giorgetto Giugiaro
(*1938)
Bertone-Chefdesigner
1960–1965

Marcello Gandini
(*1938)
Bertone-Chefdesigner
1965–1978

Eugenio Pagliano
(*1944)
Chief Interior Design
(1967–) 1992–2002

Marc Deschamps
(*1944)
Bertone-Chefdesigner
1978–1992

Luciano D'Ambrosio
(*1955)
Bertone Chief Exterior
Design, 1992–1999

Roberto Piatti
(*1961)
Stile Bertone Managing
Director & Designer
1998–2006

Giuliano Biasio
(*1962)
Stile Bertone Chief
Exterior Design
2000–2006

David Melvin Wilkie
(*1958)
Stile Bertone Design
Director
2006–2008

Michael V. Robinson
(*1956)
Stile Bertone Design
Director
2009–2014

Weitere Persönlichkeiten bei Bertone:

Ezio Cingolani, genialer Techniker, der Designideen schon zu den Zeiten von Scaglione und Giugiaro zum Funktionieren brachte (s. Seite 303).

Paolo Caccamo kam 1976 von Innocenti als CEO zu Bertone, nach dem Hnschied von Nuccio Bertone im Frühling 1997 wurde er zudem Chairman/Vorsitzender. Im Juni 2000 ernannte Lilli Bertone Bruno Cena als neuen CEO, worauf Caccamo im September zur Designfirma Idea Institute wechselte; damit übernahm Lilli Bertone selber den Vorsitz (zuvor Vize).

Dr. Gian Beppe Panicco begann bei Bertone mit dem Autosalon von Paris 1968; als Leiter der Öffentlichkeitsarbeit wurde er Nuccio Bertones rechte Hand; nach dessen Ableben 1997 blieb er bis 2001 beim Unternehmen. – Ihm verdankt der Autor wesentliche Informationen zu diesem Buch!

Mit diesen 40 Pkw-Marken hat sich Bertone befasst:

Abarth
Alfa Romeo
Arnolt
Asa
Aston Martin
Audi
Bizzarrini
BMW
Borgward
Bristol
Chevrolet

Citroën
Daewoo
Daihatsu
Dino
Ferrari
Fiat
Ford
Gordon
Healey
Innocenti
Iso Rivolta

Jaguar
Lamborghini
Lancia
Lotus
Maserati
Mazda
MG
Mini
Nardi & Danese
NSU
Opel

Porsche
Saab
Siata
Simca
Skoda
Stanguellini
Volvo

Vor 1940 neben Fiat und Lancia zudem weitere 10 Marken: Ansaldo, Aurea, Ceirano, Chiribiri, Diatto, Fast, Itala, Scat, SPA sowie Ballot u.a.

(Lamborghini)

Bildquellen:

(ah) Archiv Ferdi Hediger
(ag) Arnolt-Werkbild
(ai) Alfa-Romeo-Inserat
(aj) Foto Auto-Jahr
(al) Foto Alpema
(aw) Alfa-Romeo-Werkbild
(bi) Bertone-Inserat
(br) Foto Branko Radovinovic
(bw) Bertone-Werkbild
(ci) Citroën-Inserat
(cl) Collezione Lopresto
(cw) Citroën-Werkbild
(es) Foto Eberhard Seifert
(fb) Foto Aste Bolaffi
(fh) Foto Ferdi Hediger
(fw) Fiat-Werkbild
(gw) General-Motors-Werkbild
(iw) Iso-Werkbild
(la) Lamborghini-Werkbild
(lw) Lancia-Werkbild
(ma) Maserati-Werkbild
(mp) Foto Max Pichler
(mw) BMW-Werkbild
(nw) NSU-Werkbild
(og) Oldtimer-Galerie Toffen
(ow) Opel-Werkbild
(rb) Foto Rob de la Rive Box
(rg) Foto Roger Gloor
(si) Simca-Inserat
(sw) Simca-Werkbild
(to) Touring-G. Oberweningen
(uk) Quelle unbekannt
(vo) Volvo-Werkbild
(vw) VW-Werkbild
(wb) Werkbild Hersteller

Inhaltsverzeichnis nach Modellen

Die 320 bei Bertone entstandenen Pkw-Modelle und -Modellvarianten

Vor 1950 Einzelstücke und Kleinst-Serien; ab 1950 folgende Kriterien:
Unterstrichen = Produktionsmodell (Bertone- oder Fremdproduktion)
Halbfett = Dream- bzw. Concept-car
Pr. = Prototyp/Produktionsvorschlag
*) = im Text mit Probefahrbericht
X = Bertone-Firmenhintergründe

Insgesamt:
120 Serienmodelle, 66 Dream- und Concept-cars, 50 Prototypen für mögliche Serienwagen, 42 vor 1950 entstandene Modelle und 42 weitere Einzelmodelle (zusammen 320)

Anhang – Nachgänge:

Vorwort

In der Zwischenkriegszeit hatte sich im Großraum Turin eine ganze Anzahl Karosseriefirmen auf die Kreation von besonders elegant geformten Liebhaberautos spezialisiert; sie entstanden teils sogar in Kleinstserie. Die Kreationen aus diesen Werkstätten wurden wegweisend für die Formgestaltung von Serienwagen, und in der Nachkriegszeit entwickelte sich Turin zum Mittelpunkt des Autodesigns.

Zum Renommee des italienischen Karosseriedesigns haben aus Turin die Firmen und Studios der Namen Bertone, Boano, Frua, Gandini, Ghia, Idea, Ital-Design/Giugiaro, Michelotti, Pininfarina, Scaglione, Vignale und zudem die Mailänder Firmen Touring und Zagato beigetragen. Überdies gab es eine Reihe kleiner Autohersteller, die unter eigener Marke auf Fiat-Basis relativ erschwingliche Liebhabermodelle mit attraktiven Individualkarosserien anboten.

Allerdings entzog der schon ab den Zwanzigerjahren eingeleitete schrittweise Übergang von der auf separatem Chassis basierenden Bauweise zur selbsttragenden Konstruktion den «Spezialkarossiers» buchstäblich die Grundlage. Den Großherstellern konnten sie nun vor allem noch Entwürfe auf Papier, in Plan- und Modellform sowie als Prototypen anbieten. Für die finanzkräftigeren Karosseriefirmen ergab sich zudem die Möglichkeit, in vergrößerten Werkanlagen Nischenmodelle für die Autoindustrie herzustellen. Diesen Weg beschritten Pininfarina, Bertone, Ghia und Touring. Nebst den in vergleichsweise großen Stückzahlen produzierten Cabriolets und Coupés populärer Marken entwickelten und bauten sie Hochleistungssportwagen für Exklusivmarken. Solche wurden, ebenfalls im Auftrag, teils auch von kleineren Karosseriefirmen verwirklicht, zu denen u. a. Fissore, Frua und Marazzi zählten.

Weil aber die Automobilkonzerne schon ab den Neunzigerjahren zunehmend unter Überkapazität litten, begannen sie die Produktion von Nischenmodellen in Eigenregie zu übernehmen. Pininfarina und Bertone verblieben Italiens letzte unabhängige Karosseriefirmen, die auf industrielle Weise Spezialmodelle herstellten. Bertone fertigte bis 2005 die Opel Astra in Coupé- und Cabrioform, danach kam das einstige Bertone-Werk in Grugliasco bei Turin in den Dienst der Maserati-Herstellung des internationalen Konzerns Fiat Chrysler Automobiles.

Auch wenn im Verlaufe der Zeit einige weitere kleinere Autodesignstudios gegründet wurden, so verblieben von der Turiner Hochburg des Autodesigns zur Jahrtausendwende bloß noch die drei Ecktürme mit den großen Namen Bertone, Ital-Design/Giugiaro und Pininfarina. Während Ital-Design 2015 vollumfänglich vom Volkswagenkonzern absorbiert wurde, endete die Unabhängigkeit von Pininfarina 2016 in der Verbindung mit der Mahindra-Automobilgruppe. Der indische Konzern hatte sich 2014 bereits für Bertone interessiert, als dieser klangvolle Name des Autodesigns vor dem finanziellen Fiasko stand. Doch die Rettung unterblieb.

Das Schicksal von Bertone steht symbolisch für die vielfältige Geschichte des Turiner Autodesigns, das den Weg zum Gleichklang von Technik und Ästhetik aufzeigte. Diese für die Kultur- und Technikgeschichte bedeutsame Epoche wird in diesem Buch nachgezeichnet. Gleichzeitig wurde diese Chronologie in die allgemeine Automobilentwicklung der zweiten Hälfte des 20. Jahrhunderts eingebettet.

Bern, Frühling 2019
Roger Gloor

NB: Es gibt bereits mehrere Bücher über die Bertone-Geschichte. Sie sind meist zweisprachig italienisch/englisch gehalten, und vor allem wurden sie von der Karosserie- und Designfirma Bertone selbst initiiert. Das vorliegende Buch wurde dagegen auf alleinige Initiative eines unabhängigen Autors und somit aus neutraler Sicht verfasst.

Hinweise:

- Alle Bertone-Designschöpfungen sind in diesem Buch in chronologischer Reihenfolge enthalten. Um die Übersicht nicht zu erschweren, sind spätere Modelländerungen, soweit sie nicht in eine Neubezeichnung ausmünden, im gleichen oder in unmittelbar anschließenden Kapiteln aufgeführt.

- Fotos von Autos, die nicht einem Bertone-Design entstammen, sind **mit einer Umrahmung** gekennzeichnet; sie dienen Vergleichszwecken.

- PS-Angaben entsprechen – wo nicht anders erwähnt – der DIN-Norm.

- Alle Modellbezeichnungen sind prinzipiell männlich gehalten. Es ist den Fans überlassen, «die Giulietta», «die Giulia», «die Alfetta» usw. zu sagen. Weiblich sind hingegen Fachbezeichnungen wie Berlina (für Limousine), Berlinetta und Barchetta.

- Auf Seite 293 finden sich eine Statistik der gebauten Serienmodelle sowie ein Standortplan der Bertone-Werkanlagen.

Einige Fachausdrücke und Abkürzungen

A-/B-/C-Säule: vorderer/mittlerer/hiterer Karosseriedachträger
Ballondach: abnehmbarer fester Dachaufbau (s. Seite 16)
Barchetta: offener Zweisitzer (auch für Renneinsatz)
Berlina: Limousine, vier- oder zweitürig
Berlinetta: zweisitziges Sportcoupé
CAD = Computer Aided Design
Chassis: trägt die Karosserie (bei nicht selbsttragender Bauweise)
Cockpit: Fahrgastraum bei Zweisitzer-Sportwagen (Fachjargon)
Concept-car: noch nicht zur Produktion vorgesehene Zukunftsstudie
Convertibile / Convertible: Cabriolet
cw-Wert = Luftwiderstandskoeffizent (Aerodynamikbewertung)
De-Dion-Hinterachse: Getriebe an der Hinterachse
DOHC = Double overhead camshaft (2 obenliegende Nockenwellen)
Dreamcar: (urspr. amerik.) Bezeichnung für futuristische Einzelstücke
Dreivolumenkarosserie: mit Stufenheck
Fachwerkrahmen (analog Gitterrohrrahmen): Chassisbauart
Fastback = Karosserie mit (auslaufendem) Fließheck
FCA = Fiat Chrysler Automobiles
Fiat (FIAT) = Fabbrica Italiana Automobili Torino
GFK = Glasfaserverstärkter Kunststoff
Gitterrohrrahmen: Baustruktur für Rennsportwagen
GM = General Motors (bis 2005 weltgrößter Autoherstellkonzern)
GT = Gran Turismo (ursprünglich für 2+2-sitzige Sportcoupés)
Hardtop: (meist) abnehmbarer Dachteil bei Sportwagen
IAA = Internationale Automobil-Ausstellung in Frankfurt am Main
Minivan: Großraumkombi
Monocoque: Kunststoffwanne statt Rohrrahmen als Aufbaustruktur
Monoposto: einsitziger Rennwagen (Mehrzahl: Monopostos)
Monovolumenkarosserie: ohne Motor- und Kofferraumabsatz
Naca-Öffnung: aerodynamisch optimierte Lufteinlassform
OHC = Overhead camshaft (obenliegende Nockenwelle)
OHV = obenhängende Ventile (und zentrale Nockenwelle)
Rendering: Zeichnerische Fahrzeugdarstellung mit Hintergrund
Rohrrahmen: anstatt Chassis mit Längs- und Querholmen
Scherentüren: seitlich statt am Dach angelenkte Flügeltüren (S.112)
Scudo: Schild/Mittelteil des traditionellen Alfa-Romeo-Kühlergrills
Selbsttragende Karosserie: ohne separates Chassis (s. Seite 15)
Semifastback: nur kurze Stufe im Karosserieheck
Spider: ital. Bezeichnung (aus dem Englischen) für Sportcabriolet
Sportkombi: Sportwagen mit Kombiwagenheck
SUV = Sports Utility Vehicle bzw. Geländekombi (meist 4x4-Antrieb)
SV-Motor = side valves bzw. seitlich stehende Ventile (Oldtimer)
Targadach: mit 1 oder 2 längs oder quer entfernbaren Dachteilen
V-Motor: Zylinder in (platzsparender) V- statt Reihenanordnung
Weymann-Karosserie: spezielle Konstruktionsweise (s. Seite 14)
Zweivolumenkarosserie: mit Fließ- oder Steilheck (ohne Heckabsatz)

Vom Wesen der Autoformer

Schon die Kutschenbauer waren auf talentierte Formgestalter angewiesen, wenn sie ihre Karosserieaufbauten nicht nur möglichst zweckmäßig, sondern auch attraktiv und stilvoll anbieten wollten. Im Rückblick mag man dies als ein Bedürfnis nach Mobilität in Eleganz umschreiben. Und wie dies der menschlichen Natur entsprach, kam es auch zu Exzessen: Zu den napoleonischen Zeiten entstanden in Frankreich Prunkkarossen, die den Reichtum ihrer Benutzer mit kunstvoller Goldzier drastisch zum Ausdruck brachten.

Über den Geschmack lässt sich bekanntlich streiten, doch mit Beginn des Automobilzeitalters wurde alles anders. Zwar folgte die Form der repräsentativen, für Adel und Hochfinanz bestimmten Motorwagen noch deutlich dem Stil luxuriöser Pferdekutschen. Doch parallel dazu fanden die noch auf den rudimentären automobilen Pionierkonstruktionen basierenden Zweisitzer ihre Weiterentwicklung sowohl in der Antriebstechnik wie in der Formsprache. Sie wandten sich an jene Freunde des Fortschritts, die das Autofahren aus eigener Hand erleben wollten oder die gar dem Rennfieber verfielen. Zugegeben, auch wenn es ihnen nicht um einen standesbewussten Auftritt ging, sondern um die pure Lust am neuen Verkehrsmittel, so mussten sie doch ebenfalls über genügend Geldmittel verfügen.

Weil das Automobil wesentlich schneller und wendiger war als ein Pferdegespann, musste ihm notgedrungen zu einer stabileren Konstruktion verholfen werden. Das bedeutete vor allem, dass mit einem abgesenkten Schwerpunkt sichere Fahreigenschaften anzustreben waren. Die Technik von Fahrwerk und Karosserieaufbau hatte somit Vorrang, während von Karosseriestil noch kaum die Rede war. Dies führte dazu, dass die frühen Automobile – abgesehen von den bloß aus Unterbau und Sitzen bestehenden Kleinautos – sich äußerlich nur wenig voneinander unterschieden. Die Hauptdifferenzen lagen in den Kühlerformen und Markenkennzeichen..., was zugegeben auch heute noch allzu häufig zutrifft.

Begriffe Design und Designer

Design heisst schlicht übersetzt Zeichnung, und entsprechend bedeutet Designer Zeichner oder allenfalls Entwerfer. Aber in ihrer englischen Ursprungssprache haben diese Begriffe eine doppelte Bedeutung. Denn mit Designer ist häufig auch ein Konstrukteur gemeint. Da wird in jüngerer Zeit bei Übersetzungen oft kein Unterschied gemacht. Der «Designer» eines Rennwagenchassis, eines Kompressormotors oder eines Bremssystems ist nicht vordergründig ein nach künstlerischer Ausdruckform suchender Zeichner, sondern ein von technischem Denken geleiteter Konstrukteur. Entsprechend sollte er in deutscher Sprache korrekt bezeichnet werden: als Konstrukteur!

Getrennte Quellen für Chassis und Aufbau

Weil zu den Frühzeiten des Automobils die Ansprüche an die Karosserie allmählich stiegen, sah sich ein Großteil der «Motorkutschenkonstrukteure» nach versierten Karosseriebauern um, nach solchen, die sich mit der Herstellung von Pferdewagen einen Namen gemacht hatten. Und umgekehrt, sahen sich die Kutschenbauer durch das Automobil einer bedrohlichen Konkurrenz ausgesetzt. Da war es mehr als nur logisch, dass sich Motorwagenkonstrukteure und Pferdwagenbauer zusammenfanden, um gemeinsam leistungsfähige Automobile mit komfortablen Aufbauten zu versehen. So schufen sie sich eine «Win-win-Situation», wie man heute sagt.

Eigentlich fand dieses Zusammengehen von Unter- und Oberbauherstellern von Anfang an auf zwei Wegen statt: Zum einen – und dies betraf vor allem die in großer Zahl gebauten preiswerteren Modelle – beauftragte der Autohersteller und Inhaber des Markennamens Karosseriebetriebe mit dem Aufbau seiner Modelle, wobei er sich durchaus gleichzeitig auf verschiedene Lieferanten abstützte. Zum andern – und das war vor allem für die feineren und teureren Automobilfabrikate üblich – verkaufte er seine Fahrgestelle bzw. Chassis direkt an wohlhabende Kunden, und diese gaben einen von ihnen gewählten Wagentyp bei einer Karosseriefirma ihrer Wahl in Auftrag.

Die Chassis bestanden in der Regel aus zwei massiven Längsholmen, die durch eine unterschiedliche Zahl von Querträgern parallel gehalten wurden. Man bezeichnete sie auch als Leiterrahmen. Sie umfassten das gesamte Fahrwerk, und sie trugen den Motor und sämtliche Antriebsaggregate. Sie wurden zumeist nicht nur mit dem Kühler und seinem davorliegenden, das Markenzeichen tragenden Schutzgitter an die Karosseriefirmen geliefert, sondern auch samt der bis zur Spritzwand reichenden Motorhaube. Diesen vordersten Abschnitt des Chassis nannten man Windlauf, ein inzwischen vergessener Begriff. Je nach den Ambitionen des Karossiers und seiner Kunden waren oft auch bereits die vorderen Kotflügel mit dabei. Um solche Chassis fahren oder zumindest manövrieren zu können, wurden sie mit einem provisorischen Fahrersitz bestückt.

Es gab auch Zwischenstufen dieser beiden Vorgehensweisen. Grundsätzlich unterschied man aber noch zwischen Chassis- und Karosserieherstellern. Ab den Zwanzigerjahren waren es nur noch die Oberklasse- und Luxusautos, deren Aufbauherstellername mehr oder weniger offiziell – oder auch nur «in Klammern» – der Automarke und dem Modellnamen hinzugefügt wurden. Klar, dass sich so mit der Zeit ebenfalls von viel Prestige umrankte Karosseriefirmennamen herauskristallisierten.

Mit der Massenfertigung des Automobils verschmolzen Chassis- und Karosserieherstellung vollends unter dem Automarkennamen. Dies selbst, wenn die Aufbauherstellung noch «auswärts» erfolgte. Mit dem Übergang zu riesigen Fabrikanlagen, wie sie zunächst vor allem in den USA entstanden, stammten ohnehin alle wesentlichen Autobestandteile «aus einer Hand». Zulieferungen erfolgten nun teils nur noch für die inneren Motorteile, die Elektroausrüstung, die Räder und Reifen, Instrumente und viele Kleinteile.

Bereits die 1913 von Henry Ford verwirklichte Fließbandarbeit für das als «Tin Lizzy» («Blechliesel») bezeichnete T-Modell signalisierte die Abkehr von separatem Karosseriebau. Dieser Wandel erfolgte schrittweise bis schließlich in den Fünfzigerjahren nur noch die Hersteller exklusiver Kleinserienfahrzeuge auf den separaten Chassisbau setzten. Anderseits aber hat diese Entwicklung bereits ab den Zwanzigerjahren den Grundstein für eine auf Qualität und Individualität ausgerichtete Karosserieherstellung durch spezialisierte Unternehmen gelegt... wie beispielsweise Bertone!

Schritte vom «Kasten» zum «Styling»

Das Automobil begann mit doppelter Kastenform: vorne das von den Scheinwerfern flankierte Motorkompartiment, dahinter der Fahrgastraum mit oder ohne separatem Chauffeurabteil. Man hätte diese automobile Urform eigentlich auch mit einer Kiste für den Motor und einem anschließenden Insassenkasten beschreiben können. Nur zögerlich kam Regung in die Formgebung. Man fand heraus, dass schräg gestellte und sogar pfeilförmig zweigeteilte Frontscheiben der Aerodynamik förderlich waren. Zudem verhalf dies den Wagen zu «sportlichem» Aussehen (der Begriff Sport besaß allerdings noch längst nicht seinen heutigen Stellenwert).

Damit schlug allmählich die Stunde des Automobil-Formgestalters, geschickte Zeichner nämlich, die mit Skizzen neue Ideen von dynamischen Silhouetten, attraktiv geformten Kühlergesichtern und kühn gerundeten, statt senkrecht abgeschnittenen Wagenhecks zu Papier brachten. Aber erst als zu Beginn der Dreißigerjahre die Idee aufkam, statt des an der Karosserierückseite abklappbaren Kofferträgers einen an den Innenraum anschließenden und in den Karosserieaufbau integrierten separaten Kofferraum einzufügen, begann das Zeitalter der «Dreivolumenform».

Bis auf Kühlerfront und Markenemblem glichen sich viele Autos der Frühzeit: Lancia Kappa mit bei Bertone gebauter Viertürkarosserie von 1921 (4 Zyl., 4940 ccm, 70 PS — bw).

Die meist am Heck angefügten Reserveräder – wegen der schlechten Straßen und den häufigen auf ihrem Belag lauernden Pferdehufnägeln wurden sie oft gleich im Doppel mitgenommen – fanden nun innerhalb der Karosserie einen dank Kofferraumschloss abgesicherten Platz.

In der Autoindustrie sowohl in Amerika wie in Europa gewann die Karosserieform zunehmend an Bedeutung. Aus talentierten Zeichnern und Entwerfern wurden professionelle Stilisten, deren Können im Gleichschritt mit einer stetig intensivierten Werbung allmählich in den Vordergrund rückte. Es wurde klar, dass attraktive Karosserieformen ebenso für den Verkaufserfolg sorgten, wie hochtrabende technische Versprechungen und spektakuläre Rennerfolge. Fortschrittlich gestaltete und ästhetisch ausgewogene Aufbauten weckten zusätzlich Sympathie und Kauflust. Wenn es die Stilisten überdies verstanden, gemeinsam mit den Firmenchefs charakteristische Modellmerkmale zu prägen – solche, die nicht nur die Kühlermaske betrafen – dann war man auf jenem zukunftsbestimmenden Weg, der zur werbetechnisch entscheidenden Markenidentität führte.

Wegweisende Aufbauarbeit in Amerika

Bei General Motors, dem bis 1926 hinter der Ford Motor Company zweitgrößten Autohersteller, pflegte man zur Zwischenkriegszeit allein in den USA sieben Automarken. Es galt ihr Erscheinungsbild unterscheidbar zu machen, sie aber gleichzeitig auch als Konzernprodukte erkennen zu lassen. 1927 beschloss General Motors die Gründung einer neuen Abteilung «to study the question of art and color combination in General Motors products» (frei übersetzt: «um der Frage nach Form- und Farbenverbindung nachzugehen»). Gleichzeitig wurde Harvey J. Earl, ein Schöpfer individueller Autokarosserien aus Hollywood, als Leiter dieses neuen Zweigs engagiert. Er wurde damit zum weltweit ersten «Designchef» eines Autokonzerns. Schon 1927 verdrängte General Motors die Ford Motor Co. von der Weltspitze (was allerdings auch mit dem verzögerten Modellwechsel vom legendären Ford T zum modernen Typ A zu tun hatte).

Der Aufbau dieser Abteilung für Form- und Farbgestaltung bei General Motors eröffnete der Automobilherstellung eine neue Ära. Da wirkte nun eine zunehmende Zahl von Stilisten am Zeichenbrett, auf das sie die vorgängig künstlerisch intuitiv zu Papier gebrachten Skizzen in die von technischen und maßstäblichen Vorgaben geprägte Wirklichkeit bzw. in den Bereich der praktischen Möglichkeit umsetzten. Und vom Zeichenbrett erfolgte der nächste Schritt zu den Kleinmodellen, die von einer Schar von Modellbauern aus Holz, Gips und später Plastilin verwirklicht wurden.

Klar, dass da auch ein wohlorganisiertes Auswahlverfahren stattfinden musste, mit dem die möglichen, wünschbaren und – dem Führungsgremium – am besten gefallenden Entwürfe zur Weiterentwicklung bis hin zum 1:1-Großmodell bestimmt wurden. Und auch danach wurde in diversen Schritten weiter evaluiert und verfeinert.

Während ein solch aufwendig und wohlorganisiertes Vorgehen in den rasch wachsenden Stylingabteilungen der Großfirmen und Weltkonzerne unabdingbar wurde, blieb der Weg zur guten Form in den Ateliers der individuellen Autogestalter Norditaliens wesentlich kürzer. Man vertraute noch weitgehend auf den eigenen Formensinn und jenen der Mitarbeiter. Karosserieaufträge wurden mit Fingerspitzengefühl meist direkt am Blech umgesetzt. Und dies galt Anfang der Dreißigerjahre auch noch für Giovanni Bertone...

Systematisches Erarbeiten der «guten Autoform»: Styling Department von General Motors in Detroit; auch um 1950 noch alles in Handarbeit (gw)

Von der großindustriellen, systematisierten Formfindung – und eine so hochtrabende Bezeichnung bot sich durchaus an – bei General Motors und alsbald bei der gesamten Konkurrenz – bis zum CAD = Computer-aided-Design war es allerdings noch ein Riesenschritt. Er dauerte, einschließlich des vom Zweiten Weltkrieg gesetzten Unterbruchs, rund dreieinhalb Jahrzehnte: Das Formgestalten am Bildschirm erfuhr in den Sechzigerjahren seine ersten Entwicklungsschritte, fand den endgültigen Durchbruch aber erst zwei weitere Jahrzehnte später. General Motors zählte auch zu jenen Pionierfirmen, die sich als Erste systematisch dem Design am Computer zuwandten. Dies ermöglichte eine wesentliche Zeitersparnis von den ersten Entwurfsskizzen bis zur definitiven Formwahl sowie auch zwischen den einzelnen Entwicklungsphasen. .

Aus der Bertone-Familienchronik

Aus der Bertone-Familienchronik geht hervor, dass Firmengründer Giovanni Bertone 1884 als sechster von sieben Söhnen geboren wurde. Reichhaltige Familienstrukturen waren zu vorindustriellen Zeiten nichts Ungewöhnliches. Und der landwirtschaftsbezogene Hintergrund der Familie Bertone entsprach – außerhalb städtischer Zentren – ebenfalls mehrheitlicher Gegebenheit. Die Heimat der Bertone lag in der grünen Landschaft von Mondovi, rund 75 km in genau südlicher Richtung von Turin tief unten im Piemont.

Bevor Giovanni aber überhaupt an einen eigenen Betrieb denken konnte, erlernte er in einer Werkstatt in Mondovi den Beruf des «Carradore», was sich als Wagenmacher oder in gut Deutsch als Stellmacher bzw. Wagner übersetzen lässt. In solchen Werkstätten wurden Räder, Karren und Wagen sowie landwirtschaftliche Geräte repariert und hergestellt. Hier lernte Giovanni Bertone den subtilen Umgang mit Holz, aber auch mit Mechanikteilen aus Metall. Ab dem Jahr 1909, als er 25 Jahre alt war, brachte er seine erworbenen Fähigkeiten in die am Ufer des Po in Turin gelegene Fabrik Diatto Ferroviaria ein. Dort wurden vor allem Trams bzw. Straßenbahnen, aber auch Busse hergestellt. Noch ergab sich damit nur eine indirekte Verbindung zum Bau der allmählich Verbreitung findenden Personenwagen, denn solche fertigte Diatto nicht im gleichen Werk.

Von Beginn an verband sich der Name Bertone mit Sportwagen: SPA 23 S, 1921, mit viersitzigem Torpedoaufbau (4 Zyl., 2724 ccm, 40 PS -bw).

Chauffeurplatz unter Dach, aber seitlich offen: Lancia Trikappa Landaulet Bertone, 1922 (V8, 4592 ccm, 98 PS – bw).

Der mutige Schritt zur eigenen Werkstatt

1912 brachte die Geburtsstunde der Karosseriefirma Bertone. Denn in jenem Jahr eröffnete Giovanni Bertone an der Via Villarbasse in Borgo San Paolo, einem südlich des Zentrums gelegenen Quartier von Turin, seine eigene kleine Werkstätte. Zusammen mit drei Arbeitern reparierte und konstruierte er pferdegezogene Wagen aller Schattierungen. Inzwischen hatte er geheiratet, und im gleichen Jahr kam seine Tochter Maddalena zur Welt. Auf sie folgte zwei Jahre später Sohn Giuseppe, dessen Kosename Nuccio alsbald zum sozusagen offiziellen Vornamen wurde.

Die kleine Firma Bertone entwickelte sich vielversprechend, doch der Erste Weltkrieg, in den ab 1915 auch Italien verwickelt war, stellte alle Bemühungen in Frage. Giovanni übernahm eine Stelle als Arbeiter in einem der auf Kriegsmaterial umgestellten Werke der Industriemetropole Turin, verbrachte aber den Großteil seiner Freizeit in der eigenen Werkstatt, um deren Fortbestand sicherzustellen.

Diese aufopfernde Tätigkeit brachte schließlich ihren Lohn: Für den Automobilhersteller SPA (Società Piemontese Autoveicoli) konnte er ab 1918 Sitzstrukturen und allmählich weitere Teile liefern. Dies ermöglichte im Jahre 1920 in eine größere Werkstatt an der Via Monginevra, nordwestlich vom bisherigen Standort, umzuziehen. Nun standen ihm an die zwanzig Mitarbeiter zur Verfügung, und die Firma Bertone war bereit, aktiv und buchstäblich von Grund auf in den Karosseriebau einzusteigen. Bei SPA war man von Giovanni Bertones Qualitätsarbeit beeindruckt und beauftragte ihn alsbald mit dem Aufbau jener Rennkarosserien, mit denen sich die Marke SPA nicht zuletzt bei Bergrennen viel Renommee sicherte.

Als das Auto Norditalien eroberte

Was sich schon in der Zeit vor dem Ersten Weltkrieg abgezeichnet hatte, bestätigte sich, nach dem diese katastrophale Zeit von Tod und Zer störung samt den folgenden politischen Unruhen endlich verklungen war: Das Auto, das zu Beginn des zwanzigsten Jahrhunderts in Frankreich seinen Siegeszug angetreten hatte, begann auch Norditalien zu erobern. Wie folgende Zusammenstellung zeigt, etablierten sich im aufstrebenden Großraum Turin besonders viele Hersteller dieses neuen individuellen Fortbewegungsmittels:

Turiner Automarken der 20er Jahre

- Fiat (gegründet 1899)
- Ceirano (1898 – 1931)
- Itala (1904 – 1934*)
- Diatto (1905 – 1929)
- Lancia (1906 – 2016)
- Scat (1906 – 1929*)
- SPA (1906 – 1926*)
- Chiribiri (1913 – 1927)
- Fast (1919 – 1925)
- Aurea (1922 – 1933)

*) danach in Fiat integriert

Fiat (Fabbrica Italiana Automobili Torino) war von einem Konsortium prominenter Industrieller und Investoren gegründet worden und erwies sich finanziell wie strukturell als außerordentlich solide aufgestellt. Dieses Unternehmen sicherte sich in Italien binnen kurzer Zeit eine dominierende Position und betrat auch erfolgreich den internationalen Automobilmarkt. Etliche der kleineren Konkurrenzunternehmen wurden im Verlaufe der Zeit in Fiat integriert; Lancia sollte allerdings erst 1969 übernommen werden... Das erste Fiat-Modell basierte übrigens auf einer Ceirano-Konstruktion.

Anstelle von «Konfektionsmodellen»

Selbstredend war Fiat auch jenes Unternehmen, das sich von Beginn an erfolgreich der Großserienherstellung zuwandte. Mit ihr ließ sich das Automobil preiswert und damit für immer breitere Bevölkerungsschichten zugänglich machen. Dies führte gleichzeitig zu einer wachsenden Abgrenzung zwischen den für die Massen bestimmten kleineren Modellen und jenen Automobilen, die höher gesetzte und individuellere Ansprüchen erfüllten. Solchen Käufern boten sich nicht nur «Liebhabermarken», sondern auch einzelstückweise oder in Kleinauflagen gefertigte Karosserieaufbauten auf den Fahrgestellen der Großserienfabrikate an. Für solche «Alternativen zu den Konfektionsmodellen» stand in Italien eine Vielzahl kleinerer und größerer Karosseriebetriebe zur Auswahl.

Zu diesen selbständigen, aber eng mit der Autoindustrie zusammenarbeitenden Firmen zählte auch Bertone. Die von Giovanni Bertone verwirklichte offene Torpedokarosserie für den SPA 23 S von 1921 begeisterte durch seine elegant profilierte Sportlichkeit. Doch Bertones neue Werkstätte befand sich nun nahe der ebenfalls an der Via Monginevro angesiedelten Lancia-Fabrikanlagen. Vincenzo Lancia, der ehemalige erfolgreiche Fiat-Rennfahrer, lernte den jungen Giovanni Bertone kennen und schätzen. Er beauftragte ihn mit der Fertigung vollständiger Karosserieaufbauten für die in beschränkter Zahl hergestellten exklusiveren Modellvarianten. Ebenfalls noch 1921 entstand so eine massive Limousinenkarosserie auf dem großen Lancia-Modell Kappa.

1922 belieferte Bertone mit Itala bereits eine dritte Turiner Automarke, nämlich Itala. Diese Marke war im Jahre 1907 durch den weltweit beachteten Sieg bei der spektakulären 16'000-km-Wettfahrt Peking—Paris in die Autogeschichte eingegangen. Auch der von Bertone aufgebaute Itala des Typs 50 präsentierte sich mit einer Luxuskarosserie, denn er war als Coupé de Ville gestaltet worden, bei dem der Chauffeur in einem offenen vorderen Wagenabteil saß.

Karosserienamen aus Frankreichs Kutschenbau...

Als Landaulet mit Chauffeurabteil in ähnlicher Art wie das Coupé de Ville präsentierte sich der ebenfalls 1922 bei Bertone aufgebaute Lancia Trikappa. Bei den Landaulet ließ sich mitunter auch die hinterste Dach- und Seitenpartie öffnen. Ausdrücke wie Coupé de Ville und Landaulet entstammten ebenso wie Ber-

Mit populärer Mechanik für den Renneinsatz konzipiert: Von Bertone 1923 als offener Rennzweisitzer aufgebauter Fiat 501 Sport Siluro Corsa (4 Zyl., 1460 ccm, 26,5 PS - bw).

Auf den ersten Blick kaum unterscheidbar: Ein von Bertone in der Weymann-Bauweise karossierter Diatto Tipo 20 A, 1923 (4 Zyl., 1996 ccm, 40 PS - bw).

line, Coupé und Cabriolet der aus Frankreich vorgegebenen Pferdekutschen-Fachsprache. Ganz auf den Automobilbereich ausgerichtet gab es aber bald einmal auch den (oder das) Conduite-intérieure. So wurden vollständig geschlossene Karosserien bezeichnet, bei denen sich die herrschaftlichen Autobesitzer nicht mehr von einem im Freien oder unter einem notfalls aufsetz- oder zuziehbaren Dachteil sitzenden Chauffeur fahren ließen. Dieser saß nun mit im Innenraum..., was dem Wageneigner die prestigemäßig unverdächtige Möglichkeit gab, sich selber hinter das Lenkrad zu setzen.

Apropos Chauffeur: Auch dieser Ausdruck stammte ja aus dem Französischen. Er entsprang jener eigentlichen Urzeit des Automobils, als dieses noch mit Dampf betrieben wurden, also ab den Zwanzigerjahren des 19. Jahrhunderts in England und Frankreich. Hierzu brauchte es nebst dem Fahrer einen Heizer, der laufend für den Brennmittelnachschub sorgte. Warum dann aber der Heizer bzw. Chauffeur und nicht der Fahrer oder Lenker die Nachfolge des Kutschers auch bei den mit Verbrennungsmotor ausgestatteten Automobilen antrat, bleibt ein Rätsel.

Klar ist hingegen, dass die der zweiten Hälfte des 19. Jahrhunderts aufgekommenen ersten privaten Motorwagen nur für den Adel und für die aus dem Unternehmertum gebildete Oberschicht erschwinglich waren. Wer damals ein Schloss oder eine Villa bewohnte, hatte auch einen Gärtner, und wer sich zudem ein Auto leisten konnte, beschäftigte überdies einen Chauffeur. Als das Auto zu Beginn des 20. Jahrhundert zusätzlich in etwas bescheidenere Bevölkerungsschichten vordrang, entstand zudem der kombinierte Beruf des Gärtners/Chauffeurs.

Natürlich erfuhren bis dahin auch die für Selbstfahrer bestimmten kleineren Automobile ihre Entwicklung, und es gab sie ab der Jahrhundertwende zunächst ausnahmsweise und allmählich immer häufiger ebenfalls ab Werk mit Dach. Diese Kategorie populärer Automobile wurde allerdings kaum je von Karosseriefirmen wie Bertone mit individuellen Aufbauten versehen.

...mit Ausnahmen wie Innenlenker und Torpedo

Durchgehend geschlossene Karosserieaufbauten – um auf diese zurückzukommen – ließen sich mit einer versenk- oder aufschiebbaren Trennscheibe zwischen den Vorder- und Hintersitzen ausrüsten. So konnten jederzeit zwischen Fahrerkontakt oder intakter Privatsphäre im Wagenfond gewählt werden. Diese Conduite-intérieure, italienisch guida interna, erhielten auf Deutsch die etwas merkwürdige Bezeichnung Innenlenker, was der wörtlichen Übersetzung entsprach. Parallel zum Begriff Limousine, unter dem man ursprünglich ebenfalls chauffeurgelenkte Automobile mit durchgehend geschlossenem Aufbau verstand, wurde die Bezeichnung Innenlenker mit der Zeit für alle viertürigen und sogar zweitürigen Autos verwendet... Vom Kutschenbau her setzte sich aber im französischen wie im italienischen Sprachgebrauch die Bezeichnung Berline bzw. Berlina durch, wenn es sich um geschlossene vier- bis fünfsitzige Aufbauten mit vier oder auch nur zwei Türen handelte, für die kein Chauffeur vorgesehen war.

Während fast alle anderen Karosseriebezeichnungen ihren Ursprung in Frankreich hatten, bürgerte sich als Nachfolgebegriff von Phaeton und Double-Phaeton für offene Aufbauten die Bezeichnung Torpedo ein. Dies ist der spanische Name des Wels, eines als aggressiv bekannten Fisches. Er bezeichnet auch ein Geschoss der Kriegsmarine und wurde (gemäß Wikipedia) von einem belgischen Autohändler 1908 auf dem englischen Automarkt eingeführt. Es waren die durchgehend waagerechte Linie vom Windlauf bzw. der Motorhaube zur Gürtellinie der Offenkarosserie und deren auslaufendes Heck, die hierzu den Anstoß gaben. Und so wurde aus dem Torpedo(-fisch) das Torpedo(-auto).

Das vier- bis sechssitzige Torpedo unterschied sich durch seine Länge von den Sportmodellen mit kurzem Innenraum. Neben Torpedo- und geschlossenen Karosserien entstanden zu den Bertone-Anfangszeiten zudem weiterhin Aufbauten ebenso hochsportlichen Zuschnitts wie jene des SPA von 1921. Ein rennsportliches Musterbeispiel lieferte der Fiat 501 Sport Siluro Corsa von 1923, ein dachloser Zweisitzer mit freistehenden Rädern. Mit seinem 1460-ccm-Motor war das Modell 501 der kleinste Fiat jener Jahre. Eine ebenso zweckmäßige wie attraktive Formgebung für Sportwagen blieb fortan eine typische Bertone-Zielsetzung. Der treffende Name Siluro = Wels bezog sich auf das lang auslaufende Heck.

1923 war auch das Jahr, da Fiat seine während sieben Jahren gebaute gigantische Autofabrik im Turiner Stadtteil Lingotto in Betrieb nahm. Damit fand Italien den Anschluss an die von amerikanischen Vorbildern getragenen neuzeitlichen Produktionsmethoden. Gleichzeitig trug das Lingotto-Werk der wachsenden Demokratisierung des Autos Rechnung. Einzigartig war die auf dem Dach angelegte 1 km lange Rundstrecke für das Einfahren der Neuwagen.

System Weymann und «Ballondächer»

In den Annalen der Firma Bertone tauchte 1925 mit dem zu seiner Zeit bedeutenden Fabrikat Diatto ein weiterer Kunde auf. Giovanni Bertone kannte dieses Unternehmen ja schon von seiner Gesellenzeit von 1909 bis 1912. Wie das Beispiel der in jenem Jahr gelieferten großen Diatto-Limousine des Typs 20 A veranschaulicht, widmete sich Bertone ausnahmsweise auch dem Karosseriebau nach System Weymann. Gegenüber den starr konstruierten Stahl- und Aluminiumkarosserien bot diese in Frankreich entwickelte Bauweise den Vorteil geringerer Verwindungsgeräusche – sie waren auf den teils noch mit schlechtem Belag versehenen Straßen besonders lästig – und zudem leichteren Gewichts. Hierzu besaß das Holzgerüst weniger Verbindungsstellen mit dem Chassisrahmen, Auflagen aus Gummi und ölabscheidendem Papier zwischen Holz und Metall, Sperrholzbeplankungen auf den Karosserieinnenseiten und überdies wurde die Karosserie mit lackiertem Kunstleder überzogen. Diese matt statt glänzend wirkende Außenhaut war denn das Erkennungsmerkmal der in Weymann-Technik gebauten Karosserien. Mit dem Aufkommen der Ganzstahlkarosserien wurde diese ohnehin weniger solide Bauweise im Verlaufe der Dreißigerjahre obsolet.

Weit erfolgreicher war Bertone im Bereich der so genannten Ballondächer, einer Besonderheit der Zwanzigerjahre: Es handelte sich um aufsetzbare feste Autodächer, mit denen sich offene Torpedokarosserien zu komfortablen Limousinen wandeln ließen. Damit wurden Automobile witterungs- und winterfest. Torpedos hatten meist nur schmale bzw. im Verhältnis zur Aufbaulänge kurze Türen. Denn je kürzer die Türeinschnitte in der offenen Karosserie waren, umso weniger litt deren Stabilität. Da sich dachfreies Torpedo sozusagen aufrechten Ganges besteigen ließ, spielte es keine Rolle, wenn der Zugang schmal war. Auch geschlossene Karosserien boten dank hohem Dach in der Regel bequemen Einstieg. Die Verbindung mit einem Ballondach bedingte für Torpedokarosserien jedoch besonders bei den Hintertüren eine ausgeklügelte Scharniergeometrie.

Das Auf- und Absetzen solcher Dächer – die eine Art Vorläufer der erst in den Sechzigerjahren für Sportwagen gebräuchlich gewordenen Hardtops waren – benötigte etliche Muskelkraft. Am Dachinnern mancher der zu Autogaragen gewandelten Pferdewagenremisen waren daher Hebevorrichtungen verankert, mit denen sich so ein Ballondach aufsetzen oder aufbewahren ließ.

Selbst populäre Modelle wurden von Bertone mit einem Ballondach ausgestattet: Fiat 509, 1925 (4 Zyl., 990 ccm, 22 PS – bw).

Für die Hintertüren von Tourer-Modellen bedurfte das Ballondach einer besonders raffinierten Öffnungsgeometrie: Fiat 501, 1923 (4 Zyl., 1460 ccm, 23 PS – bw).

Technikrevolution mit dem Lancia Lambda

Im Jahre 1922 sorgte «Nachbar» Lancia mit dem Modell Lambda für eine epochale Neuerung in der Automobilkonstruktion: der selbsttragenden Bauweise. Sie sollte allerdings noch lange nicht zum Allgemeingut werden, sondern fand zunächst nur zögerlich Verbreitung, bis sie in den Fünfzigerjahren zur Selbstverständlichkeit wurde. Statt der traditionellen Chassislängsholme stand den Karossiers nun ein raffiniert ausgebildetes Baugerüst zur Verfügung. Es brachte eine weit engere Verbindung von Unter- und Oberbau, verbesserte die Fahreigenschaften und reduzierte das Fahrzeuggewicht. Zudem ließ sich der Fahrgastraum tiefer setzen, als über einem herkömmlichen separaten Fahrgestell.

Für den Zugriff von Karossiers eignet sich die Lambda-Struktur allerdings nicht. Da musste Lancia selbst für eine passende Karosseriebeplankung sorgen. Dieser Sachverhalt muss weitblickenden Exponenten des Karosseriemetiers damals gewiss zu denken gegeben haben. Doch dürfte der Mehrheit unter ihnen die Unterbaukonstruktion des Lambda wohl bloß als eine «exotische Sonderlösung» erschienen sein.

In der Großserie fand denn die selbsttragende Bauweise viel später Eingang, so in Deutschland mit dem 1935 vorgestellten Opel Olympia, dessen Karosserieteile an einem vollumfänglichen Profilträgergerippe verankert wurden. Diese Konstruktionsweise begann sich nun sukzessive durchzusetzen, und die für die Massenmotorisierung bestimmten Modelle lagen alsbald ohnehin nicht mehr im Wirkungsbereich unabhängiger Karosseriewerke.

Zusätzlich zur selbsttragenden Bauweise sorgte beim Lancia Lambda eine vordere Einzelradaufhängung für ein deutlich verbessertes Fahr- und Lenkverhalten, und sie bewirkte überdies ein erhöhtes Komfortniveau, was sich für die Wageninsaßen auf den noch stark verbreiteten «Holperbelägen» besonders wohltuend kundtat. Noch rollte die Mehrheit aller Automobile auch vorne auf Starrachsen; auch die vordere Einzelradaufhängung setzte sich erst in den Dreißigerjahren mehrheitlich durch. Einzigartig war beim Lambda überdies der V4-Motor mit 13° Gabelwinkel, der einen minimalen Einbauraum benötigte. Dieser Lancia ging zu Recht als eine epochale Konstruktion in die Automobilgeschichte ein.

Außer mit den aus Turin stammenden Automarken befasste sich die Carrozzeria Ber-

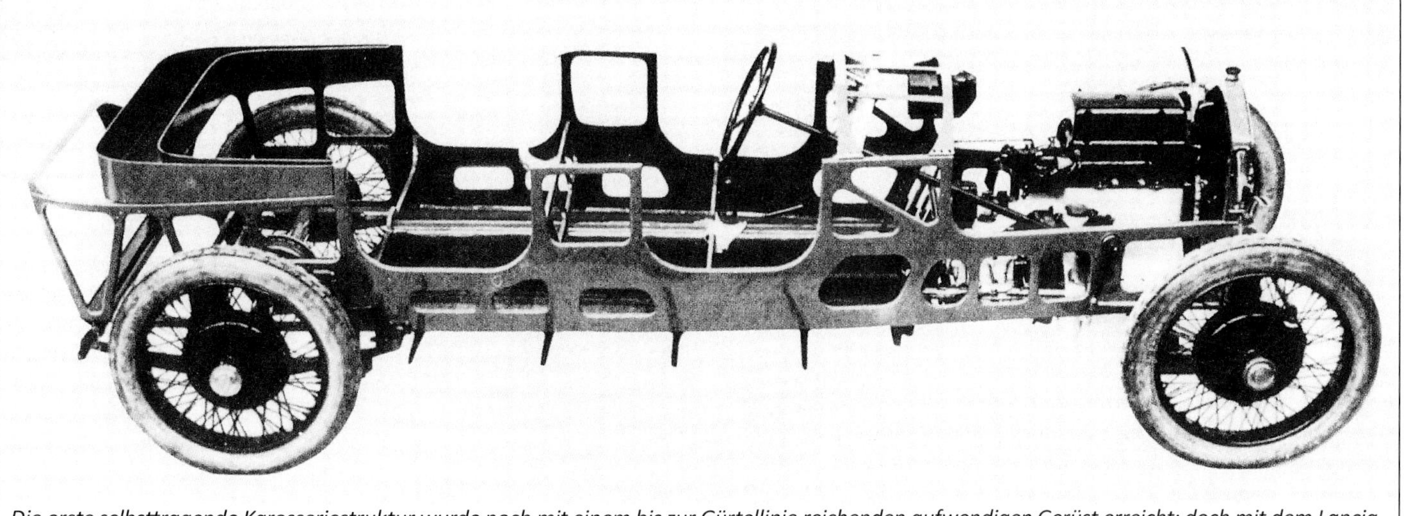

Die erste selbsttragende Karosseriestruktur wurde noch mit einem bis zur Gürtellinie reichenden aufwendigen Gerüst erreicht; doch mit dem Lancia Lambda von 1922 brach für den Motorwagenbau ein neues Zeitalter an (lw).

tone inzwischen auch mit weiteren Fabrikaten, darunter einem Ballot 2LT, dem sie 1925 zu einem Torpedoaufbau verhalf. Die Etablissements Ballot in Paris machten sich von 1919 bis 1932 einen Namen als Hersteller von Sport- und Tourenwagen, und sie waren auch im Renneinsatz erfolgreich.

Mit dem Ballondach wandelte Bertone das vom Lancia-Werk anfänglich ausschließlich als Torpedo angebotene revolutionäre Modell Lambda zur Sechsfenster-Limousine. Der Karosserieoberteil erhielt dabei einen Pegamoide genannten Kunstlederüberzug. Im Bild ein Lambda der Serie VIII von 1928 (V4, 2568 ccm, 69 PS – bw).

Holz und Blech in präziser Handarbeit

Die Karosserieaufbauten entstanden stets noch in Handarbeit. Zunächst wurden auf den angelieferten Stahlrahmenchassis sorgsam zusammengefügte Holzstrukturen aufgesetzt, an denen sich hierauf die einzelnen Karosserieteile befestigen ließen. Diese wurden aus 0,8 oder 0,9 mm dickem Stahlblech bzw. aus 1,2 oder 1,5 mm dicken Aluminiumblättern gehämmert. Diese Arbeiten verlangten großes handwerkliches Können, und für das Ausformen der einzelnen Aufbauteile war ausgeprägtes Feingefühl unumgänglich. Klar, dass da jahrelange Erfahrung von Vorteil war und für das Ansehen einer Karosseriefirma schließlich den Ausschlag gab.

Eine präzise Fertigung gepaart mit eleganter Ausführung machte sich für talentierte Karosseriebauer doppelt bezahlt. Dann etwa, wenn Kundenfahrzeuge bei einem der prestigeumwobenen Concorso d'Eleganza (Concours d'Elégance) einen Preis gewannen. Die Carrozzeria Bertone verwirklichte inzwischen nebst den Werkaufträgen zusätzlich individuelle Anfertigungen für anspruchsvolle Direktkunden. So brillierte ein von Bertone aufgebauter Ansaldo 6 BS beispielsweise 1928 beim Concours in der mondänen Alpenstation Cortina d'Ampezzo. Solche «Autoschönheits-Wettbewerbe» galten als Touristenattraktion und lockten einerseits erwartungsvolle Teilnehmer, anderseits aber auch ein neugieriges Publikum in die Ferienorte. Erst in jüngerer Zeit wurde diese Institution der Concours d'Elégance wiederentdeckt. In Italien entwickelte sich der Concorso d'Eleganza von Villa d'Este am Comersee zum neu belebten Begriff.

Die von den Autowerken angelieferten traditionellen Chassis trugen das als Windlauf bezeichnete Motorabteil vom Kühler bis zur Spritzwand. An dieses schloss sich die Arbeitsdomäne der Karossiers an. Hier die Holzstruktur für einen um 1930 von Bertone eingekleideten Ceirano mit offener Torpedokarosserie (bw).

Nachdem er bereits um 1921 versuchsweise für SPA einen Bus eingekleidet und damit Neuland betreten hatte, zählte ab Mitte der Zwanzigerjahre auch der Aufbau von Nutzfahrzeugen zur Zusammenarbeit von Bertone mit Lancia. So entstand 1927 eine Serie von mittelgroßen Lastwagen, die in die Sowjetunion geliefert wurde.

Schon 1925 entstand dieser Ansaldo 6B aus Mailand auf herkömmlichem Längsträgerchassis, jedoch mit Torpedokarosserie Bertone Tipo Lambda (6 Zyl., 1991 ccm, 45 PS – wb).

Erfolg für Karosseriebauer Bertone: Mit einem ersten Preis belohnter Ansaldo 6 BS beim Concours d'Elégance von Cortina d'Ampezzo 1928 (6 Zyl., 1991 ccm, 45 PS – bw).

Noch weitgehend konventionell geformt: Lancia Artena, 1932 (V4, 1924 ccm, 54 PS – bw).

Kühlergitter und Frontscheibe schräg gestellt: Lancia Augusta, 1933 (V4, 1196 ccm, 35 PS – bw).

Als Sohn Nuccio auf den Plan trat

Längst hatte Giovanni Bertone Sohn Nuccio in sein berufliches Umfeld miteinbezogen. Der Junge begeisterte sich für die schöpferischen Tätigkeiten des Karosseriebaus weit mehr als für die Schule. Er verbrachte die gesamte Freizeit damit, seinem Vater zur Seite zu stehen. Auch den Sommerurlaub widmete er den Werkplätzen des väterlichen Karosseriebetriebs, und er machte sich mit allen Arbeitsabläufen ebenso vertraut, wie mit den unternehmerischen Aspekten. Zudem entwickelte er ein sichtliches Talent für die zeichnerische Formgestaltung.

Nuccio erlebte aber auch mit, welche Auswirkungen die 1929 in den USA angebrochenen, teils katastrophalen Finanzkrisenjahre selbst auf Italiens Automobilindustrie hatten. Nachdem in der zweiten Hälfte der Zwanzigerjahre bereits fünf der Turiner Automarken untergegangen waren, verloren bis 1936 zwei weitere ihre Existenz. Drei unter ihnen wurden in die Fiat-Gruppe integriert. Neben Fiat überlebte am Ende einzig Lancia, und dies dürfte für Bertone ein großes Glück gewesen sein. Vincenzo Lancia und Giovanni Bertone waren nicht nur (fast) Nachbarn, sondern auch seelenverwandte Unternehmer. Bis 1938 lieferte Bertone regelmäßig Aufbauten für bestimmte Ausführungen der Lancia-Modelle Lambda, Dilambda, Artena und Astura, die von der angesehenen Marke über ihr Händlernetz abgesetzt wurden. Von Turin abgesehen, entstanden auch in der «Konkurrenzmetropole» Mailand noch italienische Autos, so bei Alfa Romeo und Isotta Fraschini!

1933, als er 19 Jahre alt war, trat Nuccio Bertone offiziell in die Firma ein. Nachdem er das Buchhaltungsdiplom erworben hatte, blieb er zwar noch Student der Turiner Wirtschaftshochschule, aber all seine Sinne waren auf des Vaters Carrozzeria und generell auf das Automobil ausgerichtet... inklusive des Traums vom Rennfahren. Schließlich hatte er – so wird berichtet – bereits im Alter von neun Jahren das Autofahren erlernt.

Es war Nuccio, der den Weg zur ebenso modernen wie individuellen Autoformgebung wies. Als erstes ihm zugeschriebenes Werk gilt eine Cabrioversion des Fiat 508 Balilla, jenes ab 1932 gebauten Kleinwagen-Bestsellers mit 20 PS leistendem 995-ccm-Vierzylindermotor. In seiner Begeisterung für diesen Auftrag soll Nuccio nächtelang am Entwurf gefeilt haben...

Stahlräder... und Links- oder Rechtslenkung?

Die Stilentwicklung der Autos hatte inzwischen auch international gesehen ihren Fortgang genommen. Die kantigen Kastenformen waren endgültig passé, und es kam buchstäblich Schwung in das automobile Erscheinungsbild. Zudem wurden die Draht- und Holzspeichenräder zunehmend von Metallspeichen- und Gussscheibenrädern abgelöst.

Lichtdurchflutetes Interieur dank Glasdach: Fiat 518 C, Ardita, 1933 (4 Zyl., 1944 ccm, 45 PS – bw).

Glänzende Stoßschutz-Idee, die aber keine Verbreitung fand: Bertones Ardita-Heck von 1933 – bw).

Solche kamen zunächst von Sankey und Riley aus England nach Italien. Da bedrängte die industrielle Entwicklung einmal mehr das gute alte Handwerk, in diesem Fall den Beruf des Stellmachers bzw. Wagners, wie ihn Giovanni Bertone einst erlernt hatte.

Auch der Lancia Artena von 1932 rollte auf den viel solideren Stahlrädern. Zudem besaβ er dem Trend der Zeit entsprechend einen angefügten Kofferraum am Heck. Schon 1933 hatte Lancia mit dem Typ Augusta ein kleineres Modell lanciert und trat damit noch verstärkt in Konkurrenz zu Fiat. Von Bertone wurde der Augusta mit einem Viertüraufbau versehen, der einen klar modernisierten Aspekt aufzeigte: Dem Trend der Zeit entsprechend waren Kühlergitter und Frontscheibe im gleichen Winkel schräg gestellt. Damit gab sich klar erkennbar ein stilistischer Unterschied zum nächstgröβeren Modell Artena.

Einen originellen Aspekt zeigte der ebenfalls 1933 eingekleidete Fiat 518 C Ardita, an dessen schräge Frontscheibe sich ein dreiteiliger gläserner Dacheinsatz anschloss. Er sorgte für einen völlig ungewohnt lichtdurchfluteten Innenraum. Zudem besaβ dieser von Bertone verwirklichte 2-Liter-Fiat einen in moderner Manier harmonisch in das Heck integrierten abgerundeten Kofferraum. Anstatt dass sie aufgestellt auf einem Heckträger mitgeführt wurden, lagen die beiden Reserveräder in horizontaler Lage in diesem separaten Kofferraum, und überdies dienten sie – ein kühnes Novum! – als Stoβstangenersatz, denn ihre Umhüllungen lugten keck aus dem Heck!

Das in seinem Vorderteil verglaste Dach ergänzte Bertone noch im gleichen Jahr mit einem über dem gesamten Hinterteil aufmachbaren Faltdach. Diese Kombination wurde einem luxuriösen viertürigen Lancia Astura mit 2,6-Liter-V8-Motor verpasst. Auffallend an dieser als Superluminosa bezeichneten Limousine war der elegant angefügte voluminöse Kofferraum, an dessen Abschluss zusätzlich zwei mit Chromband umhüllte Reserveräder prangten. – Ebenfalls 1933 entstand der wohl erste bei Bertone eingekleidete Alfa Romeo, eine klassisch geformte 6/7-sitzige Sechsfensterlimousine des Typs 6C 2300.

Eine Besonderheit des italienischen Autobaus lag im langen Festhalten an der Rechtslenkung. Auch bei den marktdominierenden Fiat-Modellen fand die Umstellung auf links erst gegen Ende der Zwanzigerjahre statt. Für schnelle Wagen wurde das Lenkrad aber weiterhin vor dem rechten Vordersitz montiert. Dies erleichterte das Überholen und war damit zumindest unterschwellig auch ein Prestigesignal. Man muss sich die geringe Verkehrsdichte von damals vorstellen: Da ging es nicht in erster Linie darum, im Rückspiegel vor dem Ausschwenken von hinten nahende Fahrzeuge zu erkennen. Vielmehr galt es, auf den schmalen Fahrwegen möglichst nahe am Vorderwagen vorbeizuziehen.

Neue Werkanlagen – Designpionier Revelli

Das Jahr 1934 prägte die Carrozzeria Bertone gleich in doppelter Hinsicht. Von groβer Bedeutung war der Wechsel in neue, weit gröβere Werkanlagen. Sie waren am Corso Peschiera 225 entstanden, wo bis 150 Mitarbeiter beschäftigt werden konnten und rund 3000 m2 Fläche zur Verfügung standen. So lieβen sich nun alle Arbeitsabläufe des Karosseriebaus sauber eingeteilt abwickeln und es gab auch genügend Standflächen für die Zwischenlagerung halbvollendeter Aufbauten und Fahrzeuge. Am Corso Peschiera konnte Bertone jenes zeitgemäβe Spritzwerk einrichten, mit dem sich die moderne Methode der schnelltrocknenden Nitrozelluloselackierung anwenden lieβ. Denn längst waren die Zeiten der von Hand «angemalten» Karosserien vorbei, und die Farbspritztechnik hatte inzwischen bedeutende Fortschritte erfahren. «Nitrolack» blieb bis in die Fünfzigerjahre ein Standardbegriff für die Automobilproduktion.

Symptomatisch für die Entwicklung des Autodesigns war auch die Tatsache, dass erst-

Das 1934 eröffnete neue Bertone-Karosseriewerk am Corso Peschiera in eindrücklicher zeichnerischer Darstellung (bw - siehe Standortplan Seite 293).

mals ein «freischaffender Autoformkünstler» in Erscheinung trat: Mario Revelli di Beaumont. 1907 in Rom geboren, entstammte er einer Piemonteser Adelsfamilie. Schon mit 18 Jahren brillierte er als Motorradkonstrukteur und -rennfahrer. Ab 1928 begann dieser Technik- und Automobilenthusiast dem Fortschritt gewidmete Autoformen zu entwerfen, und er unterbreitete seine Vorschläge Karosseriefirmen wie Farina, Viotti, Moderna, Ghia und Casaro. Zudem kam er auf neue Funktionsideen, ja, er ließ sich schon 1927 einen gläsernen Windabweiser patentieren.

Mario Revelli di Beaumont in einer eigenen Darstellung und im Selbstporträt (wb).

Im Dienst gleich mehrerer Karosseriefirmen

Dass ihn Fiat 1929 in die Abteilung Spezialkarosserien engagierte, veranschaulicht, welche Bedeutung dem Autostil – das Wort Design war noch nicht üblich – nun auch in der Alten Welt zukam. Aber schon 1931 machte sich Mario Revelli di Beaumont wieder selbständig, und er belieferte Pinin Farina, Bertone, Viotti und auch die Mailänder Karosseriefirma Castagna mit seinen Formideen. Mario Revelli war zumindest für Europa der eigentliche Pionier zukunftsgerichteter Automobilformen.

Neu war überdies, dass Revelli seine künstlerischen Fähigkeiten nicht in den Dienst bloß einer einzigen Karosseriefirma stellte. Zudem belieferte er 1932 Hispano-Suiza mit Studien für eine aerodynamische Luxuslimousine. Und sein genialer Geist suchte nach stetig neuen Herausforderungen. 1933 entstanden Entwürfe für Straßen- und Rennwagen mit quer im Heck eingebauten Antriebseinheiten. Zudem erwies er sich als Visionär. Davon zeugte bereits Anfang der Dreißigerjahre sein Entwurf einer Ei-förmigen Einvolumen-Limousine mit vor der Hinterachse platziertem Motor, einer Art Minivan-Vorläufer.

Für Bertone entwarf Revelli 1934 eine in großartiger Manier aerodynamisch gestaltete Viertürlimousine auf der Basis des Fiat 527 S Ardita. Die Gehäuse der Scheinwerfer neben der stark geneigten Kühlerfront verliefen neben der Motorhaube nahtlos in die Gürtellinie, die Windschutzscheibe besaß beidseitig angefügte Zusatzfenster und einen ebenfalls verglasten Dachansatz. Im Gegensatz zum Superluminosa-Dach war der Glaseinsatz hier quer unterteilt. Dieser Bertone-Ardita fiel überdies durch seine voll abgedeckten Hinterräder auf.

Eine dreiteilige Frontscheibe erhielt zwei Jahre später ebenfalls das bis 1940 in größerer Serie gebaute Modell Dynamic der französischen Marke Panhard & Levassor. Diese Lösung war ein Vorläufer der ab 1954 in den USA populär gewordenen Panorama-Frontscheiben; in den Dreißigerjahren war es freilich noch nicht möglich, Glas in solcher Weise ums Eck zu biegen.

Entwurfsskizze von Mario Revelli di Beaumont für eine aerodynamisch ausgerichtete Oberklasse-limousine auf Basis des Fiat Ardita von 1934 (bw)...

... und die Umsetzung durch Giovanni Bertone: Der verwirklichte Fiat 527 S Ardita wirkt bauchiger und imposanter als auf dem Entwurf (6 Zyl., 2516 ccm, 60 PS – bw).

«Balilla della Signora» bzw. der «Balilla für die Dame»: Fiat 508 Balilla, 1934 (4 Zyl., 995 ccm, 24 oder 34 PS – bw).

Der spezielle Balilla «für die Dame»

Mario Revelli di Beaumont widmete sich aber auch populäreren Modellen, so dem Fiat 508 Balilla. Zusammen mit Nuccio Bertone verwirklichte er ebenfalls bereits 1934 den «Balilla della Signora», den «Damen-Balilla», also. Es war Nuccios erstes von ihm geleitetes Entwicklungsprojekt. In jenem Jahr hatte Fiat den 1-Liter-Motor des Balilla mit einem Vier- statt dem Dreiganggetriebe kombiniert. Zudem stieg die Motorleistung von 20 auf 24 PS, und auf Wunsch ließ sich die dank obenhängender Ventile 34 PS leistende Sportversion dieses Motors nun auch in den Standardmodellen einbauen.

Der Balilla della Signora bestach durch seine modern gerundeten Formen und die großflächigen mit Chrom umrandeten Seitenfenster. Wie das bei Modellen mit gegenläufigen Türen – vorne nach vorne, hinten nach hinten öffnend – üblich geworden war, wurde auf Mittelpfosten verzichtet. Dies erleichterte den Zugang zum Innenraum, was nicht zuletzt von Müttern geschätzt wurde. Bei diesem Bertone-Balilla war zudem die Pedalerie etwas weiter vorne platziert und damit die Distanz zur Windschutzscheibe leicht verkürzt.

Mario Revelli di Beaumont lieferte der Carrozzeria Bertone die Inspiration für weitere aerodynamisch betonte Formschöpfungen. Bis nach dem Zweiten Weltkrieg blieb er in Kontakt zu Bertone und Pinin Farina, von 1952 bis 1954 wirkte er bei General Motors in den USA als Chief Engineer des Future Design Studios. Darauf sorgte er dafür, dass die von E. T. Pigozzi in Frankreich unter Fiat-Lizenz gegründete Marke Simca sich durch eine eigene Stylingabteilung abhob. Später unterrichtete Revelli am Art Center College of Design im kalifornischen Pasadena und an der Schule für Angewandte Kunst in Turin.

Große Schritte in Richtung Stromlinie

Als Eigenschöpfungen fand eine ganze Anzahl von fortschrittlich geformten Fiat- und Lancia-Derivaten Eingang in die Bertone-Annalen. Das Thema Stromlinie gewann zunehmend an Bedeutung, auch wenn hierzu noch keineswegs ein Windkanal Pate stehen konnte. Auch die Großen der Automobilindustrie hatte noch kaum Zugang zu Windkanälen. Solche fanden sich noch nicht auf Firmenarealen, sondern im Besitz von Forschungsinstituten und Universitäten, wie etwa der Technischen Hochschule von Turin. Sie dienten denn auch noch nicht dem wissenschaftlichen Ausfeilen von Autoformen, sondern dem Erarbeiten der idealen Flugzeugkonturen... nicht zuletzt solchen für den Militäreinsatz.

Die ersten «echten Windkanalautos» waren ab den Zwanzigerjahren in geringer Zahl in Deutschland entstanden. Die in den späteren Jahren in Amerika wie in Europa aerodynamisch geformten Karosserien kamen bloß auf empirische Weise zu ihrem mehr oder weniger reduzierten Luftwiderstand. Sie wirkten neuartig attraktiv, meist elegant und oft – aber nicht immer - auch ästhetisch ansprechend. Ein frühes Beispiel dafür lieferte Bertone 1936 mit einem betont stromlinienförmigen Sechsfenster-Limousinenaufbau auf dem 1935 eingeführten Mittelklassemodell Fiat 1500. Eine schräggestellte Frontpartie

Fiat 1500 von 1936 mit betont aerodynamisch ausgebildeter und zudem zweifarbiger Karosserie (6 Zyl., 1493 ccm, 45 PS – bw).

An die windschlüpfig geformte Front des Fiat 508 C Ballila 1100 von 1937 angefügt: die Bertone-Cabriovariante (4 Zyl., 1089 ccm, 32 PS – bw).

Links:

Weit weniger aufdringlich gestaltet zeigte sich dieser Fiat 1500, der beim Concorso d'Eleganza von Turin 1937 den ersten Preis gewann – (bw).

Verführerisch elegant, hochsportlich und innovativ: Fiat 1500 Cabriolet, 1938 (6 Zyl., 1493 ccm, 45 PS – bw).

mit gleichmäßig nach hinten verbreiteter Motorhaube, ein schlanker Karosseriemittelteil, ein langgezogenes Schrägheck und voll abgedeckte Hinterräder waren die Hauptmerkmale.

Die Carrozzeria Bertone kleidete in jenen Jahren den Fiat 1500 wie auch das Lancia-Modell Aprilia mit verschiedenen Aufbauten ein, darunter auch Cabriolets und Coupés. Besonders bemerkenswert war ein langgestrecktes Sportcabrio, das in verschiedenen Ausführungen dem Chassis beider Fabrikate verfügbar war. Den Höhepunkt verkörperte die 1938 gezeigte Version mit umklappbarer Windschutzscheibe, unter eine Klappe verstaubarem Verdeck, versenkten Türfallen und dazu noch in Kontrastfarbe gehaltenen Kotflügeln. Statt des zwar stark schräg gestellten und vertikal gewölbten, aber immer noch im Hochformat gehaltenen Kühlergitters führte Bertone bei diesen sportlichen Modellen schon 1937 eine V-förmig zugespitzte Kühlerverkleidung ein. – Eine solche erhielt auch der Anfang 1938 an den italienischen Radchampion Gino Bartali gelieferte Fiat 1100 mit Bertone-Cabriokarosserie. Mit dem Jahrgang 1939 wurde ein Spitzkühler auch zum Kennzeichen des serienmäßigen Fiat 1100.

Unten:
Außergewöhnliche Bertone-Designleistung, wie jene des Fiat 1500 Cabriolet von 1938, verdiente auch eine gekonnte fotografische Inszenierung. Dies entsprach wachsender Erkenntnis; Farbdruck war allerdings noch zu aufwendig (bw).

Erinnerungsbild mit Autogramm vom 1. Februar 1938: Radrennfahrer Gino Bartali und Nuccio vor dem Fiat 1100 Cabrio Bertone (bw).

Auch Techniklösungen zählen zur Designarbeit: Verdeck und Spritzdecke ließen sich unter einer Klappe verstauen (bw).

Ebenfalls 1938: Der Topolino als Bertone-Cabrio mit Spitzkühler (4 Zyl., 569 ccm, 13 PS – bw).

Spezialitäten auf Basis Topolino

Mitte 1936 revolutionierte und vor allem «popularisierte» Fiat die Autowelt mit dem Modell 500, der alsbald den Kosenamen Topolino = Mäuschen erhielt. Der Fiat 500 war das kleinste Großserienauto der Welt. Zwar waren von gewieften Konstrukteuren schon seit Jahrzehnten immer wieder «Volksautos» zum Vorschlag gebracht worden. Sie waren meist auf mehr oder weniger geniale Art anders als die angestammten Wagen, denn mit ihnen wurde stets nach Wegen gesucht, Konstruktion und Herstellung preisgünstiger zu machen. Nicht so beim Topolino: Er war in üblicher Weise gebaut mit vier Rädern, Stahlchassis, Vierzylindermotor und Hinterradantrieb..., nur eben viel kleiner.

Bei just 2 m Radstand erreichte seine Länge 321,5 cm. Dennoch bot er auf recht komfortable Weise Platz für zwei Erwachsene und zwei Kinder. Dass sein Innenraum oft auch extensiver genutzt wurde, lag an seiner universellen Nutzbarkeit und seinem durchschlagenden Verkaufserfolg. Die meisten Topolino wurden mit Faltdach gekauft, und auch Stoßstangen waren ein beliebtes Zubehör. Mit seinem 569-ccm-Motörchen resultierten 13 PS und eine Spitze von 85 km/h.

Natürlich waren in Italien schnell einmal Spezialisten zur Stelle, die dem 535 kg leichten Wägelchen zu mehr Leistung verhalfen. Und ebenso selbstverständlich befasste sich auch die Carrozzeria Bertone mit dem Thema Topolino. 1938 realisierte sie eine niedliche Topolino-Cabrioletversion, der sie auch gleich zu einer Spitzkühlerfront nach dem Muster der größeren Modelle verhalf.

Besondere Beachtung fand eine im gleichen Jahr ebenfalls auf Topolino-Basis entstandene verlängerte Cabrioversion, die für die neue Kleinwagenmarke Siata entwickelt wurde. Siata war die Società Italiana, die sich der «Anpassung und Änderung von Automobilen» widmete; heute würde man kurz von Tuning sprechen. Der Siata Amica war sozusagen eine Miniatur des ebenfalls 1938 entstandenen hochsportlichen Spezialcabrios auf der Basis des Fiat 1500.

Im Bertone-Fotoarchiv ist der Amica zusammen mit Carmen Franco festgehalten, der Tochter eines gewissen spanischen Politikers. Doch solche gab es inzwischen auch in Italien.

Amerikanische Kühlerfronten als Vorbild

Der Einfluss des amerikanischen Designs auf die Automobilgestaltung in Europa war unverkennbar, und dies galt in der Vor- und ebenso noch in der frühen Nachkriegszeit auch für Bertone. Während die Front des Fiat 500 Cabrios von 1938 an den Ford V8 von 1937 erinnerte, gemahnte ein 1939 aufgebautes Cabrio auf Basis des Fiat 1100 an die Buick des gleichen Jahrgangs; es gewann beim Turiner Concorso d'Eleganza einen ersten Preis.

Vater und Sohn Bertone hatten ihre Modellauswahl schon Mitte der Dreißigerjahre auf den Nutzfahrzeugbereich ausgeweitet. Dies entsprach nicht zuletzt auch dem Militärbedarf. So entstanden neben kleinen Busmodellen und Lieferwagen im Auftrag des Italienischen Roten Kreuzes eine bedeutende Anzahl Ambulanzen und zwar sowohl auf dem Unterbau des Lancia Artena wie jenem des Fiat 1100/L und später auch des SPA 38. Bertones größter Auftrag ergab sich, als Italiens Regierung den Aufbau von 500 Taxi und Mietwagen auf der halb-selbsttragenden Struktur des Lancia Aprilia orderte.

Der 1937 herausgebrachte kleine Aprilia war eine richtungsweisend moderne Konstruktion. Die Form seiner viertürigen Fließheckkarosserie war in der Technischen Hochschule von Turin ausgefeilt und somit echt aerodynamisch ausgebildet worden. Die Aprilia-Struktur diente auch für Bertone-Cabriovarianten, und dies galt auch noch nach dem Zweiten Weltkrieg. Schon 1938 entstanden luxuriöse Limousinen mit Spitzkühler einschließlich Sechsfenster-Chauffeurwagen.

Vincenzo Lancia aber war schon 1937, kurz nachdem der Aprilia produktionsbereit war, 56-jährig einem Herzschlag erlegen.

Als wär's ein Buick: Amerikanische Frontgestaltung an einem hocheleganten Fiat 1100 Cabrio, 1939 (4 Zyl., 1089 ccm, 32 PS – bw).

Selbst diese elegante, stark von dem hochmodernen Lancia-Serienmodell abweichende Berlina entstand 1938 bei Bertone mit auf 285 cm verlängertem Radstand auf der Struktur des Lancia Aprilia (V4, 1352 ccm, 47 PS – bw).

Während des Zweiten Weltkriegs karossierte Bertone sowohl Militärlastwagen wie Ambulanzen. Im Bild ein Fiat 666 N im Tarnanzug (bw).

Rechts:
Mitten in der Kriegszeit entstanden: Fiat 2800 als luxuriöses Zweisitzercabrio (Aufbau 1943; 6 Zyl., 2852 ccm, 85 PS – bw).

Die Kriegsjahre brachten auch für die Carrozzeria Bertone eine nur mit viel organisatorischer Umsicht zu bewältigende Fülle von Problemen. Auch Italiens Automobilindustrie musste sich auf die Herstellung und den Unterhalt von Militärfahrzeugen umstellen. Bertone lieferte u. a. zahllose Karosserieaufbauten für Lastwagen, wie den Fiat 666 N. Hinzu kamen Ambulanzen auf den Fahrgestellen der Lancia Artena und Fiat 1100 L (verlängerter Radstand). Dennoch entstanden nebst Fertigung und Unterhalt von Militärfahrzeugen noch einige wenige Spezialkarosserien, darunter im Jahr 1943 ein zweisitziges Luxuscabrio auf dem Chassis des 1938 in Produktion gekommenen großen Fiat 2800. Dieses Einzelstück war von Graf Giovanni Lurani Cernuschi bestellt worden. Er zeichnete sich später als Rennfahrer, Begründer der Formel Junior und Autohistoriker aus.

Eine Nachkriegsepisode mit Alfa Romeo

Während Fiat und Lancia die führenden Turiner und damit „lokalen" Marken verkörperten, waren Alfa Romeo und Isotta Fraschini die Prestigenamen aus Mailand. Vor allem Alfa brillierte mit individuellen, in kühnem Stil gehaltenen Aufbauten diverser Karosseriefirmen. Doch erst in der Nachkriegszeit kam auch Bertone zum Zuge: Nach einem bereits 1945 verwirklichten Cabrio folgte 1947 ebenfalls auf der Basis des Alfa Romeo 6C 2500 ein auffallendes Coupé mit starken aerodynamischen Ansätzen.

Die Front dieses Bertone-Alfa lehnte sich an das von Alfa Romeo zur Markenerkennung entwickelte unverkennbare Kühlergesicht an, mit dem als Scudeto (Schild) bezeichneten hohen schmalen Mittelteil und den beidseitigen horizontalen Kühlergitterstäben. Anstatt durch horizontale Chromstäbe wurde der Scudeto durch eine Vielzahl feiner Vertikalstäbe gebildet. Dies verhalf diesem Einzelstück zusammen mit dem langgezogenen Auslauf der vorderen Radhäuser zu eigener Prägung.

Der Alfa Romeo 6C 2500 bildete eine Brücke von der Vor- zur Nachkriegszeit. Er wurde zum Höhepunkt und Abschluss der 1927 eingeführten und schon im Jahr darauf mit zwei obenliegenden Nockenwellen dotierten Sechszylinderreihe. Sie wurde stetig weiterentwickelt und wuchs von 1500 über 1750,

Ein Bertone-Cabrio auf Alfa-Basis war schon 1945 entstanden: Alfa Romeo 6C 2500 Spider (bw).

Stilistisch an das Cabrio Fiat 2800 angelehnt, aber erst 1947 gebaut: Bertone-Coupé Alfa Romeo 6C 2500 SS (6 Zyl., 2443 ccm, 105 PS – bw; s. auch Bilder Seite 292).

Anlässlich des Concorso d'Eleganza Villa d'Este 2002: Neu aufgebauter Barchetta Bertone Fiat 500; er verkörperte das 1946 entstandene Erstlingswerk von Nuccio Bertone (rg).

1900, 2300 bis zu den 1939 erreichten 2500 ccm. In dieser ultimativen Form blieb sie bis 1953 im Alfa-Programm. Darauf begann für die Mailänder Marke mit dem Modell 1900 die Neuzeit. Der 2443-ccm-Motor des 6C 2500 kam je nach Ausführung als Turismo, Sport oder Super Sport auf 87 bis 105 PS.

Nuccios Passion für den Rennsport

Trotz seinem vielseitigen Werkseinsatz gelang es Nuccio Bertone während der Kriegsjahre, sein Studium fortzusetzen; die allerletzten Semester gingen allerdings in den Nachkriegswehen unter. Der Neuanfang ab 1945 in dem ebenfalls kriegsversehrten Turin mit allen Mangelerscheinungen auch in der Materialbeschaffung verlangte nun seinen vollen Arbeitseinsatz. Von einer zukunftsgerichteten schöpferischen Tätigkeit konnte aber noch kaum die Rede sein. Es ging um den Wiederaufbau, um die Herstellung der Infrastrukturen und die Neuausrichtung des täglichen Lebens.

Organisationstalent war ebenso gefragt wie Vorstellungskraft. Und Nuccio verstand es, in Turin und der Umgebung in Garagen abgestellte alte Fiat 1100 und 500 sowie Lancia-Modelle aufzuspüren, sie wieder auf Vordermann zu bringen und mitunter mit modernisierten Karosserien zu versehen. Hierzu ließ er sich weiterhin von jenen chromgeschmückten Frontpartien inspirieren, wie sie die weit größeren amerikanischen Modelle aufwiesen. Solche konnten Italiens Autoliebhaber vor allem in der nahen Schweiz zu Gesicht bekommen.

Nuccio Bertone träumte aber auch seit seiner Jugend vom Autorennsport. Solches Tun hatten im Vater und Mutter – die sich nebenbei persönlich um die administrativen und finanziellen Belange der Carrozzeria kümmerte – stets verwehrt. Nun aber sah sich der Bertone-Junior in der Lage, aktiv in den Rennsport einzusteigen. Mehr noch, er entwarf und konstruierte eine bemerkenswert elegante Renn-Barchetta auf Basis eines Fiat 500. Dieser wohlgeformte offene Zweisitzer wurde zu seinem initialen eigenständigen Meisterwerk.

Schlicht und einfach aufgereiht: Instrumentenbrett des Bertone Fiat 500, 1946 (bw).

In den Jahren 1947 bis 1952 verbrachte Nuccio Bertone viele Wochenenden im Renneinsatz, wie hier am Lenkrad eines Stanguellini 1100 Corsa (bw).

Der erste Einsatz erfolgte 1946 beim Rennen von Asti. Gegenüber den Konkurrenzfahrzeugen erwies sich dieser Fiat 500 Barchetta allerdings als viel zu schwer.

Mit Sportwagenkonstrukteur Vittorio Stanguellini

So wie Giovanni Bertone einst eine erfolgreiche Zusammenarbeit mit Vincenzo Lancia eingegangen war, so fand Nuccio nun Zugang zum Rennwagenkonstrukteur Vittorio Stanguellini. Dessen kleines Werk befand sich in Modena, Italiens Rennsportzentrum.

Bertone war 1947 nun 32 Jahre alt, aber Stanguellini auch erst fünf Jahre älter. Es ging um Nuccio Bertones Einsatz bei Rund- und Bergrennen, wozu ihm ein Stanguellini 1100 zur Verfügung stand, dessen Fiat-Mechanik mit allen Mitteln der Kunst einer Leistungssteigerung unterzogen worden war. In der Rennsaison 1947 resultierte für das Stanguellini-Team zehn Gesamt- und 37 Klassensiege, so steht es in den Annalen. Die Konkurrenzwagen von Cisitalia und selbst ein Ferrari 125 S, den Nuccio Bertone ebenfalls pilotierte, konnten da nicht mithalten. Zu den von Bertone Junior jeweils an Wochenenden bis 1952 eingesetz-

Aus dem Erinnerungsalbum: Nuccio Bertone am Lenkrad seines selbst entworfenen und eingesetzten Barchetta Fiat 500, aufgenommen 1947 (bw).

Kleines Liebhabercoupé, auch für den Renneinsatz: Stanguellini Fiat 1100 Berlinetta, 1948 (4 Zyl., 1089 ccm, 45 PS – wb).

Auf der Karosseriemesse im November 1947: Diverse Flanken und Gesichter zur Auswahl für Cabrios auf Basis Fiat 1100 und 1500 (bw).

Ebenfalls auf dieser Messe ein Fiat-1500-Cabrio mit vorderer Radhausverlängerung und hinterer Radverkleidung im Pontonstil (bw).

ten Wagen zählten auch ein Ferrari 166 MM, ein Maserati A6G und ein Siata 208 mit Fiat-V8-Motor. Im Verlaufe des Jahres 1952 gab Nuccio dem Betreiben seiner Eltern nach und hängte den Helm an den Nagel...

Der Kontakt zu Vittorio Stanguellini hatte allerdings auch einen beachtlichen Erfolg für die Karosseriefirma erbracht: Denn schon 1948 konnte unter der offiziellen Bezeichnung Berlinetta Fiat 1100 derivata Stanguellini ein von Luigi Rapi entworfenes formvollendetes Coupé in Produktion genommen werden. Mit ihm war die Pontonkarosserie auch bei Bertone angekommen: gänzlich glatte Seitenflächen ohne angedeutete Radhauskonturen. Der Stanguellini fand bei den Liebhabern kleinerer Sportwagen großen Anklang, und ebenso eignete er sich für den Renneinsatz in der 1100-ccm-Klasse.

Der Prototyp des Stanguellini 1100 Berlinetta wurde schon an der ersten Mostra della Carrozzeria Italiana im November 1947 in Mailand vorgestellt. Mit dieser Karosseriemesse wurde die Wiedergeburt der italienischen «Spezialkarossiers» nach dem Krieg eingeläutet. Neben diesem Coupé fand sich auf dem Bertone-Stand gleich ein halbes Dutzend Cabriolets auf der Basis der Fiat 1100 und 1500 sowie des Lancia Aprilia. Die Verlängerungen der vorderen Radhäuser reichten teils bis zum Ansatz der hinteren Radhäuser. Unterschiedliche, teils provokativ modern gestaltete Kühlergitter appellierten an die individuellen Vorlieben der Kaufinteressenten. Sie dienten dem Eruieren des Publikumsgeschmacks und waren somit ein früher Schritt in den Bereich der Marktforschung.

Eleganz, Luxus und Sportlichkeit mit Stromlinie kombiniert: Lancia Aprilia Cabriolet, 1947 (V4, 1486 ccm, 48 PS – bw).

Zum Stanguellini 1100 Berlinetta kam 1948 eine geräumige zweitürige Limousine hinzu, die auf dem Sechszylinder-Fiat 1500 basierte und als Berlina Fiat 1500 derivata Stanguellini bezeichnet wurde. Berlinetta wie Berlina gab es auch auf vertauschter 1100/1500-Basis. Die Herstellung von Cabrios auf Basis der Fiat 1100 und Lancia Aprilia lief indessen weiterhin erfolgreich. Zu einem eigentlichen Renner wurde das Viersitzercabrio Fiat 1100 Derby, das mit dem bei Fiat ab 1938 (Modell 2800) bzw. 1939 (Modell 1100) verwendeten V-förmigen Kühlergitter versehen war.

Am Concours d'Elégance von Turin 1949: Fiat 1100 E als Spider Corsa in Pontonform mit umklappbarer Frontscheibe (4 Zyl., 1089 ccm, 35 PS – bw).

Zum Berlinetta kam 1948 auch eine zweitürige Limousine: Stanguellini Fiat 1500 Berlina (6 Zyl., 1493 ccm, 65 PS – bw).

Wurde zu einem Erfolgsbegriff: Fiat 1100 Derby, 1948 (4 Zyl., 1089 ccm, 32 PS – ah).

Blieb ein Versuch: Bertone Healey Cabrio, 1948 (Riley-Motor, 4 Zyl., 2443 ccm, 105 PS – bw).

Attraktiver kleiner Sportzweisitzer: 1949 vorgestellter Siata Amica mit Topolino-Mechanik (4 Zyl., 569 ccm, 20 PS – bw).

Ein Healey als Solitär – Siata in Kleinserie

Als Einzelstück entstand zudem ein Healey 2.4 Litre als Cabriolet, dessen Stanguellini-inspirierte Eleganz einen gewollten Kontrast zu den massiv geformten originalenglischen Healey bildete. Es wurde 1948 auf der zweiten *Mostra della Carrozzeria* von Mailand gezeigt. Zu seiner Besonderheit zählte die Rückseite der Vordersitzlehnen: Dort fanden sich in sorgsamer Sattlerarbeit ausgeführt am Fahrersitz ein Whiskyservice und am Beifahrerinnensitz ein Kosmetikset. Hinzu kamen Klapptischchen und Leseleuchten. Ebenfalls als Einzelstück verwirklichte Bertone 1948 ein langgestrecktes Luxuscabrio auf der Basis einer Sportwagenkonstruktion der Turiner Firma Nardi & Danese.

Schon 1938 hatte Bertone für die Firma Siata von Giorgio Ambrosini ein luxuriöses Kleinstcabrio auf der Basis des Fiat 500 Topolino entwickelt. Siata stand für *Società Italiana Applicazioni Trasformazioni Automobilistiche.* 1949 erfuhr der Siata Amica eine Wiedergeburt, nun mit einem eigenen Rohr-

Healey-Sitzrückseite mit Whiskyservice und Kosmetikset (bw).

rahmenchassis als Ausgangspunkt. Auf diesem entstand bei Bertone ein echt sportiv geformter Zweisitzer-Sportwagen mit glatten Seitenflächen. Unter dem Dach einer größeren Verkaufsorganisation hätte dieses automobile «Kleinod» gewiss das Potenzial zum Bestseller gehabt..., so wie etwa der Mazda Miata alias MX-5 just 40 Jahre später. Der 570-ccm-Motor des Topolino besaß neuerdings obenhängende statt stehende Ventile (im Fachjargon OHV statt SV) und lieferte im kleinen Amica auf Wunsch runde 20 statt der serienmäßigen 16,5 PS; ab 1951 gab es ihn auch mit stärkeren Motoren.

Niedlich auch mit aufgesetztem Verdeck: Siata Amica (bw).

«Integrale» war das ominöse Wort

Bereits in den frühen Nachkriegsjahren zeichnete sich jener wirtschaftliche Aufschwung ab, von dem die Automobilherstellung mit an vorderster Stelle profitieren sollte. Und nicht nur das äußere Erscheinungsbild der Autos, auch die Produktionstechnik erreichte in dieser Zeit des Aufbruchs neue Horizonte. Wie zu erwarten war, fand unter dem Stichwort «integrale» die selbsttragende Bauweise auch bei Italiens Großherstellern Eingang. Integral bzw. vollumfassend war

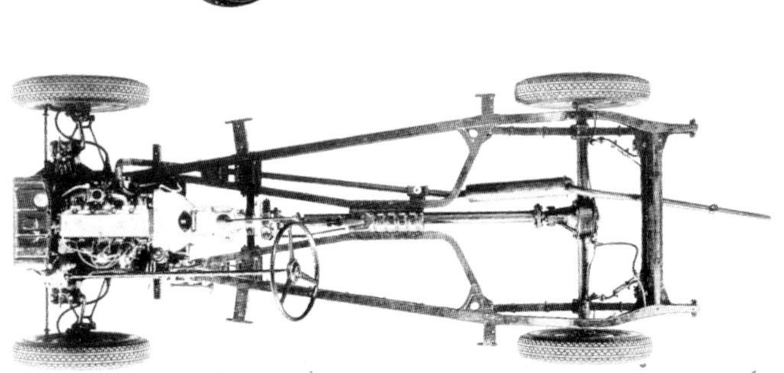

Links oben:
Das 1935 entstandene Fiat 1500, Vorgängermodell des Fiat 1400, erhielt wegen seiner aerodynamisch gestalteten Karosserie ein Chassis mit zentralem Längsträger (fw).

Links unten:
Der Fiat 508 C Balilla 1100 von 1937 wies hingegen weiterhin einen traditionellen, aus zwei äußeren Längsträgern bestehenden Chassisrahmen (fw).

Rechts oben:
Der Fiat 1400 von 1950 brachte das Ende der Chassiskonstruktion mit zwei Längsholmen. Seine selbsttragende Karosseriestruktur entsprach den «Kriterien der neuesten internationalen Bauweise» (fw).

Anbruch der Neuzeit bei Fiat: 1400 Berlina, 1950 (4 Zyl., 1395 ccm, 44 PS – fi).

Pontonform-Vorbildlimousine: Kaiser 1946 (6 Zyl., 3600 ccm, 101 SAE-PS – wb).

die Aufbaustruktur, auf der die Karosserieflächen verankert wurden. So konnte auf ein separates Fahrgestell bzw. Chassis verzichtet werden. Die Herstellung erfolgte rationeller und damit kostengünstiger. Zudem wurden die Autos leichter, und die selbsttragende Bauweise eröffnete ungeahnte Perspektiven für erhöhte Fahrzeugsicherheit bis hin zu den Knautschzonen, die etliche Jahre später ins Gespräch kamen.

Die traditionellen Karosseriefirmen aber hatten weitgehend das Nachsehen. Denn sie konnten nun auf dem Chassis, anschließend an den Windlauf bzw. die Motorhaube, nicht mehr ohne weiteres eine ihrem eigenen Karosseriedesign entsprechende Struktur aufbauen. Für Sonderversionen auf der Basis populärer Großserienmodelle waren sie fortan vermehrt auf die gutwillige Zusammenarbeit seitens der Automarken angewiesen. Immerhin entstand noch eine Mehrheit der Oberklassefabrikate in Chassisbauweise, für die sich eine wohlhabende Klientele gerne individuelle Einzelstücke auf die Räder stellen ließ.

Der Fiat 1400 und Giovanni Michelotti

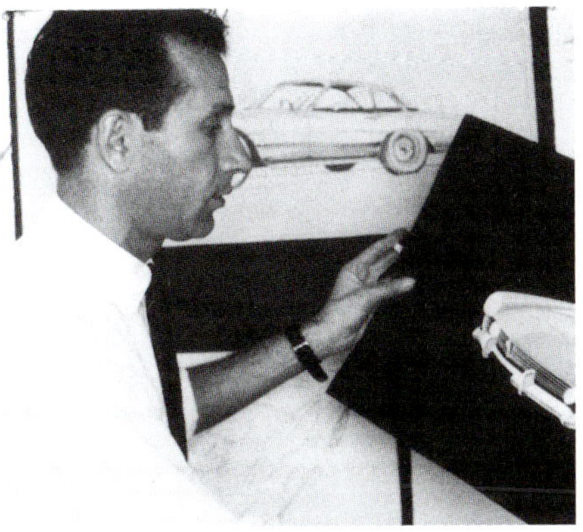

Giovanni Michelotti am Zeichenbrett (1959 – uk).

Auf dem Genfer Automobilsalon im März 1950 stellte Fiat das Modell 1400 vor. Man sprach auch von Fiats «50-Jahr-Jubiläumsmodell». Der Typ 1400 verkörperte eine radikale Abkehr von der altmodisch gewordenen Stilrichtung der Fiat-Modelle 1100 und 1500. Der Fiat 1400 zeigte eine völlig glattflächige Dreivolumenkarosserie: Motorhaube mit tiefem, breit verlaufendem Lufteinlass, Passagierraum mit vier Türen und angefügtes Stufenheck. Man kannte diesen Stil bereits von amerikanischen Baumustern, allen voran den Kaiser und Frazer von 1946. Deren perfekte Pontonform war von dem aus Holland stammenden Designpionier Howard A. Darrin entworfen worden. Auch der Ford V8, wie er ab Juni 1948 vom Fließband in Dearborn rollte, zeigte konsequente Pontonform.

Der Fiat 1400 löste den 1500 E ab. Statt dessen 1493-ccm-Sechszylindermotor mit 47 PS Leistung, besaß er bloß einen 44 PS leistenden 1395-ccm-Vierzylinder. Er war auch rundum kleiner sowie leichter. Aber er bot weit mehr Innenraum, und zudem konnte sein Benzinverbrauch mit 10,5 statt 12,7 L/100 km angegeben werden. Mit diesem hochmodernen Mittelklassewagen verstärkte Fiat auch seine Position im Export. Trotz der «Integrale»-Bauweise bot der Turiner Industrieriese den Spezialkarossiers Hand für das Realisieren von Spezialversionen, und diese machten sich denn mit viel Vorstellungsvermögen an diese Aufgabe. Denn schließlich verlangte das italienische Publikum weiterhin nach Abwechslung.

Bei Bertone entstanden Coupés und Cabriolet auf 1400-Basis. Bemerkenswert waren

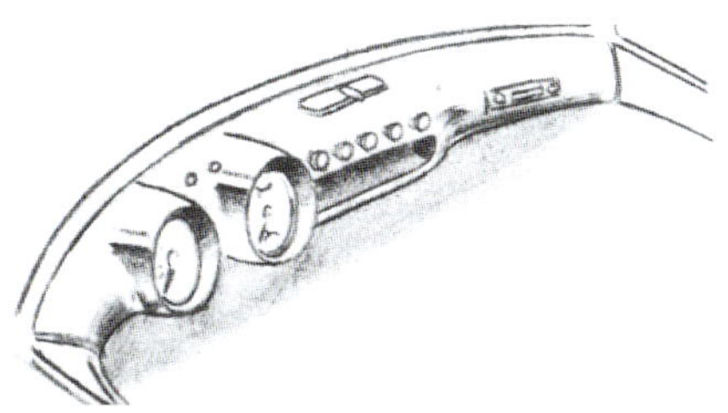

Für ihren Jahreskatalog 1954 beauftragte die «Automobil Revue» Giovanni Michelotti mit dem Entwurf eines «eleganten, geräumigen Reisecoupés für den Aufbau auf einem mittelgroßen, schnellen Fahrgestell in der Art des früheren Alfa Romeo 6C 2500; schlichte äußere Linien, großer Kofferraum, gut sichtbare Instrumente und besonders großes Heckfenster...». Hätte sich ein Besteller gefunden, wäre auch Bertone für die Verwirklichung in Frage gekommen (ar).

Im Stile Michelottis: Fiat 1400 als betont elegantes Bertone-Coupé mit angedeuteten hinteren Kotflügeln (1950; 4 Zyl., 1395 ccm, 44 PS – bw).

Michelotti-Design für das 2+2-sitzige Bertone-Coupé der neuen Derby-Serie, Basis des Fiat 1100 E (1951; Stahlchassis; 4 Zyl., 1089 ccm, 35 PS – bw).

Die Spezialkarossiers übernahmen im Falle des Fiat 1400 auch weitgehend das Original-Armaturenbrett (bw).

Der Bertone-Stand auf dem Turiner Automobilsalon von 1950: In der Mitte unter den sechs Exponaten zwei Fiat 1400 «Fuoriserie» (Einzelstücke) in Coupé- und Cabrioform (bw).

vor allem jene, zu denen Giovanni Michelotti die Designentwürfe lieferte. Michelotti, Jahrgang 1922, belegte schon 1939 – also 17-jährig – eine maßgebende Position beim Karosseriewerk Stabilimenti Farina! Zur Nachkriegszeit erwies er sich in seiner Tätigkeit als freier Designer als der produktivste Autoformenschöpfer Europas. Er entwarf Sportwagen für die verschiedensten Karosseriefirmen wie Vignale, Allemano, Stabilimenti Farina und eben auch für Bertone.

Besonders vielfältig waren Michelottis für die Karosseriefirma Ghia-Aigle in der Schweiz umgesetzten Entwürfe, betrafen sie doch ein halbes Dutzend Automarken. In Orbassano bei Turin baute er später eigene Prototypen und Kleinstserienwagen. Ab 1958 trugen sämtliche Karosserien der englischen Marke Triumph, von den kleinen und großen Limousinen bis zu den Sportwagen Spitfire, GT, TR und Stag, Michelottis Handschrift. Beweise seines Talents lieferte Michelotti auch mit begeisternden Entwürfen von luxuriösen «Zukunftsautos», wie sie in der «Automobil Revue» veröffentlicht wurden. - Von 1939 bis 1979 soll Michelotti «über 1000 Pkw-Modellen zur guten Form verholfen» haben,... zumindest auf dem Papier!

Bewährungsprobe in harter Konkurrenzlage

Die mit der Nachkriegszeit angekündigte Umstellung auf selbsttragende Karosserieaufbauten musste für die unabhängigen Karosseriefirmen früher oder später einschneidende Folgen haben. Individuelle Varianten von Großserienmodellen kamen nun deutlich teurer zu stehen, als bei den früheren auf separatem Chassis gebauten Modellen. Dank des einsetzenden Motorisierungsbooms bestand zwar noch genügend Nachfrage, aber es war offensichtlich, dass die Konkurrenz zusehends härter werden musste. Allein im Großraum bewarben sich neben der Carrozzeria Bertone nicht weniger als ein Dutzend Konkurrenten um die Gunst sowohl der Autohersteller wie der Liebhaber individueller Karosserieversionen:

Die neuen produktionstechnischen Gegebenheiten betrafen auch die Carrozzeria Bertone. Wie den Werksannalen zu entnehmen ist, führten die geänderten Voraussetzungen im Herbst und Winter 1950/1951 zu Anpassungen sowohl in der vorwiegend aus Zeichnern, Blechbearbeitern und Monteuren bestehenden Belegschaft wie auch im Maschinenpark.

Dennoch brillierte Bertone zu Beginn der Fünfzigerjahre noch mit einer ganzen Auswahl von Kleinstserienmodellen auf Fiat- und Lancia-Basis sowie mit Einzelstücken, die dem Renommee förderlich waren. Solche «Fuoriserie» («außer Serie») entstanden auf Kundenbestellung oder auf Bertone-Eigeninitiative. Zu den auf der Basis des Fiat 1400 angebotenen Modellen zählten 1951 ein Cabriolet namens St. Leger mit glatten Seitenflächen ohne angedeutete hintere Kotflügelkontur, ein eindrückliches Fastbackcoupé, das offensichtlich vom Lancia Aurelia B 20 inspiriert war, sowie ein als Western Arrow bezeichnetes Coupé mit Stufenheck.

Turiner Mitstreiter für gutes Autodesign um 1950

Carrozzeria Allemano (ab 1928)
Carrozzeria Canta (ab 1946)
Carrozzeria Coriasco (ab 1920)
Stabilimenti Farina (ab 1905)
Carrozzeria Pinin Farina (ab 1930)
Carrozzeria Frua (ab 1944)
SA Stabilimenti Garavini (ab 1924)
Carrozzeria Ghia (ab 1929)
Stabilimento Monviso (ab 1944)
Carrozzeria Savio (ab 1919)
Carr. Alfredo Vignale e C. (ab 1946)
Carrozzeria Viotti SA (ab 1921)
(ohne Betriebe für Nutzfahrzeug-Aufbauten)

Oben: 1951 brachte Bertone auf Basis Fiat 1400 ein neues Cabrio; hier die Version St. Leger (4 Zyl., 1395 ccm. 44 PS – bw).

Oben rechts: Ebenfalls auf Fiat 1400: eindrückliches Fastbackcoupé (bw)...

Rechts: ...und neu zudem das Fiat-1400-Coupé namens Western Arrow (bw).

Nebst Fiat und Lancia ein erster Ferrari

Als Einzelstück entstand bei Bertone ebenfalls 1951 zudem der erste Aufbau für die 1947 gegründete Marke Ferrari, einem Namen, der dank Rennsporterfolgen, anspruchsvoller Spitzentechnologie und exklusiver Machart binnen weniger Jahre internationalen Ruf erlangte. Das schlicht geformte Cabriolet auf der Basis des Ferrari 166 Inter zählte zu jener Reihe von «Straßen-Ferrari», wie sie auch von Vignale, Ghia, Touring, Allemano und den Stabilimenti Farina aufgebaut wurden.

Indessen hatte Lancia per 1952 die Bodenstruktur des hochmodernen Mittelklassemodells Aurelia für die Karossiers freigegeben. Der Aurelia war 1950 herausgebracht worden und erhielt – beim Pionier dieser Bauart – ebenfalls einen selbsttragenden Aufbau. Zu einem Prunkstück wurde das ab 1951 gebaute Coupé Aurelia B 20 GT, dies wegen seiner sportlichen Leistungsfähigkeit, wie auch dank seiner überzeugenden Karosserieform mit Fließheck. Für Sonderkarosserien wurde dieser Unterbau mit dem auf 70 statt 75 PS beschränkten 2-Liter-V6-Motor bestückt. Lancia war auch Pionier des V6-Motors (mit 60° Zylinderwinkel).

Erster Ferrari mit Bertone-Karosserie von 1951: ein Typ 166 Inter mit dem markentypischen Kühlergitter und Borrani-Drahtspeichenrädern (V12, 1995 ccm, 115 PS – bw).

Auf dieser Basis schuf Bertone eine coupéartige Zweitürlimousine mit sanft geschwungenem Stufenheck. Damit ergab sich eine Alternative zum serienmäßigen B 20 GT. Als kleine Besonderheit zeigte die Front Doppelscheinwerfer. Auch wenn die äußeren Lampen von etwas kleinerem Durchmesser waren, so lieferten sie doch einen unbewussten Vorgeschmack auf die bei den Amerikaner Wagen 1958 eingeführten Doppelscheinwerfer. Außerdem delegierte Lancia 1952 an Bertone die Produktion einer Aurelia-Chauffeurlimousine auf der Basis des Typs B 15 mit auf 65 PS limitierter Leistung. Bei einem von 286 auf 325 cm verlängerten Radstand ergab sich genügend Raum für sechs bis acht Insassen.

Ferrari baute selbst für den Heimmarkt noch letzte Rechtslenkungsmodelle (bw).

Bertone-Eleganz hinter Doppelscheinwerfern: Lancia Aurelia B 52 (1952; V6, 1991 ccm, 70 PS – bw).

Für die Fahrt mit Chauffeur: Lancia Aurelia B 15 mit langem Radstand (1952; V6, 1991 ccm, 65 PS – bw).

Franco Scaglione bei der Arbeit (uk).

Scagliones aufregende Formschöpfungen

So wie zuvor Giovanni Michelotti, so begann sich ab 1952 auch Franco Scaglione unter der Federführung – einem in diesem Zusammenhang mehr als nur symbolischen Ausdruck – von Nuccio Bertone einen internationalen Namen als Autodesigner zu machen. Scagliones extravagant erscheinende Formideen sorgten erstmals für großes Aufsehen, als im Frühling 1952 auf dem Automobilsalon von Turin der futuristische Abarth 1500 vorgestellt wurde. Dessen aerodynamische Front wurde von drei Scheinwerfern dominiert, unter denen das extragroße mittlere Exemplar an die Nase eines Düsenjets erinnerte. Die von Designpionier Raymond Loewy beim Studebaker des Modelljahrs 1950 eingeführte «Flugzeugnasenfront» nahm sich dagegen harmlos aus. Die im vordersten Abschnitt deutlich nach unten abgeknickte Fahrzeugnase erfüllte einen klar definierten Stromlinieneffekt; dieser «cofano picchiante» fand sich auch bei späteren Scaglione-Kreationen.

Auch die weiteren von Franco Scaglione entworfenen Formelemente am Abarth 1500, dessen Mechanik dem Fiat 1400 entstammte, waren ungewohnt und basierten auf den gründlich erarbeiteten aerodynamischen Kenntnissen ihres Schöpfers. Dies illustrierten die aus einem Stück gefertigte riesige Panoramafrontscheibe, und noch großflächiger war die zweiteilige, ebenfalls um die Ecken des Pavillons gezogene Heckscheibe. Hinzu kamen die bogenförmig nach hinten verlängerten Radausschnitte und die kecken Heckflossen sowie die feine Längsfinne auf dem Heckscheiben-Mittelrahmen.

Eine Wucht... und zudem ein automobiles Kunstwerk: Abarth 1500 auf Basis Fiat 1400, Design Franco Scaglione, Carrozzeria Bertone (bw).

Links:
Imposant wirkte am Abarth 1500 auch die gewaltige zweigeteilte Heckglasfläche; sie inspirierte ebenso zu weiteren Kreationen (bw).

Und mit diesem wahren Kunstwerk des modernen Industriedesigns geschah Ungewöhnliches: Noch auf dem Turiner Salon entschlossen sich die Manager des amerikanischen Automobilherstellers Packard Motors zum Kauf des Abarth-1500-Coupés. Es wurde nach den USA verschifft, um den einheimischen Formgestaltern zur Inspiration zu verhelfen. 1954 wurden übrigens Packard und Studebaker zusammengeschlossen; der Konzern ging 1966 gleichwohl unter.

Anzumerken ist im Zusammenhang mit dem bei Bertone aufgebauten Abarth 1500 überdies, dass die ersten serienmäßigen Panorama-Frontscheiben zum Modelljahr 1954 bei General Motors in den USA (Cadillac, Buick, Oldsmobile, Corvette) auftauchten und darauf schrittweise Verbreitung fanden.

Die wegweisende MG-Idee von Nuccio Bertone

Auf dem Automobilsalon von Turin des Jahres 1952 bot der Bertone-Stand zwei weitere bedeutsame Neuheiten. Um zu dem angebrochenen «Zeitalter der selbsttragenden Karosserien» ein Gegengewicht zu finden, war Nuccio Bertone auf die Idee gekommen, den MG TD, Englands so überaus populären, noch im Stile der Zwischenkriegszeit gehaltenen offenen Sportzweisitzer, mit attraktiv-modernen Aufbauten zu versehen.

Das Cabrio Arnolt-MG, wie es Bertone auf dem Salon Turin 1952 präsentierte (4 Zyl., 1250 ccm, 55 PS – bw).

Basis MG TD mit Linkslenkung für die USA und von Bertone verfeinertem Armaturenbrett (bw).

Welcher Gegensatz! Original-MG TD von Anfang Fünfzigerjahre (rg).

Als Coupé fand der Arnolt-MG drüben in den USA noch mehr Liebhaber als das Cabrio (4 Zyl., 1250 ccm, 55 PS – bw).

Aus internationaler Sicht war der MG gleichsam das Symbol für alle erschwinglichen Sportwagen. Er war der Traum von Millionen von jungen Autofans beidseits des Atlantiks, in Europa von den britischen Inseln bis zu den «unabhängigen Automärkten» von Schweden, Holland, Belgien und der Schweiz und in Amerika von der Ostküste bis Kalifornien. Dieser größte und gleichzeitig besonders sonnenreiche Bundesstaat war geradezu zum MG-Paradies geworden und damit für die Nuffield-Gruppe in England, wo die MG nebst den Morris, Wolseley und Riley gebaut wurden, das wichtigstes Exportgebiet (MG stand ursprünglich für Morris Garage).

Der MG TD Midget war 1949 vorgestellt worden. Als längst fällige Änderung erhielt er eine vordere Einzelradaufhängung und weitere technische Verbesserungen. Stilistisch aber entsprach er stets noch einem auf das Jahr 1934 zurückgehendes Konzept. Das heißt, er wirkte gänzlich veraltet! Darin mag zwar sein besonderer Charme gelegen haben. Aber es war längst an der Zeit, dass ein unternehmerischer Karossier eine moderne MG-Alternative auf die Räder stellte. Diese Chance ergriff Nuccio Bertone, denn dank seiner Umsicht hatte er erkannt, welches Potenzial in dieser Möglichkeit schlummern mochte..., auch wenn die Marke MG in Italien kaum bekannt war.

Das im Frühling 1952 auf dem Salon Turin vorgestellte Duo Cabriolet und Coupé auf Basis des MG TD fand vor allem in der Fachwelt große Beachtung und zudem die Aufmerksamkeit von Stanley H. Arnolt, einem in Chicago domizilierten bedeutenden MG-Importeur. Im Vergleich zum Original-MG waren die Bertone-Kreationen um Welten moderner. Das Cabrio zeigte eine stilistisch an die Siata Amica angelehnte Karosserie, während das Coupé durch seine sanfte Stufenheckform gefiel. An der Front beider Versionen prangte das traditionelle hochformatige MG-Kühlergitter.

Es brauchte am Sitz der Nuffield-Gruppe, die sich im selben Jahr mit Austin zur British Motor Corporation zusammenschloss, etliche Überzeugungskraft, um den Export von TD-Chassis nach Turin sicherzustellen. Doch Nuccios MG-Idee wurde zum durchschlagenden – und für Bertone zukunftssichernden – Erfolg: Von Oktober 1952 bis Juni 1954 konnten 67 Arnolt-MG-Coupés und von Juni 1953 bis Mai 1954 36 Arnolt-MG-Cabrios in die USA geliefert werden.

Blieben Einzelstücke: Borgward und Renn-Siata

Ebenfalls auf Eigeninitiative entstand noch 1952 eine formvollendete Zweitürlimousine auf dem Plattformrahmen mit Mittelträger des Borgward Hansa 1500. Dieses in Bremen gebaute Mittelklassemodell besaß ab Werk eine etwas pummelige Karosserie in Pontonform. Beim Bertone-Vorschlag dürfte aber vor allem das chromreiche Kühlergitter, dessen ungewohnt hohe Position an die Bertone-Cabrios und -Coupés auf dem Fiat 1400 erinnerte, auf wenig deutsche Gegenliebe gestoßen sein. Mit dem im Sommer 1954 lancierten Modell Isabella mit selbsttragender Karosserie gelang dann Carl F. W. Borgward der Durchbruch auch im Designbereich aus eigener Kraft.

Noch bevor Nuccio den Rennfahrerhelm Ende 1952 an den Nagel hängte, schuf er mit dem Siata 208 CS eine stilistisch offensichtlich von Franco Scaglione beeinflusste Rennbarchetta auf der Basis des Siata 208 CS. Dieses Modell war ein Derivat des Fiat 8V, der 1952 auf dem Genfer Automobilsalon vorgestellt wurde. Der Fiat 8V war ein Prestigeobjekt der großen italienischen Automarke, das es hinsichtlich technischem Niveau, Leistungsfähigkeit und Design ohne weiteres mit den Ferrari und Maserati aufnehmen konnte. Bis 1954 wurde der Fiat 8V (= V8) in 114 Exemplaren gebaut. Dieser Siata 208 CS blieb ebenfalls ein Einzelstück. Nuccio Bertone äußerte sich über seine rennfahrerischen Eindrücke am Lenkrad mit Begeisterung. – 1953 schuf Bertone darauf für Siata zwei elegante für den Straßeneinsatz geeignete Coupés (s. Seite 35).

Lichtdurchfluteter Pavillon... wär' da nicht die eigenwillige Kühlerfront!: Borgward Hansa 1500 à la Bertone, 1952 (4 Zyl., 1498 ccm 52 PS – bw).

Von Nuccio Bertone 1952 bei seinen letzten Renneinsätzen pilotiert: Siata 208 CS mit außen angefügten Kotflügeln (V8, 1996 ccm, 105+ PS – bw).

Bereits 1953 zeigte Bertone eine originelle Coupéversion des um 14 PS erstarkten Fiat 1100/103 TV (4 Zyl., 1089 ccm, 50 PS – bw).

Die gesamte Heckpartie dieses Bertone-Coupés auf dem Fiat 1100/103 TV ließ sich bei dieser Sonderausführung seitlich hochklappen (uk).

Auf der Basis des 1100/103 TV erneuerte Bertone 1953 auch sein Zweisitzercabriolet Derby (im Bild beim Concorso d'Eleganza von San Remo im Jahr 1954; 4 Zyl., 1089 ccm, 50 PS – bw).

Diese mit «elaborata Stanguellini» bezeichnete Version von 1953 wurde 1956 von Nuccio Bertone bei der Rallye Sestriere eingesetzt (Aufnahme anläßlich «100 Jahre Fiat» 1999 in Turin – rg).

Neuzeitliche Fiat 1100 und Alfa Romeo 1900

Auch 1953 entwickelte sich für Bertone zu einem an Neuschöpfungen reichen Jahr. Einen weiteren Wendepunkt für Italiens Autoindustrie brachte der auf dem Genfer Salon enthüllte neue Fiat 1100/103 als eine der europaweit wichtigsten Modellreihen der unteren Mittelklasse. Auch er besaß nun einen Aufbau in Pontonform, allerdings mit seitlichen Ausprägungen am unteren Karosserierand und um die Radausschnitte. Zudem wurde er mit einer ab den Scheinwerfern nach hinten durchgezogenen Zierleiste geschmückt..., und selbstverständlich basierte er auf der selbsttragenden Bauweise.

Gleichzeitig mit der Markteinführung der leistungsgesteigerten Version 1100/103 TV (= Turismo Veloce) zum Automobilsalon von Paris im Herbst des gleichen Jahres überraschte Bertone mit einem originell gestalteten Coupé. Dessen zwischen die Scheinwerfer eingebettetes Kühlergitter war pfeilförmig zweigeteilt, und ebenso zeigte sich die riesige Panoramaheckscheibe zweiteilig. Klar, dass da Franco Scaglione am Werk gewesen war.

Ähnlich: Von 2004 bis 2010 trug der Chrysler 300 C einen an den Bertone Derby erinnernden Kühlergrill (2009 kam Chrysler zu Fiat! – wb).

Zum Vergleich: Erst 1955 brachte Fiat auch ein Werkscabriolet des Modells 1100/103 TV auf den Markt (4 Zyl., 1089 ccm, 50 PS – fw).

Was aber ebenso erstaunlich war: Anlässlich des Rallye Sestriere von Anfang 1954 enthüllte eine während einer Fahrpause entstandene Aufnahme, dass zumindest eines dieser Modelle – wohl versuchsweise – mit einer Heckglaskuppel ausgestattet war, die sich gesamthaft hochklappen ließ und so den freien Kofferraumzugang von der rechten Seite erbrachte! Eine für die Aufbaustabilität gewagte Lösung, die aber immerhin im anspruchsvollen winterlichen Rallyeeinsatz erprobt wurde. Das Nummernschild «Prova TO 99» an diesem bemerkenswerten Einzelstück wies darauf hin, dass da Nuccio Bertone persönlich unterwegs war, denn er wachte darüber, dass sich niemand anderer dieser Zulassungsnummer bediente.

Mit der Zusatzbezeichnung «elaborata Stanguellini» wurde 1956 bei der 5. Rallye Sestriere ein weiteres Bertone-Coupé Fiat 1100/103 TV eingesetzt, und erneut saß Nuccio Bertone persönlich am Lenkrad. Ab 1953 entstanden 202 Coupés und 1954 zusätzlich acht Spider dieses Typs.

Nicht nur von den Turiner Marken Fiat und Lancia war zu Beginn der Fünfzigerjahre Neues zu verzeichnen, auch Alfa Romeo aus Mailand, der «anderen» Metropole Norditaliens unternahm einen bedeutungsvollen Schritt in die Neuzeit. Bis dahin hatte

Alfa Romeo mit dem auf die Zwischenkriegszeit zurückgehenden Modell 6C 2500 die Luxusklasse bedient, im Jahr 1950 aber kam der Typ 1900 hinzu, mit der die Mailänder erstmals in die Mittelklasse einstiegen. Gleichzeitig bedeutete er den Übergang zur integralen = selbsttragenden Bauweise. In traditioneller Alfa-Manier wurden die Ventile dieses auf vier Zylinder beschränkten Motors durch zwei obenliegende Nockenwellen aktiviert. Dies sorgte für eine hohe Leistungsausbeute und unterstrich gleichzeitig den technisch hochstehenden Anspruch der Marke.

Der Alfa Romeo 1900 erhielt eine schlicht geformte glattflächige Viertürkarosserie mit Stufenheck. Sein äußeres Merkmal war die markante Kühlerfront, wie sie 1947 erstmals beim 6C 2500 in Serie ging: Ein hohes schmales und schildförmiges Mittelgitter *(scudo)*, von tiefen flachen Lufteinlassöffnungen flankiert, die man bald einmal als «Schnurrbart» *(baffi)* bezeichnete.

Schon 1951 stellte Alfa Romeo dem 1900 Berlina das attraktive Zweisitzercoupé 1900 Sprint zur Seite. Es wurde bei der Mailänder Karosseriefirma Touring hergestellt. Auch weitere Spezialkarossiers befassten sich mit dem Thema Alfa 1900. Bei Bertone entstand 1953 eine coupéartige Zweitürlimousine ohne Mittelpfosten mit sanften Rundungen. Ihr besonderes Merkmal war die dreiteilige Panoramaheckscheibe.

Ebenfalls 1953 schuf Bertone als Einzelauftrag für die American Arnolt Corporation eine mächtige Sechsfensterlimousine auf der Basis des Bentley Mark VII. Das Design stammte von Giovanni Michelotti und unterschied sich durch seine eleganten Linien radikal vom typischen Knife-edge-Stil (Messerkantenlinien) der britischen Originallimousinen.

Auftakt zum Designabenteuer BAT

BAT war die Abkürzung von *Berlinetta Aerodinamica Tecnica,* was sich in etwa als Coupé nach Stromlinientechnik übersetzen ließ. Es war die «Sensation» auf dem Autosalon von Turin im Frühling 1953 und lehnte sich stilistisch an den Abarth 1500 aus dem Vorjahr an. Mit dem bei Bertone verwirklichten BAT schuf sich Franco Scaglione endgültig sein Ruhmesblatt in der Geschichte des Autodesigns.

Oben: Alfa Romeo 1900 als Zweitürlimousine: eigene Front mit Mulden um die Nebellampen; zudem mit dreiteiliger Heckscheibe (oben rechts; 1953; 4 Zyl., 1884 ccm, 80 PS – bw).

Rechts: Michelotti-Entwurf: Bentley Mark VII als Sechsfensterlimousine (1953; 6 Zyl., 4566 ccm – bw).

Vorgestellt wurde dieses auf einem Alfa Romeo 1900 Sprint basierende echt spektakuläre Stromliniencoupé unter der Bezeichnung B.A.T. 5, was darauf schließen ließ, dass Scaglione schon vier weitere solche Zukunftsvisionen zumindest zu Papier gebracht hatte. Mit seiner niedrigen langgestreckten Form, den vorstehenden, vollständigen Radverschalungen, der flachen Panoramafrontscheibe und dem schmal auslaufenden Heck zwischen hochgestreckten Schwanzflossen waren dieser Formstudie strömungsgünstige Eigenschaften in jedem Karosserieabschnitt anzusehen. Ja, sie erinnerte schon fast an ein Flugobjekt. Scaglione ging es darum, die – seit Rumplers Tropfen-Auto aus dem Jahre 1921

Stromlinienpionier: Alfa 40/60 PS, 1913, Siluro Aerodinamica, Carrozzeria Castagna, 1914 (Entwurf Graf Ricotti; Neuaufbau, Werksmuseum; 4 Zyl., 6082 ccm, 70 PS – aw).

Der Bertone BAT 5 von 1953, erstes Exemplar aus dem BAT-Trio, aufgenommen anläßlich der Prämierung beim Concorso d'Eleganza Villa d'Este von 2002 (rg).

Der BAT 5 bei der Premiere auf dem Salon von Turin 1953 (Technik Alfa Romeo 1900 Sprint; 4 Zyl., 1884 ccm, 100 PS; rechts Blick in das Cockpit - bw).

als ideal erkannte Tropfenform auf moderne Art umzusetzen.

Wie schon der Abarth 1500 hatte ohne Zweifel auch der BAT 5 einen belebenden Einfluss auf jene Sparte von Automobilen, die in den USA als «Dreamcars» in die Geschichte eingingen. Deren extremste «Traum-und Schauwagen», die ebenfalls von Stromlinie und Flugzeugbau inspirierten Zukunftsstudien Firebird von General Motors und FX-Atmos von Ford, folgten 1954. Als allererste Studie dieser Art gilt allerdings der schon 1938 unter dem legendären GM-Designpionier Harvey J. Earl entstandene Buick Y-Job, bei dem die Aerodynamik allerdings noch nicht im Vordergrund stand.

Ganz auf Stromlinie, nämlich auf die Tropfenform ausgerichtet war jenes automobile Einzelstück, das man als einen «ersten Dreamcar der Autogeschichte» bezeichnen darf: der Alfa Romeo 40/60 PS von 1913/14,

Bertone BAT 7, 1954: Heckflossen noch extremer hochgezogen... (bw).

Bertone BAT 9, 1955: Vernünftigster und zugleich schönster der drei (bw).

Das BAT-Trio aus der Höhenperspektive; sie waren Franco Scagliones Meisterstücke (bw).

der bei der Carrozzeria Castagna in Mailand unter der Bezeichnung *Siluro Aerodinamica* einen von Graf Ricotti entworfenen Limousinenaufbau erhielt. Er wirkte damals seltsam, war aber epochal! Dies übrigens schon zwei Jahre bevor Giovanni Bertone in Turin seinen Betrieb gründete.

Im Jahr 1954 aber warteten Scaglione und Bertone, wiederum auf dem Turiner Salon, mit dem BAT 7 auf. Die aus den drei Nasen bestehende Front war jetzt stärker zugespitzt, und die Heckflügel entsprangen schon auf der Höhe der Panoramafrontscheibe der Gürtellinie und strebten konsequent aufwärts, um über dem Heck in nach innen gebogenen Spitzen auszumünden. Der seitliche Ausblick wurde so weitgehend dem aerodynamischen Aspekt geopfert. Doch die markant gebogenen Flossen hatten den Zweck, die sich unvermeidlich vom Fahrzeugkörper ablösenden seitlichen Luftströme zurückzulenken. Dies mit Erfolg, denn spätere Messungen erbrachten für den BAT 7 einen Luftwiderstandskoeffizienten von 0,19, ein fabelhaft tiefer Wert und damit eine Bestätigung für die postulierte Höchstgeschwindigkeit von 200 km/h.

Und gehen wir auch gleich zum Jahr 1955, als der BAT 9 auf dem Autosalon Turin für Aufsehen sorgte. Auch er basierte auf der Mechanik des Alfa Romeo 1900 Sprint. Aber Franco Scaglione hatte seine Designideen nicht weiter auf die Spitze getrieben. Vielmehr wirkte der BAT 9 im Vergleich zu seinen Vorgängern etwas mehr realitätsbezogen und nüchterner, ja er war sogar echt schöner! Die vorkragenden seitlichen Frontenden trugen nun aerodynamische Abdeckungen über den Scheinwerfern; so etwas gab es in weniger ausgeprägter Art erst bei einigen Rennsportwagen. Die auf ein vernünftiges Maß reduzierten Heckflossen schränkten nun die Seitensicht nicht mehr ein, und die hinteren Drahtspeichenräder zeigten sich ohne Abdeckung. Geblieben waren die Panoramafrontscheibe und die Scaglione-typische riesige längsgeteilte Heckscheibe.

Spinnen, Schiffchen... und erste Aston Martin

Die ersten Bezeichnungen für die unterschiedlichen Karosserieaufbauten entstammten dem französischen Kutschenbau. Doch auch der englische Ausdruck *Spider* = Spinne bezog sich ursprünglich auf Pferdewagen, und zwar auf leichtgewichtige offene Zweisitzer-Fuhrwerke, mit denen besonders rassiges Vorankommen gegeben war. Der Begriff Spider bürgerte sich schon in den Frühzeiten auch im Automobilbau ein. Erst in der Nachkriegszeit fand in Italien zudem die Bezeichnung *Barchetta* Verbreitung, was kleine Barke oder Schiffchen bedeutet. So wurden offene zweisitzige Rennsportwagen bezeichnet, dies im Unterschied zum Monoposto, also Renneinsitzer, für den ebenfalls kein Dach vorge-

Diskret mit «FraSca» (für Franco Scaglione) signiert: Entwurfskizze...

.... und die Ausführung der Carrozzeria Bertone: Aston Martin DB 2/4 Prototipo Spider, 1953 (6 Zyl., 2580 ccm, 127+ PS — bw).

Skizze für ein sportlich betontes Cabriolet von Giovanni Michelotti...

... und die Bertone-Verwirklichung zu einem gepflegt-luxuriösen 2+2-Sitzer: Aston Martin DB 2/4, 1953 (6 Zyl., 2580 ccm, 127 PS — bw).

Mit klassischem Kühlergitter im Hochformat und viersitzigem Aufbau: Siata 208 S Gran Turismo, 1953 (V8, 1996 ccm, 106 PS – bw).

Zweiteilige Heckscheibe wie schon bei etlichen Bertone-Realisierungen: Siata 208 CS, 1953 (V8, 1996 ccm, 122 PS – bw).

sehen wurde. Auch das erste 1947 von Nuccio Bertone auf Basis des Fiat Topolino aufgebaute Auto war eine Barchetta.

Die Spider gaben sich hingegen komfortabler; auch sie waren Zweisitzer, boten aber in der Regel ein Notverdeck sowie Seitenfenster. Als Spider bezeichnet wurde bei Bertone erstmals jene 1949 auf der Basis des Fiat 1100 E entstandene Offenkarosserie mit durchgezogen glatten Seitenflächen. Im englischen Sprachraum sagt man hingegen Roadster statt Spider. Dabei geht es stets um Zweisitzer, während 2+2- und vier- bis sechssitzige Offenautos als *Convertibles bzw. Cabriolets* gelten.

Scaglione und Bertone beim Antritt zur Probefahrt mit dem ersten, schon 1952 entstandenen Prototyp des Arnolt-Bristol Roadsters (bw).

Im Jahr 1953 entstand bei Bertone auch die erste für einen Aston Martin bestimmte Karosserie. Ihr Entwurf stammte von Franco Scaglione, und es handelte sich um einen dachlosen Rennsportzweisitzer auf der Mechanik des Aston Martin DB 2/4. Bertone bezeichnete ihn als *Prototipo di Spider 2 posti*. Die Umrisse des Kühlergitters entsprachen jenen der Sportcoupés der englischen Marke, waren jedoch gekonnt in das schwungvoll elegante italienische Design eingefügt.

Und noch im gleichen Jahr entstand darauf gleich auch ein zweiter Aston Martin, diesmal allerdings als edles 2+2-sitziges Cabriolet. Den Entwurf hierzu lieferte Giovanni Michelotti. Auffallend an der Verwirklichung war das nicht nur relativ hochliegende Kühlergitter – eine Eigenheit auch früherer Bertone-Schöpfungen –, sondern auch dessen kräftige Chromumrandung, die mit den Scheinwerferringen harmonierte. In die traditionelle Aston-Martin-Gitterform wurden zwei Nebellampen gesetzt, und wie schon der Rennsport-Aston erhielt die Motorhaube eine Lufteinlasshutze.

Nuccio Bertone aufgenommen 1953 beim Erproben des Arnolt-Bristol abseits jeder Rennpiste (bw).

...Auch die einheimische Liebhabermarke Siata kam 1953 bei Bertone noch zweimal zum Zug: Zum einen entstand auf der Basis des Siata 208 S mit Fiat-8V-Motor eine mit Gran Turismo bezeichnete viersitzige Zweitürlimousine. Gran Turismo, kurz GT, wurde zum italienischen Begriff für 2+2- bis viersitzige Coupés mit hohem Komfortniveau. Er erhielt binnen kurzer Zeit auch internationale Verwendung. Ein weiterer, als Zweisitzercoupé eingekleideter Siata 208 CS mit mächtiger zweigeteilter Heckscheibe fand beim internationalen Karosseriewettbewerb von 1954 in San Remo gebührende Beachtung. Im Gegensatz zum 208 S mit 270 cm Radstand und 460 cm Länge maß der 208 CS 240/410 cm.

Arnolt-Bristol als willkommener Großauftrag

Noch während die Produktion der für den USA-Markt bestimmten modern eingekleideten MG TD lief, entstand bei Bertone im Auftrag von Stanley H. «Wacky» Arnolt ein ebenso attraktiver Spider bzw. Roadster auf der Basis des Bristol 404. Für das Design war Franco Scaglione zuständig. Die englischen Bristol-Wagen wurden ab 1947 von der Bristol Aeroplan Co. Ltd hergestellt und basierten technisch auf den BMW-Sportwagen der Vorkriegszeit. Dies auch im Sinne einer deutschen Reparationsleistung. Während der Luxusviersitzer Bristol 403 sogar noch ein Kühlergitter in der typischen BMW-Nierenform vorwies, zeigte das 1953 lancierte Zweisitzercoupé 404 deutlich auf den Flugzeugbau hinweisende Stilelemente. Sie begeisterten nicht zuletzt die Designfans.

Mit der Bristol-Offenversion verfolgten Scaglione und Bertone allerdings eine gänz-

Arnolt-Bristol de Luxe Spider, 1955, aufgenommen 2001 beim Concorso Villa d'Este (rg).

lich eigene Stilrichtung. Neben dem tiefliegenden Kühlergitter in der Front fanden sich Mulden, die gleichzeitig als Lufteinlass wie auch für die Montage der Scheinwerfer dienten, und die Gürtellinie verlief schwungvoll über die Vorder- und Hinterradausschnitte. Da die Bristol auf einem Plattformrahmen mit Kastenträgern aufgebaut wurden, ließen sie sich vergleichsweise einfach mit den leichtgewichtigen Bertone-Spiderkarosserien ausstatten.

Der 2-Liter-Sechszylindermotor war die Weiterentwicklung einer BMW-Vorkriegskonstruktion. Die anfänglich auf 107 PS gebrachte Bristol-Maschine diente auch dem Antrieb anderer englischer Sportwagen. Der Arnolt-Bristol erlebte seine Premiere auf der London Motor Show von 1953, und er wurde Anfang 1954 anlässlich der Motor Sports Show von New York auf dem amerikanischen Markt eingeführt. Denn dieser Sportroadster sollte nach den Vorstellungen von Importeur S. H. Arnolt auch dem Renneinsatz dienen, zu dem sich seine MG mangels PS weniger gut eigneten. Der «Offen-Bristol» entstand in drei Versionen – eine mit lang nach hinten gezogenem vorderen Radausschnitt – und erwies sich in hohem Maß als renntauglich; u. a. resultierte beim 12-Stunden-Rennen von Sebring 1955 der Sieg in der 2-Liter-Klasse.

Schon 1954 gab es den Arnolt-Bristol auch als gelungen geformtes Coupé. Auf dem Automobilsalon von Paris 1955 wurde es als Arnolt-Bristol Coupé Mk II vorgestellt, mit dem die Leistung des Zweiliter-Sechszylinders nun 132 PS erreichte. Eine Coupé-Besonderheit waren die Klappscheinwerfer, die sich bei Bedarf aus der flachen Front herausdrehen ließen. Klappscheinwerfer gab es zwar erstmals Ende 1935 bei dem von der US-Marke Cord vorgestellten Modell 810, aber die für den Arnolt-Bristol eingeführte Funktionsweise war neuartig. Das Design des Cord 810 von 1936 war eine meisterliche Schöpfung von Gordon Buehrig (diesen 1904 geborenen amerikanischen Pionier des Autodesigns durfte der Autor noch 1988 in seinem Heimstudio in Grosse Pointe bei Detroit zum Interview besuchen). Klappscheinwerfer fanden erst ab den späten 60er und den 70er Jahren bei Sportwagen größere Verbreitung. – Bis 1959 entstanden in Bristol und Turin ca. 145 Arnolt-Bristol Roadster und Coupé; ein für Spezialkarossiers damals höchst beachtlicher Erfolg!

Der ab 1936 gebaute Cord 810/812 erhielt die ersten versenkbaren Scheinwerfer: der Ursprung der Klappscheinwerfer! (rg)

Ein Blick auf den bei vielen Rennen erfolgreichen 2-Liter-Sechszylindermotor von Bristol (rg)

Oben rechts:
Die leichte Rennsportversion wurde als Arnolt-Bristol Bolide bezeichnet (1958 – ag)..

Rechts:
Die beim Arnolt-Bristol Coupé eingeführten Klappscheinwerfer verkörperten ein weiteres Novum (ag).

Im Vergleich zum Bristol 404 bestach der Arnolt-Bristol auch als Coupé durch seine italienische Eleganz (1954; 6 Zyl., 1971 ccm, 107 PS – bw).

Vor allem in technisch überarbeiteter Form präsentierte sich 1955 in Paris der Arnolt-Bristol Coupé Mk II (6 Zyl., 1971 ccm, 132 PS – ag).

Der Alfa Romeo Giulietta Sprint in der Erstserie mit schlicht und klar gegliedertem Kühlergesicht (1954; 4 Zyl., 1290 ccm, 65 PS – bw).

Der große kühne Schritt: Giulietta Sprint

Die Zeit nach dem Zweiten Weltkrieg brachte der Autoindustrie nicht nur technische Veränderungen, sondern auch strukturelle Umbrüche. Denn neben den traditionellen privatwirtschaftlichen Unternehmen und Konzernen entstanden nun Staatsbetriebe. Dies nicht nur im kommunistisch geprägten Osten Europas, wo sich die Autoherstellung auf die neu gegründeten Staaten DDR und Tschechoslowakei konzentrierte. In Frankreich wurde Louis Renault enteignet und seine Firma einer Staatsregie unterstellt, in Spanien wurde im Auftrag des staatlichen Industriekonzerns INI die Fiat-Lizenznehmermarke Seat gegründet, und Deutschland hatte sein Volkswagenwerk.

Die im Krieg ausgebombten Werke von Alfa Romeo in Mailand wurden der staatlichen Industriegruppe IRI für Wiederaufbau zugeordnet, und es war klar, dass die renommierte Marke nicht mehr ausschließlich Luxuswagen herstellen konnte. Nach dem 1950 lancierten Typ 1900 galt es, in noch populärere Gefilde vorzustoßen und damit dem unangefochtenen Marktleader Fiat Paroli zu bieten. Hierzu bot das Ansehen der Mailänder Marke hervorragende Voraussetzungen, beherrschte sie doch bis 1951 die Grand-Prix-Szene und damit die oberste Stufe des Automobilrennsports.

Ausgangspunkt war dieser Entwurf von 1952 des Alfa-Romeo-Designers Giuseppe Scarnati (aw).

Mit dem Namen Giulietta wurde ein attraktiver Name für das Projekt eines Wagens der unteren Mittelklasse gefunden. Man hätte auch in hergebrachter Manier von einer Modellreihe 1300 sprechen können, aber *Giulietta* signalisierte gleich auch ein Aufbrechen der Konventionen. Projektleiter wurde der – wie Carlo Abarth – aus Österreich stammende, rennsporterfahrene Ingenieur Rudolf Hruska. Der steuergünstig eingeteilte 1,3-Liter-Motor wurde von Giuseppe Busso konstruiert und zwar als hochentwickelte typische Alfa-Maschine mit zwei obenliegenden Nockenwellen und halbkugelförmigen Brennräumen, aus der 65 PS bei hohen 6000/min resultierten. Als früherer Flugmotorenkonstrukteur ließ Busso diesen Motor weitgehend aus Alu-Legierung entstehen, was im Autobau ein Novum war. Mit doppelten vorderen Dreiecklenkern samt Stabilisator, aufwendig geführter Hinterachse und ringsum Spiralfedern entsprach auch die Fahrwerkstechnik hohem Niveau.

Die Holzspanten-Negativform des Giulietta Sprint (bw).

Als Karosserieaufbau war eine viertürige Berlina bzw. Limousine vorgesehen. 1950 hatte Alfa Romeo mit dem Typ 1900 erstmals ein Modell mit selbsttragendem Aufbau herausgebracht. Allen gewonnenen Erfahrungen zum Trotz ergaben sich beim Giulietta Probleme in punkto Verwindungssteifigkeit, und der auf 1954 vorgesehene Serienanlauf musste verschoben werden. Daher entschloss sich die Leitung von Alfa Romeo kurzfristig, die Herstellung der ebenfalls vorgesehenen Coupévariante vorzuziehen. Entwürfe für ein solches Nebenmodell waren in der hauseigenen Designabteilung von Alfa Romeo schon 1952 entstanden. Skizzen von Giuseppe Scarnati mündeten am Ende jenes Jahres in ein Gipsmodell im Maßstab 1:10, das bereits die Fließhecksilhouette des späteren Serienmodells vorgab.

Karosseriefirmen zum Wettbewerb gefordert

Alfa Romeos Generaldirektor Franco Quaroni war von diesen Entwürfen und deren Umsetzung zum Prototyp nicht voll überzeugt. Daher erging an die Karosseriestudios von Boneschi in Mailand und von Bertone und Ghia in Turin die Einladung, binnen kurzer Zeit Gegenvorschläge zu unterbreiten. Boneschi lieferte ein Modell, dessen voluminöse Verschalung der Hinterräder nicht gefiel. Ghia und Bertone fanden sich hingegen zu einem gemeinsamen Vorschlag. Hierzu muss erwähnt werden, dass die Carrozzeria Ghia seit dem Hinschied von Gründer Giacinto Ghia von den Designern Mario Boano und Luigi Segre geführt wurde. Das von Boano und Bertone entwickelte 1:1-Modell orientierte sich an den Vorentwürfen von Giusep-

Der Giulietta Sprint in der Durchsichtszeichnung (aw).

pe Scarnati, bot jedoch jene Designfeinheiten, wie sie nur ein Formkünstler des Formats von Franco Scaglione schaffen konnte. Die Frontgestaltung orientierte sich an den markentypischen Elementen der Alfa-Modellreihe 1900.

Zwar war von einer Aufteilung der ohnehin nur in Kleinserie geplanten Coupéproduktion bei Bertone und Ghia die Rede. Doch Nuccio Bertone setzte bei Alfa-Chef Quaroni durch, das Projekt alleine fortzuführen. Er bot hierzu die bestgeeignete Infrastruktur. In ihr spielte auch Ingenieur Tiberio Gracco de Lay, Nuccios neu seiner Firma beigetretener Schwager, eine wichtige Rolle. Alsbald entstand die in Italien als *Mascherone* bezeichnete, aus Holzspanten zusammengefügte Negativform, auf der die Stahlblech-Karosseriepartien in Handarbeit zurechtgebogen und -gehämmert werden.

Mitte April 1954 wurde der Giulietta Sprint im Werk von Alfa Romeo in Portello mit zeremoniellem Aufwand der Presse vorgestellt. Und am 21. April 1954 stand bereits ein zweiter, hellblauer Prototyp auf dem Alfa-Romeo-Stand des Automobilsalons von Turin, während das erste in Rot gehaltene Exemplar Probefahrten diente. Im Unterschied zur Nr. 1, besaß der zweite Sprint einen üblichen Kofferdeckel statt einer Heckklappe. Der Publikumserfolg überstieg alle Erwartungen, und der 3000 Exemplare umfassende Bestellungseingang sprengte das von Rudolf Hruska erwartete Potenzial von 1000 Wagen gleich dreifach.

Ein Meisterstück des Designs: Alfa Romeo Giulietta Sprint, 1954 (4 Zyl., 1290 ccm, 65 PS – rg).

Front mit Grillmotiv, Technik verjüngt: Giulietta Sprint der 2. Serie, ab Herbst 1958 (4 Zyl., 1290 ccm, 79 PS; s. Text Seite 52 – bw).

Eine schwierig zu bewältigende Aufgabe

Die beiden ersten Wagen waren noch in Arbeitsteilung bei Bertone für die Blecharbeit und Ghia für die Lackierung und den Innenausbau entstanden. Doch auch Hruska – den Nuccio Bertone schon früher durch seine effiziente Produktion der Arnolt-MG überzeugt hatte – bestand darauf, dass der gesamte Karosseriebau auf das Werk am Corso Peschiera konzentriert werde. Dies auch deshalb, weil Mario Boano in die Leitung des neu gegründeten Fiat-Designzentrums berufen wurde und die Carrozzeria Ghia verließ.

Mit dem Karosseriebau für den Giulietta Sprint übernahm Nuccio Bertone eine fast nicht zu bewältigende Aufgabe. Er richtete seine Werkanlagen aber zielsicher darauf aus, dass sich mit ihnen täglich bis zu 32 Sprint-Aufbauten fertigstellen ließen. In Ermangelung der bei Autowerken üblichen Präzisionsmessgeräte schuf er ein Parallelogrammsystem aus Stahlrohren mit 12 mm Durchmesser, auf denen sämtliche für den Montageablauf maßgebenden Fixierungspunkte vorgegeben waren. Wenngleich nur wenige Pressteile, aber stets noch viele von Hand geklopfte Bleche zusammenzufügen waren, ließ sich so die Fertigung mit hoher Passgenauigkeit durchziehen, wie sie sonst von Spezialkarossiers kaum zu erwarten war.

Am Corso Peschiera aber wuchs die Belegschaft bei einer auf 8000 m2 erweiterten Grundfläche auf 385 Personen..., und der Jahresausstoß übertraf alsbald 2200 Karosserieaufbauten. Diese wurden täglich zweistöckig auf Lastzügen von Turin zum Alfa-Romeo-Werk in Mailand-Portello transportiert.

Aus diesem Portal am Corso Peschiera wurden die gefertigten Aufbauten gerollt... (bw)

...um darauf per Camion zum Alfa-Romeo-Werk in Mailand-Portello transportiert zu werden (bw)

Den «abgemagerten» Sprint Veloce erkannte man vor allem an den Plexiglas-Schiebefenstern (rg).

Mit dem Sprint Veloce kam die Mittelschaltung in den Sportwagenbereich zurück (aw).

Besonders der Giulietta Sprint Veloce war bei unzähligen Rennen und Rallyes erfolgreich (aw).

In seiner Grundform als gefällige viertürige Berlina kam der Alfa Romeo Giulietta erst mit dem Turiner Salon 1955 auf den italienischen Markt. Mit seinem just 50 PS leistenden 1290-ccm-Zweinockenwellenmotor stellte er sich in Konkurrenz zu dem inzwischen zum Typ 1400 A weiterentwickelten Fiat-Mittelklassemodell, dessen Motor mit seitlicher Nockenwelle ebenfalls auf 50 PS kam. Lancia ließ hingegen die Lücke zwischen dem Appia mit 1090-ccm-V4 und dem Aurelia mit 2266-ccm-V6 offen.

Mit dem Veloce zurück zur Mittelschaltung

Das Sportcoupé Giulietta Sprint aber war einzigartig. Sein Design mit der markentypischen Front und der blendend proportionierten Fließhecklinie entzückte Mann und Frau in ganz Europa und darüber hinaus. Und ebenso begeisterte seine hochstehende Motorkonstruktion die Technikfans und Autokenner. Wer allerdings ohne genügend Feingefühl mit dieser Mechanik umging – weil er etwa keine Warmlaufphasen beachtete und die Drehfreudigkeit des Motors rücksichtslos auskostete – musste mitunter eine Enttäuschung erfahren.

Es war klar, dass sich der Giulietta Sprint auch hervorragend für den Einsatz bei unterschiedlichen Sportwettbewerben eignete: Rundrennen, Bergrennen, Rallyes. In der 1,3-Liter-Klasse populärer Sportwagen gab es da nur noch Konkurrenz durch den Porsche 356 1,3 Liter Super. Ihm wurde im Sommer 1956 der Giulietta Sprint Veloce (= schnell) gegenübergestellt. Man nannte ihn auch kurz Giulietta SV. Statt des Solex-Vergasers erhielt er zwei Weber-Doppelvergaser, und dank weiterer technischer Eingriffe stieg die Leistung von 65 auf stattliche 90 PS.

Auch der 1,3-Liter-Zweinockenwellenmotor des Giulietta Sprint wurde zur Augenweide (rg).

In der Prototypenversion bot der Sprint noch eine Heckklappe (bw).

Für erhöhte Leistungsfähigkeit sorgte zudem das von rund 870 auf 760 kg abgespeckte Leergewicht: Türen und Hauben bestanden aus Aluminium, auf Schalldämpfmaßnahmen, die hintere Sitzbank und weitere Komfortmerkmale wurde verzichtet, es wurden einfachere Sitze auf Rohrgestell, seitliche Perspex-Plexiglasscheiben und Schiebe- statt Kurbelfenster eingebaut. Der SV belegte von Anfang an eine rasch wachsende Liste von lokalen bis internationalen Rennerfolgen. Direkt für den Renneinsatz entstand in nur 100 bis 200 Exemplaren der Veloce *Alleggerita*, dessen Gewicht nochmals um 70 kg erleichtert wurde. Anderseits gab es 1957 in einigen hundert Exemplaren die Sonderausführung Veloce *Confortevole*, die man von außen an den breiteren Scheinwerferzierringen und den Kurbelfenstern erkannte.

Beim Veloce wurde das Vierganggetriebe zudem mit einer Mittel- statt der Lenkradschaltung bedient; eine solche erhielt der «Normal-Sprint» erst 1958. Bei Alfa Romeo war die Lenkradschaltung erst 1947 mit dem Nachkriegsmodell 6C 2500 eingeführt worden (und bei Fiat 1949 mit dem Typ 1100 E). Sie galt als modernes und daher unverzichtbares Komfortmerkmal. Mit Lenkradschaltung konnte das Lenkgestänge aber weniger direkt auf die Schaltgabeln einwirken, als eine herkömmliche Mittel-, Stock- oder «Knüppelschaltung», was sich besonders bei den in Italien üblichen vier statt bloß drei Gängen – wie sie etwa Amerikaner Wagen besaßen – negativ bemerkbar machte. Der allgemeine Trend zurück zur Mittelschaltung lag aber in den Fünfzigerjahren noch in weiter Ferne…, und den Autofahrfreunden wurde ein knackig bedienbarer, aus einer hohen Konsole ragender kurzer Schaltknauf noch lange nicht in die Hand gegeben. Aber immerhin ließ sich der neue Mittelschalthebel auch im Giulietta Sprint präziser und schneller führen als der «modische Hebel unter dem Lenkrad».

Keine Heckklappe, aber weitere Varianten

Bei Bertone war man indessen auch im schöpferischen Bereich nicht untätig geblieben. Zwar hatte man auf eine beim ersten Sprint-Prototyp verwirklichte glänzende Idee verzichten müssen: Das als Heckklappe ausgebildete Rückfenster wich aus produktionstechnischen wie auch Kostengründen einer herkömmlichen Lösung mit einem Kofferraumdeckel, der nur die Karosseriepartie unterhalb der Scheibe umfasste. Dabei hatte Nuccio Bertone die Zweckmäßigkeit einer aufschwenkbaren Heckscheibe schon mit seiner Version des Fiat 1100 TV von 1953 bewiesen. So aber blieb der ab 1953 von Aston Martin gebaute DB 2/4 vorerst einziges Seriencoupé mit Heckklappe.

Auch innen gerundet: Cockpit des kurzen Sprint Spiders mit dem typischen Holz-/Aluspeichen-Lenkrad von Nardi (rg).

Gleichzeitig mit der Vorstellung der Berlina wurde auf der Turiner Autoschau von 1955 auch eine Cabriovariante des Giulietta vorgestellt. Sie stammte von Pinin Farina, und auch sie wurde zu einem durchschlagenden Verkaufserfolg. Im Gegensatz zu Berlina und Coupé mit 238 cm Radstand basierte der Spider auf 220 cm Achsabstand (er wurde 1959 auf 225 cm verlängert). Im Gegensatz zum knapp 2+2-sitzigen Sprint war das Cabriolet daher ein reiner Zweisitzer.

Ebenfalls 1955 entstand bei Bertone auf Anregung des erfahrenen amerikanischen Autoimporteurs und Alfa-Romeo-Vertreters Max Hoffman eine spezifisch sportliche Offenversion des Giulietta Sprint. Franco Scaglione schuf hierzu für einem auf 225 cm verkürzten Unterbau einmal mehr ein überaus attraktives Design, das durch seine Rundungen gefiel und dessen oberer Abschluss des hinteren Radhauses im BAT 9 eine stilistische Parallele fand. Dieser Sportspider entstand allerdings nur in Form von Prototypen, und dies galt auch für einen weiteren Giulietta-Cabrioversuch von Bertone, der zum Turiner Salon 1956 gebracht wurde und bei dem es sich um einen «gekappten» Sprint mit dem 238-cm-Radstand handelte. Die Hintersitze wurden bei ihm durch eine Ablage ersetzt.

Der Giulietta Sprint erfuhr indessen 1958 eine Zweitauflage, die sich äußerlich durch die nun ebenfalls mit Kühlergittern belegten seitlichen «Baffis» unterschied. Aus dem Giulietta Sprint wurde 1962 dann sogar der Giulia 1600 Sprint, der noch bis 1964 im Angebot stand, nachdem er 1963 eigentlich bereits durch den viersitzigen Giulia 1600 Sprint GT abgelöst worden war. Der 1962 abgelöste Sprint mit dem kleineren Motor erfuhr wegen starker Nachfrage 1964 unter der Bezeichnung 1300 Sprint sogar eine kurzfristige Wiedergeburt, womit er nun ebenfalls vordere Scheibenbremsen erhielt. Die Giulietta-Sprint-Erfolgsgeschichte widerspiegelte sich schlussendlich in den Produktionszahlen: Von 1954 bis 1965 verließen rund 6820 Coupékarosserien das Turiner Werk.

Den Giulietta Sprint Spider auf 225 cm kurzem Radstand gab es nur in Form von Prototypen («Sportspider» genannt; Exemplar aus der Collection Gérald Bugnon auf der Klausenpassroute– rg).

Auch der vom Sprint-Coupé abgewandelte Spider ging nicht in Serie (hinten ein Prototyp des Pinin-Farina-Spiders; beide aus der Collection Gérald Bugnon – rg).

Aerodynamisches Hochleistungscoupé der Träume, aber nur in zwei Exemplaren: Alfa Romeo 2000 Sportiva (4 Zyl., 1975 ccm, 138 PS – rg).

Sie hießen Sportiva, Storm, Cheetah, Perla...

Bevor Bertones entscheidender Anteil an der Giulietta-Geschichte weiterging, entstanden in den Ateliers – neben der auf Hochtouren laufenden Herstellung der Coupékarosserien – weitere Einzelstücke. Diese 1954 bis 1956 entstandenen Sportwagen unterschiedlicher Kaliber verkörperten auch Vorschläge für eine Serienherstellung. Nahe dran an die Möglichkeit, zu einem käuflichen Liebhabercoupé der Extraklasse zu avancieren, kam der Alfa Romeo 2000 Sportiva.

Der Sportiva war ein typisches Glanzstück von Designer Franco Scaglione: ebenso gerundete wie diesmal eher gedrungene Formen mit seitlichen Prägungen, einer Panoramafrontscheibe und einer riesigen aus einem Stück bestehenden Heckscheibe. Das eine Exemplar erhielt eine ungewohnte Ausbuchtung unterhalb der Türe zwischen den Radaus-

Der dritte Sportiva als offener Rennbolide mit Frontspoiler und seitlichem Motorluftauslaß (bw).

schnitten. Als Basis diente ein Rohrrahmenchassis mit nur 220 cm Radstand, aber mit De-Dion-Hinterachse samt innenliegenden Bremsen. Als Antriebsquelle wurde der auf 1975 ccm vergrößerte Zweinockenwellenmotor des ebenfalls 1954 vorgestellten Alfa Romeo 1900 Berlina TI (Turismo Internazionale) Super gewählt. Statt dessen 115 PS standen im Sportiva aber 138 PS zur Verfügung.

Aber der Sportiva verblieb ebenso im Prototypstadium wie das ebenfalls viel beachtete, von Alfa Romeo schon 1952 selbst ausgearbeitete Rennsportprojekt C52 Disco Volante. Auch die «fliegende Scheibe» (der Name spielte auf die damals mancherorts am Himmel beobachteten «fliegenden Untertassen» an) besaß eine modifizierte Alfa-1900-Mechanik und basierte auf einem Gitterrohrrahmen. Die flache Form wurde von den stark nach außen gezogenen Flanken und Radhäusern geprägt; dies führte zu einem ovalen Querschnitt. Dies fiel auch an der im Frühling 1953 auf New Yorks International Motor Sport Show vorgestellten Coupéversion auf. Zwar war diese ungewohnte Lösung im Windkanal ausgefeilt worden, aber mangelnder Abtrieb am Fließheck bescherte im Hochtempobereich Stabilitätsprobleme; «Down force» war damals ohnehin noch kein Begriff!

Für die Verwirklichung des Sportiva war Bertone auf die Zusammenarbeit mit Alfa Romeo angewiesen, aber in Mailand schien man weder genügend Kapazität noch große Lust zu haben, um dieses Projekt weiterzuverfolgen. So blieb es bei zwei Prototypen. Immerhin wurde auf der gleichen technischen Basis eine Rennbarchetta verwirklicht, für die Scaglione unterhalb des tief liegenden Lufteinlasses bereits eine bewegliche Spoilerlippe vorgesehen hatte!

Auch wenn seine Kontakte und seine Überzeugungskraft nicht immer zielführend waren, so bewies Nuccio Bertone doch ein ausgeprägtes Verkaufstalent. Zwei Eigenheiten kamen ihm zusätzlich zugute: Zum einen seine nun zurückliegende erfolgreiche Aktivität als Rennfahrer, mit der er die Leistungsfähigkeit und Qualität der Kreationen aus seinem Unternehmen persönlich unter Beweis zu stellen wusste. Zum anderen das von ihm entwickelte Gefühl für die reziproke Bedeutung von Technik und Formgebung. Er verstand es, sich der mit dem Übergang zur selbsttragenden Bauweise entstandenen neuen Herausforderung zu stellen und sich das Vertrauen individueller Kunden wie auch den Goodwill der großen Autohersteller zu sichern.

Fred M. Zeder war einst einer der drei «Musketiere», die Walter P. Chrysler als Konstrukteure begleiteten. 1954 verwirklichte Bertone für ihn den Storm Z-250, ein viersitziges Luxuscoupé mit wuchtiger Front ganz im Stile der amerikanischen Traumwagen. Seine Besonderheit lag in den übereinander angeordneten Doppelscheinwerfern, die in seitlichen Mulden versenkt waren. Dieses Stilelement kam erst 1957 in Serie und zwar bei dem französischen Prestigecoupé Facel-Vega VFS mit Chrysler-V8-Motor. Denn Zeders Plan, diesen auf einem Chassis der Chrysler-Marke Dodge aufgebauten Viersitzer in den USA zu kommerzialisieren, misslang.

Originell gestaltet, aber bereits bekannt gab sich auch die Front des Bertone Cheetah, eines kleinen Sportcabrios auf der Basis des Fiat 1100 TV. Es wurde auf dem Turiner Salon 1954 gezeigt und war eine Offenversion der ein Jahr zuvor lancierten neuen Derby-Coupéserie.

Mit typisch amerikanisch geprägtem Frontdesign: Storm Z-250, 1954 (V8, 3954 ccm, 250 PS – bw).

Aus anderer Quelle: Alfa Romeo Disco Volante von 1953 auf dem Genfer Salonstand von Touring Superleggera 2014 (4 Zyl., 1997 ccm, 158 PS — rg).

Reizvoll individuelle Offenversion des Derby: Bertone Cheetah, 1955 (4 Zyl., 1089 ccm, 50 PS - bw).

Abgesehen von dieser Studie für ein 2+2-Coupé überließ Bertone das Thema Fiat 600 kleineren Konkurrenten (4 Zyl., 633 ccm, 22+ PS – bw).

Schlanke gestreckte Linien für den Bertone Perla, 155 (Mechanik Alfa Romeo 1900; 4 Zyl., 1975 ccm, ca. 100 PS – bw).

Fiat 600: der Heckmotor erobert auch Italien

Dem Jahr 1955 kam für Fiat besondere Bedeutung zu, denn auf dem Genfer Salon wurde das Modell 600 vorgestellt, mit dem der altbewährte, seit 1949 als 500 C gebaute Topolino nach fast zwanzig Jahren Produktionszeit endgültig in Pension geschickt wurde. Kein Wunder, dass die Erinnerung an ihn in Italien wie in etlichen Exportländern von einer großen Fangemeinde wachgehalten wird.

So wie in Deutschland der Volkswagen und in Frankreich der kleinere, aber dafür viertürige Renault 4 CV war der noch deutlich kleinere Fiat 600 ein Heckmotorauto. Es verhalf der Motorisierung Italiens zu neuem Schub. Binnen fünf Jahren wurde er in über 950‘000 Exemplaren gebaut und ritzte somit an der Millionengrenze. Und natürlich wurde der *Seicento* auch gleich zum Arbeitsobjekt für die zahlreichen auf das Tuning von Mechanik und Karosserie spezialisierten Werkstätten.

Bei Bertone entstand ein niedliches 2+2-sitziges Coupé mit in ungewohnter Weise zwischen den Scheinwerfern abfallender Front und Zweifarbenlackierung. Wie ab 1953 bereits für der Fiat 1100/103 Berlina kam unter der Zusatzbezeichnung Smart zudem eine Sonderversion des Fiat 600 ins Angebot. Hierzu erhielt dessen Serienkarosserie Zierelemente an der Front, Radkappen mit Drahtspeichen sowie kecke Heckauskragungen der Fiat-600-Radhäuser.

Auf dem Salon Turin 1955 zeigte Bertone u. a. ein Sportcabrio mit dem netten Namen Perla. Es besaß die Antriebseinheit aus dem Alfa Romeo 1900, bot eine ausgeprägte Panoramafrontscheibe und Heckflossen. Binnen weniger Monate wurde es stark überarbeitet und erhielt zudem Borrani-Drahtspeichenräder.

Sichtlich vom Modell Perla inspiriert zeigte sich Anfang 1956 der bereits dritte bei Bertone aufgebaute Aston Martin DB 2/4. Die Panoramascheibe fiel durch ihre beidseitig stark abgerundeten Ecken auf, die mit der Form des Kühlergrills harmonierten. Der Innenraum zeigte sich mit schmuckem weißem Leder ausgekleidet.

Ein englisch-italienisches Liebhaberstück der Extraklasse: Bertone Aston Martin DB 2/4, 1956 (6 Zyl., 2922 ccm, 142 PS – bw).

Mit Carlo Abarth auf Geschwindigkeits-Rekordjagd

Seit es das Automobil gibt, wurde es logischerweise immer wieder für Geschwindigkeitsrekorde «missbraucht». Denn solches Tun liegt in der menschlichen, genauer gesagt männlichen Natur. Die magische 100-km/h-Schwelle wurde schon 1899 übertroffen, und zwar vom Belgier Camille Jenatzy mit seinem zigarrenförmigen Einsitzer namens «La Jamais Contente». Er verfügte nicht etwa über einen Verbrennungs-, sondern über einen Elektromotor, also über jene Antriebsart, die jetzt mit großer Kraft zurückkehrt. In einer Unzahl von Schritten wurde der 1899 mit 105,88 km/h erreichte Rekord bis 1947 auf 633,8 km/h gesteigert, nun vom Engländer John Cobb mit dem Railton Mobil Special mit zwei Napier-W-12-Motoren und 47,8 Liter Hubraum. Diese Weltrekordmarke sollte bis 1964 Bestand haben!

Bei der Geschwindigkeits-Rekordjagd von Carlo Abarth, bei der Nuccio Bertone und

Eine optisch vollendet reine Stromlinienform: Fiat-Abarth 750 mit seiner Bertone-Karosserie nach Scaglione-Entwurf (hier noch in Modellform - bw).

Zu den Verwandlungen zählten der Einbau von Hubraumvarianten, effizienzsteigernde Aerodynamik-Änderungen sowie der gelbe Oberbau (bw).

Franco Scaglione 1956 schöpferisch involviert waren, ging es allerdings nicht um den «World Speed Record», sondern um Klassenbestleistungen. Denn nicht nur der Rennsport, auch die Rekordfahrten wurden von der FIA (Fédération Internationale de l'Automobile) in Hubraumklassen unterteilt. Der neu herausgebrachte Fiat 600 und seine Heckmotortechnik motivierten Carlo Abarth dazu, sich mit einem passend eingekleideten Kleinboliden auf die Rekordjagd zu machen.

Wie Alfa-Romeo-Ingenieur Rudolf Hruska hatte Carlo Abarth (1908—1979) sein Talent aus Österreich nach Italien verpflanzt. In Wien hieβ er noch Karl Barth, aber zu Italien hingezogen – und später eingebürgert – ging er als Carlo Abarth in die Geschichte ein. Gut so, denn auch die Schweiz hatte einen Karl Barth (1886—1968), der allerdings in einer ziemlich anderen Sphäre Berühmtheit erlangte, nämlich in der Theologie.

Carlo Abarth war anfänglich Motorradrennfahrer, machte sich aber in Italiens Tuningszene einen zunehmend bedeutungsvollen Namen, längst bevor dieser Begriff überhaupt Fuβ fasste. Über das bei Bertone aufgebaute Stromliniencoupé Abarth 1500 von 1952 entstand der Kontakt zum Designgenie Franco Scaglione. Und so war es naheliegend, dass Abarth sich auch für seine Rekordpläne an das Turiner Duo wandte. Diese Rekordangriffe wurden für Abarth zur Leidenschaft, denn er unternahm sie während nicht weniger als elf Jahren, von 1956 bis 1966. In dieser Epoche gelangen ihm mit seinen Fahrerteams auf der Hochgeschwindigkeits-Rundstrecke von Monza 113 internationale Rekorde, von denen sechs als Weltrekorde galten. Er setzte hierzu elf verschiedene Wagen ein, unter ihnen sechs geschlossene «Stromlinienkabinen», von denen die meisten von Pininfarina stammten.

Im Bertone-Modell 20 Rekorde mit drei Motoren

Den Anfang machte jedoch die von Scaglione entworfene und bei Bertone verwirklichte aerodynamische Aluminiumskulptur, deren spektakuläre Konturen die Besucher des Turiner Autosalons von 1956 in ihren Bann zogen. Die Basis lieferte ein bei Abarth konstruiertes superleichtes Rohrrahmenchassis, das mit dem Motor des Fiat Abarth 750 bestückt wurde. Die offizielle Bezeichnung des Serienmodells lautete Fiat 600 Derivazione Abarth 750, und mit diesem auf 747 ccm gebrachten Motor standen 40,5 statt bloβ 22 PS aus 633 ccm zur Verfügung. Dieses Fiat-Abarth-Modell entpuppte sich in seiner Kategorie als unschlagbarer Rennbolide.

Unten: Aufgeklappt wie eine Wundertüte: Der Rekordwagen, wie er auf dem Turiner Salon 1956 zu sehen war (bw).

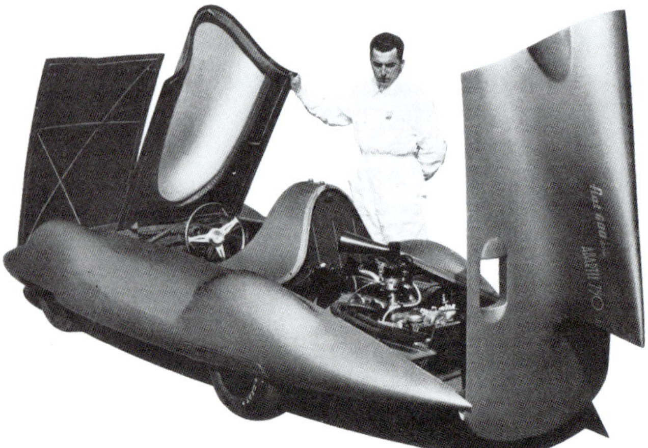

Rekorde des Fiat-Abarth Bertone 1956 in km/h

Zeit oder Distanz	Klasse H bis 750 ccm	Klasse G bis 1100 ccm	Klasse I bis 500 ccm
500 miles			150,098
6 Stunden			150,183
1000 km			148,387
1000 miles		168,659	147,664
12 h		170,410	147,982
2000 km		170,264	139,978
2000 miles		167,350	137,771
24 h	155,985	167,622	137,948
5000 km	145,175	167,694	
5000 miles	145,121		
10'000 km	140,658		
48 h	145,394		
72 h	140,632		

Zwei formvollendet elegante Straßenversionen des Heckmotor-Fiat: Bertone Abarth 750 Coupé und Spider, 1956 (4 Zyl., 747 ccm, 47 PS – bw).

Hier die aus Aluminium gefertigte Rohkarosserie des Bertone Abarth 750 Coupé 215 A (bw).

Von vorne bis hinten aerodynamisch und originell: Bertone Fiat 1200 America (bw).

Mit dem Bertone/Scaglione-Rekordwagen wurden in Monza im Juni 1956 in fünf Anläufen in drei Klassen zwanzig internationale Rekorde aufgestellt. Der erste Einsatz galt dem 24-Stunden-Rekord, der mit vier Rennfahrern auf 156 km/h geschraubt wurde (s. Tabelle). Vom 27. bis 29. Juni stand darauf ein Team mit neun auserwählten Fahrern zur Verfügung, darunter sechs Motorsport- und Autojournalisten: H.-U. Wieselmann (Deutschland), Dr. Walter Honegger (Redakteur bei der Schweizer «Automobil Revue»), Bernard Cahier und Gordon Wilkins (beide Korrespondenten der Automobil Revue), Graf Giovanni Lurani (bekannter Autosportpromotor) sowie Paul Frère (der 1960 mit Ferrari in Le Mans siegte).

Kaum einen Monat später stand das Bertone-Rekordcoupé erneut am Start, diesmal als Fiat-Abarth 500 mit einem entsprechend verminderten Hubraum des Vierzylindermotors. Statt in Rot prangte die Karosserie nun in Silbergrau und Gelb. Nach drei Rekorden am gleichen Tag erfolgte ein weiterer Umbau und zwar zum Fiat-Abarth 800: Mit minim über der 750-ccm-Grenze liegendem Zylinderinhalt ließen sich im August auch Rekorde in der 1100-ccm-Klasse angreifen – mit Erfolg! Und zum Abschluss wurde im Oktober nochmals der 500er-Motor eingebaut, um noch ein paar Kurzstreckenrekorde an Bord zu holen...

Anzumerken ist, dass die von Bertone/Scaglione erschaffene ultraniedrige Formgebung ohne jede Windkanalmessung entstand, was aus heutiger Sicht erstaunen muss. Dennoch wurden während des Einsatzes in Monza verschiedene aerodynamische Modifikationen eingeführt: vor allem kürzere Heckbleche sowie flachere Radhausausbuchtungen.

Ebenfalls 1956 schufen Bertone/Scaglione im Auftrag von Carlo Abarth auf der Plattform des Fiat 600 zwei überzeugend eleganten Straßensportwagen. Sie wurden als Abarth 750 Coupé bzw. Spider 215 A bezeichnet, waren 378 cm kurz und wogen nur 560 bzw. 490 kg. Die Scheinwerfer waren aus der strömungsgünstig abfallenden Front ausdrehbar. Leider blieb es bei diesen Einzelstücken.

Carlo Abarth bot seine Fiat 600 Derivazione Abarth 750 üblicherweise mit der gedrungenen Originalkarosserie von Fiat an, wobei dieses viersitzige „Häuschen" ganz nach Geschmack der Kunden mit Chrom und Farbe ausgeschmückt wurde. Daneben gab es unter der gleichen Bezeichnung schmissige kleine Sportwagenaufbauten von Boano, Viotti, Allemano und Zagato. Letztere warteten in der Regel mit noch mehr Leistung auf. Was die Rekordwagen betrifft, arbeitete Abarth bereits ab 1957 mit Pinin Farina zusammen. Nicht nur für seine Fiat-Derivate, auch für seine leistungssteigernden Ausrüstungsteile, die nebst Auspuffanlagen viele Motorenteile umfassten, erhielt er durch die jahrelangen Rekordjagden gehörige Publizität.

Mit Zusatzbezeichnung America und/ oder Stanguellini: Bertone Fiat 1200 Stanguellini, 1957 (4 Zyl., 1221 ccm, 55+ PS – bw).

Aston Martin erstmals als Bertone-Coupé: DB 2/4 Mk III, 1957 (6 Zyl., 2922 ccm, 164 PS – bw).

Englisches Cockpit mit südlichem Charme (bw).

Die großflächige Verglasung brachte beim Bertone-Aston Martin viel Licht in den Innenraum (bw).

Nebst viertem Aston der erste Bertone-Jaguar

Nach Bertones «Abarth-Rekordjahr» entstanden im Jahr 1957 vier weitere Sportwagen-Kreationen, deren Stil und Ausstrahlungskraft die Kenner und Fans begeistern mussten. Da war zunächst als typische Scaglione-Schöpfung der Fiat 1200 Spider America, ein faszinierender Zweisitzer mit kleiner ovaler Kühleröffnung in der weit vorgestreckten Front, einer stark gekrümmten Panoramascheibe und adretten Heckflossen auf dem ebenfalls aerodynamisch ausgeprägten Heck. Den Serien-Fiat 1200 gab es ab Turiner Salon 1957, und er war unter der Zusatzbezeichnung Gran Luce eigentlich eine Luxusversion des 1100/103 D Berlina. Für diese Limousine war der Hubraum auf 1221 ccm vergrößert worden, und dieser Motor fand sich auch im Fiat 1200 Spider, dem stilistisch unveränderten Nachfolger des Typs 1100/103 TV. Das Bertone-Sondermodell hingegen wurde auch mit einer von Stanguellini modifizierten Motorversion angeboten.

Ebenfalls zum Jahrgang 1957 zählten zwei Einzelanfertigungen auf der Basis englischer Prestigesportwagen. Es handelte sich um den bereits vierten Aston Martin DB 2/4 und um den ersten Jaguar; somit beides Konstruktionen mit doppelten obenliegenden Nockenwellen. Während der «Aston» bereits auf der Turiner Autoschau stand, basierte der «Jag» auf dem erst im Mai 1957 vorgestellten XK 150. Nach drei offenen DB 2/4 schuf Bertone nun ein Coupé mit lichtdurchflutetem Pavillon. Dafür sorgten großzügige Panoramascheiben und schmale hintere Dachträger. Originell war die feine, schwungvoll aus dem oberen Abschluss des vorderen Radausschnitts nach hinten auslaufende Prägekante.

Beim ähnlich gestalteten dunkel lackierten Jaguar fielen die Chromumrahmungen der Scheiben und Seitenfenster auf. Die hinteren Radhäuser erhielten einen dezenten Überschwung in der Gürtellinie. Ungewöhnlich war die Platzierung der Hecklichter nicht in den Flossen, sondern in der Rückwand unter dem Kofferdeckel. Während der Aston Martin ein markentypisch konturiertes Kühlergitter erhielt, wurde das senkrecht stehende ovale Jaguar-XK-Gitter beidseits mit schmucken Chromgrills flankiert. Dem Jaguar war ein besonderer Erfolg beschieden: Entsprechend unerwarteter Nachfrage konnte er in drei weiteren Exemplaren gebaut werden!

Oben: Markante Silhouette für den ersten Bertone-Jaguar: XK 150, 1957 (6 Zyl. 3442 ccm, 213 PS – bw).

Links: Instrumententräger und Sitze in Weiß kontrastierten mit dem Außenlack (bw).

Rechts: Die Hecklichter sorgten beim Jaguar für ein ungewöhnlich originelles Erscheinungsbild (bw).

Sprint mit dem magischen Zusatz «Speciale»

Der 1957 auf dem Turiner Autosalon für Furore sorgende Alfa Romeo Giulietta Sprint Speciale, noch mit dem einwärts geneigten tiefen Kühlergitter (4 Zyl., 1290 ccm, 97 PS – wb).

Entwurfsskizzen von Franco Scaglione zeigten phantasiereiche Möglichkeiten für die Frontgestaltung des Sprint Speciale (aw).

Kunstvoll dekorativ: Typensignet auf Flanke (rg).

Diese als Stilstudie dienende Werbeaufnahme von 1960 illustriert das klare Frontdesign des Giulietta Sprint Speciale in der Serienversion (ai).

Im «SS» hauste der kräftigste Giulietta-Motor; vor der Windschutzscheibe der obligate Wind- und Insektenabweiser aus Plexiglas (rg).

Mit dem ebenfalls bereits auf der Turiner Autoausstellung im Frühling 1957 vorgestellten Afa Romeo Giulietta Sprint Speciale erfuhr das Thema Giulietta einen neuen Höhepunkt. Dieser zärtliche Mädchenname hatte der hochangesehenen, geschichtsreichen Marke Alfa Romeo eine gänzlich neue Epoche eröffnet. Und es waren sowohl Nuccio Bertone wie sein Meisterdesigner Franco Scaglione, die zu diesem Erfolg entscheidend beigetrugen. Denn die Coupés dieses Namens fanden in der Autowelt weit mehr Beachtung als die Berlina und der Spider, wenngleich letzterer bei Pinin Farina ja ebenfalls perfekt eingekleidet wurde.

Die Formgebung für den Giulietta Sprint Speciale stand in einem markanten Gegensatz zum Erscheinungsbild des Sportiva. Auch wenn man sich über solch philosophische Betrachtungen streiten mag, so dürften sie aus Sicht der Liebhaber attraktiver Autoformen voll und ganz ihre Berechtigung haben: Während der Alfa Romeo 2000 Sportiva durch seine muskulös-maskulinen Konturen beeindruckte, wirkte der Giulietta Sprint Speciale feminin-elegant. Und beide zeigten ihrer Gegensätzlichkeit zum Trotz die kühne Handschrift von Franco Scaglione. Nicht wie der Sportiva, ließ sich der Speciale glücklicherweise in die Serie umsetzen, dies allerdings erst später und mit alsbald geänderter Front.

Für die Giulietta-Freunde war der Speciale das Non-plus-ultra. Mit seiner an die 100 PS erreichenden Leistung und der strömungsgünstigen Form war er darauf ausgelegt, eine Spitze von 200 km/h zu erreichen. Allerdings gab es einen Wermutstropfen: Trotz des 225 cm kurzen Radstands war er länger und breiter und damit weniger handlich, und vor allem war er deutlich schwerer als der Sprint Veloce von 1956/57. Daher eignete sich der Giulietta «SS», wie er auch kurz genannt wurde – und es gab für den Prototyp auch die Bezeichnung Spinta –, weniger gut für den Wettbewerbseinsatz. Allerdings stieg auch das Leergewicht des Sprint und des Sprint Veloce (SV) ab dem verbesserten Modelljahrgang 1958 deutlich an.

Die Serienherstellung des Speciale konnte Bertone erst 1959 aufnehmen. Die ersten hundert Exemplare dienten vor allem der Homologation. Ihr Frontdesign entsprach noch jener des Prototyps und wurde später zwecks Unterscheidung als Muso basso bezeichnet. Die Stahlkarosserien wurden mit Aluminiumtüren dotiert. Ab 1960 erhielt die Front des Sprint Speciale das dreiteilige Kühlergitter, wie es einem typischen Alfa-Gesicht zustand. Zudem ließ sich so auch eine zweckmäßige Stoßstange montieren. Die Heckgestaltung war ebenfalls leicht modifiziert worden. Noch mit dem 1,3-Liter Motor kam der Speciale bis 1963 auf 1252 Exemplare, mit der auf 1,6 Liter vergrößerten Antriebseinheit kamen bis 1965 nochmals 1400 Einheiten hinzu (s. Tabelle). Der Speciale-Prototyp von 1957 aber holte sich 2017 im Besitz eines bekannten italienischen Autosammlers beim Concorso d'Eleganza der Villa d'Este in Cernobbio am Comersee den Titel des «Best of Show».

Erst 1959 mutierte der Giulietta Sprint Speciale zum Serienmodell, zunächst mit dem 1,3-Liter-Motor (4 Zyl., 1290 ccm, 100 PS – aw).

Ab 1963 erhielt auch der Speciale – nun als Giulia – den 1,6-Liter-Motor: 4 Zyl., 1570 ccm, 112 PS – og).

Bertones Giulietta/Giulia-Sprint-Modelle

Jahr	Modell	Radstand	Motor ccm	Bemerkungen
1954-62, 64/65	Giulietta Sprint	238 cm	1290 / 65 PS	24'084 Expl. in 2 Serien
(ab Herbst 1958			80 PS)	
1955	Giulietta Sprint Sportspider	225 cm	1290 / 65 PS	nur Prototypen
1956-1962	Giulietta Sprint Veloce	238 cm	1290 / 90 PS	3058 Expl. In 2 Serien
(ab Herbst 1958			98 PS)	
1956	Giulietta Sprint Spider	238 cm	1290 / 65 PS	nur Prototypen
1957-1962	Giulietta Sprint Speciale	225 cm	1290 / 100 PS	1252 Expl. gebaut
1962-1964	Giulia 1600 Sprint	238 cm	1570 / 92 PS	7107 Expl. gebaut
1963-1965	Giulia 1600 Sprint Speciale	225 cm	1570 / 112 PS	1400 Expl. gebaut
Von Bertone gebaut insgesamt...				**ca. 36'900**

Weitere Giulietta/Giulia-Sportmodelle: 1955—1965, Spider + Spider Veloce (27´437 Karosserien von Pinin Farina/ Pininfarina) — 1960—1962, Giulietta SZ 1. + 2. Serie (217 Karosserien von Zagato).
Zudem 1955—1964, Giulietta/Giulia Berlina (131´715 Exemplare mit Werkskarosserien); 1957—1959, Giulietta Giardinetta Promiscua (91 Kombikarosserien von Colli).
Ab 1963 erfolgte die Ablösung des Giulia 1600 Sprint durch den bei Bertone entworfenen, aber bei Alfa Romeo selbst karossierten Giulia 1600 Sprint GT.

Die vom Autor aus diversen Quellen zusammengestellte Übersicht auf Bertones Giulietta-/Giulia-Coupéproduktion, die sich von 1954 bis 1965 erstreckte..

Aerodynamikerprobung mit «Wollfadentest» auf der Autobahn: Vielversprechender Sportrenner der 1-Liter-Klasse... (bw).

...brachte großes Aufsehen und entsprechende Erwartungen auf dem Turiner Automobilsalon von 1958 (aj).

Misslungener Dreierpakt mit Abarth und Alfa

So vielversprechend und aus kommerzieller Sicht schließlich auch erfolgreich die auf dem Turiner Salon 1957 vorgestellte große Bertone-Neuheit namens Speciale war, so wenig blieb von einem weiteren, im folgenden Jahr in Turin gezeigten Sportwagenprojekt übrig: Wieder hatte Franco Scaglione für Bertone eine aufregende, von der Fachwelt ebenso wie vom Publikum bewunderte Form geschaffen. Diesmal als ultrakompaktes, stilrein geformtes Zweisitzercoupé mit nur 216 cm Radstand und 369 cm Länge. Sein Stil unterschied sich deutlich von jenem der rennsportlichen Coupés Fiat Abarth 750, die ihren Aufbau von Zagato in Mailand erhielten.

Den Anstoß zu dieser Neukonstruktion gab Carlo Abarth. Er hatte eigens ein 50 kg leichtes Rohrrahmenchassis entwickelt und zudem den Hubraum des aus dem Giulietta Sprint Veloce stammenden Zweinockenwellenmotors von 1290 auf 998 ccm reduziert. Indem er den Zylinderhub von 75 auf 58 mm verminderte, ergab sich ein typisches, für hohe Drehzahlen geeignetes Kurzhubaggregat. Im Verein mit einer auf 10:1 erhöhten Verdichtung resultierten 88 DIN-PS bei verwegenen 8000/min. Zum Vergleich: Der Giulietta SS kam auf eine Literleistung von nur 77,5 PS. Der hochsportliche Nimbus dieser Neukonstruktion stellte für die 1-Liter-Rennsportklasse ungeahnte Möglichkeiten in Aussicht.

Lieber kein Prestigekampf bei den «Kleinen»...

Für die gedrungene Aluminiumkarosserie hatte Bertone eingehende, der Aerodynamik geltende Autobahnversuche unternommen. Ohne Zweifel war der kleine Alfa Abarth 1000 gut für 200 km/h. Nach Fiat-Muster erhielt er die Bezeichnung Alfa Romeo Derivazione Abarth 1000, und er fand auch noch Eingang in dem jeweils zum Genfer Salon erscheinenden internationalen Jahreskatalog 1959 der «Automobil Revue». Aber zu jenem Zeitpunkt war dieser Kleinbolide bereits in der Versenkung verschwunden... Die neue Dreiecksbeziehung Abarth/Alfa/Bertone wurde von Fiat offensichtlich nicht verdaut. Denn seit inzwischen vier Jahren war Abarth mit seiner spezifischen, von dem Heckmotor-Kleinwagen 600 abgeleiteten Modellreihe Fiat treu ergeben.

Es kam hinzu, dass der Turiner «PS-Zauberer» daran war, 1958 auf dem Automobilsalon von Paris mit dem Modell Fiat Abarth 750 Bialbero Record Monza einen eigenen Zweinockenwellenmotor einzuführen (Bialbero = zwei Bäume bzw. Wellen). Der entsprechend konstruierte Zylinderkopf für den kleinen Fiat-Vierzylinderblock sollte später zur Legende werden. Alfa Romeo war es wohl ebenfalls nicht ganz geheuer, in den kleinsten Hubraumklassen einen Prestigekampf mit Fiat zu riskieren.

Fünf Beispiele vergeblicher Liebesmüh'

Für Design- und Entwicklungsfirmen gilt es natürlich nicht nur, verkaufspolitische oder gar produktionsstrategische Schwellen zu meistern, sondern – was viel naheliegender ist – allseits ebenso wie «allerseits» überzeugende Formgestaltungsarbeiten ins Gespräch zu bringen. Dass da nicht jeder Vorschlag auf Anhieb gelingt, ist selbstverständlich. Es spricht für Bertone, dass gerade auch solche Fehlschläge im Archiv nicht unter Verschluss verwahrt wurden.

So entwickelte das Bertone-Designstudio beispielsweise 1958 eine leicht modifizierte Version der seit 1955 in Mailand-Portello hergestellten Giulietta-Werkslimousine, deren Design seinerzeit im eigenen Designstudio von Alfa Romeo entstanden war. Im Wesentlichen wurde ihr die von Gitterrosten gebildete Kühlerfront des Alfa Romeo 2000 verpasst, der 1957 den 1900 Berlina ablöste. Dieser «Turiner Vorschlag» wurde in Mailand ebenso abgelehnt, wie der Prototyp eines erneuerten Giulietta-Sprint-Coupés. Auch hierfür wurde die vergitterte Frontgestaltung gewählt, wie sie bereits die große Alfa-Limousine besaß. Diese neue Coupéversion mochte zwar moderner wirken, aber die von Panorama-Front- und Heckscheiben geprägte Silhouette wirkte zusammen mit dem Karosserieunterteil wenig harmonisch.

Und noch eine 1958 ausgeführte stilistische Bertone-Arbeit wurde nachträglich publik, diesmal nach England gerichtet: Für Ford of Britain wurde auftragsgemäß das Topmodell Zodiac äußerlich überarbeitet, dies mit einem originelleren Kühlergrill und zusätzlichen seitlichen Zierstäben. Doch auch diese Ideen kamen nicht zum Tragen. Übrigens standen damals auf neutralen Exportmärkten, wie etwa jenem der Schweiz, die englischen Ford mit den deutschen Ford im offenen Konkurrenzkampf. Und es gab Autofans, denen das Bevorzugen der einen oder der anderen Provenienz fast zu einer Glaubensfrage wurde.

Im Jahr 1959 wurden dann gleich zwei auf dem Genfer Salon vorgestellte Bertone-Zweitürlimousinen zum Flopp, auch wenn ihr Entwurf einmal mehr Franco Scaglione zu verdanken war. Symptomatisch war bei beiden die an ihren beidseitigen Enden stark um die Ecke gekrümmte Windschutzscheibe, die ihr Gegenstück in der Panoramaheckscheibe fand. Die horizontal durchgezogene, in Heckflossen endende Gürtellinie entsprach dem allgemeinen Designtrend. Einzig die typische Kühlerfront wies auf die Marke aus Mailand hin. Beide waren als Berlina due porte, also zweitürige Limousine, ausgelegt. Bei der als Granluce bezeichneten Ausführung ließ sich auch das hintere Seitenfenster öffnen, das Modell Sole zeigte hingegen coupéartige Züge mit schräger gestellter Heckscheibe.

Mit dem Kühlergitter des Alfa 2000: Giulietta Berlina, wie 1958 von Bertone vorgeschlagen (bw).

Eine Silhouette, die in Mailand (und in Turin) nicht überzeugte: Prototyp neuer Giulietta Sprint (bw).

Modifizierter Kühlergrill für den englischen Ford Zodiac von 1958 (bw).

So war und blieb das Original: Ford Zodiac Mark II, 1958 (6 Zyl., 2552 ccm, 90 PS – wb).

Gürtellinie und Heckflossen ganz im Stile der Zeit: Berlina 2 porte Alfa Romeo 2000 Granluce (4 Zyl., 1975 ccm, 105 PS – bw).

Prototyp Sole auf der gleichen Basis wie der Granluce, jedoch mit dem Motor des 2000 Spider (4 Zyl., 1975 ccm, 115 PS – bw).

Ein Kleincoupé entpuppte sich als Volltreffer: NSU Sport-Prinz vor seinen «Technikgebern» Prinz II, 1959 (2 Zyl., 583 ccm, 30 PS – nw).

Mit schmissiger Fließhecklinie, die aus jedem Blickwinkel ebenso elegant wie sportlich attraktiv wirkte (nw).

Ein Produkt des deutschen Wirtschaftswunders

Die NSU Werke AG im süddeutschen Neckarsulm hatte zwar schon von 1905 bis 1928 Automobile hergestellt, war aber ganz auf Motorräder ausgerichtet, als sie im Herbst 1957 ihr originelles Kleinstauto vorstellte: den NSU Prinz. In keinem anderen Land wie in der Bundesrepublik Deutschland waren zur Nachkriegszeit so viele Kleinstautos – die Dreiradkonstruktionen nannte man auch Rollermobile – entwickelt worden. Mit ihnen wurde der autohungrigen Bevölkerung ein erschwinglicher Übergang vom Motorrad zum Volkswagen geboten. In der zweiten Hälfte der Fünfzigerjahre war deren Blütezeit allerdings bereits am Abklingen. Was noch Bestand hatte, hieß etwa Goggomobil, Maico oder eben NSU und ließ sich unter dem Prädikat «erwachsener geworden» einordnen.

Der NSU Prinz besaß eine niedliche Stufenheckkarosserie und wurde wie der Fiat 600 von einem Heckmotor angetrieben. Bei ihm handelte es sich allerdings um einen luftgekühlten 583-ccm-Zweizylinder, der aber immerhin eine obenliegende Nockenwelle zu bieten hatte. Mit 20 PS war die Leistung mit jener des Fiat 600 vergleichbar, doch lag das Leergewicht mit rund 480 kg just 100 kg unter jenem des Fiat. Beide Viersitzer hatten just 2 m Radstand, doch war der NSU mit 314,5 cm um 14 cm kürzer. — Hinsichtlich Leistungsfähigkeit und Fahrqualitäten holte sich der Prinz unter den deutschen Winzlingen einen guten Ruf. Er eignete sich daher durchaus für eine Spezialausführung italienischen Zuschnitts. Hierfür erhielt Bertone den erhofften Zuschlag.

Die Fastbackform mit zierlichen Heckflossen des Sport-Prinz genannten 2+2-sitzigen Coupés war ein Volltreffer. Soviel Eleganz auf einem so bescheidenen Unterbau hatte bis dahin niemand erwartet. Mit 360 cm war der Sport-Prinz deutlich länger, ohne dass Front- und Hecküberhänge optisch störend wirkten. Er brachte 530 kg auf die Waage und wurde mit der inzwischen auch beim Prinz II erhältlichen 30-PS-Motorvariante mit Registervergaser ausgestattet. Sie versprach eine ansehnliche Spitze von 130 km/h.

Kofferraum wie Benzintank fanden sich beim Sport-Prinz vorne (nw).

Vorserienmodell noch mit sichtbaren Luftein- und -auslassschlitzen (nw).

Bertones durchaus gelungener Vorschlag für einen modernisierten Prinz-Viersitzer; doch NSU zog eine Eigenentwicklung vor (bw).

Der NSU Prinz 4, wie ihn das Werk ab 1961 herstellte (Version 4L, 1962; 2 Zyl., 598 ccm, 30 PS – nw).

Für den Sport-Prinz kaufte Bertone in Mappano bei Caselle, wo sich Turins Flughafen befindet, ein Industriegebäude. Dort wurde der Sport-Prinz bis 1962 in 2715 Exemplaren gebaut. Darauf entstanden bis 1967 weitere 18'116 Einheiten beim Karosseriewerk Drauz in Heilbronn; somit wurde mit diesem kleinen Liebhabercoupé ein beachtlicher Gesamtausstoß von 20'831 Stück erreicht.

1959 konstruierte Bertone den Prototyp eines Viersitzers als Ersatz für den Prinz III. Sein Stil glich jenem des Sport-Prinz, doch wurde dank Stufenheck ein viersitziger Innenraum ermöglicht. Den Prinz 4 entwickelte NSU dann auf dem gleichen 204-cm-Radstand allerdings in Eigenregie. Er kam zum Modelljahr 1962 auf den Markt, und seine Pontonkarosserie verkörperte sozusagen eine Kleinausgabe des ab 1960 gebauten Chevrolet Corvair. Außer in Deutschland machte er in Italien Furore, wo manche Autofreunde im Prinz 4 die längst erhoffte Alternative zum Fiat 600 sahen: mit Stufen- statt Schrägheck und damit im Stile eines «echten ausgewachsenen Autos».

1960 wurde von Bertone auf dem Turiner Salon außerdem eine Offenversion des Sport-Prinz vorgestellt. Aus ihr wurde im September 1963 der NSU Spider und damit das erste serienmäßig gebaute Auto mit Wankel-Kreiskolbenmotor; dessen Karosseriebau erfolgte allerdings nicht bei Bertone. – 1969 wurde NSU der Marke Audi angeschlossen und 1977 vom Volkswagenkonzern aufgegeben.

Schon 1960 stellte Bertone eine Spiderversion des Sport-Prinz vor... (bw).

..aus ihr wurde 1964 der NSU Spider und damit das erste Serienauto mit Wankel-Kreiskolbenmotor (nw). — Rechts: Blick in den Wankel-Motorraum (1 R., 500 ccm, 50 PS — nw).

Letzte Blüten aus dem reichen Scaglione-Bouquet

Das Jahr 1959 brachte ebenfalls eine reiche Fülle an Bertone-Neulingen. Noch stammten die Entwürfe von Franco Scaglione. Besonders typisch für seine faszinierend schwungvollen Designschöpfungen war das auf dem Turiner Autosalon vorgestellte 2+2-sitzige Coupé Fiat 1200 Granluce, dessen Stil mit langgezogener Heckpartie an den Fiat 1200 Spider America von 1957 erinnerte. Die fein gegliederte Fastbacksilhouette war für Designliebhaber der reine Augenschmaus. Parallel zu diesem 1,2-Liter-Coupé entstand auch gleich eine leistungsgesteigerte Version mit dem 1,5-Liter-Motor des Fiat 1500 Cabriolets. Dessen Serienversion kam erst im Sommer 1959 auf den Automarkt. Sein Zweinockenwellenmotor war eine Konstruktion der Gebrüder Maserati, die 1947 die auf Rennsportwagen kleineren Kalibers spezialisierte Marke Osca (Officine Specializzate Costruzioni Automobili) gegründet hatten...

Völlig gegenteilig das ebenfalls 2+2-sitzig ausgeführte Cabriolet Simca Lido. Es war ebenso hübsch wie schlicht gestaltet. Gebaut wurde es für den italienischen Importeur der 1935 in Paris-Nanterre gegründeten Marke Simca (Société Industrielle de Mécanique et Carrosserie Automobile), und es basierte auf der Mechanik des neuen Modells Aronde P 60. Entgegen aller Erwartungen blieb aber der Auftrag für eine Serienherstellung aus, und Simca behielt seine Auswahl auf das zweisitzige Eigencabrio Océane beschränkt.

Wiederum schwungvoll, langgestreckt und elegant zeigte sich als weitere zum Turiner Salon 1959 gebrachte Bertone-Neuheit ein spezialkarossierter Maserati 3500 GT. Kleine Einschränkung: Der hintere Überhang war von der Seite betrachtet um ein Stück zu lang geraten. Für die Marke aus Modena war dies das erste in Zusammenarbeit mit Bertones Designstudio und Werkstatt verwirklichte Unikat. Im Vergleich zu dem von der Car-

Oben: Eine Sportwagensilhouette, die begeisterte: Bertone Fiat 1200 Granluce, 1959 (4 Zyl., 1221 ccm, 55 PS – bw).

Rechts: Das Parallelmodell mit hoher statt breiter Lufthutze: Bertone Fiat 1500 Osca (4 Zyl., 1491 ccm, 80 PS – bw).

Formschön, unspektakulär: 2+2-sitziges Cabrio Bertone Simca Lido (4 Zyl., 1290 ccm, 60 PS – bw).

Noch ein Scaglione-Glanzstück: Bertone Maserati 3500 GT, 1959 (6 Zyl., 3483 ccm, 230 PS—bw).

Raffinierte Kombination von Rundungen und Geraden bei Bertones 3500 GT; aber etwas langgestreckt wirkte das Heck ja schon... (bw).

Das weiße Blatt am Fenster

Manchmal fügt ein Blick hinter die Kulissen den hier behandelten harten Fakten ein Stück weiche Menschlichkeit hinzu. So etwa, wenn man nebenbei über die persönlichen Eigenheiten eines Designtalents wie Franco Scaglione etwas Näheres erfährt.

Er war ja bei Bertone nicht festangestellt, sondern freier Mitarbeiter. Dies brachte ihm etwelche Bewegungsfreiheit, und diese nutzte er am Bertone-Arbeitsort Corso Peschiera 225, indem er sich zwischendurch im «Caffè» gegenüber intensiv seinem großen Hobby widmete, dem Billardspiel. Wenn er dringend bei der Designarbeit benötigt wurde, stellte man an die Scheibe eines Atelierfensters ein weißes Blatt Papier, das dem Kettenraucher Franco signalisierte, bald rüberzukommen!

rozzeria Touring aufgebauten Serienmodell gab sich dieser von den 3500 GT weit attraktiver und moderner. Seine Linien verkörperten eine Weiterentwicklung der 1957 für die Aston-Martin- und Jaguar-Einzelstücke verwirklichten Stilrichtung. – Weil sie in finanzielle Not geraten waren, mussten die Gebrüder Maserati ihr Werk 1937 der Industriellenfamilie Orsi überlassen; sie blieben aber noch zehn Jahre lang für die Entwicklungsarbeiten verantwortlich.

Technik von Ex-Ferrari-Ingenieuren, Design von Franco Scaglione: ATS 2500 GT, 1963 (V8, 2468 ccm, 210 PS - wb).

Dieses ausdrucksstarke Coupé war die letzte der grandiosen Designleistungen, die Franco Scaglione für Bertone vollbrachte. Es symbolisierte den Abschluss einer Automobilepoche, die dem Sportwagen ebenso zu ausgeprägter Aerodynamik wie zu mentaler Daseinsdynamik verhalf. – Zunächst unerkannt, weil das Karosseriewerk Allemano seinen Namen nicht bekannt gab, brillierte Scaglione nochmals mit einem Sportwagendesign, nämlich mit jenem des kurzlebigen ATS 2500 GT von 1963/64.

Als erstmals ein neuer Name auftauchte: Giugiaro

In seiner überarbeiteten Form wurde der Alfa Romeo Giulietta Sprint zwar bereits am 24. Juni 1958 im Autodrom von Monza vorgestellt. Zunächst als «Prototyp Monza» bezeichnet, ging er schlicht als 2. Serie in die Geschichte ein. Seine wesentlichen Verbesserungen lagen auf der technischen Seite: Der 1290-ccm-Motor erhielt einen verstärkten Zylinderblock, neue Abgaskanäle und vergrößerte Ventile; die Leistung wurde (nach alter Norm) mit 89 PS beziffert. Das Vierganggetriebe erhielt eine Synchronisierung nach System Porsche und Mittelschaltung.

Äußerlich erkennbar war die 2. Serie in erster Linie an dem neuen Kühlergrill, dessen dreiteilige Lufteinlassöffnungen nun von einem einheitlichen Grill abgedeckt wurde. Die Scheinwerfer zeigten einen vergrößerten Durchmesser, es gab seitliche Blinkleuchten sowie neugruppierte Heckleuchten einschließlich integrierter Kennzeichenbeleuchtung, wie sie nun vorgeschrieben war (s. Farbbild Seite 39). Das Besondere an diesen Designverfeinerungen aber lag darin, dass sie von einem jungen, inzwischen von Nuccio Bertone engagierten Designtalent entworfen wurden, nämlich Giorgetto Giugiaro, dessen Name in die Geschichte der Autoformgebung einfließen sollte.

Als dann der Serie-2-Sprint zum Modelljahr 1959 in Produktion genommen wurde, erhielt er zusätzlich neu geformte Sitze mit karierten Stoffüberzügen. Vor allem aber wurden nun die Leistung mit «offiziellen» 80 PS und die Höchstgeschwindigkeit mit 170 km/h deklariert. Gleichzeitig mit dem Sprint wurde in gleicher Weise der Sprint Veloce zur 2. Serie aufgewertet. Seine Leistung erreichte gar 98 PS und war gut für 176 km/h. Auf Wunsch wurde er mit dem Fünfganggetriebe des Sprint Speciale ausgerüst

Gordon-Prototyp, wie er für den Genfer Salon 1960 entstanden war (V8, 4637 ccm, 230 PS – bw).

Giorgetto Giugiaro, Bertones Designer ab 1959.

Der erste Gordon, hier bereits mit adäquatem englischem Hintergrund (bw).

Geburtsstunde einer neuen Marke: Gordon

Im Nachhinein wurde erkannt, dass der auf dem Genfer Salon im März 1960 vorgestellte Gordon eine gewisse stilistische Ähnlichkeit mit dem Alfa Romeo 2000 Sprint aufwies. Dieser feierte seine offizielle Premiere jedoch erst auf dem nachfolgenden Turiner Autosalon. Und es war der 2000 Sprint, mit dem Bertone, Alfa Romeo und die Autowelt den Erstling eines neuen Designtalents feierten...

John Gordon hatte von 1957 bis 1959 im englischen Slough die Produktion des Viersitzercoupés Peerless GT mit der Antriebsmechanik des Triumph TR 3 geleitet. Wegen Knatsches mit den Mitbesitzern – es ging auch um die Finanzen – gründete er ein neues Unternehmen für die Herstellung eines GT-Coupés, das seinen eigenen Namen trug. Für die Motorisierung sah er den 230 PS starken 4,6-Liter-V8 aus dem Chevrolet Corvette vor, während er den Fachwerkrahmen mit De-Dion-Hinterachse von Jim Keeble konstruieren ließ. Für das Karosseriedesign wandte er sich hingegen an Nuccio Bertone, und dieser schuf – auf der Basis des ersten von Giugiaro für ihn geschaffenen Entwurfs – den Gordon-Prototyp binnen nur 27 Tagen! Eine relativ horizontal geführte Dachlinie sorgte dafür, dass der Gordon nicht nur ein «2+2», sondern ein echter Viersitzer war. Eine stilistische Eigenart waren die schräggestellten Doppelscheinwerfer.

In Turin sollte auch die Montage erfolgen, und zwar in einer Kadenz von wöchentlich 20 Stück. Wenngleich hierzu bereits an ein inzwischen im Aufbau befindliches neues großes Bertone-Werk gedacht wurde, so gingen die hochfliegenden Pläne des Mr. Gordon noch längst nicht in Erfüllung. Erst mit der 1964 in Southampton gegründeten Gordon-Keeble Inc. kam dieses GT-Coupé in Kleinserie..., nun mit lokalem Kunststoffaufbau, aber beibehaltenem Bertone-Design. Er wurde bis 1965 in 93 Exemplaren gebaut.

Zum kleinen ein großer Alfa Sprint

Italiens aufstrebende «Staatsmarke» Alfa Romeo hatte im November 1957 in Turin als Ablösung für die gediegene, aber inzwischen altmodisch wirkende Limousine des Typs 1900 die weit moderner geformte Berlina 2000 vorgestellt. Über der horizontal durchgezogenen Gürtellinie brillierte sie mit einem ringsum großzügig verglasten Pavillon. Im Vergleich zum Vorgängermodell war sie gut 30 cm länger, 10 cm breiter, aber auch rund 250 kg schwerer. Dieses Mehrgewicht wurde mit einer auf 105 PS erhöhten Leistung kompensiert. Trotz Hinzufügens eines fünften Gangs wurde die Lenkradschaltung beibehalten. So bot auch die vordere Sitzbank weiterhin drei Personen Platz.

Giorgetto Giugiaros Erstling in der Reinzeichnung: Alfa Romeo 2000 Sprint, 1960 (4 Zyl., 1975 ccm, 115 PS – bw).

Harmonisch wirkende Silhouette, elegante Radhaus-Ausschnittränder beim 2000 Sprint (bw).

Markantes Gesicht, die inneren Doppelscheinwerfer mit kleinerem Durchmesser (aw).

Ebenfalls schon 1957 wurde eine zweisitzige Cabrioversion des Alfa 2000 vorgestellt. Sie entstand auf einem um 22 cm verkürzten Radstand bei der Mailänder Karosseriefirma Touring und ging bei ihr in die Serienfertigung. Nachdem Bertone ja bereits auf dem Genfer Salon von Anfang 1959 zwei Coupévorschläge zur Diskussion gestellt hatte, kam gegen Ende 1959 eine gänzlich neu geformte Coupévariante hinzu: Sie verkörperte das erste vollständig von Giorgetto Giugiaro ausgeführte Design. Natürlich stand da auch Nuccio Bertone dahinter, der das Jungtalent entdeckt und engagiert hatte und ihm im übertragenen Sinne den Zeichenstift führen half. Denn Bertone hatte sein schon in jungen Jahren entwickeltes eigenes Talent ebenso wie sein Feingefühl für Form und Linien stets bewahrt.

Der 2000 Sprint bot ein ebenso luxuriös wie sportlich betontes Cockpit; Stockschaltung für das Fünfganggetriebe (aw).

Giorgetto Giugiaro, Jahrgang 1938, hatte sich eines Tages bei Nuccio Bertone gemeldet, um ihm seine Zeichenmappe vorzuzeigen. Bertone war beeindruckt und erkannte, dass dieser Giorgetto ein echtes Talent sein musste. Er könne jederzeit bei ihm beginnen, ließ er ihn wissen. Giugiaro absolvierte in Turin ein Kunststudium, denn schon Vater und Großvater waren Kunstmaler. In Abendkursen ließ er sich zudem im Technischen Zeichen ausbilden. Dass er so nebenbei in das freihändige Entwerfen von Karosserieaufbauten abwich, war bei einem aufgeschlossenen jungen Mann wohl nicht überraschend.

Ein recht langes militärisches Intermezzo...

Als seine Entwürfe mit den Jahresabschlussarbeiten Mitte 1955 öffentlich ausgestellt wurden, weckten sie die Aufmerksamkeit von Dante Giacosa, dem genialen Konstrukteur und technischen Direktor von Fiat. Vermutlich war er bei diesem Anlass nicht zum ersten Mal auf Talentsuche gegangen. Im Herbst des gleichen Jahres fand Giugiaro eine Anstellung bei Fiat unter Chefdesigner Ing. Fabio Luigi Rapi. Vier Jahre lang blieb der Jungdesigner bei Italiens Autoriesen, und er erkannte, wie lange und wie beschwerlich und entscheidungsreich der Weg zu neuen Serienautos war. Dem jungen Giugiaro aber, der weiterhin Abendkurse besuchte, mangelte es an Freiheit und Entfaltungsmöglichkeiten. Anläßlich des Automobilsalons von Turin im November 1959 nutzte er daher die Gelegenheit mit Nuccio Bertone in Kontakt zu treten. Dieser lud ihn ein, ihm seine Entwürfe vorzulegen. Doch bei dem vereinbarten Treffen äußerte Bertone seine Überzeugung, dass diese Zeichnungen nicht ohne fremde Hilfe entstanden seien. «Sagen Sie mir, wer Ihnen geholfen hat...» Tief betroffen bot Giugiaro an, einen Beweis für seine Fähigkeiten zu liefern. Das von ihm darauf ausgearbeitete technische Schema für den Alfa Romeo 2000 Sprint überzeugte sowohl Bertone wie die Alfa-Direktoren.

Im Dezember 1959 wurde dem nun 21-jährigen Giugiaro die Leitung von Bertones *Reparto Esperiente* anvertraut. Die Versuchsabteilung, die auch die Funktion eines Styling-Centers umfasste, beschäftigte an die zwanzig Leute, die sich mit der Ausführung von Holzmodellen und den dazu führenden zahlreichen Detailarbeiten befassten. Zu ihnen zählte Ezio Cingolani, Leiter des Prototypenbaus, der sich als ein genialer «Planumsetzer» erwies.

Noch aber hatte Giorgetto Giugiaro ab März 1960 den 18 Monate dauernden obligatorischen Militärdienst zu leisten. Er hatte von der Luftwaffe geträumt, aber Bertone gelang es, ihn bei den Alpini, den Alpenjägern bzw. Gebirgsinfanteristen, in Bra einteilen zu lassen. Deren Ausbildungszentrum befand sich nur 55 km südlich von Grugliasco. Nuccio Bertone mietete für seinen Chefdesigner ein Zimmer in einem kleinen Gasthof, in dem sich

Großflächige Heckscheibe aus Bertone-Tradition, umrandeter Heckabschluss als weitere 2000-Sprint-Merkmale (bw).

Die von Bertone schon 1960 vorgeschlagene Cabrioableitung des Sprint blieb Prototyp (bw).

Der 1962 herausgebrachte Alfa Romeo 2600 Sprint behielt das gelungene Coupédesign weitgehend bei (6 Zyl., 2584 ccm, 145 PS – aw).

ein Zeichenbrett aufstellen ließ. Zur abendlichen Ausgangszeit begab sich der angehende *Alpino* an diesen externen Arbeitsort, oft von Bertone hingefahren, wo die beiden Karosserielinien diskutierten.

Nachdem der Kommandant der Kaserne in Bra die zeichnerischen Fähigkeiten Giugiaros allmählich erkannte, stellte er ihm im Dachstock über dem Kompagniebüro einen Raum mit großem Arbeitstisch zur Verfügung..., damit er dort in aller Ruhe in Auftrag gegebene Portraits ausführen konnte. Nach den Portraits aber widmete sich Bertones Formgestalter freilich auch dort dem Thema Auto.

Nuccio Bertone pendelte indessen eifrig zwischen Grugliasco und Bra, um vor Ort Entwürfe und Zeichenarbeiten zu erörtern und mitzunehmen. Neben dem Alfa 2000 Sprint erhielten auf diese Weise die beiden Ferrari-Einzelstücke, der Aston Martin Jet, der BMW 3200 CS, der Maserati 5000 GT sowie der kleine Asa 1000 ihre Konturen in dem «militärischen Design-Zweigbetrieb».

Selbst der erst 1963 lancierte Alfa Romeo Giulia Sprint GT entstand «zwischen Kaserne und Mietzimmer», einschließlich eines Kleinmodells. Dieses musste Giugiaro im Dezember 1960 seinem Meister persönlich überbringen. Auf dem Beifahrersitz im alten Renault Dauphine eines Dienstkollegen hielt er das zerbrechliche Kunstwerk sorgsam umfangen. Nach der Fahrt von Bra nach Grugliasco, so berichtet Giorgetto Giugiaro in seinen Erinnerungen, bedurfte es drei Stunden Arbeit, um es wieder repräsentabel zu machen. Und es war repräsentabel, denn nach der Modellvorstellung auf dem Genfer Salon von 1963 wurde es während 14 Jahren, nämlich bis ins Jahr 1976, in nicht weniger 213'000 Exemplaren gebaut!

Zunächst Vier-, dann Sechszylindermotor

Der ab 1960 hergestellte Alfa Romeo 2000 Sprint basierte auf einem mittleren Radstand von 258 cm (Berlina: 272 cm; Spider: 250 cm) und war bei 455 cm Länge ein echter Viersitzer, wenn er auch nicht als «Berlina 2 porte», sondern teils auch als «2+2» in die Annalen einging. Mit zwei Doppelvergasern bestückt, erreichte der Zweinockenwellenmotor wie im Spider eine Leistung von 115 PS. Bei beiden wurde das Fünfganggetriebe mit einem Stockschalthebel bedient.

Das Giugiaro/Bertone-Design des 2000 Sprint war alles andere als spektakulär. Es war schlicht elegant und wirkte aus jedem Blickwinkel ausgewogen und sportlich zugleich. Die Besonderheit lag in der flachen Kühlerfront, die als Gesamtheit in neuartiger Weise von dem leicht auskragenden vorderen Karosserieabschluss umrahmt wurde. In der von einem Gitterrost gebildeten Kühlerfront waren mit Chromringen akzentuierte Doppelscheinwerfer untergebracht, wobei das inne-

Die Sechszylinderversion gab sich von außen in erster Linie an der Lufthutze auf der Motorhaube zu erkennen (aw).

Als Sechszylinder bot der Alfa-Zweinockenwellenmotor für Kenner einen besonders attraktiven Anblick! (aw).

Produktionszahlen Alfa Romeo 2000 + 2600

Alfa Romeo	**2000**	**2600**	**total**
Berlina	(1957—1969) 2573*	(1962—1969) 2051**	4624
Spider	(1957—1961) 3443	(1962—1965) 2257	5700
Sprint Bertone	**(1960—1962) 700**	**(1962—1966) 6999**	**7699**
Sprint Zagato (SZ)		(1965—1967) 105	105
Total	6716	11'412	18'128

*) zudem 320 FNM/Brasil

**) zudem 52 OSI/Turin

2600 Sprint aus Künstlerhand..., nämlich von Giorgetto Giugiaro persönlich gestaltete und signierte Inserate in den internationalen Katalognummern der «Automobil Revue» von 1962 und 1963.

re Paar einen kleineren Durchmesser aufwies. Auch dies war eine stilistische Innovation. Das Alfa-Scudetto, der wappenförmige Mittelteil mit Horizontalstäben, ließ keine Zweifel über die Markenidentität. Analog zeigte sich auch der Heckabschluss als eine eingerahmte Fläche.

Erstaunlicherweise fanden bei der Alfa-Romeo-Baureihe 2000 die Sportkarosserien deutlich mehr Anklang als die Limousine. Dies war weitgehend auf den Exporterfolg von Cabrio und Coupé zurückzuführen. Denn bei ausländischen Autoliebhabern besaß der Name Alfa Romeo stets einen Nimbus exklusiver Sportlichkeit. Auch beim 1962 eingeführten Nachfolgemodell 2600 unterlag die Berlina, wie die Tabelle «Produktionszahlen» auf Seite 55 zeigt: Gebaut wurden 6999 Coupés, 2257 Cabrios und 2051 Limousinen.

Die Baureihe 2600 erfuhr ihre Weltpremiere auf dem Genfer Salon 1962. Das Coupé Sprint von Bertone unterschied sich äußerlich vom Vormodell 2000 durch die Lufteinlasshutze vorne auf der Motorhaube. Wesentlich aber war der neue Motor, ein Sechszylinder mit zwei obenliegenden Nockenwellen nach traditionellem Alfa-Muster. Mit drei Doppelvergasern leistete er 145 PS und verhalf zu 200 km/h Spitze. Von den bis 1966 gebauten 6999 Exemplaren erhielten die letzten 2910 Coupés Vierrad-Scheibenbremsen. Nicht in Produktion ging ein vom Sprint abgeleitetes 2+2-sitziges Cabrio, das Bertone schon 1960 vorschlug; Alfa blieb beim Touring-Cabrio.

Kontakt zu BMW und ein zweiter Ferrari

Noch zum Jahr 1960 zählten im «Bertone-Album» zwei weitere Konstruktionen, nämlich ein Modernisierungsvorschlag für BMW und ein Ferrari-Einzelstück, mit dem Giorgetto Giugiaro sein Jungtalent unter Beweis stellte. Bei BMW in München baute man damals die als «Barockengel» in die Geschichte eingegangenen wuchtigen viertürigen Limousinen mit Sechszylinder- oder V8-Motor, die ursprünglich als Modelle 501 und 502 bezeichnet wurden. Hinzu kamen die Sportmodelle 503 und 507, deren vollendete Konturen Albrecht Graf Goertz zu verdanken waren. Der in Amerika lebende Graf Goertz besaß

Eindrückliches, aber damals bereits angegrautes Werksdesign: BMW 502 (1955-1961; V8, 3168 ccm, 120 PS – mw).

Die bei Bertone geschaffene Holzstruktur zeigt auf, wie man Front und Heck hätte modernisieren können (bw).

Schlichte Eleganz, ohne offensichtlichen Markenhinweis: Bertone Ferrari 250 GT, 1960 (V-12, 2953 ccm, 240 PS – aj).

Ungewöhnlich eingerahmtes Armaturenbrett; Hauptanzeigen in der Mitte (uk).

Filigraner Pavillonteil; ungewöhnlich schmale Dachträger sorgen für einen lichtdurchfluteten Innenraum (bw).

als Industriedesigner – so wie Raymond Loewy – ein internationales Renommee. Bei der schon 1952 vorgestellten BMW-Sechsfensterlimousine ging es darum, Front und Heck zu einem Newlook zu verhelfen. Die teuersten Karosseriepressteile, nämlich jene der Türpartie, hätte man unverändert hinzuverwenden können.

Ganz ungewöhnlich wirkte das von Giugiaro vorgeschlagene Design für ein zweisitziges Ferrari-Luxuscoupé, das für einen Industriellen aus Genua entstand. Gemäß Kundenwusch wies äußerlich nichts auf die Prestigemarke aus Maranello hin, auch nicht die Form des Kühlergitters, das wenigstens das traditionelle Ferrari-Signet mit dem sich aufbäumenden Pferd trug. Die Grundform war langgestreckt, aber schnörkelfrei schlicht, und das besondere Merkmal bestand in den sehr schlanken Dachträgern, die zu einer einzigartigen Rundsicht verhalfen. Neuartig war bei dieser Bertone-Konstruktion zudem der Frontteil der Karosserie: Motorhaube und Radhäuser waren zu einem Stück zusammengefügt, das sich nach vorne hochklappen ließ.

Auch mit diesem mit dem Zunamen Wax bezeichneten Einzelstück bewies die Carrozzeria Bertone nicht nur ihre richtungsgebende Pionierkraft in der Formgebung, sondern ebenso Innovationsfähigkeit in technischen Belangen. Nuccio Bertone erkannte solch aufwendige Individualautos als wirkungsvolle Werbeträger, die dazu beitragen konnten, den gesetzten Expansionszielen näherzukommen.

Werk Grugliasco: mehr Produktionstiefe

Zwar hatten die Werkanlagen am Corso Peschiera eine ungeahnte Dimension erreicht. Mit einer inzwischen erreichten Zahl von 550 Mitarbeitern wurde der zur Verfügung stehende Raum optimal genutzt. Die Produktionseinrichtungen waren stetig modernisiert und die Herstellungsabläufe laufend jüngsten Erkenntnissen angepasst worden. Es standen denn zeitgemäße Montage- und Schweißvorrichtungen ebenso zur Verfügung, wie leistungsfähige Lackiervorrichtungen. Doch Nuccio Bertone hatte längst erkannt, dass sich eine weitere Expansion, wie er sie sich wünschte, nur an einem neuen Ort verwirklichen ließ. In Grugliasco, einer Nachbarstadt im Westen von Turin, fand Bertone gegen Ende der Fünfzigerjahre jenes ausgedehnte Grundstück, das seinen Vorstellungen für den Aufbau eines vollwertig konkurrenzfähigen modernen Automobilwerks entsprach. Allerdings liefen die Verhandlun-

Unten: Nachdem die Produktion 1960 nach Grugliasco verlegt worden war, konnte dort im Juni 1961 die Produktion des 20'000. Giulietta Sprint gefeiert werden (bw).

Giovanni Bertone, hier 77-jährig in Grugliasco neben dem Produktionsband für den Alfa Romeo 2000 Sprint, überließ das von ihm gegründete Unternehmen endgültig seinem Sohn (bw).

Nuccio Bertone, 1961 in seinem Büro im neuen Werk Grugliasco; für ihn brachte der Umzug in die kleine Nachbarstadt von Turin den angepeilten Riesenschritt zur neuen Dimension (bw).

gen für die Übernahme des ausgedehnten Terrains nicht ganz nach Wunsch. Der Landwirt und Landbesitzer wollte das gesamte Grundstück verkaufen, während Bertone nur einen Teil davon übernehmen wollte. Vor ein Ultimatum gestellt, musste der Karosseriebauer schließlich in die Gesamtübernahme einwilligen..., was sich später als ein Glücksfall erwies!

Bis 1961 entstand in Grugliasco jenes Werk, wie Bertone es sich vorstellte, wo die bei ihm für die großen Automobilwerke gefertigten Sondermodelle in einer stark erhöhten Kadenz «vom Band» laufen konnten. Dazu wurden die Produktionseinrichtungen vom Corso Peschiera an den neuen Standort disloziert und zugleich weiter modernisiert. Hier standen nun zunächst 720 Leute zur Verfügung, und die Kapazität erreichte einen möglichen Jahresausstoß von 7500 Karosserien. Es war aber nicht nur der nun nutzbare weit größere Arbeitsraum, der die Herstellung erleichterte, es war auch die jetzt zur Verfügung stehende Abstellfläche für halbfertige oder vollendete Aufbauten innerhalb und außerhalb des Gebäudevolumens, die alle Arbeitsdispositionen im Vergleich zum früheren Produktionsort wesentlich erleichterte.

Das Bertone-Werk Grugliasco entwickelte sich zu einer wichtigen Säule der italienischen Automobilindustrie. Bis in die zweite Hälfte der Siebzigerjahre erhöhte sich die Belegschaft auf 1500 Personen und die Jahreskapazität auf 18‘000 Fahrzeuge. Von den 300‘000 m2 Geländefläche waren 62‘000 m2 überbaut. Bertone konnte nun vollständige Automobile auf die Räder stellen. Nur die Karosserie-Pressteile wurden von spezialisierten Metallstanzwerken von auswärts angeliefert. Dies galt natürlich weiterhin auch für die gesamten Antriebsstränge und für alle in üblicher Weise bei Zulieferfirmen produzierten Ausrüstungsteile. Der Produktionsablauf war in Grugliasco nach üblichem Muster zweigeteilt: Im ersten Teilgebäude fand sich die Montagelinie für den Zusammenbau, im zweiten die Lackierungs- und Endfertigungsanlagen.

Zwischenphase mit dem Giulia 1600 Sprint

Im Werk Grugliasco gab es sowohl im Juni 1961 wie im Juni 1962 jeweils einen Grund zum Feiern: 1961 lief der 20‘000. Giulietta Sprint vom Band, und 1962 erfolgte – mit einer Vorstellung auf der Rundstrecke von Monza – der Übergang vom Giulietta Sprint zum Giulia Sprint. Im Rückblick kann man sich fragen, ob man nicht besser noch ein Jahr lang von einem Giulietta Sprint 1600 gesprochen hätte. Denn 1963 erfolgte der weit bedeutungsvollere Schritt zum Giulia 1600 Sprint GT..., den es später auch wieder mit dem 1,3-Liter-Motor gab.

In seinem Design gab sich der Giulia 1600 Sprint gegenüber dem Giulietta Sprint unver-

Blick auf den von 1,3 auf 1,6 Liter gewachsenen Giulia-Motor (bw).

Als Giulia erhielt der Sprint ein hochsportliches Dreispeichen-Lenkrad (bw).

Das ungemein stilvoll-kantige Design des Giulia 1600 TI war keine Bertone-Kreation (aw).

Nur die Zahl «1600» neben dem kleinen Bertone-Signet an den Flanken verriet die neue Motorgröße: Alfa Romeo Giulia 1600 Sprint, 1962 (4 Zyl., 1570 ccm, 92 PS – aw).

Ein weiterer Aston Martin von Bertone, diesmal mit Zusatznamen: Aston Martin DB 4 GT Jet von 1961 (6 Zyl., 3670 ccm, 302 PS – bw).

ändert. Von außen erkannte man ihn an den rechteckigen seitlichen Blinkleuchten und am Schriftzug «1600» an den Flanken und am Heck. Die Türpaneele wie auch das Armaturenbrett waren nun mit Kunstleder überzogen, zudem waren die Heiz-/Lüftungsbedienung und die Sitze verbessert worden. Mit seinen drei geschlitzten Aluminiumspeichen wirkte das Lenkrad nun noch sportlicher. Anfänglich erhielt auch der Giulia 1600 Sprint noch Trommelbremsen an den Vorderrädern; die späteren Wagen wurden dagegen mit vorderen Scheibenbremsen ausgerüstet.

Ganz im Gegensatz zu den Detailänderungen beim Coupé präsentierte sich die ebenfalls 1962 präsentierte Werkslimousine unter der Bezeichnung Giulia Berlina 1600 TI in einem völlig neuen Design: statt mit rundlichen nun mit kantigen Karosseriekonturen, die diesem Modell zu einer für Autofans auch in Exportländern ganz neuen Bedeutung verhalfen. Zudem wuchsen Radstand und Länge beim viertürigen Mittelklasse-Alfa von 238 auf 251 bzw. von 411 auf 414 cm.

Für das bei Bertone gebaute Sprint-Coupé begründete vordergründig nur der Motor die Namensänderung. Selbstverständlich bot der 1570-ccm-Motor zwei obenliegende Nockenwellen, und er wurde ebenso legendär wie die 1,3-Liter-Maschine. Statt 80 standen nun 92 PS zur Verfügung, und vor allem hatte auch das maximale Drehmoment zugelegt, was schaltärmeres Fahren ermöglichte. Der Giulia 1600 Sprint wurde bei Bertone in Grugliasco bis 1964 gebaut, und es gab auch den ebenfalls bei Bertone in Grugliasco karossierten Sprint Speciale sowie den von Pininfarina aufgebauten Spider als Giulia mit 1,6-Liter-Motor. Der Giulia 1600 SS erhielt ein neues Armaturenbrett mit geändertem Instrumentarium sowie einem Haltegriff für den Beifahrer. Von den 1400 bis 1965 gebauten Exemplaren erhielten die ersten 200 noch vordere Trommelbremsen.

Bereits ein fünfter individueller Aston Martin

Die Ende 1959 eingegangene Verbindung zwischen Nuccio Bertone und Giorgetto Giugiaro entwickelte sich zu einer von Begeisterung getragenen Zusammenarbeit, und dies zu einer Zeit, da sich das Wirken des Turiner Karosseriedesigns in einem Höhenflug befand. Die Stadt im Nordwesten Italiens und ihre einzigartige Spezialität, das Gestalten von Automobilformen, hatte weltweites Renommee erreicht. Und das Duo Bertone/Giugiaro trug wesentlich dazu bei. Nuccio Bertone war gleichzeitig genügend unternehmerisch talentiert, um die Aura seiner Firma durch stets neue Kontakte auch im Sinne des geschäftlichen Erfolgs zu nutzen. Hierzu erfuhr die bereits vielfältige Modellskala des Grugliasco-Eröffnungsjahres 1961 ihre wirksame Ergänzung. Denn nebst den Alfa-Serienmodellen Giulietta Sprint und 2000 Sprint

Aus jedem Blickwinkel verkörperte der Jet ein Bild geballter Kraft (bw).

Englisch-italienisch kombinierte Eleganz auch im Innenraum des Jet (bw).

Der Maserati 5000 GT, so wie Giugiaro in seiner Entwurf-Reinzeichnung ihn sah..., samt rechteckigen Scheinwerfern (bw).

Umgesetzt wurde dann Giugiaros Entwurf mit Doppelscheinwerfern: Maserati 5000 GT Bertone, 1961 (V8, 4975 ccm, 350 PS - ma).

sowie dem NSU Sport-Prinz entstanden in der Sparte der Einzelstücke erneut bewunderns- und begehrenswerte Liebhaberwagen.

Bereits zum fünften Mal widmete sich Bertone einem Spezialaufbau für Aston Martin, diesmal nun einem von Giorgetto Giugiaro entworfenen Coupé auf der Basis des seit 1958 gebauten Typs DB 4 mit Aluminium-Motorblock. Der schlichte horizontal betonte Kühlergrill erinnerte an den 1960 entstandenen Bertone-Ferrari. Allerdings zeigten sich nun die Scheinwerfergehäuse pointiert vorgekröpft, der Glaspavillon auffallend kurz und das Heck schwungvoll nach hinten abfallend. In der Seitenansicht kamen den Drahtspeichenrädern mit ihrer üppigen Bereifung dominante Bedeutung zu. Dieses auf dem Genfer Salon 1961 erstmals gezeigte Einzelstück erhielt eine durchaus passende Bezeichnung: Jet.

Zweimal in die Schweiz geliefert

Anläßlich des Concorso d'Eleganza Villa d'Este von 2001 erhielt der Jet den Preis für den schönsten von 1950 bis 1969 gebauten Oldtimer. Bei diesem Anlass verriet Bertones PR-Direktor Dr. Gian Beppe Panicco dem Verfasser eine kleine Hintergrundgeschichte: Als Bertone im Hinblick auf den Genfer Salon 1961 bei Aston Martin ein drittes Fahrgestell anforderte, verwies man auf ein bei Hermann Graber in Wichtrach, dem renommiertesten Schweizer Spezialkarossier, stehendes und nicht mehr gebrauchtes Chassis. Es diente darauf als Ausgangspunkt für den Jet..., der in den Besitz eines Basler Sammlers kam.

Das Cockpit des Bertone-Maserati 5000 GT (bw).

Der zweite Maserati war ein 5000 GT!

Wesentlich wuchtiger wirkte dagegen der Bertone Maserati 5000 GT, der ebenfalls auf der Grundlage eines Giugiaro-Designs entstand und auf dem Automobilsalon von Turin 1961 vorgestellt wurde. Der Kühlergrill fand hier unterhalb der Scheinwerfer einen Fortgang, und die Dachlinie samt Heckscheibe mündete in ein lang gezogenes, sanft geschwungenes Fließheck aus. In der Reinzeichnung seines Entwurfs hatte Giugiaro rechteckige Scheinwerfer vorgesehen. Vermutlich hatte ihn eine Neuentwicklung der Elektro-Zulieferindustrie dazu inspiriert. Das Bertone-Modell erhielt dann allerdings Doppelscheinwerfer, und es waren die von Allemano aufgebauten Maserati 5000 GT, die als Novum rechteckige Streuscheiben aufwiesen. In der Großserie fanden sich zwar nicht Rechteck-, aber Ovalscheinwerfer erstmals an der im Herbst 1961 eingeführten neuen Karosserie des Ford Taunus 17 M, einem von Uwe Bahnsen geschaffenen mustergültig modernen Design, das als «Badewannen-Taunus» in die Geschichte einging.

Der mächtige, 480 cm lange Maserati 5000 GT war in seiner Kleinserienausführung bereits 1959 in Turin lanciert worden. Er war die Antwort auf das Modell Superamerica, das der Hauptkonkurrent Ferrari 1958 auf den (amerikanischen) Markt gebracht hatte. Während dieses Modell bei ebenfalls 5 Litern Hubraum mit zwölf Zylindern und je einer obenliegenden Nockenwelle pro Zylinderreihe aufwartete, bot der Maserati 5000 GT acht Zylinder und je zwei obenliegende Nockenwellen. Was die Leistung betraf: Sie wurde bei Ferrari mit 400 PS angegeben und lag beim Maserati bei 350 PS.

Vier der ersten 5000 GT wurden bei Touring in Mailand eingekleidet, darunter auch das erste Exemplar, das 1959 als eine Sonderanfertigung für den Schah von Persien entstand. Diese Touring-Version fiel durch die ungewöhnlich gestaltete Front auf, wie auch durch den Pavillon mit um die Seiten greifender Panoramaheckscheibe, die zweite Seitenfenster erübrigte. Bis 1963 entstand der 5000 GT bei acht Karosseriefirmen in bloß 33 Exemplaren; jenes von Bertone wird von Ästheten als besonders formvollendet eingestuft.

So ungewöhnlich zeigte sich der initiale Maserati 5000 GT, wie ihn Touring für den Schah von Persien aufbaute (ma).

Elegant und zugleich luftig: BMW 3200 CS

Ein unaufdringlich elegantes Coupé ohne seitliche Scheibenpfosten: BMW 3200 CS, ab 1961 (V8, 3168 ccm, 160 PS – mw).

Die mit den Arbeiten an der großen Münchner Limousine begonnene Verbindung zu BMW zahlte sich 1961 doch noch aus: Auf der Internationalen Automobil-Ausstellung von Frankfurt im September wurde das Modell 3200 CS vorgestellt, ein ausgewogen proportioniertes vier- bis fünfsitziges Coupé ohne mittlere Fensterpfosten. Die markentypischen BMW-Nieren in der Wagenfront wurden in neuer Auslegung von horizontalen Kühlergittern flankiert, und in der Heckwand fanden sich kreisrunde Schlussleuchten.

Viersitzercoupés ohne mittlere Dachträger waren noch äußerst selten. Sie vermittelten bei voll versenkten Seitenfenstern «Cabrio-Feeling». Um die langgestreckte Dachpartie sicher zu verankern, musste der Frontscheibenrahmen besonders steif konstruiert sein. Frühe Karosserien dieser Art entstanden in den Dreißigerjahren unter der Bezeichnung Pillarless Coupé etwa bei der englischen Karosseriefirma Vanden Plas. In der Nachkriegszeit verhalfen ihnen die amerikanischen Hersteller – nun unter dem Gattungsnamen Two Door Hard Top Sedan oder kurz Faux-Cabriolet – zu großer Popularität; ab 1956 gab es sogar viertürige «Falsch-Cabrios».

Viertürige Karosserien ohne Mittelpfosten wurden in der Zwischenkriegszeit allerdings bereits auch in Europa gebaut; man denke etwa an Bertones famosen Fiat 508 «Balilla della Signora» von 1934/35! Es ging damals allerdings nicht um ungestörte Aussicht, sondern um den erleichterten Zugang zu den Fondsitzen. Voraussetzung war und blieb eine solide Chassisbauweise.

Der 3200 CS (= Coupé Super) wurde gleichzeitig mit dem BMW 1500 lanciert, mit der die Bayern-Marke in eines der wichtigsten Marktsegmente vorstieß. Der 3200 CS basierte auf der großen V8-Limousine 3200 S (zuvor Modell 502), bot für das Vierganggetriebe jedoch Mittel- statt Lenkradschaltung. Mit zwei Solex-Vergasern resultierten aus 3168 ccm 160 PS, und die Höchstgeschwindigkeit wurde mit 200 km/h angegeben. Bei 283,5 cm Radstand war der 3200 CS 485 cm lang (3200 S: 473 cm). Sein Preis lag rund 50 % über jenem für die Limousine. Dennoch wurde der CS von Bertone bis im Frühling 1965 in 597 Exemplaren hergestellt, womit er BMW's bis 1963 gebaute «Barockengel» klar überlebte. Bereits im Jahr 1962, kurz nachdem in Grugliasco die Serienherstellung des BMW-Coupés angelaufen war, schuf Bertone eine Cabrioletvariante des 3200 CS. Doch sein Vorschlag, dem von 1956 bis 1959 in 139 Exemplaren gebauten Offenversion des Modell 503 einen Nachfolger zu geben, wurde in München abgelehnt.

Runde Schlussleuchten fanden sich auch an späteren BMW-Modellen (mw).

Hinsichtlich Innenraumabmessungen ließ dieses Coupékonzept keine Wünsche offen (bw).

1962 schlug Bertone zum BMW 3200 CS diese ausgewogene viersitzige Cabriovariante vor (bw).

Auf dem Autosalon Turin 1961 als viel beachteter Prototyp gezeigt: Bertone Ferrari 950 (bw).

Auffallend flache Motorhaubenfront beim Ferrarina-Prototyp (bw).

Mit typischem Dreispeichen-Lenkrad mit Holzkranz im Stile der klassischen Ferrari (bw).

Wie der Ferrarina zum Asa mutierte

Die Automobilgeschichte enthält etliche Abschnitte, die sich aus ungewöhnlichen bis einmaligen Tatsachen zusammensetzen. Ziemlich kurios verlief das Schicksal des Ferrarina, eine Bezeichnung, die sich als Klein-Ferrari oder Ferrarilein übersetzen lässt. Schon 1960 hatte Enzo Ferrari in einem Fiat 1200 einen 850-ccm-Hochleistungsmotor erprobt. Auf Anfrage der Schweizer «Automobil Revue» antwortete Commendatore Ferrari, dass er die Herstellungsrechte an eine Firma vergeben werde und dass Nuccio Bertone dieses Projekt leite.

Bei Bertone entstand denn eine für diesen «Baby-Ferrari» würdige Coupékarosserie, die zusammen mit der sie umhüllenden hochkarätigen Mechanik auf dem Turiner Salon von 1961 für erhebliches Aufsehen sorgte. Die Bezeichnung Ferrarina blieb zunächst erhalten, und auf der Lenkradnabe prangte der schlichte Modellhinweis «1000», denn der Leichtmetall-Vierzylindermotor mit obenliegender Nockenwelle war inzwischen mit 950 ccm zum «Mille» angewachsen.

Mitte 1961 wurde bekannt, dass der Mailänder Elektrochemie-Industrielle Oronzio de Nora die Produktion übernehmen werde. Hierzu gründete er die Firma Autocostruzioni Società per Azioni = ASA, deren Leitung Sohn Niccolo übernahm. Aufgebaut war die bezaubernde Fließheckkarosserie auf einem Rohrrahmenchassis. Trotz seiner Kleinheit mit 220 cm Radstand und 389 cm Länge und des niedrigen Leergewichtes von 780 kg, bot der Ferrarina Vierrad-Scheibenbremsen, und sein Vierganggetriebe bot zusätzlich einen Schnellgang, der sich zu den beiden obersten Gängen zuschalten ließ. Der Vierzylinder, nun mit 1032 ccm Hubraum, kam mit zwei Weber-Doppelvergasern auf 97 PS bei rennsportlichen 7000/min. Die Spitze wurde mit 190 km/h angegeben, was manche größere Sportwagen glatt in den Schatten stellte.

Für die auf dem Salon Turin 1962 vorgestellte Serienversion Asa 1000 GT wurden die Plexiglasabdeckungen über den Scheinwerfern weggelassen. Nach nur sieben bei Bertone gebauten Karosserien entstanden die weiteren Aufbauten bei der Carrozzeria Ellena, ebenfalls in Turin. Der erwartete Verkaufserfolg des Asa trat nicht ein; gegen die Absatzorganisation von Alfa Romeo war auch mit weiterentwickelten Modellen kein Kraut gewachsen. Statt der geplanten 2000 Wagen entstanden bis 1968 nur rund 120 Asa, darunter 30 Spider.

Nur das im Verhältnis zur Länge hohe Dach zeigte an, dass es sich um ein relativ kleines Auto handelte (bw).

Asa 1000, 1961, als Coupé (nun ohne Plexiglas über den Scheinwerfern) und Spider (aufgenommen beim Concorso Villa d'Este 2002 – rg).

Nur in Modellgröße: Vorschlag für eine Alfa-Kleinlimousine (1962 – bw).

Kam ebenfalls nicht zum Tragen: Facelift für Giulietta Berlina (1962 – bw).

Gefälliges Design ohne Kühlergitter, da Heckmotor: Simca 1000 Coupé; 4 Zyl., 944 ccm, 40 PS – rg).

Simca – neuer Name mit großem Potenzial

Ohne Zukunft blieben zwei Modellvorschläge, die Bertone als Designberater für Alfa Romeo ausgearbeitet hatte: Bloß im Modellformat entstand 1961/62 eine viertürige Kleinlimousine mit attraktivem Fließheck, die für eine neue Alfa-Berlina der 1100/1200-ccm-Klasse gedacht war. Bei Alfa Romeo selbst arbeitete man am zu jener Zeit am Prototipo 103, einer eckig gehaltenen Dreistufenlimousine von nur 360 cm Länge, aber mit Frontantrieb und quergestelltem 0,9-Liter-DOHC-Motor. Beim Bertone-Vorschlag lag stilistische Vorausahnung drin, denn just ein Jahrzehnt später lancierte Alfa Romeo den Typ Alfasud mit schnittigem, wenn auch abgeschnittenem Fastback. – 1962 entwickelte Bertone zudem den Prototyp für eine modernisierte Giulietta-Limousine. Stattdessen überraschte Alfa Romeo noch im gleichen Jahr mit dem charaktervoll kantigen Giulia Berlina.

Ganz andere Bedeutung hatte für Bertone jenes Coupé, das für Simca entworfen und dann auch tatsächlich in Serie hergestellt wurde. Die Marke Simca (Société Industrielle de Mécanique et Carrosserie Automobile) war 1935 von Henri T. Pigozzi in Paris-Nanterre gegründet worden. Seine ersten Simca-Modelle waren Lizenzfabrikate der Fiat 500 und 1100. Mit dem Zweiten Weltkrieg ergab sich für Simca ein negativ belasteter Hintergrund. Denn Italien hatte Frankreich den Krieg erklärt, und der Italiener Pigozzi produzierte in Frankreich Fiat-Abkömmlinge. In der Nachkriegszeit erhielten die Simca jedoch zusehends eigene Charakterzüge, und das 1961 herausgebrachte Modell 1000 war eine bedeutende Neukonstruktion, die dem von Renault vorgelebten Trend zu Heckmotor-Kleinwagen folgte.

Sportlich-elegant auch von hinten gesehen, und wiederum mit kreisrunden Heckleuchten (sw).

Schwungvoll-attraktives Armaturenbrett auch für das kleine sportliche Simca-Coupé (sw).

Nachdem Bertone von Simca bereits ein Mandat als Designberater erhalten hatte, beauftragte H. T. Pigozzi die Carrozzeria mit der Entwicklung einer Coupévariante des Modells 1000. Mit dieser wollte er seinem Neuling in der Kleinwagensparte zu zusätzlicher Publizität verhelfen. Frankreichs Marktleader Renault bot mit dem Floride neben dem Dauphine ab 1959 ja ebenfalls eine sportliche Parallele an.

Von Mario Revelli klar geformt: der viertürige Simca 1000 (1962; 4 Zyl., 944 ccm, 39 PS – si).

1967 folgte auf das Modell 1000 Coupé der Simca 1200 S; der Frontkühler verbesserte auch die Gewichtsverteilung (4 Zyl., 1204 ccm, 80 PS – rg).

Prototyp in der Entstehungsphase: Karosserie-Aufbaustruktur des Iso Rivolta GT, 1961 (bw).

Werbedarstellung von Iso Automotoveicoli (ip).

Bemerkenswert war der Umstand, dass Simca die Form seiner Wagen zu jener Zeit vom Ex-Bertone-Designer Mario Revelli gestalten ließ. Auch der Simca 1000, der anläßlich des Autosalons von Paris 1961 vorgestellt wurde, basierte auf einem Revelli-Design. Die von Giugiaro entworfene Coupéversion fand ihre Weltpremiere auf dem Genfer Salon 1962. Eine stilistische Verwandtschaft ihres Fließheckdesigns mit dem Ferrarina ließ sich trotz des gegensätzlichen Antriebkonzeptes nicht verleugnen. Zudem erinnerte die Relation Werkslimousine zu Bertone-Coupé an die NSU Prinz und Sport-Prinz, die allerdings noch kleiner waren. Das Simca-Coupé löste die Produktion des Sport-Prinz im Bertone-Zweigwerg von Mappano bei Caselle ab.

Der Simca 1000 besaß einen Vierzylinder-Heckmotor mit seitlicher Nockenwelle und 944 ccm Hubraum. Für das Coupé wurde die Leistung von 39 auf 40 PS angehoben. Bei 222 cm Radstand war das 2+2-sitzige Coupé 392,5 cm lang (Limousine: 380 cm). 1967 wurde der 1000 Coupé durch den Typ 1200 S abgelöst: Aus 1204 ccm resultierten nun mit zwei Solex-Doppelvergasern 80, ab 1969 gar 85 PS. Erkennbar war das neue Modell an dem markanten, von Nebellampen flankierten Kühlergrill in der Front und dem darüber sichtbaren zweiteiligen Luftauslassgitter in der Fronthaube.

Ein Bertone-Mitarbeiter kam auf die schlaue Idee, die Karosserien jeweils zu zweit auf die Seite gelegt auf den Bahnwagen zu befestigen, womit Transportkosten eingespart werden konnten. Die Marke Simca etablierte sich binnen weniger Jahre hinter Renault, Peugeot und Citroën als Frankreichs viertes Großserienfabrikat. 1969 wurde Simca in die Chrysler Corporation integriert. Danach erfolgte der Bahntransport der Aufbauten für den Simca 1200 S statt nach Poissy ins Chrysler-Montagewerk Rotterdam. Das flotte kleine Coupé wurde damit zu einem amerikanisch-französisch-italienisch-niederländischen Gemeinschaftsprodukt. Bis 1971 versandte die Carrozzeria Bertone nicht weniger als 24'853 halbfertige Simca-Karosserien. Sie entstanden zuletzt noch in einer Tageskadenz von 15 Stück. 1979 sollte dann die Marke Simca – nun unter PSA Peugeot-Citroën – aufgegeben werden.

Weiteres neues Projekt: Iso Rivolta

Das Jahr 1961 brachte Bertone ein weiteres Projekt, das einer Ausdehnung seines Produktionsumfangs diente. Diesmal ging es um ein vier- bis fünfsitziges Coupé der Luxusklasse, noch oberhalb des Alfa Romeo 2000 Sprint. Auftraggeber war die Firma Iso Automotoveicoli SpA in Bresso, einer Gemeinde im nördlichen Teil von Mailand. Das von Commendatore Ing. Renzo Rivolta geführte Unternehmen versuchte mit einem eigenen Motorroller den weltweiten Marktführern Lambretta und Vespa nachzueifern. Ein Durchbruch gelang aber erst mit dem 1953 konstruierten Kabinenroller Isetta, dessen Lizenz 1955 an BMW vergeben wurde.

Nun strebte Iso nach höheren Weihen. Renzo Rivolta ließ von Ing. Giotto Bizzarrini, der sich mit der Ferrari-250-GT-Technologie einen Namen gemacht hatte, ein hochwertiges Chassis mit De-Dion-Hinterachse entwickeln, und Bertone sollte hierzu den Aufbau liefern. Für die Herstellung wurde eine halb selbsttragende Konstruktionsweise gewählt, bei der Aufbau und Rahmenbodenanlage miteinander verschweißt wurden. Als Antriebsquelle diente der ebenso potente wie kostengünstige V8 mit zentraler Nockenwelle aus dem Chevrolet Corvette. Dieser «motore GM Corvette 327 Turbofire» bzw. «V8-High Performance Engine» wurde auch im Iso Rivolta in zwei Leistungsstufen angeboten: Aus 5354 ccm Hubraum resultierten mit Carter-Vierfachvergaser bei einer Verdichtung von 10,5:1 304 und bei 11,25:1 345 SAE-PS. Dies entsprach rund 250 bzw. 290 DIN-PS. Die Höchstgeschwindigkeit wurde mit 220 bzw. 238 km/h angegeben. Dieses Leistungsspektrum lag durchaus im Bereich der Ferrari- und Maserati-GT-Modelle. Standesgemäß wurde der Iso Rivolta mit einer Vierrad-Scheibenbremsanlage bestückt.

Die mit ihrer Zuverlässigkeit punktenden US-Motoren waren als valable Alternative zu den hochkarätigen europäischen GT-Maschinen noch ein Novum. Die Pionierrolle spielte die 1955 in Frankreich gegründete, auf Chrysler-V8-Motoren setzende Marke Facel-Vega. Nach 1961 sollten weitere Fabrikate in England und Italien (sowie 1967 die schweizerischen Monteverdi) folgen.

Für den Bau der Karosserien hatte Bertone in Grugliasco eigens ein Band eingerichtet, die Montage erfolgte jedoch im Iso-Werk in Bresso, wo 200 Arbeiter beschäftigt wurden. So entstand das 1520 kg schwere Cou-

Vier- bis fünfsitziges Luxuscoupé mit US-Motor: Iso Rivolta GT, 1962 (V8, 5354 ccm, 304 SAE-PS - iw).

Generöses Platzangebot im Leder-Interieur (iw).

Ein unaufdringliches, edles Design, das sich 1962 etwa neben dem Maserati 3500 GT oder dem Facel-Vega Facel II durchaus sehen lassen konnte (iw).

pé in einer Kadenz von wöchentlich vier bis fünf Exemplaren. Eigenständig war vor allem das Frontdesign mit den «Eck41berdachungen» der Scheinwerfer. Zu Zierelementen aufgewertete Luftauslassschlitze fanden sich sowohl hinter den vorderen wie den hinteren Radhausausschnitten. Dies waren Designelemente, die Schule machen sollten. Dem nach Bertones eigener Beurteilung dennoch als zu zurückhaltend geformten Iso Rivolta war – nicht zuletzt im Export – beachtlicher Erfolg beschieden: Von Anfang 1963 bis 1970 wurden immerhin 770 Iso Rivolta hergestellt; nach der anfänglichen Aufbauproduktion bei Bertone übernahm Iso die Karosserielehren für eine Herstellung in Eigenregie.

Oben: In zeichnerischer Darstellung das reichhaltige Armaturenbrett, hier mit der typischen Bertone-Radioblende (ip).

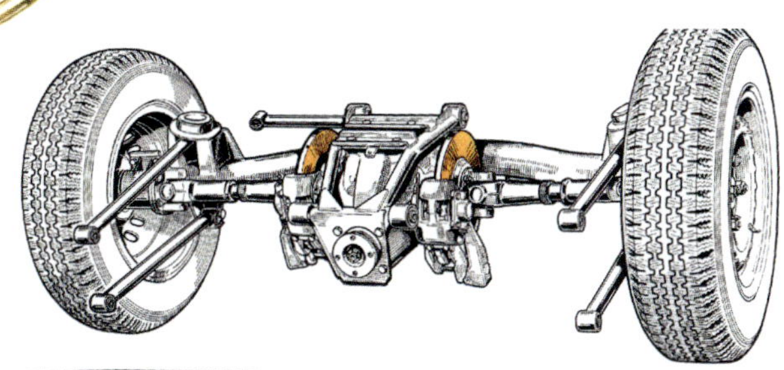

Rechts außen: De-Dion-Hinterachse (auf Wunsch mit automatischem Salisbury-Sperrdifferenzial - ip).

Der Iso Rivolta in der Durchsichtzeichnung; sie soll auch die günstige Gewichtsverteilung auf Vorder- und Hinterachse veranschaulichen (ip).

Einer der schönsten GT-Ferrari im Werdegang: Giorgetto Giugiaro (links) neben dem Bertone Ferrari 250 GT von 1962 (bw).

Eine Skulptur sowie Synthese von Sportlichkeit und Eleganz: Bertone Ferrari 250 GT, 1962 (V-12, 2953 ccm, 240 PS – bw).

Ferrari 250 GT mit Rennsportgesicht

Die frühen Sechzigerjahre waren nicht nur für Bertone ereignisreich, sondern verhalfen auch dem Mythos Ferrari zu neuem Höhenflug. Denn 1961 stellte Ferrari in der neuen 1,5-Liter-Formel 1 den Weltmeister und gewann gleichzeitig erneut die Sportwagen-WM. In der mit bis zu vier Wagen aus Maranello bestrittenen Fahrer-WM, mit der in jenem Jahr die Frontmotor- endgültig von der Mittelmotorbauweise abgelöst wurde, schwang der Amerikaner Phil Hill obenauf. Ebenso dominierte Ferrari die internationalen Sportwagenrennen, so etwa mit einem Doppelsieg bei den 24 Stunden von Le Mans, wo hinter einem drittplatzierten Aston Martin vier weitere Ferrari folgten! Auch in Le Mans war Phil Hill, im Duett mit Olivier Gendebien, der Siegfahrer.

Sowohl Ferraris Formel-1-Monopostos mit dem kleinen V6-Motor wie die Rennsportzweisitzer mit dem traditionell vorne untergebrachten 3-Liter-V-12 fielen im Einsatzjahr 1961 durch ihr völlig neuartiges Kühlergesicht auf: Eine vorgestreckte Nase mit beidseitig riesigen oval-liegend nach hinten fliehenden Lufteinlassöffnungen. Dieses unter Ferraris Rennsport-Entwicklungsleiter Ing. Carlo Chiti entstandene markant aggressive Erkennungszeichen wurde als «Sharknose» (Haifischnase) bezeichnet... und von Giorgetto Giugiaro für den Entwurf eines luxuriösen Ferrari-GT-Coupés übernommen. Das war eine ebenso pfiffige wie gewagte Idee.

Bis zu vier Ferrari wurden 1961 in den Grand-Prix-Rennen der neuen 1,5-Liter-Formel-1-Weltmeisterschaft eingesetzt (uk).

Auch die in der Sportwagen-WM eingesetzten Ferrari TR 61 (Testa Rossa) zeigten die auffallend zweigeteilte Fahrzeugnase (aj).

Mythos 250 GT

Für die Typenbezeichnung seiner Straßensportwagen wählte Enzo Ferrari den Hubraum je Zylinder. Da es sich stets um 12 (in einem V-Winkel von 60° angeordnete) Zylinder handelte, ließ sich durch Multiplikation der Hubraum errechnen. Einen besonderen Mythos verkörperten die ab 1954 gebauten 250 GT, deren Motor eine Rennsportableitung war. Genau genommen hätten die 2953 ccm, die sich aus 73 mm Bohrung und 58,8 mm Hub ergaben, eigentlich zur Bezeichnung 246 geführt.......

Unter den vielen 250-GT-Varianten bewährten sich die SWB-Berlinettas (Zweisitzercoupés mit kurzem Radstand) auch im Renneinsatz. Besondere Exklusivität erreichten die bei Pininfarina aufgebauten Cabriolets. 1960 erschien der Typ 250 GT 2+2, der ab 1962 als 250 GT/E (= Europa) bezeichnet wurde. Er war der erste in größerer Serie gebaute Ferrari: Bis Ende 1963 schuf Pininfarina für ihn 950 Aufbauten. Gleichzeitig gab es den zweisitzigen 250 GT/L (= Lusso), für den bis 1964 bei Scaglietti 350 Karosserien nach Pininfarina-Entwurf entstanden. Den Höhepunkt aber bildeten die 250 GTO (= Omologato bzw. zur GT-Rennsportkategorie zugelassen). Sie entstanden bis 1964 in 39 Exemplaren, gewannen dreimal die GT-Weltmeisterschaft und wurden zu den weltweit wertvollsten Auto-Sammelstücken

Es entstand ein GT-Coupé, dessen Gesichtszüge klar an die Formel-1- und Sportwagen-WM-Einsatzwagen erinnerten (bw).

Zwei kreisrunde Rückleuchten, vier Auspuffenden: das Heck des Bertone Ferrari 250 GT von 1962 (bw).

Der Bertone Ferrari 250 GT, 1962, dargestellt (als «Mondscheinsonate») von dem in Paris tätigen Schweizer Starfotografen Peter Vann (Copyright).

Zwei überraschende Wiedersehen

Im Jahr **1997** trat dieser legendäre Bertone Ferrari anläßlich des 10. Concours Automobiles Classiques et Louis Vuitton im Schlosspark Bagatelle von Paris, nun als 250 GT Berlinetta Speciale bezeichnet und in mexikanischem Privatbesitz, als «Best of Show» unvermittelt wieder ins Scheinwerferlicht der Autowelt.
Und beim 3. Concours d'Elégance Suisse im Juni **2018** im Schlosspark von Coppet bei Genf erntete dieses herausragende Einzelstück, inzwischen in Schweizer Besitz, einen Ehrenpreis.

Dieser dritte bei Bertone eingekleidete Ferrari hatte eine besondere Entstehungsgeschichte: Nuccio Bertone war nämlich eines Tages im Jahre 1961 am Lenkrad des Prototyps Iso Rivolta GT 300 beim Ferrari-Werk in Maranello vorgefahren. Beim Anblick dieses potenziellen Konkurrenzproduktes fragte Enzo Ferrari Nuccio Bertone spontan, ob er denn nicht endlich ein «richtiges Auto» besitzen wolle. Ebenso schlagfertig antwortete Bertone, dass er sich keinen Ferrari leisten könne. Darauf bot ihm der Commendatore, der für seine GT-Serienmodelle mit der Carrozzeria Pininfarina liiert war, spontan ein Chassis des Typs 250 GT an. Dessen legendärer 3-Liter-V-12-Motor war direkt mit den bei der Sportwagen-WM eingesetzten Antriebseinheiten verwandt.

So kam es, dass Nuccio Bertone seinen persönlichen Ferrari aufbauen konnte. Und dieses Einzelstück wurde zu einem stilistischen Meisterwerk. Auf dem Genfer Salon von Anfang 1962 fand nicht nur die unverkennbar an die Rennsportmodelle der Marke aus Maranello erinnernden zweigeteilte Nase Bewunderung, sondern auch das Gesamtdesign dieses 250 GT. Es verkörperte eine optimale Synthese von aggressiver Sportlichkeit und individueller Eleganz. Dazu trugen auch die neuartig gestalteten, auf die Frontgitter abgestimmten Luftauslassschlitze hinter den vorderen und den hinteren Radausschnitten bei. In Kleinserie gebaut, hätte diese Kreation in der weltweiten Ferrari-Fangemeinde ohne Zweifel enthusiastische Abnehmer gefunden. Doch so etwas lag nicht im Interesse... weder von Ferrari und Pininfarina noch von Iso.

Zwecks Auslastung: «Handgriffe» am Flaminia

Es war verständlich, dass Bertone im Falle von Ferrari nicht zum Zuge kommen konnte. Aber als Unternehmer musste er sich stets um eine möglichst gute Auslastung seines laufend gewachsenen Karosseriewerks kümmern. Alfa Romeo war inzwischen sein wichtigster Kunde, ja es hatte sich eine fühlbare Abhängigkeit von dem Staatsbetrieb in Mailand ergeben. Wie aber stand das Verhältnis zu Fiat? Die einstige Zusammenarbeit Fiat/Bertone auf dem Gebiet kleinerer Liebhabermodelle war längst dahingeschmolzen. Zu Beginn der Sechzigerjahre ließ der italienische Autoriese seine in kleineren Stückzahlen gebauten Liebhabermodelle 1500 Spider und 1600 S Coupé bei Pininfarina und das große Coupé 2300 S von Ghia einkleiden.

Und was war mit Lancia? Aus den Werksannalen geht hervor, dass Bertone von 1962 bis 1964 immerhin mit dem Zusammenbau, der Lackierung und Ausrüstung des Lancia Flaminia Berlina betraut war. Hierzu wurden Bodenstruktur, Karosserieteile und Mechanik von Lancia angeliefert. Der bereits 1956 eingeführte viertürige Lancia Flaminia war schlichtweg die formschönste Limousine ihrer Epoche; sie war allerdings eine Ableitung des viertürigen Faux-Cabriolets Florida..., entworfen bei Pinin Farina (Anmerkung: im Juni 1961 wurde der Familienname staatlich bewilligt auf Pininfarina geändert).

Zu den Vorentwürfen zählte auch diese futuristische Darstellung; erst 1988 baute dann Giugiaro mit dem Aztec seiner Firma Ital-Design tatsächlich eine Konzeptstudie mit zwei parallelen Cockpits (wb).

Bertones Testudo in der Entwurfdarstellung von Giorgetto Giugiaro (bw).

Rechts: Schräg von hinten betrachtet fielen am Testudo von 1963 die ausgedehnten Glasflächen besonders auf; ebenfalls ungewöhnlich: die aus Kunststoff angefertigten Stoßstangen (bw).

Dreamcar-Welle erfasste auch Turin

Das Wort Dreamcars war in den Fünfzigerjahren zu einem amerikanischen Begriff geworden. Was zunächst als eine harmlose Spielerei unter den Designspezialisten betrachtet wurde, entwickelte sich zu einem harten Prestigekampf. Denn sowohl die Industrieführer wie ihre PR-Verantwortlichen erkannten, dass in den dreidimensional vorgestellten Autoträumen ein mächtiges Werbepotential schlummerte. Dreamcars widerspiegelten nicht nur die Leistungsfähigkeit eines Herstellers, sondern weckten bei der möglichen Käuferschaft akutes markenbezogenes Wunschdenken.

Weit in die Zukunft reichende Automobil-Darstellungen und -Verwirklichungen wurden seit Beginn der Motorisierung auch von den Autoherstellern der alten Welt immer mal wieder zur Diskussion gestellt. Auch Exponenten aus dem Karosseriebau und der Zuliefersparte ließen mitunter ihrem Vorstellungsvermögen freien Lauf. Und zwischendurch waren es sogar ungebundene private Propheten und Futuristen, die der individuellen Fortbewegung auf schöpferische Weise zu neuen Dimensionen verhalfen... oft mit ebenso phantasievollen wie wirklichkeitsfremden Konstruktionsgebilden.

Nun aber waren die Dreamcars zu einer ernstzunehmenden Designsparte herangewachsen. Pionier war General Motors, die ab 1953 unter der Bezeichnung *Motorama Show* jeweils zu Jahresbeginn im New Yorker Waldorf Astoria ihre jüngsten Modelle vorstellte und diese Ausstellung darauf auf Wanderschaft zu den wichtigsten Städten der USA schickte. Mit der Motorama Show wurden dem Publikum gleichzeitig neue technische Entwicklungen und Zukunftsausblicke vor Augen geführt. Und nichts eignete sich hierzu besser als die Dreamcars! Natürlich wollte die Konkurrenz – Ford, Chrysler und die kleineren US-Hersteller, soweit sie noch existierten – nicht abseitsstehen. Auch sie sorgten dafür, dass sich der Dreamcar-Kult stetig weiterentwickelte... und sich allmählich zu einem neuen Begriff wandelte: Concept Cars. Diese verknüpften das futuristisch-phantasievolle äußere Erscheinungsbild vermehrt mit richtungsweisenden Innovationen unter praxisbezogenen Anforderungen.

Dream-, Idea-, Show- und Conceptcars blieben aber keineswegs ein rein amerikanisches Phänomen. Vielmehr vollzogen auch Italiens international renommierte Karosseriefirmen den Einstieg in diese Sparte, allen voran Pinin Farina und Bertone. Gleichzeitig begann Ghia eine überaus erspriessliche Zusammenarbeit mit dem Chrysler-Konzern, indem zahlreiche der unter Virgil M. Exner in den Chrysler-Studios ausgearbeiteten Entwürfe in Turin ihre Verwirklichung erfuhren.

Das Holzspanten-Negativmodell für den Aufbau der Testudo-Karosserie (bw).

Bertones Dreamcar-Beitrag namens Testudo

Dreamcars – solche als Zukunftsausblicke gedachte Automobil-Unikate – hatte es von Bertone schon 1952 mit dem Abarth 1500 und von 1953 bis 1955 mit den drei BAT-Modellen gegeben, alles Schöpfungen von Franco Scaglione. Nun, ein Jahrzehnt später, durfte sich erstmals Giorgetto Giugiaro in diese Sparte wagen: mit dem Testudo...

Nuccio war ja bereits durch seine ab 1962 erfolgte Arbeit am Iso Rivolta mit GM-Technologie in Kontakt gekommen. Unter dem Schweizer Namen Chevrolet hatte GM mit dem Modelljahr 1960 ein erstes Kompaktmodell lanciert, den Corvair. So wie der Corvette das obere Ende der Chevrolet-Modellskala verkörperte, so stand der Corvair nun am unteren Ende. In ihrem unnachahmlichen Gleichschritt hatte die amerikanische Automobilindustrie Ende der Fünfzigerjahre Kompaktmodelle entwickelt. Im September 1959 wurde darauf der Ford Falcon vorgestellt, am 2. Oktober der Chevrolet Corvair und am 27.

Der Testudo von 1963 wirkte wie aus einem Guss; die Glaskuppel war gänzlich transparent; die Heckmotor-Mechanik entstammte dem Chevrolet Corvair (6-Zyl.-Boxermotor, 2372 ccm, 81 SAE-PS – bw).

Lenkrad als abgerundetes Rechteck; Tourenzahl und km/h-Angaben durch Lupenfensterchen an den Armaturen (bw).

Klappscheinwerfer wurden «Froschaugen» (bw).

Erfolg auf dem Genfer Salon 1963: v.l.n.r. Ezio Cingolani (Leiter Prototypenbau), Giorgetto Giugiaro und Nuccio Bertone (bw).

Oktober der Plymouth Valiant. Als wesentliche Neuerung besaßen alle eine selbsttragende Karosserie.

Hinsichtlich Design zeigten die «Compacts» hingegen gewaltige Unterschiede: Während der Falcon sich bloß als ein verkleinerter US-Ford gab, bestach der Valiant durch aufregend neue Linien und Formen. Völlig aus dem Rahmen aber fiel der Corvair, nämlich durch seinen luftgekühlten Heckmotor mit sechs Zylindern in Boxeranordnung und sein gänzlich unamerikanisch puristisch einfaches Erscheinungsbild. Es dürfte vor allem die ungewohnte technische Basis des Corvair gewesen sein, die Nuccio Bertone dazu bewog, für seinen Auftritt im Bereich der Dreamcars auf diese Konstruktion zu setzen.

Die Namensgebung ist für Einzelstücke ebenso wie für neue Modellreihen ein schwieriger Akt, denn es gilt stets einigermaßen sinnvolle und gleichzeitig noch nicht namensgeschützte Bezeichnungen zu finden. Beim Corvair-Derivat kam man bei Bertone wohl erst nach den Vorentwürfen darauf, dass sich da Ähnlichkeit mit einer Schildkröte abzeichnete, und darauf wurde das lateinische Synonym Testudo als Name gewählt.

Zum Vermeiden jeglicher Luftwirbel

Langgestreckt flach wirkte dieser Traumwagen, denn seine Grundform war auf das Vermeiden jeglicher Luftwirbel ausgelegt. Auf ihr aufgelegt – gleich dem Panzer einer Schildkröte – lag eine vertikal hochschwenkbare Glaskuppel, die Front- und Seitenscheiben umfasste und gleichzeitig für den Ein- und Ausstieg sorgte. Eine solche in einem Stück kombinierte Tür- und Dachfunktion gab es wohl noch kaum. Sie konnte auch nicht mit besonderer Zweckmäßigkeit brillieren, denn die extrahohen Seitenschwellen erschwerten den Zugang, und auch Sicherheitsaspekte sprachen gegen dieses Prinzip. Dieses wurde 1971 immerhin mit dem englischen Bausatzauto Nova kommerziell umgesetzt.

Chuck Jordan, damals bei der GM-Tochter Opel für das Design zuständig, hatte Bertone zur Verwirklichung des 106 cm niedrigen Testudo ermutigt, nachdem er Giugiaros Entwürfe gesehen hatte. Es waren heikle technische Probleme zu lösen. So mussten Giugiaro und Cingolani vor allem der Kinematik des aufschwenkbaren Pavillonteils zur perfekten Funktion verhelfen. Das Scharnier der durchsichtigen Kuppel – Front- und Seitenscheiben bestanden aus Glas, das Dach aus Plexiglas – fand sich an der Basis der Windschutzscheibe.

Die ebenfalls kuppelförmige und aufstellbare Rückscheibe war am Überrollschutzbügel angelenkt und gab Zugang zum Heckmotor. Doch nur die diskreten, verrippten Lufteinlassöffnungen beidseits am Überrollbügel wiesen überhaupt darauf hin, dass im Testudo ein Hecktriebwerk installiert war. Die Front gab sich hingegen flach und verschlossen und beherbergte, wie einst die Arnolt-Bristol, aus der Haube hochklappbare Scheinwerfer. Klappscheinwerfer dieser Art fanden sich später auch bei Porsche (Typ 924, ab 1975; 928 ab 1977) sowie beim Mazda RX-7 (ab 1978). Auf dem Genfer Salon 1963 vorgestellt, sorgte der in einer Rekordzeit von zwei Monaten fertiggestellte Testudo für erhebliches Aufsehen und erfüllte damit seinen Zweck, auf Bertones Kreativität medienwirksam hinzuweisen. Das kostbare Einzelstück wurde übrigens von Nuccio persönlich an die Gestade des Genfersees gefahren, und Giugiaro durfte ihn nach Ausstellungsende wieder nach Hause pilotieren.

Schon im Vorjahr war in den USA unter Willam L. (Bill) Mitchell, GM Vice President Design, auf gleicher Basis bereits der Dreamcar Chevrolet Corvair Spyder Monza GT entstanden. Er war auf leistungsgesteigerte Sportlichkeit ausgerichtet. Aber das Corvair-Konstruktionsprinzip kam wegen seiner Hecklastigkeit in Verruf. Chevrolet baute den Corvair in abnehmender Kadenz noch bis 1969. Doch schon 1962 war als weiteres Kompaktmodell der Chevy II hinzugekommen..., in punkto Design und Technik gleich langweilig wie der Ford Falcon.

Der zum Modelljahr 1960 lancierte Original-Corvair von Chevrolet (6-Zyl.-Boxer, 2372 ccm, 81 SAE-PS – gw).

Ebenfalls zum Vergleich: der 1962 in den USA entstandene Dreamcar Chevrolet Corvair Spyder Monza GT (gw).

1968/69 zeigte sich der Iso Grifo GL äußerlich nur wenig verändert (V8, 5354 ccm, 355 SAE-PS – iw).

Grifo – der zweite Schritt für Iso

Im November 1963 folgte wie gewohnt der Automobilsalon von Turin, und schon wieder überraschte Bertone mit einer begeisternden Neuheit; diesmal statt im Bereich der reinen Dreamcars in der Sparte der käuflichen Traumautos. Auf der Basis des Iso Rivolta GT hatten Nuccio Bertone und Giorgetto Giugiaro ein zweisitziges Fastbackcoupé geschaffen. Es hieß Grifo (Vogel Greif) und war von hinreissender Eleganz. Hierzu wurde der Radstand um 20 auf 250 cm verkürzt. Der in der Front vertieft angeordnete Kühlergrill war vertikal zweigeteilt, was ein wenig an den Ferrari 250 GT von 1962 erinnerte, und das Fließheck wurde von einer riesigen Panoramarückscheibe geprägt. Zu den horizontal gerippten Luftauslässen hinter den Radausschnitten gesellte sich eine analoge Innenraumentlüftung an den hinteren Dachträgern.

Statt auf Borrani-Drahtspeichenrädern rollte dieses als Iso Grifo A3 L bezeichnete, 1280 kg wiegende Coupé auf formvollendeten gelochten Leichtmetallrädern. Die Leistung des wie beim Iso Rivolta aus dem Chevrolet Corvette stammenden 5,4-Liter-V8-Triebwerks wurde mit 405 SAE- bzw. 350 DIN-PS, die Höchstgeschwindigkeit je nach Achsuntersetzung mit 209, 224, 240 oder 275 km/h angegeben. Die Karosserien für den Iso Grifo A3 L entstanden, neben den viersitzigen IR-Modellen, erst ab Herbst 1965 bei Bertone und im Iso-Werk und zwar in einer Kadenz von einem Exemplar pro Woche. Das Basismodell mit 300 SAE-PS war auch mit GM-Automatikgetriebe zu haben.

A3 C: von Bizzarrini für den Renneinsatz

Hinter dem Grifo stand – wie schon im Falle des Iso Rivolta GT – der ehemalige Ferrari-Ingenieur Giotto Bizzarrini, der in Livorno seine eigene Firma Autostar betrieb. Ihn hatte Renzo Rivolta beauftragt, einen besonders leistungsfähigen GT zu entwickeln, der sich als Ergänzung neben das luxuriöse viersitzige Coupé stellen ließ. Bizzarrini träumte aber gleich von einer noch leistungsfähigeren Version, die sich für den Renneinsatz eignete. Damit fand er aber bei Rivolta kein «Musikgehör». Daher realisierte Bizzarrini in Eigeninitiative mit Hilfe von Bertone nebst dem Grifo A3 L (= Lusso) auch eine leichtgewichtigte Rennversion A3 C (= Corsa oder Competizione) Berlinetta, die ebenfalls auf dem

Die sportliche betonte Zweisitzerversion des Iso Rivolta: Iso Grifo A3 L, 1963 (V8, 5354 ccm, 350 PS – bw).

In der Bertone-Werkstatt 1963: die Alu-Rohkarosserie der leichtgewichtigen Rennsportvariante Iso Grifo A3 C mit verkürztem und mit Stahlrohren verstärktem Unterbau (1150 kg; mit Corvette-V8 bis 305 km/h- iw).

Es gab die Rennnsportvariante alsbald auch als Bizzarrini A3 C sowie als Straßenversion Bizzarrini 5300 GT Stradale (hier im Bild - wb).

Schon 1964 schlug Bertone in Genf ein Iso-Grifo-Cabrio vor (bw).

Die auf Handarbeit ausgerichtete Bizzarrini-Fertigungsstätte (1966 - wb).

Bizzarrini GT 5300 Strada, 1967 (V8, 5354 ccm, 350 SAE-PS – J. 2000/ rg).

Salon Turin von Ende 1963 vorgestellt wurde. Der Grifo A3 C unterschied sich vom A3 L durch seine aerodynamisch flach absinkende Front samt Einfachscheinwerfern mit Plexiglasabdeckungen. Bei gleichem Radstand erreichte er daher eine Länge von 437 statt der 424 cm des A3 L. Dieser war 120, der A3 C nur 111 cm hoch. Für den im A3 C eingebauten 5,4-Liter-V8 mit 350 PS aus dem Chevrolet Corvette standen weitere Leistungssteigerungen in Aussicht.

Der A3 C Berlinetta basierte auf einer selbsttragenden Monocoque-Leichtmetallstruktur mit Stahlverstärkungen im Unterteil. Die Bremsanlage von Dunlop-Campagnolo hatte hinten innenliegende Bremsscheiben. Der Unterbau des A3 C entstand in Bizzarrinis Werkstatt in Livorno, während seine ebenfalls bei Bertone entworfene Karosserie bei der Firma Sport Cars in Modena aufgebaut wurde. Auf dem Markt war der A3 C noch vor dem A3 L zu haben. Bemerkenswerterweise wurde der Grifo A3 C sowohl unter der Marke Iso wie auch als Bizzarrini verkauft.

Im Sommer 1964 lancierte die inzwischen Prototipi Bizzarrini geheißene Firma in Livorno auch die Version Bizzarrini GT Strada. In der Basisausführung waren die Bizzarrini GT jedoch für den Renneinsatz bestimmt, und sie wurden auch erfolgreich eingesetzt. So resultierte mit einem dieser Wagen bei den 24 Stunden von Le Mans 1965 ein neunter Gesamtrang. Dass diese Konstruktion stetig weiterentwickelt wurde, zeigte sich auch in den variierenden äußeren Details.

Zwist unter zwei Bertone-Kunden

Doch nach dem 1966 erfolgten plötzlichen Hinschied von Renzo Rivolta weigerte sich dessen Sohn Piero, weitere Teile für den Bau einer geplanten Serie von 50 Bizzarrini A3 C zu liefern, und es kam gar zu einem Rechtsstreit um den Gebrauch des Grifo-Markensignets. Giotto Bizzarrini wich danach auf Karosseriefirmen wie Drogo und BBM aus. – Schon 1964 hatte Bertone auf dem Genfer Salon mit dem Grifo A3 L Spider eine Offenversion gezeigt. Er glaubte an deren Verkaufserfolg vor allem in den USA. Dieser Cabrio-Prototyp wurde bis 1967 stets wieder auf internationalen Automobilausstellungen propagiert.

Ab 1968 gab es dann einen Iso Grifo A3 L mit Targa-Dach. Den Höhepunkt verkörperte der auf dem Genfer Salon 1968 vorgestellte Iso Grifo 7 litri. Dieses Modell wurde bis 1970 angeboten und besaß den 7-Liter-V8-Motor aus den Chevrolet-Topmodellen einschließlich Corvette. Auffallend war der rechteckige, anfänglich in Kontrastfarbe gehaltene Aufsatz auf der Motorhaube, der nebst zusätzlicher Höhe einen ungehinderten Zufluss der Ansaugluft bewirkte.

Erst 1969/70 sollte die Marke Iso mit wesentlichen Neuerungen wieder in den Annalen der Carrozzeria Bertone Eingang finden. – Ab 1972 erhielten die Iso Grifo Ford- statt Chevy-V8-Motoren (s. Kapitel über den 1969 lancierten Iso Rivolta Lele ab Seite 64). Bis 1974 entstanden, alle Varianten zusammengezählt, 412 Iso Grifo A3 L. Die Zahl der von 1963 bis 1965 zu Rennzwecken konstruierten A3 C wird auf 25 geschätzt. Unter der Marke Bizzarrini entstand ab Ende 1965 das Modell Berlinetta 5300 Strada, das ab 1966 als GT Strada 5300 (und als «schnellster GT der Welt») bezeichnet wurde und noch bis 1969 im Angebot stand. Von ihm wurden 149 Exemplare gebaut. In Genf stand 1966 überdies ein rennsportlicher GT SI Spider, der in drei Einheiten entstand.

Der aufwendige Gitterrohrrahmen, der dem Iso A3 C als «Skelett» diente (iw).

Iso Grifo A3 L mit Targa-Dach (ab 1968 — iw).

Von 1968 bis 1970 gab es als Höhepunkt den Iso Grifo 7 litri (V8, 6996 ccm, 406 SAE-PS – iw).

Als letzter Höhenflug galt ab 1971 der Iso Grifo Can-Am; ihn gab es wahlweise mit ZF-5-Gang-Getriebe oder GM-Turbo-Hydra-Matic (1973; V8, 7443 ccm, 395 SAE-PS - iw)

Giorgetto Giugiaro bewährte sich nicht nur als hochtalentierter Formenfinder, sondern auch als begnadeter Darsteller eigener Designschöpfungen, wie hier des Giulia Sprint GT (wb).

Eine neue, vergleichsweise erschwingliche Sportwagen-Ikone: Alfa Romeo Giulia 1600 Sprint GT (4 Zyl., 1570 ccm, 106 PS – bw).

Sanft geschwungenes Stufenheck: auch es wurde zu einem unverkennbaren Merkmal des GT-Giulia (bw).

Die markante Front des Giulia Sprint GT in einer Werbegrafik von 1966 (wb).

Vom Giulia Sprint zum Giulia Sprint GT

Dem 1962 lancierten Giulia 1600 Sprint war nur noch ein kurzer Modellzyklus zugedacht. Denn schon im Jahr darauf folgte der gänzlich neu geformte Giulia 1600 Sprint GT. GT stand für Gran Turismo, und darunter verstand man 2+2- bis viersitzige Coupés. Im 1600 Sprint ohne GT-Zusatz, der immerhin noch bis 1964 gebaut wurde, standen hinter den Vordersitzen nur Notsitze zur Verfügung. Der 1600 Sprint GT verkörperte aber eine weitere wesentliche Umstellung: Bertone hatte fest damit gerechnet, auch den Giulia GT aus Grugliasco liefern zu können. Doch nicht zuletzt auf Druck der Gewerkschaften sollte nun auch das gesamte Sportauto bei der Staatsfirma Alfa Romeo selbst entstehen. Hierzu diente das neue Werk von Arese, am nordwestlichen Stadtrand von Mailand. Dorthin wurde aus dem Stammwerk in Portello die gesamte Antriebsmechanik geliefert. Für den Sprint GT bürgerte sich unter den Fans die Bezeichnung «Bertone-Coupé» ein..., während später der Begriff GT von den Auto-Namensgebern für alle möglichen Sonderausführungen missbraucht wurde.

Statt des unnachahmlich eleganten Fließhecks erhielt das neue kleine Alfa-Coupé ein sanft abfallendes Stufenheck. Wenngleich der Radstand geringfügig, nämlich von 238 auf 235 cm, verkürzt wurde, wuchs die Gesamtlänge um zehn auf 408 cm. Nebst dem vergrößerten Innenraum brachte dies auch den ersehnten generöseren Kofferraum. Vor allem aber wirkte die Gesamterscheinung dieses Coupés stattlicher, und was wesentlich war: Es verkörperte wie schon sein Vorgänger jugendliche Sportlichkeit verbunden mit einem ausgeprägt individuellen Charakter. Dies hob den Sprint GT von den wenigen Konkurrenten in dieser Fahrzeugkategorie ab. Klar, war auch der neue kleine Sport-Alfa ein Liebhaberauto per excellence!

Geblieben war der 1570-ccm-Vierzylinder mit zwei kettenaktivierten obenliegenden Nockenwellen. Die «Beatmung» erfolgte mit zwei Weber-Doppelvergasern, die zu 106 PS verhalfen, und die Spitze wurde mit «über 180 km/h» angegeben. Im Cockpit fanden sich vier Rundarmaturen mit unterschiedlichem Durchmesser und ein Sportlenkrad mit drei geschlitzten Aluminiumspeichen. Der Innenraum bot nicht nur mehr Platz, sondern hatte auch eine qualitative Aufwertung erfahren.

Nachdem der Giulia 1600 Sprint GT bereits in Arese präsentiert worden war, erfolgte die offizielle Publikumsvorstellung im Herbst 1963 auf der Internationalen Automobil-Ausstellung in Frankfurt, wo er die Sportwagenfreunde magisch in den Bann zog. Er blieb bis 1966 in Produktion und brachte es auf 22'671 Exemplare.

106 PS und ein weiteres Pferd: Werbebild von Alfa Romeo für den Giulia 1600 Sprint GT, 1964 (aw).

Übersichtlich eingebettet und für den Kenner klar identifizierbar: der DOHC-Vierzylinder im GT-Giulia (bw).

Lenkrad und Instrumente im Giulia 1600 Sprint GT (Sprint GTA: mit Lochspeichen-Lenkrad - aw).

Diente erfolgreich bei zahllosen Renn- und Rallye-Einsätzen: Alfa Romeo Giulia Sprint GTA 1300 Junior, 1968 (4 Zyl., 1290 ccm, 110 SAE-PS - aw).

Geänderte Front für 1969-71: ohne erhöhte Kante am vorderen Motorhaubenende, Blinker unter statt neben Scheinwerfern (Alfa Romeo Giulia 1300 GT Junior; 4 Zyl., 1290 ccm, 103 SAE-PS - bw).

GT als Cabrio, «heißer» GTA, Veloce und 1300

Zwar gab es den Giulia 1600 weiterhin als Spider und Spider Veloce. Ihre rein zweisitzige Karosserie stammte von Pininfarina. Bertone aber zeigte auf der Frankfurter IAA 1963, wo ja auch der GT seine Premiere feierte, einen 2+2-sitzigen moderneren Gegenvorschlag. Hierzu verwendete er weitgehend die Karosseriepartien des GT-Coupés. Das Verdeck ließ sich vollständig hinter den Rücksitzen versenken. Es blieb jedoch beim Prototyp. Immerhin trug er dazu bei, dass Alfa Romeo auf dem Genfer Salon 1965 gleichwohl ein neues Cabrio lancierte, den Giulia 1600 GTC. Hierzu lieferte Alfa aus Arese Coupés an die unweit in Mailand gelegene Carrozzeria Touring. Dort wurde das Blech- durch ein Stoffdach ersetzt und zwecks Kompensation die Bodenstruktur verstärkt. Das geöffnete Verdeck ließ sich flach unter einer aufknöpfbaren Hülle unterbringen. Von 1964 bis 1966 entstanden just 1000 Giulia 1600 GTC.

Natürlich erwarteten die Fans auch für den GT eine Veloce-Version. Zunächst wurde jedoch am 18. Februar 1965 auf dem Automobilsalon von Amsterdam ein echt «heißer GT» eingeführt: der GTA. Der Zusatzbuchstabe stand für *Alleggeriate,* was sich als erleichtert oder in der Fachsprache des Tunings als «abgemagert» übersetzen lässt. Gleichzeitig wies GTA auf die Quelle hin, nämlich auf Autodelta, die auf Renntechnik spezialisierte Alfa-Tochter.

Dank Leichtmetallkarosserie reduzierte sich das Leergewicht beim GTA von 1040 auf 820 kg. Die Leistung aber stieg mit zwei Weber-Doppelvergasern anderen Kalibers und Doppelzündung auf 115 PS. Die Höchstgeschwindigkeit stand zwar nur mit 185 km/h zu Buche, doch ergaben sich wesentlich verbesserte Beschleunigungswerte. Der GTA, den man an dem verfeinerten Kühlergrill und dem Autodelta-Signet – ein grünes Kleeblatt in weißem Dreieck – hinter den vorderen Radausschnitten erkannte, sicherte sich bei zahlreichen Wettbewerbseinsätzen beachtliche Erfolge. Er wurde bis 1969 in 500 Exemplaren hergestellt.

Bertones Prototyp eines Giulia-GT-Cabrios von 1963; doch in Serie kam die Offenversion von der Carrozzeria Touring (bw).

Eine weitere Variante des bei Bertone entworfenen Coupés folgte ebenfalls 1965 mit dem Giulia 1600 Sprint GT Veloce. Er verband ein dem GTA angenähertes Leistungsniveau mit den Komfortmerkmalen des «normalen» GT. Einlassventile mit 37 statt 35 mm Durchmesser, ein Ventilwinkel von 80 statt 90° und ein geänderter Ansaugtrakt brachten 109 PS und gemessene 188 km/h Spitze. Erkennbar war dieser Veloce am grünen Kleeblatt-Badge unten an den hinteren Dachträgern und an den drei horizontalen Chromstäben vor den beidseitigen Kühlergittern. Nur je einen einzigen solchen Chromstab – um mit dem Giulia-GT-Kapitel weiterzufahren – trug der 1966 hinzugekommene Giulia 1300 GT Junior mit dem altvertrauten 1290-ccm-Motor und 90 PS Leistung. – Der Giulia Sprint GT Veloce brachte es bis 1968 auf 13‘471 Exemplare, der 1300 GT Junior in mehreren Ausführungen bis 1976 auf nicht weniger als 92‘053 Einheiten!

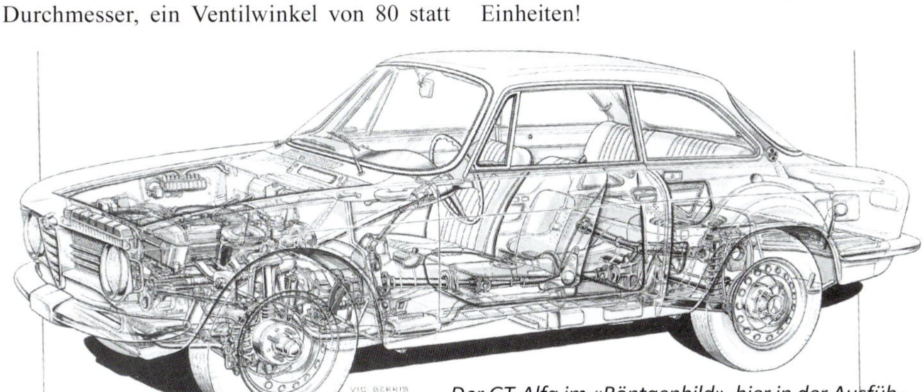

Der GT-Alfa im «Röntgenbild», hier in der Ausführung Giulia 1600 Sprint GT Veloce (drei Querstäbe vor dem Kühlergrill – aw).

Ein viertüriger Kleinwagen modernen Zuschnitts: Mazda Luce 1000 von 1963 (bw).

Fand später auch in Europa Anklang: Mazda Luce 1500, 1964 (4 Zyl., 1490 ccm, 78 PS – bw).

Intermezzo mit der Jungmarke Mazda

Anfang der 60er Jahre gab sich die japanische Automobilindustrie noch bescheiden. 1965 erreichte der Pkw-Ausstoß Japans aber bereits rund 700›000 Einheiten, und er schwoll bis 1970 auf 3,18 Millionen, hatte also um den Faktor 4,54 zugelegt! Die europäischen Autohersteller bekamen die Konkurrenz aus Fernost zunächst vor allem auf dem amerikanischen Exportmarkt zu spüren. Erst 1978/79 machte Fiat die Medien auf «die gelbe Gefahr auch für Europa» aufmerksam. Mehr als 6 % der Importe auf den europäischen Märkten entfielen seit 1976 auf japanische Fabrikate, womit Fiat überholt worden war. Italien wie auch Frankreich und Großbritannien führten alsbald Einfuhrquoten für japanische Autos ein, und weitere Länder der Europäischen Gemeinschaft folgten. 1980 überholte Japan mit 7,176 Mio. produzierten Pkw die USA mit 6,436 Mio. und wurde der Welt Nr. 1...

Die zehn japanischen Personenwagenhersteller Japans verstanden es schon in den Sechzigerjahren, in guter Qualität preisgünstig herzustellen. Was häufig noch fehlte, war ein attraktives Design, auch wenn man sich im Land der aufgehenden Sonne zunehmend von amerikanischen und europäischen Stilelementen inspirieren ließ. Da waren Kontakte zur Designhochburg Turin durchaus angebracht. Was wo entworfen und entwickelt wurde, kam keineswegs immer an die Öffentlichkeit. Denn zwischen Herstellern und externen Designstudios galt meist Schweigepflicht... und dies nicht nur im Zusammenhang mit japanischen Projekten!

Schon 1961 war es zum Kontakt zwischen der in Hiroshima niedergelassenen Toyo Kogyo Co. Ltd. und Bertone gekommen. Es erfolgte der Auftrag für das Design eines Kleinwagens. Toyo Kogyo fabrizierte damals erst Kleinstautos der Marke Mazda für Japans steuerbegünstigte Klasse unter 360 ccm und unter 3 m Länge. Sie besaßen luftgekühlte V2-Heckmotoren. Doch man wollte auch in die größeren Klassen aufsteigen, und Bertone lieferte hierzu einen hübsch proportionierten Dreivolumen-Kleinwagen, bei dem es sich um Giugiaros erste Schöpfung eines Viertürautos handelte. Der 1963 auf der Tokyo Motor Show als Luce 1000 gezeigte Prototyp ging aber nicht in Serie, vielmehr eine als Mazda 800 bezeichnete Eigenschöpfung.

Mittelklasse-Japaner in italienischem Eurolook

Bei einem zweiten Anlauf kamen dann die Giugiaro/Bertone-Stilelemente bei einem Mazda dennoch zum Tragen, denn in Grugliasco entstand 1964 eine Mittelklasselimousine, die anläßlich der Tokyo Motor Show von 1965 als Luce 1500 vorgestellt wurde. Sie bestach durch ihr ausgewogen elegantes Erscheinungsbild, das sich von den einheimischen Kreationen abhob. Mit diesem Modell gelang es Mazda binnen kurzer Zeit auch auf dem europäischen Markt Fuß zu fassen. Schon ab 1964 entwickelte Mazda Sportwagen mit Zweischeiben-Rotationskolbenmotor nach Lizenz NSU-Wankel und machte sich in der Folge auf diesem Gebiet einen internationalen Namen.

In einem Fahrbericht über den Mazda 1500, der im November 1967 in der «Automobil Revue» veröffentlicht wurde, hielt der Verfasser (auch dieses Buches) einleitend fest: «Von seinen japanischen Mitkonkurrenten unterscheidet sich der Mazda 1500 vor allem durch das großzügige Raumangebot. Hinsichtlich seiner äußeren Erscheinung distanziert er sich aber auch von einem Großteil europäischer Wagen dieser Kategorie. Der sauber gegliederte und wohlproportionierte Aufbau mit den hohen Fensterflächen zählt ohne Zweifel zum Schönsten, was sich heute bei den viertürigen Familienwagen finden lässt. – Der Mazda 1500 gefällt auch durch sein Fahrverhalten...»

Suche nach neuen Alfa-Liebhabercoupés

Das Jahr 1963 zählte zu einer besonders schöpferischen Periode in der Bertone-Geschichte, und die Design- und Entwicklungsabteilung in Grugliasco hatte alle Hände voll zu tun, um immer wieder neue Ideen zu Papier zu bringen und teils auch in die dreidimensionale und sogar fahrbare Wirklichkeit umzusetzen. Dazu zählten u. a. zwei ebenso bemerkenswerte wie gegensätzlich gestylte Alfa-Coupés.

Mit dem Alfa Romeo 2600 Sprint HS entstand ein Zweisitzer radikal geänderter Stilrichtung als eine Alternative zu dem seit 1960 gebauten viersitzigen Sprint-Coupé. Die Front war schräggestellt und lief bogenförmig in die Motorhauben-Oberseite über. Dies vermittelte einen Aspekt von Aerodynamik. Anstatt durch Gitterstäbe gelangte die Luft durch vier gestaffelt angeordnete Schlitze in den Motorraum. Die Scheinwerfer steckten unter schrägen Glasabdeckungen. Sehr ungewöhnlich war die fünfeckige Seitenscheibenkontur, und das leicht geschwungene Stufenheck wirkte übertrieben langgezogen.

Für diesen zum Genfer Salon 1963 bereitgestellten Prototyp hatten man von dem serienmäßigen Alfa Romeo 2600 Sprint die

Links: Eine neue Front mit aerodynamischem Ansatz: Alfa Romeo 2600 Sprint HS, 1963 (bw).

Rechts: Ein sehr langgezogenes Heck als besonders auffallendes Merkmal des Bertone-Einzelstücks 2600 Sprint HS (bw).

Fastback mit Panoramafrontscheibe, unten abgerundetem Türfenster und kuppelförmiger Heckscheibe: Vorschlag für einen neuen Giulia SS (bw).

Bertones Giulia Sprint Speciale als Prototyp 1963: Mit traditionell gehaltener, aber einwärts geneigter Front und «Lichtknick» in der Flanke (bw).

Stoßstangen sowie Front- und Heckscheibe übernehmen müssen.

Gleich nach Fertigstellung des Testudo widmete sich Giugiaro einer möglichen Neuversion des Giulia Sprint Speciale. Die horizontal betonte Silhouette dieses Prototyps vermochte die Fans zu begeistern. Über dem traditionellen eingerahmten Alfa-Gesicht mit Doppelscheinwerfern fand sich eine gänzlich flache Motorhaube auf die eine eckig abgeschlossene Panorama-Frontscheibe folgte. Analog zum Testudo erhielt dieser SS-Vorschlag eine riesige kuppelartige Heckscheibe , die nahezu das gesamte Fließheck umfasste. Dieses Fahrzeug wurde 1964 an Alfa Romeo geliefert, wurde aber ebenfalls abgelehnt, angeblich weil der Innenraum zu knapp bemessen war. Immerhin fand dieses Einzelstück später im Alfa-Werksmuseum in Arese Eingang.

Starthilfe für Audi, Fortsetzung für Simca

Auch das Jahr 1964 war ereignisreich. Mit Audi trat zudem ein neuer Kunde in Erscheinung. Hierzu die Vorgeschichte: August Horch hatte beim deutschen Autopionier Karl Benz Karriere gemacht. 1899 gründete er in Köln seine eigene Autofabrik, wo 1901 der erste Horch entstand. 1909 schied er wegen Querelen mit den Mitbesitzern aus und verlor sogar die Namensrechte. Für einen Neuanfang fand sein Sohn den Markennamen Audi: Horch auf Lateinisch! Die Marke Audi gab es von 1910 bis 1939. Aber schon 1932 wurden sowohl Audi wie Horch zusammen mit DKW und Wanderer in die Auto Union vereint. 1958 gelangte die Auto Union mit dem Erzrivalen auf den Rennstrecken der Zwischenkriegszeit, nämlich Mercedes-Benz, unter den gemeinsamen Hut des Großindustriellen Friederich Flick. Dieser verkaufte die AU 1964 an Volkswagen..., und im Herbst 1965 ließ VW die Marke Audi neu aufleben.

Der Audi sollte nun die auf Zweitaktmotoren eingeschworene Marke DKW ablösen. Hierzu hatten die Mercedes-Ingenieure einen 1,7-Liter-Viertakter entwickelt, der nach neuem Wirbelverfahren hoch verdichtet arbeitete und Mitteldruckmotor genannt wurde. Im Prinzip sollte er in der noch recht modernen Karosserie des DKW F 102 eingebaut werden. Doch diese benötigte ein Facelift, das den Übergang zur neu-alten Marke bestätigte. Und hierzu kam Bertone zum Zuge. Der F 103 – so die vorläufige Bezeichnung – zeigte eine neue Front mit markanten Rechteckscheinwerfern. Die größte Änderung brachte jedoch der Ersatz des «blubbernden» 1-Liter-Dreizylindermotors durch das neue 1,7-Liter-Aggre-

Ausgangspunkt DKW F 102: Markante Rechteckscheinwerfer beim F 103 von 1964 aßßls neuer Audi (bw).

Die Umsetzung bei der zu Volkswagen zählenden Auto Union: Audi 1965 (4 Zyl., 1696 ccm, 72 PS – wb).

Als Fortsetzung eines Erfolgsmodells bei Bertone überarbeitet: Simca 1301/1501, 1964 mit stark verlängerten Überhängen abgeliefert (bw).

Simca 1301/1501, wie Ende 1966 für das Modelljahr 1967 vorgestellt (hier in der Topausführung GLS; 4 Zyl., 1290/1475 ccm, 54/69 PS – sw).

Nun zwar um 20,5 cm gestreckt, dennoch nicht aus dem ästhetischen Gleichgewicht gebracht: Großserienlimousine Simca 1501 GLS, 1967 (sw)

Neugründungen von Pkw-Großherstellern in der Nachkriegszeit

Innocenti zählte zu den vorübergehend erfolgreichen Großhersteller-Pkw-Marken, die nach dem Zweiten Weltkrieg in Westeuropa und Nordamerika gegründet wurden. Hier eine Liste:

Deutschland: Auto Union (1959—1965), Glas (1959—1967), Goliath (1950—1958)

Italien: Arna (1983—1986), Autobianchi (1957—1996), Innocenti (1961—1995)

Niederlande: Daf (1958—1975)

Österreich: Steyr-Puch (1957—1973)

Schweden: Saab (1947—2011)

USA: AMC (1971—1987 mit div. Untermarken), Edsel (1957—1959), Frazer (1946—1951), Imperial (1957—1975), Kaiser (1946—1955), Saturn (1991—2009)

Eine bedeutende Anzahl Großhersteller hat zwar den Zweiten Weltkrieg überlebt, viele sind aber im Verlaufe der folgenden Jahrzehnte untergangen, darunter englische Traditionsmarken wie Austin, Morris, Hillman und Triumph. Verschwunden sind auch nach WW II gegründete Fabrikate der ehemaligen Ostblockländer (außer Lada). Hinzu kommen zahlreiche Kleinstauto- sowie Sport- und Liebhabermarken, die ebenfalls in der Nachkriegszeit gegründet und inzwischen wieder untergegangen sind.

Einzige Nachkriegsgründungen mit Bestand: Volkswagen (ab 1945) und Seat (ab 1953), übrigens beides Staatsgründungen, sowie Mini (Eigenmarke ab 1969)!

Dominiert wird die westliche Autowelt stets noch von Marken, die vor oder spätestens nach dem Ersten Weltkrieg gegründet wurden; älteste bestehende Marke: Peugeot (seit 1889).

gat; 1966 erhielt der auferstandene Audi die Modellbezeichnung 80.

«1:1» umgesetzt wurde hingegen der Bertone-Vorschlag, der an den Simca-Markengründer Enrico Teodoro Pigozzi erging. Nachdem er schon das kleine Coupé bei Bertone entwerfen und sogar bauen ließ, wollte der Italo-Franzose auf lange Sicht auch seine Mittelklassebaureihe 1300/1500 im Designstudio von Grugliasco auf Vordermann bringen lassen. Dieses Modellduo war erst auf dem Genfer Salon 1963 vorgestellt worden. Diese Viertürlimousinen waren ein außergewöhnlich gelungener Entwurf des Simca-Designberaters Mario Revelli. Alle Abmessungen und Formdetails harmonierten in vorbildlicher Weise, und die Fensterflächen waren großzügig bemessen. Im Vergleich zu vielen anderen erschwinglichen Familienwagen hoben sich die Simca vorteilhaft ab. Um aber auch in Zukunft konkurrenzfähig zu bleiben, sollten sie vor allem an Länge zulegen, was ihnen sowohl ein etwas «stattlicheres» Aussehen wie auch mehr Kofferraum bringen musste.

Die nun 1301 und 1501 geheißenen Limousinen, wie sie bei Bertone modelliert wurden, erfüllten die Erwartungen durchaus auch hinsichtlich ihrer Ästhetik. Der vordere Überhang legte um 7, der hintere um 13,5 cm zu, und die Motorhaube zeigte sich nach vorne leicht zugespitzt. Ohne seine Ausgewogenheit ganz verloren zu haben, zeigte sich das Duo – wie es erst zum Modelljahr 1967 auf den Markt gelangen sollte – von «langgestreckter Eleganz».

Innocentis verpasste GT-Chance

Die Nachkriegszeit entwickelte sich für Europa zu einer Epoche des Aufbruchs und der Neuanfänge. Da war es selbstverständlich, dass sich auch für die Automobilherstellung neue Perspektiven öffneten. So leicht ließ es sich allerdings nicht in den Autobau einsteigen: Es brauchte einerseits erhebliche Kapitalressourcen, anderseits das Know-how, das nur erfahrene und bewährte Leute liefern konnten. Dies galt in besonderem Maße, wenn es um den Einstieg in die Sparte der für den täglichen Gebrauch bestimmten Autos ging. Für kleine Stückzahl bestimmte Liebhaberfabrikate tauchten regelmäßig und in den unterschiedlichsten Formen auf. Aber manche von ihnen verschwanden nach einer mehr oder weniger langen Existenz oder gar Leidenszeit wieder von der Bildfläche. – Die Tabelle auf dieser Seite bietet einen Überblick auf all jene in der Nachkriegszeit gegründeten Fabrikate, die sich in Westeuropa und Nordamerika der

Rundlich-elegante Silhouette mit nach innen geneigtem Kühlergitter: Prototyp Innocenti 186 GT (1964; V6, 1843 ccm, 156 PS – bw).

Links: Aus allen Blickwinkeln gab sich das Design des Innocenti 186 GT sportlich- attraktiv (bw).

Rechts: Ein Armaturenbrett im typischen Bertone-Stil (bw).

Herstellung von Großserien-Gebrauchswagen widmeten... und wieder untergingen.

Schon bevor sich die Iso Automotoveicoli SpA zur Herstellung von Luxuscoupés aufschwang, fasste auch die ebenfalls in Mailand angesiedelte Firma Innocenti, Hersteller der überaus erfolgreichen Lambretta-Motorroller, im Autobau Fuß. Den Anfang machte das auf dem Autosalon von Turin 1960 gezeigte kleine Sportcabriolet Innocenti 950 Sport. Es basierte auf dem Austin-Healey Sprite, trug jedoch eine von Ghia entworfene wesentlich elegantere Karosserie. Die Herstellung erfolgte unter Nutzung englischer Antriebskomponenten bei dem im gleichen Jahr gegründeten Ghia-Tochterunternehmen OSI in Turin.

Gleichzeitig errichtete Innocenti in Lambrate, östlich des Stadtkerns von Mailand, eine Fabrikanlage für die Lizenzherstellung des in England populären Austin A 40; die Automobileinfuhr war in Italien damals noch kontingentiert. 1963 wurde dieser Austin durch den hochmodernen Morris 1100 abgelöst, der in leicht modifizierter Form als Innocenti IM 3 auf dem italienischen Markt startete. Bis 1966 wuchs die Zahl der Lizenzmodelle von BMC = British Motor Corporation auf sieben.

Zwar erhielt das Sportcabrio 1963 den 1100-ccm-BMC-Motor und hieß nun Spider S. Aber bei Innocenti laborierte man 1964 an einem Sportmodell höheren Niveaus, und für dessen Design wandte man sich an Bertone. Dem Innocenti 186 GT – so die sich auf 1,8 Liter Hubraum und 6 Zylinder beziehende Bezeichnung – war ein hochkarätiges Antriebsaggregat zugedacht, nämlich ein «halber Ferrari-Motor»: Ausgangspunkt war der 3286-ccm-V12-Motor aus dem Mittelmotor-Rennsportmodell 330 P; zum Vergleich: der V12-Motor im Frontmotor-Straßencoupé 330 GT besaß 3967 ccm Hubraum. Die für den Innocenti 186 GT vorgesehene V6-Ableitung erreichte 1843 ccm HubraumHubraum, und als Leistung wurden 156 PS genannt.

Die von Bertone gelieferte Formgebung für das GT-Coupé war individuell gehalten und fiel durch seine geschmeidigen Rundungen an der Front und vor allem auch des Fastbacks auf. Die hinteren Radhäuser und ebenso die nach unten gezogene Rückscheibe vereinten sich harmonisch in der Heckpartie. Da gab es nichts, was an bekannte Designschöpfungen gemahnte.

Doch kaum stand der Prototyp auf den Rädern, wurde dieses Innocenti-Projekt bereits wieder abgebrochen. Aus ihm hätte ein ebenso formvollendeter wie technisch hochstehender Widerpart zu dem 1963 lancierten Porsche 911 entstehen können, dessen 1991-ccm-Sechszylinder-Boxermotor auf 130 PS kam. Vielleicht aber lagen ja 1964 bereits die Pläne für den Dino-Straßensportwagen in der Luft, den Enzo Ferrari 1966 im Gedenken an seinen 1956 verstorbenen Sohn als Zweitmarke ins Leben rief. Für dieses 2,4-Liter-V6-Mittelmotorcoupé hätte der Innocenti 186 GT eine Konkurrenz bedeutet.

Nach der Schildkröte das Känguruh

Bei Bertone ließ man sich nicht entmutigen. Nach dem von Alfa Romeo abgelehnten 2600 Sprint HS und dem möglichen neuen Sprint Speciale von 1963 präsentierte «Grugliasco» auf dem Turiner Salon 1964 erneut einen an die Mailänder Adresse gerichteten Vorschlag: Der von Nuccio Bertone und Giorgetto Giugiaro ausgearbeitete Canguro (= Känguruh) wirkte reichlich futuristisch, wenn auch wirklichkeitsnäher als der Testudo aus dem Vorjahr. Er basierte technisch auf dem Gitterrohrrahmen und der Antriebsmechanik des Alfa Romeo Giulia TZ. T stand für Tubolare (mit Rohrrahmenstruktur) und Z für Zagato-Aluminiumkarosserie (ein Konkurrent von Bertone, also).

Der TZ verkörperte die höchste Form der Giulia-Reihe. Er wurde von 1963 bis 1967 bei der Alfa-Zweigfirma Delta bzw. alsbald Autodelta in Udine in nur 117 Exemplaren zusammengebaut. Sein 1570-ccm-Motor kam mit zwei Weber-Doppelvergasern auf 113 PS, und er brachte bloß 660 kg auf die Waage. Als Besonderheit besaß er eine hintere Einzelradaufhängung. Neun als TZ2 bezeichnete Exemplare erhielten Aufbauten aus GFK (glasfaserverstärkter Kunststoff) und 170 PS starke Triebwerke. Besonders diese Ausführung wurde im internationalen Renneinsatz zum Begriff.

Bertone Canguro auf Basis Alfa Romeo Giulia TZ (1964; 4 Zyl., 1570 ccm, 113 PS — bw).

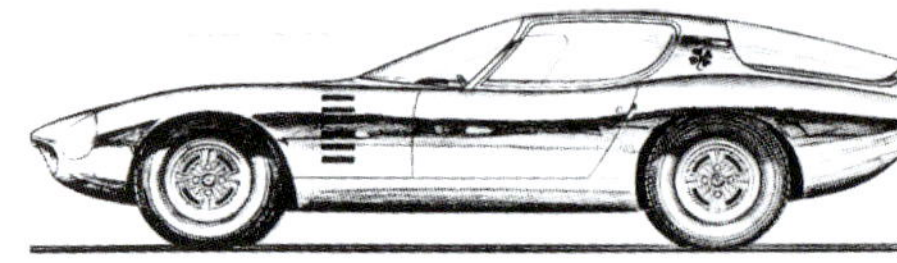

Canguro-Entwurf von Giorgetto Giugiaro (bw).

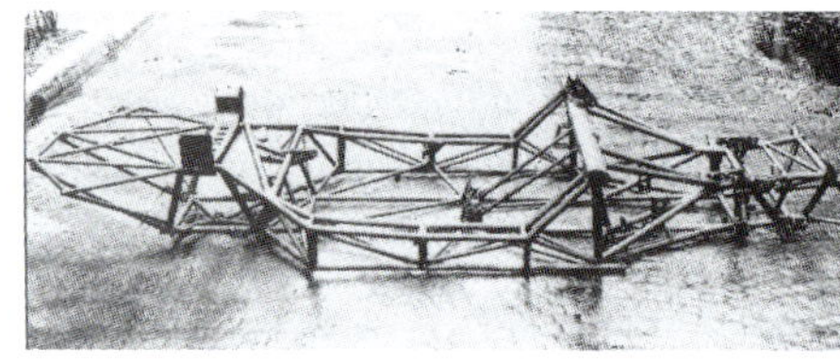

Ausgangspunkt war der filigrane Gitterrohrrahmen des Alfa Romeo Giulia Coupé TZ (aw).

Oben: Eindeutige Alfa-Front, aber einmal mehr neuartige Designelemente: Bertone Canguro, 1964 (bw).

Links: Das abgeschnittene Heck des Bertone Canguro, war eine Besonderheit..., (bw).

...die sich auch beim Original-Alfa Romeo Giulia TZ mit Zagato-Karosserie fand (aw).

Eine Alfa-Front ohne jede Gitterstäbe

Das Design des Canguro bestach durch etliche Besonderheiten: Da war die Alfa-typische und doch ungewohnt einfach – nämlich ohne jede Gittereinsätze – gehaltene Kühlluftöffnung an der Front. Auf sie folgten Luftauslässe seitlich hinter den Radhäusern in Form von sieben gleich einer Leiter gelegten horizontalen Öffnungen. Dann eine stark schräg gestellte, sphärisch gewölbte Windschutzscheibe, an die sich seitlich bis ins Dach hineingebogene Türscheiben anschlossen. Das Kleeblatt im weißen Dreieck an den hinteren Dachträgern bestätigte, dass die Mechanik bei Autodelta präpariert wurde.

Hinter der riesigen kuppelförmigen Heckscheibe, inzwischen sozusagen ein Markenzeichen des Duos Bertone/Giugiaro, war das Heck «abgeschnitten». Diese Besonderheit wurde allerdings von Zagato übernommen; denn der Ausgangspunkt, nämlich der Alfa Romeo Giulia TZ, besaß ebenfalls diese signifikante Eigenart, die übrigens bereits 1961 mit dem Giulietta SZ «coda tronca» («abgebrochener Schwanz») eingeführt worden war. Diese abgeschnittene Heckform hatte damals der Zagato-Designer Ercole Spada entwickelt. Die gesamte Karosseriefront des Canguro war zu einer Einheit zusammengefügt, die sich gesamthaft nach vorne hochklappen ließ.

Von einer Kleinserienherstellung dieses einzigartigen und ohne jede Produktionsvorgaben entwickelten Designwerks wollte man bei Alfa Romeo abermals nichts wissen.

Fiat 850 Spider wurde zum neuen Standfuß

Nachdem die Verbindung zu Alfa Romeo so harzig geworden war, trat Nuccio Bertone eines Tages im Jahr 1964 zu einem Gespräch mit Nicolò Gioia, dem stellvertretenden Direktor der Generaldirektion von Fiat, an. Es ging darum abzuklären, welche Möglichkeiten sich für eine erneute Zusammenarbeit mit Italiens großem Autohersteller ergeben könnten. In dieser Aussprache brachte Bertone die Idee vor, dem geplanten Fiat 850 Coupé ein Cabriolet zur Seite zu stellen. «Warum nicht», antwortete Gioia. «Aber es gibt ein Problem: Wir haben bereits ein Datum für die Vorstellung vorgemerkt, und es wäre daher zweckmäßig, wenn die Offenversion gleichzeitig gezeigt werden könnte. Zudem wäre es unbedingt notwendig, dass das Cabrio um

Elegant, niedlich...; attraktiv für Mann und Frau: Fiat 850 Spider, 1965 (4 Zyl., 843 ccm, 34 PS – bw).

Mit den 850 Coupé und Spider führte Fiat 1965 für die Sportmodelle jenes runde Markensignet mit Lorbeerkranz wieder ein, unter dem die Marke in den 20er Jahren zahlreiche Rennsiege geholt hatte (fw).

Der Fiat 850 Spider im Phantombild; noch lagen Heckmotorkonstruktionen im Kleinwagensegment durchaus im Trend (fw).

höchstens 6 bis 7 % teurer ist als das Coupé. Gioia verlangte zudem eine schriftliche Offerte für dieses Cabrio-Projekt..., und Nuccio Bertone verließ das Büro des Fiat-Topmanagers mit neuer Zuversicht.

Fiat hatte den Kleinwagen 600 D im Mai 1964 durch den Typ 850 abgelöst. Auch er war eine Heckmotorkonstruktion. Sie war aber gegenüber dem Modell 600 D von just 2 m Radstand und 329,5 cm Länge auf 203 bzw. 357,5 cm angewachsen. Zudem zeigte sie ein kurzes Stufenheck. Statt 767 ccm Hubraum und 29 PS Leistung standen nun 843 ccm und 34 PS zur Verfügung.

Die sportlichen Fiat-850-Derivate Coupé und Cabrio wurden auf dem Genfer Salon 1965 vors Publikum gebracht. In ihnen kam der 843-ccm-Heckmotor auf 47 bzw. gar 49 PS. Zudem wurden sie mit vorderen Scheibenbremsen ausgerüstet. Das hervorragend geformte Fastbackcoupé war unter Mario Boano in Fiats eigener Designabteilung entwickelt worden und entstand auch in Fiats eigenen Werken. Die Produktion der Offenversion rechtzeitig in Gang zu bringen, war für Bertone eine gut bewältigte Herausforderung.

Es gab zum 850 Spider auch ein Hardtop; Mehrgewicht rund 10 kg (fw).

Der Fiat 850 Spider – so die offizielle Bezeichnung – wirkte ebenso elegant wie niedlich. Seine Schrägfront mit den eingelassenen Scheinwerfern samt ebenfalls schräg stehenden Gläsern ging in eine horizontal betonte Gürtellinie über, die auf Hinterradhöhe eine feine Auswölbung zeigte und in einer Abrisskante endete. Da waren auch beim Testudo angewandte Stilelemente auszumachen. Während das 361 cm lange Coupé als «2+2» durchging, war der 378 cm lange Spider ein Zweisitzer mit Ablage. Seine Höchstgeschwindigkeit wurde von Fiat mit 145 km/h angegeben, der Benzinverbrauch mit 7,2 L/100 km. Das Leergewicht stand mit 725 kg zu Buche; wobei «für den Winterbetrieb» allenfalls 10 kg für ein Hardtop hinzukamen.

Auf dem Genfer Salon lebhaft begrüßt

Der 850 Spider wurde auf dem Genfer Salon von Fachwelt und Publikum überaus günstig aufgenommen. Abgesehen vom winzigen Autobianchi Bianchina Cabrio war der Fiat 850 Spider das kleinste Offenauto im Angebot. Zum Vergleich gab es auf dem internationalen Markt bloß das inzwischen mit einem 1100-ccm-Motor ausgestattete Duo Austin-Healey Sprite und MG Midget.

Auf dem Automobilsalon von Paris im Herbst 1965 kam der Fiat 850 Spider CL hinzu. Die Initialen standen für Convertibile Lusso (Luxuscabriolet) und bezogen sich auf eine schmuckere Innenausstattung sowie Chromleisten am unteren Abschluss der Flanken und rund um die Radausschnitte. Es gab den Spider CL in drei Versionen: als Spider mit Stoffverdeck, als Spider mit Verdeck und abnehmbarem Hardtop und als Hardtop-Coupé ohne Verdeck. Letztere Ausführung wurde als «2+1» bezeichnet, bot also einen in Schrägstellung nutzbaren dritten Sitzplatz.

Fiat 850 Coupé und Spider farbenfroh in einem Fiat-Inserat dargestellt (fi).

Das sportlich betonte Armaturenbrett mit Rundinstrumenten und Kippschaltern war im Holzlook gehalten (fw).

Auf die Schrägfront folgte eine horizontal betonte Gürtellinie mit diskretem «Hüftschwung» über dem hinteren Radhaus (bi).

Nachdem sich der tägliche Spider-Ausstoß bis auf 25 Exemplare steigern ließ, stellte sich ein Jahr nach der Markteinführung allerdings ein Umschwung ein, und die Fiat-Direktion verhängte eine Produktionsverminderung auf 13 bis 14 Stück pro Tag. Daher ersuchte Bertone den Fiat-Manager Gioia, den Spider auch auf dem amerikanischen Markt einzuführen. Davon wollte man bei Fiat während langer Zeit nichts wissen. Aber schließlich sollte der kleine Roadster mit dem auf 903 ccm vergrößerten und an die US-Abgasvorschriften angepassten Motor ab 1968 doch noch den Weg über den Atlantik finden. Der Absatz «drüben» in Amerika trug schließlich entscheidend dazu bei, dass es der 850 Spider bis 1972, somit binnen acht Jahren, auf einen Absatz von höchst respektablen 124‘660 Exemplaren brachte (s. auch Kapitel «Fiat und Bertone 850 Spider in Zweitauflage», Seite 106).

K(eine) Alternative zum Ford Mustang

Ende 1964 hatte die Redaktion des «Automobile Quarterly», einer während Jahrzehnten vor allem von Oldtimerfreunden hochgeschätzten amerikanischen Vierteljahrespublikation in Querformat-Buchform, Bertone mit dem Entwurf und dem Bau eines spezialkarossierten Ford Mustang beauftragt. Der Mustang war im April 1964 vorgestellt und daher als Modell 1964 ½ bezeichnet worden. Es gab ihn als Coupé mit Stufenheck (Hardtop Coupe) und als Cabriolet, beide viersitzig. Mit dem im September 1964 vorgestellten Modelljahr 1965 kam ein 2+2-sitziges Fastbackcoupé hinzu.

Der auf der New York International Automobile Show im April 1965 gezeigte Bertone-Mustang basierte auf dem Fastback 2+2 und erhielt ebenfalls ein Fließheck. Zum serienmäßigen Mustang verkörperte er einen signifikanten Kontrast, und er veranschaulichte, wie ein GT-Coupé ansehnlicher Größe mit italienischem Flair aussehen konnte. Auffallendste Eigenheit war der vollständig verglaste Pavillon. Je vier aneinandergefügte Seitenscheiben erbrachten eine nahtlose Rundsicht. Das Dach aus gebürstetem rostfreiem Stahl war mit einem integrierten Überrollschutzbügel kombiniert, und die Heckscheibe war als Glaskuppel ausgebildet. Damit die Motorhaube stärker nach vorne abfallen konnte, wurde ein niedrigerer Kühler eingebaut.

Innovativ waren die vollständig vom Kühlergitter kaschierten Doppelscheinwerfer, ein Stilelement, das man damals noch nicht kannte. Diese Idee wurde zum Modelljahr 1966 beim neu eingeführten Mustang-Konkurren-

Nach der Autoshow in New York auch auf dem traditionellen Autosalon von Turin gezeigt: Bertone-Ford Mustang, dahinter der Fiat 850 Spider – uk)

Der Bertone-Mustang mit «geöffneten Augen» bzw. Doppelscheinwerfern (wb).

Bertones Ford Mustang, 1965: Die Alternative mit italienischem Flair... und kaschierten Scheinwerfern (6 Zyl., 3273 ccm, ca. 110 PS) – bw).

Höchst ungewöhnlich: der «gläserne Pavillon», der für nahtlose Rundsicht sorgte (wb).

ten Dodge Charger aufgenommen, und in den folgenden Jahren erhielten weitere Exklusivmodelle der Chrysler Corporation ebenfalls einen «augenlosen» Kühlergrill. Die Frage «Wer hat's erfunden?» bleibt hier unbeantwortet...

Das einzige Mustang-Erkennungszeichen fand sich beim Bertone-Vorschlag in Form des Modellreihensignets, dem eingerahmten, nach links galoppierenden Präriepferd bzw. Mustang auf der Kühlergrillmitte. Wenngleich auch der bekannte 4,7-Liter-V8 zur Verfügung stand, wurde eine mit dem 3,3-Liter-Sechszylindermotor bestückte Mustang-Plattform gewählt.

Dass der Bertone-Mustang das Ford-Design nicht beeinflusste, war verständlich: Mit dem Mustang hatten die Formgestalter der Ford Motor Company einen Bestseller geschaffen. Sein Urheber war der damalige Generaldirektor der Ford-Division, Lee A. Iacocca, nachmalig *President and CEO* der Chrysler Corporation. Denn von ihm stammten die Vorgaben für das neue Modell: kompakte Abmessungen, lange Motorhaube, straffes Heck, niedrige Dachlinie, vielfältige Ausrüstungswahl für die Käufer. Aus der Arbeit von drei Designteams wurde das Bestgeeignete ausgewählt. Während der ersten vier Monate fanden sich 100'000 Käufer, und die erste Million wurde binnen knapp 24 Monaten erreicht. Ja, dies waren eben amerikanische und nicht italienische Dimensionen. Und so attraktiv der Bertone-Mustang sein mochte, der unverkennbare Auftritt des zur Legende werdenden Originals brauchte eine sorgsame Weiterentwicklung, aber keine geänderte Identität.

Übrigens gewann der Mustang aus Grugliasco in New York den Titel als «Best of Show», und er wurde auf weiteren Automobilausstellungen in Europa gezeigt, darunter natürlich auch auf dem Salon Turin von 1965.

Zum Vergleich: Auch den Original-Mustang gab es ab Modelljahr 1965 als Fastback 2+2 (hier ein Modell 1966 – uk).

«Augenloses Kühlergesicht» 1966 bei einem Serienmodell: Dodge Charger Hardtop Fastback (V8, 5210 ccm, ca. 210 PS – wb).

Fiat Spider von Abarth, Projekt großer Simca

Doch zurück zum Jahr 1965: Auf der Internationalen Automobil-Ausstellung (IAA) Frankfurt jenes Jahres ergänzte Carlo Abarth sein Angebot an leistungsgesteigerten Kleinwagen und Rennboliden durch die Modelle Fiat Abarth OT 1000 Coupé und Spider sowie OTR 1000 Coupé. Sie basierten auf dem Fiat Abarth OT 850 (Omologato Turismo), dessen Karosserie dem 4/5-sitzigen Fiat 850 entsprach. In den Modellen OT 1000 Coupé und Spider war der Hubraum des Heckmotors auf 982 ccm gebracht worden. Zudem erhielt er schräghängende Ventile, einen Leichtme-

Fiat 850 Spider mit festem Dach = Fiat Abarth OTR Berlinetta, 1965 (4 Zyl., 982 ccm, 74 PS - bw).

Simca 1800 von 1965 im 1:1-Schaumodell als Vorschlag in französischem Auftrag: Individuell gestaltete Front (bw).

Um die Ecken gezogene Heckleuchten beim Simca-1800-Projekt (bw).

tall-Zylinderkopf, einen Weber-Doppelvergaser sowie weitere Verfeinerungen, womit die Leistung 62 PS erreichte.

Beim Fiat Abarth OTR 1000 mit der Motorbezeichnung Radial 200 erbrachten ein eigens entwickelter Zylinderkopf und zwei Doppelvergaser eine Leistung von 74 PS. Auf eine Spider-Variante mit dieser Antriebsvariante wurde verzichtet. Doch auf dem Salon von Turin 1965 kam dann mit dem Fiat Abarth OTR 1000 Berlinetta eine eigene Coupéversion hinzu, deren Karosseriedesign dem Bertone-Spider entsprach, jedoch eine eigene feste Dachkonstruktion mit zweitem Seitenfenster und kurzem Stufenheck aufwies. Mit 120 cm war die Berlinetta um 10 cm niedriger als das Coupé, während das Leergewicht für beide Varianten auf 740 kg beziffert wurde. Mit 74 PS Leistung ergab sich somit ein Leistungsgewicht von just 10 kg/PS. Der Typ OTR blieb unter der Bezeichnung Fiat Abarth ein Einzelstück, sein Karosseriedesign kam jedoch 1968 als Bertone Berlinetta Racer doch noch in Kleinserie.

Das Jahr 1965 brachte Bertone überdies einen weiteren Kontakt mit Simca. Das Designstudio in Grugliasco wurde aus Frankreich mit der Studie für ein neues Modell oberhalb des Typs 1501 beauftragt, das binnen zwei Jahren eingeführt werden sollte. Während die seitliche Silhouette des daraus entstandenen 1:1-Modells an die BMW 1600/1800 gemahnte, zeigten sich Front und Heck echt eigenständig, nämlich mit einem schlichten horizontalen Grill flankiert von rechteckig gerahmten Doppelscheinwerfern bzw. mit in noch ungewöhnlicher Weise um die Ecken gebogenen, horizontal betonten Schlussleuchten.

Doch aus diesen Vorschlägen wurde nichts; die größeren Modelle verzögerten sich, und 1969 wurde Simca in die Chrysler Corporation integriert, unter der 1970 die amerikanisch angehauchten Modelle 160/180 auf den Markt kamen.

Stete Motivation benötigt...

Zu den Zeiten, da Bertone mit Giugiaro zusammenwirkte, hielt der große Maestro einmal fest:

«Lo stilista è come una pianta, ha bisogno di venire bagnato ogni giorno, di provare una motivazione continua, un appoggio nel lavoro creativo che sta svolgendo.»

(«Ein Designer ist wie eine Pflanze, die täglich begossen werden muss, um ihn bei steter Motivation und um seine kreative Leistungsfähigkeit in Schwung zu halten.»)

Giugiaro strebte nach Selbstständigkeit

Man kann es verstehen, dass zwei so große Designtalente wie Nuccio Bertone und Giorgetto Giugiaro nicht ewig reibungslos zusammenwirken konnten. Jeder war eine ausgeprägte Persönlichkeit, und Meinungsverschiedenheiten konnten nicht ausbleiben. In einem späteren Interview bekannte Giugiaro: «Ich war inzwischen verheiratet und hätte gerne mehr Verantwortung übernommen, aber Bertone behielt natürlich immer das letzte Wort.» Jedenfalls wünschte sich Giugiaro Veränderung..., und die fand er bei einem von Bertones Konkurrenten, der Carrozzeria Ghia. Deren vielseitiger Chef Luigi Segre war 1963 verstorben, und der neue Generaldirektor G. G. Moro anerbot Giugiaro 1965 den Posten des Direktors und Alleinverantwortlichen des Centro Stile e Progetti. Damit war auch eine beträchtliche Gehaltsverbesserung verbunden. Dennoch fiel Giugiaro der Weggang von Bertone nicht leicht. Schon im ersten Jahr entwarf er bei Ghia fünf Wagen, von denen vier auf dem Turiner Salon 1966 ausgestellt wurden: die De Tomaso Pampèro (Mittelmotor-Spider) und Mangusta (Mittelmotor-Supersportwagen), den Maserati Ghibli (Supersportwagen) und den Fiat 850 Vanessa (Stilstudie für Damen).

Doch 1967 erfüllte sich Giorgetto Giugiaro einen längst gehegten Traum, jenen von der Unabhängigkeit. Dass er nach nur zwei Jahren Ghia verließ, hatte einen weiteren Grund: Alejandro de Tomaso, 1955 aus Argentinien eingewandert, hatte seiner Tuningwerkstatt in Modena in kurzer Zeit zu Rang und Namen verholfen, und 1967 übernahm er die Carrozzeria Ghia. Damit wurde Giorgetto Giugiaros Entscheidungsfreiheit weitgehend in Frage gestellt.

Giugiaros Weg in die Selbständigkeit führte über die Firma SIRP zu dem im Februar 1968 gegründeten und an der Via Tepice aufgebauten Unternehmen Ital-Design. Im November 1974 bezog dieses Designstudio und Konstruktionsatelier in Moncalieri im Süden von Turin einen modernen Neubau, der sich binnen 30 Jahren auf 45'000 m2 ausdehnen sollte! Mit seinen rund 300 Mitarbeitern widmete sich Giorgetto Giugiaro ausschließlich der Entwicklung und dem Bau von Prototypen, und er verzichtete auf die Herstellung von Kleinserien- und Nischenmodellen nach dem Muster von Bertone, Pininfarina oder Ghia.

Durch stete Präsenz von Ital-Design an den großen Autosalons hielt Giugiaro seinen Auftragsbestand auf Niveau, und er wurde zum wohl produktivsten und bekanntesten Karosseriedesigner weltweit. Während seiner Bertone-Zeit war Giugiaro an 26 Designschöpfungen beteiligt. Bei Ghia kamen zehn weitere dazu, und unter seiner eigenen Ital-Design-Marke entstanden bis 1990 rund 75 weitere Karosseriekreationen für Dreamcars und Serienmodelle. Zu seinem immensen Portefeuille zählte auch Europas 1974 vorgestellter Bestseller Volkswagen Golf.

Zusammen mit seinem Sohn Fabrizio blieb Giugiaro auch später noch unermüdlichem Schöpfertum verschrieben. Doch der Wandel der Zeiten führte dazu, dass Ital-Design im Jahre 2010 unter die Obhut des Volkswagenkonzerns geriet, dem fünf Jahre später auch noch die letzten 10 % des Kapitals an dieser großartigen Stätte des Autodesigns zukamen. (Auf der Estrade des Ital-Design-Standes auf dem Genfer Salon 2015 konnte der Autor dieses Buches Giorgetto und Fabrizio Giugiaro nochmals die Hand schütteln.)

Marcello Gandinis signierte Entwurfskizze für den Lamborghini Miura (br).

Marcello Gandini folgte Giorgetto Giugiaro (wb)

Gandini-Start mit Paukenschlag: Miura

Am 1. November 1965 übernahm Marcello Gandini die Stellung des Chefdesigners bei Bertone. Mit Jahrgang 1938 war er 27-jährig wie Giugiaro und mit Geburtstag am 26. August nur gerade 19 Tage jünger. Gandini war als Sohn eines Pianisten und Orchesterdirigenten und einer ebenfalls der Musik verschriebenen französischen Mutter in Turin zur Welt gekommen. Somit hatte er zumindest eine künstlerische Ader geerbt. Seine Studien waren denn der klassischen Geschichte wie auch der Musik gewidmet. Schon 1963 hatte er bei Bertone angeklopft, doch Giugiaro wollte ihn nicht im Team. Bei dessen Weggang wurde er dann von Nuccio Bertone, der sein zeichnerisches Naturtalent erkannt hatte, unverzüglich engagiert.

Wenngleich Gandini nicht aus dem Automobilbereich kam, zeigte er ein hochentwickeltes Vorstellungsvermögen für Formen und Technik. Er begriff die Zusammenhänge zwischen Mechanik und Ästhetik, und er erwies sich für alle von Bertone vorgetragenen Ideen und Vorschläge als optimal aufnahmefähig. Klar bedurfte es eines höchst kompetenten und erfahrenen Maestros, um einen immer noch recht jungen Mann zu kreativen Leistungen zu bringen, wie sie ein Designer vom Format Giugiaros hervorgebracht hatte. Und Marcello Gandini vermochte gleich mit seinem ersten bei Bertone verwirklichten Werk zu brillieren: dem auf dem Genfer Salon 1966 vorgestellten Lamborghini Miura!

Der Weg von Ferruccio Lamborghini (1917—1993) zum Automarkengründer entsprach einer Traumkarriere. Er entstammte einer Bauernfamilie aus dem Raum Bologna, absolvierte ein Technikstudium, baute nach dem Krieg Militärfahrzeuge zu Traktoren um

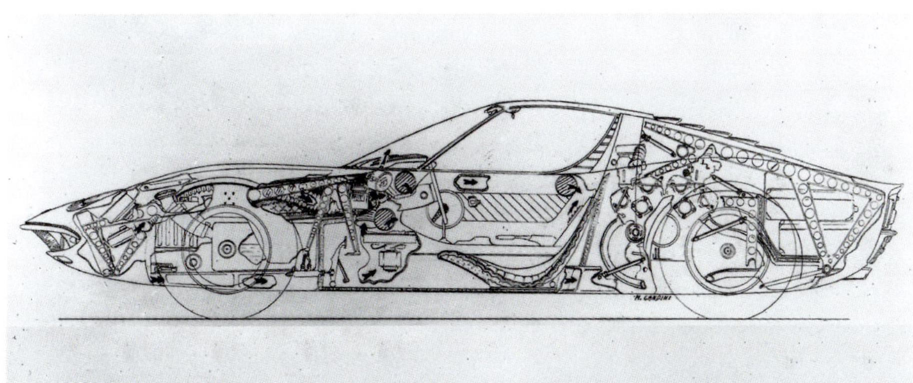

Der Lamborghini Miura im Längsschnitt, dargestellt von Marcello Gandini (wb).

und gründete 1949 die Firma Lamborghini Trattori. Da er überaus geschäftstüchtig war, wurde er auch im Ölbrenner- und Klimaanlagensektor erfolgreich aktiv..., kein Wunder, dass er sich einen Ferrari leisten konnte. Und just dieser Umstand brachte den Ansatz zum Höhenflug in den Bereich der Luxussportwagen.

Weil er nämlich seinen Ferrari bemängelte, kam Lamborghini zu dem legendären Entschluss, Enzo Ferrari vorzuführen, wie ein Supersportwagen zu sein hatte. Da es Ende 1961 bei Ferrari zu einem «Hauskrach» mit sechs Entlassungen gekommen war, befanden sich Spitzenkonstrukteure wie Giotto Bizzarrini, Carlo Chiti und weitere Ingenieure auf Auftragssuche, und alsbald schuf Bizzarrini im eigenen Konstruktionsbüro nicht nur den ersten Iso Rivolta, sondern auch einen V-12-Motor für Lamborghini. Mit dieser 3,5-Liter-Maschine mit vier obenliegenden Nocken-

Neues Designtalent: Marcello Gandini neben Nuccio Bertone (bw).

Die symptomatische Werbeaufnahme: der Stier neben dem Miura, dessen Name Ferruccio Lamborghini der spanischen Stierzucht entlieh (wb).

wellen (nicht nur zwei wie bei Ferrari) war der erste, auf dem Genfer Salon 1964 vorgestellte serienmäßige Lamborghini, Typ 350 GT, ausgestattet. Mit der weitgehend von Franco Scaglione gestalteten, bei der Carrozzeria Touring verwirklichten Karosserie fand die neue Marke gebührende Beachtung. Für seine im Mai 1963 gegründete Firma Automobile Ferruccio Lamborghini hatte der Markeninitiant in Sant'Agata Bolognese, 25 km nordwestlich von Bologna, eigens ein großzügig angelegtes ultramodernes Werk errichten lassen. – Gegen die tief verankerte Konkurrenz von Ferrari und Maserati war allerdings nicht leicht aufzukommen.

Chassis mit quergestelltem V-12-Mittelmotor

Auf dem Turiner Salon 1965 stand neben dem Lamborghini 350 GT, zu dem inzwischen auch eine Version 400 GT 2+2 im Angebot stand, eine aufsehenerregende Chassiskonstruktion mit quergestelltem V-12-Mittelmotor. Sie war das Werk des erst 24-jährigen Ingenieurs Giampaolo Dallara, den Lamborghini als Direktor seines neuen Werks verpflichtet hatte. Er brachte bereits bei Ferrari und Maserati gesammelte Erfahrung mit – aber niemand konnte damals ahnen, dass der Name Dallara für viele Jahrzehnte zum Begriff für rennsportliche Chassis- und Fahrwerkskonzepte werden sollte.

Dieses von Dallara und seinen Mitarbeitern in Freizeitarbeit konstruierte Chassis – genauer definiert war es ein Kastenrahmen für die Aufnahme einer halbselbsttragenden Karosserie – sollte Ferruccio Lamborghini dazu animieren, in den Rennsport einzusteigen, um so der jungen Marke zu einem schärferen Image zu verhelfen. Aber der Chef hatte eine gänzlich andere Idee: Unmittelbar nach dem Turiner Salon wurde das Mittelmotorchassis mit den zahlreichen auffällig gelochten Längs- und Querholmen zur Carrozzeria Bertone gebracht. Dort sollte es mit einer möglichst attraktiven für den Straßeneinsatz bestimmten Coupékarosserie versehen werden.

Eine solche wurde Lamborghini auch von der Carrozzeria Touring und weiteren Interessenten vorgeschlagen. Dazu eine Episode

Die ungewöhnlich reizvolle Heckansicht: Lamellen über Heckscheibe, kunstvolles Ziergitter für die Motorraum-Abluft (wb).

Ursprünglich wurde an eine mittig längsgeteilte Heckscheibe gedacht (wb).

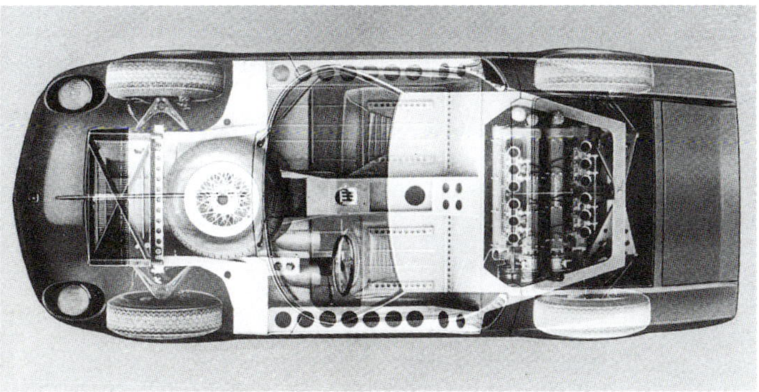

Die Miura-Plattform: Bei 250 cm Radstand und 436 cm Länge quer eingebauter V-12-Mittelmotor, Batterie und Reserverad unter Fronthaube, Kofferraum ganz zuhinterst (wb).

Ausgangspunkt für die Designarbeit: Chassis und Motor des Typs Lamborghini 400 TP (wb).

aus dem 90-Jahr-Jubiläumsbuch von Bertone: «An einem Abend mit verlängerter Öffnungszeit schritt Nuccio Bertone anläßlich des Turiner Salons von 1965 hinüber zum Lamborghini-Stand, um das viel erwähnte Mittelmotorchassis in näheren Augenschein zu nehmen. 'Endlich auch Sie', sprach ihn Ferruccio Lamborghini an. 'Alle waren schon da, um mir Aufbauvorschläge für dieses Chassis zu machen. Sind Sie denn nicht ebenfalls interessiert?'»

Bertone erwiderte, dass er sogar sehr stark interessiert sei, und vor allem würde er liebend gerne eine Zusammenarbeit mit jener Person vereinbaren, die einen so futuristischen Unterbau zur Verfügung habe. Denn dieser würde für einen Karossier eine echte Herausforderung verkörpern. Lamborghini ließ Bertone danach Probewagen des Typs 350 GTV überführen, damit er sich während ein paar Wochen von den Qualitäten seiner Konstruktion überzeugen könne. Und Nuccio Bertone kam zur Erkenntnis, dass die Leute aus St. Agata Bolognese ihr Metier in der Tat bestens beherrschten.

Gleich einem Blumenkelch ließen sich Front- und Heckhauben hochklappen (wb).

Italo-Designkleid zu angloamerikanischer Idee

Die Idee, das Mittelmotorkonzept auch auf einen Hochleistungs-Sportwagen zu übertragen, hatte Nuccio Bertone bereits am Beispiel des Ford GT 40 fasziniert. Diesen hatte Ford 1964/65 bei der Tochterfirma Advanced Vehicles Ltd. in England entwickeln lassen, und von ihm war auch eine Street Version geplant. Was Nuccio Bertone zusammen mit seinem neuen Designtalent Marcello Gandini binnen vier Monaten – nämlich bis zum Gen-

Die erst nach etlicher Vorbereitungszeit angelaufene Miura-Kleinserienfertigung im Bertone-Werk erfolgte in «scala semi-industriale» = «halbindustriell» bzw. immer noch weitgehend in Handarbeit (bw).

Für den Lamborghini Miura wurde das Armaturenbrett gleich einer Skulptur gestaltet, hinzu kamen ein Sportlenkrad mit Aluspeichen und die Kulissenschaltung für das Fünfganggetriebe (wb).

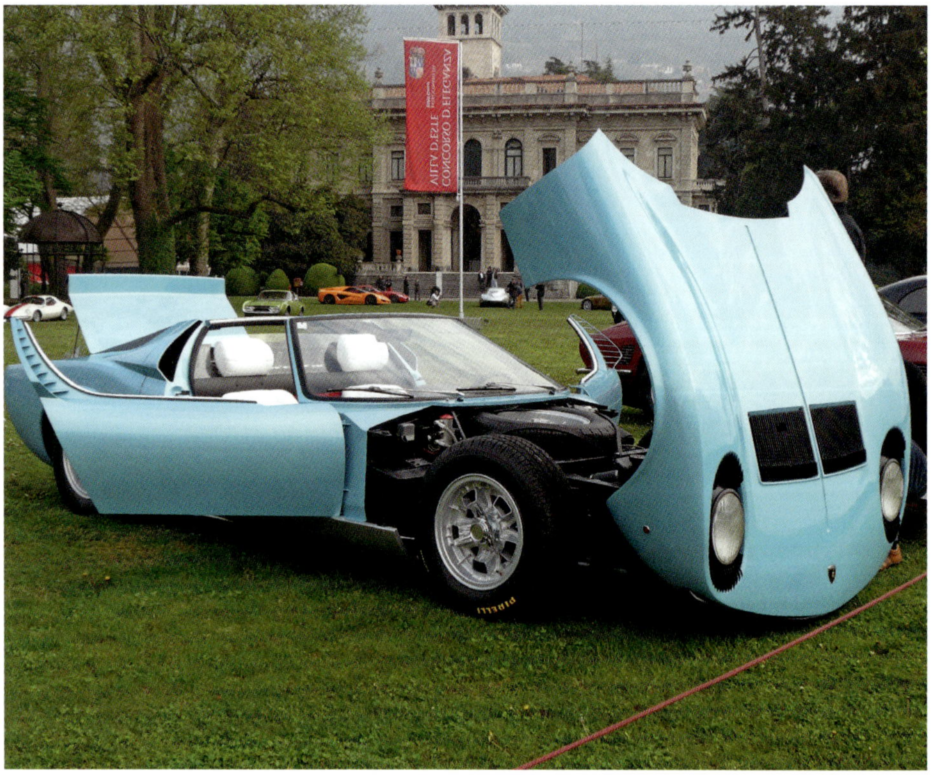

Der 1968 entstandene Miura Roadster blieb ein Einzelstück (aufgenommen anläßlich des Concours d'Elégance Villa d'Este 2002 – rg).

Die Scheinwerfer mit einer Art Augenwimpern klappten nach vorne aus der Karosserie (wb).

fer Salon 1966 – auf die Räder stellte, übertraf alle Erwartungen: Ein Mittelmotorcoupé von unübertrefflicher Sportlichkeit und gleichzeitig stilvoller Eleganz, ein Straßensportwagen unverwechselbarer Attraktivität, kurz, ein Glanzstück des Automobildesigns, das in die Geschichte einging (s. Textbox «Miura wurde zur Ikone» Seite rechts).

Mit diesem als Miura P 400 bezeichneten, nur 105 cm hohen Zweisitzer waren kurze gerade Linien und Kanten mit wenigen, just am zweckmäßigen Ort eingefügten Biegungen kombiniert. Rundlich waren bloß die Karosserieenden, die Mulden der hochklappbaren Scheinwerfer, die Radausschnitte und der hintere Abschluss der Türfenster.

Der Modellname bezog sich auf Antonio Miura, einen spanischen Züchter erfolgreicher Kampfstiere. Für solche hatte der im Sternzeichen des Stiers geborene Ferruccio Lamborghini eine besondere Vorliebe. Weitere Namen aus diesem fernen Fachbereich sollten folgen. Bereits besaß Lamborghini einen gesenkten Hauptes angreifenden Stier als Markensignet. Daneben nahm sich Ferraris Pferdwappen geradezu harmlos aus..., selbst wenn man das Cavallino Rampante (das sich aufbäumende Pferdchen) zum bissigen Hengst hochstilisierte.

Die technische Besonderheit des Miura lag in seinem quer eingebauten V-12-Mittelmotor. Das Bewältigen der mit dieser ungewohnten Konfiguration verknüpften Probleme war eine Meisterleistung. Beim Prototyp galt es die Neigung zur Motorüberhitzung und das unzumutbar laute Ansauggeräusch unmittelbar hinter den Köpfen der Insaßen in den Griff zu bekommen. Da war bis zu einer Kleinserienherstellung noch etliche Abstimmungsarbeit fällig.

Hinzu kam aber noch ein ganz anderer, auf die rein persönliche Einschätzung beruhender Aspekt: Denn weder Bertone noch Lamborghini hatten auch nur entfernt mit dem alsbald einsetzenden Verkaufserfolg gerechnet. Ganz im Gegenteil, wie eine zwar etwas derb klingende, aber wohl keineswegs als abschätzig zu bewertende Bemerkung bewies: Als der Miura 1966 auf dem Genfer Salon vorgestellt wurde, äußerte Ferruccio Lamborghini gegenüber den Bertone-Leuten: «... nun, vielleicht werden wir ein Dutzend Spinner finden...».

Supersportwagen 1966

(2-sitzig)	Zyl.	ccm	PS
AC Cobra 427	*US-V8*	*6997*	*425*
Aston Martin DB 6	*Six*	*3995*	*286*
Bizzarrini 5300 Strada	*US-V8*	*5359*	*(SAE) 365*
Chevrolet Corvette	*US-V8*	*5359*	*(SAE) 295*
*De Tomaso Mangusta (1967)**	*US-V8*	*4728*	*306*
Ferrari 330 GTC	*V-12*	*3967*	*300*
Ferrari 500 Superfast	*V-12*	*4963*	*400*
Ford Mustang Shelby 350 GT	*US-V8*	*4728*	*(SAE) 310*
*Ford GT 40 (Street Version)**	*US-V8*	*4728*	*(SAE) 335*
Iso Grifo Lusso GL 300	*US-V8*	*5359*	*(SAE) 300*
Jaguar E-Type 4.2	*Six*	*4235*	*(SAE) 259*
Lamborghini 350 GT	*V-12*	*3464*	*280*
*Lamborghini Miura P 400**	*V-12*	*3929*	*350*
Maserati 2 Posti (Mistral)	*V8*	*4014*	*255*

**) mit Mittelmotor*

Wurden zu neuen Geschäftspartnern: Ferruccio Lamborghini und Nuccio Bertone (bw).

Der leistungsgesteigerte Miura P 400 S von 1969 war u. a. an den verchromten Türfensterrahmen und Scheinwerferringen erkennbar (wb).

Weitere Bauteile aus Leichtmetall, Innenraum vereinfacht, aerodynamische Hilfen: die Jota genannte Rennsportversion des Miura P 400 S (wb).

Feilen an einem ungewohnten Antriebskonzept

Die Ende der Fünfzigerjahre eingeführte Motorlage vor der Hinterachse hatte den Rennsport revolutioniert. Bei den Straßensportwagen wurde mit dieser Techniklösung aber noch Neuland betreten. Pionierkonstruktion war der kleine französische Sportzweisitzer René Bonnet Djet von 1962, der ein ungewohnt kurvenneutrales Fahrgefühl vermittelte. Auf ihn folgte 1963 der ATS 2500 GT, konstruiert von ex-Ferrari-Mann Carlo Chiti! Mit dem Quereinbau des 3,9-Liter-V-12 konnte beim Miura der Radstand verkürzt und damit die Kurvenagilität verbessert werden. Eine solche Lösung hatte es zuvor erst beim Honda-F1-Renneinsitzer gegeben. Nach dem Miura aber folgte auf dem Salon von Turin 1966 ein weiterer Supersportwagen mit Mittelmotor: der von Giorgetto Giugiaro bei Ghia für De Tomaso gezeichnete Mangusta. (Über das Angebot von straßentauglichen Supersportwagen jener Epoche gibt die Tabelle auf der linken Seite Auskunft.)

Ursprünglich hatte man diese verwegene Lamborghini-Konstruktion als Typ 400 TP (= Traversale Posteriore, bzw. quer hinten) bezeichnet. Seine Plattform war mit den gelochten Trägerteilen und der Mittelkonsole kombiniert. Zwei der Längsholme ließen sich für den Motorein- und -ausbau demontieren. Dieses Antriebsaggregat bot mit seiner zwölffachen Ansaugrohrbestückung einen faszinierenden Anblick. Das ebenfalls quer eingebaute Fünfganggetriebe war mit dem Motor verblockt und samt selbstsperrendem Differenzial am gleichen Ölkreislauf angeschlossen. Natürlich resultierte außerordentliches Leistungsvermögen: Gemäss Werksangaben 0—100 km/h in 4,5 s und 290 km/h Spitze (neutrale Messungen erbrachten etwas bescheidenere Resultate).

Schon von Anfang an war nebst dem P 400 auch eine Version P 400 S vorgesehen. Gemäß Werkangaben kam sie statt auf 350 PS bei 7000/min auf 430 PS bei beängstigend hohen 8000/min. Hierzu wurde die Verdichtung von 9,5 auf 10,2:1 erhöht, und die vier Dreifachvergaser bekamen einen größeren Querschnitt. Der anfänglich für den Rennsport gedachte «S» wurde in Wirklichkeit 1969 zum Nachfolgemodell des ursprünglichen P 400, nun mit 370 PS bei 7600/min. Statt der ursprünglich vorgesehenen Serie von hundert Exemplaren wurde der epochale Miura als P 400 bis 1969 in 275 Einheiten gebaut, und mit dem P 400 S kamen bis 1971 weitere 338 Wagen hinzu.

Ein Einzelstück verblieb der Anfang 1968 auf dem Salon von Brüssel gezeigte Roadster. Es gab zudem eine Version Jota, ein gewichtsmäßig abgemagerter P 400 S, der von Lamborghinis Testfahrer Bob Wallace zu Rennzwecken verwirklicht wurde. Im Verlaufe der Zeit entstand er in drei weiteren Exemplaren. Auf dem Genfer Salon 1971 kam der P 400 SV (= Veloce) hinzu, dessen weitere Detailverbesserungen, zu denen auch Bertone beitrug, ihn zum perfektesten Miura stempelten. Die Leistung stand nun mit 385 PS bei 7850/min zu Buche. Er wurde bis 1972 in zusätzlichen 150 Exemplaren gebaut..., wenngleich er bereits im Schatten seines Nachfolgemodells Countach stand.

Miura wurde zur Ikone

Selbst als der Miura im Countach eigentlich bereits seinen Nachfolger gefunden hatte, wurde er auf Kundenwunsch noch in einzelnen Exemplaren gebaut. Insgesamt sollen über 800 Miura das Lamborghini-Werk verlassen haben.

Der Miura war mehr als ein Auto, er war eine «rasend rollende Skulptur», die nicht einfach nur die Reichen dieser Welt, sondern maßgebende Unternehmerpersönlichkeiten, Leute aus dem Show- und Filmbusiness, Spitzensportler und Kunstbeflissene in ihren Bann zog.

Im 90-Jahr-Jubiläumsbuch von Bertone wurde festgehalten, dass der bekannte Rennfahrer und Autojournalist Paul Frère nach einer Miura-Probefahrt es sehr bedenklich fand, dass jedermann diesen Wagen kaufen konnte, auch Leute mit wenig Erfahrung im Umgang mit Hochleistungs-Sportwagen.

Und dann gab es da jenen amerikanischen Inhaber einer Warenhauskette, der seinen Miura per Helikopter auf die Dachterrasse seines Wolkenkratzers heben ließ, damit dessen V-12 dort bei Business-Meetings zur Stimmungsmache in Gang gesetzt werden konnte.

Am 14. Juni 1969 feierte man bei Bertone den Zusammenbau der 500. Miura-Karosserie (bw).

In vollem Speed: In der Version P 400 SV verkörperte der Lamborghini Miura den höchstentwickelten Schlusspunkt dieser denkwürdigen Designlinie (wb).

Langgestreckt elegant und doch als Porsche erkennbar: Bertone-911-Roadster (6 Zyl., 1991 ccm, 130 PS – bw).

Erneut Ideen für Porsche, Jaguar und BMW

Im Jahr 1966 entstanden bei der Carrozzeria Bertone drei weitere auf der Grundlage renommierter Marken verwirklichte Einzelstücke: ein Spider, eine sportliche Zweitür- und eine Viertürlimousine. Bereits 1965 hatte John von Neumann, der berühmte amerikanische Mathematiker und Computerpionier österreichisch-ungarischer Herkunft, bei Bertone den Bau eines Roadsters auf der Plattform des Porsche 911 bestellt. Ein serienmäßiges 911-Vollcabrio bot Porsche erst ab 1982 an. Von Neumann wollte Bertone sogar zum Bau einer Kleinserie motivieren. Doch zu so etwas war man bei Porsche traditionellerweise nicht bereit.

Der Bertone-Porsche zeigte eine betont flachgestreckte Silhouette. Feingliedrige rohrartige Stoßstangen umgaben Front und Heck und reichten bis zu den Radausschnitten, und die Scheinwerfer waren unter Klappen kaschiert. Eine elegante Lösung wurde für den Heckmotor-Lufteinlass gefunden, nämlich in Form von beidseitigen unauffälligen Trichtern, die sich auf der Gürtellinie an den Türausschnitt anschlossen. Individuell gestaltet war auch das Armaturenbrett, und das Verdeck war unter einer Klappe voll versenkbar. Zur Ausstattung zählten u. a. elektrische Fensterheber. Vor seiner Lieferung nach Amerika wurde dieser offene Zweisitzer im März 1966 auf dem Genfer Salon ausgestellt.

Ebenfalls auf dem Genfers Salon 1966 zu sehen war der Bertone Jaguar FT. Er war im Auftrag der Firma Tarchini, dem für Norditalien zuständigen Jaguar-Importeur auf der Basis des Jaguar S 3.8 entstanden und war ein zweitüriger Viersitzer. Die Kühlerfront mit dem breiten, einwärts geneigten Kühlergitter zwischen Doppelscheinwerfern gemahnte an den Mark X, während die elegante Seitenansicht mit den großzügigen Fensterflächen einer typischen Bertone-Schöpfung entsprach. Der betont schräggestellte hintere Dachträger verlieh dieser 477 cm langen coupéartigen Zweitürlimousine ausgeprägte Eleganz. Ein zweites Exemplar entstand mit dem Jaguar-4,2-Liter-Motor.

Die Form der C-Säule des Jaguar FT zeichnete auch eine 1966 von Bertone geschaffene viertürige Limousine aus. Sie entstand als 1:1-Modell für einen neuen BMW-Serienwagen der oberen Mittelklasse auf dem 255-cm-Radstand der bereits gebauten Modelle 1500 bis 2000. Die Front des unter dem Code E3 stehenden Projekts orientierte sich an dem ty-

Campagnolo statt Borrani: Ein neues Rad-Zeitalter

Wie all' die ästhetisch begeisternden Hochleistungsautomobile Italiens wurden auch die ersten Lamborghini-Coupés mit den zum Begriff gewordenen Borrani-Drahtspeichenrädern ausgerüstet. Deren Tradition wurde ab Mitte der Sechzigerjahre jedoch schrittweise von einer neuen Ära abgelöst: Bereits hatte sich Ferrari für das Modell 275 GTB den Gussfelgen zugewandt. Und auch der Lamborghini Miura erhielt statt der wunderschön glitzernden «Borranis» aus Magnesium gegossene Felgen. Sie hatten den Vorteil, leichtgewichtig wie die Drahtspeichenräder zu sein, gleichzeitig aber verwindungssicherer. Denn das Leistungsvermögen der Hochleistungsmotoren in den Topsportwagen hatte inzwischen ein Niveau erreicht, dem die feinen Speichen, so zahlreich sie auch sein mochten, bei voller Beschleunigung nicht mehr einwandfrei gewachsen waren. Der Prestigename Borrani wurde denn allmählich vom Fabrikatnamen Campagnolo abgelöst... Gussfelgen boten außerdem ein neues Betätigungsfeld für die Designer, was sich fortan auch auf die Bertone-Designschöpfungen auswirken sollte!

Großflächiges Heck, Luftauslass unter feiner Rundum-Stoßstange... und California-Zulassung (bw).

Zum echt englisch gebliebenen Ambiente mit Holzfurnier passte auch das Sportlenkrad (bw).

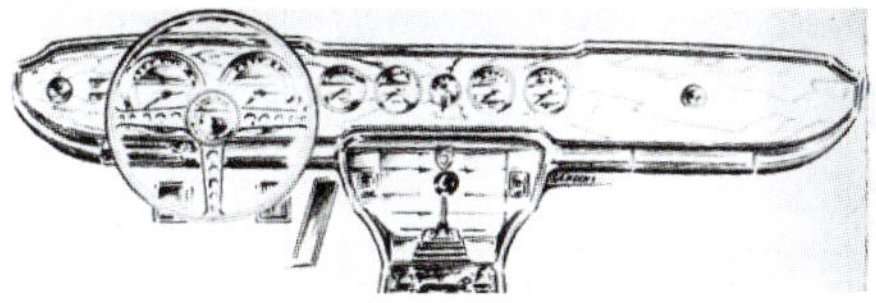

Und so hatte Marcello Gandini das Armaturenbrett für den Jaguar FT von Bertone entworfen..

Typische, leicht erkennbare Jaguar-Front, lichtdurchfluteter Pavillon: Bertone Jaguar FT, 1966 (6 Zyl., 3781 ccm, 223 SAE-PS – bw).

Auch die Heckscheibe des Bertone Jaguar FT zeigte ungewöhnlich großzügige Abmessungen (bw).

Rechts: Das Mittelteil des Kühlergrills ähnelte jenem des Jaguar Mark X, der ab 1961 gebaut wurde (wb).

pischen Erscheinungsbild der Münchner Marke. Der als Doppelniere bezeichnete Mittelteil des Kühlergrills war etwas breiter, und die rechteckigen Scheinwerfergläser wurden von den Blinkleuchten flankiert. Auffällig waren die großflächigen Seitenscheiben, die sich aus der tiefgesetzten Gürtellinie ergaben.

Die BMW-Werkslimousinen 1800/2000 wirkten durch ihre prägungsbetont durchgezogene Gürtellinie origineller und vor allem unverwechselbar. Aber möglicherweise hat der Anfang 1966 in Genf gezeigte Bertone-Vorschlag die ab 1968 auf dem 269-cm-Radstand gebaute Oberklasselimousine BMW 2500 stilistisch beeinflusst.

Die Inspiration für den Kühlergrill lieferte die ab 1961 gebaute mächtige Limousine Jaguar Mark X (wb).

Links: 1966 entstandenes 1:1-Modell eines BMW E3 (1800/2000) auf 255 cm Radstand (bw).

Unten: Auffallend elegant schräggestellte C-Säule, ähnlich wie beim Jaguar FT (bw).

Erstmals unter eigener Marke: Bertone 850

Erstmals aus «eigener Küche»: Bertone 850 Coupé/Convertible, 1967 (4 Zyl., 843 ccm, 47 PS – wb).

«Mit diesem Modell führen wir den ersten interessanten Verkaufsversuch eines unserer Erzeugnisse durch...» So hob die Verlautbarung an, die von der Carrozzeria Bertone anlässlich des Genfer Salons 1967 der Presse abgegeben wurde. Mit dem Zugeständnis von Fiat hatte sich Bertone 1966 ein eigenes Verkaufsnetz aufgebaut, über das nun «versuchsweise» aufgewertete Versionen des ohnehin von Bertone karossierten Fiat 850 Spider direkt abgesetzt wurden. Man darf annehmen, dass diesem Vorstoß auch der Verkaufsrückgang für die Fiat-Originalversion zugrunde lag. Allerdings beschränkte sich das Bertone-Vertriebsnetz auf Italien, Frankreich, die Schweiz und Belgien.

«Der feste Vorsatz des Karosseriewerkes Bertone, mit dem Luxuscabriolet 850 ein wirklich vollkommenes Juwel zu schaffen, hat ins Schwarze getroffen, und die wirtschaftlichen Ergebnisse sind sehr zufriedenstellend», wird in dieser Mitteilung festgehalten, und weiter ist zu lesen, dass dieses Cabrio «sofort eine besondere Kundschaft fand, die ein Modell mit außerordentlichen Merkmalen an Stil und Fertigung zu besitzen wünscht, jedoch auf einen großen Hubraum verzichten will». Ein entscheidender Vorteil lag darin, dass der Service von allen offiziellen Fiat-Garagen gewährt werden konnte.

Wie schon die 1966 eingeführte Sonderversion Fiat 850 Spider CL trug auch der Bertone 850 Spider die Initialen CL für Convertibile Lusso (Luxuscabrio). Zum Fiat 850 Spider bestanden folgende Unterschiede: Radhaus-Randprofile (wie beim Fiat-CL), Einstiegsverkleidungsprofile, Lackierung aus Harzlack mit Metalleffekt und Bezeichnung «CL» am Heck; im Innenraum fanden sich auf Sitzen und Instrumentenbrett Überzüge aus Skai-Kunstleder, Einstiegdeckleisten aus Aluminium, Tunnelkästchen mit Ablage, ein Tourenzähler, verchromte Instrumenteneinfassungen, verchromter Schalthebel mit skaiüberzogenem Schaltknauf, Beifahrer-Haltegriff mit Skaiverkleidung, Bodenmatten aus Velours und – last but not least – ein Lenkrad aus Holz und rostfreiem Stahl.

Die technischen Daten aber blieben unverändert. Als dieses erste Bertone-Eigenmodell 1967 durch den Schweizer Importeur, die Zentral-Garage von L. C. Roggero in Zürich, auf dem Genfer Salon ausgestellt wurde, war er (wie in anderen Ländern schon der Fiat 850 Spider CL) in drei Ausführungen erhältlich: als Spider, als Coupé und als Convertible. Bei Letzterem war das Hardtop, das den Spider zum Coupé wandelte, abnehmbar. Mit einem Preis von Fr. 10‘150.- war der Bertone Spider um 13 % teurer als das entsprechende Fiat-Modell (der Fiat 850 Spider CL stand nicht im Angebot).

Links: Wie auch beim Fiat 850 Spider: Verdeck vollversenkt abgedeckt (bw).

Unten l.: Radhausausschnitte profilumrandet, hier in einer Werbeaufnahme (bw).

Unten r.: Das Bertone-Eigenmodell zeigte sich sorgsam mit Skai ausgekleidet (bw).

Weg frei für einen Markstein: Fiat Dino Coupé

Fiat hatte den Bereich der Oberklasse nie allein Lancia und Alfa Romeo überlassen. Das Modell 1400 von 1950 erhielt zwei Jahre später den Typ 1900 zur Seite gestellt, und darauf folgte auf dem Genfer Salon 1959 das Duo 1800/2100, beide mit Sechszylindermotor. Deren ausgeprägt kantiger Trapezstil wurde auch für die ab 1961 gebauten Modelle 1800 B und 2300 beibehalten. Ihnen wurde noch im gleichen Jahr das viersitzige Coupé 2300 und 2300 S zur Seite gestellt. Dieses bei der Carrozzeria Ghia entworfene und gebaute Fiat-Topmodell galt es 1967 abzulösen, nachdem im Vorjahr bereits der Fiat Dino Spider vorgestellt worden war. Dieser entstand bei Pininfarina, während für das Coupé nun Bertone zum Zug kam.

So wie Nuccio der Kurzname von Giuseppe Bertone war, so verkörperte Dino ein Kürzel von Alfredino – nämlich von Alfredino Ferrari, dem technisch hoch talentierten, aber 1956 erst 24-jährig verstorbenen Sohn von Enzo Ferrari. Ihm gedachte der Commendatore aus Maranello 1966, indem er die Zweitmarke Dino ins Leben rief. Der Dino 206 GT war eine von Pininfarina meisterhaft geformte Berlinetta mit V6-Mittelmotor. Bereits hatte sich diese Motorkonstruktion auch im Renneinsatz bewährt. In der technisch etwas vereinfachten Produktionsausführung von 1968 wurde der 1987-ccm-V6 quer hinter den Sitzen eingebaut.

Fiat und Ferrari hatten vereinbart, unterhalb der Marke Dino ein in größerem Umfang gebautes Oberklasse-Sportmodell mit der Bezeichnung Fiat Dino auf den Markt zu bringen. Es erhielt den gleichen 2-Liter-V6-Motor mit vier obenliegenden Nockenwellen – ein Novum bei Fiat – wie er den Dino antrieb, jedoch vorne längs statt zentral quer eingebaut. Zudem war er etwas zahmer ausgelegt: mit 160 statt 180 PS. Beide Antriebseinheiten wurden bei Fiat produziert. Die Vielzahl diente Ferrari zusätzlich der Homologation eines neuen Formel-2-Motors. Die auf dem Salon Turin 1966 – zum 100. Geburtstag von Fiat-Gründer Giovanni Agnelli – vorgestellte Spiderversion bestach durch ihr geglücktes Design von Pininfarina. Sie wurde bei diesem Karosseriewerk auch hergestellt. Bei 228 cm Radstand war dieses 2+1-sitzig ausgelegte Cabrio 411 cm lang.

Das am darauffolgenden Genfer Salon 1967 eingeführte viersitzige Bertone-Coupé erreichte bei 255 cm Radstand eine Länge von 451 cm. Es wirkte nicht nur wegen seiner Abmessungen, sondern auch durch sein Design wuchtiger. Sein Fastback in Verbindung mit der nach oben gezogenen Unterkante des zweiten Seitenfensters verhalf ihm zu unver-

Eine charaktervolle, rassige Coupéform, die zur Legende wurde: Fiat Dino Coupé, 1967 (V6, 1987 ccm, 160 PS – fw).

Ein formvollendet schmuckes Kühlergitter zeichnete den bei Bertone kreierten Fiat Dino aus (fw).

Spiel mit Farben: Die ebenso elegante wie sportliche Fastback-Silhouette des Fiat-Oberklassecoupés in fotografischer und grafischer Darstellung (fw).

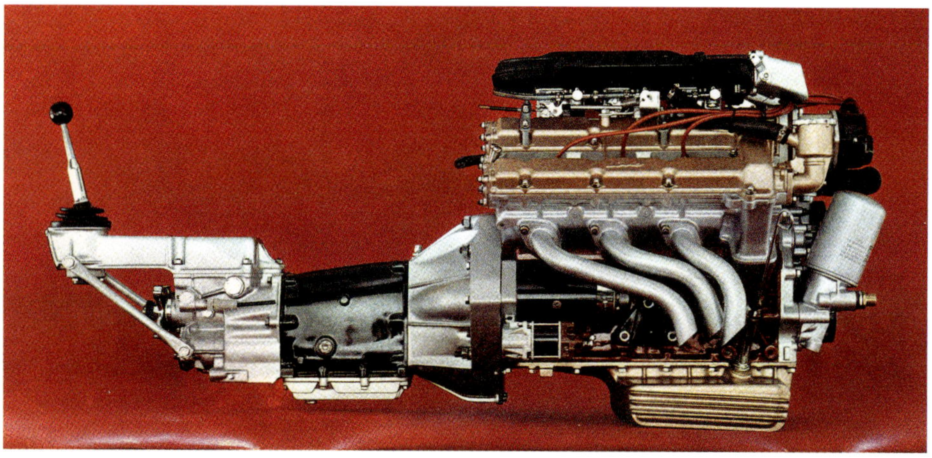

gleichlichem Schmiss. An diesem später als Markstein anerkannten Coupédesign hatte Giorgetto Giugiaro gegen Ende 1965 und somit in den letzten Monaten seiner Zeit bei Bertone gearbeitet, ebenso wie am Projekt Alfa Romeo 1750/2000 Berlina. Das Coupé war bereits bis zum Prototyp gereift, während die Limousine bis zum Stilmodell gediehen war.

Ein «edler» Antriebsstrang... dank rennsportlicher Ferrari-Herkunft des V6-Motors mit doppelten obenliegenden Nockenwellen (fw).

Sieben Rundinstrumente und ein sportlich gestyltes Lenkrad sorgten beim Fiat Dino Coupé für das passende Ambiente (fw).

Stilelemente rund ums hintere Seitenfenster

Das Stilelement des sich nach oben verbreiternden zweiten Seitenfensters gab es bereits 1953 an dem von Giovanni Michelotti entworfenen ersten Alpine und ab 1954 am AC Aceca. In Verbindung mit einer am hinteren Ende nach oben entfliehenden Gürtellinie fand es ab 2010 zunehmende Verbreitung bei fünftürigen Familienwagen..., in diesen Fällen sehr zum Nachteil einer guten Rundsicht für den Fahrer und eines guten Ausblicks für hinten sitzende Passagiere. Auffallend am Fiat waren die an die hinteren Seitenscheiben angefügten horizontal übereinanderliegenden Entlüftungsschlitze. Die Fiat-Ingenieure hatten dem Dino Coupé zu einem besonders effizienten Heiz-/Lüftungssystem verholfen, das sich gar zu einer Klimaanlage erweitern ließ.

Für Bertone bedeutete der Fiat Dino Coupé eine Ablösung für den Alfa Romeo 2600 Sprint, der von 1962 bis 1966 in 6999 Exemplaren gebaut worden war (plus 700 von 1960 bis 1962 gebaute 2000 Sprint). Zum Genfer Autosalon im März 1968 erhielten die beiden Fiat-Dino-Modelle die elektronische Zündung Dinoplex, was eine technische Pionierleistung bedeutete. Auf dem Turiner Salon von Ende 1969 folgte die Zweitauflage Fiat Dino 2400, wiederum als Coupé und Spider aufgelegt. Parallel zu dem bereits anläßlich der Genfer Schau jenes Jahres eingeführten Dino 246 GT, wuchs der Hubraum auf 2418 ccm, während die Leistung nun mit 180 PS (im 246 GT mit 195 PS) angegeben wurde. Besonderer Wert wurde auf ein erhöhtes Drehmoment und damit eine verbesserte Motorelastizität

Dem großen Fiat-Coupé von 1967 war vorne wie hinten Geräumigkeit gegeben; es war ein echter Viersitzer und nicht bloß ein «2+2» (fw).

Auch schräg von hinten betrachtet, wirkte das Fließheckdesign zeitlos elegant (fw).

C-Säulen mit Entlüftungsschlitzen (1. Serie – fw).

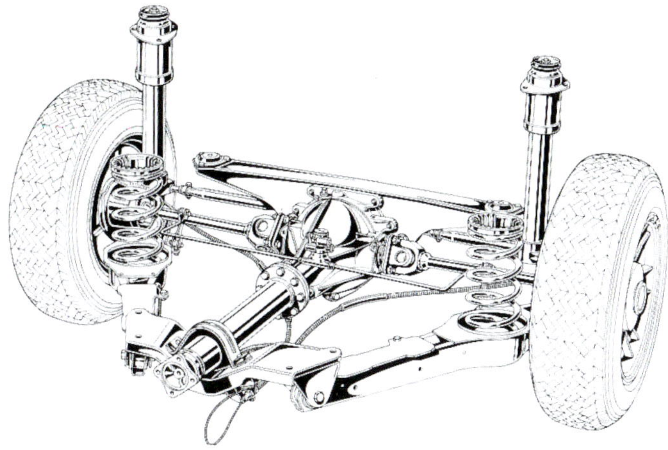

Die neue hintere Einzelradaufhängung für die nun mit Dino 2400 bezeichnete Zweitauflage des Fiat-Oberklassecoupés umfasste vier Kardangelenke an den Halbachsen (fw).

Links: Schlichter, deutlich weniger schmuck wirkender Kühlergrill an dem zum Modelljahr 1970 erschienenen Fiat Dino Coupé der zweiten Serie (wb).

gelegt. Die Spitze des 1380 kg wiegenden Fiat-Coupés stand neu mit 205 statt 200 km/h zu Buche.

Eine wesentliche technische Änderung ergab sich im Übergang von der hinteren Starrachse zur Einzelradaufhängung, wie sie die bereits Anfang 1969 eingeführte luxuriöse Limousine des Typs Fiat 130 aufwies. Verbessert wurde zudem die bereits mit zwei Kreisläufen ausgestattete Vierscheiben-Bremsanlage. Im Innenraum fand sich ein umgestaltetes Armaturenbrett.

Die Bertone-Coupékarosserie erhielt nur kleine Änderungen; äußerlich erkannte man die zweite Auflage am feinmaschigeren Kühlergitter, am kleinen kreisrunden Markensignet vorne auf der Motorhaube statt in Kühlergrillmitte sowie im Wegfall der an die zweite Seitenscheibe anschließenden horizontalen Luftschlitze. Diese waren nun vertikal beidseits an die Heckscheibe angefügt. – Bis 1972 entstanden insgesamt 6004 Fiat Dino Coupé (zudem 1647 Spider)

In der Neuauflage mit dem 2,4-Liter-Motor ab Ende 1969 fanden sich die Entlüftungsschlitze an die Heckscheibe angefügt und das wabenartige Kühlergitter entfiel (rg).

Entlüftung neu beidseits der Heckscheibe (fw).

Die Eleganz der Linie blieb dem Ende 1969 vorgestellten Serie-2-Dino vollumfänglich erhalten (wb).

Die Bertone-Werkanlagen in Grugliasco, wie sie sich um 1966/67 präsentierten (bw — s. auch Produktionssystem und -abläufe auf Seite 294).

Gezielte Steigerung von Kapazität und Qualität

1965/66 traf die Carrozzeria Bertone Vorbereitungen für eine weitere Effizienzsteigerung ihrer Produktionsanlagen. Hierzu wurde in Caselle, unweit des Flughafens im Norden von Turin, ein neues Werk errichtet. Schon zuvor entstanden in den dortigen Einrichtungen von Mappano die in jährlich wenigen hundert Exemplaren hergestellten Karosserien für die kleinen NSU- und Simca-Coupés. Die zusätzlichen Werkanlagen konnten nun dank teils übersiedelten Fertigungseinrichtungen ebenfalls in groβem Umfang genutzt werden. Ab Anfang 1967 standen in Grugliasco 45'000 m2 und in Caselle weitere 10'000 m2 zur Verfügung, so dass gesamthaft 900 Arbeiter auf fünf Hauptmontagelinien täglich 70 Karosserien fertigen konnten.

Montagelinie für Bodengruppe und Karosserie, am Beispiel des Fiat 850 Spider (bw).

Doch nicht nur die Kapazität, auch das Qualitätsniveau erfuhr eine wesentliche Steigerung. Hierzu wurde die für die Lackierung zur Verfügung stehende Grundfläche verdoppelt. Man hatte bei Bertone erkannt, dass in den Lackierungsanlagen «das Sorgenkind der Fertigungsorganisation jedes Karosseriewerkes liegt». Zurückblickend muss hierzu festgehalten werden, dass es vor allem der Rostschutz war, dem es einem Groβteil italienischer (und auch französischer) Automobile mangelte. Dies vor allem aus nördlicher Sicht, nämlich in jenen Ländern festgestellt, in denen strenge Winter zum Einsatz von Salz als Streumittel gegen Straβenglätte führten.

So war man denn bei Bertone stolz auf eine neue Rostschutzanlage, die das systematische Eintauchen des gesamten Rohaufbaus erlaubte. Für die Lackierung wurden Epoxyd-Grundierungsmittel und thermoplastische Harzlacke verwendet. Die Neuerungen kamen auch den jüngsten Produktionslinien für Fiat Dino und Lamborghini Miura zugute. Gleichzeitig wurde die Fertigungsqualität weiter verbessert. «Die Roh-Zusammenbaustraβen für Fiat 850 Spider, Fiat Dino Coupé und Simca 1000 Coupé zählen zu den Neuzeitlichsten in diesem Sektor», wurde festgehalten.

Ebenfalls rationalisiert wurden die kleineren Produktionseinrichtungen für den Zusammenbau des Iso GT. «Die Herstellung der Iso Grifo und Lamborghini Miura dagegen verkörpert ein mustergültiges Beispiel von ausschließlich in Handarbeit ausgeführter Qualitätsarbeit», lautet ein weiteres Zitat. «Diese Herstellung ist für Bertone ein wesentlicher Prestigefaktor. Sie beweist, dass das Überleben handwerklicher Produktion neben der industriellen Weiterentwicklung des Betriebes nicht nur möglich, sondern auch unerläßlich ist». – Die ultimative Verbesserung hinsichtlich Karosseriequalität erfolgte bei Bertone allerdings erst Anfang 1969 mit der Einführung der Elektrophorese.

Phosphatierungs- und Konservierungsanlage samt Tauchbad für den Rostschutz (bw).

Auch Konstruktionsabteilung und Centro Stile verstärkt

Bertone nutzte den Genfer Salon 1967 auch zur Werbung in eigener Sache, wie die folgenden PR-Textauszüge veranschaulichen:

«Große Anstrengungen sind unternommen worden, um die Konstruktionsabteilung weiter zu stärken. *Ihr steht heute ein umfassender Stab von tüchtigen Fachleuten zur Verfügung, die im Zusammenspiel in der Lage sind, jede Art von Aufbaurahmen und Karosserien sowohl für mittlere als auch für sehr* große Serien zu entwerfen, *die hierzu benötigten Werkzeuge und Produktionseinrichtungen zu bauen sowie die Arbeitsabläufe und -verfahren zu planen, damit die auftraggebenden Firmen wirtschaftlich gesicherte Ergebnisse erzielen.*

Es kann heute behauptet werden, dass die Herstellungskosten für eine Sonderkarosserie, die bei der Carrozzeria Bertone mit angemessenen Fertigungsmitteln und zielbewusster Planung gebaut wird, nicht höher liegen, als wenn die betreffende Autofirma deren Serienherstellung im eigenen Werk vornehmen würde.

In jüngster Zeit hat Bertone das eigene 'Centro Stile' neu organisiert und vergrößert Diese Abteilung steht unter der persönlichen Führung von Nuccio Bertone und entwickelt stets neuartige, überzeugende Karosserieformen und Prototypen, wie die jeweils auf dem Genfer Salon ausgestellten Neuheiten beweisen... Die Firma Bertone strebt seit vielen Jahren mit allen ihren Kräften danach, ihren Schöpfungen jene Note der Frische und Neuzeitlichkeit zu verleihen, die allein in der Lage ist, die auf dem Weltmarkt erkämpfte Stellung zu sichern.»

Abschließend wurde festgehalten, dass Bertone im Jahre 1966 rund 33 % aller von eigenständigen Karosseriewerken hergestellten Aufbauten gefertigt hat und somit der Branchenleader sei.

Der in relativ großer Serie gebaute Fiat 850 Spider in der Bertone-Endfertigung im Werk Grugliasco (bw).

Mit einer völlig ungewohnten Silhouette und «durchsichtigem» Innenraum: Bertone Lamborghini Marzal, 1967 (6 Zyl., 1965 ccm, 175 PS – bw).

Natürlich wurde der Marzal zu einem beliebten Fotoobjekt. Berühmt wurde das raffinierte «Spiegelbild» mit Akteurin(nen —bw).

Sechseckige Lamellenöffnungen für Sicht nach hinten; Glaseinsatz im Dach (bw).

Beim Marzal war einfach alles anders!

Die Zusammenarbeit Lamborghini/Bertone brachte auf dem Genfer Salon 1967 – just ein Jahr nach der Präsentation des Miura – ein weiteres Highlight der Autogeschichte: den als Prototyp bezeichneten Marzal. Wahrscheinlich weil er ursprünglich nicht bloß als Formstudie oder Dreamcar gedacht war und sicher auch weil Ferruccio Lamborghini und sein Team die wesentlichen technischen Voraussetzungen lieferten, wurde er als Lamborghini Marzal vorgestellt. Er war das großartige Resultat eines schöpferischen Zusammenwirkens des Trios Bertone, Gandini und Lamborghini.

Mit dem Namen Marzal ehrte Lamborghini erneut einen spanischen Züchter von Kampfstieren. Überdies klangen in ihm sowohl der Planet Mars wie das Wort martialisch an. Der Marzal verkörperte, was es bisher noch nicht gegeben hatte, nicht nur hinsichtlich Design, sondern auch in seinem Konzept als vollwertig viersitziger Sportwagen. Denn seine Höhe von nur 111 cm widersprach dem Begriff GT.

Da die Antriebseinheit hinten steckte, ließ sich die Frontpartie der Karosserie gänzlich flach halten. In das niedrige Kühlergitter waren sechs einzelne rechteckige Jod-Scheinwerfer eingelassen. Unterhalb dieser Lichtgalerie fand sich ein aus 30 massiven vertikalen Kautschukrippen zusammengesetzter schwarzer Stoßschutz. Wegen der niedrigen Fronthaube kam die vergleichsweise wenig gewölbte Windschutzscheibe auffallend großflächig zur Geltung..

Das Ungewöhnlichste aber war die von einem markanten schwarzen Längszierstab geprägte Seitenaufteilung. Denn statt üblicher nach vorne aufschwenkender Türen bot der Marzal für den Zugang – in bequemer Weise auch zu den Hintersitzen – langgezogene Flügeltüren. Sie waren sowohl über wie unterhalb des Längszierstabs durchgehend verglast. Zusätzlich sorgte ein über die gesamte Dachlänge gezogener Glaseinsatz dafür, dass sich ein viersitziger Innenraum von bisher ungeahntem Lichtdurchsatz ergab.

Mit einer eigenen Motorkonstruktion

Wie der Miura besaß der Marzal ein schräg abfallendes Heck mit lamellenverkleideter Heckscheibe. Seine Lamellen waren jedoch wie aufgestellte Dachziegel geschichtet und gaben den Blick horizontal nach hinten frei. Die gesamte verglaste Fläche des Marzal erreichte 4,5 m2. Wie die Fronthaube ließ sich die ebenfalls aus Aluminium angefertigte Heckhaube vertikal hochstellen. Damit gab sie freien Zugang zum Heckmotor..., denn ja, im Marzal war nicht ein Mittelmotor, sondern allen technischen Trends widersprechend ein Antriebsaggregat eingebaut, dessen Schwerpunkt nicht zwischen, sondern hinter den Hinterrädern lag. Die Auslegung als Viersitzer verlangte eben ihren Tribut.

Und was für ein Motor! Weil der Lamborghini-V-12 zu schwer war, konstruierte Giampaolo Dallara einen Sechszylinder-Reihenmotor mit 1965 ccm Hubraum. Es war also sozusagen ein längsgeteilter 4-Liter-V-12. Die Leistung wurde mit 175 PS bei 6800/min angegeben. Der Radstand des vom Miura übernommenen Unterbaus erreichte 262 cm und die Gesamtlänge 445 cm. Gänzlich aus dem Rahmen fiel auch die Innenraum-Architektur mit dem von sechseckigen Ziermotiven dominierten Armaturenbrett. Die Ausbildung der vier schalenförmigen Sitze sowie der Seiten- und Mitteltunnelverkleidungen widerspiegelten kunstvollste Sattlerarbeit.

Nach dem Genfer Salon, wo der Marzal als Sensation gefeiert wurde, diente dieses einzigartige Designerauto Fürst Rainier von Monaco und seiner Gattin Grace Kelly als Eröffnungsfahrzeug für den Grand Prix de Monaco von 1967. – Nachdem der Marzal während langer Jahre zum Lamborghini-Werkbestand gezählt hatte, wechselte er in die Bertone-Sammlung. Und von dort wurde er in die anläßlich des Concours d'Elégance Villa d'Este am Comersee durchgeführte Auktion von 2011 gegeben..., wo er für 1,512 Mio. Euro einem privaten Sammler zugeschlagen wurde.

Der Marzal beim Concorso d'Eleganza Villa d'Este 2002 vor weiteren Bertone-Einzelstücken (rg).

Front mit Kautschukzähnen als Stoßschutz, sechs rechteckige Jodlampen (bw).

Phantasievoll originelle Armaturenbrettgestaltung mit Sechseckmotiven (bw).

Front- und Heckhaube aus Alu vertikal hochstellbar; Koffer- und Motorraum optimal zugänglich; der quer eingebaute Sechszylinder lag nur wenig hinter der Hinterachse (bw).

Bei Lamborghini schuf man eigens einen Sechszylinder-Reihenmotor (bw).

Stilistisches Kunstwerk auch im Bereich der Innenraum-Sattlerarbeit (bw).

In seiner Urform, wie er an der Expo 67 in Montreal gezeigt wurde: Alfa Romeo Montreal, 1967 (bw).

Am veränderten Frontdesign zu erkennen: Alfa Romeo Montreal, 1970 (V8, 2593 ccm, 197 PS) – aw).

Die ursprüngliche Frontgestaltung des Alfa Romeo Montreal von 1967 (wb)...

...und die Front mit dem Naca-Lufteinlass des Serienmodells von 1970 (aw).

Schalenförmige Fronthaube, Heckfensterklappe zum Kofferraum, 1967 (bw).

Alfas Montreal wurde zur Politaffäre

Beim Miura waren es verständliche technische Probleme, die einem frühzeitigen Produktionseingang im Weg standen. Doch die nächste stilistische Meisterleistung des Duos Bertone/Gandini nach dem Miura, nach Fiat Dino Coupé und Marzal hieβ Montreal, und dessen Herstellung fiel während langer Jahre politischen Machenschaften zum Opfer.

Italiens Automobilindustrie umfasste 1967 in zwei Bereichen je fünf Fabrikate: im Bereich der für das breite Publikum bestimmten Wagen waren es:

Fiat, Alfa Romeo, Lancia, Autobianchi und **Innocenti.**

Bei den teuren Exklusiv- bzw. Liebhaberfabrikaten waren es (abgesehen von den kleinen Auβenseitermarken wie Abarth und Asa):

Iso, Bizzarrini, Maserati, Lamborghini und **Ferrari.**

Da erkannten nun die Führungskräfte der Staatsfirma Alfa Romeo eine verlockende Lücke oberhalb des Fiat Dino und doch noch unterhalb der angekündigten Ferrari-Nebenmarke Dino. Daher lieβen sie ein passendes 2+2-sitziges Sportcoupé entwickeln. Man dachte auch an den Überseemarkt, wor unter damals Nordamerika zu verstehen war, und legte fest, dass dieses Auto «die höchsten Erwartungen eines Autoliebhabers» erfüllen

Unterschiede auch im Innenraum: Montreal-Armaturenbrett 1967 (bw).

Das Armaturenbrett mit tellerförmigem Sicherheitslenkrad von 1970 (aw).

sollte. Als Präsentationsort und -datum wurde die Expo-Weltausstellung im ostkanadischen Montreal gewählt, die am 28. April 1967 eröffnet wurde.

Bei Bertone entstand auf einer Plattform mit 235 cm Radstand – was jenem des Giulia GT entsprach, jedoch mit 2-Liter-Vierzylindermotor – ein weiteres Sportcoupé, das sich von den anderen Kreationen dieser Art grundlegend unterschied. Die Tatsache, dass dieses optische Ziel erreicht wurde, ist bemerkenswert, denn wie oft gleichen sich doch zur gleichen Epoche im gleichen Studio erarbeitete Modelle! Die Motorhaube war wiederum in der Art einer umgekehrten Schale über den gesamten Wagenvorderteil samt Radhäusern gelegt. Besonders auffallend waren die unter einzelnen Lamellengittern steckenden Doppelscheinwerfer. Bei deren Einschalten klappten die Blenden nach unten. Dieses Lamellenmotiv fand seinen Gegenpart an den hinteren Dachträgern, die sieben übereinander gestufte horizontale Schlitze aufwiesen. Nein, da wurde kein Mittelmotor mit Ansaugluft versorgt, sondern ein Modell-Erkennungszeichen par excellence geboten.

Es war klar, dass dieses an der Expo 67 drüben in Kanada gezeigte, aber alsbald auch in der Alten Welt viel beachtete Topmodell nicht nur weltweit die Fans der traditionsreichen Mailänder Marke, sondern generell die Autoliebhaber ansprach. Aber es waren die Gewerkschaften des staatlichen Autowerks, die den Erwartungen sowohl der Kaufinteressenten wie auch der Firmenleitung einen dicken Strich durch die Rechnung zogen. Sie stellten sich auf den ideologischen Standpunkt, dass ein Staatsbetrieb wie Alfa Romeo keine Luxusautos bauen dürfe. Es kam zu einem ellenlangen Seilziehen...

Zudem noch weiteres Ungereimtes

Parallel zu diesem sozialpolitischen Hintergrund brachten auch Meinungsverschiedenheiten zwischen den Protagonisten Alfa Romeo und Bertone die Montreal-Begeisterung hinter den Kulissen ins Stocken. Während der Montreal in Grugliasco im Aufbau begriffen war, konnte Bertone im März 1967 die triumphale Aufnahme des Marzal auf dem Genfer Salon feiern. Dies irritierte Giuseppe Luraghi, den damaligen Alfa-Romeo-Präsidenten, zutiefst. Er war der Ansicht, dass Bertone alle seine Visionen, Fähigkeiten und Mittel ausschließlich in das Projekt Montreal hätte stecken sollen, dessen Vorstellung auf wenige Wochen später angesetzt war.

Moderne Autoskulptur vor italienischem Monument: Alfa Montreal (V8, 2593 ccm, 197 PS – aw).

Darauf kamen die zunehmend ambitiöser werdenden Vorstellungen auf Alfa-Seite hinzu. Anstatt des ursprünglich vorgesehenen, auf 2 Liter Hubraum vergrößerten Vierzylindermotors aus dem Giulia GT, entschloss man sich in Mailand dazu, den Montreal mit einem komplexen, aber prestigeträchtigen V8-Motor zu bestücken. Offenbar wollte man dem bei Ferrari entwickelten V6 im Fiat Dino die Stirn bieten. Als Ausgangspunkt diente jetzt das hochkarätige Antriebsaggregat aus dem Rennsport-Zweisitzer des Typs 33, den Alfa Romeo erfolgreich einsetzte und weiterentwickelte. Vergeblich plädierte Nuccio Bertone für vergrößerte Grundmaße. Er wies darauf hin, dass die vorgesehene Fahrzeugarchitektur durch die geänderte Motorwahl aus dem Gleichgewicht komme. Denn nun musste die Antriebseinheit weiter nach hinten verschoben werden. Damit entrückten sowohl die Pedalerie wie das Lenkrad einer optimalen Position.

Der Rennsport-Prototyp 33/2 wurde im März 1967 erstmals eingesetzt. Er war das Produkt der dem Rennsport verpflichteten Alfa-Tochterfirma Autodelta. Diese war im Juni 1966 unter der Leitung von Ing. Carlo Chiti von Alfa Romeo übernommen und von Udine nach Settimo Milanese verlegt worden. Das als Mittelmotor eingebaute Triebwerk des

Alfa Romeo Montreal von 1970 im Röntgenbild: prall gefüllter Motorraum (aw).

Der individuelle Auftritt des Alfa Romeo Montreal wurde durch die besonders gut passende und beliebte orange Lackierung noch deutlich verstärkt (aw).

Der Montreal-V8-Motor mit vier obenliegenden Nockenwellen im Alfa-Museum Arese (aw).

33/2 war ein 2-Liter-V8 mit doppelten obenliegenden Nockenwellen, Aluminiumblock und -kopf, Doppelzündung sowie – gänzlich ungewohnt – mechanischer Benzineinspritzung von Lucas. Es resultierten 270 PS, und diese Leistung wurde über ein 6-Gang-Getriebe abgegeben. Der 33/2 basierte auf einem Gitterrohrrahmen, und dies galt auch für das nur 99 cm hohe Coupé 33 Stradale, dessen rennsportlich-attraktives Design von Franco Scaglione stammte und dessen Motorleistung auf 230 PS reduziert wurde.

Gezähmter Rennmotor als Kernstück

Der 33 Stradale entstand von September 1967 bis Anfang 1969 in 18 analogen Coupés, doch diente seine Struktur auch als Grundlage für eine Anzahl für Aufsehen sorgende Einzelstücke, darunter der Carabo von Bertone. Der Motor des 33 Stradale verankerte sich auch in Wunsch und Willen der Alfa-Romeo-Leitung für die Motorisierung des Montreal. 1968 wurde die Rennsportbarchetta 33/2 in der internationalen Markenmeisterschaft eingesetzt, wo sie vor allem beim 24-Stunden-Rennen von Daytona und bei der Targa Florio brillierte und die 2-Liter-Klasse dominierte. 1968 kam zudem eine 2,5-Liter-Version hinzu, und von diesem Aggregat abgeleitet präsentierte sich der V8, wie er 1970 im endlich serienbereiten Montreal zum Einbau kam.

Im März 1970 erlebte denn der Montreal auf dem Genfer Salon seine zweite Premiere. In seiner nun definitiven Form besaß der Montreal als eines der ersten Automobile eine Naca-geformte Lufteinlassöffnung. Sie saß unübersehbar zuvorderst auf der Motorhaube. Die für die amerikanische Luftfahrtindustrie ausgearbeitete, sich nach hinten verbreiternde Form sorgte für optimierte Luftströmung.

Wenngleich das nur im Frontbereich modifizierte Karosseriedesign wegen der originellen Luftöffnungen an den hinteren Dachträgern weiterhin an einen Mittelmotor denken ließ, war sein Hochleistungstriebwerk wie ursprünglich geplant vorne eingebaut. Statt 2462 ccm wie im 33/2 besaß der V8 nun 2593 ccm Hubraum, das Leistungsniveau aber war von 315 (bei einer Verdichtung von 11:1) auf straßenverkehrstaugliche 197 PS (bei 9:1) heruntergestuft worden. In Werbeangaben wurde diese Zahl auf 200 aufgerundet. Hauptsache, die mit rennsportlichen Vorstellungen verknüpften Eigenheiten waren erhalten geblieben: vier obenliegende Nockenwellen, Aluminiumblock und -kopf, Trockensumpfschmierung, elektronische Zündung und Benzineinspritzung; diese stammte inzwischen in weiterentwickelter Form von Spica. Die Spitze wurde mit «nahe 220 km/h» angegeben. Das Fahrwerk entsprach jedoch jenem der Giulia-GT-Modelle.

Mit 235 cm Radstand und 422 cm Länge war der Montreal nur 14 cm länger als der Giulia Sprint GT. Aber er war bloß 120,5 cm hoch (GT: 131,5 cm). Im Vergleich des Leergewichts GT:Montreal standen sich 1040 und 1330 kg gegenüber. Wurde auch das Ziel betreffend Marktsegment erreicht? Dazu der folgende Preisvergleich:

Zum Vergleich: Schweizer Preise 1971

Alfa Romeo 1750 GTV = SFR	18'335.- (100 %)
Fiat Dino 2400 Coupé	38'250.- (209 %)
Alfa Romeo Montreal	39'500.- (215 %)
Dino 246 GT	43'000.- (235 %)
Lamborghini Urraco P 250	46'000.- (251 %)

Es gab also zu Beginn der Siebzigerjahre gleich vier italienische Topsportwagen der 2,5-Liter-Klasse. Der «spätgeborene» Montreal brachte es schließlich zum Erfolg: Denn er entstand bis 1977 in 3925 Exemplaren!

Des Montreal Ideenträger: Alfa Romeo 33 Stradale, letzter Design-Höhenflug von Franco Scaglione, der Aufbau entstand bei der Carrozzeria Marazzi für die Alfa-Tochter Autodelta (1967 bis 1969 in 18 Exemplaren; V8, 1995 ccm, 230 PS – aw).

Als die Produktion endlich anlief: Montreal-Karosserien auf Abruf... (br).

In bunter Folge: Montreal- Karosseriebau bei Bertone um 1972 (bw).

Erneut schufen Bertone/Gandini ein eigenständiges Design: Pirana, 1967, auf Basis Jaguar E-Type 2+2 (6 Zyl., 4235 ccm, 269 SAE-PS — wb).

Den Jaguar E-Type zum Pirana gewandelt

Man kann es fast als einen Sündenfall oder zumindest als eine Beleidigung bezeichnen, wenn da einer kommt, und das Design des Jaguar E-Type in Frage stellt. Der 1961 auf dem Genfer Salon vorgestellte E-Type war in jenem Jahr der unbestrittene Star der international bedeutendsten Automobilausstellung. Zudem wühlte er den Markt der Topsportwagen entscheidend auf. Denn mit ihm wurde ein Leistungsniveau geboten, das sich mit jenem der Prestigezweisitzer Italiens und des Mercedes-Benz 300 SL Roadster vergleichen ließ, und dies zu einem Preis, der nur etwa 60 % von jenem dieser Konkurrenten erreichte.

Zudem war das von Malcolm Sayer kreierte aerodynamisch ausgetüftelte Design des E-Type einzigartig und unverwechselbar. Immerhin verstrichen etliche Jahre, bevor Bertone zur «Attacke» auf das von manchen Fans als unantastbar empfundene E-Type-Design veranlasst wurde. Der als Dreamcar gedachte Bertone Pirana (später aus namensrechtlichen Gründen Piranha geschrieben) entstand 1967 im Auftrag der in London herausgegebenen Tageszeitung «Daily Telegraph». Er basierte auf dem im Vorjahr hinzugekommenen E-Type Coupé 2+2 mit einem von 244 auf 266 cm verlängerten Radstand. Jaguar war bereit, zu diesem Zweck den Unterbau eines solchen E-Types zu verkaufen. Dennoch wurde der Pirana als Zweisitzer ausgelegt.

Nach den Entwürfen von Marcello Gandini entstanden auch Kleinmodelle, und die Entwicklung wurde sowohl von Redakteuren der Sponsorzeitung wie von Vertretern der englischen Zulieferindustrie verfolgt. Diese hatte man in das Projekt eingebunden, und so erhielt der Pirana eine Sundym-Frontscheibe mit Vinyl-Hitzeschutzeinlage und eine Heckscheibe mit eingebetteten Heizdrähten, beides von Triplex, eine neuartige Klimaanlage von Smith, eine ebenfalls richtungsweisende Elektrikausrüstung von Lucas und nicht zuletzt eine hochwertige Lederausstattung von Connelly. Die wie beim E-Type gesamthaft hochklappbare Fronthaube bestand aus Aluminium.

Seine Premiere feierte dieses Bertone/Jaguar-Einzelstück plangemäß auf der London Motor Show im Oktober 1967, um darauf im November auch auf dem Turiner Salon seine Aufwartung zu machen. Es folgten weitere Ausstellungen, und im Mai 1968 wurde es in den USA versteigert (die damals erzielten 16'000 $ entsprachen ein halbes Jahrhundert später rund 114'000 $).

Das in englischer Manier reich dotierte Armaturenbrett umfasste u. a. Neuheiten sogar einen Kassettenrekorder (bw).

Entgegen früheren Bertone-Jaguar verwies vorne nur die «Chromkatze» auf die Marke (bw).

Die Silhouette des Bertone Pirana gab sich auffallend langgestreckt (bw).

Zum Vergleich das Original: Jaguar E-Type 2+2 (Bild: Series II, 1969 (wb).

Abgeschnitten umrandetes Heck; die Rückscheibe des Pirana diente auch als Kofferraumklappe (bw).

Ausgangspunkt für eine Vorschlagsreihe: Bertone Executive auf Basis Fiat 125, 1967 (4 Zyl., 1608 ccm, 90 PS — bw).

Im klassischen Stil gehaltenes Armaturenbrett; noch ungewohnt war der Kassettenspieler (bw).

Der Executive bot großzügige Fensterflächen und originelle Designdetails (bw).

Warum kein Fiat-Mittelklasse-Liebhaberwagen?

Im Jahr 1967 entstanden in der Design- und Entwicklungsabteilung zwei Vorschläge für das Ausfüllen von Marktlücken: Eine mit Executive bezeichnete zweitürige Limousine auf der Basis des Fiat 125 und eine viertürige Berlina, mit der ein Alfa Romeo der unteren Mittelklasse vorgeschlagen wurde, nämlich mit dem 1,3-Liter-Motor. Damit rief die Carrozzeria Bertone in Erinnerung, dass sie durchaus auch im Bereich von Gebrauchswagen schöpferisch tätig sein konnte. Allerdings kam keiner dieser beiden im November auf dem Automobilsalon von Turin gezeigten Vorschläge gut an.

Der Bertone Executive fiel durch seine feinen Zierstäbe auf den Flanken auf, die einen Bootsumriss formten, und er gefiel zwar durch seine großzügigen Fensterflächen, wie sie auch dem Fiat 124 Sport Coupé eigen waren. Dieser hatte seine Premiere auf dem Genfer Salon 1967, während die Berlina 125 im Sommer gleichen Jahres folgte. Daher sah man bei Fiat für den Executive offenbar keine Funktion als Marktlückenfüller. Dies umso mehr, als die Sparte der großen Limousinen 1800/2300 ebenfalls 1967 mit der Variante 1500 L nach unten erweitert wurde.

Hatte es mit Alfa Romeo nicht schon Unstimmigkeiten im Zusammenhang mit dem Montreal gegeben? Bei Alfa Romeo war man nun ob Bertones Initiativen erneut erbost, hatte man ihm doch just das Design für den künftigen Berlina des Namens Alfetta in Auftrag gegeben. Und dieser neue Vorschlag namens Executive schien schlichtweg bereits Alfetta-Stilelemente vorwegzunehmen. Zudem war man ja gerade dabei, dem Alfa Romeo 1750 als Nachfolger des Giulia Berlina zu einem möglichst glanzvollen Start zu verhelfen... Da ging denn auch die Idee einer etwas kleineren Alfa-Limousine unter.

Was aber für Alfa nicht ging, konnte schließlich in Fernost Verwendung finden: Dies zeigen die von Bertone aus dem Archiv zur Verfügung gehaltenen Prototypaufnahmen: Die ebenfalls noch 1967 für die Mazda-Herstellerfirma Toyo Kogyo in Hiroshima aufgebaute Limousine glich dem Alfa Romeo 1300 fast wie ein Ei dem andern, und ihre Architektur, wenn auch vier- statt zweitürig, entsprach jener des vorgeschlagenen Fiat Executive. Allerdings war der von Bertone schon 1964 entworfene Mazda 1500 Luce immer noch hochmodern und verhalf der japanischen Marke zu wachsenden Exporterfolgen. Ansatzweise fand das neue Design dann bei dem im Juni 1969 vorgestellten Mazda R 100 Familia Eingang.

Tiefe untere Fensterlinie und weitere Ähnlichkeiten: Mazda R 100 Familia Rotary SS, 1970 (Zweischeiben-Wankelmotor, 1964 ccm, 100 SAE-PS – wb).

Die Executive-Karosseriearchitektur viertürig und als Alfa Romeo 1300 gestaltet (bw).

Schließlich wurde das neuartige lichte Stufenheckdesign als Mazda umgesetzt (bw).

Größer und stärker: Alfa 1750 Berlina

Wie schon erwähnt, hatte Giorgetto Giugiaro die Designentwicklung für das Nachfolgemodell des Alfa Romeo Giulia Berlina noch vor seinem Weggang von Bertone bis zum dreidimensionalen Modell vorangebracht. Der 1962 in Produktion genommene und bis 1978 gebaute viertürige Giulia 1600 TI samt seinen Derivaten war ein Musterbeispiel für eigenständiges, charaktervolles Limousinendesign..., auch wenn es nicht bei Bertone, sondern unter Alfa Romeos Eigenregie entstanden war. Würde das Erscheinungsbild des mit «1750» bezeichneten Nachfolge- bzw. Ergänzungsmodells gleich hohe Anforderungen erfüllen? Ja, das tat der im Januar 1968 lancierte Neuling, und zwar deshalb, weil Bertone/Giugiaro dem stilistischen Vorbild des Giulia folgten.

Wie von Alfa Romeo vorgegeben, war der Radstand von 251 auf 257 cm verlängert worden, und die Gesamtlänge erreichte gar 439 statt 414 cm. Zum Vergleich: Beim großen Alfa Romeo 2600 Berlina lauteten die entsprechenden Abmessungen 272 und 470 cm. Schade, war beim 1750 Berlina die Heckscheibe nicht mehr um die Ecken in die Seiten hineingebogen, war dies doch ein besonderes Merkmal des Giulia Berlina. Geblieben waren hingegen die prägnante, Alfa-typische Front sowie die horizontal und kantig betonte Gürtellinie.

Mit 439 cm Länge gegen[illegible] mit 414 cm deutlich gewachsen: Alfa Romeo 1750 Berlina, 1968 (4 Zyl., 1779 ccm, 114 PS – bw).

Wie schon die bedeutend kleineren Giulia-Limousinen zeichnete sich der 1750 Berlina durch ein unverwechselbar charaktervolles Design aus (bw).

Klares Armaturenkonzept: Zwei große Rundhuren für die Hauptanzeigen; vier Zusatzinstrumente in der Mittelkonsole (1970 – aw).

Das mit deutlich großzügigerem Innenraum verbundene Wachstum entsprach dem Trend der Zeit. Gleichzeitig wurde auch hubraum- und damit leistungsmäßig aufgerüstet. Hierzu hatte Alfa Romeo den renommierten Zweinockenwellenmotor mit Leichtmetallkopf und -block von 1570 auf 1779 ccm vergrößert. Da hätte sich eigentlich die Bezeichnung «1800» angeboten, doch die mit der Alfa-Historie vertrauten Manager wählten für den Anfang 1968 vorgestellten Neuling die Zahl 1750 als Typenname und erinnerten damit an das legendäre Modell 6C 1750, das von 1929 bis 1933 gebaut wurde und dessen formvollendete Sportversionen im Rennsport ebenso wie in Gesellschaftskreisen für Furore sorgten. Beim 6C 1750 waren 1752 ccm auf sechs Zylinder aufgeteilt, und die Leistung erreichte bei den Sportmodellen 1929 mit einer Verdichtung von 5,5:1 bescheidene 52 PS bei 4400/min (alsbald bis 95 PS bei 5000/min).

In der Werbung wies Alfa Romeo darauf hin: Dieses Inserat stand unter dem Titel «Vom legendären 1750 der Name...» (ai).

Die neue Alfa-Limousine 1750 in der Durchsichtzeichnung: Viele technische Einzelheiten wurden gegenüber dem Giulia-Layout verfeinert (aw)

Weiteres typisches Alfa-Gesicht: Alfa Romeo 1750 Berlina von 1969 in der Werbung (aw).

Auch das «Bertone-Coupé» erhielt die 1750er Mechanik; hier der 1750 GTV der Erstserie von 1969 (4 Zyl., 1779 ccm, 114 PS (og).

Der «moderne Vierzylinder-1750» bot bei einer Verdichtung von 9:1 nun 114 PS ebenfalls bei 5000/min. Für den Export in die USA wurde er ab 1969 anstatt mit zwei Weber-Doppelvergasern mit dem Spica-Einspritzsystem sowie mit Zweikreisbremsanlage für die Vierrad-Scheibenbremsen ausgestattet, um die strengeren Vorschriften zu erfüllen. Ab dem Turiner Salon 1969 wurde der 1750 Berlina des Modelljahrs 1970 generell mit Zweikreisbremsen und zudem mit einem geänderten Lenkrad sowie Jodscheinwerfern ausgestattet. Schon von Anfang an wurde die mit Längsschubarmen, mittleren Dreieckquerlenker und Schraubenfedern geführte hintere Starrachse durch einen Kurvenstabilisator ergänzt, wie er sich auch vorne fand.

Zudem als Coupé GT Veloce... und als Typ 2000

Der 1750 Berlina wurde ebenso wie bereits das GT-Coupé vollumfänglich in den Werkanlagen von Alfa Romeo gebaut. Die gleiche Antriebsmechanik erhielten schon 1967 das 2+2-sitzige Coupé 1750 GT sowie der nach wie vor bei Pininfarina karossierte zweisitzige Spider, nun als 1750 Veloce bezeichnet. Er unterschied sich von den bisherigen Coupé GT durch die gänzlich flache Motorhaube; der kleine Absatz oberhalb des Grills entfiel. Dies traf alsbald auf sämtliche «Bertone-Coupés» zu.

Auffallendstes Kennzeichen des GT Veloce waren jedoch die Doppelscheinwerfer, wovon die äußeren mit größerem Durchmesser, und der einfache horizontale Zierstab im Kühlergitter. Auf dem Salon Turin 1969 erhielt der 1750 GT Veloce dann Stossstangenhörner samt Gummiauflagen. Man erkannte ihn zudem an den breiteren vorderen Blinkleuchten unterhalb der stärker nach außen gerückten Scheinwerfer. Dies galt auch für den weiterhin gebauten 1300 GT Junior mit Einfachscheinwerfern. Hier muss eingefügt werden, dass Alfa Romeo die GT-Coupés im Werkskatalog weiterhin unter Giulia fortschrieb und beispielsweise den Giulia 1300 GTA Junior aufführte, wenngleich dieser am Heck die Bezeichnung GTA 1300 Junior trug.

Der nächste Schritt erfolgte im Juni 1971 mit der Lancierung des Trios 2000 Berlina, 2000 GT Veloce und 2000 Spider Veloce. Damit stand nun jener Motor zur Verfügung, der ursprünglich für den Montreal geplant wor-

Auch den 6C 1750 gab es 1929 mit Viertürkarosserie und sogar als 6/7-sitzige Limousine (Bild; 6 Zyl., OHC, 1752 ccm, 46 PS – aw).

Berühmt wurden die Zweisitzer (Bild: Touring Flying Star, Concours-d'Elégance-Sieger 1931; 6 Zyl., DOHC, 1752 ccm, 85 PS – aw).

Individuell getunt und aufgebaut, mit Multipoint-Einspritzung von Lucas oder Spica, 195 bis 240 PS: 1750 GTAm (aw).

Weiterhin gab es auch den beliebten Giulia 1300 GT Junior; hier ein Modell von 1971 (4 Zyl., 1290 ccm, 88 PS – bw).

Der Typ 2000 als Höhepunkt: im Bild die von 1971 bis 1976 gebaute Berlina (4 Zyl., 1962 ccm, 128 PS – aw).

den war. Der Hubraum erreichte 1962 ccm, und es standen 128 PS zur Verfügung, was der Limousine zu 190 km/h Topspeed verhalf. Statt mit dem 5-Gang-Getriebe war sie alsbald auch mit einem 3-Stufen-Automatikgetriebe von ZF zu haben. Die Berlina-Doppelscheinwerfer waren nun von einheitlicher Größe, zudem waren die Sitze und das Armaturenbrett aufgewertet worden. Das «Bertone-Coupé» 2000 GT Veloce – nun die bis 1976 gebaute ultimative Version – erkannte man am Kühlergitter mit acht horizontalen Zierstäben (statt nur einem). Zudem wurden deutlich komfortablere Sitze eingebaut. Auf Radnabendeckel wurde hingegen verzichtet..., übrigens auch beim 2000 Berlina.

Auch mit Spica-Einspritzung und Abgaskatalysator

Gemäß Alfa-Romeo-Typenkatalog entstand der 1750 Berlina von 1968 bis 1972 in 101‘883 Exemplaren (wovon 1760 mit Spica-Einspritzung), und von 1971 bis 1976 wurden 89‘840 Einheiten des 2000 Berlina hergestellt (wovon 3395 nach US-Spezifikationen und von diesen – besonders erwähnenswert – bereits 1453 mit Abgaskatalysator!). Dies ergibt ein Total von 191‘723 Wagen die mit diesem bei Bertone entstandenen Limousinendesign auf die Straßen rollten.

Über die Zahl der gebauten «Bertone-Coupés» gibt die nachstehende Tabelle Auskunft. Bleiben noch die Giulia-Coupés 1750 GTAm von 1970 und 2000 GTAm von 1971 zu erwähnen. Sie ergänzten die Rennsport-Modelle Giulia Coupé 1600 GTA Corsa und Corsa SA (1966—1969 bzw. 1967/68) sowie Giulia Coupé 1300 GTA Junior Corsa (1968—1972). SA stand für *Sovra Alimentata* = Kompressor. Von den 447 von 1968 bis 1972 gebauten 1300 GTA Junior wurden mindestens 300 bei Autodelta zum Typ Corsa umgebaut. Die diversen Corsa-Wagen wurden in den Rennsportkategorien Gruppe 2 und 5 eingesetzt und ernteten eine Unmenge internationaler Erfolge.

Auch die 1750 GTAm und 2000 GTAm ernteten bedeutende Rennsiege, so 1970 wie 1971 beim 24-Stunden-Rennen von Spa-Fran-

Schalt-/Mittelkonsole des 1750 GTV, 1969 (og).

Die ultimative 2-Liter-Variante des Zweinockenwellen-Vierzylinders (aw).

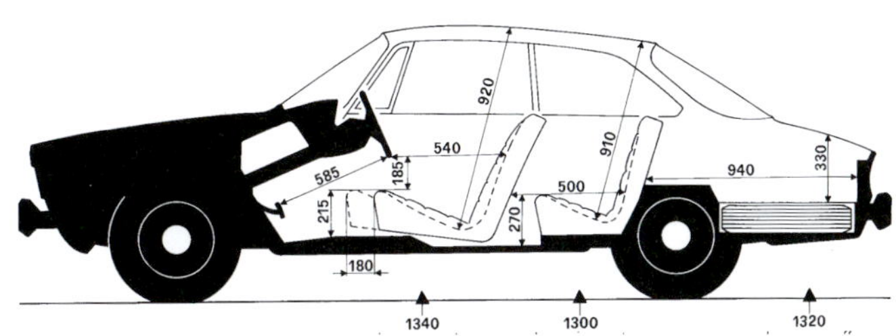

Die Innenabmessungen des «Bertone-Coupés» beim 2000 GT Veloce von 1971 (zuunterst die Innenbreiten - aw).

Produktion Giulia Coupé GT

Giulia 1600 Sprint GT	1963 - 1966	22671
Giulia 1600 Sprint GTA	1965 - 1969	ca. 500
Giulia 1600 Sprint GT Veloce	1965 - 1968	13471
Giulia 1300 GT Junior	1966 - 1971	78`773
(Giulia) 1750 GT Veloce	1967 - 1973	44`269
Giulia 1300 GTA Junior	1968 - 1975	493
(Giulia) 2000 GT Veloce	1971 - 1976	37`459
Giulia 1.3/1300 GT Junior	1972 - 1976	13`280
Giulia 1.6/1600 GT Junior	1972 - 1976	1019
Alle Giulia Coupé gesamt	**1963 - 1976**	**211`935**
Giulia Cabriolet 1600 GTC	1964 - 1966	1000
Alle Giulia GT zusammen	**1963 - 1976**	**212´935**

Die stets wieder abgewandelte Frontgestaltung, beim 2000 GT Veloce von 1971 angelangt (aw).

Die Form der Sitze wurde für den 2000 GT Veloce auf erhöhten Komfort ausgelegt (aw).

corchamps. Beide Modelle wurden von 2-Liter-Motoren «befeuert», wobei es sich beim 1750er von 1970 um eine ausgebohrte Version handelte. «Am» bedeutete *allegerita + maggiorata* = abgemagert durch Leichtgewichtsteile und verbreitert durch mächtig ausgeweitete Radhäuser..., die Rennräder mussten schließlich Platz finden! – Insgesamt entstanden bei Autodelta rund 40 GTAm-Coupés.

Neben den Standardrädern gab es für den 2000 GT Veloce schmucke Gussfelgen (aw).

Das «Sportcabrio für jedermann» in seiner Neuauflage: Fiat 850 Sport Spider, 1968 (4 Zyl., 903 ccm, 52 PS – fw).

Fiat und Bertone 850 Spider in Zweitauflage

Im Februar 1968 – und einen Monat später auf dem Genfer Salon eingeführt – erhielten die Fiat-850-Sportmodelle Coupé und Spider einen von 843 auf 903 ccm vergrößerten Motor. Damit kam dieses Hecktriebwerk auf 52 statt 49 PS. Das Karosseriedesign stammte ja noch aus Bertones 1965 zu Ende gegangener Giugiaro-Epoche.

Man erkannte die neuen Spiderversionen auch äußerlich, nämlich an den Stoßstangenhörnern samt Gummipuffern sowie den nun senkrecht in die Front eingefügten Scheinwerfern. Dies dürfte nicht zuletzt dem Export in die USA dienlich gewesen sein. Denn für die dortige Zulassung wurden nach wie vor unabgedeckte, kreisrunde Scheinwerfer verlangt. Überdies wurden die für Amerika bestimmten Spider auf dem Fließband mit zu Kopfstützen auslaufenden Rücklehnen und den US-Zulassungsvorschriften entsprechenden seitlichen Blinkerleuchten ausgerüstet. Der Spider überstand übrigens den für den Verkauf in den USA unerlässlichen Crash-Test mit Bravour, obwohl seine Konstruktion auf die Zeit vor der Einführung der amerikanischen Sicherheitsnormen zurückging.

Auf der technischen Seite war neben der Hubverlängerung von 63,5 auf 68 mm der Ersatz der herkömmlichen Lichtmaschine bzw. des Dynamos durch einen modernen Alternator zu vermerken. Fiat bezeichnete die beiden vom Bestseller-Kleinwagen Modell 850 abgeleiteten Versionen fortan als 850 Sport Coupé und 850 Sport Spider.

Dank Sonderausstattung Bertone-Liebhaberstücke

Die unter Bertones Eigenmarke in Italien, Frankreich, Belgien und der Schweiz angebotenen 850 Spider erfuhren identische Aufwertungen. Zur Auswahl standen alsbald die Versionen 850 Sport Convertibili Racer, 850 Sport Berlinetta Racer und Berlinetta Racer Team. Es waren attraktive Ableitungen des Themas 850 Spider. Der 850 Sport Berlinetta Racer und der Racer Team besaßen ein fix montiertes Dach gleicher Form wie schon beim Ende 1965 vorgestellten Fiat Abarth 1000 OTR. Die offene Ausführung bot einen farbigen Zierstreifen unten zwischen den Radausschnitten, der Berlinetta Racer ein in Zweitfarbe gehaltenes Dach samt hinteren Dachträgern, und beim Racer Team waren die unteren Flankenpartien in Kontrastfarbe gehalten.

Zur Ausstattung zählten nebst Zierleisten dekorative Gussräder, Zusatzlampen an der Front und ein betont sportliches Cockpit mit reichem Instrumentarium und ergonomisch geformten Schalensitzen. Die Topversion Bertone 850 Sport Berlinetta Racer Team punk-

Die Topausführung Berlinetta Racer Team ließ sich für den Rallye- und Renneinsatz aufrüsten (bw).

Erneuerung sowie Erweiterung auch für die Eigenmarke: Bertone Racer Berlinetta, 1968 (4 Zyl., 903 ccm, 52 PS – bi).

tete mit Zusatzlampen an der Front; vor allem aber ließ sie sich einem kräftigen Motortuning unterziehen und bei Rallyes und Rennen einsetzen.

Von 3641 gebauten Bertone Racer gelangten 2890 in die USA. Nur gerade im Jahr 1970 wurde die Coupéversion auch für den amerikanischen Fiat-Importeur hergestellt. Sie entstand für ihn unter der Bezeichnung Fiat 850 Sport (neben dem 850 Spider) in 1108 Exemplaren und unterschied sich u.a. durch den Vinyl-Dachüberzug. – Bis 1972 baute Bertone den kleinen Spider einschließlich seiner Derivate in 124`660 Einheiten, von denen der weit überwiegende Teil in die USA geliefert wurde.

Ausstattungsbesonderheiten beim Racer Berlinetta: rennsportliche Sitzschalen und Gussräder (bi).

Attraktiv sportliches Cockpit für die Sondermodelle Bertone 850 Convertibile, Racer Team bzw. Racer Berlinetta (bw).

Stets noch als Heckmotor eingebaut: Der auf 903 ccm vergrößerte Vierzylinder mit seitlicher Nockenwelle, neu mit Alternator statt Dynamo (rg).

Vorab wurde diese mit Lamborghini 400 GT 4 Posti bezeichnete Werksskizze veröffentlicht (bw).

Mit Marzal-Genen: Lamborghini Espada

Sowohl Ferruccio Lamborghini wie Nuccio Bertone befassten sich intensiv mit der Frage, wie sich denn das mit dem Marzal umgesetzte Ideengut in einem Serienmodell umsetzen lasse. Nein, jetzt ging es nicht darum, ein möglichst neues, unverwechselbares Design zu entwickeln, sondern jene Eigenheiten, die beim Marzal so viel Bewunderung und Begeisterung fanden, in gebrauchstüchtige Wirklichkeit zu wandeln. Würden da die Flügeltüren und die ebenso aufsehenerregende Verglasung des Pavillons Bestand haben? Dass dies nicht anging, wurde man sich bald bewusst. Beizubehalten waren auf jeden Fall das viersitzige Layout und die originellen Stilmerkmale, wie etwa die Durchblicklamellen auf dem Rückfenster.

Langestreckt und niedrig gab sich die Silhouette der Neuheit Lamborghini Espada 400 GT (wb).

Als dann der Espada – das spanische Wort für Degen, so wie ihn der Matador im Stierkampf schwang – enthüllt wurde, erkannte man sehr wohl eine stilistische Verwandtschaft mit dem Marzal. Die langgestreckte Silhouette wie auch die Seitenfensterkonturen gemahnten aber auch an den im Vorjahr zum Londoner Autosalon gebrachten Jaguar Pirana. Die anfängliche Bezeichnung Lamborghini 400 GT 4 Posti (4 Sitze) wies darauf hin, dass es sich um eine Ablösung des Modells 400 GT 2+2 handelte, der stets noch

Von Marcello Gandini signiert die detailgenaue technische Durchsicht auf die gesamte V-12-Antriebseinheit sowie den viersitzigen Innenraum (br).

Bestechender konnte ein Viersitzer kaum wirken: Lamborghini Espada 400 GT (1969; V-12, 3929 ccm, 325 PS – la).

den Touring-Superleggera-Aufbau trug. Genau wie dieser – und im Gegensatz zum Marzal mit quergestelltem Sechszylinder – erhielt der Espada den Motor vorne eingebaut: der vollwertige V-12 mit 2x2 obenliegenden Nockenwellen, Leichtmetall-Zylinderköpfen und -block und sechs Weber-Doppelvergasern. Bei einer von 9,5 auf 9,8:1 erhöhten Verdichtung stieg die Leistung aus 3929 ccm von 320 auf 340 PS bei 7000/min, und als Spitze wurden 260 km/h angegeben..., eine ganze Menge für einen Viersitzer!

Um vier vollwertige Sitze unterzubringen, war der Radstand um bescheidene 10 auf 265 cm verlängert worden. Aber die äußeren Karosseriemaße zeigten markantere Änderungen: Länge 474 cm (statt 454 beim 400 GT 2+2), Breite 186 cm (173), Höhe 118,5 cm (125). So «flache» Viersitzer gab's sonst nirgends. Der ebenfalls vier- und nicht bloß 2+2-sitzige Maserati Mexico zum Beispiel war 135 cm hoch. Zugegeben, der Einstieg zu den Hintersitzen des Espada war beschwerlich, aber wenn man einmal drin saß, waren Sitz- und Platzkomfort einem Viersitzer angemessen. Von besonderer technischer Bedeutung war, dass der Espada nicht auf einem Rohrrahmen basierte, sondern einen selbsttragenden Aufbau besaß. Die unteren Querlenker der Einzelradaufhängung hatten Trapez- statt Dreieckform. Wie beim Miura stammten die schmucken gegossenen Magnesium-Felgen von Campagnolo.

Erneut Bertone-Star auf dem Genfer Salon

Wie in den Vorjahren der Miura und der Marzal wurde 1968 der Espada zum Star auf dem Genfer Salon. Erneut war bei Bertone eine automobile Skulptur geschaffen worden, an der sich die Ästheten und Autofans kaum

Obere Heckscheibe als Kofferdeckel, dies verlangt kräftiges Gepäckanheben (la).

Fahrerplatz mit raffiniert versenkten Armaturen und Holzlenkrad (la).

Später wich die «Kofferraumjalousie» einer unteren Heckscheibe ohne vertikale Lamellen (la).

Armaturenbrett des Lamborghini Espada in der überarbeiteten Version, wie es von 1970 bis 1972 eingebaut wurde (la).

Feudal ausgekleideter Innenraum für vier erwachsene Personen (la).

Unten: Eine Antriebseinheit der Superlative: Der Lamborghini-DOHC-V-12 (la).

sattsehen konnten. Es war nicht nur die langgestreckte niedrige Silhouette, die den Blick in ihren Bann zog, sondern ebenso die zweckgebundenen und gleichzeitig spielerischen Details, die sich rundum an diesem Meisterwerk fanden. Die Front bestand schlicht und einfach aus einem bis an die Flanken unten chromgerahmten Wabengitter, in dem beidseits Doppelscheinwerfer prangten.

Die Flanken trugen eine von vorne bis hinten durchgezogene feine schwarze Zierleiste, an der sich vor und hinter den vorderen Radhäusern Verbreiterungen anfügten. Ebenfalls in Schwarz gehalten waren die beiden kleinen Lufteinlässe in Naca-Form auf der Motorhaube sowie die Innenraum-Entlüftungsöffnungen hinten an der horizontal betonten Karosserie. Eine schwarze Längssicke in der Mitte der flachen Motorhaube vervollständigte das ungewöhnliche Bild. Die Heckscheibe diente gleichzeitig als Kofferraumdeckel, während der mit senkrechten Lamellen bestückte obere Teil der Abschlusswand die Heckscheibe barg und somit für «Rücksicht» sorgte, sofern der Kofferraum leer blieb.

1969 wurde die Leistung des Espada-Motors mit 325 PS bei 7000/min und einer Verdichtung von 9,5:1 angegeben, ab 1970 waren es 350 PS bei 7500/min und 10,8:1. Auf Wunsch wurde für die Hinterräder die hydropneumatische Lancomatic-Federung mit automatischem Niveauausgleich lieferbar. Zum Modelljahr 1973 erhielt der Espada ein noch luxuriöseres Interieur und ein neues Armaturenbrett. Aber erst in der 1974/75 herausgebrachten Serie III wurde er außer mit einer neuen Federungsabstimmung auch mit einer Servolenkung ausgerüstet. Auf Wunsch gab es den Espada ab 1974 mit Getriebeautomatik, und ab 1975 wurden die in die USA gelieferten Wagen mit 5-mph-Sicherheitsstoßstangen ausgerüstet.– Wie der Miura wurde der Espada unter den exklusivsten Autos zum Erfolgsmodell: Von 1968 bis 1978 entstand er in 1225 Exemplaren.

Im Verlaufe der Zeit immer niedriger

Da bietet sich ein Blick zurück an: Zum Modelljahr 1953 wurden die amerikanischen Studebaker gänzlich neu gezeichnet, dies wie bei den Vormodellen durch den Designpionier Raymond Loewy. Das 4/5-sitzige Faux-Cabriolet Studebaker Starlight war nur noch 142 cm hoch, womit sich die Höhe seiner Dachlinie mit jener europäischer Sportwagen vergleichen ließ. «In einen Studebaker steigt man nicht mehr hinein, sondern hinab», lautete ein zeitgenössischer Kommentar. Familientaugliche Zweitürautos waren damals an die 155 cm hoch, und 1968, als der Espada für Furore sorgte, waren es immer noch rund 140 cm.

Modernere Zeiten haben aber einen überraschenden Wandel gebracht. Während das europäische «Standardauto» VW Golf 151 cm hoch ist, bringen es die inzwischen enorm in Mode gekommenen SUV (Sports Utility Vehicles bzw. Geländekombis) auf 166 cm (VW Touran) bis 171 cm (VW Touareg). Allerdings hatte schon Mitte der Achtzigerjahre mit den Minivans bzw. Großraumkombis ein «Höhenflug» eingesetzt: z. B. Nissan Prairie mit 162 cm Höhe oder Renault Espace mit 166 cm.

Rekordniedrig mit 4/5 Sitzen 1953: Studebaker Faux-Cabrio (Design: Raymond Loewy — wb).

Der beflügelte Panther hob nicht ab

Der Genfer Salon des Frühjahrs 1968 bot gleich noch eine zweite Bertone-«Sensation»: den Panther! Er war ein vollendet geformtes zweisitziges Rennsportcoupé, das für den Wettbewerb um die Internationale Trophäe der Sport-Prototypen gedacht war. Diese Sonderwertung fand im Rahmen der Internationalen Markenmeisterschaft für Sportwagen statt. Es ging also um die viel beachteten spektakulären Rennen der Superboliden, wie 24 h von Daytona, 12 h von Sebring, Targa Florio, 1000 km Nürburgring, 24 h von Le Mans, um nur die Höhepunkte zu nennen. Die Internationale Trophäe war 1967 von Ferrari und Porsche dominiert worden, wenngleich auch zwei amerikanische Konkurrenten für Furore sorgten: Ford mit den GT 40, Mk. II und Mk. IV sowie Chaparall mit dem 2F. Ford nahm allerdings nur an ausgewählten Rennen teil, während Chaparall oft technischen Defekten zum Opfer fiel.

Es waren aber just die Chaparall, die zum Panther inspirierten. Die Chaparall traten nämlich mit einer Art «Über-Kopf-Flügel» an, einem hoch über der Dachlinie aufgesetzten Flügelprofil, das den umgekehrten Effekt eines Flugzeugflügels bewirkte. Denn es sorgte nicht für das Abheben von Mutter Erde, sondern für einen erhöhten Anpressdruck auf diese bzw. auf die Rennpiste..., für das Gegenteil also.

Einen solchen invertierten Flügel hatte im Jahr 1956 erstmals der Schweizer Ing. Michael May auf seinem schon älteren Porsche 550 Spyder aufgebaut. Dieser damals sonderbar erscheinenden Tat waren Studien und Berechnungen vorangegangen, denen eine sorgsam ausgeführte Umsetzung folgte. An den Enden des die volle Wagenbreite einnehmenden Flügels waren Leitbleche angebracht. Der Effekt beim Versuchseinsatz auf dem Nürburgring war verblüffend. Dank des Anpressdrucks, der nach Mays Berechnungen bei 150 km/h etwa jenem des Fahrzeuggewichts entsprach, vermochte der Privatfahrer im Kurvenbereich sogar weit potentere Konkurrenzfahrzeuge «spielend» zu überholen.

Doch der Flügel hatte keine Zukunft

Ing. May war immerhin auch für Porsche tätig, die Idee des umgekehrt wirkenden Flügels aber widersprach den Vorstellungen ebenso wie den Reglementen der Autosportverantwortlichen. 1967, elf Jahre später, fand das hochgesetzte Flügelprofil bei den in Texas konstruierten und mit reichlich getunten Chevy-V8-Motoren ausgerüsteten Chaparral 2F eine Renaissance, und es sollte 1968 auch in der Formel 1 Eingang finden. Zunächst aber bewunderte das Publikum den Dachflügel bei dem in Genf ausgestellten Panther. Konstru-

Oben: Ein Rennsport-Zweisitzer wie aus dem Bilderbuch: Panther, 1968 (V8, 3 Liter, 386 PS – bw).

Rechts: Aerodynamische Silhouette, schwerpunktnah zwischen Cockpit und Mittelmotor aufgesetzter invertierter Flügel (bw).

iert wurde er von Ing. Giorgio Valentini, und sein Unterbau besaß 241 cm Radstand. Für den Antrieb wurde an ein Formel-1-Aggregat von BRM oder Cosworth gedacht.

In Auftrag gegeben worden war der Panther durch die Scuderia (Rennstall) Brescia Corse. Das Flügelprofil war hinter den Flügeltüren sorgsam abgestützt, und sein Neigungswinkel war sogar von innen verstellbar ausgeführt. Das bei Bertone ausgearbeitete und verwirklichte Karosseriedesign bestach nicht nur durch die perfekte Harmonie seiner Linien, sondern zusätzlich durch seine Farbgebung mit über die gesamte untere Flanke gezogenem Kontrastton sowie feine Zierstreifen. Zwar wurde diese aufwendige Konstruktion intensiven aerodynamischen Abstimmungen unterzogen, erreichte jedoch das Stadium für den Renneinsatz nie...

Und die Geschichte der «Über-Kopf-Aerodynamik»? Diese wurde nach zwei schweren Unfällen im Verlaufe der Formel-1-Saison 1969 von der Piste verbannt. Für den gewünschten Anpressdruck sorgten darauf zielgerichtet zunehmend raffinierte, im Windkanal ausgebildete Luftspoiler und Heckflügel. Auch sie sorgten fortan für Diskussionsstoff. – Was die Bezeichnung Panther betrifft: Auf der London Motor Show 1972 feierte die neue englische Automarke Panther Premiere. Sie begann ihre bis 1995 dauernde Karriere mit einem Nachbau des SS Jaguar 100, einer Sportwagenlegende aus den späten Dreißigerjahren.

Porsche 550 von Ing. Michael May, 1956 auf dem Nürburgring, Foto des deutschen Rennfotografen Julius Weitmann (ag).

Chaparral 2F bei den 24 Stunden von Le Mans 1967, fotografiert vom Schweizer Automobilpublizisten Ami Guichard (aj).

Schon im Entwurf ein vielversprechendes Design (bw)...

...und erst recht in gekonnter Zurschaustellung (bw).

Der Carabo brachte die ersten Scherentüren

Im Herbst 1968 bescherte Bertone dem Salon de l'Auto in Paris den Carabo (ein Name, der an den Scarabeo, einen mystischen Käfer, gemahnte). Er war ein weiterer echter Bertone-Dreamcar, und er hielt hinsichtlich Originalität, neuem Ideengut und Auffälligkeit gegenüber früheren Zukunftsvisionen in nichts zurück. Von der Seite betrachtet wirkte der Carabo wie ein Keil, denn so zugespitzt war seine Front geformt. Natürlich handelte es sich erneut um eine Mittelmotorkonstruktion. Die Basis lieferte der Alfa Romeo 33 Stradale (s. Bild Seite 100, Kapitel über «Alfas Montreal...»). Dessen rennsportlich angehauchter V8 mit 2 Liter Hubraum und 230 PS bei 8800/min mochte theoretisch hervorragend in den Carabo passen, kam aber höchstens zu Demonstrationszwecken zum Einsatz.

Die Besonderheit des Carabo bestand in seinen Türen. Sie öffneten an einem zentralen kräftigen Scharnier vorne an der Gürtellinie und auf der Höhe des Armaturenbretts angelenkt senkrecht nach oben. Italienisch hieß dies «grandi porte ad apertura verticale e in avanti» und auf Englisch «large doors that

Ein damals in der Fachpresse vielverbreitetes Bild: Nuccio Bertone mit dem Carabo von 1968 (bw).

opened vertically...» Immerhin wurde dieser Vorgang nach einem ersten Zugriff durch Fahrer bzw. Beifahrer durch eine hydropneumatische Druckvorrichtung ausgeführt, denn die Türen senkrecht nach oben zu heben, wäre sonst einem Kraftakt gleichgekommen. Der Autor (dieses Buches) fand für diese allmählich Schule machende Türart die Bezeichnung Schrägflügeltüren, doch wurde im deutschen Sprachraum auch bloß von Flügeltüren gesprochen.

Übliche Flügeltüren aber sind im Dach verankert und gehen seitlich auf. Man darf sie als eine deutsche Erfindung bezeichnen: Hanns Trippel hatte 1951 den Kleinwagen Trippel SK 10 entwickelt. Dieser besaß eine selbsttragende, strömungsgünstige Karosserie mit verschalten Rädern und Fließheck. Seine größte Besonderheit bestand jedoch in den über das Dach aufklappbaren Flügeltüren. Deren Patent wurde von Daimler-Benz übernommen und für den berühmten, 1954 lancierten Mercedes-Benz 300 SL angewendet. Hanns Trippel war auch Amphibienfahrzeug-Pionier.

Aus englischer Quelle stammte später der Ausdruck «Scissor-opening-doors – an idea Gandini pioneerd...» Die Bezeichnung Scherentüren hat inzwischen auch in der deutschen Fachpresse Eingang gefunden, und Marcello Gandini ist mit dieser neuen technischen Lösung des Cockpitzugangs in der Tat eine Pioniertat gelungen, auch wenn sie bei Serienautos nur vereinzelt Anwendung fand. Dies im Gegensatz zu den Schiebetüren, die von den Lieferwagen kommend, auch bei den Minivans ihren praktischen Wert beweisen.

Lamellenvielfalt machte ihn zum «Gürteltier»

Bei 235 cm Radstand war der Carabo 418 cm lang und 178,5 cm breit. Da er nur gerade 99 cm hoch war, mussten die Insaßen auch in ihm mit ziemlich durchgestreckten Beinen sitzen. Die flache, auch seitlich wenig gebogene Frontscheibe lag beinahe in einer Linie mit der abfallenden Front. Damit wurde ein minimal gehaltener Luftwiderstand angepeilt. Am Karosserieende bewirkte eine Abrisskante optimierte Strömungsverhältnisse. Für die Luftzufuhr zum Motor dienten unauffällige, hinter den Scherentüren eingefügte Schlitze. Die gesamte Heckabdeckung war schalenförmig ausgelegt und gab hochgestemmt freien Zugang zum Antriebsaggregat.

Aus jedem Blickwinkel ungewöhnlich und attraktiv (bw).

Die Sicht nach hinten erfolgte auch beim Carabo, wie schon beim Marzal und beim Espada, durch ein Lamellensystem hindurch. Diesmal waren es sechs mächtige Kunststofflamellen, die bügelartig über die Plexiglas-Rückscheibe gelegt waren. Es waren die fünf jeweils einen dünnen Spalt weit offengelassenen Lamellenzwischenräume, die den Blick nach hinten streifenweise freigaben. Weil das Lamellenmotiv an die hinteren Radausschnitte anschließend durch Einprägungen fortgesetzt wurde und zudem im lamellenförmigen Frontdeckel eine Parallele fand, ergab sich Ähnlichkeit mit einem Gürteltier.

Hoch die Heckschale: Freier Zugang zum Alfa-33-V8 (bw).

Scheinwerferklappen und Kühlluftauslass geöffnet (bw).

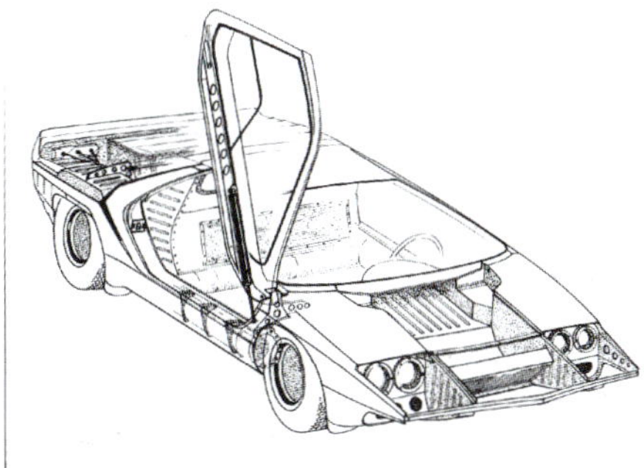

Das Carabo-Unikat der Superlative im Röntgenbild (bw).

Armaturenbrett und Lenkrad nach Sicherheitsideen (bw).

Die konsequente und perfekte Keilform verkörperte ein modernes Kunstobjekt (bw).

Der 1969 vorgestellte Iso Rivolta Lele war ein vollwertiger Viersitzer (bw).

Um dem Fahrer den tiefen Einstieg zu erleichtern, stand nicht nur die Türhebehydraulik zur Verfügung, sondern ließ sich zudem das extrem tellerförmig ausgeführte Sicherheitslenkrad um 18 cm nach rechts verschieben. Für erhöhte Sicherheit sorgten auch die in Kopfstützen auslaufenden Schalensitze. Einmal mehr war bei dieser Bertone-Schöpfung das Armaturenbrett als eine aufregend angelegte Skulptur angelegt, die alles Herkömmliche vergessen ließ. Bewusst waren die sieben kreisrunden Anzeigeinstrumente stark nach vorne gerückt, damit sich die Pupillen des Fahrers «bei der im Carabo möglichen Hochgeschwindigkeit» beim Ablesen nicht zu stark verengen mussten.

Eine weitere neue Eigenheit bestand darin, dass sich die Instrumentenbeleuchtung nur bei Druck auf das Lenkrad einschaltete. Es ist klar, dass sich solche vom intensiven Suchen nach neuen Sicher- und Zweckmäßigkeiten getragene Gedankengänge nur durch die Mithilfe von Zulieferfirmen mit eigenen Forschungs- und Entwicklungsabteilungen verwirklichen ließen. Zu ihnen zählte im Falle des Carabo die auf Kunststoffe spezialisierte belgische Firma VHR. Sie lieferte die aus drei Schichten verformbarem Kunststoff bestehenden Front- und Seitenscheiben. Sie hatten die Eigenschaft, von außen in wechselnden Farbtönen zu schillern, während sie von innen stets klare Aussicht gewährten.

Englische Begeisterung

Der Carabo ging als «das erste Auto mit totaler Keillinie» in die Geschichte ein. Die Begeisterung für sein Design war bei seinem Erscheinen im Jahr 1968 groß, und sie hielt an. So schrieb die renommierte englische Fachschrift «Autocar» in einem Bericht unter dem Titel «The evolution of Style» im April 1977 über den Carabo: «Er war ein Meilenstein... Jahre hindurch ist es niemanden gelungen, ihn zu übertreffen. Man könnte ihn heute irgendwo ausstellen, und er wäre noch immer eine Sensation.»

Ein neuer Iso Rivolta namens Lele

Zunächst handelte es sich um den individuellen Auftrag eines amerikanischen Kunden: Der Iso Rivolta Lele wurde Anfang April 1969 als Einzelstück auf der New York Motor Show gezeigt. Er basierte auf dem zweitürigen und fünfsitzigen Iso Rivolta IR 300/IR 350 mit der Mechanik des Chevrolet Corvette, jedoch mit dessen 5,7-Liter-Motorversion, die ebenfalls 304 SAE-PS lieferte. Es war aber ohnehin geplant, den IR abzulösen. Seit der Frankfurter IAA des Jahres 1967 gab es bereits auch den viertürigen Iso Rivolta Fidia, dessen Aufbau von Ghia stammte. Nach dem Erfolg bei potenziellen Kaufinteressenten wurde der Lele 1970 zum neuen Basismodell der Mailänder Marke. Wie zuletzt schon für den Typ IR wurden auch für den Lele die Karosserien bei Iso Rivolta selbst aufgebaut. Auch den Lele gab es auf Wunsch mit 355 statt 304 PS.

Das von Marcello Gandini geschaffene Design des Lele gab sich im Vergleich zu anderen zeitgenössischen Bertone-Schöpfungen – wie schon der IR – eher unauffällig. Erst beim näherem Hinsehen wurde man der raffinierten stilistischen Feinheiten des Lele gewahr. Er basierte auf dem 270-cm-Radstand des IR, war aber mit 465 cm um 15 cm kürzer. Dennoch bot er geräumig Platz für vier Personen und ihr Gepäck. Die beim vorderen Türansatz nach unten gezogene Gürtellinie sorgte für einen lichten Innenraum. Gleichzeitig ergab sich eine elegant proportionierte Fenstersilhouette. Es war die genau dieser Linie folgende feine Sicke, die den Lele zu einem grafischen Meisterstück stempelte. Zu dieser Wirkung trugen auch die doppelten seitlichen Luftaustrittsschlitze hinter den vorderen Radhäusern bei, die am sanft gestreckten Fließheck eine Parallele fanden.

Woher aber dieser Name Lele? Dazu die folgende nette Erklärung: Nachdem Commendatore Renzo Rivolta 1966 verstorben war, übernahm Sohn Piero die Leitung des Unternehmens. Er war Ende 1968 noch so intensiv mit dem Projekt des neuen Modells beschäftigt, dass er den Einkauf eines Weihnachtsgeschenks für seine Gattin vergaß. Er tröstete sie mit dem Versprechen: «La prossima Iso portera il tuo nome, Lele!» («Der nächste Iso wird deinen Namen tragen!»). Lele war übrigens die Kurzversion von Rachele.

Das Liebhabercoupé Lele entstand bis 1973 in rund 300 Exemplaren. Nachdem die Karosserien anfänglich von Bertone gelie-

Charakteristisch für den Lele war die stark einwärts geneigte Front (bw).

Die Seitenflächenaufteilung war eine grafische Meisterleistung; im Bild ein Iso Rivolta Lele von 1974 (V8, 5768 ccm, 325 SAE-PS – al).

fert wurden, übernahm Iso deren Herstellung in Eigenregie. Weil General Motors den Corvette-V8-Motor nur dutzendweise lieferte, Iso aber in Finanznot geriet, war das Angebot von Ford Italia für eine stückweise Motorenlieferung sehr willkommen. So wurden denn sämtliche Iso-Modelle (ohne Grifo Can-Am) ab 1972 mit dem 330 SAE-PS liefernden 5768-ccm-V8 des Typs Ford Cleveland ausgerüstet, dies in Verbindung mit dem ZF-5-Gang-Getriebe oder dem Dreistufenautomat Cruise-o-Matic. 1973 verkaufte Piero Rivolta die Aktienmehrheit. Zuletzt gab es noch den Lele Sport mit mattschwarzen GFK-Stoßstangen, vorderen Schalen- und hinteren Einzelsitzen sowie Nardi-Lenkrad. Doch die hochfliegenden Pläne der neuen Führung erwiesen sich als Luft... Aus der Konkursmasse entstanden bis 1976 drei weitere Lele.

Mit schwarzem statt verchromten Stoßschutz: Iso Rivolta Lele Sport, 1973 (fh).

Piero Rivolta, ca. 1973 mit einem Lele vor dem letzten Iso-Werk in Varedo (iw).

Unaufdringlich-elegant bis hin zum eigenständig geformten Heck (bw).

Der Fahrerplatz entsprach den sportlich-luxuriösen Anforderungen (bw).

Auf der Motorhaube trug der Spicup eine Lufthutze samt scheinbarem Motordeckel in Kontrastfarbe (1969; 6 Zyl., 2788 ccm, 170 PS — bw).

Halb Coupé und halb Spider = BMW Spicup

Mit dem Iso Grifo Targa hatte Bertone 1968 nach Porsche-Beispiel das herausnehmbare Dachteil propagiert. Die Idee des Sportwagens, der sowohl Coupé wie Spider sein konnte, hat Designer wie Erfinder immer wieder fasziniert. 1969 entstand der zu den Dreamcars oder Konzeptstudien zu zählende Bertone Spicup (Wortzusammenzug von Spider und Coupé) mit der potenten Mechanik des BMW 2800, den es als fünfsitziges Coupé CS wie auch als Limousine gab. Hinter der BMW-«Niere» fand sich auf der Motorhaube eine Lufthutze mit anschließendem fiktivem Motordeckel in der gleichen Kontrastfarbe, wie sie dem Dach gegeben war.

Die Verwandlung von der geschlossenen zur offenen Karosserieart vollführten zwei Dachhälften, die aber nicht wie bei einigen Targacabrios aus zwei Längs-, sondern aus zwei Querhälften bestanden. Diese schoben sich auf Knopfdruck elektrisch unter den Dachabschluss, der gleichzeitig als Überrollschutzbügel diente und die senkrecht stehende Rückscheibe um ein gutes Stück nach hinten überlappte. Sowohl offen wie geschlossen zeigte der Spicup eine auffallende Silhouette. Während der vorne aerodynamisch absinkende und hinten gerundete Fahrzeugkörper schwungvoll wirkte, sah der hochgesetzte Flügel eher bizarr aus, vor allem bei geöffnetem Dach. Kein Wunder also, dass diese neue Dachidee keinen Eingang in die Serie fand. Halb Coupé, halb Spider? Halb Fisch, halb Vogel? Weder Fisch noch Vogel (trotz Flügel)! – Der Spicup wurde schließlich für 8 Mio. Lire an einen Freund von BMW-Hauptaktionär Quant verkauft. Dies entsprach einem – aus heutiger Sicht lächerlichen – Betrag von 46'840 DM oder 55'400 Schweizer Franken.

Die stark gerundete Heckpartie und das spezielle Dachgebilde über der senkrecht stehenden Rückscheibe (bw).

Ein schwungvoll stromlinienförmiger Fahrzeugkörper mit hochgesetzter Dachstruktur: Bertone Spicup mit kraftvollem BMW-Motor (bw).

Auch mit dem Sitzdesign wurde im Spicup experimentiert (bw).

Als wär's ein Rennboot: Bertone Runabout mit Mittelmotor von Fiat/Autobianchi (1969; 4 Zyl., 903 ccm, 44 PS – bw).

Der Runabout rollte mit Autobianchi-Signet

Runabout heißt so viel wie herumlaufen, und so lautete zu Beginn der Motorisierung, also ums Jahr 1900, die Bezeichnung für die in den USA gebauten automobilen Pionierkonstruktionen, die noch ohne sichtbare Karosserieaufbauten daher rollten: ein Chassis mit vier Rädern, eine Motorverschalung und ein paar Sitze genügten. Der 1969 bei Bertone entstandene Runabout bot allerdings einiges mehr, nämlich eine betont keilförmige Offenkarosserie, die man auch als Barchetta hätte bezeichnen können. Denn diese Designstudie war besonders ausgeprägt «bootsinspiriert», ja, man konnte sich sogar ein Rennboot dieser Formgebung vorstellen.

Vom Ideenreichtum zeugte nicht nur der im passenden Winkel nach vorne geneigte Überrollschutzbügel, sondern auch die seitlich an ihn angefügten, trapezförmig verschalten Scheinwerfer. Auf dem Turiner Salon 1969 wurde der Runabout unter der Marke Autobianchi vorgestellt. Dieses von Fiat und Pirelli gemeinsam gegründete Fabrikat baute von 1957 bis 1996 Klein- und Kompaktwagen. Der Unterbau des Runabout wurde sowohl dem Autobianchi A 112 wie auch dem Fiat 128 zugeschrieben, die beide ebenfalls 1969 auf den Markt kamen, beide mit Vorderradantrieb... Beim Runabout war der kleine Vierzylinder allerdings als Mittelmotor hinter den nautisch bunt gestreiften Sitzen installiert. Auch die ultraniedrige, an ihren Enden schräg geschnittene Windschutzscheibe erinnerte an ein Motorboot. – Im Gegensatz zum Spicup kam dem Runabout wichtige Bedeutung zu: Er zeigte die Stilrichtung für ein drei Jahre später verwirklichtes Serienmodell auf: des Fiat X1/9.

Ungewöhnlich auch der extrem kurz geschnittene hintere Überhang (bw).

Oben: Armaturenbrett und Lenkrad in stilistischer Übereinstimmung (bw).
Links: Runabout-Entwurfskizze; leise Vorahnung auf ein Serienmodell (bw).

Die sanft nach vorne abfallende Motorhaube brachte eine verkürzte und somit verbesserte Sicht auf die Straße (bw).

Oben: Nach unten gezogene Fensterlinie, großzügige Fensterflächen: Bertones Audi-Vorschlag von 1969 (bw).

Links: Ungewöhnlich gelöst: Ausstellfenster wie vorne so auch hinten, bogenförmig eingezogenes Heck (bw).

Wie aus einem Vorschlag für Audi ein VW wurde

Dass für eine Marke vorgesehene Prototypen oder Designprojekte unversehens einer anderen Konzernmarke zugeschlagen werden, kommt gelegentlich vor. So hatten die rührigen NSU-Motorenwerke als Kontrastmodell zu ihrem einzigartigen, von Designer Claus Luthe entworfenen Modell Ro 80 den Typ K 70 mit herkömmlichem Kolben- statt Rotationskolbenmotor entwickelt. Er sollte im März 1969 vorgestellt werden. Doch kurz zuvor wurde NSU mit der VW-Tochter Auto Union fusioniert..., und Volkswagen entschloss sich kurzerhand den vielversprechenden K 70 unter eigenem Namen in Produktion zu nehmen.

Die Auto-Union-Marke Audi war 1965 in Ablösung von DKW nach 26 Jahren wiedererweckt worden. Sie baute gefällige Stufenhecklimousinen mit Vorderradantrieb. 1969 erhielt Bertone von Audi den Auftrag für die Designentwicklung einer dreitürigen Zweivolumenlimousine. Diese musste somit ein Fließheck erhalten. Bemerkenswert an dem Bertone/Gandini-Entwurf war die deutlich nach unten gezogene untere Fensterlinie, wie sie schon dem Iso Rivolta Lele eigen war. Zusammen mit dem feinen Mittelpfosten ergab sich ein großzügiger seitlicher Ausblick.

Neuartig waren zudem die sowohl vorne in den Türen wie am Ende des zweiten Seitenfensters eingebrachten dreieckigen Ausstellfenster. Die Scheinwerfer waren in die flach gestaltete Front integriert. Doch eine weitere stilistische Eigenheit fiel besonders auf: Der Karosserieabschluss unterhalb der Heckklappe war samt Rücklichter- und Stoßstangenbereich bogenförmig einwärts gezogen. Dies erbrachte von der Seite und schräg von hinten gesehen ein beschwingtes Erscheinungsbild.

Auf der Internationalen Automobil-Ausstellung (IAA) von Frankfurt 1969 lancierte Audi das viersitzige Fließheckmodell 100 Coupé, dessen Design hervorragend gelungen war. Der für Audi bestimmte Bertone-Designvorschlag, der auch die Strukturbasis umfasste, fand dagegen seinen Aus- und Einfluss im Volkswagen Passat, von dem im Januar 1973 ein erstes Bild veröffentlicht wurde. Mit seinem attraktiven Fließheck – einer Stilrichtung, die bei VW Tradition hatte – stellte sich der Passat erfolgreich unterhalb des K 70 in das umfangreiche VW-Programm. Auf die nach unten gezogene Gürtellinie nach Bertone-Vorschlag hatte man verzichtet. Der VW Passat wirkte damit gradlinig und ein gutes Stück nüchterner, dennoch bestachen der lichte Innenraum wie auch das unten eingezogene Heck.

Verkannter Höhepunkt des Auto-Zweckdesigns

«Bertones 128 Coupé 4 Posti ist ein Fahrzeug, das sich manch realistisch eingestellter Autofahrer sogleich zu kaufen wünschte. Nichts an dieser Studie wirkt futuristisch, sondern alles ist unter Verwirklichung zahlreicher neuer Ideen auf höchsten Gebrauchswert ausgerichtet.» Diese zwei Sätze schrieb der Autor (dieses Buches) in seinem Bericht über den Turiner Autosalon in der «Automobil Revue» Anfang November 1969. Welch krasser Gegensatz zu den im gleichen Jahr in den Ateliers von Bertone erschienenen Studien Spicup und Runabout. Vom kühnen, durch flotte Formen und Farben imponierenden Designspiel erfolgte ein tüchtiger Schritt zu der im Alltag geforderten Nüchternheit und Gebrauchstüchtigkeit. Genauso wie bei Spicup und Runabout brachten Bertone/Gandini auch hierzu neue Ideen ein.

Die Bezeichnung Coupé war für diese Studie nicht wirklich angebracht, klang aber besser als etwa Berlina 2 Porte, wie sie dem Original-Fiat 128 in zweitüriger Ausführung zukam. Dieses Modell der unteren Mittelklasse – man sprach noch nicht von Kompaktklasse – hatte Fiat Ende März 1969 auf den Markt gebracht. Es gab den Typ 128 als vier- und zweitürige Limousine mit Stufenheck sowie als dreitürigen Kombi, alle fünfsitzig. Das Trio löste die seit 1939 geführte Typenreihe 1100 ab und verkörperte den Übergang zum zeitgemäßen Vorderradantrieb mit quer eingebauter Motor/Getriebe-Einheit.

Der Bertone 128 Coupé 4 Posti (4 Sitze) bot eine elegant gezeichnete Front mit Doppelscheinwerfern, eine sanft abfallende Motorhaube, eine nach dem neuen Mus-

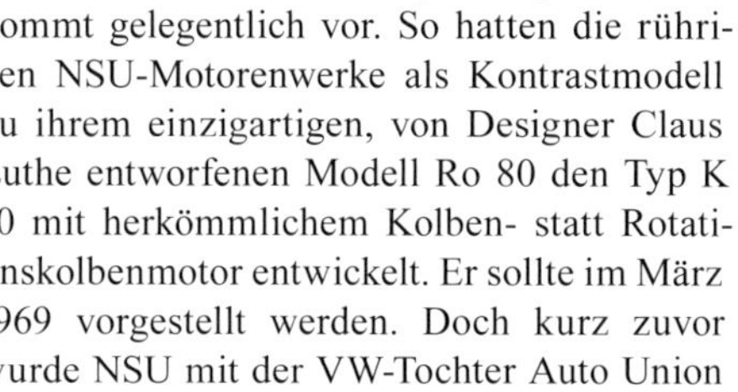

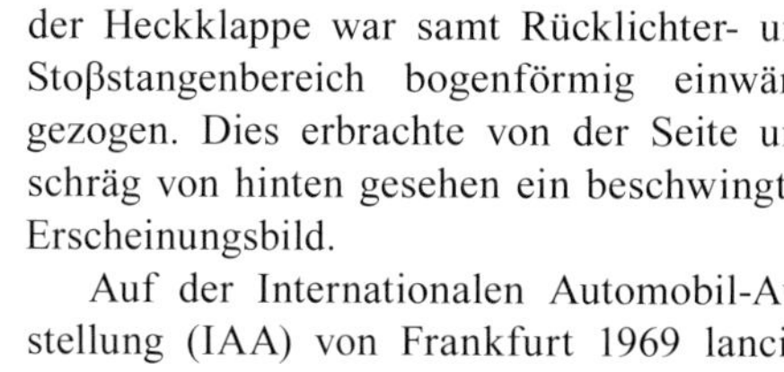

Der 1973 lancierte VW Passat, 3-türig und 5-türig: Nur noch Ähnlichkeiten mit dem Bertone-Audi-Vorschlag (vw).

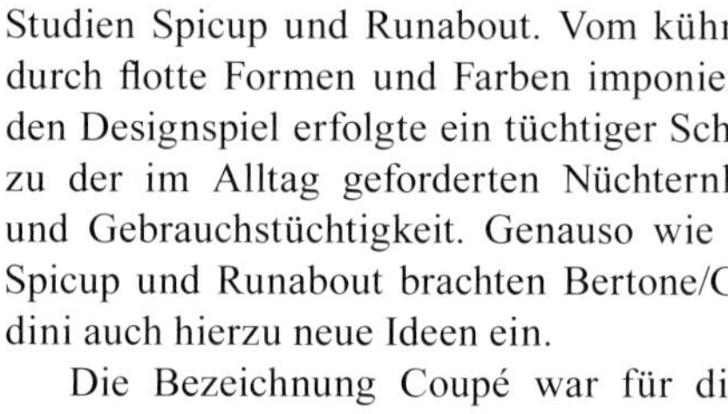

Zum Vergleich: der serienmäßige Fiat 128 gab sich zwar frisch und munter, doch weit weniger originell als die Bertone-Studie (fw).

Er nahm die Fiat-Kompaktklasse vorweg: Bertone 128 Coupé 4 Posti, 1969 (4 Zyl., 1116 ccm, 55 PS – bw).

ter des Hauses Bertone ab Türhöhe herabgezogene Gürtellinie und damit großzügige seitliche Fensterflächen sowie statt des Stufen- ein attraktives Schrägheck. Ein solches spendierte Fiat erst neun Jahre später dem 128-Nachfolger Ritmo. So wie das Außendesign durch seine Ästhetik gefiel, so bestach das Coupé 4 Posti durch Innenraumraffinessen: Rücklehnen der Vordersitze aus zwei elektrisch verstellbaren Teilen, durchgehender stoßabfangender Balg zwischen Frontscheibe und Armaturenbrett, in den Kofferraum einfahrbares Shopping-Wägelchen, dessen Räder sich einklappen ließen. Das Coupé 4 Posti war länger, breiter und vor allem niedriger als die Kompaktmodelle, die in den nachfolgenden Jahren die Straßen Europas zu erobern begannen. Aber die Perfektion seines Designs stempelte es zu einer begehrenswerten Zukunftsvision.

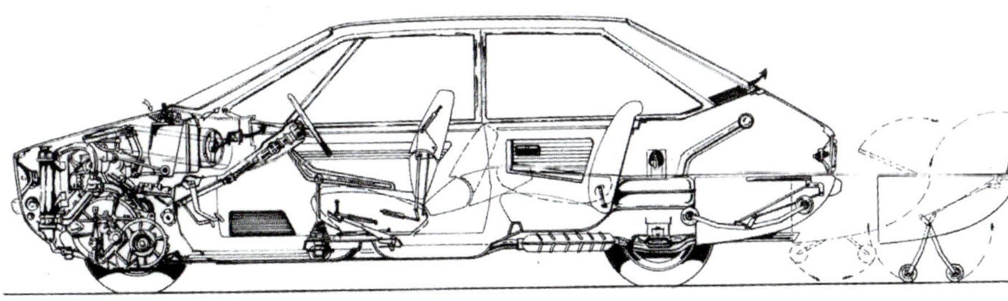

Bertone 128 Coupé 4 Posti im Querschnitt: Die platzsparend quer eingebaute Frontantriebseinheit entsprach genau jener des Fiat 128 (bw).

Symmetrisch angelegtes Armaturenbrett, Lenkrad mit Prallschutzgeviert (bw).

Mehr als nur ein «Gag»: Das integrierte Einkaufswägelchen ist eine (auch heute noch!) durchaus erwägenswerte Idee (bw).

Künder der Kompaktklasse

Wer die Bezeichnung Kompaktklasse eingeführt hat, ist nicht bekannt. Aber sie bringt verständlich zum Ausdruck, dass es sich um gedrungene, «in sich konzentrierte» Fahrzeuge handelt, mit denen kein Raum verschwendet wird, auch nicht im Verkehr, ob fahrend oder stillstehend, und auch nicht in der Abstellgarage. Kompaktwagen sind stets Zweivolumenfahrzeuge. Statt eines angesetzten Kofferraums (= Dreivolumenkarosserie) bieten sie ein integriertes Gepäckabteil. Verlorene Ladelänge wird teils in der Höhe kompensiert.

Als einen Vorläufer der modernen Kompaktbauweise lässt sich der Austin A 40 Farina von 1958 bezeichnen, mit zwei Türen und Schrägheck. Die eigentliche stilistische Vorgabe für die Kompaktklasse brachte aber der im August 1962 vorgestellte Morris 1100, dessen Design ebenfalls mit Pininfarina-Hilfe entstand. Der Morris 1100, den es ab 1963 auch als Austin 1100 und alsbald in weiteren Konfigurationen gab, war eine weitere geniale Entwicklung des legendären BMC-Chefingenieurs und Mini-«Erfinders» Ing. Alec Issigonis.

Der Morris 1100 vereinigte bereits jene Merkmale auf sich, die ab den Siebziger- und Achtzigerjahren den in Europa meistverkauften Pkw eigen wurden: Vorderradantrieb mit raumsparend quergestellter Motor/Getriebe-Einheit und kompakte Karosserieform mit Schrägheck – einzig die Heckklappe fehlte noch. Sie fand sich an dem zum Turiner Salon im Herbst 1964 vorgestellten Autobianchi Primula, dem ersten perfekten Kompaktwagen. Dem gleichen Prinzip folgte u. a. der im Sommer 1974 lancierte Volkswagen Golf, dessen Design Giorgetto Giugiaro zu verdanken war. Das 1:1-Gipsmodell hatte seine Firma Ital-Design schon just vier Jahre zuvor nach Wolfsburg geliefert. Der Golf wurde zum Bestseller und führte in Deutschland – analog zur Kompaktklasse – zum Ausdruck «Golfklasse».

Der Morris 1100 war eine wegweisende Pionierschöpfung der Kompaktklasse (wb).

Diese grafische Darstellung der Jarama-Silhouette veranschaulicht die klar herauskristallisierte Form des Lamborghini Jarama GT 2+2 (provisorische Bezeichnung), 1970 (bw).

Konventionelle Lage des V-12-Motors zwischen den Vorderrädern (la).

Gleich zwei neue Lamborghini am Horizont

Das Jahr 1970 brachte der stetig wachsenden Welt der Liebhaberautos gleich zwei neue Lamborghini: zum Genfer Salon im Frühjahr den großen Jamara und zum Salon von Turin im Herbst den kleineren Urraco. Der zunächst als Jarama 2+2 angekündigte Neuling löste den Islero 400 GT 2+2 ab, der seinerseits 1968 die erste Lamborghini-Baureihe 350/400 GT ersetzt hatte. Die Karosserie des in unauffälligem Stufenheckdesign gehaltenen Islero wurde von der Carrozzeria Marazzi geliefert, die das 1967 untergegangene Mailänder Karosseriewerk Touring abgelöst hatte und auch einen Teil der Touring-Belegschaft übernahm.

Jarama-Cockpit im italienischen Sportwagenstil; originell aufgereihte Kippschalter (la).

Schlichte und klar gezeichneter Abschlussbereich der Jarama-Fließheckkarosserie (to).

Auch der selbsttragende Stahlblech-Aufbau des Nachfolgers Jarama entstand bei Marazzi in Caronno Pertusella, im Norden von Mailand. Doch sein von Bertone/Gandini geschaffenes Fastbackdesign war wesentlich attraktiver. Markant wirkten die nach außen gewölbten Radhausumrandungen, und ungewöhnlich funktionierten die nach unten gleitenden Scheinwerferabdeckungen. Während Islero der Name eines Kampfstiers war, der 1947 einen berühmten Matador getötet hatte, bezeichnet Jarama (Charama ausgesprochen) jene Gegend bei Madrid, wo schon seit über 150 Jahren «die kampffähigsten» Stiere aufgezogen wurden. Noch ganz neu war hingegen die in der gleichen Gegend errichtete Grand-Prix-Rennstrecke.

Der Jarama 400 GT basierte auf dem von 265 auf 238 cm Radstand verkürzten Unterbau des Espada. Die Gesamtlänge dieses 2+2 reduzierte sich gegenüber dem «extrovertierten» Viersitzer von 474 auf 449 cm. Dennoch wurden in dem luxuriösen Lederinnenraum zwei valable Notsitze geboten. Ihre Lehnen ließen sich umklappen, womit zusätzlicher Laderaum entstand. Das Armaturenbrett war von einem üppigen Auffangpolster eingerahmt. Auf Wunsch waren zwei parallel eingesetzte gläserne Dacheinsätze erhältlich. Wie beim Islero GTS und inzwischen auch beim Espada erreichte die Leistung des 3929-ccm-V-12-Motors 350 PS bei 7500/min, dies mit sechs Weber-Doppelvergasern und einer Verdichtung von 10,7:1.

Noch kräftiger – nämlich mit 365 PS dotiert – war der im Juli 1972 eingeführte Jarama S 400 GT (später auch als GTS bezeichnet). Man erkannte ihn an der breiten, niedrigen Lufteinlasshutze auf der Motorhaube und an den Entlüftungsöffnungen oben hinter den vorderen Radausschnitten. So wurde für einen verbesserten Kühlluftdurchsatz gesorgt. Geblieben waren die in ungewohnter Art funktionierenden Scheinwerferklappen. Änderungen im Innenraum: Armaturenbrett mit schwarzem Samtstoff statt Leder überzogen; ebenfalls zwecks Reflexschutz überdachtes Instrumentarium, neu geordnete Schalter und mehr Fußraum im Fond. Und es gab weitere Verbesserungen technischer Art, so die Einführung einer Servolenkung, Rückleitung der Öldämpfe zwecks Nachverbrennung ins Ansaugsystem (dem Zug der Zeit entsprechend), und ab Frühling 1974 war (analog zum Espada) auf Wunsch eine automatische Kraftübertragung zu haben, ein Torqueflite-Getriebe von Chrysler. – Bis 1976 wurden bei der Carrozzeria Marazzi 327 Jarama aufgebaut, davon 150 des Typs 400 GTS.

Islero-Nachfolger mit Bertone-Design: Lamborghini Jarama 400 GT, 1970 (hier mit US-Blinkern; V-12, 3929 ccm, 350 PS – la).

Großartiger Anblick: Italienischer Maschinenbau vom Feinsten: der 4-Liter-V-12 des Jarama 400 GTS, 1976 (og).

Der raffinierte Weg der Jarama-Scheinwerferklappen (og).

Flache Lufthutze und seitliche Luftauslässe: Jarama 400 GTS, 1976 (V-12, 3929 ccm, 365 PS – og).

Der etwas kleinere Sportflitzer von Lamborghini: Urraco P 250, 1970 (V8, 2463 ccm, 220 PS; hier der Zeit etwas vorgegriffen mit einem Lamborghini Countach im Hintergrund – rb).

Ursprünglich plante Gandini Doppelscheinwerfer in originell geformten Längsnischen (br).

Der Dino-Konkurrent namens Urraco

Im Oktober 1970, acht Monate nach dem Genfer Salon, folgte auf der Autoschau von Turin der Lamborghini P 250, der alsbald den Namen Urraco erhielt. Diese Bezeichnung für einen jungen Stier passte prima zum kleinsten «Lambo»! Mit ihm trat Ferruccio Lamborghini nun auf tieferer Stufe ebenfalls in Konkurrenz zu Enzo Ferrari, der schon seit Ende 1966 ein kleineres Modell unter der Marke Dino baute. Lamborghini verzichtete allerdings auf einen separaten Markennamen. So wie Ferrari seine Modelle bei Pininfarina einkleiden ließ, so hielt sich Lamborghini an Bertone als «Couturier» seiner Baureihen. Der Urraco zeigte ein individuelles und doch typisch Bertone zuordenbares Design mit abfallender Fronthaube, Fließheck und sechs über die Rückscheibe gelegten, für Sonnenschutz und gleichzeitig Durchblick sorgenden Querlamellen. Eine trapezförmige Abdeckung in Kontrastfarbe auf den hinteren Dachträgern enthielt als Fortsetzung der Lamellenzwischenräume die Einlassschlitze für die Motorluft und wirkte als Erkennungsmerkmal.

Nach dem Muster des Miura hatte der unter Lamborghini-Chefingenieur Paolo Stan-

<u>Links:</u> Typische Bertone-Eigenheiten: die Klappscheinwerfer (br).

<u>Unten links:</u> ...und der Rückblick durch Lamellen; diese tarnten seitlich zudem den Motorlufteinlass (br).

Urraco P 300: imposanter DOHC-V8 mit vier Weber-Doppelvergasern (es).

Die stilsichere Sportwagenkontur umhüllte 2+2 Sitze und den querliegenden Mittelmotor (la).

zani konstruierte Urraco einen quergestellten Mittelmotor. Es war aber kein V-12 mit 60° Gabelwinkel und doppelten obenliegenden Nockenwellen, sondern ein V8 mit 90° und nur einer Nockenwelle pro Zylinderreihe. Zum Vergleich: im Dino arbeitete, ebenfalls hinter den Sitzen, ein V6 mit 65° Winkel und 2 x 2 obenliegenden Nockenwellen. In Hubraum und Leistung kamen sich die beiden recht nahe, nämlich 2463 ccm und 220 PS beim Urraco bzw. 2418 ccm und 195 PS beim Dino. Das 5-Gang-Getriebe des Urraco war samt Kupplung und Differenzial mit dem Motor verschraubt.

Dank Quereinbau dieser auf einem Schemel montierten Antriebseinheit ließ sich der Urraco als – wenn auch knapper – Viersitzer auslegen. Dies bei Abmessungen, die mit 245 cm Radstand und 425 cm Länge deutlich knapper waren als jene des Miura. Der in die Front eingelegte Kühler erhielt die Zuluft durch kaschierte Einläße unterhalb der Stoßstange, während zwei stilvolle Trichter auf der Fronthaube für Abluft sorgten. Ungewöhnlich für diese Art von Sportwagen war die Wahl von MacPherson-Federbeinen statt der üblichen Dreiecklenker-Aufhängung.

Auf dem Lamborghini-Stand des Genfer Salons 1971: Espada, Miura, Urraco, Jarama (br).

Das sportlich-luxuriöse Cockpit eines rechtsgelenkten Lamborghini Silhouette von 1978 (br).

Leiser Ausstieg des Lamborghini-Gründers

So sehr für den Urraco aus italienischer Sicht der Dino im direkten Blickfeld lag, so weckte der kleine Lamborghini auch internationale Hoffnungen. Ferruccio Lamborghini träumte davon, dass eine moderne Konstruktion dem in dieser Sportwagensparte weltweit führenden Porsche 911 etwelche Konkurrenz bringen könnte. War dessen luftgekühlter Sechszylinder-Heckmotor überhaupt noch zeitgemäß? Lamborghini rechnete mit einem Jahresausstoß von tausend Urraco. Doch Schwierigkeiten mit dem Produktionsanlauf und dem angestrebten Qualitätsniveau ließen diese Zahl bald einmal als Illusion erscheinen. Dies war mit ein Grund, dass sich Ferruccio Lamborghini ab Herbst 1971 schrittweise von seinem binnen weniger Jahre berühmt gewordenen Sportwagenwerk verabschiedete....

1973 erhielt der Urraco auch Konkurrenz durch den Maserati Merak, und zum Turiner Salon im Herbst 1974 wurde der Urraco P 250 von den Varianten P 200 und P 300 abgelöst: Mit dem 2-Liter-V8 (1994 ccm, 182 PS) ließ sich auf dem italienischen Markt eine Steuerhürde vermeiden, während die 2996-ccm-Variante mit vier obenliegenden Nockenwellen (265, später 250 PS) den Höhepunkt der Modellreihe verkörperte. Äußerlich erkannte man die neue Version an den fünf Luftaustrittsschlitzen statt der zwei Trichter auf der Fronthaube.

Schließlich wurde auf jenem Genfer Salon von 1976 – als weitere Bertone-Designschöpfung – der Lamborghini Silhouette 3000 vorgestellt. Zunächst wurde er als Urraco Silhouette bezeichnet, denn er war eine Urraco-Ableitung mit Targadach (herausnehmbares Dachmittelteil), einer tiefen, mit Lufteinlässen und Nebellampen bestückten Frontschürze, schwarzem Stoßschutz, stark auskragenden, kantigen Radhausrändern sowie auffallenden «5-Loch-Rädern». Auch er besaß den DOHC-3-Liter-Motor, zudem eine kürzere Antriebsachse. 1979 stand dieser nun als Silhouette Targa bezeichnete Lamborghini um 20 % teurer als der Urraco P 300 in der Preisliste. – Bis in jenem Jahr entstanden 795 Urraco und 54 Silhouette. Nachfolgemodell wurde der Anfang 1981 lancierte Lamborghini Jalpa (s. Seite 186).

Anfänglich als Urraco Silhouette, später als Silhouette Targa bezeichnet: Lamborghini Silhouette (1978; V8, 2996 ccm, 260 oder 250 PS – la).

Bertone Garmisch: zweitürige «Charakterlimousine» auf der Plattform des BMW 2002 TI, 1970 (4 Zyl., 1990 ccm, 120 PS – bw).

BMW stoppte den Garmisch in Genf

Eigentlich hätte er ebenso wie der Lamborghini Jamara im März 1970 auf dem Genfer Salon gezeigt werden sollen, aber BMW war dagegen: Der Garmisch war eine hochelegante zweitürige Limousine, deren Front sie eindeutig als einen modernisierten BMW auswies. Auch der vom bekannten Alpenkurort entliehene Name verwies auf Bayern. Die BMW-Leitung befürchtete, dass der Garmisch allzu stark auf die Stilrichtung der künftigen Mittelklasse-Modellreihe hinweisen könnte. Und an deren Formgebung war eben auch Bertone involviert. Als dann just zweieinhalb Jahre später, im September 1972, als Nachfolger des viertürigen Modells 2000 der BMW 520 vorgestellt wurde, ließ sich eine Verwandtschaft mit dem Garmisch nur oberflächlich ausmachen. Der BMW 520 war eine logische Evolution der vorangegangenen Modellreihe.

Möglicherweise hätte das Design des auf dem BMW 2002 TI basierenden Garmisch bei potenziellen BMW-Käufern zu hohe Erwartungen geweckt oder gar Skeptiker auf den Plan gerufen. Vor allem die stark einwärts geneigte Front mit der beidseits der BMW-Nieren durchgehenden Plexiglasabdeckung der rechteckigen Doppelscheinwerfer wirkte futuristisch angehaucht, und das Sonnenschutzgitter auf der großflächigen Heckscheibe war ebenfalls ziemlich unkonventionell. Harmonisch gelungen waren hingegen die Seitenflächenaufteilung mit einer von der Front bis zum Heck durchgezogenen breiten Sicke sowie deren Übergang in den Heckbereich mit den markanten horizontal betonten Rücklichtern. Farblich hervorgehobene Luftauslassschlitze an den hinteren Dachträgern wirkten als Modellmerkmale.

Oben: Von vorne bis hinten durchgezogene breite Sicke in den Flanken; Sonnenschutzgitter auf der Heckscheibe (bw).

Links: Neuartiges Layout des Armaturenbretts, Mittelträger mit senkrechtem Radioeinbau; eigenwilliges Lenkraddesign (bw).

Wer hat's geschaffen – oder wieviel von wem?

Nein, Garmisch und BMW 520 hatten keine offensichtliche Verwandtschaft. Und BMW hatte auch die Bertone/Gandini-Verdienste um die Modellreihe 520 nie offiziell bestätigt. So liefen die Dinge eben: Die Großen der Automobilindustrie luden oft nicht nur ihre eigenen Designer zum «Wettzeichnen» für künftige Modelle ein, sondern auch außenstehende Designfirmen. Denn hierzu boten sich diese ja an. Ausgewählt wurde dann häufig nicht einfach der bestgelungene – oder dem Management bestgefallende – Entwurf, sondern ein mehr oder weniger ausgeprägtes Gemisch. Hierzu wurde eine Grundform übernommen und ihr das eine oder andere Detail aus einem anderen Entwurf hinzugefügt.

So mag es auch bei dem im September 1972 lancierten BMW 520, dem bedeutungsvollen Mittelklasse-Leader der Marke aus München, der Fall gewesen sein. Vielleicht weil er typische eigene Stilmerkmale feststellte, hat Bertone-Chefdesigner Marcello Gandini dieses Modell in seiner persönlichen Liste aufgeführt. Und dies galt auch für den im Oktober 1968 auf den Markt gebrachten Oberklasse-BMW des Typs 2500 (nachmalige 7er-Reihe). Im Bertone-Werkverzeichnis sind hingegen nach dem Modell 3200 CS von 1961 keine weiteren BMW enthalten.

Flacher geht nicht: der 84 cm niedrige Bertone Stratos Zero von 1970 anläßlich des Concorso d'Eleganza Villa d'Este 2002 (V4, 1584 ccm, 115 PS – rg).

Stratos – der Flachste von allen!

Nach den experimentellen, aber gleichwohl noch gebrauchsbezogenen Einzelstücken namens Spicup, Runabout und 128 Coupé 4 Posti, die das Jahr 1969 gebracht hatte, schuf Bertone als nächsten Dreamcar nach dem Carabo von 1968 den Stratos. Er war die absolute Sensation des 52. Turiner Salons, an dem im Herbst 1970 auch der Urraco seine Premiere hatte. Weil sein Name im folgenden Jahr auch für ein Serienmodell Verwendung fand, wurde diesem spektakulären ersten Stratos nachträglich die Bezeichnung Zero oder auch kurz «0» angefügt.

Dieser erste Stratos war noch extremer als der Carabo. Auch er entsprach jener ultimativen Keilform, die den Luftwiderstand auf brutale Weise horizontal zweiteilen mochte. Dass da nach rekordschnellem Erreichen einer Hochgeschwindigkeit auch Auf- und Abtrieb ins Spiel kamen, wurde der Theorie überlassen. Denn es ging beim Stratos Zero ja nur darum, die Grenzen des Machbaren aufzuzeigen, zu veranschaulichen, wie niedrig ein Auto sein konnte, wenn man den Insassen eine halbwegs liegende Körperhaltung zumutete, so wie es bereits in Formel-1-Rennwagen vorgemacht wurde. Bei 358 cm Länge war der Zero nur gerade 84 cm hoch!

In einem Interview erinnerte sich Marcello Gandini: «Wir konnten Lancia nicht erklären, was wir zu tun gedachten. Daher entschlossen wir uns, einen gebrauchten Lancia Fulvia 1.6 HF zu kaufen und dieses Frontan-

Ebenfalls Novum: oberes und unteres Seitenfenster und seitlich öffnende Heckklappe (bw).

Der Bertone Stratos Zero im Längsschnitt: eine weitere spektakuläre Bertone-Mittelmotorkonstruktion (bw).

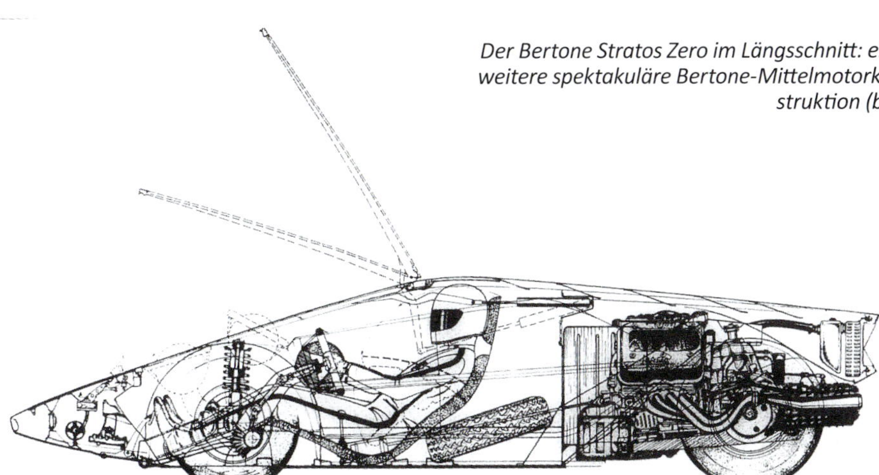

Die bronze- bzw. orangefarbene Originalfarbe wich später (und bis zum Jahr 2000) einer silberfarbenen Lackierung (bw).

triebs-Coupé so zu zerlegen, dass wir seine Mechanik studieren konnten. Wir konstruierten einen neuen Unterbau samt Aufhängungen und platzierten Motor und Getriebe vor den Hinterrädern. Dies ohne ein Wort an die Firma Lancia, denn wir befürchteten bis zum letzten Moment, dass sie die Verwendung ihres Namens an diesem Prototyp verhindern würde.»

In uneingeschränkt modernem Geist

Der Stratos Zero war eine weitere Mittelmotorkonstruktion aus Bertones «Zauberwerkstatt», diesmal mit einem längs untergebrachten 1,6-Liter-V4-Motor mit engem Gabelwinkel. Und er war zugleich eine architektonisch durchdachte Skulptur, die ebenso modernen, uneingeschränkten Geist verkörperte wie surrealistische Grafikkunst oder zeitgenössische Musikkomposition. Aber bei all' seiner futuristischen Attitüde war er durchaus brauch-, will heißen fahrbar. Als McLaren-Werksfahrer Emerson Fittipaldi 1971 das Bertone-Werk besuchte, äußert er den Wunsch, den Stratos Zero probefahren zu können. Auf einer leeren Piste gab er ihm durch die Gänge beschleunigend die Sporen und fand an diesem Dreamcar offensichtlich Gefallen. Gandini seinerseits beobachtete mit großer Genugtuung, wie «sein Werk» im Sonnenlicht glänzte und nicht das geringste Zeichen von Instabilität andeutete.

Tür und Windschutzscheibe in einem; vor dem Cockpit die auf der Front aufgebrachte «Zutrittsfläche» (rg).

Der Stratos Zero war ringsum einzigartig. Dies begann bereits mit der Einzel-Fronttüre, die auch die Windschutzscheibe mitumfasste. Nun ja, das gab es ja bereits auch bei dem Kleinstauto Isetta, das beim Bertone-Kunden Iso Rivolta entwickelt worden war. Aber während dort die Fronttür seitlich aufschwenkte, ging sie beim Stratos Zero nach oben auf... und verlangte für den Ein- und Ausstieg einige akrobatische Geschicklichkeit. Die Lenksäule samt Lenkrad konnte hierzu umgelegt werden. Völlig ungewohnt war auch der seitliche Ausblick durch die in die getrennten oberen und unteren Seitenmulden eingelassenen kurzen Glasflächen. Revolutionär neu durchdacht war außerdem das Cockpit mit dem links neben dem Sicherheitslenkrad vertikal in einer flachen Konsole eingefügten Instrumentarium. Es war dies gleichsam eine Vorahnung auf die Digitalanzeigen des 21. Jahrhunderts!

An die als Tür und Windschutzscheibe dienende Frontklappe schloss sich eine dreieckige silberfarbene Heckklappe an, die aus je fünf pfeilförmig zusammengefügten Lamellen bestand. Sie gab von der linken Seite Zugang zur Antriebseinheit. Der Stratos Zero war – wie schon der Carabo – ein «Gesamtkunstwerk», ein Symbol für Italiens Meister des Industriedesigns. Später wurde die bronze- bzw. orangefarbene Lackierung des Stratos Zero durch Metallicsilber ersetzt. Doch bei seiner Restaurierung im Jahre 2000 erhielt er seine Originalfarbe zurück. Bei einer Auktion anläßlich des Concorso d'Eleganza Ville d'Este im Jahre 2011 kam der «Zero» für einen Betrag von gut 760'000 Euro in den Besitz eines kalifornischen Sammlers!

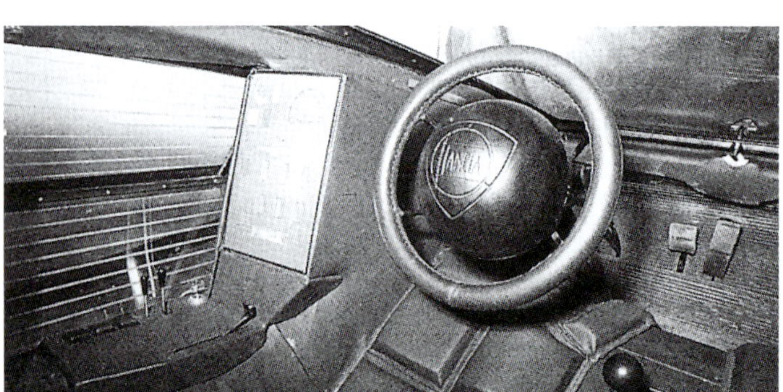

Links neben dem wulstigen Sicherheitslenkrad das Instrumentarium..., eine Vorahnung auf das digitale Zeitalter (bw).

Eine viel Kraftpotenzial versprechende Heckansicht, so gab sich der Stratos Zero aus dieser Perspektive (bw).

Der Buggy mit treffendem Namen Shake

Eher zögerlich hatte die 1965 in Kalifornien von einem Bootsbauer gestartete Buggywelle auch Europa erreicht. 1970, als sich auch Bertone des Themas annahm, betrat er in der Alten Welt noch Neuland. Ohnehin nahm die «Kultur» dieser Offenautos an den Stränden des Mittelmeers nie jenes Ausmaß an, das ihr an den Küsten und auf den Wildpfaden der USA zukam. In aller Regel basierten die Buggys (= Käfer) auf der Plattform des Volkswagen-Käfers. Nach dessen Großerfolg in Amerika standen dort solche Wagen als ausgediente Aggregatelieferanten in rauer Menge zur Verfügung.

Bertone aber besann sich natürlich auf ein eigenes, ebenfalls mit Heckmotor ausgestattetes Produkt: den Simca 1200 S. Ohne die von ihm gelieferte Karosserie ließ sich ein verstärkter Unterbau des 1200 S genauso gut für einen Buggy nach amerikanischem Muster, aber mit italienischen Designmerkmalen verwenden. Hierzu wurde der Radstand des kleinen Simca-Fließheckcoupés von 223 auf 205 cm verkürzt. Die Gesamtlänge erreichte noch 352 statt 400 cm; anderseits wuchs die Breite von 152,5 auf 163 cm.

Die Front- und Heckkarosseriepartien waren noch knapper geschnitten als bei den US-Buggys üblich. Die eigens angefertigten Räder und Reifen liefen unter bloß angedeuteten schwungvollen Radhäusern, deren Ränder mit Chromprofilen eingefasst waren. Die Frontöffnung wies auf die Lage des Wasserkühlers hin, die flache Frontscheibe war umlegbar, und die Scheinwerfer fanden sich – wie schon beim Runabout von 1969 – seitlich an dem die Sitzlehnen überragenden Überrollbügel. Dessen Doppelrohre trugen obendrauf zudem zwei Warnfanfaren. Eine weitere Besonderheit bestand in der aus wasserbeständigen Stoffstreifen bestehenden Sitzbespannung. In einer zweiten Version ließ sich das Reserverad hinter einer verlängerten Motorabdeckung stehend unterbringen; zudem zeigten sich die Scheinwerfer freistehend an die Front verlegt.

Über solche Ideenvielfalt konnten die immer zahlreicher werdenden Buggyhersteller beidseits des Atlantiks nur staunen... Herzhaft über Stock und Stein pilotiert, vermochte ein solches Vehikel die beiden Insaßen gehörig durchzuschütteln; da war der von Bertone gewählte Name Shake durchaus sinnvoll!

Seine Premiere erlebte der Shake auf dem Automobilsalon von Paris 1970. Und auf dem Bertone-Stand des Genfer Salons 1972 tauchte er unvermutet erneut auf. Nun als geplantes Serienmodell mit dem Motor aus dem Fiat 128 (1116 ccm, 55 PS). Eine Firma Drusman aus Turin wollte diesen 340 cm langen, 680 kg wiegenden und angeblich 100 km/h schnellen Buggy für rund 10'000 Franken unter die Liebhaber bringen.

Ein Buggy aus dem Hause Bertone: der Shake auf Basis Simca 1200 S (4 Zyl., 1204 ccm, 85 PS – bw).

Ungewohnte Buggyfront: abgesetzte Scheinwerfer, chromgerahmtes Kühlergitter (bw).

Symbol für Italiens Karosserieindustrie: Bertone Stratos Zero als eine zum Fahrkörper gewordene kunstvolle Grafik (bw).

Italiens Designfirmen um 1970

Auf dem Automobilsalon Turin von Ende 1969 präsentierte sich Italiens Karosseriebranche einschließlich der Hersteller von Kleinserien-Liebhabermodellen mit Fiat-Mechanik in voller Blüte. Folgende Namen waren noch präsent:

Traditionelle Design-Firmennamen:
Bertone, Pininfarina, Ital-Design (Giugiaro), Ghia, Vignale, Zagato
Kleinere Designfirmen:
Caprera, Eurostyle, Fissore, Poccardi (mit Frua), Zanella
Kleinserien-Liebhabermarken:
Giannini, Lombardi, Moretti, Savio, Scioneri, Siata
(Mit keinem eigenen Stand präsent auf dem Salon Turin 1969 war die Carrozzeria Marazzi, Nachfolgerin der 1967 untergegangenen Firma Touring Superleggera.)

Schmückende und schützende Chromstangen an Front, Seitenbord und Heck sowie als Überrollschutz (bw).

Die Zweitversion präsentierte sich mit überdachtem, stehendem Reserverad am Heck (bw).

Schwungvoll und unverkennbar Alfa: Bertone-Vorschlag für ein viersitziges Coupé von 1971 (bw).

Mit einem markanten, von Ecken und Kanten geprägten Gesicht (bw).

Es gab stilistische Hinweise auf frühere Bertone-Schöpfungen (bw).

Kein Anschluss unter Nummer 119!

Das Jahr 1971 begann gemäß Bertone-Werkskatalog mit dem Modell Alfa Romeo 119. Denn nach wie vor – wenn auch nicht mehr so intensiv wie früher – wirkte Bertone als ein externes Styling Center für die Staatsfirma in Mailand. Der Typ 119 basierte auf der Plattform des Alfa Romeo 1750 Berlina mit 257 cm Radstand. Zu jenem Zeitpunkt gab es weiterhin die (knapp) viersitzigen Coupés GT 1300 Junior und 1750 GT Veloce sowie ihre rennsportlichen Derivate. Sie besaßen 235 cm Radstand. Die Zeit des großen Bertone-Coupés Alfa Romeo 2600 Sprint aber war schon seit fünf Jahren abgelaufen, während die Serienherstellung des Luxuscoupés Montreal erst mit der zweiten Präsentation auf dem Genfer Salon 1970 einsetzte und sein Verkauf nun am Anlaufen war.

Da war es also durchaus angebracht, an einen Nachfolger für die erfolgreiche Alfa-GT-Linie zu denken oder zumindest eine Ergänzung vorzuschlagen. Unverkennbar gab sich das Modell 119 mit dem stilisierten, wenn auch verbreiterten Schild in der Mitte des Kühlergrills als Alfa zu erkennen. In der Seitenansicht erinnerte dieses stilvoll-elegante Fließheckcoupé aber ebenso deutlich an bestehende Bertone/Gandini-Coupéschöpfungen, allen voran an den Lamborghini Espada, auch wenn dieser um einiges länger war. Zu dieser Design-Verwandtschaft verhalfen die in der Mitte der Flanken horizontal durchgezogenen Zierleisten ebenso wie die hinten dreieckig nach oben auslaufenden zweiten Seitenfenster.

Die Heckgestaltung fiel durch ihre markanten Ecken und Kanten auf. Den schwarzen Schutzbelag auf den Stoßstangen hatte Bertone schon 1970 auf dem Lamborghini Jarama eingeführt. Das Modell 119 ging hingegen nicht in Serie. Was Bertone zurückgewiesen wurde, gelang dann 1974 Giorgetto Giugiaro mit dem Alfetta GT. Denn von ihm und seiner Firma Ital-Design stammte die Formgebung dieses viersitzigen Fließheckcoupés, das endgültig die Nachfolge der Baureihe Giulia GT antrat.

So sah dann der 1974 lancierte Alfa Romeo Alfetta GT aus, gestaltet von Ital-Design bzw. ex-Bertone-Chefdesigner Giorgetto Giugiaro. Bis 1976 entstand er in knapp 22'000 Einheiten und danach bis 1985 in einer Vielzahl von Nachfolgevarianten..., leider alle ohne Bertone-Beteiligung! – aw).

Nächster großer Schritt: der Countach

Auch 1971 war der Bertone-Stand auf dem Genfer Salon einer der Hauptanziehungspunkte. Denn hier stand nun der mögliche Nachfolger des Lamborghini Miura, auch wenn er zunächst noch als Dreamcar oder Konzeptstudie galt. Jedenfalls erweckte er in den Sphären vermögender Autofreaks sogleich intensives Kaufverlangen, wodurch der gleichzeitig in Genf vorgestellte Miura SV in den Schatten geriet. Zunächst wurde er nur als LP 500 bezeichnet: Die Buchstaben wiesen auf den Längs- statt Quereinbau des Motors (longitudinale) und seine Lage hinten (posteriore) hin, die Zahl 5000 auf den Hubraum der V-12-Maschine.

Der LP 500 hier in der Seitenansicht samt Signatur von Marcello Gandini (br).

War diese Neukonstruktion noch spektakulärer als der Miura? Ja, sie war es, wenn auch auf andere Art. Auffallend an diesem Zweisitzercoupé der Kategorie Supercars waren die stark nach vorne abfallende Front und die weit nach hinten gezogene Dachlinie. Dies verhalf ihm zu einem gänzlich anderen Charakter, als sie dem zu einem Begriff gewordenen Miura eigen war. Hinzu kamen die flache, tiefgelegte Front und das im Unterschied dazu relativ hochliegende Heck. Völlig ungewohnt war der hintere, asymmetrisch nach oben ansteigende Radausschnitt, der ein Gegengewicht zu dem sich nach hinten verschmälernden Motorlufteinlass bildete. Der LP 500 war zudem das erste für eine Serienherstellung vorgesehene Auto mit hydraulisch öffnenden Scherentüren, wie sie Bertone drei Jahre zuvor am Dreamcar Carabo verwirklicht hatte.

Das Konzpt des LP 500 war nicht nur stilistisch, sondern auch technisch überaus kühn. In Gandinis Entwurfskizze erkannte Lamborghinis Chefingenieur Paolo Stanzani die Möglichkeit, die Antriebseinheit im LP 500 umgekehrt einzubauen, nämlich trotz der Mittelmotorlage das Getriebe nicht im Heck, sondern vor dem Längsmotor und bis zwischen die Sitze nach vorne reichend. Dies ermöglichte es, eine identische Motor/Getriebe-

Die Entwurfskizze für den LP 500 von Marcello Gandini zeigte nahezu Einvolumenform: Fronthaube und Windschutzscheibe lagen fast in einer Linie (bw).

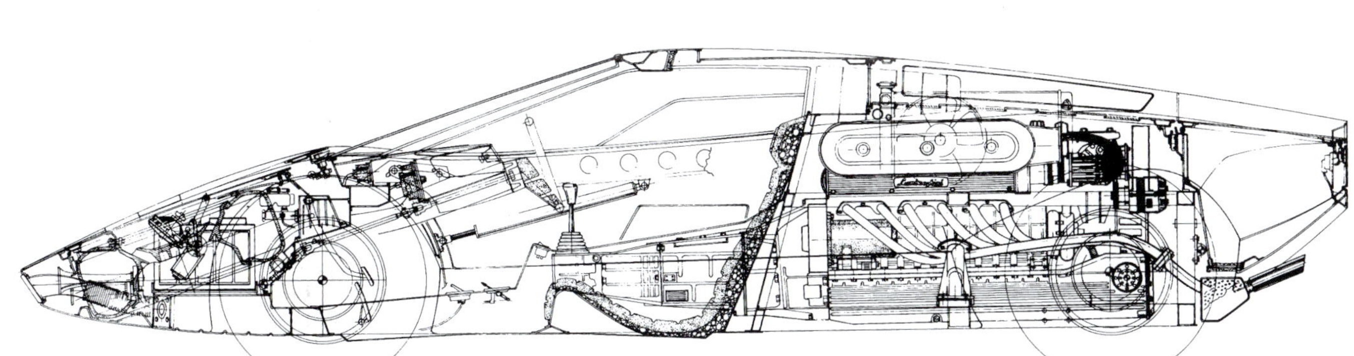

Wie sich der LP 500 danach im Längsschnittbild präsentierte: der gewaltige Motor belegt viel Platz in der Längsachse (bw).

Bertones PR-Direktor Gian Beppe Panicco brachte den Countach LP 500 nach Korinth und Athen zum Fototermin (1971; V-12, 4971 ccm, 440 PS – bw).

Einheit auch in einem Modell mit Frontmotor zu verwenden. Zudem erbrachte diese Lösung eine gleichmäßigere Gewichtsverteilung, wie sie im Vergleich zum Miura anzustreben war. Die Kardanwelle musste somit durch die gemeinsame tiefe Ölwanne von Getriebe und Motor hindurch zur Hinterachse geführt werden; eine äußerst ungewöhnliche Lösung!

Auf den ersten Blick wirkte der LP 500 wuchtiger und größer als der Miura. Doch sein Radstand war mit 245 cm um 5 cm kürzer, und die Gesamtlänge erreichte nur 401 statt 439 cm. Zudem war er nur 103 statt 110 cm hoch. Anderseits erreichte die Breite nun stattliche 187 anstatt 178 cm. Sein Unterbau setzte sich aus einem halben Monocoque, verstärkt mit Vierkantrohren und Stahlplatten, sowie einer Struktur aus feinen Stahlrohren zusammen. Die Karosserie bestand teils aus Aluminium, teils aus Stahlblech. Der Aufhängung dienten vorne Trapez-Dreieckquerlenker, hinten obere einfache Querlenker mit Zugstreben und unten umgekehrte Dreieckquerlenker und Längsstreben. Die hinteren Schraubenfedern/Stoßdämpfer waren doppelt vorhanden. Die beiden Treibstofftanks fassten je 80 Liter, und vollgetankt kam der LP 500 auf ein Leergewicht von 1250 kg. Bei scharfer Kurvenfahrt verhielt er sich im Vergleich zum Miura ausgewogener und wich beim Gaswegnehmen weniger brüsk vom Kurs ab.

Diese Frontaufnahme «aus der Froschperspektive» veranschaulicht klar, wie nahe der Lamborghini Countach LP 500 bei einer vollkommenen Keilform lag (bw).

Ferruccio/Nuccio: enttäuschendes Kontaktende

Seinen Rufnamen erhielt der LP 500 buchstäblich durch den Ausruf «Countach!» eines Bertone-Mitarbeiters, als dieser den Wagen erstmals sah. Mit diesem piemontesischen Dialektwort wird höchstes Erstaunen zum Ausdruck gebracht. Es entspricht in etwa dem altdeutschen sapperlot! oder dem neudeutschen coool! — Aber warum erhielt der LP 500 keinen Namen mit dem traditionellen Bezug zum spanischen Stierkampf? Noch bevor dieses Projekt auf dem Genfer Salon seine Premiere feiern konnte, hatte Ferruccio Lamborghini seine Absicht bekundet, sich aus dem Supercar-Business zurückzuziehen und sich auf seine beiden anderen Geschäftszweige –

Zum Instrumentarium des Countach-Prototyps zählte eine Fahrzeug-Grundrisstafel mit Kontrolllämpchen…, nein, noch nicht digital (links – bw).

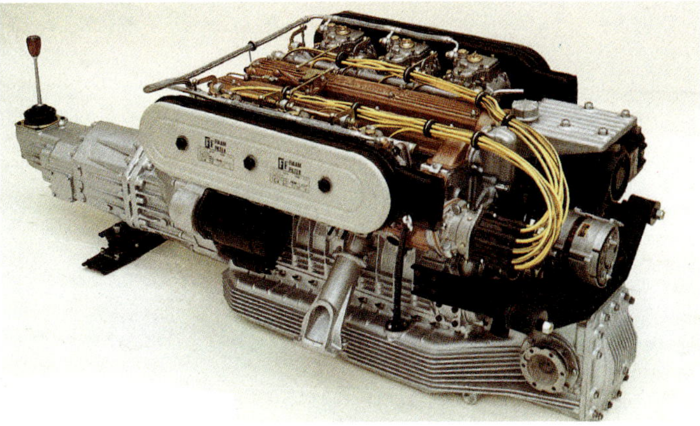

Der 5-Liter-V-12 war für Kenner ein atemraubendes technisches Kunstwerk; der Schalthebel fand seinen Platz direkt vor dem Getriebe (bw).

Traktoren und Ölbrenner – zu konzentrieren… Für Nuccio Bertone war dies eine herbe Enttäuschung. Er sah sich im Duo mit Lamborghini seit dem Ende 1965 realisierten Miura als ein herausforderndes schöpferisches wie kommerzielles Gegengewicht zu den eng zusammenwirkenden Firmen Ferrari und Pininfarina. «Gemeinsam mit Lamborghini zu arbeiten, war für mich eine wunderbare Berufserfahrung,» äußerte er sich später. In der Tat hatten sich Lamborghini und Bertone u. a. gemeinsam wertvolles Fachwissen im Bereich des Mittelmotors angeeignet. Ansprechpartner bei Lamborghini war inzwischen Chefkonstrukteur Paolo Stanzani.

Für das Optimieren der Aerodynamik war man bei Bertone weiterhin auf die bewährte Wollfaden-Testmethode angewiesen; ein Windkanal stand nur für Kleinmodelle zur Verfügung. Der erste Prototyp war – wie häufig bei Neuschöpfungen aus den Turiner Designstudios – erst im letzten Moment vollendet worden, und Testfahrer Bob Wallace pilotierte ihn daher gleich direkt auf der Straße zur Genfer Ausstellung. Der neugegossene Motor des LP 500 kam bei 4971 ccm Hubraum auf eine Leistung von 440 PS bei 7400/min. Bei den alsbald vielen Tausend gefahrenen Testkilometern zeigten sich bei diesem neuen V-12 jedoch Mängel. Daher wurde für zwei weitere Prototypen auf den 3929-ccm-Motor zurückgegriffen, wie er sich in den bisherigen Lamborghini als zuverlässig bewiesen hatte. Die auf dem Genfer Salon 1973 eingeführte erste Serienversion hieß denn Countach LP 400…, und einen 5-Liter-LP sollte es erst ab 1982 geben. Der Countach-Prototyp von 1971 endete übrigens als obligates Crash-Test-Exemplar…

Ferruccio Lamborghinis Rückzug

Gegen Ende der Sechzigerjahre hatte sich die Lamborghini-Produktion bei jährlich 400 Luxussportwagen eingependelt. Aber ziemlich unvermittelt sah sich Ferruccio Lamborghini mit einem stornierten Großauftrag in seiner Traktorensparte konfrontiert: Er benötigte dringend neue Finanzmittel, und er entschloss sich daher, das ohnehin kaum rentable Sportwagenwerk zu verkaufen. In Georges Henri Rossetti, einem 37-jährigen Fan seiner Sportwagen aus der Westschweiz, fand er einen Kaufinteressenten und überließ ihm 51 Prozent des Kapitals der Automobili Ferruccio Lamborghini SpA.

Rossetti besaß eine Karosseriewerkstatt im Kanton Neuenburg und wurde von seinem Vater, Besitzer zweier Fabriken für die Herstellung von Werkzeugmaschinen für die Uhrenindustrie, unterstützt. Lamborghini verblieb im neubestellten Verwaltungsrat. Ende 1974 verkaufte er dann seine restlichen 49 % Kapitalanteil an René Leimer, ebenfalls Lamborghini-Freund aus der Westschweiz und u. a. Händler von Garagentoren und vorfabrizierter Garagen…

Doch schon 1973 trennte sich Lamborghini auch von seinem Traktorenwerk. – Er wandte sich schließlich resigniert (aber immerhin erfolgreich) dem Weinbau zu.

Die Heckgestaltung mit der an das flache Rückfenster anschließenden Motormulde zeigte sich ebenso eigenständig markant wie die Front- und die Seitenansicht (bw).

Erstmals wurden die einen eigenen hydraulisch unterstützten Mechanismus benötigenden Scherentüren für ein Serienmodell vorgesehen (bw).

Der LP 500 wurde eingehenden Probefahrten unterzogen, darunter auch dem «Wollfädentest» zur Kontrolle der Aerodynamik (bw).

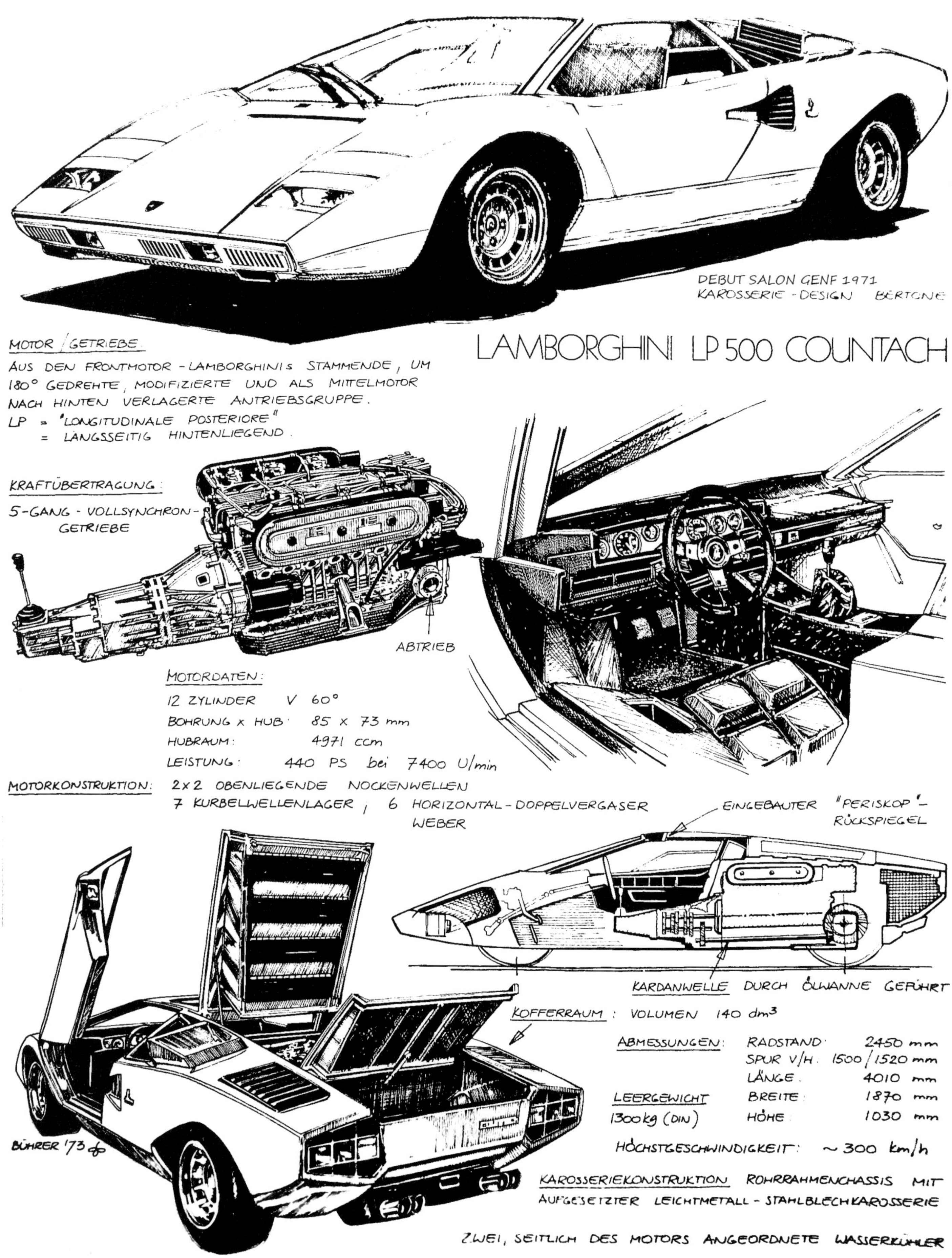

Der Lamborghini Countach LP 500 mit seinen technischen Besonderheiten, dargestellt im Jahr 1973 durch den renommierten Schweizer «Autografiker» Werner Bührer (Copyright).

Ein erster Besuch im Werk Grugliasco

Im runden Jahr 1970 hatte die Zahl der Bertone-Belegschaft die ebenfalls runde Zahl von 1600 Mitarbeitern erreicht. Der Tagesausstoß bezifferte sich auf über 140 Fahrzeuge und Aufbauten. Insgesamt verließen 1970 rund 31'000 Einheiten die Werkanlagen. Dank eines weitsichtigen Investitionsprogramms entstanden inzwischen weiterentwickelte Produktionsanlagen. Dazu zählten Einrichtungen zur Phosphatierung und der Elektrophorese sowie eine «Soundproofing line», also Maßnahmen zur Geräuschdämpfung. In dem 1964 bei Caselle eröffneten Zweigwerk wurden vor allem Bestandteile zu Untergruppen bzw. Montageeinheiten zusammengebaut. Unter den Karosseriefirmen Italiens – Bertone, Pininfarina, Ghia, Marazzi sowie kleineren Betrieben – erreichte Bertone einen Produktionsanteil von gut 50 %.

Im Frühling 1971 hatte der Autor (damals Redakteur bei der «Automobil Revue») erstmals Gelegenheit zu einem Besuch des Bertone-Werks in Grugliasco. Zu den ersten-optischen Eindrücken zählte einerseits das halbwegs hinter einer kleinen Parkanlage versteckte schmucke Verwaltungsgebäude, das auch die Entwicklungsabteilung beherbergte, anderseits der Einblick in die ausgedehnte Montagehalle, in deren Innern sich linksseitig in langer Kolonne die Aufbauten der werdenden Fiat Dino Coupé 2400 und rechts jene der Fiat 850 Sport Spider reihten.

Dr. Gian Beppe Panicco, PR-Manager von Bertone, bot während eines Rundgangs vertieften Einblick in die Produktionsanlagen. Im Gegensatz zu den Karosserieabteilungen der großen Autowerke glänzten die monumentalen und lärmvollen Karosseriepressen hier durch Abwesenheit. Für kleinere Serien lohne es sich nicht, eigene Pressen zu haben, erläuterte Panicco dem Verfasser. Daher wurden die einzelnen Karosseriebleche und Strukturteile nach genauen Bertone-Vorgaben auswärts gestanzt.

Zulieferanten finden als Herausforderung

Die Teilebeschaffung für die Kleinserien erforderte denn eine sorgsame Detailplanung. Spezialisten befassten sich hierzu bei Bertone mit der Disposition der laufend in kleinen Stückzahlen benötigten Einzelteile. Es sei bedeutend schwieriger, für einige Dutzend Exemplare eines Ausrüstungs- oder Bauteils einen Lieferanten zu finden, als für Tausende oder Zehntausende Einheiten, erklärte Panicco. Allein für den Aufbau des Fiat 850 Sport Spider wurden 1900 Einzelteile zusammengebaut, und bei den größeren Modellen waren es noch bedeutend mehr.

Zur Zeit des Besuchs setzte sich die Bertone-Produktion wie folgt zusammen:

Die Bertone-Werkanlagen in Grugliasco um 1970: Im Vordergrund transportbereite Aufbauten des Fiat 850 Sport Spider, im Hintergrund Rohkarosserien des Alfa Romeo Montreal (bw).

Modell	**pro Tag**
Fiat 850 Sport Spider	120
Simca 1200 S Coupé	15
Fiat Dino 2400 Coupé	5—7
Alfa Romeo Montreal	5—6
Lamborghini Espada + Lamborghini Miura	1—2
Total	**bis 150**

Es war geplant, den Ausstoß des Fiat Dino Coupé und des Alfa Romeo Montreal noch 1971 auf je 10 bis 15 Exemplare pro Tag zu erhöhen. Von den Lamborghini Espada und Miura wurden alle zwei Tage drei fertiggestellt, je nach Bestellungseingang mehr Espada oder mehr Miura.

Vom Fiat 850 Sport Spider war kurz zuvor das 100'000. Exemplar vom Band gerollt. Dies verkörperte für ein unabhängiges Karosseriewerk einen außerordentlichen Erfolg. Doch wo lag bei solchen Großserien noch der Unterschied zu einem Fahrzeugmodell, das auch seinen Aufbau direkt bei seinem markennamengebenden Werk erhielt?

Der Rundgang durch die Werkhallen von Bertone überzeugte. Die Qualität wurde hier offenbar weit intensiver gepflegt, als dies bei üblicher Massenfertigung üblich war. Zusätzlichen Stationen dienten besonders genauen Kontrollen über die Fertigungsschritte der werdenden Karosserien. Zudem erhielten die Spider anstatt der üblichen zwei Grundierungsschichten deren drei, und alle weiteren, hochwertigeren Modellen wurden sogar fünf Grundierungsgänge unterzogen.

Besonders stolz war man bei Bertone auf die neue Lackierabteilung, die Ende 1970 in Betrieb genommen worden war. Sie bestand aus Anlagen für das Entfetten der Rohkarosserien, für deren Entmineralisierung und für das Behandeln mit Antidröhnbelag. Neues Prunkstück war das Elektrophoresebad, das die Karosserien besonders rostsicher machte. Statt eines einfachen Tauchbads stand nun ein

Nuccio Bertone neben dem Stratos Zero (bw — s. N.B. privat, Seite rechts).

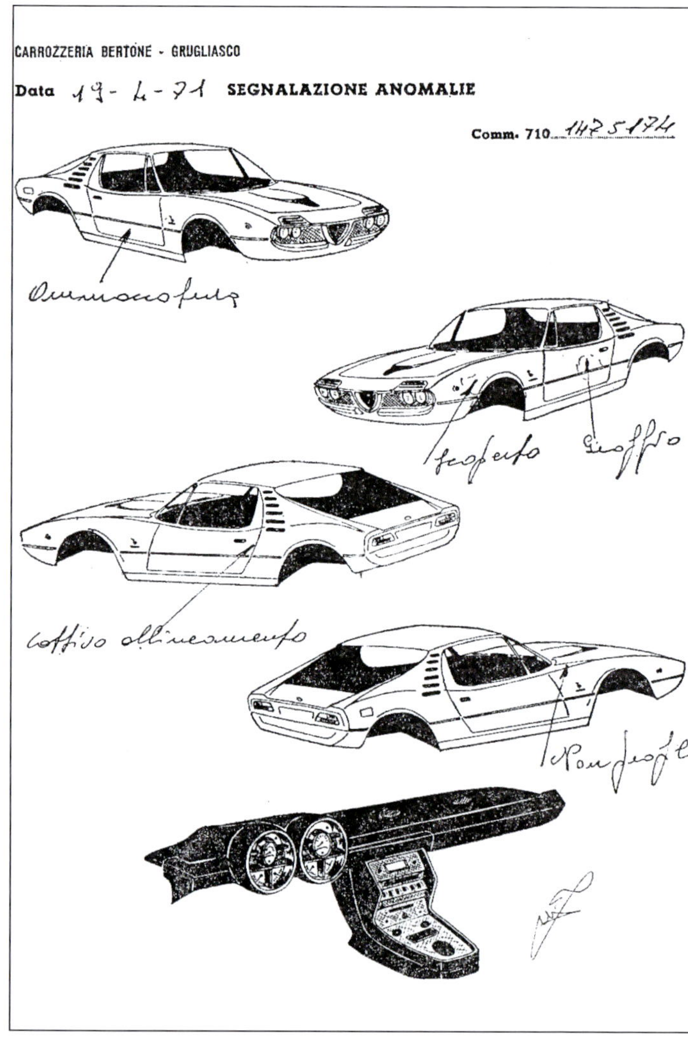
CARROZZERIA BERTONE - GRUGLIASCO

Data 19-4-71 SEGNALAZIONE ANOMALIE

Comm. 710

Der Kontrollbogen, mit dem der Kontrolleur die Montreal-Karosserien abnahm. Beanstandet wurden bei diesem Beispiel: Lackfehler, nicht überdeckte Fläche, Kratzer, ungenügend eingepasste Türe, nicht ganz flacher Übergang von Karosserieteilen.

85'000 Liter umfassendes Becken zur Verfügung, das für drei bis vier Karosserien verwendet und darauf wieder erneuert wurde. Die strahlende Sauberkeit und Helle des neuen Spritzwerks war beeindruckend. In ihr kamen die bunten Farben der Bertone-Karosserien – vom poppigen Gelb über leuchtendes Blau zu rennsportlichem Rot – zu voller Geltung (s. auch Nachgang 2 auf Seite 294).

Hintergrund-Infos zu Prototypen und Dreamcars

Der Besuch in Grugliasco vermittelte dem Autor auch wertvolle Einblicke hinter die Kulissen der aufsehenerregenden Einzelstücke, mit denen Bertone die internationalen Automobilausstellungen bereicherte. Nach welchen Gesichtspunkten entstehen solche Publikumsattraktionen, lautete die erste Frage an Dr. G. B. Panicco. Hier seine Antwort: «Prototypen werden zielgerichtet auf eine mögliche Produktion ausgelegt. Im Gegensatz zu reinen Dreamcars kommt ihnen damit eine die mögliche Stilrichtung konkret aufzeigende Bedeutung zu. Wird ein solches Einzelstück im Auftrag gebaut, so stecken in der Regel die Marktforschungsergebnisse des Auftraggebers für die Konzeption den Rahmen aus. Es kommt vor, dass Aufträge zurückgewiesen werden müssen, weil man bereits ein Konkurrenzmodell in Arbeit hat. Um solche Kollisionen zu vermeiden, entwickelt Bertone üblicherweise nur für einen Hersteller pro Land das Karosseriedesign.»

Was aber geschieht mit den Karosseriestudien, die auf eigene Initiative gebaut werden? Hierzu Panicco: «Man benutzt sie als Ausstellungsobjekte, mit denen die Publikumsmeinung erforscht werden kann. Der 1967 entstandene Lamborghini Marzal beispielsweise ist heute noch auf Tournee, zurzeit in Australien und Neuseeland, wobei die Transportkosten von den lokalen Ausstellern getragen werden. Wenn solche Zugstücke nicht mehr gefragt sind, werden sie verkauft, etwa an Museen oder private Sammler. Ein Paket von vier Bertone-Einzelstücken ist vor einiger Zeit nach den USA versandt worden.»

Sehr aufschlussreich war auch, was der Bertone-PR-Direktor dem Autor über den Aufwand für die Konstruktion von Prototypen und Dreamcars verriet: «Ein Prototyp entsteht in 10'000 bis 15'000 Arbeitsstunden. Werden diese zu 3000 Lire gerechnet, so ergeben sich Lohnkosten von 4,5 Millionen Lire (rund 26'350 DM oder 31'200 Schweizer Franken). Dazu kommen aber noch die stark variierenden Materialkosten. Allein für die Scheiben des Stratos hat Bertone dem Lieferanten eine Mio. Lire (5855 DM oder 6926 SFr.) bezahlen müssen.»

In der Stylingabteilung von Bertone arbeiteten 1971 einschließlich der Modellbauer 60 Personen. Sie war für Außenstehende streng abgekapselt. Denn in deren Räumen wurde nicht nur die eigene, sondern auch die Zukunft von nicht genanntsein wollenden Auftraggebern gestaltet. Das Durchschnittsalter der Designer lag bei 26 Jahren. Ihr Chef, Marcello Gandini, war damals 32. Hierzu Dr. Paniccos Kommentar: «Es hat sich gezeigt, dass man sich ideenmäßig jung verbraucht. Doch Nuccio Bertone liebt es, wahrscheinlich kaum zur eitlen Freude seiner 'Jünger', mit seiner durch viele Jahrzehnte geübten Hand dieser oder jener Linie auf einer Entwurfsskizze einen anderen Verlauf zu verleihen»

Italiens soziale Unruhen

Der Zeitpunkt seines Besuchs bei Bertone war nicht hierzu gewählt worden: Doch es ergab sich zufällig, dass der Verfasser Zeuge von den zu jenen Zeiten in Italien herrschenden sozialen Unruhen wurde, wie dies in seinem damaligen Bericht festgehalten wurde: «Arbeiter lagerten im leuchtend grünen Gras der ländlichen Werksumgebung. Vor dem Verwaltungsgebäude wehten rote Fahnen, und an seinen Mauern forderten gelbe Plakate in großen Lettern Mitbestimmungsrecht. Einige weitere Arbeiter waren in der Ecke einer Werkhalle ins Kartenspiel vertieft und häuften Liremünzen vor sich auf. Die restliche Belegschaft aber hatte sich ins Zentrum von Turin begeben, um gemeinsam mit Fiat-Arbeitern eine Demonstration zu formieren.» So stellte sich die Situation bei Bertone zum Zeitpunkt des Besuchs.

Bereits seit einem Monat wurde bei Bertone und anderen Industrieunternehmen des Piemonts sowie in weiteren Regionen Italiens gestreikt. An jenem Tag war von den Streikführern eine Arbeitszeit von 2 bis 4 Uhr nachmittags zugestanden worden. An anderen Tagen wurde halbtags gearbeitet. Der Entscheid, wann die Fließbänder laufen durften, wurde häufig erst am Vortag gefällt. Auch das kaufmännische Personal wurde von den Arbeitsstilllegungen betroffen. Mit unmissverständlicher Bestimmtheit wurde es von den Streikenden aus den Büros gewiesen. Deren Führer gehörten teilweise extremen Gruppen an, denen selbst das Vorgehen der Kommunisten zu weich erschien. Symptomatisch für die herrschende gedrückte Stimmung war die Tatsache, dass man über die von den Streiks verursachten wirtschaftlichen Schäden überhaupt nicht mehr sprach.

Nuccio Bertone – privat

Anlässlich des Besuchs in Grugliasco lieferte Bertones PR-Manager Dr. G. B. Panicco auch einige Hinweise über das Leben seines Chefs: Eigentümer der Carrozzeria Bertone sind Nuccio Bertone, seine Schwester sowie sein Schwager, Ingenieur Tiberio Gracco, der auch die technische Leitung innehat. Nuccio Bertone ist nun 57 Jahre alt. Mit 50 hat er geheiratet; bis dahin hatte sein ganzer Lebensinhalt dem Automobil und vor allem dem Auto mit Spezialkarosserie gegolten. Selbst feiertags war er durch seine Stylings- und Konstruktionsbüros, seine Werkhallen geschritten. Heute aber widmet er seine Freizeit der Familie, der eine fünf- und eine dreijährige Tochter angehören. Zwar kommt Nuccio Bertone in der Regel mit einem seiner prächtigen Luxusboliden vorgefahren, aber in seiner Privatgarage steht auch ein Auto, das ihm Mitte der Fünfzigerjahre zum großen Durchbruch verholfen hatte und mit dem er aus Dankbarkeit hin und wieder vor seinem modernen Verwaltungsgebäude parkiert: dem Alfa Romeo Giulietta Sprint...

Zwei Arten «Gastarbeiter»

Beim Besuch bei Bertone ließen sich auch «Gastarbeiter» beobachten – nein, nicht aus dem Ausland zugereiste Arbeitskräfte, sondern in diesem Falle Leute, die nicht vom Karosseriewerk Bertone bezahlt wurden und dennoch in dessen Hallen ihren Arbeitsplatz besaßen. Es handelte sich um Lohnbezüger der Auftraggeber Fiat und Alfa Romeo. Ihnen oblag die Aufgabe, die vom Montageband kommenden Karosserien auf ihre einwandfreie Qualität zu prüfen und hierzu ihr «ok» zu geben.

In den Werkhallen konnte man noch drei weiteren Männern begegnen, die nicht zur Bertone-Belegschaft zählten: Sie hatten in ihren Spezialgurten Thermosflaschen eingesteckt und verkauften im Auftrag einer Verpflegungsfirma an die Werksangehörigen Kaffee und andere Getränke.

Vom Exzess zur Realität: Stratos HF

Wer hätte es für möglich gehalten, dass aus dem so wirklichkeitsfremden Stratos ein tatsächlich gebrauchsfähiges Kleinserienauto entstehen würde? Dazu noch ein ungemein formvollendetes Sportcoupé, das sich im Rallyesport die höchsten Auszeichnungen holen sollte! Mit dem Stratos Zero, der ein weltweites Echo ausgelöst hatte, weckte Bertone nachträglich doch noch das Interesse der Lancia-Führung: Ugo Gobbato, Lancias Generaldirektor, und Cesare Fiorio, Lancia-Rennleiter, empfingen Nuccio Bertone in ihrer Rennsportabteilung an der Via San Paolo, wo der Karosseriehersteller in der Tat mit dem reichlich merkwürdig wirkenden Keilauto vorfuhr.

Nachdem Bertone das Lancia-Management von den Vorteilen der Mittelmotorbauweise überzeugt hatte, wurde die Zusammenarbeit bei der Entwicklung eines für den Renn- und Rallyeeinsatz tauglichen Stratos-Abkömmlings vereinbart. Allmählich kristallisierte sich die Zielsetzung heraus, nämlich die Herstellung einer Serie von 500 Wagen zwecks Homologation in der Gruppe 4 bzw. der Kategorie Spezial-Gran-Turismo. Lancia wollte mit diesem Modell einen Nachfolger für das bei zahllosen Rallyes erfolgreichen Fulvia-Coupé 1600 HF schaffen.

Der darauf in wenigen Monaten verwirklichte attraktive Zweisitzer, der auf dem Turiner Salon von Ende 1971 in leuchtendem Signalrot für Furore sorgte, galt zunächst noch als Studie für das Rallyeprojekt Stratos HF. Die zwei Buchstaben standen für den damals allgemein bekannten Akustikbegriff «Hi-Fidelity» und bezeichneten die Rallye-tauglichen Versionen des Fulvia-Coupés. Lancia aber verfügte über keinen Eigenmotor, der das nun angestrebte höhere Leistungsniveau bieten konnte. Statt des 1,6-Liter-V4-Motors, wie er den Stratos Zero antrieb, wurde in den Prototyp des Stratos HF daher der ohnehin als Mittelmotor ausgelegte 2,4-Liter-V6 aus dem Dino 246 GT eingebaut.

Der erste auf dem Salon Turin 1971 vorgestellte Lancia Stratos HF (bw).

Auch die Heckpartie des ersten Stratos HF war noch glattflächig (bw).

Der Lancia Stratos HF auf der Entwurfsskizze: Sportlich-angriffige Keilform... (bw).

...und so wie sich der Stratos HF — vom Entwurf nur wenig abweichend — präsentierte (bw).

Der Commendatore war wenig erbaut...

Verständlicherweise soll Enzo Ferrari darob wenig erbaut gewesen sein. Die unter wachsendem Konkurrenzdruck und Führungsproblemen leidende Marke Lancia war erst im Oktober 1969 dem Fiat-Imperium einverleibt worden. Und schon wollte man ihr den Exklusivmotor des Typs Ferrari-Fiat 236 L zugänglich machen! Wie der große Commendatore schließlich sein Einverständnis gab, ist nicht überliefert. Zunächst ließen die Initianten dieser gemeinsamen Bertone/Lancia-Kreation verlauten, «dass mit diesem und kleineren Motoren nach dem Turiner Salon ausgedehnte Versuchsfahrten unternommen werden». Zu diesen kleineren Antriebsaggregaten zählte ein auf 2 Liter Inhalt und 150 PS gebrachter DOHC-Reihenvierzylinder, wie er den Modellen Fiat 132 und Lancia Beta eigen war.

Dieser mögliche Alternativmotor wurde zwar auf dem Turiner Salon von Ende 1972 noch erwähnt, aber es war klar, dass der quer hinter den Sitzen eingebaute V6, wie er die Dino 246 GT und GTS antrieb, das Wunschtriebwerk blieb. Die Leistung dieser endgültig im Stratos HF installierten, auch im Rennsport bewährten Konstruktion mit 2x2 obenliegenden Nockenwellen wurde mit 192 PS bei 7000/min angegeben. Der Stratos HF war ungemein kompakt: Bei 216 cm Radstand war der Stratos 367 cm lang, 170 cm breit und 108 cm niedrig. Immerhin saß man im Cockpit weniger liegend und damit bequemer als im ursprünglichen Stratos Zero. Doch war der HF schlicht auf schnelle Fortbewegung ausgerichtet, während es fürs sportliche Reisen an Stauraum fehlte.

Die Durchsichtzeichnung, die auch die V6-Mittelmotorlage veranschaulicht (bw).

Als Museumsstück beim Concorso d'Eleganza Villa d'Este 2002: der WM-Siegerwagen, wie er von Rallyestar Sandro Munari pilotiert wurde (rg).

Das lange Warten krönten drei WM-Titel

Der Unterbau der selbsttragenden Karosserie wurde bei Bertone entwickelt und umfasste vorne obere und untere Querlenker mit Schubstrebe, hinten Dreieckquerlenker und Federbeine. Vorne wie hinten kamen Querstabilisatoren hinzu. Vierrad-Zweikreis-Scheibenbremsen waren inzwischen eine Selbstverständlichkeit. Wie der Dino 246 GT/GTS bot der Stratos HF eine Differenzialbremse. Zwar zeigte auch der Stratos HF eine ausgeprägte Keilform, doch war nun der Kühler in der Front eingelassen, empfing die Luft durch die stark einwärts geneigte Unterfront, und entließ sie durch Längsschlitze auf der Fronthaube. Front- wie Heckteile der Karosserie waren als Halbschalen ausgebildet, die sich nach oben aufklappen ließen und so Zugang zu allen mechanischen Aggregaten gewährten. Zu den wesentlichen Designmerkmalen zählten die einen Halbkreis formenden Glasflächen von Windschutzscheibe und Seitenfenster. Das Heckfenster stand, analog zum Dino, senkrecht in einer Mulde, an die sich das Hinterdeck anschloss.

Das Cockpit war schlicht und zweckmäßig (bw).

Einmal mehr hatten sich die Fans, die sich einen solchen «Traumsportwagen» leisten konnten, in Geduld zu üben. Als die käufliche Ausführung 1974 endlich bereitstand, zeigte sie einige Änderungen. Von außen fiel vor allem der über den Heckfensterbereich geführte Bügel auf, der seitlich die Motorluftzufuhr kaschierte. Er verhalf dem Stratos-Design zu noch mehr eigenwilliger Dynamik. Rennsportlich wirkte die am Heckabschluss aufgesetzte Luftabrisskante, die in Kontrastfarbe einen besonderen Akzent setzte. Auf der Fronthaube wurde die Kühlluft anstatt durch markante Längsschlitzen nun durch eine unauffällige Gitterstruktur abgeführt. Das Heckfenster hatte in typischer Bertone-Manier eine Lamellenjalousie erhalten.

Für die Homologation hatten die FIA-Verantwortlichen die mehr oder weniger vollendeten Fahrzeuge an verschiedenen Orten zusammenzuzählen. Angeblich wurden letztendlich 491 Exemplare fertiggestellt. Der Aufwand hat sich jedenfalls gelohnt, denn der Stratos HF wurde nicht nur zu einem einzigartigen Liebhaberstück, Lancia holte sich mit ihm auch den angepeilten Rallye-WM-Titel und dies dreimal in Folge von 1974 bis 1976!

1974 im Einsatz und auf dem Weg zur ersten Rallye-WM; hier beim Monte-Carlo-Rallye (bw).

Das Serienmodell Lancia Stratos HF, nun mit geändertem Frontdeckel, Durchsichtlamellen und keckem Bügel über der Heckscheibe und passend rennsportlicher Abrisskante am Heck (Modell 1976; V6, 2418 ccm, 190 PS – rg).

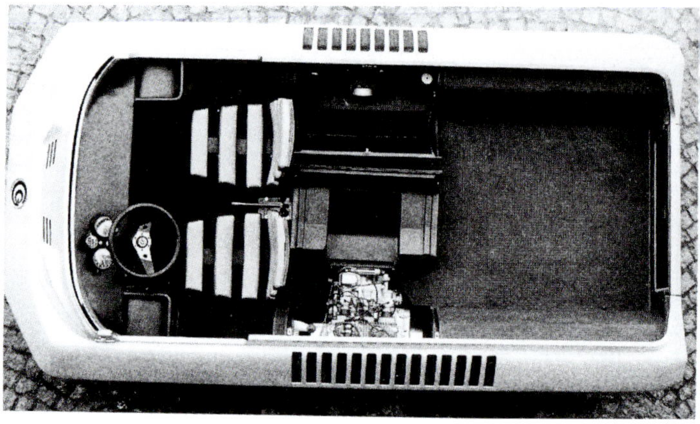

Der Go von oben gesehen: Ein dritter Sitz blieb denkbar, ebenso ein Notverdeck (bw).

Links:

Eine Vierrad-Transportplattform für Zweiräder und anderes Transportgut: Bertone Go, 1972 (3 Zyl., 750 ccm, 67 PS – bw).

Mit dem Go durch die Camargue?

Bevor Bertone zum Genfer Salon 1972 die großartige Naturlandschaft Camargue in Südfrankreich mit einer Konzeptstudie dieses Namens würdigte, überraschte er die Autowelt bereits im Januar auf der Automobilausstellung von Brüssel mit dem Go. Dabei handelte es sich um eine Art motorisierte Plattform. Sie konnte sich für den Transport beispielsweis auf Werkarealen oder in Freizeitparks von unterschiedlichsten Waren oder Gerätschaften eignen. Im Initialfalle war der Go – die Bezeichnung ließ sich mit «have a go or simply 'Geh!'» interpretieren - mit der Motorradabteilung von Suzuki entstanden, und so stammten denn sowohl der Antrieb wie auch die Ladung aus dieser Quelle.

Der Motor steckte auf der linken Seite hinter dem Fahrersitz, und es handelte sich natürlich um einen luftgekühlten Zweitakt-Dreizylindermotor und zwar mit 750 ccm Inhalt und 67 PS Leistung bei 6500/min. Die kettengetriebene Antriebskonfiguration mit dem Fünfganggetriebe und der Differenzial-Inverter-Einheit wurde bei Bertone ausgeklügelt. Der Go war 335 cm lang, 172 cm breit und 92 cm hoch (oberer Rand des Lenkrads!). Die Plattform hinter den beiden Sitzen ließ sich über zwei Rampen erreichen. Daraus lässt sich schließen, dass nicht nur ein Motorrad, sondern vermutlich auch ein Motorschlitten geladen werden konnte.

Ein Freizeitvehikel ungewöhnlicher Konzeption, aber mit klar gegliedertem, markantem Design (bw).

Camargue – Eleganz klar vor Extravaganz

Wie erwähnt erlebte der Bertone Camargue seine Premiere – nur zwei Monate nach dem in Brüssel gezeigten Go – auf dem Genfer Salon 1972. Er war eine zu den Dreamcars zu zählende Formstudie, bei der die Eleganz eindeutig vor aller Extravaganz stand. Die Basis lieferte der Citroën GS, und dies wies darauf hin, dass Bertone nun auch mit dieser traditionellen, aber durch außergewöhnliche Konstruktionen zum Begriff gewordenen französischen Firma in Kontakt stand. Der Citroën GS war im Sommer 1971 vorgestellt worden, und er widerspiegelte mit seiner Technik ebenso wie mit seinem Design jene schöpferische Triebfeder, wie sie nur diesem Fabrikat eigen war. Es bedeutete somit eine besondere Herausforderung, von der viertürigen mit je drei Seitenfenstern versehenen Fließhecklimousine GS eine sportliche Coupévariante zu verwirklichen.

Die flach abfallende Front mit den pointierten Scheinwerfergläsern stand durchaus in Analogie zum GS, der sich größenmäßig zwischen die Kleinwagen des Typs Ami und die legendären DS- und ID-Modelle einschob. Auffallend waren die stark geneigte riesige Frontscheibe und die der Lüftung dienenden kiemenartigen, via Dach miteinander verbundenen B-Säulen, die so einen Überrollschutz bildeten. An sie schloss sich eine verglaste Heckkuppel an. Deren Mittelteil war als Heckklappe ausgebildet und endete in neuartiger Weise in einem nach unten abgebogenen als Rückscheibe dienenden Glasteil. Dieser Dachlinie folgten auch die langgestreckten zweiten Seitenfenster. Ebenso originell gab sich der eingerahmte, über die gesamte Breite gezogene Karosserieabschluss mit kaschierten Heckleuchten. Aber es gab noch eine weitere äußere Auffälligkeit: Der hintere Radausschnitt war oben abgeflacht, und die sich daraus ergebende Linie stieg nach hinten an. Dieser stilistische Kniff sollte sich zu ei-

Die Bertone-Designschöpfung Camargue wirkte aus allen Blickwinkeln elegant und ausgewogen (1972; 4-Zyl.-Boxer; 1015 ccm, 55,5 PS — bw).

ner Art Markenzeichen von Marcello Gandini entwickeln.

Im 2+2-sitzigen Innenraum fanden sich abgesteppte Stoffsitze. Das typische Einspeichen-Lenkrad von Citroën war Designelement genug, um es originalgemäß zu übernehmen. Während die 412 cm Gesamtlänge des Camargue mit dem GS übereinstimmten, wuchs die Breite von 161 auf 168 cm (Spurverbreiterung um 6 cm), während sich die Höhe von 135 auf 115 cm reduzierte. Die außergewöhnlichen Citroën-Eigenheiten wurden selbstverständlich beibehalten: Vorderradantrieb mit luftgekühltem Vierzylinder-Boxermotor mit obenliegenden Nockenwellen, hydropneumatische Federung, deren Hochdruckpumpe auch den Vierrad-Scheibenbremsen diente. Mit dem GS fand diese Technologie erstmals auch in der unteren Mittelklasse Eingang.

Ohne Zweifel hätte ein in Serie gebauter Camargue seine Liebhaber gefunden. Ein etwas passenderes Leistungsniveau hätte ab August 1972 der 1222-ccm-Motor mit 60 PS, oder noch besser der im September 1973 vorgestellte GS Birotor mit Zweischeiben-Wankelmotor, 1990 ccm Hubraumäquivalent und 107 PS gebracht...; dieser wurde allerdings zum Flopp.

Flache Front und markante Scheinwerferaugen reflektierten Citroën-Gene: Bertone Camargue (bw).

Für das Cockpit übernahm Bertone Citroëns famoses Einspeichenlenkrad (bw).

Echt originell: das Heck mit seinem horizontal eingerahmtem Karosserieende (bw).

Der Citroën GS diente als Vorlage und seine Plattform als «Unterlage». — Zur unteren Mittelklasse zählend, war der GS eine typische Designkreation der französischen Marke, deren individueller Zuschnitt sich vom Konkurrenzumfeld deutlich abhob (ci).

Bertones Erneuerungsvorschlag von 1972 für den Fiat 124 Sport Coupé entstand auf dessen Radstand von 242 cm (bw).

Bemerkenswert war nebst der Front- auch die gänzlich neuartige Heckgestaltung in einem GFK-Rahmen (bw).

124 Sport Coupé: Fiat hielt an ihm fest

Ums Jahr 1972 bot Fiat im Modellprogramm gleich vier Sportwagenreihen: den bei Bertone karossierten Fiat 850 Sport Spider, das Modell 128 Sport Coupé (vergrößerter Nachfolger des 850 Sport Coupé), die Fiat 124 Sport als Coupé und Spider sowie die Fiat Dino, auch sie als Coupé (bei Bertone karossiert) und Spider. Das viersitzige Mittelklassecoupé 124 Sport gab es seit dem Genfer Salon 1967. Zum Turiner Salon 1969 hatte es eine Verjüngung erfahren, mit flacher Fronthaube und Doppelscheinwerfern. Da schien es Bertone nun an der Zeit, eine moderne Version vorzuschlagen.

Das «Glashaus», das heisst der Oberbau mit den Scheiben und Fenstern, wurde in den Grundzügen beibehalten: Großzügige Glasflächen mit fünfeckiger zweiter Seitenscheibe. Hingegen kreierte Bertone eine neue eingerahmte Kühlerfront, deren Stil mit rechteckigen Doppelscheinwerfern sich an Fiats Topmodell, dem Typ 130 Coupé, orientierte. Die Motorhaube umfasste – wie schon beim genialen Kleinwagen Fiat 127 – gleich auch den Oberteil der Radhäuser. Ein ungewohntes, attraktives Design verkörperte die leicht abfallende Heckpartie mit Einprägung. Ebenfalls eingerahmt und mit dem hinteren Stoßfänger zu einer Einheit zusammengefasst präsentierte sich das Heck dieses Designvorschlags: Die Rückleuchten zeigten sich beidseits der Nummernschildvertiefung in quadratischen Nischen eingebettet. Diese vorderen und hinteren, mit dem Stoßschutz vereinten «Beleuchtungsträger» bestanden aus glasfaserverstärktem Kunststoff (GFK).

Fiat zog es aber vor, das Modell 124 Sport Coupé im August 1972 in einer weiteren technisch und stilistisch überarbeiteten Version auf den Markt zu bringen, und so stand es noch bis 1975 im Angebot. Danach aber überließ Fiat das Sportwagenressort seiner Nebenmarke Lancia.

Das Fiat-Modell 124 Sport Coupé, wie es 1972 noch im Angebot stand (4 Zyl., 1438 oder 1608 ccm, 90 oder 110 PS – fw).

Der kleine Audi 50 erhielt ein Bertone-Kleid

Wesentlich produktiver verlief Bertones an Audi gelieferte Arbeit. Es ging um einen Kleinwagen, wie es ihn bisher unter den Marken Volkswagen und Audi noch nicht, wohl aber unter der Marke NSU gegeben hatte. NSU zählte ja inzwischen ebenfalls zur Volkswagen-Gruppe. Doch die Produktion des just 400 cm langen NSU 1200 sollte 1973 auslaufen. Es stand aber bereits fest, dass der neue «Kleinste» im Konzern sowohl als Audi wie als Volkswagen gebaut werden sollte.

Für die dringend nötige Erneuerung seiner Modellpalette arbeitete der Volkswagenkonzern in erster Linie mit Giorgetto Giugiaros Designstudio Ital-Design zusammen. Als erstes Resultat wurde im Mai 1973 das Mittelklassemodell VW Passat vorgestellt. Ihm schloss sich auf dem Genfer Salon 1974 das Sportcoupé Scirocco an, auf das im Sommer gleichen Jahres der später zur «zweiten Legende nach dem VW-Käfer» gewordene Golf folgte. Noch ahnte niemand, dass die von den Engländern (Morris/Austin) und Italienern (Autobianchi Primula) begründete kompakte Konstruktionsweise zu Europas wichtigster Autokategorie avancieren würde.

Der bei Bertone gestaltete Audi 50 hatte sein Debut im September 1974 und erschien zum Genfer Salon 1975 auch als Volkswagen Polo. Es mag erstaunen, wie sich dieser Kleinwagen stilistisch passend unten an das Trio Golf/Scirocco/Passat anschloss. Allerdings hatten die Hausdesigner des VW-Konzerns die Frontgestaltung an die von Ital-Design vorgeschlagenen Lösungen angepasst und gleichzeitig Audi 50 und VW Polo zu markentypischen Gesichtern verholfen. Bei dem vorgegebenen Radstand von 233,5 cm erreichte die Länge 350 cm (GL 352,5 cm). Die prägnante, von einem mit dem Stoßschutz kombinierten Kunststoffrahmen eingefasste Kühlerfront wich daher einer konventionellen und somit «massenverträglichen» Ausführung. Die vier kreisrunden Luftlöcher statt der vier Audi-Olympiaringe hätten vom autokaufenden Publikum sicher zu viel Angewöhnung verlangt. Aber die schon mit dem Fiat 124 S ebenfalls 1972 vorgeschlagene GFK-Front war doch eine löblich neue Idee!

Front für die Masse der Auto-Erstkäufer allzu gewöhnungsbedürftig: Audi 50 Bertone (bw).

Fünfeckiges zweites Seitenfenster, Benzineinfülldeckel ohne Klappe, neuartige Heckform (bw).

Der Audi 50 GL, wie er im Herbst 1974 vom Werk vorgestellt wurde. Das Heck war nun «normal» (4 Zyl., 1093 ccm, 50 PS). — Stilelemente erinnerten nun an den Golf, wie ihn Giugiaro 1963/64 für VW schuf (wb).

Nach vier Jahren Karenzfrist kam der Alfetta

Es ließ sich nicht immer klar festlegen, in welches Jahr in diesem chronologisch gehaltenen Buch ein neues Design einzufügen war: In jenem Jahr, da die ersten Entwürfe entstanden, dann, als ein Prototyp bereitstand oder erst im Moment der Markteinführung. Vom einen zum andern Schritt ergaben sich unterschiedlich lange Abstände. Im Falle des Alfa Romeo Alfetta waren bei Bertone schon 1968 Entwürfe und Modelle entstanden, und eine viertürige Limousine hatte ihre Gene gar in der zweitürigen Berlina Executive auf Basis Fiat 125, die Bertone schon 1967 vorgeschlagen hatte.

Ein viertüriges 1:1-Modell wurde als viertüriger Alfa Romeo ausgebildet, und aus diesem entstand ebenfalls 1968 eine verlängerte Version, die dem erst im Mai 1972 vorgestellten Alfa Romeo Alfetta zugrunde lag. Eigentlich war die Markteinführung auf den Genfer Salon jenes Jahres angesetzt. Aber ein von Mitte 1971 bis Anfang 1972 dauernder Arbeitskonflikt mit Streik hatte dem Staatsbetrieb arg zugesetzt. Zur endlich erfolgten Alfetta-Premiere wird in der Bertone-Chronologie festgehalten: «Die Beziehungen zwischen Bertone und Alfa Romeo veranlassten Letztere, das neue Modell ohne Hinweis auf die Carrozzeria Bertone vorzustellen».

Die Berlina Alfa Romeo Alfetta reihte sich zwischen die viertürigen Modelle Giulia Super und Alfa 2000 Berlina. Zum Vergleich die Grundmaße der drei Limousinen (s. Tabelle auf nachfolgender Seite 142):

Bertone-Vorstudie für eine neue Alfa-Berlina von 1968 (bw).

Längeres, ebenso 1968 entstandenes 1:1-Modell von Bertone, das den Alfetta Berlina inspirierte (bw).

Auf einem Werbeprospekt vor dem Bild des legendären Alfetta-Monoposto von 1939: Alfa Romeo Alfetta 1.8, 1972 (4 Zyl., 1779 ccm, 122 PS – aw).

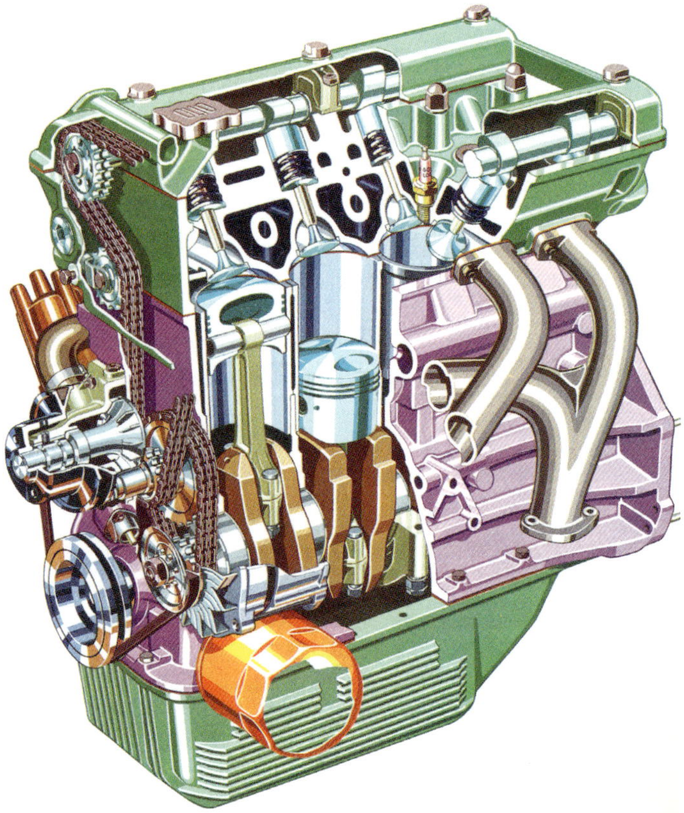

Der Motor mit den zwei obenliegenden Nockenwellen blieb auch beim Alfetta das Aushängeschild (aw).

Der zum horizontal betonten, markentypisch kantig strengen Karosseriedesign passende Kühlergrill des Alfetta 1.8 von 1972 (aw).

Ab 1978 gab's den Alfetta 2.0 L, außer mit der verlängerten Karosserie nun auch mit mehr Leistung: 4 Zyl., 1962 ccm, 130 PS (aw).

In der Ausführung 1975 erhielt der Alfetta 1.8 ein breiteres Mittelschild (aw).

Von vorne gut unterscheidbar: die preisgünstigere Ausführung Alfetta 1.6 (ob).

Mit dem 1977 eingeführten Modell 2.0 zeigte sich die Front erneut verändert (aw).

1972/73	Giulia Super	Alfetta	2000
Radstand	251 cm	251 cm	257 cm
Spurweite	132,5/127,5	136/135	132,5/127,5
Länge	416 cm	428 cm	439 cm
Breite	156 cm	162 cm	156,5 cm
Höhe	143 cm	143 cm	143 cm
Gewicht	1010 kg	1060 kg	1040 kg

Die Abweichungen waren also recht klein. Doch der Alfetta verkörperte einen willkommenen Modernisierungsschritt: Er war und wirkte breiter und stattlicher, ohne dabei im Geringsten seine Markenidentität zu verleugnen. Man muss zugeben, dass die Serienversion des Alfetta kantiger und gestreckter wirkte, als der Bertone-Vorschlag und sich damit stilistisch enger an den unvergleichlichen Giulia Super anlehnte. Diesen hielt Alfa Romeo noch bis 1978 im Programm, während der Alfetta als Berlina in zahlreichen Versionen bis 1984 angeboten wurde.

In der ersten Ausführung von 1972 erhielt er in Ablösung des Alfa-Typs 1750 Berlina dessen 1779-ccm-Motor. Mit einigen Änderungen war dessen Leistung auf 121 PS angehoben worden. Die hinten bei der De-Dion-Achse angeordnete Getriebe-/Kupplungs-/Differenzial-Einheit sorgte für eine ausgewogene Gewichtsverteilung. Die hinteren Bremsscheiben waren überdies «inboard» neben dem Differenzial angeordnet. Neu waren für Alfa Romeo die vorderen längsliegenden Torsionsfederstäbe und die verstellbare Lenksäulenlänge.

Begriff aus der Grand-Prix-Geschichte

Die Modellbezeichnung Alfetta entsprach einem Begriff aus der Rennsportgeschichte: Der Einsitzer Tipo 158 war 1937 von den Alfa-Romeo-Ingenieuren unter Mithilfe der Scuderia Ferrari in Modena entwickelt worden und erhielt den Zunamen Alfetta. Sein Achtzylinder-Reihenmotor mit 1479 ccm Inhalt kam mit einem Kompressor bestückt anfänglich auf 195 PS, schon 1939 auf 225 PS. Nach dem Zweiten Weltkrieg erreichte die Leistung mit zwei Kompressoren bis 350 PS bei 8500/min. In der ersten Formel-1-Saison von 1950 holte sich Giuseppe Farina mit dem Alfetta den Weltmeistertitel, und 1951 – nun mit dem Tipo 159 und 425 PS bei 9300/min sowie De-Dion-Hinterachse – wiederholte die Fahrerlegende Juan Manuel Fangio diesen Erfolg.

Erwartungsgemäß erfuhr auch der sehr zivile Alfa Romeo Alfetta eine stete Weiterentwicklung. In der ersten Ausführung gab es ihn ausschließlich mit dem 1,8-Liter-Motor. Schon Anfang 1975 kam eine 1,6-Liter-Version hinzu. Sie unterschied sich durch Einfachscheinwerfer, einen horizontalen Chromstab im Kühlergrill, den Wegfall der Stoßstangenhörner und etwas bescheidenere Ausstattung. Im Frühling 1975 erhielt der 1.8 ein verbreitertes Markenschild in der Kühlerfrontmitte sowie Innenraumverbesserungen. Auf dem Genfer Salon 1977 kam der Alfetta 2.0 hinzu, in dem sich nun der 1962-ccm-

<u>Oben:</u> *Im Alfetta 2.0 L von 1978 fand sich dagegen ein Armaturenbrett mit Holzimitationen (aw).*

<u>Links:</u> *Der ursprüngliche Alfetta 1.8 von 1972 besaß noch ein traditionelles Holzlenkrad (aw).*

<u>Unten:</u> *Modernes Instrumentarium im 2.0i, 1978 (Spica-Einspritzung - aw).*

Motor wiederfand, wie er bis 1976 das Modell 2000 Berlina antrieb. Bei unverändertem Radstand war die Karosserie des Alfetta 2.0 von 428 auf 438,5 cm verlängert worden; äußerlich erkannte man ihn an den Rechteckscheinwerfern und den Stoßstangen mit Kunststoffauflage. Doch schon 1978 kamen weitere Versionen dazu, so mit Einspritz- und mit Turbodieselmotor.

Ja, der Alfetta Berlina war ein echter Dauerläufer. Er wurde in 475'720 Exemplaren gebaut! Im Schlussjahr 1984 gab es ihn noch als 2.0i Quadrifoglio Oro. Ebenfalls äußerst erfolgreich produzierte Alfa Romeo unter der Bezeichnung Alfetta GT und GTV von 1974 bis 1985 eine attraktiv geformte viersitzige Coupéreihe. Für sie hatte Bertone ja 1971 das Projekt 119 zum Vorschlag gebracht; doch es fand im Alfetta-Coupé keinen Widerhall.

All' die kleinen Fortschritte

Die Karosserieschöpfer warteten im Verlaufe der Zeit stets mit neuen Ideen auf, die nicht nur die Form, sondern auch die technischen Details umfassten. Die Impulse für alle die kleinen und auch grösseren Verbesserungen technischer Art kamen aber in erster Linie von den Autoherstellern und ihren Zulieferfirmen.

In der Werbung für den Alfetta 2.0 L (alias 2000 L) machte Alfa Romeo auf folgende Eigenheiten aufmerksam:

«Die Motorhaube ist hinten angeschlagen, so dass die zweistufige Feststellmöglichkeit Inspektions- und Wartungsarbeiten erleichtert. Die kräftig ausgelegten Stoßstangen aus rostfreiem Stahl haben ein eingelegtes elastisches Kunststoffband zum Auffangen kleiner Stöße und seitliche Stoßfänger zum Schutze der Kotflügel. In der vorderen Stoßstange sind die Blinker eingelassen. Die vorderen Kotflügel sind nur angeschraubt, um nach Unfällen das Auswechseln zu erleichtern...

Die Heckleuchten sind in beispielhaft rationeller Weise zu einer Lichteinheit zusammengefasst, welche die Schlusslichter, Blinker, Rückfahrscheinwerfer, Bremsleuchten und Nebelschlussleuchte vereinigt. Diese Lichteinheit ist rechteckig und hat eine gedruckte Schaltung, Ein-und Ausbau sind extrem erleichtert durch die Befestigung mit nur einer einzigen Haltefeder. Dies ermöglicht das Auswechseln einer Glühlampe ohne jede Werkzeuge...

Weitere Besonderheiten bei der Alfetta 2000 L sind die Befestigung der Frontscheibe mittels Gummidichtung mit eingelegter Chromleiste, die reflexfreien Scheibenwischer, die völlig in die Karosserie-Außenlinie eingelassenen äußeren Türöffner mit Druckknopfbedienung sowie die Frischluftaustritte im hinteren Dachholm.»

Der Namensgeber: Alfa Romeo Tipo 158 Alfetta im Jahr 1939 (8 Zyl., 1479 ccm, 225 PS – aw).

Ein imponierender Keil im Bertone/Gandini-Stil: Maserati Khamsin, 1973 (V8, 4930 ccm, 320 PS – wb).

Weiterer wilder Maserati-Wind: Khamsin

Auch wenn er noch als Prototyp bezeichnet wurde, so erfolgte seine offizielle Vorstellung eben doch auf dem Turiner Salon im November 1972: Der Maserati Khamsin sollte den auf das Jahr 1966 zurückgehenden und von Giorgetto Giugiaro bei Ghia entworfenen Ghibli ablösen. Neben den stets für Aufsehen sorgenden Marken Ferrari und Lamborghini war Maserati Italiens Nr. 3 unter den Prestige-Sportwagenmarken und besaß ebenso einen internationalen Liebhaberkreis. Der Khamsin war der erste bei Bertone entworfene Serien-Maserati. Die Bertone-Maserati 3500 GT von 1959 und 5000 GT von 1961 blieben Einzelstücke. 1968 hatte Maserati eine Zusammenarbeit mit Citroën aufgenommen. Sie führte dazu, dass die Maserati-Eignerfamilie Orsi der französischen Marke 60 % des Maserati-Kapitals überließ und ab 1970 den DOHC-V6-Motor für den Citroën SM herstellte.

Während die Maserati Merak (mit einer vergrößerten Version des Citroën-SM-Motors) und Bora moderne Mittelmotorcoupés waren, vertraten die Modelle Indy und Ghibli das traditionelle Frontmotorkonzept. Auch der Name Khamsin bezeichnet einen Wüstenwind, und zwar einer, der mitunter heftig aus südlicher Richtung nach Libyen und Ägypten hineinbläst.

Der Khamsin erhielt den gleichen 255-cm-Radstand, wie ihn der Ghibli aufwies. Wäh-

Cockpit im Exklusivstil seiner Zeit: typisches Holzlenkrad mit Lochspeichen, auffallend eingerahmte Mittelkonsole, Rundarmaturen und Leder (wb).

Links: Asymmetrischer Luftauslass auf der Khamsin-Motorhaube (wb).

Unten: Ungewöhnlich war das schräg nach innen gestellte, abgeschnittene Heck mit Glasrückwand (bw).

Maserati-Schicksalszeit

Zu den Zeiten, da Maserati den bei Bertone entworfenen Khamsin baute, musste die Marke aus Modena (ähnlich wie Lamborghini) mit dem Niedergang kämpfen. Schon im Herbst 1971 wurden 370 Arbeiter während zwei Monaten freigestellt. Nachdem 1974 (erste Erdölkrise!) der Betriebsverlust das Firmenkapital übertraf, ließ Mehrheitseigner Citroën das Unternehmen 1975 in Konkurs gehen. Darauf ging Maserati zu 60 % an die staatliche Auffanggesellschaft Cepi und zu 40 % an den Konkurrenten Alejandro de Tomaso..., der sich darauf als Retter der historisch berühmten Marke erwies.

rend dieser 469 cm lang war, kam der designierte Nachfolger auf relativ kompakte 440 cm Länge. Dennoch galt auch er als 2+2-Sitzer, wenn auch die hintere Sitzbank nur für kleinere Kinder oder als Ablage diente. Der knapp viersitzige und bei 260 cm Radstand 474 cm lange Indy verblieb noch bis 1975 im Angebot. So richtig in Schwung kam die Khamsin-Produktion erst gegen Ende 1974.

Brems- und Lenkungshydraulik von Citroën

Eingebaut wurde der größte der drei bewährten Maserati-V8-Motoren mit 4,2, 4,7 und 4,9 Liter Hubraum. Im Khamsin leistete diese Kraftquelle mit Leichtmetall-Zylinderköpfen und -block sowie 2x2 obenliegenden Nockenwellen 320 PS bei 5500/min. Es standen ein Fünfganggetriebe von ZF oder ein 3-Stufen-Automat von Borg-Warner zur Wahl.

Bedeutungsvoll war auch die Tatsache, dass der Khamsin jene neuartige hydraulische Servoeinrichtung für Bremsen und Lenkung erhielt, wie sie in den größeren Citroën-Modellen Dienst tat. Die Lenkunterstützung wirkte damit geschwindigkeitsabhängig wie im Citroën SM.

Im Gegensatz zu Ghibli und Indy besaß der Khamsin überdies keine hintere Starrachse mit Blattfedern, sondern eine Einzelradaufhängung mit Trapez-Dreieckquerlenkern und Schraubenfedern. Man nannte eine Höchstgeschwindigkeit von 280 km/h, und die benötigte Zeit für den Spurt auf 100 km/h wurde mit 5,5 s angegeben, was bei 1700 kg Leergewicht gewiss als optimistischer Wert einzustufen war.

Die langgestreckte, keilförmig ansteigende Motorhaube mit den Klappscheinwerfern war eine typische Kreation von Marcello Gandini. Mit der Gestaltung des in gerader Linie weit nach hinten abfallenden Fließhecks beschritt er jedoch einen neuen Weg. Es mündete in eine senkrechte Glaswand aus, die jedoch – anders als etwa beim Lamborghini Espada – keine Lamellenverkleidung besaß und daher dem Fahrer nachts mitunter Lichtreflexe bescherte. Originell war der asymmetrisch quer über die Motorhaube gezogene Luftauslass.

Zum Modelljahr 1977 erfuhr der Khamsin eine Neuauflage, die man an zusätzlichen, der verbesserten Klimaanlage dienenden Luftschlitzen am Vorderende der Motorhaube erkannte. Hergestellt wurde Maseratis «Spitzensportler» bis 1982 in 420 Exemplaren; entsprechend der verschärften Abgasvorschriften sank die Maximalleistung 1979 auf noch 280 PS.

1976/77 eingeführte zusätzliche Front-Lufteinlassschlitze (wb).

Die Khamsin-Heckgestaltung bei einer USA-Ausführung (wb).

Khamsin-Lenkrad und -Farben in einer späteren Ausführung (wb).

Rückansicht eines der letzten Khamsin: Die Rücklichter schienen sozusagen auf der Glasrückwand zu schwimmen (og).

Der Bertone Runabout von Ende 1969 fand drei Jahre später im Fiat X1/9 eine attraktive Form der Verwirklichung (4 Zyl., 1290 ccm, 75 PS – bw).

Fiat 501 Sport Siluro Corsa (Bertone), 1923

Zwei weitere Merkpunkte im Jahr 1972

Das Jahr 1972 brachte in der Bertone-Chronologie zwei weitere Merkpunkte: **Am 10. Mai verschied Firmengründer Giovanni Bertone,** inzwischen mit dem Titel eines Commendatore geehrt. Er war 88 Jahre alt geworden, und er war es, der die Geschichte eines der weltweit bedeutendsten Autodesign-Unternehmens ins Rollen gebracht hatte! Nuccio war seinem Vater in tiefer Dankbarkeit verbunden. Ihm widmete er daher den Fiat X1/9, der just ein halbes Jahrhundert nach dem Fiat Sport Siluro entstanden war. Mit diesem vom Fiat 501 abgewandelten Modell hatte Giovanni Bertone 1923 den Weg zur Welt der erschwinglichen Sportwagen gewiesen.

Und am 15. Oktober 1972 erfolgte die **Eröffnung des Design-Entwicklungszentrums** in Caprie im Susatal, 30 km westlich von Turin. Noch aber wurde dort unter großer Verschwiegenheit gearbeitet, und für die Öffentlichkeit bestimmte Verlautbarungen gab es erst drei Jahre später (auf sie wird noch eingegangen).

Fiat X1/9: Bertones ultimativer Leistungsbeweis

Mit der Vorstellung des Fiat X1/9 erfolgte am 26. November 1972 – und somit kurz nach der traditionellen Turiner Autoschau – die offizielle Ablösung des seit 1965 gebauten Fiat 850 Spider. Die Bezeichnung X1/9 kam von Fiats interner Projektnummerierung. Zwar stammten seine technischen Aggregate von Fiat, doch wurde dieser Zweisitzer vollumfänglich bei Bertone entworfen, entwickelt und auch hergestellt. Da mag es nicht verwundern, dass Fiats technische Leitung zunächst nicht viel von dem vorgeschlagenen «Miniatur-Miura» hielt. So äußerte sich Fiats eigener Designchef Oscar Montabone gegenüber Bertone: «Motor entweder vorne oder hinten, aber die Mitte ist nichts für uns!»

Wie schon 1971 im Falle des Lancia Stratos HF musste Nuccio Bertone viel Überzeugungsarbeit leisten, damit unter den von ihm für Fiat ausgearbeiteten Projekten jenes gewählt wurde, das ihn selbst am meisten überzeugte: Er argumentierte, dass der X1/9 als erstes Fiat-Mittelmotormodell von Bertones Erfahrungen mit 15 binnen knapp zehn Jahren konstruierten Fahrzeugen dieses Konzepts profitiere. Und natürlich strich er auch die inzwischen im Rennsport bewährten Fahreigenschaften heraus, die der ausgewogenen Gewichtsverteilung zuzuschreiben waren. Den Ausschlag gab schließlich Gianni Agnelli, der Fiat-Konzernchef, höchst persönlich: «Ändert nichts, ich mag ihn genauso, wie er ist!» beschwor er seine Fiat-Chefingenieure. Der X1/9 aber lieferte den endgültigen Beweis dafür, dass die Carrozzeria Bertone den ultimativen Schritt vom einstigen Designstudio über den Prototypenkonstrukteur zum vollwertigen Entwicklungszentrum für Serienautomobile vollzogen hatte.

Der Runabout glänzte als Ausgangspunkt

Ganz wider Erwarten hatte die 1969 auf dem Salon Turin vorgestellte Konzeptstudie Runabout – jenes keilförmig Offenfahrzeug, das mehr einem Sportboot als einem Auto glich – doch noch den Weg in ein Serienmodell gefunden. Die stilistischen wie auch die technischen Runabout-Elemente fanden sich

Per Inserat warb die Design- und Produktionsfirma Bertone sympathiefördernd für das Fiat-Modell X1/9 (bi).

Aus jeder Perspektive bestach der Mittelmotor-Sportwagen X1/9 durch sein perfekt gelungenes Design (bw).

Fiat gestaltete einen originellen Prospekt, der den X1/9 aus allen Blickrichtungen auf Wolken schwebend darstellte; ein grafisches Meisterstück! (fw)

im X1/9 wieder und begeisterten die gegenüber unkonventionellen Ideen aufgeschlossenen Auto- und Designenthusiasten. Mit der Mittelmotorbauweise kamen auch die Technikfreaks auf ihre Rechnung. Denn abgesehen von exklusiven Luxussportwagen – De Tomaso, Dino, Ferrari, Lamborghini, Ligier, Maserati, Monteverdi – fand sich dieses Antriebsprinzip nur in drei erschwinglichen Konstruktionen: im VW-Porsche 914, der an der IAA 1969 lanciert worden war, im Lotus Europa, den es seit Oktober 1971 gab, und in dem aus einstigen René-Bonnet-Pioniermodellen hervorgegangenen Matra 530.

Auf dem Turiner Salon von Ende 1971 war in Ablösung der 850-Sportmodelle mit Heckmotor der frontgetriebene Fiat 128 Sport Coupé 1100/1300 eingeführt worden. Die stärkere Version dieses Viersitzercoupés lieferte die Antriebsmechanik für den X1/9. Mit dem Unterschied, dass sie, ebenfalls querliegend, hinter den Sitzen eingebaut war und die Hinterräder antrieb. Der 1290-ccm-Vierzylindermotor mit zahnriemenaktivierter obenliegender Nockenwelle lieferte 75 PS bei 6600/min. Die Spitze wurde mit «über 170» km/h angegeben, und 100 km/h ließen sich, ebenfalls nach Werkangaben, binnen 13,8 s erreichen.

Der X1/9 basierte nicht nur auf einem üblichen Plattformrahmen, sondern besaß zusätzlich zwei Längsträger. Die Aufhängungen setzten sich vorne aus Federbein, unterem schrägem Querträger und Schubstrebe zusammen, hinten aus Federbein, unterem Dreieckquerlenker und verstellbarem Zusatzquerlenker. Der X1/9 erhielt eine Zweikreis-Vierrad-Scheibenbremsanlage. Auf der Konsole zwischen den Sitzen fand sich nebst dem Choke-Zughebel (Vergaserstarthilfe) als traditionelle Fiat-Zugabe noch immer ein Handgashebel. Gegen Mehrpreis standen eine Heckscheibenheizung und zudem Klimaanlage und wärmedämmende Scheiben im Angebot.

Bei 220 cm Radstand war dieser Zweisitzer 383 cm lang, 157 cm breit und 117 cm hoch, und sein Leergewicht erreichte bescheidene 880 kg. Nebst dem Kofferraum in der keilförmigen Front gab es noch einen kleineren Stauraum im Heck hinter dem Quermotor, der sich unter einer originellen, mit Längsrippen versehenen schwarzen Abdeckung verbarg. Raffiniert war auch die Lage des Reserverades, nämlich in einer Schrägmulde hinter dem Mitfahrersitz. Hinter dem Fahrersitz befand sich parallel dazu der 48 Liter fassende Benzintank.

Zum Voraus kopiert?

In ihrem Bericht über die Turiner Automobil-Ausstellung vom November 1971 berichtete die «Automobil Revue» nebenbei:

«Kurz vor der Eröffnung des Turiner Autosalons herrschte im Karosseriepavillon große Aufregung. Im gelben Coupé Ghia-Vignale De Tomaso mit abnehmbarem Dach glaubte Nuccio Bertone die Linien seines eigenen Wagens zu erkennen, der noch nicht angekündigt ist, nämlich eines Fiat 128 Spider mit Aufsetzdach.

Dieser Wagen war bereits als Prototyp von Neuheitenjägern fotografiert und in italienischen Blättern abgebildet worden. Der Produktionsbeginn wurde aufs nächste Jahr verschoben, da der Wagen nachträglich von Fiat auf zukünftige Sicherheitsnormen umkonstruiert wird.

Bertone meint, die Designer der zu Ford gehörenden De-Tomaso-Gruppe hätten die Linien von den indiskreten Veröffentlichungen abgeguckt, und zwar mit Einschluss der Lage der Luftschlitze, die durch Windkanalversuche an der TH Stuttgart erarbeitet worden waren. -t.»

Welches Bertone- bzw. Fiat-Modell in diesem Fall kopiert wurde, kam erst im Dezember 1972 ans Licht, bei der Vorstellung des Fiat X1/9!

Sportliches Cockpit mit Mittelkonsole, modernem Lenkrad und Rundinstrumenten (bw):

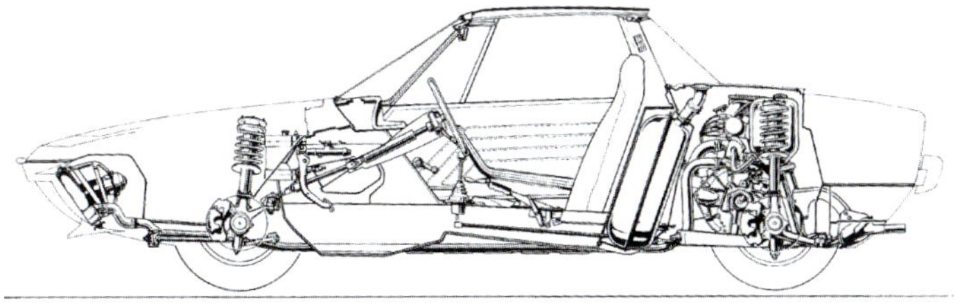

Der X1/9 im Längsschnitt der linken Seite: Optimale Nutzung von Platz und Raum (bw).

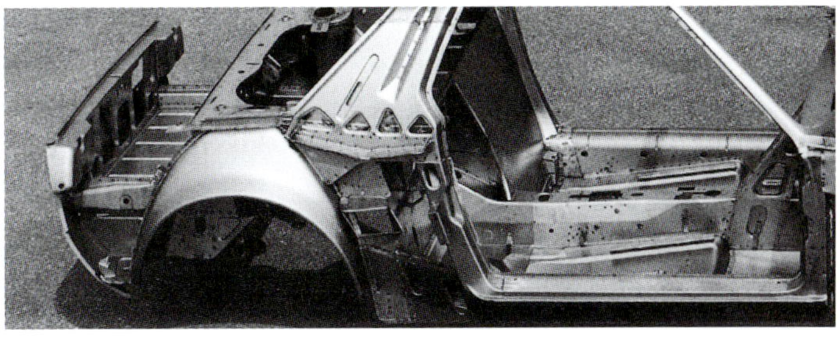

Rechts:
Hier im Rohbau die Boden- und Heckstruktur des bei Bertone konstruierten Fiat X1/9 (bw).

Dieses Phantombild veranschaulicht die Querlage des Mittelmotors hinter den Sitzen (bw).

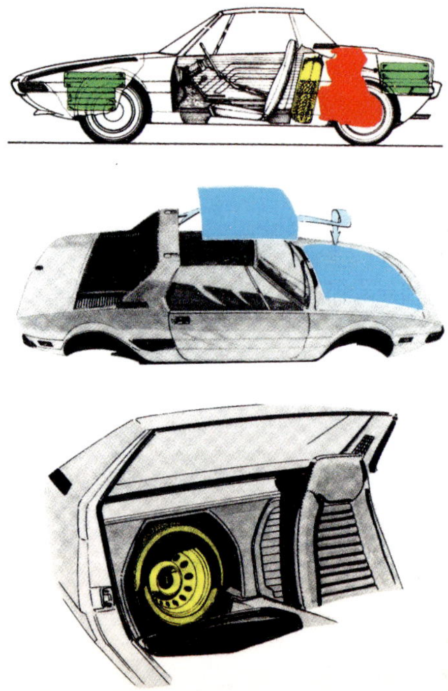

Oben in Rot die Mittelmotorlage, in Gelb Reserverad- und Tanknischen, in Grün die zwei Gepäckräume; der Kunststoff-Dacheinsatz (in Blau) ließ sich auf der Unterseite des Frontdeckels einfügen (bw).

Als Coupé und als Targacabrio nutzbar

Die weitere attraktive Besonderheit des X1/9 lag in seinem Targadach. Dieser schwarze Kunststoffeinsatz ließ sich abheben und auf der Unterseite der Fronthaube verankern. So ergab sich ein Targacabrio, das heisst ein offener Zweisitzer mit Überrollschutzbügel. Die stark nach vorne geneigte Form dieses mit der Karosserie verschmolzenen Bügels – der als Konzeptstudie enrstandene Runabout ließ grüßen! – sorgte für optische Einheit und verhalf dem X1/9 zu einem einmalig charakteristischen Aussehen. Bemerkenswert, was in der Werbebotschaft zum Thema Targabügel festgehalten wurde:

«...Der stabile Roll-bar ist in der Lage, die anspruchsvollsten Crash- und Überschlagungsteste zu überstehen, und eine außerordentlich robuste Struktur machen aus diesem Sportwagen eines der sichersten Modelle, die wir heute auf dem Markt finden, und das die Insaßen vor den angeborenen Gefahren herkömmlicher Sportwagen bewahrt...»

Zusammen mit den kräftigen, kunststoffbelegten Stoßstangen sorgten diese Sicherheitsaspekte auch für den Marktzugang in den USA, die schon für den Fiat 850 Sport Spider das weitaus wichtigste Abnehmerland waren. Vorausplanend wurden bereits die ab 1975 geltenden US-Sicherheitsnormen erfüllt. Einen Hauch von Rennsport brachte der Frontspoiler unterhalb des Kühlergrills, wie er damals an Straßenautos noch kaum zu sehen war. In der Schweiz kostete der X1/9 (1974) Fr. 14‘650.—und damit 2500 Franken mehr als der Typ 128 Sport Coupé 1300 SL. Es gab aber schlicht kein mit dem X1/9 vergleichbares erschwingliches Sportauto.

In Grugliasco entstanden täglich 75 Fiat X1/9. Die erste Ölkrise von 1974 überstand das Bertone-Werk im Vergleich zu den großen Autowerken Italiens erstaunlich gut. Anfang 1979 verlangte die Logistik- und Planungsabteilung von Fiat gar eine Erhöhung auf 110 Einheiten pro Tag, eine Forderung, die Bertone nur mit dem Überwinden etwelcher organisatorischer Schwierigkeiten erfüllen konnte.

Der X1/9 entstand auch in verschiedenen Sonderausführungen, so gab es ab dem Genfer Salon 1975 unter der Bezeichnung Corsa eine sportliche Zusatzausstattung. Im März 1976 lancierte Bertone zur Feier des 50‘000. gebauten X1/9 eine Sonderserie «collezione firmata» bzw. «signed collection» in Metalliclackierung, die durch die leiterartigen Farbstreifen auf den Flanken, an Front und Heck auffiel. Der kunststoffbelegte vordere Stoßschutz erhielt einen integrierten Spoiler samt Nebellampen, hinzu kamen gestreifte Sitzüberzüge, ein geändertes Armaturenbrett und zudem eine nummerierte Plakette mit Nuccio Bertones Autogramm. – In der ersten Auflage wurde der X1/9 in rund 110´000 Exemplaren bis 1978 hergestellt. Danach sollte es noch ein weiteres Jahrzehnt Bestand haben (s. Kapitel «Fünf Gänge und zweite Jugend für den X1/9» ab Seite 178).

Zur Feier des 50´000. X1/9 lancierte Bertone 1976 eine nummerierte Sonderserie (wb).

Mit dem LP 400 mehr Luft für den V-12

Die großen Automobilhersteller enthüllen mitunter ihre Neuheiten erst, wenn die Serienherstellung schon angelaufen ist. Ganz nach den Gegebenheiten der Absatzmärkte können Sie so den bestgeeigneten Zeitpunkt für die Lancierung wählen. Weil aber den Karosseriefirmen und Herstellern von exklusiven Liebhaberautomobilen nicht die gleichen sorgsam abgeschirmten Testanlagen und Prüffahrgelände zur Verfügung standen, konnten sie sich kaum vor Indiskretionen und «Erlkönigjägern» schützen. Unter solchen verstand man Berufs- und Hobbyjournalisten, die der Boulevardpresse Fotos von noch unbekannten Modellen verkauften. Um Gerüchten vorzubeugen, war es daher oft klüger, die Prototypen gleich selber vorzustellen.

Ein Beispiel dazu lieferte der Lamborghini Countach, der 1971 als LP 500 auf dem Genfer Salon gezeigt worden war. Er schien zunächst ein weiterer Dreamcar zu sein, wie kurz zuvor der erste Stratos. Aber das starke Interesse angestammter wie potenzieller Lamborghini-Klientele verhalf ihm alsbald den Status des künftigen Miura-Nachfolgers. Allerdings benötigte die Entwicklung auch in diesem Fall ihre Zeit..., ebenso wie einst schon im Falle des Alfa Romeo Montreal oder – parallel zum Countach – beim Maserati Khamsin.

Im Vergleich zu dem mit sanften Rundungen auftretenden Miura verkörperte der Countach mit seinen straff gestreckten Linien eine stilistische Neuorientierung. Einer aerodynamischen Skulptur gleich stand er auf der Straße, und die von ihm ausgestrahlte Dynamik schien ihn schon im Stillstand voranzutreiben. Diese Stilreinheit erfuhr allerdings einen kräftigen Dämpfer: Lamborghini-Chefkonstrukteur Ing. Paolo Stanzani machte Bertone-Chefdesigner Marcello Gandini klar, dass dem heiklen Temperaturhaushalt der mittschiffs eingebauten V-12-Maschine nur beizukommen war, wenn die Frischluftzufuhr direkt von der Seite erfolgte. Denn dort, beidseits neben dem mächtigen Antriebsaggregat, befanden sich die mit je zwei Lüftern dotierten Wasserkühler.

So erhielt der LP 400 – in der Serie mit dem bewährten 4-Liter- statt des zunächst eigens konstruierten 5-Liter-Motors ausgestattet – beidseits imposante Lufteinlasskanäle verpasst. Dass diese aus der Linie herausstehenden Kästen mit ihren geradlinigen Konturen durchaus dem kantigen Fahrzeugstil entsprachen, war für Marcello Gandini kaum tröstlich. Für eine noch gezieltere Luftzufuhr wurden dem Countach dazu noch auffallende Naca-Öffnungen in die Flanken unterhalb des nun hinzugekommenen, leicht einwärts gestellten zweiten Seitenfensters eingefügt. Einen solchen «amerikanischen» Lufttrichter hatte bereits die Serienausführung des Alfa Romeo Montreal erhalten, allerdings vorne auf der Motorhaube.

In gekonntem Bertone-Werbebild: Lamborghini LP 400 S, ca. 1980 (V-12, 3929 ccm, 375 PS – bw).

Eindrücklicher Blick auf die Flanke: Auffallend der aufgesetzte «Belüftungskasten» für den Motor und der Naca-Lufttrichter darunter (bw).

<u>Unten:</u> Einen verblüffend ungewohnten Anblick brachte auch diese Perspektive (la).

Ein im Lamborghini-Werk im Aufbau begriffener Countach LP 400, 1973 (wb).

Ein Countach LP 400 «aufgeklappt» beim 40-Jahr-Markenjubiläum von 2003 (br).

Finanzielle Mühen bremsten Serienanlauf

Die Markteinführung des Lamborghini Countach LP 400 erfolgte auf dem Genfer Salon im Frühling 1973. Die Leistung des längs eingebauten 3929-ccm-Leichtmetall-V-12 mit 2x2 obenliegenden Nockenwellen und sechs Weber-Doppelvergasern wurde mit 385 PS bei 8000/min angegeben. Zum Vergleich: beim Jarama S waren es 365 PS und beim Espada 400 GT 350 PS bei jeweils 7500/min. Im Countach besaßen der Motor und die vor ihm untergebrachte Kraftübertragung weiterhin eine gemeinsame Ölversorgung, und der direkt neben dem Fahrer positionierte 5-Gang-Schalthebel erübrigte ein kompliziertes Übertragungsgestänge.

Neu basierte der Countach nun auf einem Gitterrohrrahmen. Seine Aufhängung umfasste vordere Trapez-Dreieckquerlenker, hinten obere einfache Querlenker und Längsstrebe sowie untere umgekehrte Dreieckquerlenker mit Längsstrebe; hinten waren die Schraubenfedern doppelt vorhanden. Gegenüber dem LP 500 von 1971 blieb der Radstand unverändert bei 245 cm; während die extreme Breite bei 189 cm erhalten blieb, wuchsen Länge und Höhe auf 414 bzw. 107 cm. Das Leergewicht wurde mit 1200 kg, die Höchstgeschwindigkeit mit runden 300 km/h angegeben. Das an ein Flugzeugcockpit erinnernde futuristische Instrumentarium des LP 500 war einem nüchternen, aber gleichwohl attraktiv gestalteten Armaturenbrett gewichen.

Vom Countach sind schlussendlich nur die Prototypen bei Bertone entstanden. Ohnehin war das Karosseriewerk ausgelastet, während anderseits Ing. Stanzani, inzwischen CEO von Lamborghini, darauf bestand, die Countach-Montage gesamthaft zu übernehmen, um so die eigenen Produktionsanlagen besser zu nutzen. Daher transferierte Bertone die vorgesehenen Einrichtungen für die Montage der Countach-Aufbauten samt Know-how an Lamborghini. Die Karosserieteile wurden jedoch, wie schon von Bertone vorgesehen, bei der Firma Silver Car in Caramagna gepresst, einem kleinen Unternehmen, das von vormaligen Bertone-Mitarbeitern gegründet worden war. Auch alle weiteren Lamborghini-Modelle wurden fortan im Werk in Sant'Agata gefertigt.

Allerdings konnte die Produktion nicht entsprechend dem vorhandenen Bestellungsumfang in Gang gesetzt werden. Denn mangels flüssiger Mittel ließen sich die benötigten Zulieferteile nur schubweise beschaffen. Die Situation besserte sich auch nicht grundsätzlich, nachdem Ferruccio Lamborghini seine noch gehaltenen 49 % des Kapitals an den zweiten Schweizer, René Leimer, abtrat. Un-

«Longseller» Lamborghini Countach

Preisvergleich 1974:	SFR
Lamborghini Countach LP 400	115'000
Ferrari Berlinetta Boxer	117'500
Bentley Corniche Coupé	137'000
Monteverdi Hai 450 GTS	140'000

Preisvergleich 1989:	
Lamborghini Countach 4 Valvole	220'000
Ferrari Testa Rossa	216'000
AC Cobra (Cabrio)	148'000
Aston Martin V8	255'000
Porsche 928 S4	118'400

Produktionszahlen:	
Countach LP 500 (Prototyp)	1
Countach LP 400 (1973—1978)	150
Countach LP 400 S (1978—1982)	466
Countach LP 500 S (1982—1985)	323
Countach 5000 QV (1985—1988)	632
Count. 25° Jubileo (1988—1990)	424
Diverse Spezialmodelle	4
Insgesamt (rund)	**2000**

(teils abweichende Angaben je nach Quelle)

Der Countach-Fahrerplatz, hier in einem LP 400 S von 1978 (br)...

...und hier aus etwas anderer Sicht in einem LP 500 S, 1985 (wb).

Pracht in Weiß mit Auskragungen: Countach S Quattrovalvole, 1985 (V-12, 5167 ccm, 455 PS – la)

ter Rossetti und Leimer fiel der Ausstoß 1975 gar auf bloß noch 276 Urraco, Jarama, Espada und Countach. Der LP 400 brachte es bis 1978 auf 150 Einheiten. Doch inzwischen waren Stanzani und Wallace abgesprungen, und 1976 musste der italienische Staat eine Finanzhilfe gewähren und 60 der 220 Lamborghini-Mitarbeiter in die Integrationskasse übernehmen...

Verkaufserfolg bis Ende der Achtzigerjahre

Indessen erfuhr auch der Countach eine stete Weiterentwicklung. 1975 wurde seine Leistung mit noch 375 PS angegeben. 1977/1978 kam das Modell S mit überarbeitetem Fahrwerk, breiteren Reifen und entsprechend erweiterten Radhäusern hinzu (Gesamtbreite nun just 2 m), und ein Jahr später stand nur noch diese Version im Angebot. Sie unterschied sich auch durch den Kunststoff-Stoßschutz und in der Karosseriefarbe gehaltener Spoilerlippe. 1979 wurden die Bordinstrumente vergrößert, und auf Wunsch war ein eindrücklicher Heckflügel lieferbar. Im Zuge der Abgasbestimmungen gab es ab 1981 eine 350-PS-Variante. Auf dem Genfer Salon 1982 wurde der LP 400 S vom LP 500 S abgelöst: 4754 ccm, weiterhin 375 PS.

Ein großer Schritt erfolgte 1985 mit der Einführung des Countach LP 5000 S Quattrovalvole, also mit vier Ventilen je Zylinder. Diese Technologie war einst vom Genfer Ernest Henry entwickelt worden und wurde 1912 erstmals von Peugeot mit einem 7,6-Liter-DOHC-Vierzylindermotor im Rennsport eingesetzt. In der Neuzeit zählte der «Lambo QV» noch zu den «4V»-Pionieren; der Hubraum erreichte nun 5167 ccm und die Leistung 455 PS bei 7000/min. Sie wurde mit sechs vertikal montierten Doppelvergasern erreicht, was ein geändertes Design der Motorhaube bedingte. Front- und Heckhaube wurden neu aus leichtgewichtigem Kevlar hergestellt. Und es gab auch einen ästhetischen Fortschritt: Die leidigen, sich an die Seitenfenster anschließenden Lufteinlasskästen erhielten schräggestellte Einlassrechen..., viel schöner wurden sie damit kaum.

Mit 300 km/h Spitze galt diese Countach-Version als «schnellster Produktionssportwagen der Welt». Ab 1985 ließ sich der Countach zudem in den USA anbieten. Nebst besonders kräftigen Stoßstangen bot er dort die Benzineinspritzung K-Jetronic von Bosch statt der prächtigen Vergaser-Galerie und damit noch 420 PS. Mit dem alsbald auch in Europa erhältlichen Katalysator reduzierte sich die Leistung auf 426 PS.

Innenraum zu Außenfarbe passend oder kontrastierend: Quattrovalvole, 1987 (br).

Von 1988 bis 1990 wurde der Countach 5000 S Jubileo («25° anniversario» bzw. 25. Geburtstag der Marke) gebaut. Wie schon ab 1985 wurde der Frontspoiler von seitlichen Lufteinlässen flankiert und zudem zeigten die Seitenschweller an ihrem hinteren Ende Einlassschlitze; überdies war die Heckwand umgestaltet worden. – Von 1971 bis 1990 entstanden rund 2000 Countach (s. Tabelle linke Seite). Im Januar 1990 wurde der nicht mehr einem Bertone-Design zuzuschreibende Diablo vorgestellt. – Im Zusammenhang mit Bertone fand die Lamborghini-Geschichte mit dem 1981 vorgestellten Jalpa ein nächstes Kapitel (s. Seite 186).

Einige Countach und seine späteren Nachfolger kamen auch zum Renneinsatz, so dieser Aventador beim Rallye de Paris GT für Supersportwagen von 2015 – uk).

Rechts: Letzter Höhepunkt der langen Countach-Geschichte: Countach 5000 S Jubileo (1989; V-12, 5167 ccm, 455 PS – wb).

Ferraris Zweitmarke in ihrer zweiten Epoche, mit versenkbaren Doppelscheinwerfern und schwarzen Polyester-Stoßstangen: Dino 308 GT 4 (1974; V8, 2927 ccm, 225 PS – wb).

Die muldenartig angeordneten Rundinstrumente im Dino 308 GT 4 (wb).

Auch auf dem zum Ferrari gewandelten Dino fand sich das Signet «disegno Bertone» (rg).

Vom letzten Dino zum ersten V8-Ferrari

Im Jahr 1966 hatte Commendatore Enzo Ferrari die erschwinglichere Zweitmarke Dino lanciert. Mit diesem Markennamen ehrte er seinen schon im Alter von 24 Jahren an Muskelschwund verstorbenen Sohn Alfredino, der sich als hochtalentierter Ingenieur ausgezeichnet hatte. Statt eines V-12-Motors erhielt der Dino einen V6-Mittelmotor, der in der Serienausführung zudem quer eingebaut war. Das Design dieses vergleichsweise kompakten Zweisitzercoupés mit der Typenbezeichnung 206 GT war schlichtweg ein Meisterstück aus den Studios von Pininfarina.

Für die Ablösung des seit 1969 gebauten 246 GT setzte Ferrari auf Bertone. Der Dino 308 GT 4 hätte schon zum Genfer Salon 1973 gebracht werden sollen, fand seine Premiere jedoch erst im Oktober jenes Jahres auf dem Salon von Paris. Wie beim Vormodell bezog sich die Typenbezeichnung auf Hubraum und Zylinderzahl: V8 und 3 Liter Hubraum. Damit wurde auf das Konkurrenzmodell Lamborghini Urraco P 250 gezielt. Der neue Dino bot nicht nur mehr Hubraum, sondern sein neu konstruierter, wiederum quer in das Rohrrahmenchassis eingebauter V8 rückte auch gleich mit zwei Nockenwellen pro Zylinderreihe an. Diese wurden durch zwei Zahnriemen aktiviert! Vor allem aber war er im Gegensatz zu den vorangegangenen Dino-Modellen deutlich geräumiger geworden; wie der Urraco galt er nun als 2+2-Sitzer.

Im Frontbereich ließ sich eine gewisse Ähnlichkeit zwischen den beiden Rivalen nicht absprechen. Die Keilform mit dem flachen Frontdeck samt Kühlluft-Auslasslamellen und Klappscheinwerfern waren eben «typisch Bertone/Gandini». Aber es gab zu jener Zeit eine weitere frappant ähnliche Front, nämlich jene des Sportkombis Lotus Elite, dessen erstes Foto im September 1973 veröffentlicht wurde. Individuell gab sich hingegen die Seitenlinie des Dino 308 GT 4: Das zweite Seitenfenster war dreieckig, und seine Spitze mündete in den Trichter für die Vergaserluftzufuhr aus. Mit der senkrecht zwischen den Ansätzen der hinteren Dachholme stehenden Heckscheibe wurde eine bereits für den Dino 206 GT eingeführte stilistische Besonderheit übernommen.

Im Vergleich zum V6-Vormodell war der V8-Dino deutlich länger: 255 statt 234 cm Radstand und 432 statt 422 cm Länge. Der Motor mit 2927 ccm Hubraum kam mit vier Weber-Doppelvergasern auf 225 PS bei 7700/min, und das 5-Gang-Getriebe war mit einem ZF-Lamellen-Sperrdifferenzial kombiniert. Für das 1150 kg wiegende Coupé wurde eine Höchstgeschwindigkeit von 250 km/h genannt. Seine Herstellung erfolgte wie bereits für die Vormodelle bei der mit Ferrari liierten Carrozzeria Scaglietti in Modena (diese Firma wurde 1975 in Ferrari integriert).

Für den italienischen Markt wurde 1975 eine steuerbegünstigte 2-Liter-Variante mit 1991 ccm und 170 PS herausgebracht. In der zweiten Hälfte 1976 erhielt der 308 GT 4 ein etwas breiteres Kühlergitter mit einbezogenen Nebelscheinwerfern. Vor allem aber prangte nun vorne auf der Haube – zur Freude vieler Fans – das Ferrari-Markenzeichen! Es fand sich auch auf der Lenkrad- und den Radnaben. Auf dem Kofferdeckel war jedoch immer noch die Aufschrift Dino 308 GT 4 zu finden und auf der rechten Flanke das Signet «disegno Bertone». – Bis 1980 entstand der 308/208 GT 4 in 2826 Exemplaren.

Die zwischen den hinteren Dachträgern nach vorne versetzte und senkrecht stehende Heckscheibe war bereits eine Besonderheit beim ersten Dino-Modell (wb).

Gegen Ende 1976 wandelte sich der Dino 308 GT 4 zum Ferrari mit dem entsprechenden Markenzeichen auch auf der Lenkrad- und den Radnaben (rg).

Faszinierendes Profil, geprägt von dem umlaufenden Kunststoff-Schutzgürtel in Kontrastfarbe (bw).

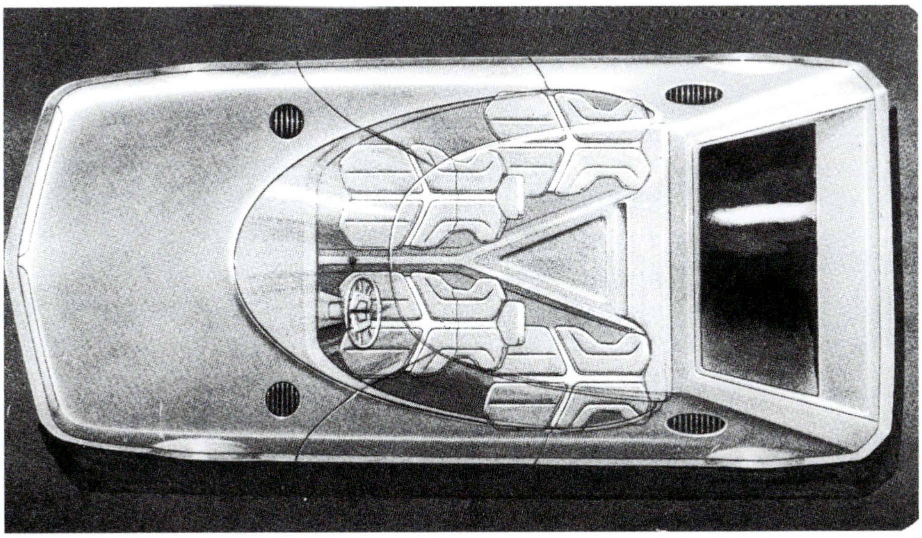

Der Trapèze-Grundriss zeigt: Vordersitze zusammengerückt, Hintersitze nach außen versetzt mit dazwischen eingeschobenem Motorraum (bw).

Die in die Einheit der Form integrierte Heckklappe gab Zugang zu Motor und Kofferraum (bw).

Vier Sitze in Trapezanordnung = Bertone Trapèze

Nach dem Stratos von 1970 war der auf dem Automobilsalon von Paris im Oktober 1973 vorgestellte NSU Trapèze Bertones nächster Dreamcar. Schon der Countach LP 500 von 1971 war ursprünglich «nur» als Konzeptstudie gedacht, aber dann zu einem Serienprodukt gereift. Einmal mehr setzten Bertone und Gandini eine äußerts innovative Idee in die Tat um: Ein viersitziges Sportcoupé – nein, als Berlina due porte mochte man es nicht bezeichnen, und es war auch kein «2+2»! – mit einem zwischen den Hintersitzen angeordneten Mittelmotor. Den Anstoß dazu lieferte ein neuartiges Antriebskonzept, das sich durch besonders kompakte Bauweise auszeichnete: der Wankelmotor.

Schon 1964 war mit dem NSU Spider das erste serienmäßige Auto mit Rotationskolbenmotor in Produktion genommen worden. Das Design zu diesem schmucken kleinen Zweisitzercabrio mit Heckmotor hatte Bertone schon 1958 geliefert. Im Herbst 1967 wurde der revolutionäre NSU Ro 80 vorgestellt. In ihm diente ein Zweischeiben-Kreiskolbenmotor von Erfinder Felix Wankel als Kraftquelle für den Vorderradantrieb. Bei einem Hubraumäquivalent von 1990 ccm resultierte eine Leistung von 115 PS. Der Kraftübertragung diente ein halbautomatisches Dreiganggetriebe. Gänzlich außer Norm lag beim Ro 80 auch das Design der viertürigen Karosserie. Sie war das Werk von NSU-Chefdesigner Claus Luthe und wurde von Designliebhabern und Technikästheten als «das zweitbeste Limousinendesign der Nachkriegsepoche nach dem Citroën DS» eingereiht (s. Bild Seite 154).

Für einmal kam eine Bertone-Konzeptstudie auf dem Automobilsalon von Paris zur Premiere: Bertone NSU Trapèze, 1973 (Zweischeiben-Kreiskolbenmotor, 1990 ccm, 115 PS, es).

Das horizontal betonte Armaturenbrett des Bertone NSU Trapèze (bw)

Kreiskolbenmotor und halbkreisförmiger Dachteil

Just die epochale Antriebseinheit aus dem Ro 80 diente und regte zum Bau des Trapèze an. Er folgte der auf möglichst geringen Luftwiderstand ausgerichteten Bertone-Stromlinie, wie sie schon dem Strada HF von 1971 eigen war. Von diesem war auch der nahtlose Übergang von der Frontscheibe zu den Seitenfenstern inspiriert. Die Windschutzscheibe war beim Trapèze nahezu keilförmig nach vorne zugespitzt, und die vorne nach innen abgebogenen Seitenscheiben vollendeten den halbkreisförmigen Grundriss des «Glashauses». Dies erbrachte ein optimiertes Strömungsverhalten, verlangte aber ein Zusammenrücken der Vordersitze. Genau dies aber war Teil des raffinierten Trapèze-Gesamtkonzeptes. Denn die hinteren Sitze waren im Gegenzug nach außen verlegt, so dass deren Nutzer ihre Beine an den Vordersitzen vorbei ausstrecken konnten. Die Sitzlehnen der Frontsitze waren drehbar, was den Zu- und Ausstieg zu und von den Hintersitzen erleichterte. Einen dieser Sitzanordnung mitgegebener Effekt lag darin, dass die hinteren Mitfahrer neben den Köpfen von Fahrer und Beifahrer vorbei frei auf die vorausliegende Straße blicken konnten und so zu einer ganz neuen Mitfahrperspektive kamen.

Bei bescheidenen 243 cm Radstand war der viersitzige Trapèze nur 408 cm lang, aber mit 183 cm vergleichsweise breit. Zum Vergleich: Lancia Stratos HF = 175 cm, Dino 308 GT 4 = 180 cm, Lamborghini Countach LP 400 = 189 cm. Mit 111 cm verlief die Dachlinie des Trapèze für einen Viersitzer echt sportlich tief!

Schon beim Camargue von 1972 hatte eine schwarz ausgelegte Nut horizontal um Seiten und Front geführt. Der Trapèze erhielt dagegen einen massiven Kunststoff-Schutzgürtel, der rings um den gesamten Karosseriekörper und bogenförmig über die Radausschnitte führte. Dessen blaue Farbe kontrastierte mit der weißen Karosserielackierung. Zu dieser markanten Eigenheit kamen kreisrunde Motive, nämlich nebst den schüsselförmigen Radscheiben die Luftgitter beidseits der zugespitzten Frontscheibe und an den hinteren Dachträgern sowie in Form der Türdrücker. – Der Trapèze war eine weitere grandiose Bertone-Formschöpfung; sie ließ sich berechtigt neben den in Bezug auf Design und Technik epochalen NSU Ro 80 stellen.

Unter Klappen versteckte Rechteckscheinwerfer, darunter Nebellampen und das Kühlergitter (bw).

Der von 1967 bis 1977 in 37´300 Einheiten gebaute NSU Ro 80 lieferte die Antriebsmechanik für den Trapèze; das Design des Ro 80 war die Meisterleistung von Claus Luthe (rg).

Für entspanntes Fahren in südlichen Gefilden: Bertone (Fiat 127) Village (1974; 4 Zyl., 903 ccm, 47 PS – bw).

Fiat 127 als Bertone-«Dorfsprinter»

Mit in großer Masse gebauten kleinen und kleinsten Autos sorgte Fiat auch anfangs Siebzigerjahre für Italiens fortschreitende Motorisierung. Das Musterbeispiel moderner Kleinwagenkonzeption war der Ende März 1971 vorgestellte Fiat 127. Mit Vorderradantrieb und einem leistungsfähigen, quer eingebauten 903-ccm-Vierzylindermotor erfüllte er die Wünsche breiter Bevölkerungsschichten. Zudem bot er ein – von Pio Manzù im eigenen Haus entworfenes – gelungenes Zweivolumendesign mit elegantem Schrägheck samt aufnahmefähigem Kofferraum unter großer Heckklappe.

Diesem unter Fiats genialem Chefkonstrukteur Ing. Dante Giacosa entstandenen Kleinwagen widmete die Carrozzeria Bertone eine Spezialversion namens Village und stellte sie auf dem Genfer Salon 1974 vor. Es handelte sich eigentlich um einen Strandwagen, wie sie – wohl angeregt von den amerikanischen Beach-Buggies – bei verschiedenen Karossiers in Schwung gekommen waren. Sie wurden sogar in Kleinserien gebaut und in Feriendörfern eingesetzt, womit die Bezeichnung Village durchaus gegeben war.

Türen waren nicht vorhanden, nur ein einklinkbares Seil schütze Fahrer und Beifahrer notdürftig vor etwaigem Herausfallen. Über den Rahmen der großflächigen Windschutzscheibe und den Überrollschutzbügel, der gleichzeitig auch eine stabilisierende Funktion für den offenen Aufbau übernahm, hätte sich allenfalls ein Sonnen- oder Wetterschutzdach einspannen lassen. Die Überrollstangen fanden in den Längsstreifen an den Vorderflanken eine Fortsetzung, und wie beim Original-127 ragte die Motorhaube seitlich bis über die Radhäuser hinaus. In der Frontwand fanden sich zwei asymmetrisch links platzierte runde Öffnungen. Analog hierzu waren im originellen Armaturenbrett die Anzeigeinstrumente in zwei Rohrenden eingesetzt. Der 127 Village blieb eine reine Designübung.

Im offenen, wetterresistenten Innenraum fand sich ein originelles Armaturenbrett mit in Rohrenden versenkten Anzeigeinstrumenten (bw).

Der Village blieb ein Einzelstück, während mehrere kleinere Turiner Karosseriefirmen meist einfachere Beach-Buggies in Kleinserien bauten (bw).

Der Fiat 127 3-porte war ein genial konzipiertes und attraktiv geformtes Kleinauto. Dieses Exemplar diente dem Autor ab 1972 u. a. für Fahrten zu den Designzentren in Turin (rg).

Mächtige Limousine, auch für den Einsatz mit Chauffeur: Maserati Quattro Porte II, 1974/75 (V6, 2965 ccm, 190/220 PS – wb).

Am Tor zum neuen Viertür-Maserati

Unter den drei italienischen Herstellern von Supersportwagen mit eigenen Motoren verzichteten Ferrari und Lamborghini konsequent darauf, auch Limousinen ins Programm aufzunehmen. Maserati hingegen hatte sich dieser Sparte ab 1963 angenommen, indem die Marke aus Modena auf dem Salon von Turin das Modell 4 Porte bzw. Quattro Porte vorstellte. Der Entwurf stammte von Pietro Frua, der in seinem Designstudio in Turin bereits verschiedene Maserati-Aufbauten entworfen hatte und zudem Karosserien in Kleinstserien herstellte, wie etwa 1968/69 die ersten Monteverdi High Speed 375 S. Der Quattroporte (spätere Schreibweise) mit 4136-ccm-V8-Motor wurde sehr gut aufgenommen, wogegen der ab 1968 gebaute Iso Rivolta S4/Fidia als einzige vergleichbare Hochleistungs-Luxuslimousine kaum Erfolg hatte.

Allerdings fand der Quattroporte erst auf dem Salon von Paris im Herbst 1974 einen designierten Nachfolger und zwar in Form des bei Bertone entwickelten Quattro Porte II. Bertone hatte ja bereits mit Citroën zusammengearbeitet, und die französische Firma hatte Ende der Sechzigerjahre 60 % des Kapitals von Maserati übernommen. Dem Quattro Porte II diente daher die verlängerte Plattform des technisch wie stilistisch revolutionären Luxuscoupés Citroën SM mit 2965-ccm-V6-Motor (ohnehin von Maserati), Vorderradantrieb sowie dem hydropneumatischen Federungs-, Lenkungs- und Bremssystem. Im Vergleich zu dem bis 1970 angebotenen früheren Quattroporte wuchsen Radstand und Gesamtlänge von 275/500 auf 307/513 cm. Der Quattro Porte II übertraf damit selbst die Abmessungen beispielsweise des Mercedes-Benz 350 SEL.

Mit ihrer horizontal durchgezogenen Gürtellinie zeigte sich das Design dieser Luxuslimousine betont gestreckt, und es waren die in vier aufgetragenen Rhomben unterteilten hinteren Dachträger, die für eine optische Individualisierung sorgten. Jüngstem Trend entsprechend war die Motorhaube bis über die Radhäuser gezogen. Die Front gab sich ebenso Maserati-markentypisch wie originell, nämlich mit beidseits drei rechteckigen Scheinwerfern, die sich von Wischerarmen bestreichen ließen. Das Armaturenbrett-Instrumentarium wurde weitgehend vom Citroën SM übernommen.

Der Quattro Porte II entstand bis 1977 allerdings in nur gerade fünf Exemplaren. Denn – wie schon früher erwähnt – wurde die in finanzielle Schwierigkeiten geratene Firma Maserati liquidiert... und später von Alejandro de Tomaso wieder auf die Beine gestellt. 1977 wurde die Quattroporte-Modelltradition wieder aufgenommen..., nach einem Design von Giorgetto Giugiaro und mit traditioneller Maserati-Technologie!

Oben: Je zwei horizontal angelenkte Wischerarme bestrichen beidseits drei Scheinwerfer – wb).

Links: Das Heck mit Kofferdeckel in voller Breite war schlicht und einfach gestaltet – bw).

Überzeugende Designerneuerung für den Mini

Die Automobilindustrie brachte in der Nachkriegszeit etliche richtungsweisende Modelle auf den Markt. Unter ihnen zählte der Mini zweifelsfrei zu den revolutionärsten Konstruktionen, mehr noch, er wurde zu einem bedeutungsvollen Meilenstein der Automobilgeschichte.

Auf nur 305 cm Länge und mit 203 cm Radstand bot der von BMC-Chefkonstrukteur Ing. Alec Issigonis geschaffene und im Sommer 1959 vorgestellte Typ 850 eine optimale Raumnutzung in Verbindung mit einem kubischen Design und glänzenden Fahreigenschaften. Sein 848-ccm-Vierzylindermotor wurde zusammen mit dem Vierganggetriebe quer über der Vorderachse eingebaut und trieb die Vorderräder an. Die im zehn-Zoll-Maß gehaltenen, mit Gummifederelementen kombinierten Räder waren ungewöhnlich - und entsprechend auffallend - klein.

Die 1952 aus dem Zusammenschluss von Austin und den Nuffield-Marken Morris, MG, Wolseley und Riley entstandene British Motor Corporation kommerzialisierte diesen die Fachwelt verblüffenden Kleinwagen unter den Bezeichnungen Austin Seven 850 und Morris Minor 850. Die von Vormodellen übernommenen Modellnamen wurden zwar schon 1961 weggelassen, der Begriff Mini aber erst 1967 eingeführt, und dieser avancierte 1968, zumindest für den Export, auch zum Markennamen.

Oben: Durchaus ein Mini geblieben, aber breiter und fünfsitzig: Innocenti Mini, 1975 (4 Zyl., 998 ccm, 49 PS oder 1275 cm, 65 PS – bw).

Rechts: Ein Holzstrukturmodell verrät die Silhouette, wie sie Bertone für den neuen Mini vorsah (bw).

Mit der Heckklappe, die dem Original-Mini fehlte; der weiße Stoßschutz verwies auf die luxuriöser ausgestattete Version Innocenti Mini 120 (bw).

Ab dem Turiner Salon 1976 gab es den sportlichen Innocenti Mini De Tomaso (4 Zyl., 1275 ccm, 74 PS – es).

Schon 1964 war bei Bertone das Design für ein Innocenti-Modell entstanden, das rundlich-attraktive Sportcoupé 186 GT mit bei Ferrari entwickeltem 1843-ccm-V6-Motor. Schade, dass es beim Prototyp blieb! Die Firma Innocenti, Hersteller des Lambretta-Rollers, war 1960 mit dem von der Carrozzeria Ghia geformten Spider 950 Sport in die Automobilherstellung eingestiegen. Gleichzeitig nahm sie mit dem Innocenti IM 3 in einem neuen Werk in Mailand-Lambrate die Lizenzproduktion des Morris 1100 auf, und 1965 kam die Herstellung des Mini hinzu.

Anfang der Siebzigerjahre erreichte der Ausstoß der Innocenti Società an Mini- und größeren Austin/Morris-Lizenzmodellen jährlich über 60›000 Einheiten. Da war es durchaus plausibel, an eine Modernisierung des Mini-Karosseriedesigns zu denken. Der Auftrag dazu erteilte die inzwischen als Leyland Innocenti SpA firmierende Firma an Bertone, und die Designarbeiten starteten in dem kurz zuvor in Betrieb genommenen neuen Entwicklungszentrum in Caprie.

Das schließlich auf dem Salon Turin Ende 1974 vorgestellte Resultat konnte sich sehen lassen: Ohne den raumoptimierenden kubischen Charakter des Mini zu negieren, entstand ein formvollendeter Kleinwagen mit moderner Front samt Rechteck-Scheinwerfern, mit großzügigen Fensterflächen und ausgewogenen Proportionen. Bei unverändertem Radstand von 204 cm wuchs die Länge von 305 auf 312 cm. Vor allem aber bot dieser neue Mini eine Heckklappe, die ihm zu zusätzlicher Attraktivität verhalf. Besonders originell war die am Dachende eingebrachte kleine Auswölbung, der bei Autobahntempo eine Spoilerfunktion zukam bzw. die den Anpressdruck auf die Hinterachse erhöhte.

Fünfsitzig dank 8,5 cm mehr Breite

Der Innocenti Mini war mit 138 cm nur um 2 cm höher als der weiterhin auch in Italien aufgebaute englische Mini, aber mit just 150 statt 141,5 cm Breite bot er ein Plus an Innenraum, das ihn zum Fünfsitzer mutieren ließ. Es gab den «Italo-Mini» als Typ 90 oder 120, je nachdem, ob der 998-ccm-Motor mit 49 PS oder die aus dem Mini Cooper bekannte 1275-ccm-Version mit 65 PS eingebaut war; letztere war auch etwas luxuriöser ausgestattet. Was bei den englischen Mini erst 1984 zum Standard wurde, erhielt der Innocenti Mini von Anfang an: nämlich 12-Zoll-Räder und vordere Scheibenbremsen. Ohne Zweifel hätten all diese Modernisierungsschritte dem Innocenti Mini auch Exportmärkte erschließen können. Doch gemäß Abkommen mit der BMC-Nachfolgefirma British Leyland musste sich der Absatz auf den italienischen Heimmarkt beschränken.

1975 fiel die Produktion auf noch 33‘000 Exemplare, und im Jahr danach waren es nur noch knapp 13‘000. Rote Zahlen, Entlassungen und Streiks führten in den Konkurs und zur Staatsübernahme. Von der 1976 entstandenen Nuova Innocenti SpA wurde ausschließlich noch der «Bertone-Mini» gebaut. Wie schon im Falle von Maserati erhielt Alejandro de To-

Und zum Vergleich ein Original-Mini von 1959: Austin Seven 850 (4 Zyl., 848 ccm, 34,5 PS – mp).

Originell und doch klar ablesbar: das spezifische Bertone/Innocenti-Mini-Armaturenbrett (bw).

Die raffinierte englische Mini-Technik blieb voll erhalten, das Karosseriedesign aber war wohlgeformt «italianisiert» (bw).

maso das Mandat für die Sanierung. Aus dem (früheren italienischen) Mini Cooper 1300 S (ohne Bertone-Karosserie) wurde 1976 der Mini De Tomaso mit Karosserie im Bertone-Stil. 1979 ging die Innocenti-Mehrheit an De Tomaso, und auf dem Turiner Salon 1980 wurde das Basismodell Innocenti Mille eingeführt. Seinem Antrieb diente nach wie vor der 49 PS leistende 998-ccm-Motor aus dem Mini, doch war die Spur verbreitert worden. Das bei Bertone leicht überarbeitete Design des Mille war äußerlich an dem breiten seitlichen Schutzband zu erkennen, das zwischen dem ebenfalls in Schwarz gehaltenen Front- und Heckstoßschutz eine optische Verbindung herstellte.

Dann sogar mit Drei- und Zweizylindermotor

1982 nahm Alejandro de Tomaso im Werk Lambrate zusätzlich die Herstellung des Maserati Biturbo auf. Zum Salon von Turin des gleichen Jahres wurden die englischen Motoren durch Daihatsu-Dreizylinder ersetzt. Dreizylinder-Viertaktmotoren hatte es zwar schon zu den Urzeiten des Automobils gegeben. Doch der 1977 von Daihatsu im neuen Modell Charade eingeführte 993-ccm-OHC-Dreizylinder brachte die Fachwelt ins Staunen. Möglich machte ihn eine im Kurbelgehäuse mitlaufende Massenausgleichswelle. Die Modellbezeichnung Tre statt Mille wies auf die neue Innocenti-Antriebseinheit hin. Sie leistete 52 PS und in dem ab 1983 angebotenen Tre Turbo De Tomaso 72 PS.

Anderseits war der kleine Innocenti ab Ende 1984 sogar mit einem Daihatsu-Zweizylindermotor mit 617 ccm und 31 PS zu haben... 1990 übernahm Fiat auch die Lambrate-Werkanlagen, doch das Bertone-Design stand bis 1992 in Produktion, zuletzt in Form des Innocenti Small. – Es gab etwas, das den Kleinwagen Innocenti und den Supersportwagen Lamborghini Countach gemeinsam auszeichnete: Das überzeugend gelungene Erscheinungsbild beider Modelle hielt sich während 18 Jahren am Markt!

Die Rückkehr des Dreizylinders

Die Geschichte des Automobils begann mit Ein- und alsbald Zweizylindermotoren. Durch Zusammenfügen von Zweizylinderblöcken ergab sich darauf der Vierzylindermotor, und er wurde allmählich zum Standard des ebenso leistungsfähigen wie komfortablen Allround-Automobils. Und der Dreizylinder? Ja, es gab ihn auch. Aber er blieb ein wenig erfolgreicher Kompromiss zwischen dem kostengünstigen, wenig Einbauplatz beanspruchenden Zweizylinder und dem durch wesentlich vibrationsärmeren Lauf brillierenden Vierzylindermotor. Immerhin baute sogar Rolls-Royce um 1904 ein Dreizylindermodell. Eine ganz andere Bedeutung erhielt dagegen der Dreizylinder in seiner Zweitaktversion: In der Nachkriegszeit galten die 1-Liter-Dreizylinder-Zweitaktmotoren der Marken DKW und Auto Union im Rennsport als unschlagbar.

Wegen seiner Abgase war dem Zweitakter die Zukunft allerdings verwehrt. Somit schien auch der Dreizylindermotor für den Automobilbereich endgültig zum «alten Eisen» zu zählen. Einzig in Japans Kleinstautomobilen gab es sowohl noch Zweitakt- wie auch Dreizylindermotoren. Als jedoch im Jahre 1977 die zum Toyota-Konzern zählende Kleinwagenmarke Daihatsu ihr neues Modell Charade mit einem Dreizylinder-Viertaktmotor ausrüstete, war die Überraschung groß. Dank Massenausgleich bekam man die Vibrationsneigung in den Griff. Nur akustische Eigenheiten verwiesen auf die ungerade Zylinderzahl. 1979 schuf auch Suzuki einen Viertakt-Dreizylindermotor... Bei den europäischen Herstellern hat der Dreizylinder hingegen erst im 21. Jahrhundert eine Renaissance erfahren; aus einem Jahrhundertschlaf erweckt wurde er ab 2015 im Marktsegment B bzw. bei den Kleinwagen zur Basismotorisierung.

Und parallel dazu wurde auch das Elektroauto neu entdeckt!

Vom Mini zum Mille: So hieß ab Turiner Salon 1980 die Innocenti-Basisversion (4 Zyl., 998 ccm, 49 PS – bw).

Weiterer Schritt: Innocenti Tre De Tomaso, 1984 mit Daihatsu-Turbomotor (3 Zyl., 993 ccm, 72 PS – wb).

Er schimmerte anfänglich und auch bei seinen Salonauftritten in goldgelber Farbe: Bertone Lamborghini Bravo (V8, 2996 ccm, 300 PS – br).

Kühne Idee von einem Lamborghini Bravo

Die Bezeichnung Bravo erinnerte an die traditionelle, der spanischen Stierkampfdomäne verschriebenen Lamborghini-Namensgebung. Vorgestellt wurde dieser weitere Bertone-Dreamcar – so wie der neue Innocenti Mini – auf der Turiner Autoschau im Oktober 1974. Der Lamborghini Bravo basierte auf der Urraco-Antriebstechnologie, sein quer eingebauter V8-Mittelmotor entsprach aber bereits der 3-Liter-Version mit vier obenliegenden Nockenwellen, wie sie im gleichzeitig lancierten Urraco P 300 eingebaut war. Für den Bravo wurde die Leistung mit 300 PS bei 7500/min angegeben (P 300 = 265 PS bei 7800/min).

Ganz ungewöhnlich waren die Proportionen des Bravo: Er besaβ bloβ 225 cm Radstand (Urraco = 245 cm), war nur 373,5 cm lang (Urraco = 425 cm) und 103,5 cm hoch (Urraco = 116 cm). Anderseits erreichte seine Breite 188 cm (Urraco = 176,5 cm), womit er sogar den NSU Trapèze noch um 5 cm übertraf. Der Bravo war also ein Auto mit der Kürze eines Kompaktautos und der Breite eines Supersportwagens vom Format des Lamborghini Countach. Dennoch war das von Marcello Gandini ausgearbeitete Design einmal mehr eine geglückte Synthese von vollendet einheitlicher Formgebung und neuartiger Stilart. Deren Elemente wiesen – abgesehen von der aerodynamisch begründeten Keilform – keine mit vorangegangenen Bertone-Kreationen verwechselbare Elemente auf.

Die sozusagen aus der Frontpartie herauswachsende, stark geneigte Windschutzscheibe war mit den ebenfalls aus abgedunkeltem Glas bestehenden Seitenscheiben optisch so zusammengefügt, dass sich die Fensterrahmen nicht mehr abhoben und der Eindruck einer über drei Seiten geführten Einheit entstand. Die in die hinteren Dachträger integrierten Lufteinlassvertiefungen schlossen sich diesem Bild harmonisch an. Eine weitere Eigenheit waren die Querreihen rechteckiger Öffnungen sowohl auf der Front wie auf dem Schrägheck. Vorne umfassten diese schuppenartig angelegten Öffnungen selbst die Klappscheinwerfer, und hinten dienten sie der Sicht auf den rückwärtigen Verkehr. «Gandini-typisch» waren der ringsum geführte schwarze Zierstreifen und der keck nach oben verlaufende hintere Radausschnitt.

Rechts: In der Seitenansicht brillierte das Bravo-Design durch konsequente Einheitlichkeit (bw).

Unten: Die Draufsicht illustriert das ungewohnte Verhältnis von Kürze zu Überbreite (bw).

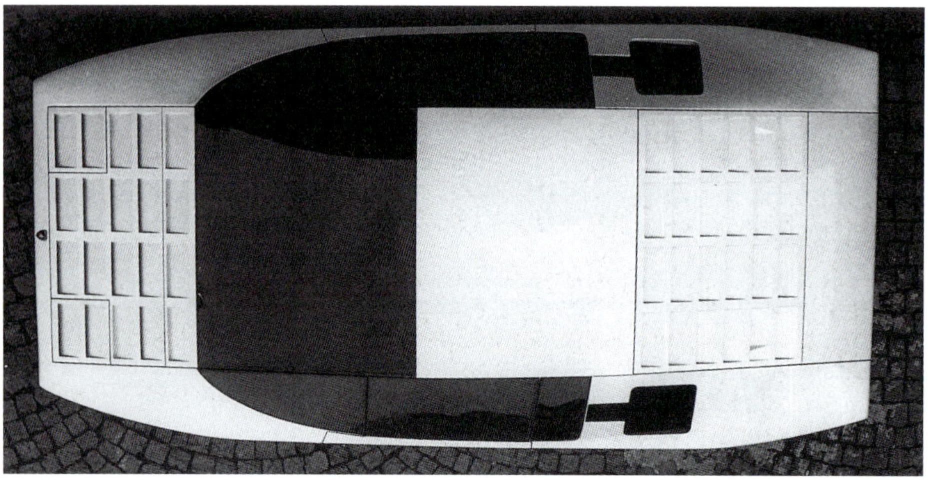

Nur 103,5 cm hoch und eine Vielzahl Schlitze für den Durchblick nach hinten... (wb).

Statt Kleinserie bloß spätere Neulackierung

Bei Bertone träumte man von der Möglichkeit, diesen kompakten Keil in Kleinserie herzustellen. Zwar erfolgten auf der London Motor Show von Ende 1974 zwei Bestellungen, aber über die Serienherstellung sei noch nichts entschieden, berichtete damals die Bertone SpA auf Anfrage des Autors. Die Situation bei Lamborghini sprach allerdings kaum für neue Investitionen. Der Bravo war in einer experimentellen goldgelben Farbe des amerikanischen Lackherstellers PPG gehalten. Als gegen Ende der Siebzigerjahre einige Retouchen notwendig wurden, konnte PPG die gleiche Farbe nicht mehr liefern. Daher wurde er von Bertone neu lackiert, diesmal in Metallicgrün. So wurde er auch in der Schweiz gesichtet, mit Waadtländer Zulassungsschildern.

Wie schon berichtet, hatte Ferruccio Lamborghini Ende 1974 seinen restlichen 49-%-Anteil an der Firma Automobili Lamborghini dem Westschweizer René Leimer verkauft (s. «Furruccio Lamborghinis Rückzug» auf Seite 131). Und Leimer beanspruchte den Bravo – so erinnerte sich Bertones PR-Manager Gian Beppe Panicco – für seine Pendelfahrten zwischen Sant'Agata Bolognese und Yverdon...

Bevor er in das Bertone-Museum in Caprie kam, wurde der Bravo weiterverwendet, kam damit auf einen hohen km-Stand, wurde einer Restauration unterzogen und erhielt dabei eine perlweiße Lackierung. Am 21. Mai 2011 zählte er zu jenen Museumsstücken, die zwecks Mittelbeschaffung versteigert wurden. Er erzielte netto 525`000 Euro und kam in den Besitz des gleichen Schweizer Sammlers, der auch den Marzal ersteigerte.

Bei schrägem Lichteinfall wirkte die Grafik der Fronthaubenstruktur besonders attraktiv (br).

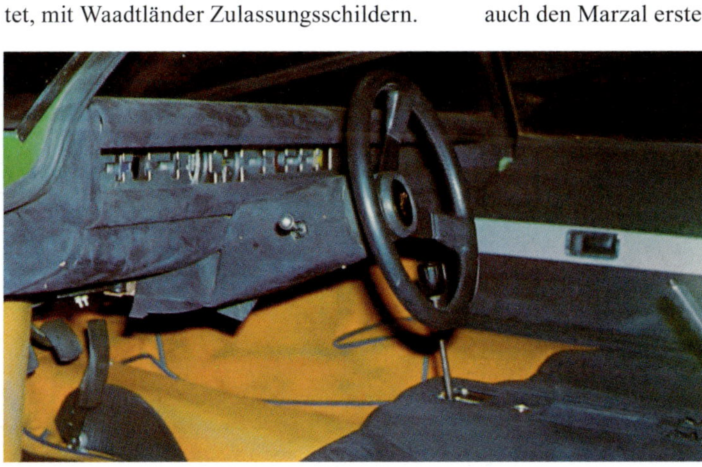

«Schuppenmotiv» analog zur Fronthauben-Oberfläche auch in dem mit Alcantara überzogenen Armaturenbrett (wb).

In späteren Jahren präsentierte sich der Bertone Lamborghini Bravo grün lackiert (sowie mit Schweizer Zulassung – fh).

Bertones Entwicklungszentrum Stile SpA in der geruhsamen Landschaft von Caprie; im Hintergrund das lokale Wahrzeichen Sacra di San Michele (bw).

Diskret im Susatal gelegen: Bertones Stile SpA

Ab 1972 hatte Nuccio Bertone am Rande des stillen ländlichen Dorfes Caprie im Susatal sein neues Designzentrum aufgebaut. Mehr zu erfahren war aber erst ab 1975. Zwar führt durch das Susatal die Hauptverkehrsachse via Fréjus-Tunnel nach Frankreich, doch Caprie, rund 30 km im Westen von Turin, liegt nur von einer Regionalstraβe durchquert still am nördlichen Talrand und verkörpert Ländlichkeit pur. Hier hatte Bertone auf einem ausgedehnten, 75‘000 m2 groβen Grundstück mit moderner stilgerechter Architektur ein einzigartiges Zentrum aufgebaut, in dem seine Design- und Entwicklungsabteilung sich optimal entfalten konnte, wo die Zeit stillzustehen schien und wo Kreativtätige in sich gehen und das Beste aus ihren Sinnen herausholen konnten... Was allerdings nicht heissen will, dass hier drauβen, von herrlicher Natur umgeben, kein Zeitdruck aufkommen konnte.

Die Stile SpA war eine eigens gegründete Firma, die sich dem Karosseriedesign und der Karosseriekonstruktion widmete. Unter Firmengründer Nuccio Bertone wurde sie von Marcello Gandini, Chefdesigner und Direktor, geführt. Er hatte auch den Umzug und den Aufbau der Designstudios am neuen Standort organisiert. Die Belegschaft umfasste rund 50 Spezialisten: 8 Designentwerfer und Designingenieure, 11 Modellbauer, 3 Innenraumentwickler, 26 Prototypenkonstrukteure, Metallbautechniker und Mechaniker sowie 4 weitere Mitarbeiter. Sie alle widmeten sich mit viel Know-how und Vorstellungsvermögen der Entwicklung neuer Modelle. Sowohl die hauseigenen Dreamcars und Konzeptstudien wie auch die von Autoherstellern in Auftrag gegebenen Entwicklungsprojekte nahmen hier Form und Konturen an.

Mit Ausblick ins Grüne: Nuccio Bertone beim Betreuen des Designernachwuchses in Caprie (bw).

X-Male durfte der Autor fortan am Portal des umzäunten, von hohen alten Bäumen diskret abgeschirmten Areals vorfahren und durch die Gegensprechanlage seine Ankunft melden. Und stets wieder war er von dem ruhigen Ambiente fernab der Geschäftigkeit und der Hektik, wie sie den Produktionsanlagen von Grugliasco eigen waren, angetan. Natürlich war Geheimhaltung im Interesse der Auftraggeber groβgeschrieben, und der Zugang zu den Räumlichkeiten des niedrigen, pavillonartigen Gebäudetrakts eingeschränkt. In der parkartigen Anlage innerhalb der Umzäunung war sogar eine kleine Rundstrecke angelegt, die auch dem Autor für das Sammeln erster Fahreindrücke diente, wenn die Fahrt nicht auf die Straβen auβerhalb von Caprie und mitunter sogar hinauf zur Sacra di San Michele führte, der historischen Abtei auf einem an die 1000 m hohen Berg und Wahrzeichen der Region.

Moderne, lichtdurchflutete Pavillonbauten mit Holzverkleidungen; davor aus dem Sammlungsbestand der revolutionäre Marzal aus dem Jahr 1967 (bw).

Gekonntes Feilen an der Autozukunft

All diese Kontakte, technischen Einblicke und spannenden Fahrerlebnisse waren Bertones PR-Verantwortlichem, Dr. Gian Beppe Panicco, zu verdanken, der es mit Umsicht, Fachwissen, Humor und nicht zuletzt etlichem Wagemut verstand, die sündhaft wertvollen Einzelstücke dem Autor anzuvertrauen. Dieser zählte zu den ganz wenigen ausgewählten Fachjournalisten, denen ein solches Privileg zukam.

Die jeweils aktuellen Tätigkeiten in den Designstudios von Caprie wurden unter dem Siegel der Verschwiegenheit gehalten. Manche im Auftrag entwickelte Prototypen kam oft erst später «ans Licht» oder wurden nie preisgegeben. Immerhin gab es eine Kundenliste; auf ihr waren Renault, Jaguar, Alfa Romeo, Volkswagen, Fiat, BMW «und verschiedene weitere» aufgeführt. Es wurde hervorgehoben, dass in Caprie Prototypen binnen kürzester Zeit entstehen können. Als Beispiel wurde der Audi 50 erwähnt, für den vom Designentwurf bis zum aufgebauten Modell nur 45 Tage verstrichen, oder – bei einem anderen Beispiel –, dass vom ersten Entwurf bis zum fahrbereiten Prototyp weniger als drei Monate benötigt wurden. Es kam aber auch vor, dass die hochspezialisierten und -talentierten Mitarbeiter der Stile SpA für die großen Autohersteller nur Einzelteile verwirklichten, von den Sitzen, Armaturenbrettern oder Türen bis zu kompletten Plattformen oder Aufbaustrukturen. In der vollumfänglich eingerichteten Entwicklungsabteilung von Caprie konnten jährlich nebst überarbeiteten Modellen fünf bis neun von Grund auf entworfene Konzept-Prototypen oder für die Serienherstellung bestimmte Produktionsmodelle entstehen.

Im Vergleich zu werkseitigen Forschungs- und Entwicklungsabteilungen bot die Stile SpA nebst Flexibilität und Tempo auch ein gutes Maß an ungebundenem Ideenreichtum und ausgeprägtem Umsetzungswillen für neue Lösungen. Genau dies kam in den Bertone-eigenen Konzeptstudien und Dreamcars zum Ausdruck. Sie waren nicht nur Aushängeschilder, sondern den Autoherstellern genauso wie dem Käuferpublikum vor Augen geführte Beweise für noch attraktiver geformte und zweckmäßiger ausgeführte Automobile der Zukunft.

Mit seinem angeborenen Weitblick hatte Nuccio Bertone vorausgesehen, dass er mit einem Designzentrum fernab von der «Fiat-Metropole» Turin bei seiner Fachkundschaft, den internationalen Autofirmen, zusätzliches Vertrauen gewinnen konnte. Die von den beiden Designtalenten Marcello Gandini und ab 1975 zudem von Marc Deschamps geführte Stile SpA wurde schrittweise weiter ausgebaut... Bis zur Jahrhundertwende sollte der Personalbestand in Caprie rund 140 Spezialisten erreichen.

Nuccio Bertone neben Skizzen des Fiat X1/9 und Kleinmodellen in den Ateliers von Caprie (bw).

1:1-Modell entsteht vor riesigem Zeichenbrett (spätere Aufnahme – bw).

Fiat Abarth 031; wurde 1975 von Giorgio Pianta zum Sieg beim Giro d'Italia Automobile pilotiert (V6, 3481 ccm, 270 PS – bw).

Zwei Sportderivate des Fiat 131...

Man sollte sie nicht verwechseln, auch wenn sie sich äußerlich glichen und nur eine Ziffer in der Bezeichnung auf den Unterschied hinwies: Es gab nämlich sowohl einen Fiat Abarth 031 wie auch 400 Fiat Abarth 131! Das Mittelklassemodell Fiat 131 Mirafiori war im Oktober 1974 als Nachfolger des Modells 124 vorgestellt worden. Es wurde mit 1,3- und 1,6-Liter-Motor angeboten. Zu Werbezwecken wurde Bertone mit dem Einkleiden einer Rennversion beauftragt: Der Fiat Abarth 031 erhielt einen vom 3235-OHC-V6 des Fiat-Oberklassemodells 130 abgeleiteten 3481-ccm-V6-Motor, der bei 6800/min auf 270 PS kam. U. a. mit drei Scheibenwischern und einem riesigen am Heck angesetzten Flügel ausgestattet, gewann diese «Zweitür-Berlina» unter Giorgio Pianta 1975 den Giro d'Italia.

Im Januar 1976 wurde darauf der Fiat Abarth 131 Rally vorgestellt und danach im März auf dem Genfer Salon einem breiteren Publikum gezeigt. Auch er war eine Ableitung der zweitürigen Version des Fiat 131 Mirafiori, jedoch mit den rennsportlichen Attributen von Piantas Rennboliden: Zünftigem Frontspoiler, von diesem ausgehend kräftige Ausbuchtungen der Radhäuser, Bremskühllufteinlass vor den hinteren Radausschnitten, auf dem Dachende sowie am Wagenheck aufgesetzte Luftspoiler bzw. -abrisskante. Zudem bot er eine hintere Einzelradaufhängung. Beim Motor handelte es sich jedoch um einen 1995-ccm-Vierzylinder mit zwei obenliegenden Nockenwellen, der 140 PS leistete und eine Höchstgeschwindigkeit von 190 km/h versprach. Die Rennversion Corsa – wie sie in Nachfolge des Fiat 124 Abarth Rally für das Fiat-Werksteam bestimmt war – kam dagegen dank Vierventilauslegung und Kugelfischer-Benzineinspritzung bei einer Verdichtung von 10,7:1 auf 215 PS. Zu Homologationszwecken in der Gruppe 4 wurde der Fiat 131 Abarth der Version Stradale in 400 Exemplaren bei Bertone aufbereitet.

Produktion ab Fließband: Für die Zulassung in der Rennsportgruppe 4 baute Bertone 400 Exemplare (bw).

Fiat 131 Abarth Stradale, 1977, aufgenommen beim Schweizer Italiauto St. Urban 2017 (4 Zyl., 1995 ccm, 140 PS – rg).

Fiat 131 Abarth Rally Corsa, 1975: die Hochleistungsversion für das Fiat-Werksteam (4 Zyl., 1995 ccm, 215 PS – bw).

Selbst das Farbdekor des Bertone Icsunonove von 1975 gab sich als Designleistung; der Kompressor-bestückte Mittelmotor war eine Dallara-Konstruktion (4 Zyl., 1290 ccm, 192 PS – bw).

... und zwei Gegensätze auf Fiat-Basis

Aus jeder Perspektive wirkte der Icsunonove ebenso aggressiv wie attraktiv (bw).

Mehr für Bertone als für Fiat warb hingegen der Icsunonove, der im Herbst 1976 zum Salon von Paris gebracht wurde. Wie die Bezeichnung verrät, handelte es sich um einen kräftig modifizierten X1/9. Konstruiert wurde er von Giampaolo Dallara mit dem Zweck, in der Gruppe 5 bzw. bei den Silhouette-cars eingesetzt zu werden. Bemerkenswert waren nicht nur seine Karosserie- und Fahrwerkeigenheiten, sondern ebenso der 1290-ccm-Vierzylindermotor mit 16 Ventilen, dessen Leistung mit 192 PS bei beeindruckenden 9700/min angegeben wurde. Auch hier war die Benzineinspritzung der Münchner Firma Kugelfischer mit im Spiel. Dieses mechanische Einspritzsystem war erstmals 1962 beim Peugeot 404 Cabrio angeboten worden und fand bei weiteren Peugeot- sowie bei Lancia- (Flavia, ab 1966) und BMW-Modellen (2000 tii, ab 1969) Eingang. Pionier der Benzineinspritzung war allerdings die Firma Bosch: Sie fand sich erstmals 1951 gleich in zwei Modellen, dem Gutbrod Superior und dem Goliath GP 700 Sport; zum Begriff wurde sie jedoch in Verbindung mit dem ab 1953 gebauten Mercedes-Benz 300 SL.

Noch ein viertes außerordentliches Fiat-Derivat wurde 1975 bei Bertone eingekleidet: Auf der Basis des kleinen Lieferwagens Fiat 850 T entstand nämlich im Auftrag des Turiner Großkonzerns ein Kleinbus für Rundführungen von Werksbesuchern. Damals galt diese Sonderkonstruktion als Nutzfahrzeug. Im Rückblick aber darf man sie zu den Vorläufern der Minivans zählen. Diese Karosserieart sollte – angeführt von dem im September 1982 vorgestellten Nissan Prairie – ein Jahrzehnt später einen ungeahnten Aufschwung nehmen. Der Bertone-Kleinbus bot vier Türen für sechs Passagiere und bestach durch seine großflächigen Fenster, die besten Ausblick garantierten. Zur Ausstattung zählten ein Dach aus transparentem Plastikmaterial, Klima- und Stereoanlage sowie Geräuschdämmung. Ein rund um den Aufbau geführtes Metallband diente nicht nur als Designelement, sondern vordergründig dem Schutz vor Karosseriebeschädigungen.

Ein 1975 entstandener Vorläufer der Minivans bzw. Großraumkombi: Bertone Minibus auf Basis Fiat 850 T (bw — s. auch Farbbild auf Seite 291).

Einen ausgewachsenen Fiat-Minivan in Serie gab es erst ab Genfer Salon 1994: gemeinsam mit PSA hergestellt bei Sevelnord in Lille als Eurovan unter den Marken Peugeot, Citroën, Fiat und Lancia; Bild: Fiat Ulysse 2.0, 1994 (4 Zyl., 1998 ccm, 121 PS – rg).

Beim Navajo ließen sich die Bertone-typischen Klappscheinwerfer seitlich statt wie gewohnt nach oben ausschwenken; ein grandioses Autogesicht! (uk)

Dreamcar mit Namen eines Indianerstamms

Wie man auf den Namen Navajo, dem nordamerikanischen Indianervolk, kam, ist nicht verbürgt. Er tönte ja auch spanisch und schloss sich damit einer Bertone-Tradition an, die zuletzt zur Bezeichnung Bravo geführt hatte. Im Gegensatz zum «aalglatten» Bravo zeigte der Navajo betont kantige und eckige Linien. Mit seinem Heckflügelgebilde mochte er sogar an die BAT-Einzelstücke von Mitte der Fünfzigerjahre erinnern. Wie diese war er auf optimale aerodynamische Effekte ausgerichtet, nun allerdings nicht mehr auf rein künstlerisch-empirische Weise, sondern mit wissenschaftlicher Methodik.

Die Keilfront der auf dem Genfer Salon 1976 zur Premiere gebrachten Konzeptstudie war zwar typisch im Stil Bertone/Gandini gehalten, zeigte sich aber durch eine mächtige, um die Ecken gezogene Frontschürze ergänzt. Sie war mobil ausgeführt bzw. schob sich je nach gefahrener Geschwindigkeit aus dem Bug heraus. Erstmalig und einzigartig waren die Klappscheinwerfer, die sich für einmal nicht aus der Fronthaube nach oben, sondern vor dem Radausschnitt seitlich aus der leicht zugespitzten Front ausschwenkten. Das sah super aus! Als wahres Kunstobjekt zeigte sich die sehr stark geneigte Windschutzscheibe. Sie war in ihrer unteren Partie als Panoramascheibe in die Seiten des Fahrzeugkörpers hineingebogen, aber oben als Dachansatz flach ausgebildet. Damit war sie achteckig, und ihr optischer Übergang zu den Türscheiben erfolgte fließend.

Eine weitere Navajo-Überraschung: die grafisch-digitale Armaturenanzeige (hier herausgehoben dargestellt – wb).

Die Vielfalt der im Navajo steckenden Ideen war kaum zu überbieten. Denn ebenso neuartig war der Heckaufbau, der das Wagendach überragte: Er bestand aus trapezförmigen seitlichen Wänden, die über einen langgezogenen Bügel miteinander verbunden waren. Dieser diente als Windleitflügel, dessen Anstellwinkel je nach gewünschtem Abtrieb verstellbar war. Fast sah es so aus, als würde das sich nach oben stark verjüngende «Glashaus» aus einem Tunnel herausfahren. Über dem Heckabschluss fand sich, ebenfalls schräg nach hinten abfallend, ein rechteckiger Schacht, aus dem die heisse Motorluft entweichen konnte.

Flacher Zwölfzylinder und Digitalanzeigen

Denn dass da viel Hitze entstand, dafür sorgte die Antriebseinheit: Auch der Navajo war natürlich eine Mittelmotorkonstruktion. Sie stammte diesmal nicht von einem Lamborghini, sondern vom Alfa Romeo 33 TT 12, einem bei Prototypenrennen eingesetzten Zweisitzer. Diese reine Rennmaschine war ein flacher Zwölfzylinder (mit gegen-

Mit kaum überbietbarem Ideenreichtum... und einem orange leuchtenden Band seitlich und am Heck des in metallisiertem Dunkelgrau gehaltenen GFK-Aufbaus: Bertone Navajo, 1976 (12 Zyl., 2995 ccm, 500 PS – bw).

überliegenden Zylinderreihen), der aus 2995 ccm bei 11'500/min runde 500 PS lieferte. Das Nonplusultra-Triebwerk war eine bei Autodelta entstandene Konstruktion von Ing. Carlo Chiti. Dass Bertone wieder mit Alfa Romeo arbeitete, bewies, dass die Flaute zwischen Mailand und Grugliasco einer frischen Brise gewichen war.

Beim Unterbau des Navajo handelte es sich um die aufwendige Rohrrahmenkonstruktion des Rennsport-Alfa Romeo 33. Dessen Radstand wurde von 225 auf 243 cm verlängert; während die vordere Spurweite bei 133,6 cm blieb, wurde die hintere von 144,5 auf 146 cm verbreitert. Die Außenabmessungen des Navajo erreichten 380 x 186 x 105 cm. Was den Aufbau betrifft: Er wurde vollumfänglich aus GFK (glasfaserverstärktem Kunststoff) skulpturiert!

Zu all dem kam als weiteres, von der Fachwelt viel beachtetes Novum ein digitales Armaturenbrett, auf dem die Zahlenwerte auf grafischen Kurvendarstellungen abzulesen waren und die gleichzeitig einen Bezug herstellten: Mit der angegebenen Geschwindigkeit wurde auch auf den Bremsweg, und mit der erreichten Drehzahl auf PS-Zahl und Drehmoment hingewiesen. Zudem lieferte ein Digitaldisplay weitere Angaben. Im Gegensatz zur kantigen äußeren Gestaltung fanden sich im Cockpit des Navajo rundliche Designelemente bis hin zum zylinderförmigen Schaltknauf. – Zwei Monate nach dem Genfer Salon wurde der Navajo auf der Los Angeles Auto Expo mit dem «Star Prize» ausgezeichnet.

Die vollständig aus GFK hergestellte Navajo-Karosserie fiel auch durch ihre einzigartige, kunstvoll gestaltete Heckgrafik auf (bw).

Einmal mehr und in weiterer Variante: die Bertone/Gandini-Keilform (wb).

Ein Sportkombi-Vorschlag für Alfa Romeo

Abgesehen von den außen abgerundeten Rechteckscheinwerfern gab sich das Design des Tour Alfa-konform (bw).

Ebenfalls dem Jahr 1976 zuzuordnen war das Resultat der für Alfa Romeo durchgeführten Design- und Entwicklungsarbeiten an einem viersitzigen Coupé auf der Basis des Alfa Romeo GT. Es sollte ebenso wenig in die Serie einfließen wie das 1971 von Bertone vorgeschlagene, als Projekt 119 bezeichnete Viersitzercoupé mit elegantem Fastback (s. S. 128). Dieses basierte auf dem 257-cm-Radstand des Modells 1750 Berlina.

Für den neuen Bertone-Vorschlag lieferte nun die 240-cm-Plattform des seit 1974 gebauten Seriencoupés Alfetta GT den Ausgangspunkt. Der Radstand wurde jedoch verlängert und erbrachte somit Innenraumverhältnisse, die mit jenen der Berlina vergleichbar waren. Während sich die Frontgestaltung an jene der diversen 1750-Berlina-Versionen anlehnte – nur die außen gerundeten Abschlüsse der Rechteckscheinwerfer fielen aus dem Rahmen – lehnte sich der hintere Karosserieteil bezüglich seines Stils an das in Alfa-Eigenregie gestaltete Design der GT-Seriencoupés an. Eine Auflockerung des schlichten, von geraden Linien diktierten Designs brach-

Der Bertone-Industriekomplex von Grugliasco in den 70er Jahren:

Wesentlich war die Auslegung als Sportkombi: vier vollwertige Sitze und dritte Türe im eleganten Schrägheck (bw).

Der Alfa Romeo Tour nach Bertone-Vorschlag hätte eine Konkurrenz zu dem ab 1975 gebauten Lancia Beta HPE werden können. Doch die Sportkombi-Idee kam weltweit nie auf Touren (lw).

te einzig das auf den hinteren Dachträgern aufgebrachte weiße Zierelement. Es trug auf seiner Basis die Aufschrift «alfa romeo tour». Damit wies Bertone gleich auch auf die Kommerzialisierungsmöglichkeit für eine solche Karosserieversion hin. — Wesentlich am Tour war jedoch die für ein Coupé relativ steil angeordnete Heckklappe. Sie sorgte für den von Bertone angestrebten generösen Innenraum. Gleichzeitig wurde mit ihr einem neuen Trend nachgelebt, jenem zum dreitürigen Sportkombi. In diesem Bereich gab es 1976 auf dem Markt: Fiat 128 3P (als Coupé bezeichnet!), Jensen GT, Lancia Beta Coupé HPE, Lotus Elite und Reliant Scimitar GTE.

Auf dem 270'000 m2 großen Areal fanden sich alle Werkanlagen für den Aufbau der Rohkarosserien, die Lackierabteilung einschließlich Phosphatierung und Elektrophorese sowie die Montagelinien und Finish-Kontrollstationen. In der Ecke unten rechts das Verwaltungszentrum (bw).

Auf dem um 10 cm verkürzten Unterbau des Ferrari Dino 308 GT 4: der nur 105 cm hohe Bertone Rainbow, 1976 (V8, 2927 ccm, 255 PS – bw).

Ein «kleiner» Ferrari namens Regenbogen

Gleich zwei Dreamcars im gleichen Jahr, das hatte Bertone seit 15 Jahren nicht mehr geschafft. Auf den auf dem Genfer Salon im März 1976 gezeigten Navajo folgte zum Turiner Salon im November die Konzeptstudie Rainbow (Regenbogen). Möglicherweise lag es daran, dass in dem Forschungs- und Entwicklungszentrum der Stile SpA in Caprie seit Anfang der Siebzigersjahre ein weiteres Designtalent neben Marcello Gandini am Werk war: Marc Deschamps. Offiziell trat er zwar noch nicht als Mitkreator oder gar Schöpfer des einen oder anderen Projekts in Erscheinung, aber er dürfte bereits Ideen eingebracht haben.

Typisch Gandini am Rainbow waren ebenso die Keilfront wie die verwegen schräggeschnittene hintere Radhausabdeckung. Im Gegensatz zum Navajo mit seiner Hochleistungs-Rennmechanik, beruhte dieser weitere Mittelmotor-Zweisitzer auf der Plattform des serienmäßigen Ferrari Dino 308 GT 4 (die Markenumbezeichnung von Dino auf Ferrari hatte ja erst im Verlaufe 1976 stattgefunden). Da der «kleine Ferrari» 2+2-sitzig ausgelegt war, konnte der Radstand für den Rainbow um 10 cm verkürzt werden. Somit war diese Individualausführung alles andere als realitätsfremd.

Die große innovative Besonderheit des Rainbow bestand im zurückkippbaren, aus Metall bestehenden Dacheinsatz. Er ließ sich dank einer patentierten einfachen Mechanik vollständig hinter den beiden Sitzen und vor dem quer eingebauten Mittelmotor versenken, wozu der Fahrer nicht einmal aussteigen musste. Weil die entsprechende Partie des Dachs transparent ausgebildet war, blieb die Sicht durch die Heckscheibe erhalten... und ein allfälliger Regenbogen ließ sich bei neubeginnendem Sonnenschein auch durchs offene Dach bewundern! Der Rainbow war somit ein Targacoupé, denn die hinteren Dachträger samt der senkrecht stehend eingebauten Rückscheibe waren festmontiert.

Wie schon der Bravo und der Navajo begeisterte der Rainbow durch die Grafik seiner Seitenansicht. Diesmal waren es zwei schwarze Sicken, die vom oberen und unteren Ende der die Wagenfront begrenzenden Blinkleuten aus im oberen und unteren Bereich der Flanke entlangliefen, vorne unterbrochen durch den kantig umrandeten Radkastenausschnitt, hinten mit Auslauf gleich einem Pfeilende in den «Gandini-Rad ausschnitt». Das Heck zeigte zu diesen fei-

Die Rainbow-Heckgestaltung beeindruckte (wie schon jene des Navajo) durch ihre rechteckigen Designelemente (wb).

Der Rainbow bei geöffnetem Targadach; die Front mit dem Ferrari-Pferd war als integraler Stoßschutz ausgebildet (wb).

Nebst der seitlichen Grafik zeigten auch die Räder ein ungewöhnlich eigenwilliges Design (bw).

nen schwarzen Streifen mit in Schwarz gehaltenen horizontalen Luftaustrittslamellen eine Parallele. Anderseits erinnerte die betont kantig und rechteckig geformte Heckarchitektur an die beim Navajo getroffenen Lösungen. Das überraschend schlicht gehaltene – oder soll man sagen hinsichtlich Innovationswert enttäuschende? – Armaturenbrett klang hingegen eher an den Bravo an.

Nach dem Bravo von 1974 auf Basis des Lamborghini Urraco hatte nun auch das Konkurrenzmodell von Ferrari, der Dino 308 GT, eine verkürzte Zweisitzer-Alternative in petto..., und alle vier waren Bertone-Designschöpfungen!

Als Weihnachtsgeschenk?

Ab November 1979 führte die auf Luxusartikel spezialisierte amerikanische Kaufhauskette Marshall Field & Co. mit Hauptsitz in Chicago den Rainbow als «Christmas Star» in ihrem Weihnachtskatalog auf. Das wertvolle Einzelstück kam sogar in den Marshall-Field-Schaufenstern der großen US-Städte auf Tournee. Es wurde als «one-of-a-kind-car with famous Bertone avant-garde styling» angepriesen und als «Ingenieur-Juwel mit hinter die Sitze verschiebbarem Cabriodach...» Der Preis ab Turin wurde mit 200'000 $ angegeben, US-Abgas- und Sicherheitsausstattung nicht inbegriffen... und mit 18 Monaten Lieferfrist! – Drei Jahre nach seiner Vorstellung wurde also wohl an eine Replika gedacht.

Betont schlicht gab sich dagegen das Armaturenbrett (bw).

Der inzwischen in Silbergrau gehaltene Rainbow in der 2018 eröffneten Bertone-Sammlung (rg).

Kontakt zu Volvo, auch dank der DDR

Im September 1976 erhielt Bertone von Volvo den Auftrag für die Fertigung von sechssitzigen Chauffeurlimousinen auf der Basis des Modells 264. Solche «stretch-limos» waren längst eine Spezialität diverser amerikanischer Karosseriefirmen, die von relativ einfach einsetzbaren Chassisverlängerungen profitieren konnten. Zu Chauffeurwagen gewandelte Serienlimousinen hatte Bertone schon in früheren Jahren geliefert, so mit dem Lancia B 15 von 1952 (s. Bild Seite 29). Hierzu wurden Karosserie- und Technikteile von selbsttragend konstruierten Modellen mit zusätzlichen Trägerelementen versehen. Bei US-Modellen ließen sich hingegen in deren Kastenrahmenchassis einfach Zwischenstücke einschweißen.

Die Pläne für den 264 TE = Top Executive hatte Volvo schon im August 1975 veröffentlicht. Die Verlängerung des Radstands um 70 auf 334 cm lieferte die Voraussetzung für eine Repräsentationslimousine mit zusätzlichen mittleren Klappsitzen. Auch diese mussten mit Sitzgurten ausgestattet werden, da solche in Schweden bereits für alle Insassen vorgeschrieben waren. Aber erst im Herbst 1976 wurde bekannt, dass der Auftrag für die Montage des 264 TE in Kleinserie Bertone zukam. Volvo wählte Bertone erst nach gründlichen Abklärungen, wie später festgehalten wurde. Es galt ja, sowohl nordische wie südländische Lebensphilosophie unter einen Hut zu bringen!

Die Plattformen sowie die meisten Karosserieteile stammten aus Schweden, doch aufgebaut wurden die Wagen vollständig in Grugliasco, wobei sie geänderte Hintertüren, ein längeres Dach sowie Strukturversteifungen erhielten. Der Innenraum wurde mit Leder, Velourspolsterung, Stereoanlage sowie elektrischen Fensterhebern auf ein hohes Qualitätsniveau ausgelegt. Zur Sonderausstattung zählten u. a. Kühlschrank und Funkgerät.

Meist dunkelblau oder schwarz lackierte Chauffeurlimousine für Nord und Ost: Volvo 264 TE, 1976 (V6, 2664 ccm, 140 PS – bw).

Neben dem Navajo und dem Rainbow stellte Bertone auf dem Turiner Autosalon von Ende 1976 als alternativen Blickfang den Volvo 264 TE aus. Zwar ging er sowohl bei Volvo wie bei Bertone als «VIP- und Staatslimousine für Verwaltungen und Ministerien vieler Länder» in die Firmengeschichte ein. Geordert wurde es auch von der schwedischen Regierung, aber zumindest einen Anstoß erhielt dieses Modell aus der DDR. Dort nämlich sah man sich nach einem würdigen neuen Transportmittel für Staatsfunktionäre und Parteikader um. Denn die aus dem sozialistischen Bruderland Tschechoslowakei importierten Tatra waren endgültig veraltet. Von westdeutschen Karosseriewerken verlängerte Mercedes-Benz kamen aber aus ideologischen Gründen ebenso wenig in Frage wie amerikanische Stretch-Limousinen, und wohl aus Prestigegründen wollte man fortan auch auf die russischen Tschaika und Zil verzichten. Da bot sich die Marke aus dem neutralen Schweden als bester Ausweg an.

Eine bei Bertone im Bau begriffene erste Serie von 60 Exemplaren wurde von ostdeutschen Funktionären vor Ort gründlich begutachtet. Die DDR-Exemplare erhielten zusätzlich Vorhänge für die hinteren Seiten- und das Heckfenster. Insgesamt gingen 125 Einheiten des 560 cm langen und 1560 kg wiegenden Volvo 264 TE in die DDR. Bis 1980 baute Bertone 260 dieser Volvo-Chauffeurlimousinen, und bis 1984 fertigte ein schwedisches Karosseriewerk weitere 75 Exemplare.

Der Vinylüberzug auf Dach und C-Säulen prägten seinen Charakter: Volvo 262 C, 1977 (V6, 2664 ccm, 140 PS - bw).

Statt Zweitür-Volvo das Coupé 262 C

Seit den Dreißigerjahren hatte es sich in der Automobilindustrie Europas wie Nordamerikas eingebürgert, Großserienwagen sowohl in vier- wie in zweitüriger Ausführung anzubieten. Ausgenommen von dieser Regel waren bloß die Kleinwagen. In den USA wurde zudem der Station Wagon erfunden, der in der Nachkriegszeit dank seiner Familienfreundlichkeit unerwarteten Aufschwung nahm. In Europa fassten solche drei- und fünftürige Karosserievarianten aber nur zögerlich Fuß; in Deutschland erhielten sie die Bezeichnung Kombinationskraftwagen. Große Bedeutung kam drüben in Amerika schon in der Zwischenkriegszeit dem Coupé zu. Man hieß es *Business Coupe*, weil es besonders häufig von Geschäftsreisenden verwendet wurde.

Die Bezeichnung Coupé geht ebenfalls auf Frankreichs Kutschenbau zurück. Sie bezog sich ursprünglich nicht nur auf eine «kürzer geschnittene» Karosserie, sondern auf ein «abgeschnittenes» Abteil bzw. einen «Abschnitt» in Postkutschen und Eisenbahnwagen. In Europa verblieben Coupés lange Zeit eine Domäne der Sportwagenhersteller, während die großen Autohersteller diesen Bereich, parallel zum Bau von Cabriolets, zunächst den Spezialkarosseriefirmen überließen. Zum bekanntestes Beispiel wurde der ab 1955 angebotene Volkswagen Karmann-Ghia. Von Opel, um ein weiteres Beispiel zu nennen, gab es ab 1961 in der Baureihe Rekord ein eigenes Coupé.

Volvo hielt sich bei seinen auf weite Verbreitung ausgerichteten Modellen an die Zweitürlimousine und kam erst mit der 1957/58 eingeführten Baureihe Amazon/120 zum Viertürauto. Davon abgeleitet kam 1960 das Sportcoupé P 1800 hinzu. Dieses wurde 1969

Die Proportionen waren von der Limousine 264 vorgegeben; hier die ab Modelljahr 1979 gebaute Zweitversion ohne Vinylbelag auf dem Dach (vo).

von dem bis 1973 gebauten Sportkombi 1800 E/ES abgelöst. Mit den ab 1974 eingeführten Baureihen 244/264 gab es bei den großen Volvo-Modellen nur noch Zwei- und Viertürlimousinen sowie den fünftürigen Kombi 245. Aber am Volvo-Sitz in Göteborg erkannte man, dass die Coupé/Sportkombi eine auch dem Prestige schadende Lücke hinterließen. Zudem ließ die Nachfrage nach dem zweitürigen Sechszylindermodell zu wünschen übrig.

In Schweden entworfen, in Italien umgesetzt

Daher erhielt Volvo-Chefdesigner Jan Wilsgaard den Auftrag, auf Basis des neuen Modells 264 ein Coupé zu entwerfen. Es wurde darauf im Karosseriedesignatelier von Sergio Coggiola in Turin zum Prototyp umgesetzt und auf dem Genfer Salon 1977 als neues Volvo-Topmodell 262 C vorgestellt. Die Serienherstellung erfolgte auf einer eigens bei der Carrozzeria Bertone in Grugliasco eingerichteten Montagelinie; Volvo hätte dazu keine freie Kapazität gehabt. Die gesamten Bauteile wurden an Bertone geliefert, einschließlich des PRV-V6-Motors. Dieser wurde von der Société Franco-Suédoise des Moteurs PRV (Peugeot/Renault/Volvo) in Frankreich hergestellt und war ein 140 PS leistender 2,7-Liter-Motor mit 90° Gabelwinkel und Benzineinspritzung, der auch in den Volvo 264, Peugeot 504 V6 und Renault 30 TS im Dienst stand. Der Kraftübertragung diente ein 3-Stufen-Automatgetriebe von Borg-Warner.

Bei 264 cm Radstand war der 262 C 488 cm lang und 136 cm hoch; er war somit 2 cm kürzer und 7,5 cm niedriger als die Limousine 264 GLE. Dank der tiefer angeordneten Sitze ergab sich genügend Kopfraum selbst für vier schwedische Hünen. Prägnantes Merkmal war der schwarze Vinylüberzug auf dem Dach und den breiten hinteren Dachträgern. Anfänglich war eine silberfarbene Lackierung die Standardfarbe. Der Innenraum war betont luxuriös und widerspiegelte mit generösem Einsatz von Knautschleder und Walnussholz viel Handarbeit. Hinzu kamen elektrische Fensterheber sowie Klima- und Stereoanlage. Mit der Modellpflege und der auf 148 PS angehobenen Leistung für den Jahrgang 1979 wurde ab Herbst 1978 auf den Vinylüberzug verzichtet, und Goldgelb war nun die Standardlackierung. Zudem erhielt das Coupé eine Frontschürze, neue Leichtmetallräder und nebst einem breiteren Kofferraumdeckel um die Ecken gezogene Heckleuchten.

Von Designfans wurden die Proportionen des 262 C wegen der von der Limousine vorgegebenen hohen Gürtellinie nicht gerade als ein Non-plus-ultra eingestuft. Dennoch wurden bis im Sommer 1980 in Grugliasco immerhin 6622 dieser Volvo-Coupés modifiziert, montiert, lackiert und fertiggestellt. Rund 5000 von ihnen gelangten in die USA (mit 127 PS)..., womit sich für Bertone eine Parallele zum Fiat X1/9 ergab, dessen Käuferschaft sich ebenfalls vorwiegend jenseits des Atlantiks fand.

Armaturenbrett und Innenraum waren reichhaltig und luxuriös ausgestattet (bw).

Ein echter Viersitzer, denn im Volvo 262 C gab's auch im Fond genügend Platz (vo).

Auch der Ascot erhielt ein Zweivolumendesign mit langestreckt abfallendem Fastback. Zierlinien unterstreichen das Längenprofil (bw).

Aus diesem Blickwinkel von oben fallen die Längsrippen auf der Fronthaube, das Luftauslassgitter und die «säbelartigen» Dachträger auf (bw).

Heckklappe mit völlig flacher Rückscheibe, Fensterrahmen in Kontrastfarbe und schlichtes Heckdesign zeichneten das Ascot-Design aus (bw).

Ascot – wieder einmal Jaguar im Visier

Ein Designer muss ein uneingeschränktes Gefühl für (s)eine Marke aufbringen, die Grundformen im Sinne der Herstellertradition gestalten und die Formdetails der Markenerkennung nicht entgegensetzen. So oder ähnlich mag man die Aufgaben eines Werkdesigners umreissen. Bei Bertone war man wesentlich freier. Man orientierte sich am eigenen Formstil und setzte ihn auch für den nächsten Dreamcar bzw. eine weitere Konzeptstudie ein, den zum Genfer Salon im März 1977 gebrachten Ascot. Er folgte nur vier Monate nach dem in Turin präsentierten Rainbow und zeigte etwelche Stilverwandtschaft mit diesem Vorgänger.

Ascot, im Süden von Windsor, ist Englands berühmteste Pferderennbahn, und ihre Geschichte ist eng mit jener des englischen Königshauses und des Hochadels verknüpft. Eigentlich erstaunlich, dass diese einprägsame kurze Ortsbezeichnung von den englischen Autoherstellern bis dahin nicht als Modellname verwendet wurde; aber vielleicht war dieser Name für sie tabu. Für Bertone aber musste diese Namenswahl durchaus sinnvoll erscheinen, denn als Unterbau diente diesmal ein englisches Modell, wie es englischer kaum sein konnte, nämlich der Jaguar XJ-S. Just zehn

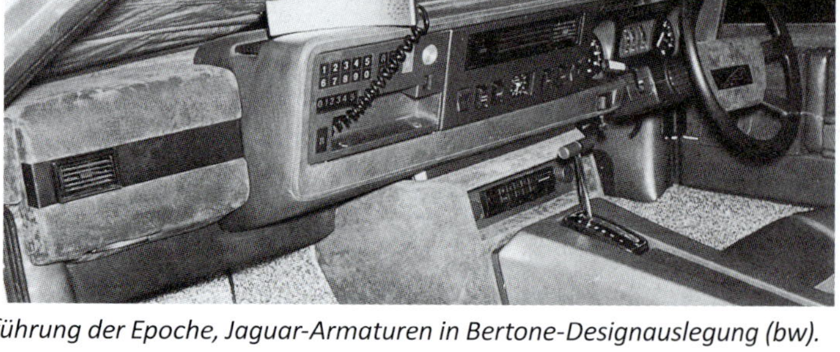

Armaturenbrett samt integriertem Autotelefon mit Bedienungsset in Topausführung der Epoche, Jaguar-Armaturen in Bertone-Designauslegung (bw).

Mit einem für Bertone typischen Keilprofil, aber spezifischen Erkennungsmerkmalen: Bertone Ascot, 1977 (V-12, 5343 ccm, 289 PS – bw).

Jahre nach dem Pirana widmete sich Bertone wieder einmal der Marke mit den Namen der amerikanischen Raubkatze.

Das sportliche Hochleistungscoupé XJ-S war im Herbst 1975 lanciert worden. Es war Nachfolger der binnen kurzer Zeit legendär gewordenen E-Type-Reihe, und es fiel durch sein eigenwilliges Design auf: flache Front mit sechseckigen Scheinwerfergläsern, schwarze Luftauslassrippen an den hinteren Dachträgern, die in langgezogenen Stegen zum Heck ausliefern und die vertieft angeordnete Rückscheibe umrahmten..., ein wenig in Anlehnung an den Dino 206 GT von 1966. Das Prunkstück im XJ-S war jedoch der 1975 im Jaguar XJ 5.3 eingeführte V-12-Motor mit Aluminium-Block und -Köpfen und elektronischer Benzineinspritzung. Aus 5343 ccm Hubraum resultierten 289 PS (für die USA 247 PS). Der Kraftübertragung diente ein 4-Gang-Getriebe oder eine 3-Stufen-Automatik von Borg-Warner (für die USA von GM). Gemäß Werksangaben ließen sich 241 km/h erreichen.

Eine Antithese zur englischen Stiltradition

Für das Einzelstück Ascot lieferte der Top-Jaguar somit eine sportlich-würdige Grundlage... und gleichzeitig eine stilistische Antithese. Denn nicht das geringste äußere Merkmal hatten XJ-S und Ascot gemein. Zwar zeigte das Bertone-Design ebenfalls eine flache Front. Doch sie war weiter nach vorne gezogen und begann mit einem aus schwarzen Rippen bestehenden Stoßschutz, unter dem sich der Motorlufteinlass verbarg. Die Scheinwerfer waren nach Bertone-Manier nach oben ausklappbar, und in die Mitte der Motorhaube war ein Entlüftungsgrill integriert. Daneben fanden sich beidseits Längsausbuchtungen, die dem relativ hoch gebauten Motor bzw. seinen Zylinderköpfen und Nebenaggregaten Rechnung trugen. Die Radhausausschnitte, diesmal auch hinten horizontal begrenzt, trugen auskragende Ränder, und wie schon beim Rainbow liefen zwei horizontale schwarze Zierlinien den Flanken entlang. Sie umrahmten am Karosserieende die schlichten rechteckigen Heckleuchten. Die Rückscheibe lag flach in der Heckklappe.

Etwas Neuartiges gab es beim Ascot in Form der in Kontrastfarbe gehaltenen vorderen und mittleren Dachträger, ergänzt durch gleichfarbige Zierleisten unterhalb der Seitenscheiben. Sie umfassten auch die als Druckknöpfe ausgebildeten Türöffner an der B-Säule. Es handelte sich um reine Designelemente mit rein optischer Funktion, was denn bei Designkritikern für Diskussionsstoff sorgte. Im Innenraum fanden sich Überzüge sowohl aus glattem wie aus aufgerautem Leder, sowie ein raffiniert ins Armaturenbrett eingebettetes Autotelefon.

Bei unverändertem XJ-S-Radstand von 259 cm erreichte der Ascot eine Länge von 466 cm (21 cm kürzer), während Breite und Höhe 187 bzw. 120 cm erreichten (+ 8 bzw. – 6 cm). Der viersitzige Innenraum blieb erhalten, auch wenn der Kopfraum hinten eine Einschränkung erfuhr.

Rippenartiger, in Schwarz gehaltener Stoßschutz und darunter der Motorlufteinlass; hinter den Rippen verstecken sich sechs Rechteckscheinwerfer (bw).

Es resultierte ein markanter Unterschied zum Original-Jaguar XJ-S, dem wesentlich massiver wirkenden E-Type-Nachfolger (wb).

Eine Zukunftsstudie, die erst bei genauerem Augenschein faszinierte: Bertone Sibilo, 1978 (V6, 2418 ccm, 190 PS – bw).

Ein Lenkrad, das zu Spekulationen anregte, Schalter am Lenkradträger, Digitalanzeigen auf dem Armaturenbrett und ein kreisrunder Fensterausschnitt (bw).

Zum Abschluss der Gandini-Epoche: der Sibilo

Sibilo steht für zischen oder Pfiff, lehrt uns das Italienisch-Wörterbuch. In einer französischsprachigen Fachpublikation wurde dieser Name allerdings als eine Überlagerung von «solid» und «mobil» bezeichnet. Jedenfalls hieß so jener Dreamcar bzw. jene Konzeptstudie, die Bertone Ende 1978 auf dem Turiner Autosalon ausstellte. Seit dem in Genf 1977 gezeigten Ascot waren somit diesmal gut eineinhalb Jahre verstrichen. Sicher war der genommene Anlauf, um «völlig Neues» zu kreieren, deutlich länger. Aber vielleicht hatte die ausgedehnte Pause auch mit dem Umstand zu tun, dass es in der Zusammenarbeit von Bertone und seinem Chefdesigner Gandini nicht mehr zum Besten stand – doch darüber später mehr...

Der Sibilo besaß den Unterbau des Lancia Stratos und war somit wiederum eine Mittelmotorkonstruktion. Der Radstand war um 10 auf 228 cm verlängert worden, und der Innenraum verblieb zweisitzig. Nachdem er zunächst in Schwarz gehalten war, zeigte sich der Aufbau in ungewohnter Weise in abgestufter brauner Farbe, unten heller, oben dunkel. Beides schuf für Betrachter wie für Fotografen eine ungünstige Sichtweise mit verfließenden Konturen. Die Silhouette entsprach dem Einvolumenkonzept, denn Frontteil und Windschutzscheibe lagen in einer Linie. Die wesentliche Eigenheit des Sibilo lag darin, dass die Stahlblech- und die ebenfalls dunkel eingefärbten, außenbündig eingesetzten Glaspartien der Karosserie optisch miteinander verschmolzen und so eine in sich geschlossene futuristische Autoskulptur bildeten. Üblicherweise belegten die Glasflächen 25 bis maximal 40 % der Karosserieoberfläche. Es ging nun darum abzuklären, wie weit (Plexi-)Glasflächen den traditionellen Raum des Karosserieblechs einnehmen oder zumindest überlappen konnten.

Zukunftsvisionen und sogar Vorahnungen

Statt der kantigen Linien der vorangegangenen Konzeptstudien bot der Sibilio harmonisch-weiche Konturen. Beibehalten wurde jedoch eine extrem stark geneigte Frontscheibe, was optimalem Ausblick gewiss nicht förderlich war. Aber bei Bertone hatte man sich auch in diesem Bereich etwas wirklich Neues einfallen lassen: einen auf der rechten Scheibenseite senkrecht angeordneten dünnen Wischerarm, der beim Einschalten vertikal über die Scheibe strich. Hierzu diente eine am hinteren Ende der Fronthaube waagrecht durchgezogene Führungsnut. Anstatt versenkbarer Türfenster gab es beidseits je ein aufmachbares kreisrundes Fenstersegment, durch das sich ein Schlüssel oder Sensor strecken und wohl auch Worte austauschen ließen. Für das Wohlfühlambiente im Sibilo hatte ohnehin die Klimaanlage zu sorgen.

Der Einblick ins Cockpit des Sibilo faszinierte die Design- und Technikfreaks möglicherweise stärker als sein äußeres Erscheinungsbild. Vor allem das spektakulär neuartige Lenkrad belebte die Phantasie. Es war so ausgeformt, dass sich möglicherweise nur sein Radkranz drehen ließ, während der als Platte ausgebildete Innenteil fix stehen blieb..., falls sich die mit dieser Versuchsanordnung angesprochene Fachwelt von einer solchen Lösung angesprochen fühlte. Diese Lenkradplatte trug eine ganze Anzahl Bedienungsknöpfe, deren Funktion ebenso das Vorstellungsvermögen des Betrachtes beflügelte. Doch mit diesem gleichzeitig als Schalterträger konzipierten Lenkrad griff Bertone erstaunlich treffsicher in die Zukunft. Im neuen Jahrtausend erhielten die Lenkräder von Serienautos zunehmend unterschiedliche Funktionsschalter aufgeladen.

Im Sibilo fanden sich weitere Schalttasten am Lenkradträger, während vorne auf der Oberseite des Armaturenbretts digitale Funktionsanzeigen angeordnet waren. Somit musste der Fahrer seinen Blick nur geringfügig von der vorausliegenden Straße ablenken..., was ebenfalls einem Ausblick in die Zukunft gleichkam. Später erhielt der Sibilo eine unifarben-braune Lackierung (s. Bild Seite 291).

Er stand, nein der lag, stämmig auf dem Boden, der von neuen Ideen strotzende Sibilio! (bw).

Hier noch in Schwarz gezeigt: die eindrückliche Frontansicht mit ausgefahrenen «Froschaugen», der Scheibenwischer und dessen Führungsnut (bw).

Der Sibilo (hier noch in schwarzer Ausführung) entsprach dem «Einvolumendesign», denn Frontteil und Windschutzscheibe verliefen in einer Linie (bw).

Aufwand und Genugtuung

In den späten Siebzigerjahren äußerte sich Nuccio Bertone in einem Pressegespräch zum Thema Aufwand und Ertrag von Dream- bzw. Concept-cars wie folgt:

«Unsere Prototypen verkörpern bis zu 15'000 Stunden Arbeitszeit. Diese wird oft von der Tagesarbeit 'weggestohlen', und in früheren Zeiten handelte es sich fast immer um Überstunden. – Doch manche dieser Einzelstücke wurden bei uns zu Serienmodellen: Miura, Montreal, Runabout, Countach, Stratos. Und dazu kommen die vielen Detaillösungen, die irgendwann in die Serie einfließen, sei es bei uns oder indem sie den großen Herstellern als Inspirationsquelle dienen.»

Nuccio Bertone konnte Ende der Siebzigerjahre nicht ahnen, welches eminente «Sammelwertpotential» in seinen Einzelstücken schlummerte. Sonst hätte er sich um das Abwägen von Aufwand und Ertrag weniger tiefsinnige Gedanken gemacht!

Bilanz einer dreizehnjährigen Zusammenarbeit

In dem zum 90-Jahr-Jubiläum veröffentlichten Bertone-Werkbuch «Stile, Industria, Design» hält Luciano Greggio für die Zeit von Mitte der Siebzigerjahre fest: «Die Beziehungen zwischen Bertone und Gandini wurden problematisch. Eine von Nuccio Bertones eigenwilligen Prinzipien bestand darin, dass er nie ausgebildete Autodesigner als Mitarbeiter einstellte, sondern stets nach jungen Nachwuchstalenten Ausschau hielt, die seine eigenen schöpferischen Ideen umzusetzen verstanden. Wenn diese Talente in den Designerberuf hineinwuchsen und nicht mehr länger bereit waren, die Vorstellungen 'des Meisters' 1:1 voranzutragen, begann die Magie des gegenseitigen Verständnisses zu bröckeln...»

Marcello Gandini hatte sich nicht nur als Designer verdient gemacht, sondern auch durch seine Organisationsarbeit beim Aufschlüsseln der Tätigkeiten am Produktionsstandort Grugliasco und im neuen Forschungs- und Entwicklungszentrum in Caprie. – Und was unternahm Gandini nach seinem 1978 erfolgten Weggang von Caprie? Er nutzte fortan sein Talent in Eigenregie..., just wie es auch sein Vorgänger Giorgetto Giugiaro tat. Allerdings baute er keine Großorganisation wie Giugiaros Firma Ital-Design auf, sondern beschränkte sich auf ein Team von Spezialisten, das in einer diskreten historischen Villa untergebracht war. Auch sie befand sich im Susatal; die Landschaft um Caprie hatte es Gandini offenbar angetan. Während Giugiaro auf Public Relations und Präsenz mit Aufsehen erregenden Dreamcars auf allen bedeutenden Automessen großen Wert legte, arbeitete Gandini praktisch im Verborgenen. Er verzichtete auf PR-Aktionen ebenso wie auf Konzeptstudien und den eigenen Ausstellungsstand auf den Autosalons. Schon zu seinen Bertone-Zeiten hatte er sich auf ein rationelles, ja fast minimalistisches Vorgehen ausgerichtet. Stimmungsvoll bunte Darstellungen neuer Modelle, sogenannte Renderings, waren ihm verpönt.

In der Zeit von 1965 bis 1978 und somit binnen 13 Jahren der Präsenz von Marcello Gandini entstanden bei Bertone gemäß den in diesem Buch enthaltenen Bekanntgaben 52 Einzelstücke und für die Serienherstellung bestimmte Designschöpfungen (s. auch S. 202/203). Gandinis spätere Bilanz nimmt sich scheinbar bescheidener aus. Denn er interessierte sich vermehrt für erschwingliche Gebrauchsautos, und manche seiner Kreationen blieben unter Verschluss. Bekannt wurde u. a., dass ihm die modernisierten Konturen des 1984 auf dem Salon von Paris eingeführten Renault 5 «Supercinq» zuzuschreiben waren.

Das spektakulärste spätere Gandini-Design war jenes des 1988 auf der Los Angeles Auto Show vorgestellten Cizeta V16 T: ein von den Gebrüdern Zampolli in Modena entwickelter Supersportwagen mit Sechszehnzylinder-Mittelmotor. Statt wie geplant in jährlich hundert Exemplaren wurde er bis 1995 nur gerade acht Mal gebaut. Zu den weiteren Gandini-Designkreationen zählten der von 1991 bis 1994 in 154 Einheiten konstruierte Bugatti EB 110 der in Italien neu gegründeten Società Bugatti Automobili SpA, das modernisierte Design des De Tomaso Pantera 1990, die ursprüngliche Formgebung für den Lamborghini Diablo ebenfalls von 1990 sowie der 1994 eingeführte kleinere Maserati Quattroporte mit V6-24-Ventil-Biturbomotor.

Zielte noch über die Ferrari und Lamborghini hinaus: Cizeta-Moroder V-16 T, 1989 (V-16, 5995 ccm, 560 PS – wb).

Marc Deschamps übernahm 1978 Gandinis Nachfolge (wb).

Neuer Designchef aus Paris: Marc Deschamps

Zu den erwähnten, von Nuccio Bertone auserwählten Nachwuchskräften zählte Marc Deschamps. Er war bereits 1971 von Nuccio Bertone aus Paris nach Grugliasco und alsbald Caprie berufen worden. Zwischenzeitlich aber ließ er sich bei Matra und Renault in Frankreich weiterbilden, bevor er wieder zu Bertone zurückkam. Als neuer Chefdesigner war er der erste Nichtitaliener, der Bertones Ideen und Vorgaben umsetzte. So weit weg von Frankreich liegt das Piemont allerdings nicht. Denn die Geschichte ebenso wie die großartigen Baudenkmäler Turins stehen eng mit dem benachbarten Savoyen in Verbindung. Deschamps war 1978 bereits 34 Jahre alt, während Gandini schon mit 27, Giugiaro sogar mit 22 Chefdesigner geworden waren.

Bemerkenswert, was Bertone später dem Biographen Greggio erläuterte: «Deschamps lernte sehr viel, auch wenn er nicht immer tat, was ich verlangte. Denn diese Designer sind stets ein wenig selbstgefällig und zudem Individualisten. Es war mir immer daran gelegen, sie nach außen zu repräsentieren, denn es war auch in ihrem Sinne, unsere Arbeit nicht als individuelles Werk, sondern als Leistung des gesamten Unternehmens vorzustellen. Ich glaube, dass dieses Vorgehen ihrer Ermutigung diente und sie aus direkter Kritik heraushielt.»

In schwarzem «Anzug», mit schmucken Felgen und Nebellampen: Bertone X1/9 Lido, präsentiert auf dem Pariser Autosalon 1978 (bw).

Fünf Gänge und zweite Jugend für den X1/9

Bertone bemühte sich immer wieder, dem X1/9 mit Sonderserien auch in Europa zu neuem Verkaufselan zu verhelfen. Hierzu dienten ein besonders schmuck gestaltetes Cockpit oder attraktive Felgen. So wurde zum Automobilsalon von Paris 1978 – mit Bezug auf den gleichnamigen Nachtclub – die Ausführung Lido lanciert. Die große Neuerung folgte jedoch erst Ende jenes Jahres auf der erstmals durchgeführten Birmingham Motor Show. Diese hatte die Nachfolge der räumlich zu klein gewordenen internationalen Autoschau von London angetreten. Man erkannte die X1/9-Neuauflage an dem silberfarbenen Oberteil des durchgezogenen massiven Stoßschutzes an der Front.

Wesentlich war jedoch der an die Modellbezeichnung X1/9 angefügte Zusatz «Five Speed», der auf das neue Fünfganggetriebe hinwies. Üblicherweise wurden damals in den meisten Wagen noch Vierganggetriebe einge-

Den Liebhabern kleiner Sportwagen vertraute Front noch markanter geformt: X1/9 1978 (fw).

Auffallend kräftig dimensionierter Stoßschutz an Front und Heck kennzeichnete den Fiat X1/9 der Zweitauflage (1978/79; 4 Zyl., 1499 ccm, 85 PS –bw).

baut, und ein Getriebe mit fünf Gängen war allenfalls gegen Mehrpreis zu haben; mit fünf Gängen zeichneten sich vor allem Sportmodelle aus. Gleichzeitig erhielt der X1/9 einen stärkeren Motor: Statt des 1290-cm-Aggregates mit 73 PS nun die Antriebseinheit aus dem ebenfalls neuen Fiat Ritmo mit 1499 ccm und 85 PS Leistung. Für die «abgasgereinigte» US-Version mit Katalysator und Benzineinspritzung bezifferte sich die Leistung auf 68 PS. Die schwarze Abdeckung des nach wie vor quer eingebauten Mittelmotors ragte nun vertikal ein Stück weit aus dem Hinterdeck heraus.

Auf Betreiben von Fiat-Generaldirektor Vittorio Ghidella erhöhte die Carrozzeria Bertone die Produktionskapazität je Arbeitstag von 90 auf 120 Einheiten. Hierzu mussten bis Ende 1979 mehr als 200 neue Mitarbeiter eingestellt werden. Doch nach einem Besuch in den USA, wo der Fiat-Verkauf ausschließlich die bei Bertone und Pininfarina gebauten Sportspider umfasste, entschied sich Ghidella zu einem Marktrückzug. «Sollen doch die beiden Turiner Karosseriebetriebe ihre Wagen unter eigenem Namen verkaufen!» lautete sein konsequenter Entscheid.

Auf dem Genfer Salon 1982 wurde der Mittelmotorspider X1/9 darauf auch für Europa exklusiv unter der Marke Bertone ausgestellt. So wie nun auch Pininfarina die größeren ex-Fiat-Sportcabrios in Eigenregie herstellte und vertrieb, galt der X1/9 fortan als Bertone und trug das entsprechende Markenzeichen und in seiner jüngsten Ausführung zudem die Zusatzbuchstaben IN. Die beiden Buchsstaben standen schlicht und einfach für das amerikanische «in» sein. Nur die für die USA bestimmten Exemplare wurden weiterhin mit dem Fiat-Signet gekennzeichnet. Der Gesamtausstoß hatte inzwischen die 150'000-Marke erreicht.

Bunte Farben, mehr Elektronik sowie Sonderserien

Der X1/9 IN präsentierte sich luxuriös aufgewertet: zweifarbige Lackierung mit Trennstreifen in Kontrastfarbe, silbergraues Targadach, Innenraum mit handgenähtem rotem Leder überzogen und entsprechendem Lenkrad, rote Teppichauskleidung, elektrische Fensterheber, Messingplakette mit fortlaufender Produktionsnummer und Signatur von Nuccio Bertone. Ganz weit zurück in der Bertone-Geschichte mochte man sich da zurückerinnern an den Fiat 508 «Balilla della Signora» aus dem Jahre 1934, in der Neuzeit aber hütete man sich davor, von einem «Frauenauto» zu sprechen.

Das Jahr 1984 brachte eine analoge, farblich besonders attraktive X1/9-Serie. Neue Abgasvorschriften bewirkten zudem Änderungen der Motorleistung; sie war schon 1982 in den USA mit L-Jetronic-Einspritzung von Bosch auf 75 PS gestiegen, und sie sank 1984 in der Schweiz wegen schadstoffsenkender Maßnahmen auf 78 PS. Inzwischen wurde der

Besonderes Erkennungsmerkmal der Neuauflage war die höhergesetzte Motorabdeckung (bw).:

In Fachpublikationen warb Bertone 1984/85 auf diese grafisch originelle Art für den X1/9 (bw).

Auch im Innenraum gab sich die Ausführung 1984 farblich attraktiv (bw).

Rot, Italiens traditionelle Rennsportfarbe, stand dem Fiat alias Bertone X1/9 besonders gut (bw)

Sogar ein hochsportlicher, auf dem Heck aufgepflanzter Flügel war zu haben (bw).

Schwarzer Stoßschutz und Zweifarbenkarosserie beim Bertone X1/9 von 1984; unten mit den Mustern der erhältlichen Farbkombinationen (bw).

X1/9, mit einem neuen Importeur, im Hauptabnehmerland USA ebenfalls unter der Marke Bertone verkauft. Ab 1986 fand die Katalysatorversion mit Einspritzung und 76 PS auch in Europa Eingang. 1988 wurde unter der unmissverständlichen Bezeichnung «Gran Finale» eine letzte Serie aufgelegt. – Mit 160`000 bis Ende 1988 hergestellten Exemplaren wurde der X1/9 zum meistgebauten Bertone-Modell; davon trugen rund 20`000 das Bertone-Label (s. Tabelle auf Seite 293).

Verpönter X1/10 und verpatzter «passo lungo»

Dessen ungeachtet war schon 1980 mit dem X1/10 der Prototyp eines möglichen Evolutionsmodells entstanden: Dessen Entwicklung fiel in die Übergangszeit Gandini/Deschamps. Das Design des X1/10 orientierte sich weitgehend am X1/9, doch waren die vorderen Blinkleuchten nun in die Karosserieecken neben den Klappscheinwerfern eingefügt, die Windschutzscheibe wurde von einem einarmigen Wischer bestrichen, die Flanken wiesen statt Kontraststreifen Längsprägungen auf und das Hinterdeck war höhergesetzt. Die unter Gandini begonnenen Arbeiten fanden erst 1980 unter Deschamps ihre Vollendung in Prototypform. Bei Fiat aber zeigte man kein Interesse...

Im Jahr 1981 entstand unter der Bezeichnung X1/9 passo lungo ein weiterer Prototyp. Indem man den Radstand um 18 cm verlängerte und die Karosserie zudem um 5 cm verbreiterte, ergab sich hinter dem Beifahrersitz und neben der Reserveradnische der notwendige Raum um ein Kind mitfahren zu lassen. Die Entwurfszeichnung zeigte eine harmonisch an das Türfenster angefügte zweite Seitenscheibe. Unter diesem Zusatzfenster waren zudem sieben dekorativ wirkende Lufteinlassschlitze angeordnet, die an den Alfa Romeo Montreal erinnerten. Der aufgebaute Prototyp zeigte dann aber bloβ ein zusätzlich eingefügtes Seitenfenster, das dem Gesamtdesign nicht bekam! Somit blieb es auch in diesem Fall beim Versuch.

Der X1/10 von 1980 blieb ein Prototyp... (rg)

...ebenso der X1/9 passo lungo von 1981 (rg).

Im Entwurf war der X1/9 passo lungo noch vielversprechend! (bw)

Ein Volvo, der später fremdging

Die größte Besonderheit des Tundra bestand in seiner spannend-ungewohnten Seitenfensteraufteilung (1979; 4 Zyl., 1397 ccm, 70 PS – bw).

Im Jahr 1958 stellte der Niederländer Hub van Doorne seinen revolutionären Kleinwagen Daf 600 vor, mit luftgekühltem Zweizylinder-Boxermotor und der vollautomatischen Kraftübertragung Variomatic. Diese ist der Urahn heutiger CVT = continuously variable transmission. 1975 übernahm Volvo die Mehrheit der Daf-Fabrik in Eindhoven und taufte deren gekonnt weiterentwickelte Modelle auf die eigene Marke um. Der 1976 lancierte Volvo 343 war eine Limousine der unteren Mittelklasse mir 1,4-Liter-Motor von Renault und dem weiterhin einzigartigen Variomatic-Getriebe mit stufenloser Untersetzungswahl.

Dieser niederländische Serien-Volvo mit dreitüriger Semifastback-Karosserie diente als Ausgangspunkt für die erste unter der Ägide von Marc Deschamps entstandene Bertone-Konzeptstudie. Ihre Premiere erfolgte auf dem Genfer Salon 1979. Sie trug den nordisch klingenden Namen Tundra und war ebenfalls dreitürig. Allerdings handelte es sich um eine Zweivolumenkarosserie mit Fließheck. Dieses bestand im Wesentlichen aus einer großflächigen, außen leicht in die Seiten hineingebogenen Heckscheibe.

Auffallend war vor allem die seitliche Fensteraufteilung: Auf das Türfenster folgten ein niedriges zweites Seitenfenster und als Verbindung zur Heckscheibe ein trapezförmiges drittes Fenster. Alle diese Scheibenflächen waren wie beim Sibilo außenbündig eingefügt, was für einen ungewohnt glattflächigen Eindruck sorgte.

Der Tundra erhielt gleiche Radhaus-Auskragungen, wie sie schon der Ascot aufwies, und auch bei ihm wurde die Horizontale durch Sicken an Flanken und Front unterstrichen. Originell waren die vorderen Blinkleuchten, die beidseits den oberen Karosserieabschluss bildeten und mit dem Stoßschutz darunter eine optische Einheit formten. Ebenfalls ungewöhnlich war das Kühlergitter mit der Volvo-Signatur, das asymmetrisch auf der rechten Seite positioniert war. Bei unverändert belassenem Radstand von 239,5 cm maß der Tundra 402 x 171 x 123 cm (Original-343: 420,5 x 166 x 139 cm). Der kürzere Aufbau bedingte eine Anpassung der hinteren Radaufhängung.

Die Proportionen des Tundra verhalfen im Verbund mit dem Bertone-Design zu einer betont eleganten Silhouette, die sich als viersitziges Coupé definieren ließ. Für das Armaturenbrett sah man bei Bertone erneut digitale Anzeigen vor, und die Sitze brillierten durch ihr luxuriöses Absteppmuster. – Allerdings fand der Tundra-Prototyp keinen Eingang in die Serie, und die mittelgroßen Volvo aus den Niederlanden behielten ihren bodenständigen Zuschnitt noch lange. Immerhin lancierte Volvo siebeneinhalb Jahre nach dem Auftritt des Tundra den modern geformten Sportkombi 480 ES..., während das verschmähte Bertone-Design schon 1982 den Weg zum Citroën BX finden sollte.

Rechts: Vorgesehene Digitalinstrumente mit Linearanzeigen sowie Grafiken für Wassertemperatur, Öldruck, Batterieladung, Benzinstand, Licht usw. (bw).

Blinker als Eckpunkte, gewohnte Bertone-Klappscheinwerfer, asymmetrisch platziertes Volvo-Kühlergitter (bw).

Schmuck und komfortabel eingerichteter Innenraum, übersichtliches und stilistisch auf Digitalanzeigen ausgerichtetes Armaturenbrett (bw).

Das Bertone-Modell Ritmo Cabrio wurde auf der IAA 1979 vorgestellt, ging aber erst zwei Jahre später in Serie (im Bild auf Basis Ritmo 75; 4 Zyl., 1498 ccm, 75 PS – bw).

4/5-sitziges Seriencabrio nach Bertone-Art

Ab 1972 fand der Automobilsalon von Turin nur noch in den geraden Jahren statt, und 1978 wurde er erstmals von November in den Monat April vorverlegt. Damit fand er nur einen Monat nach dem international besonders renommierten «Salon de Genève» statt. An dieser 57. Turiner Autoausstellung lancierte Fiat das Modell Ritmo als wichtigste Neuheit der italienischen Automobilindustrie. Er trug nicht mehr nüchterne Zahlen als Typenbezeichnung, sondern einen Namen! Mit dem Ritmo belegte Fiat nun ebenfalls die Kompaktklasse, die mit dem ab 1968 gebauten Simca 1100 ihren Siegeszug begann und im VW Golf ab 1974 ihren Bestseller fand. Auch den Ritmo gab es drei- und fünftürig, und zudem gefiel er durch seine stilistischen Eigenheiten, wie dem kantig gehaltenen Granddesign, dem tiefgesetzten Kunststoff-Kühlergrill, dem asymmetrisch vor der Windschutzscheibe platzierten Lufteinlass, den originellen Felgen und den kreisrunden Türgriffen.

Auf der Basis des Ritmo schuf Bertone ein 4/5-sitziges Cabriolet, das im Herbst 1979 auf der Frankfurter Internationalen Automobil-Ausstellung (IAA) erstmals in Erscheinung trat. Die B-Säulen wurden mit einem fix montierten Überrollschutzbügel verbunden, der gleichzeitig einer Stabilisierung der Karosserie diente. Ein solches «Henkel-Cabrio», wie es in Deutschland herablassend bezeichnet wurde, gab es seit dem Genfer Salon 1979 bereits auch auf der Basis des VW Golf und beim Karosseriewerk Karmann in Osnabrück gefertigt. In die Serienherstellung genommen und über die eigenen Vertriebskanäle verkauft wurde der Bertone Ritmo Cabrio jedoch erst ab September 1981, zwei Jahre nach der Vorstellung in Frankfurt.

Unten: Nach unten öffnende Heckklappe und hochlegbare Plastikrückscheibe brachten Transporttauglichkeit (bw).

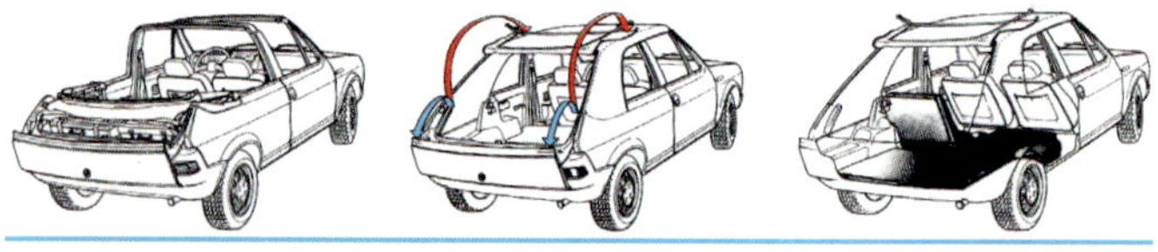

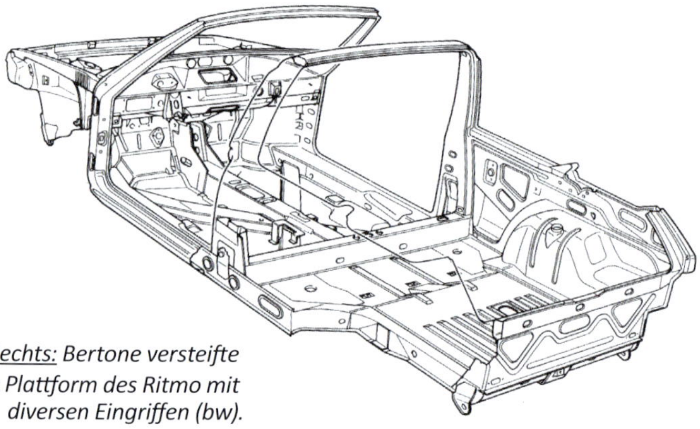

Rechts: Bertone versteifte die Plattform des Ritmo mit diversen Eingriffen (bw).

Für die Herstellung des Bertone Ritmo Cabrio stand in Grugliasco eine eigene Produktionslinie zur Verfügung (bw).

Nützliche und dennoch eigenständige Merkmale

Das Ritmo-Cabrio besaß einen von Bertone weiterentwickelten Unterbau, der entsprechend der X1/9- und weiteren Erfahrungen in der Konstruktion von Offenkarosserien versteift worden war und sich gegen Vibrationen und Verwindungen als weitgehend gefeit erwies. Mehr noch: die Bertone-Konstrukteure schufen ein Stoffverdeck, das sich vollständig im Kofferraum versenken ließ. Es hob sich somit von den populären Karmann-Cabriolets ab, bei denen das geöffnete Verdeck auf dem Hinterteil der Karosserie auflag und sowohl den Rückblick wie auch die Ästhetik störte. Hinzu kam, dass sich die Kofferraumklappe nach unten öffnete und die Plastikrückscheibe nach Öffnen der beidseitigen Reißverschlüsse auf das Dach gelegt werden konnte, womit sich bei geschlossenem Verdeck und umge-

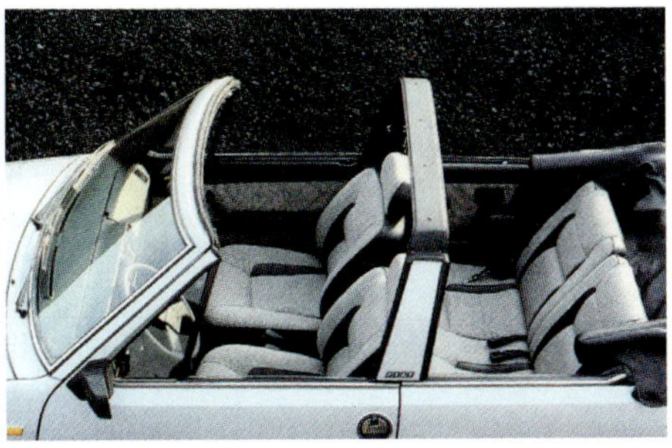

Die hinteren Sitze des unterschiedlich ausgeführten luxuriös-komfortabel betonten Innenraums waren einzeln umlegbar (bw).

Auch bei geschlossenem Verdeck wirkte die Silhouette des Bertone Ritmo Cabrio harmonisch elegant (Sonderausführung Palinuro 85 S, 1985; 1498 ccm, 85 PS – bw).

Auch die im Mai 1985 eingeführte neue Ritmo-Front mit Doppelscheinwerfern trug beim Cabrio das Bertone-Markenzeichen (bw).

In den späteren Jahren gab es den Bertone Ritmo sogar als «weiße Hochzeitskutsche...» (bw).

legten Hintersitzen Belade- und Transportmöglichkeiten wie bei einem dreitürigen Kompaktwagen ergaben. Allerdings bedingte dies einen etwas subtileren Umgang mit dem Stoffverdeck. Dank geschickter Materialkombination war das Bertone-Cabrio mit 950 kg Leergewicht nicht schwerer als der Original-Fiat Ritmo. Es erhielt zudem einen effizienteren Rostschutz.

Die Motorisierung entstammte der Topversion des Fiat Ritmo Super 85 mit 1,5 Liter Hubraum und 85 PS, und dies verbunden mit einem 5-Gang-Getriebe. Parallel zum X1/9 wurde dieses Cabrio im Verlaufe der Jahre in etlichen Sonderausführungen aufgelegt, so ab Herbst 1983 in der schmucken Version Palinuro (Name eines Küstenortes in der Provinz Salerno) mit zweifarbiger Lackierung, Kühlergrill in Karosseriefarbe und Scheinwerferwaschern. Gleichzeitig wurde die Ausrüstung des Standardmodells aufgewertet: Sportsitze mit Dekorüberzügen, Sportlenkrad, Fensterheber, Zentralverriegelung, Gepäckabdeckung und Außenspiegel auch rechts.

Den Höhepunkt brachte der ab Juli 1985 erhältliche Typ Supercabrio mit 1585 ccm, zwei obenliegenden Nockenwellen und 105 PS. Je nach Abgasbestimmungen waren es nur 100 PS, und für einige Länder wurde ein 1302-ccm-Aggregat mit bloß 68 PS verwendet. – Das Ritmo-Cabrio kostete etwa 5 % mehr als der X1/9 und war somit ein erschwingliches und dazu familientaugliches Liebhaberauto. Insgesamt entstand dieses Bertone-Modell bis 1987 in gut 15'000 Exemplaren.

Spitzentreffen (möglicherweise auf dem Salon Turin 1978): Ettore Massacesi, Präsident von Alfa Romeo, Dr. Umberto Agnelli von der Fiat-Konzernleitung und Nuccio Bertone (bw).

Innovativ bis in die Details

Für ein Designunternehmen wie Bertone gehörte es zu den Grundsätzen, sich nicht nur mit den großen Umrissen und Flächen der Automobilformen zu befassen, sondern die kreativen Fähigkeiten der Designmitarbeiter auch in möglichst viele Einzelheiten einfließen zu lassen. Überdies zählte man auf die Ideen der zahlreichen Zulieferfirmen, die ihrerseits in hohem Maß an der Umsetzung ihrer eigenen Ideen interessiert waren. Nichts eignete sich hierzu besser als Konzept-Einzelstücke und allenfalls in Kleinserie gebaute Liebhaberautos..., wie etwa das Ritmo-Cabrio. In dessen Sonderserie Palinuro fanden sich beispielsweise Sitzüberzüge aus gänzlich ungewohnt strukturiertem Stoffmaterial, das als «confezione artigianale» bezeichnet wurde. Auch wenn sich die in solche Fahrzeuge eingebrachten Innovationen mitunter als «Eintagsfliegen» erwiesen, so dienten sie den Zulieferfirmen doch als willkommene Erfahrungsträger.

Typische Bertone-Keilfront; unter den Klappen nun Rechteckscheinwerfer: Bertone Athon, 1980 (V8, 2996 ccm, 265 PS – bw).

Mit dem Athon zurück zu den Dreamcars

Nach den eher auf Zweckmäßigkeit und nützliche neue Ideen ausgerichteten Konzeptstudien Ascot von 1977 und Sibilo von 1978 wandte man sich bei Bertone wieder einmal der reinen Freude an der Ästhetik und am Fahrspaß zu. Der im April 1980 auf dem Salon Turin vorgestellte Athon war ein offener Zweisitzer. Er verband die für das Designzentrum in Caprie typische Keilfront mit einem gänzlich flachen Hinterdeck. Dazwischen lagen eine stark geneigte, niedrige Panoramafrontscheibe und ein komfortbetontes, luxuriöses Cockpit. Dessen ungewohnt flaches Armaturenbrett widerspiegelte das auf die Horizontale ausgelegte äußere Erscheinungsbild dieses von Marc Deschamps entworfenen Einzelstücks.

Der Athon entstand auf der unveränderten Basis des Lamborghini Urraco 3000 Silhouette mit 245,5 cm Radstand und besaß somit einen quer zwischen Sitzen und Hinterachse eingebauten V8-Motor mit vier obenliegenden Nockenwellen, vier Doppelvergasern, 3 Litern Hubraum und einem Leistungspotenzial von 265 PS bei 7500/min. Zwischen dem mit Leder drapierten Cockpit und dem Motorabteil gab es unter einer Klappe einen respektablen Stauraum für Gepäck und Windjacken. Denn ein Verdeck war nur für den Notfall vorgesehen respektive fehlte noch ebenso wie seitliche Fensterscheiben.

Im Vergleich zum Silhouette war der Athon nur 397 statt 440,5 cm lang; die Breite blieb mit 189 cm praktisch unverändert. Der oberste Punkt des Windschutzscheibenrahmens lag 107 cm über Boden.

Völlig flaches Hinterdeck; hinter den Sitzen ein Staufach, anschließend die Motorabdeckung (bw).

Armaturenbrett mit geplanten Digitalanzeigen samt Wertkurvendarstellung; Einspeichenlenkrad (bw).

In allen Details auch am Heck an den der Horizontalen verschriebenen Stil angepasst (wb)!

Die in typischer Vorarbeit für die Konstruktion des Bertone Athon in 1:5-Größe entstandene Negativform für die korrekte Positionierung der Karosserieteile (rg).

UNTERWEGS:

An paradoxem Ort auf Probefahrt

Das lateinische Wort Athon bedeutet steiler Berg. Vielleicht war dies der Grund, warum Bertones PR-Manager Gian Beppe Panicco den Autor und einen seiner Kollegen im Sommer 1980 zur Athon-Probefahrt ins äußerst abgelegene alpine Val Ferret einlud. Dieses Tal gibt es sowohl auf italienischer wie auf Schweizer Seite; die beiden Teile sind durch einen zu Fuß nutzbaren Passweg miteinander verbunden. Das südliche Val Ferret erreicht man via Aosta und Entrèves nahe der Einfahrt zum Mont-Blanc-Tunnel. Auf diesem einsamen Gebirgssträßchen waren natürlich keine hohen Tempi möglich. Das Athon-Fahrgefühl ließ sich dennoch ein Stück weit ausloten. Dank der kappenförmig nach hinten gebogenen Windschutzscheibe war bei 80 km/h noch kaum Fahrwind zu verspüren. Da diese Frontscheibe einzeln geformt werden musste, hatte man sie aus Plexiglas anfertigen lassen. Das vom V8-Motor gelieferte Beschleunigungsvermögen machte sich mit energischem Druck in den Rücken bemerkbar. Zudem begeisterte dieser Motor durch seinen kernigen Sound.

Die tiefen Athon-Sitze vermittelten ebenso komfortablen wie sicheren Halt. Das Armaturenbrett präsentierte sich verlockend übersichtlich. Denn wie schon bei früheren Bertone-Einzelstücken war das Instrumentarium auf die Möglichkeiten einer noch in der Zukunft schwebenden Elektronik ausgerichtet, so mit Digitalanzeigen samt Wertabweichkontrollen. Die Lenkung mit dem an Citroën denken lassenden Einspeichenlenkrad erwies sich als sportlich direkt ausgelegt, und mit dem an einen Messerknauf erinnernden Schalthebel ließ sich das 5-Gang-Getriebe vergnügt handhaben. Als kleiner Einwand wurde festgehalten, dass sich die Sicht nach hinten wegen des hohen Hecks als leicht eingeschränkt erwies...

Paniccos wohl auch von der hehren Bergwelt inspirierte Aussage: «Wenn man sich jahrelang in bequemen und schalldichten Fahrkapseln 'eingeschachtelt' hat, vermittelt das Lenken eines offenen Zweisitzers ein herrliches Fahrgefühl,» fand sich jedenfalls bestätigt.

Wieder einmal eine Aufnahme mit Nuccio Bertone, umgeben von Miura, Marzal, Stratos Zero, Stratos HF und Athon (im Hintergrund und somit frühestens von 1980 (bw).

Attraktion auf 13 Messen — Sorgen um Lamborghini

Die Konzeptstudien und Dreamcars von Bertone erwiesen sich für die internationalen Automobilmessen als hochwillkommene Attraktionen. Gemäß Gian Beppe Panicco, Leiter Öffentlichkeitsarbeit, dienten solche Einzelstücke allein im Jahre 1979 an nicht weniger als 13 Ausstellungen, von Los Angeles bis Singapur und von Australien bis Japan, und natürlich in Europa als Blickfang für das Publikum.

*

Mit dem Athon verfolgte Bertone zudem den Zweck, der binnen weniger Jahre zum Begriff gewordenen Marke Lamborghini zu neuer Aktualität zu verhelfen. Denn das Weiterbestehen des einer Finanzkrise anheimgefallenen Unternehmens galt um 1980 weiterhin als gefährdet. Neben dem Countach als einzigem noch gebauten Modell hätte ein etwas kleinerer Sportzweisitzer in der Art der Bertone-Einzelstücke Athon oder Bravo die Existenzbasis der Marke aus Sant'Agata Bolognese wieder erweitern können!

Ein attraktives Fastbackdesign ohne Extravaganz: Lamborghini Jalpa, 1982 (V8, 3485 ccm, 255 PS – br).

Das Jalpa-Armaturenbrett bestand aus einer ungewöhnlichen Ansammlung von Kuben als Instrumententräger (bw).

Unten:
Bei verstautem Targadach bot das Cockpit des Jalpa viel Frischluftvergnügen (bw).

Neue Chance für Lamborghini: der Jalpa

Mit dem Experiment Athon auf Basis des Silhouette hatte man bei Bertone auch an die weiterhin bedrohte Lamborghini-Zukunft gedacht. Die beiden Schweizer Besitzer versuchten das kleine, aber feine Autowerk aus der Ferne zu lenken. Doch sie scheiterten, und nach diversen Handänderungsplänen übernahm im August 1979 eine Gruppe von acht Investoren aus Deutschland und der Schweiz die Automobili Ferruccio Lamborghini SpA. Um deren Schuldenberg abzubauen, strebten die neuen Besitzer einen außergerichtlichen Vergleich an. Aber die Sanierung misslang, und im Februar 1980 geriet Lamborghini in Konkurs. Eine zukunftssichernde Lösung fand sich im Sommer gleichen Jahres in der Übernahme durch die französisch-schweizerische Mimran-Finanzgruppe (Immobilien, Zuckerrohrplantagen und -raffinerien in Europa und Senegal).

Die Brüder Jean-Claude und Patrick Mimran, beide Sportautofans, gründeten im Januar 1981 die Nuova Automobili Ferruccio Lamborghini SpA und engagierten als neuen Leiter der Werkanlagen in Sant'Agata Bolognese Giulio Alfieri, den hochangesehenen früheren Chefkonstrukteur von Maserati; dieser hatte sich mit Maserati-Boss Alejandro de Tomaso überworfen. Große Hoffnungen ruhten alsbald auf dem neuen Modell Jalpa P 350, das auf dem Genfer Salon 1981 zur Premiere gebracht wurde. Mit ihm sollte Lamborghini neben dem Countach wieder ein kleineres Modell anbieten können. Die Serienversion folgte allerdings erst auf der Turiner Automesse 1982.

Das Hinterdeck und die leicht einwärts geneigte Heckscheibe verbargen sich zwischen seitlichen Karosseriestegen (la).

Keilfront, Klappscheinwerfer, Bugschürze, Frontspoiler (bw).

Lamborghini testete später auch eine Spiderversion des Jalpa; sie wurde zu einem Teil der weitere Sondermodelle umfassenden Werksammlung (br).

Mit leicht vereinfachtem Mittelmotor-V8

Wie der Silhouette war der Jalpa ein Targa-Coupé mit herausnehmbarem Dachmittelteil. In der Seitenansicht zeigte er ein gestrecktes Fastbackdesign, doch zwischen den die Lufteinlässe tragenden seitlichen Karosseriestegen verbargen sich eine senkrecht stehende Heckscheibe und eine flache Mittelmotorabdeckung. Die von den Modellen Urraco und Silhouette übernommene Technik mit quer eingebautem V8-Motor war überarbeitet worden. Der aus Kostengründen nur noch mit einer obenliegenden Nockenwelle je Zylinderreihe ausgerüstete Alu-V8 schöpfte mit vier Doppelvergasern aus 3485 ccm 255 PS bei 7000/min und sorgte gemäß Werkangaben für eine Spitze von 248 km/h.

Bei 245 cm Radstand war dieser Zweisitzer 433 cm lang, 188 cm breit und 114 cm hoch. Während sich der Jalpa äußerlich im Vergleich zum Silhouette etwas konventioneller gab, fiel sein Armaturenbrett aus dem üblichen Rahmen: Es umfasste nicht wenigerals sechs abgestufte kubische Gehäuse, in denen sieben kreisrunde Anzeigeinstrumente sowie Bedienschalter eingelassen waren. Schräge Streifenmuster auf den ledergerahmten Sitzen sorgten ebenfalls für optische Abwechslung.

Bis 1988 entstand der Jalpa in 420 Einheiten. An den Dauererfolg des Countach kam er also ebenso wenig heran, wie die Vormodelle!

Lamborghini-Leidensweg

Der Jalpa war Bertones letztes für Lamborghini entworfenes Modell. Der finanzielle Leidensweg der Marke aus Sant'Agata nahm jedoch seinen Fortgang. Auch die weiteren Supersportwagenfirmen Italiens hatten lange Zeit mit Schwierigkeiten zu kämpfen: Intermeccanica, Iso und Maserati (wie in diesem Buch berichtet), sowie am Ende auch De Tomaso. Nur Ferrari blieb gegen alle Geldsorgen gefeit...

Lamborghini wurde von den Gebrüdern Mimran im April 1987 an die Chrysler Corporation weiterverkauft. Chrysler, selber in Probleme geraten, reichte die Marke 1993 an die MegaTech-Gruppe weiter, hinter der Indonesiens Staatspräsidentenfamilie Suharto steckte. 1998 übernahm schließlich Audi die direkteste Ferrari-Konkurrenzmarke. Nachdem der Volkswagenkonzern sich auch die Marken Bentley und Bugatti einverleibte, wurde Lamborghini zum dritthöchst eingestuften VW-Prestigenamen, noch vor Porsche.

Originelle Werbung für den hier Jalpa 3500 genannten «kleinen Lambo» aus dem Jahr 1985 (la).

Überraschendes Wiedersehen mit Mazda

Kein Supersportwagen, sondern ein bescheidener kompakter Viersitzer, aber mit Zukunftspotenzial: Bertone MX-81 (4 Zyl.-Turbo, 1490 ccm, 130 PS – bw).

Im Jahr 1964 hatte Giorgetto Giugiaro die Konturen für eine moderne Mittelklasse-Familienlimousine entworfen, den Mazda 1500 Luce. Dessen ausgewogene Proportionen mit großzügigen Fensterflächen verhalfen der noch jungen japanischen Marke vor allem in Europa zum Durchbruch, und die Modellreihe 1500/1800 blieb bis 1971 (in der Kombiversion bis 1973) in Produktion.

Die 1981 bei Bertone für Mazda entwickelte und im Oktober jenes Jahres auf der Tokyo Motor Show gezeigte Zukunftsstudie hieß schlicht und einfach MX-81 (für Mazda-Prototyp) und war offensichtlich eine Extrapolation der zwei Jahre zuvor entstandenen Konzeptstudie Tundra auf der Basis des holländischen Volvo 343. Die Gürtellinie war nun noch deutlich tiefer gesetzt, und das zweite Seitenfenster verlief nicht mehr abgestuft, sondern schloss sich in voller Höhe dem Türfenster an, womit die Seitenflächen zu über 50 % aus Glas bestanden. Verständlich, dass sich diese riesigen Fensterscheiben nur in einem kleinen Sektor oberhalb der Türöffner aufmachen ließen. Basis lieferte das zur Kompakt- und unteren Mittelklasse zählende Mazda-Modell 323 mit 236,5 cm Radstand. Mit einem Abgasturbolader wurde die Leistung des 1,5-Liter-Vierzylinders von 85 auf 130 PS gesteigert. Es war reiner Zufall, dass die Modellbezeichnungen «343» und «323» so ähnlich klangen; in Japan hieß diese Modellreihe übrigens Familia.

Im Vergleich zum Tundra war die Front des MX-81 keilförmiger zugespitzt, aber auch bei ihm fand sich der Kühlergrill bzw. der Lufteinlass unterhalb des Stoßschutzes. Unmittel-

Die flache Front mit Klappscheinwerfern fand beim serienmäßigen Mazda 323 F von 1989 einen Epilog (bw).

Wer dachte 1981 schon, dass in die hinteren Dachträger integrierte Schlusslichter im folgenden Jahrhundert zum Trend würden? (bw)

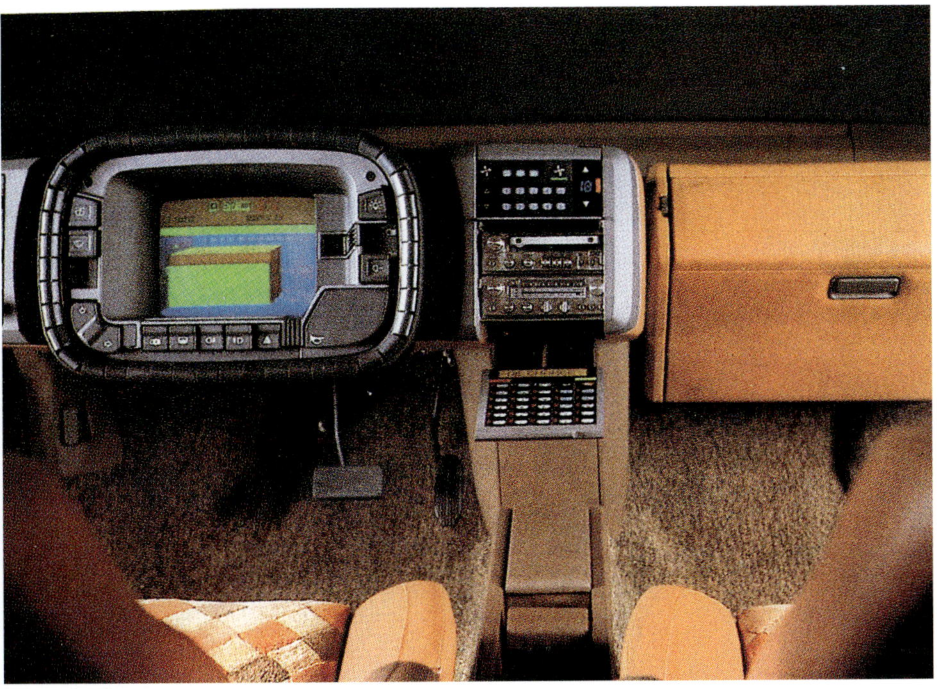

Ein Lenkrad, das kein Rad war, sondern vor allem Staunen auslöste und Rätsel aufgab... (bw).

Attraktiv und farbenfroh gestalteter Innenraum, nach außen schwenkbare Vordersitze (bw).

bar über ihm waren, wie schon beim Tundra, die Klappen für die Rechteckscheinwerfer eingefügt. Es bleibt festzuhalten, dass Mazda bereits 1978 mit dem außergewöhnlichen, mit einem Rotationskolbenmotor dotierten Sportcoupé RX-7 alias Savanna ein Serienmodell mit Keilfront und Klappscheinwerfern lanciert hatte. Wie der Tundra war der MX-81 als luxuriöses viersitziges Coupé ausgelegt. Er war 394 cm lang (Tundra: 402 cm, Mazda 323: 395,5 cm) und mit 169 cm Breite bzw. 128 cm Höhe ebenfalls mit dem Tundra vergleichbar. Nicht zuletzt dank der außenbündigen Montage der Seitenfenster erreichte der Luftwiderstand einen ungemein günstigen Beiwert von 0,29. Bertone war ein Pionier dieser Konstruktionseigenheit, die nicht nur der Aerodynamik, sondern auch der Windgeräuschreduktion diente.

Das «revolutionärste Lenkrad aller Zeiten!»

Dieser Zwischentitel mag zwar überrissen klingen, aber im Jahrzehnte überspringenden Rückblick darf man ihn getrost hinsetzen. Denn was im Innenraum des MX-81 auf den ersten Blick wie ein rechteckig drehbares Lenkrad herkömmlicher Funktion aussah, war in Wirklichkeit der mehr als kühne Versuch, Fahrrichtungsänderungen in gänzlich neuer Weise zu bewirken. Dies verkörperte seit der «Kuhschwanzlenkung» in Form eines langgezogenen Hebelarms, wie er kurioserweise einigen Automobilen der Pionierzeit von Ende des 19. Jahrhunderts eigen war, in der Tat die revolutionärste Änderung im Fahrerlebnisbereich:

Der vermeintliche Lenkradkranz des MX-81 bestand in Wirklichkeit aus einer Gliederkette, die um einen zentralen digitalen Instrumententräger in abgerundeter Rechteckform führte. Die von den Händen des Fahrers verschobenen Kettenglieder aktivierten – gleich einem Lenkrad – via einem Servoaggregat die Lenkung. Diese Lenkvorrichtung bot den Vorteil eines reduzierten senkrechten Raumbedarfs vor dem Fahrersitz. Hierzu gab es zwar bereits auch unten abgeflachte Lenkräder, deren Platzbedarf beim Drehen aber wieder zunahm. Bertone-Erläuterung zu dieser vermeintlich revolutionären Erfindung: «Selbstverständlich bedarf dieses System weiterer Entwicklung und Prüfung, doch stellt sie einen Versuch dar, von den herkömmlichen Lösungen Abstand zu nehmen». Die mit nur 1½ Umdrehungen auskommende Servolenkung wurde immerhin auch auf der Autobahn erprobt. – Wie man sich erinnert, hatte bereits das eigenwillig gestaltete Lenkrad des Sibilo von 1978, der ersten unter Chefdesigner Marc Deschamps verwirklichten Zukunftsstudie, Spekulationen betreffend Funktion ausgelöst.

Elektronisch-digitale-sensorische Zukunftsmusik

Ein weiterer Vorteil der MX-81-Lenkung bestand darin, dass der im Zentrum dieses Systems eingefügte Bildschirm ohne mitzudrehen oder von Lenkradspeichen verdeckt zu werden stets vollumfänglich im direkten Blickfeld des Fahrers verharrte. Es handelte sich um einen CRT-Monitor (Catadiotic Ray Tube), der jede Art technischer Auskunft in beliebiger grafischer Darstellung ermöglichte. Im MX-81 wurden die gefahrene Geschwindigkeit, die Kurbelwellen-Drehzahl und der Verbrauch konstant angegeben, während sich auf Tastendruck weitere Informationen abrufen ließen. Die Bedientasten waren harmonisch innerhalb der Lenkgliederkette um den Bildschirm gruppiert. Auf der Mittelkonsole fanden sich Computerbedienelemente einschließlich einer Schreibtastatur. Rechts daneben, vor dem Beifahrer, prangte ein koffergroßes Handschuhfach mit Make-up-Spiegel-bestücktem Deckel. Es ließ sich aus dem Armaturenbrett herausziehen und als Unterlage für eine Schreibmaschine dienen (nein, man sprach noch nicht vom Laptop).

Nicht nur die Ausstattungstechnik, sondern auch Stil und Design des Innenraums des MX-81 wirkten attraktiv. So zeigten die ledereingefassten Sitzflächen ein rot/beige/braunes Karomuster. Die mit Armlehnenstummeln versehenen Vordersitze waren zudem um die Hochachse nach außen drehbar. Das erleichterte den Ein- und Ausstieg und ermöglichte den hinteren Passagieren den Zugang ohne Aussteigen der Vorderinsaßen. Solch praktische Drehsitze wurden von amerikanischen Herstellern sogar bei Serienmodellen angeboten, fielen aber später verschärften Sicherheitsvorschriften zum Opfer.

Mit dem MX-81 wurden zwei weitere Innovationen verwirklicht: In die hinteren Dachträger, beidseits der als Kofferraumklappe ausgebildeten Rückscheibe integrierten Heckleuchten und ein im Wagenheck eingebauter Mikrowellenfühler, der beim Rückwärtsmanövrieren Hindernisse anzeigen konnte. Damit hatten die Bertone-Designer und -Ingenieure nicht nur weit in die Zukunft gezielt, sondern sogar getroffen!

Vergeblich versuchte der Autor die MX-81-Kreatoren dazu zu bewegen, diese einzigartige Design- und Technikschöpfung nach dem Tokyo Motor Show von Ende 1981 auch dem internationalen Fachpublikum des Genfer Salons von Anfang 1982 vor Augen zu führen. Man wollte die Europapremiere dem Turiner Salon vorbehalten. – Die an der Tokio-Autoschau 1983 vorgestellte fünftürige Konzeptstudie Mazda MX-02 war eine rein japanische Schöpfung der werkeigenen Designer und Igenieure.

Es war und blieb ein Privileg der Marke Citroën, dass sich das Design ihrer Modelle von der Masse abhob. Dies galt auch für den BX... dank Bertone (1982; 4 Zyl., ab 1361 ccm, 62/72 PS —cw).

BX: eigenständig wie der Tundra... und Citroën

Anfang der 80er Jahre diente Bertone nach eigenen Angaben «für Volvo, Citroën, Opel, Daihatsu und weitere Firmen als Designberater und Konstrukteur spezieller Prototypen». Für Citroën zu arbeiten verkörperte ohne Zweifel eine besondere Herausforderung. Denn das eigenständige Design wie auch die innovative Technologie dieser Marke appellierte in hohem Maße an Individualisten unter den Autofans und – soweit es die Zweizylinder-Kleinwagen betraf – auch an nonkonforme Zeitgenossen. Zwischen dem 2 CV («Döschwo») und seinen Abkömmlingen einerseits und der legendären DS-Baureihe anderseits ließ Citroën eine riesige Lücke klaffen. Dies bis 1970 der zu unteren Mittelklasse zählende GS mit luftgekühltem Vierzylinder-Boxermotor eingeführt wurde.

Mitte der 70er Jahre wurden Peugeot und Citroën schrittweise zur PSA-Gruppe zusammengefügt. Auf der Suche nach einem Marktlückenfüller zwischen dem Citroën GS und dem 1974 eingeführten DS-Nachfolger CX begeisterte sich das neue Führungsgremium für den 1979 von Bertone vorgestellten Tundra. Er wurde als ein zukunftsweisendes, der unkonventionellen Citroën-Philosophie entsprechendes Designprojekt erkannt..., das sich auch für ein 4/5-türiges Mittelklassemodell umsetzen ließ.

Im Juni 1982 wurden der Fachpresse zwei Aufnahmen von dem kommenden Citroën BX zugesandt. Dessen Weltpremiere war auf den Autosalon von Paris im Oktober jenes Jahres angesetzt. Die wichtigsten Informationen lauteten: Motor mit 1361 und 1580 ccm, 62/72 bzw. 90 PS, vorne quer eingebaut, Hydropneumatik-Federung und Vierrad-Scheibenbremsen, drei Ausstattungsstufen, Produktion in Rennes-la-Janais in der Bretagne. Klar, dass es sich somit um wassergekühlte PSA-Konzernmotoren handelte, wie sie auch den Peugeot zukommen konnten.

GS zu BX — welch krasser Stilwechsel!

Die Fotos zeigten gänzlich ungewohnt geformte Zweivolumen-Limousinen mit flacher Front ohne sichtbaren Kühlergrill, eine das Rückfenster mitumfassende Heckklappe und überraschende stilistische Details. Noch nicht erwähnt wurde, dass dieses ebenso attraktive wie individuelle Design bei Bertone entwickelt worden war. Für Kenner war aber bald einmal klar, dass da die Kreationen Tundra und MX-81 von Nuccio Bertone und Marc Deschamps als Inspirationsträger dienten und in den Designstudios von Caprie in gekonnter Weise zur fünftürigen Limousine weiterentwickelt wurden.

Doch welcher Stilbruch, welch gründlich neuorientierte Citroën-Formsprache! Während der Typ GS mit seinen weich gerundeten, aerodynamischen Linien den DS- und CX-Werten folgte, zeigte der BX harte Kanten und horizontal betonte Linien, die noch durch schwarze Sicken, geradlinige Radhausränder und Luftauslassgitter an den C-Säulen unterstrichen wurden. Hinzu kamen die schwarzen Einrahmungen sämtlicher ebenfalls eckig gehaltenen Scheiben sowie schwarze Zierflächen an den hinteren Dachträgern der Topausführung TRS.

Horizontal-kantig gab sich auch das BX-Armaturenbrett. Beidseits des umschäumten Einspeichen- bzw. Doppelspeichenlenkrads fanden sich fingernah ausragende Tastenträ-

Luftströmungstest am BX-Kleinmodell (cw).

Einspeichenlenkrad auch für den BX (bw).

Der Kühllufteinlass des BX versteckte sich unterhalb des Stoßschutzes (4 Zyl., 1580 ccm, 90 PS — cw).

Der zur unteren Mittelklasse zählende BX entsprach zeitgemäßer Bauweise mit Frontantrieb und Motor in Queranordnung; zudem bot er ein hydropneumatisches Federungssytem (cw).

Französisch-italienische Partnerschaft: bald 3-fach!

Mit dem Citroën BX begann eine automobilhistorisch bemerkenswerte Verbindung einerseits zwischen zwei und alsbald allen drei bedeutenden Automobilmarken Frankreichs und anderseits den führenden Karosseriedesignstudios Italiens: Es war eine glückliche Eingebung der PSA-Führung, für die Marke Citroën neu auf die Carrozzeria Bertone zu setzen, während Pininfarina für die Marke Peugeot ja schon seit der Nachkriegszeit – angefangen mit dem Peugeot 403 von 1951 – die Formen der Serienwagen entwarf.

Vier Jahre nach der Einführung des Citroën BX ergab sich die dritte französisch-italienische Beziehung: Ital-Design, 1968 gegründet vom einstigen Bertone-Chefdesigner Giorgetto Giugiaro, wurde zum auserwählten Designschöpfer für Renault. Damit standen dem Citroën BX ab 1986 die Konkurrenzmodelle Peugeot 305 (teils mit den gleichen Antriebseinheiten) und Renault 21 gegenüber. Letzterer – auf dem Genfer Salon jenes Jahres lanciert – war bei Ital-Design geformt worden. Alle drei führenden Exponenten ihrer Sparte beidseits der französisch-italienischen Grenze waren somit in Partnerschaften vereint!

ger. Im Anzeigengeviert dominierte der markentypische Tachometer in Form einer Lupe. Darunter erstreckte sich das Leuchtband eines elektronischen Tourenzählers. Man hatte bei Citroën auch modernisierte Produktionsmethoden ausgearbeitet: Nur noch 334 statt 531 Karosserieteile (wie beim GSA); Motorhaube, Heckklappe, C-Pfostenverkleidungen sowie Stoßschutz aus Kunststoff; zudem wesentlich effizienterer Korrosionsschutz. Bei 265,5 cm Radstand war der BX 423 cm lang, und er bot eine ausgezeichnete Innenraumnutzung.

Famose Hydropneumatik ... und ein Rallye-Flopp

Wie die GS- und die CX-Modelle besaß der BX als technische Besonderheit eine raffinierte hydraulische Druckerzeugungsanlage für die hydropneumatische Federung und die Bremsanlage. Dieses einzigartige, 1955 beim DS eingeführte Federungssystem hatte sich längst zu einer attraktiven Alternative durchgemausert, auch wenn beim BX Lenkung und Kupplung in üblicher Manier, will heißen rein mechanisch funktionierten. Erhalten blieb das unerreichte «schwebende Fahrgefühl», an das sich Citroën-Ungewohnte zunächst gewöhnen mussten.

Bei den quer eingebauten OHC-Vierzylindermotoren handelte es sich einerseits um die bei Peugeot bewährte 1361-ccm-Einheit mit 62 oder 72 PS (Doppelvergaser), anderseits um den von PSA in einem neuen Werk hergestellten XU-Alumotor mit 1580 ccm, 90 PS (Doppelvergaser) und dem zunehmend verbreiteten Zahnriemenantrieb. Er wurde mit einem 5-Gang-Getriebe kombiniert. Auf der IAA 1983 kam dann noch ein XUD-Dieselmotor aus Stahlguss mit 1905 ccm und 65 PS hinzu.

Wie bei anderen auf große Verbreitung ausgerichteten Modelle entwickelte sich der BX zu einer ganzen Familie unterschiedlicher Ausführungen. Im Juni 1985 kam ein Break bzw. Kombi hinzu. Den Höhepunkt verkörperte der im Herbst 1983 vorgestellte, für den Rallyeeinsatz nach Gruppe 4 vorgesehene BX 4 TC: vom Peugeot 505 Turbo abgeleiteter, längs eingebauter 2156-ccm-Motor mit permanentem Vierradantrieb; Benzineinspritzung Bosch K-Jetronic, KKK-Abgasturbolader, nicht weniger als 380 PS bei 7000/min (Straßenversion 200 PS); auffallende Karosserieverbreiterungen...

Weil aber mit diesem Viertürboliden gegen die inzwischen die Rallyeszene beherrschenden Mittelmotorkonstruktionen und den Audi Sport Quattro nicht aufzukommen war, wurden die 220 bei der Karosserie- und Designfirma Heuliez in Frankreichs Westen aufgebauten BX 4 TC im Jahr 1988 bis auf 20 Exemplare verschrottet! Bei Heuliez entstanden übrigens auch die BX Break (Kombi). Zum Trost gab es andere BX-Spezialversionen, wie etwa den BX 19 Sport von 1986. Wieweit da noch Bertone-Designer mitwirkten, blieb unbekannt. – Der BX wurde mit 2'315'739 gebauten Exemplare zum Erfolgsmodell; 1992 wurde er vom Xantia abgelöst, auch er mit Bertone-Design.

Die leistungsfähigeren Ausführungen (wie die Version TRS) trugen am unteren Rückfensterrahmen eine Luftabrisskante (cw).

Zu den diversen Sportversionen zählte ab April 1987 der BX 19 GTI 16V mit Heckflügel (4 Zyl., 16 Ventile, 1905 ccm, 150/160 PS — cw).

Nicht mehr voll ausgelastet: Schweißroboter im Bertone-Werk Grugliasco (bw).

Am Beginn des Diesel-Pkw-Siegeszugs

Erste Pkw mit Dieselmotor gab es zwar schon ab 1936 von Mercedes-Benz und ab 1938 von Hanomag. Verbreitung fanden sie jedoch erst zögerlich in der Nachkriegszeit, vor allem dank der Mercedes-Benz-Taxis. Allmählich fand der Dieselmotor trotz seiner «laut hämmernden» Akustik auch im privaten Umfeld Anklang. Besonders in Frankreich und Italien lag der Grund in den deutlich niedrigeren Treibstoffkosten. Nicht nur gab sich ein Dieselmotor mit weniger Verbrauch zufrieden, sondern zudem lag der Preis für Dieseltreibstoff weit tiefer als jener für Benzin. Dies war der geringeren Steuerbelastung für Diesel zuzuschreiben, weil dieses ja vorwiegend der Landesversorgung durch den Nutzfahrzeugverkehr sowie dem Busverkehr diente.

Neben der 1983 zur Frankfurter IAA eingeführten 1,9-Liter-Dieselversion des Citroën BX gab es bereits auch 1,6-Liter-Dieselmotoren bei Volkswagen, Opel und Ford. Und es kamen zunehmend kleinere Modelle hinzu, die ebenfalls mit Dieselantrieb zu haben waren. Als vollwertige Alternative zum Benzinmotor galten jedoch erst die Turbo-Dieselmotoren, wie sie in der zweiten Hälfte der 80er Jahre in Schwung kamen. Mit ihnen setzte der Dieselmotor in manchen Ländern zum Siegeszug über den «Benziner» an.

Sorgen um schwindende Werkauslastung

Der Durchbruch mit dem Citroën-BX-Design war für Nuccio Bertone eine große Genugtuung. Dieser Erfolg sollte doch seinen Unternehmen, dem Produktionsbetrieb und dem Designstudio, zu weiterem Renommee und neuen Aufträgen verhelfen! Denn mehr und mehr plagten ihn Sorgen um eine genügende Auslastung seines bedeutenden Produktionsbetriebes in Grugliasco. Schon 1981 war die Herstellung des Volvo 262 C ausgelaufen, und bis 1982 liefen auch die letzten Maserati Khamsin vom Montageband. Gemäß damaligen Erkundigungen des Autors kam Pininfarina Anfang 1982 auf einen Tagesausstoß von 180 Wagen acht verschiedener Modelle, während Bertone stark ins Hintertreffen geraten war: In Grugliasco entstanden noch 30 X1/9 täglich, und man stand vor dem Ziel, das Ritmo-Cabrio in gleicher Kadenz herzustellen.

Gegen Mitte der 80er Jahre beschäftigte Bertone an die 1750 Mitarbeiter, von den Montagearbeitern über das Büropersonal und die Techniker bis zu den Designern, und die Produktionskapazität erreichte 25'000 Wagen im Jahr bzw. bei einer Arbeitsschicht täglich rund 100 Fahrzeuge. Sie konnte bei weitem nicht genutzt werden. Die großen Anbieter der Automobilindustrie aber konnten von den spezialisierten Karosseriebetrieben nur profitieren: Denn diese produzierten in Kleinserie jene Nischenmodelle, deren Herstellung bei den «Großen» der Branche nicht rentabel war, die aber durch ihre Exklusivität wesentlich zum Prestige von Großserienmarken und -modellreihen beitrugen. Zu Recht hielt Bertone fest, dass sein Name als ein Imageförderer sowohl für die Autohersteller wie auch deren Händler diente.

Blick in das Atelier für die handwerkliche Herstellung von Innenraumteilen im Werk Grugliasco (bw).

Rechts: Was in Grugliasco nicht lief, fand in Caprie seinen Gegenpart: Dort entstand mit dem Delfino die nächste Konzeptstudie (bw).

Wieder einmal mit Tiername: Delfino

Allen Sorgen zum Trotz vollendete Bertone 1983 einen weiteren Dreamcar: Er hieß Delfino und trug somit nach Testudo (1963), Canguro (1964), Jaguar Pirana (1967), Panther und Carabo (1968) die sechste der Zoologie entliehene Bezeichnung. Der Delfino war allerdings mehr als nur eine Konzeptstudie, denn er verkörperte einen konkreten Hinweis darauf, wie ein modernes Oberklasse-Sportcoupé aussehen könnte. Und erneut richtete sich dieser Vorschlag vordergründig an Alfa Romeo. Die Zusammenarbeit von Alfa und Bertone fußte ja auf langer Tradition. Neben den populären Giulietta Sprint, Giulia Sprint und Giulia GT gab es einst die großen Coupés Alfa Romeo 2000 Sprint (1960—62), 2600 Sprint (1962—66) und Montreal (1970—77). Da wäre nun die Zeit für ein neues leistungsbetontes Coupé mit «Mailänder Topmechanik» reif gewesen!

Im Frühling 1979 hatte Alfa Romeo die neue Oberklasselimousine Alfa Sei (= 6) lanciert. Sie war mit einem 2,5-Liter-V6-Motor dotiert, und diese durch ihre Leistungsfähigkeit ebenso wie durch ihren Sound begeisternde Maschine wurde ab 1980 auch im Alfetta-Viersitzercoupé erhältlich. Die Bezeichnung dieser neuen Karosserie/Motor-Kombination lautete Alfa Romeo GTV 6 2.5i. Dieser OHC-V6 mit elektronischer Benzineinspritzung Bosch L-Jetronic holte aus 2492 ccm 160 PS bei 5800/min (je nach nationalen Abgasbestimmungen auch etwas weniger). Der Unterbau des Delfino entstammte jedoch nicht dem GTV, sondern der Berlina Alfa 6 mit 260 cm Radstand. Deren Antriebsmechanik war ebenso begehrenswert wie das moderne Fahrwerk mit De-Dion-Hinterachse, aber vorne eingebautem 5-Gang-Getriebe.

Chance höherer Positionierung für Alfa

Das Alfa-Romeo-hauseigene Design der Alfetta-GT-Coupés mit 240 cm Radstand gab es schon seit 1974. Mit einem aerodynamisch betonten Zweisitzercoupé im flachen, aggressiven Stil des Bertone Athon würde sich Alfa Romeo in der sportlichen Oberklasse neu positionieren und einen moderner Ästhetik verschriebenen Kundenkreis ansprechen. Ganz in diese Richtung zielte die Frontgestaltung des Delfino. Sie wies unverzüglich auf die Marke Alfa Romeo hin, doch zeigte sich das Scudo in den Proportionen einmal mehr deutlich verändert; es war mit dem Stoßschutz nach unten gebogen und befand sich über einem durchgehenden Lufteinlassgitter, das von den Nebelleuchten flankiert wurde. Da sie eingeschaltet nicht zu hoch aus der Front emporragten, fügten sich die klappbaren rechteckigen Doppelscheinwerfer durchaus harmonisch in das «Gesicht» des Delfino ein. Der Einarmwischer war offenbar von den Citroën CX/BX inspiriert.

Wie bei allen jüngeren Bertone-Konzeptstudien waren die Fensterscheiben ringsum außenbündig eingefügt, was eine exzellente Luftströmung versprach. Die Vorderkante der Türfenster war sogar über die vorderen Dachträger gebogen. Öffnen ließ sich nur eine kleine Durchreiche auf Schulterhöhe der Insassen. Auch der Innenraum lehnte sich stilistisch an vorangegangene Bertone/Deschamps-Lösungen an: Das Lenkrad wurde von einer dünnen Horizontalspeiche getragen. Beidseits unter ihm dienten balkenförmige Ausleger als Träger einer – allerdings verwirrenden – Vielfalt von Bedienungsknöpfen und der Audioanlage. Dank des relativ langen Radstands bot dieser Zweisitzer einen großzügigen Gepäckraum. Der Delfino war 414 cm lang, 183 cm breit und 118 cm hoch; zum Vergleich Alfa 6 Berlina: 476x168,5x139,5 cm; Alfa GTV: 426x166,5x133cm. – Einmal mehr entstand bei Bertone ein vollendetes GT-Coupé..., zum Zugreifen bereit für Alfa Romeo!

Mit dem Delfino bot Bertone seinem Traditionspartner Alfa Romeo eine Chance, sich in der Sportwagen-Oberklasse neu zu etablieren (bw).

Ihre Premiere feierte auch diese Bertone-Schöpfung auf dem Genfer Salon, später brillierte sie zudem auf dem Automobilsalon von Barcelona — bw).

Die Scheiben waren ringsum außenbündig eingefügt, und die stylischen Eigenheiten der Front widerspiegelten sich am Heck (bw).

Balken beidseits unter dem Lenkrad trugen die zahlreichen Bedienungsschalter, rechts auch für die Audioanlage (bw).

Auf Basis Alfetta Berlina: Alfa Romeo Alfa 90, 1985; hier in der Version 2.5 V6 iniezione (V6, 2492 ccm, 156 PS – aw).

Alfetta Berlina rationell zum Alfa 90 gewandelt

Nein, wie schon das Projekt 119 von 1971 fand auch der Delfino keinen Niederschlag im Serienwagenangebot von Alfa Romeo. Dafür aber durfte Bertone den 1972 lancierten und auf Entwurfsarbeiten von 1968 zurückgehenden Alfa Romeo Alfetta Berlina neu modellieren: Der Alfa Romeo Alfa 90 kam im September 1984 auf den Markt. Allerdings war man bei Bertone ziemlich enttäuscht darüber, dass «Mailand» aus Kostengründen darauf bestanden hatte, nicht nur die Plattform, sondern auch die gesamte Karosseriestruktur des Alfetta beizubehalten und nur die äußeren Designelemente zu modifizieren. Bei 251 cm Radstand war das neue Modell 439 cm lang.

Das Resultat konnte sich gleichwohl sehen lassen: Das gelungene Alfetta-Design zeigte sich in Form des Alfa 90 deutlich aufgefrischt. Dieser Eindruck begann mit der neugezeichneten Front, die sich durch den modernen massiven Stoßschutz, den leicht schräg gestellten Kühlergrill und die um die Ecken nahtlos in die Blinkleuchten übergehenden Rechteckscheinwerfer auszeichnete. Eine über die Radausschnitte führende Längssicke ersetzte den Zierstab zwischen den Radhäusern. Gelungen wirkte auch die Gestaltung der hinteren Dachträger mit einer der Fenstersilhouette folgenden Kerbe. Zum modernisierten Auftritt trug überdies die neue Heckgestaltung mit dem schwarzen bis zu den Radausschnitten gezogenen Stoßschutz bei. Die rechteckigen Schlusslichtgehäuse waren durch ein reflektierendes rotes Band verbunden, in dessen Mitte sich die Rückfahrlampe befand. Gleichsam zu einem Typenmerkmal wurden die turbinenartigen Leichtmetallfelgen.

Rundum modernisiertes Design mit rechteckig betonten Zierelementen, turbinenartige Felgen (bw).

Spoilerlippe ohne Parkierprobleme: In der Ecke eingezeichnet einer der verborgenen Gasdruck-Stoßdämpfer (aw).

Mobile Spoilerlippe und digitale Instrumente

Und der Alfa 90 bot zudem einen kleinen aerodynamischen Kniff (der, soweit bekannt, wohl eher den Alfa-Technikern zu verdanken war): Den unteren Abschluss der Front bildete nämlich eine mobile Spoilerlippe. Sie wurde von Gasdruck-Stoßdämpfern in einer oberen Position gehalten, ab 80 km/h jedoch durch den Luftwiderstand nach unten gedrückt. Dies stellte sicher, dass der Spoiler bei Parkierungsmanövern keinen Schaden nahm.

Elektronischer Bildschirm mit ansteigenden Farbstreifen samt Digitalanzeige waren ein Novum (bw).

Zum Modelljahr 1985 stand der Alfa 90 gleich mit drei DOHC-Vierzylindermotoren zur Wahl: 1779 ccm, 120 PS; 1962 ccm, 126 PS (2 Doppelvergaser, für Schweden und Schweiz mit Einspritzung). Hinzu kam Alfas famoser OHC-V6: 2492 ccm, 156/150 PS (Einspritzung) und ein von VM gelieferter SV-Vierzylinder-Turbodieselmotor (2392 ccm, 110 PS). Die mit dem 2,5-Liter-V6 ausgerüstete Topversion Quadrifoglio Oro («goldenes vierblättriges Kleeblatt») bot nebst Nebellampen, Zentralverriegelung und vier Scheibenhebern als Novum digitale Armaturenanzeigen, ähnlich wie sie schon bei Bertone-Dreamcars realisiert worden waren: Die gefahrene Geschwindigkeit und die Kurbelwellen-Drehzahl wurden mit fortschreitend aufleuchtenden Farbstrichen auf einem Bildschirm dargestellt. Links neben diesem Monitor fand sich eine direkte km/h-Digitalanzeige und rechts zudem ein vorschriftsgemäßer km-Zähler.

Im Juni 1985 kam die Alfa-90-Version 2.0 V6 iniezione (Einspritzung) hinzu. Sie verband das Komfortniveau des Quadrifoglio Oro mit der in Italien steuerbegünstigten Zulassungskategorie bis 2 Liter Hubraum (1996 ccm, 132 PS). Anstatt mit Bosch L-Jetronic erfolgte die Einspritzung mit einem elektronisch aufgewerteten Spica-System. Zum Turiner Salon von 1986 wurde der am feineren Kühlergrill erkenntliche, weiterentwickelte Alfa 90 Super eingeführt. Für den Export wurde die 2,5-Liter-Version gleich auch mit Katalysator angeboten (156 PS). Eine neue Abstimmung des 5-Gang-Getriebes sorgte für noch sportlichere Beschleunigungszeiten. Zusammen mit den V6-Motoren war erstmals bei Alfa ein ABS (Antiblockier-Bremssystem) erhältlich. – Bis 1987 entstand die Baureihe Alfa 90 in 56'418 Exemplaren. Dies war wenig im Vergleich zu anderen Mittelklasselimousinen, was den Liebhaberstatus auch dieses Alfa-Modells unterstreicht.

Stromlinienkeil mit Glaskuppel: Ramarro als Skulptur aus einem Guss (V8, 5733 ccm, 208 PS – bw).

Zur Auto Expo L. A. 1984: Dreamcar Ramarro

Gut ein Jahr nach dem Delfino feierte erneut ein Bertone-Dreamcar Premiere: Der Ramarro (italienisch für Smaragdeidechse) war eine weitere Extrapolation des Bertone/Deschamps-Themas «Supersportwagen in Keilform». Von den geltenden Normen entfernte er sich allerdings noch deutlicher als der Athon oder Delfino. Zudem wählte Nuccio Bertone wieder einmal eine amerikanische Antriebsbasis, denn schließlich hatte man sich für eine Erstpräsentation anlässlich der Auto Expo Los Angeles entschieden, die im Mai 1984 stattfand. Es war das sportlichste US-Modell, nämlich der Chevrolet Corvette, das in Caprie seine Design-Alternative erhielt. 22 Jahre zuvor war bei Bertone mit der Konzeptstudio Testudo bereits einmal ein GM- bzw. Chevrolet-Modell in Radikalkur genommen worden, damals allerdings der relativ kleine Heckmotor-Corvair...

Basis lieferte der Corvette der ab März 1983 gebauten, stark modifizierten und bereits als Jahrgang 1984 bezeichneten Baureihe C4. Sie unterschied sich vom Vorgängermodell durch den von 249 auf 244,5 cm verkürzten Radstand, die deutlich kürzere Gesamtlänge von 448,5 statt 470,5 cm und durch die strikt durchgezogene Gürtellinie statt der Schwünge über den Radhäusern. Dieses neue Karosseriedesign war von Jerry Palmer entworfen worden. Für den Ramarro wurden ausschließlich der gesamte Antriebsstrang mit dem 5,7-Liter-V8 sowie die teils elektronischen Anzeigeinstrumente übernommen. Der gesamte Auf- und Innenausbau mit vielen neu durchdachten Detaillösungen verkörperte reine Bertone-Designarbeit.

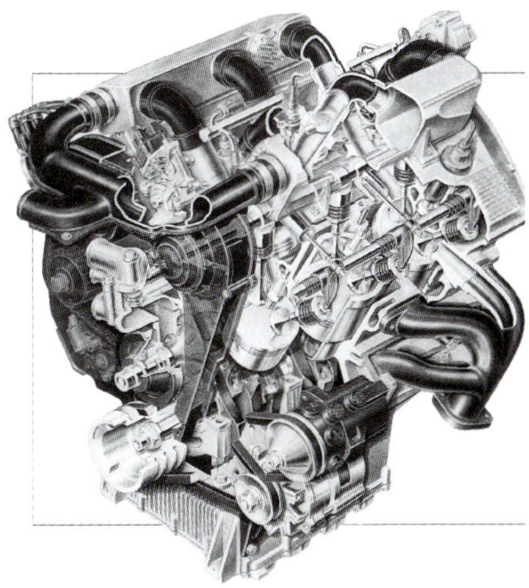

Für den Heimmarkt: V6-Einspritzmotor auch mit bloß 2 Litern Hubraum bei der Version 2.0 V6 iniezione (aw).

Der 5,7-L-V8 des Typs L 83 sorgsam zwischen den Ramarro-Radkästen eingefügt (rg).

<u>Links:</u> Der an die Heckscheibe anschließende Deckel über dem Kühler öffnete und schloss sich thermostatisch gesteuert (rg).

<u>Rechts:</u> Beim Öffnen setzten sich die Türen nach außen und glitten nach vorne (rg).

Die kühne Idee des Kühlers im Heck

Es zählt zu den unumstößlich logischen Gepflogenheiten der Automobilkonstruktion, dass der Wasserkühler eines Autos mit vorne eingebautem Motor zuvorderst unter der Motorhaube angeordnet wird. Deshalb nannte man diese früher auch Kühlerhaube. Denn dort sind die Kühlelemente dem direkten Fahrwind ausgesetzt. Ausnahmen bildeten nur die bis 1928 gebauten Renault sowie einige Clément-Bayard- und andere Modelle aus der Frühzeit, die dank hinter den Motor zurückversetztem Kühler zu einer windschlüpfigeren Front kamen. Doch selbst moderne Mittelmotor- oder mitunter Heckmotorkonstruktionen trugen ihren Kühler vorne, weil dies zusätzlich zu einer sicheren Gewichtsverteilung verhalf. Ein Beispiel hierzu war der ab 1967 bei Bertone karossierte Simca 1200, dessen Vorgänger 1000 Coupé noch einen beim Heckmotor platzierten Kühler aufwies.

Zwar besaß schon die von Ford USA geschaffene und im Januar 1983 zur Detroit Auto Show gebrachte Zukunftsstudie Probe IV, eine Stromlinien-Limousine, zwei in die Ecken des Hecks verlegte Kühler. Doch es blieb auch im Falle des Ramarro eine kühne Idee, den Kühler ins Heck zu verlegen. So ließ sich die von den Bertone-Designern angestrebte noch kompaktere Form mit nur 415 cm Gesamtlänge verwirklichen. Genügend Raum um den Kühler vorausgesetzt, ist der Heckbereich eine «stark ventilierte» und daher durchaus geeignete Zone. Auch der Kühlkompressor für die Klimaanlage war dort untergebracht. Beim Ramarro sorgte ein hinter der Heckscheibe eingelassener, sich thermostatisch nach hinten verschiebender Deckel für eine jeder Fahrgeschwindigkeit angepasste Luftdurchströmung.

Der Karosserieverkürzung zum Trotz, verbesserte sich der Luftwiderstandskoeffizient des Ramarro gegenüber dem Original-Corvette von 0,325 auf unter 0,3. Weil die Radspur vorne um 3 cm verbreitert wurde, wuchs die Gesamtbreite um 12 auf eindrückliche 192 cm, während die Höhe mit 119 cm gegenüber dem Corvette unverändert blieb. Damit war der Ramarro ebenso kompakt wie elegant, ohne aggressiv zu wirken. Als aerodynamischer Keil mit aufgesetzter Glaskuppel wurde er gleichzeitig als eine harmonische, aus einem Guss bestehende Skulptur wahrgenommen.

Raumspartüren, die nach vorne glitten!

Nicht nur mit der Lage des Kühlers, auch mit dem Türmechanismus beschritt man bei Bertone neue Wege. Die mit dem Dreamcar Carabo von 1968 erstmals propagierten und mit dem Lamborghini Countach 1971 bzw. 1973 in die Serie eigeführten Schrägflügel- bzw. Scherentüren boten zwar den willkommenen Vorteil, selbst bei Überbreite auch auf engem Parkplatz bequem aus- und einsteigen zu können. Aber die stark nach oben ragenden Türecken konnten mitunter an der Decke anschlagen. Eine weitere Lösung brachten Schiebetüren, wie sie bei Lieferwagen bereits verbreitet waren und wie sie nun bei den ersten «Minivans» = Großraumkombi neue Verbreitung fanden (Nissan Prairie ab 1983, Plymouth Voyager und Dodge Caravan ab 1984). Aber die unumgängliche dicke Führungs-

Auch auf engem Raum benötigten die Türen wenig Platz... und sie ließen sich bis vor die Vorderräder schieben (rg).

Strömungsgünstige Front dank Kühler hinter dem Motor beim Clément-Bayard Torpédo, 1913 (2 Zyl., 8 HP – rg).

Front ohne Kühler und für einmal auch ohne Klappscheinwerfer, aber mit zwei Namen! (rg)

Betonte horizontale Elemente auch am Heck, dazu wenig auffallend das Corvette-Signet (rg).

Auf der Rundum-Fahrstrecke innerhalb des Areals von Caprie bewies der Bertone Ramarro seine vollständige Fahrtüchtigkeit (auch dem Autor – rg).

schiene an den hinteren Karosserieflanken versetzten die Designer ins Grübeln.

Unter Marc Deschamps fand man in Caprie eine glänzende neue Lösung: Man schob die Türen des niedrigen Sportcoupés Ramarro nach vorne auf! Die bis zum Oberrand des vorderen Radausschnitts eingelegte Führungsschiene wurde kurzerhand zu einem Zierelement umfunktioniert, das auf den Türen und bis zum Heck seine horizontale Fortsetzung fand. Parallel dazu war auch die untere Schiene als durchgezogene Kerbe kaschiert. Allerdings bedingte die Kürze der Schienen einen aufwendigen Mechanismus.

Zu diesen die Horizontale unterstreichenden Designmerkmalen passten Front- und Heckgestaltung ausgezeichnet. Gleichzeitig sorgten sie für eine optische Auflockerung. Für einmal war die Keilform nicht mit Klappscheinwerfern kombiniert. Vielmehr steckten die Scheinwerfer in Nischen, die von abgeknickten Plexigläsern überdeckt waren. Zwischen den Scheinwerfern fand sich an der Front in Groβbuchstaben der Schriftzug «Chevrolet» und unten im Stoβschutz analog dazu in einer Sicke «Bertone». Originell gruppierte horizontale Luftauslassschlitze, Rücklichter und Auspuffendrohre verliehen dem Heck einen technisch betonten Aspekt.

Die in drei abgestuften Grüntönen lackierte Karosserie bot auch im Innenraum Innovationen: Dazu zählte in erster Linie das durchgehende Sitzgestell, das aus zwei polstergestrippten Sitzmulden und einem nahtlos über den Kardantunnel führenden Mittelteil bestand. Es lieβ sich als Gesamtheit längsverstellen. Die Sitzlehnen konnten um die Hochachse vorgeklappt werden und gaben so Zugang zur Gepäckablage. Für die in zwei Farbtönen gehaltene Auskleidung des Innenraums schuf der Lederlieferant auf Bertones Anregung eine neuartige Pigmentierung von Kalbsleder, die den Eindruck von Echsenleder erweckte und damit der Namensgebung dieses Dreamcars Rechnung trug. Die elektronischen Corvette-Instrumente sowie die Bedienungselemente waren in einer Box rechts neben dem Lenkrad untergebracht. Hinzu kamen der als Drehschalter ausgebildete Wählhebel für die 4-Stufen-Getriebeautomatik sowie neuartige Ablageboxen vor dem Beifahrer und hinter den Sitzen. Und wie die Fotos veranschaulichen, waren auch die Räder echte Hingucker, nämlich mit sternförmiger Mittelöffnung...

<u>**Hinweis:**</u> Gemäβ Interview des Autors mit Nuccio Bertone wurden für den Ramarro 24‘000 Arbeitsstunden aufgewendet und rund 500‘000 Dollar investiert (dies entsprach damals rund 1,2 Mio. Schweizer Franken). – **Im Anhang 4 ab Seite 296** finden sich die Wiedergabe dieses Interviews aus dem Jahr 1984 sowie weitere Ramarro-Bilder.

Komfortbetontes Cockpit mit besonders luxuriös wirkendem, eigens strukturiertem Leder (bw).

Neue gestreckte Linien am Original-Corvette der ab Modelljahr 1984 gebauten Serie C4 (V8, 5733 ccm, 208 PS – wb).

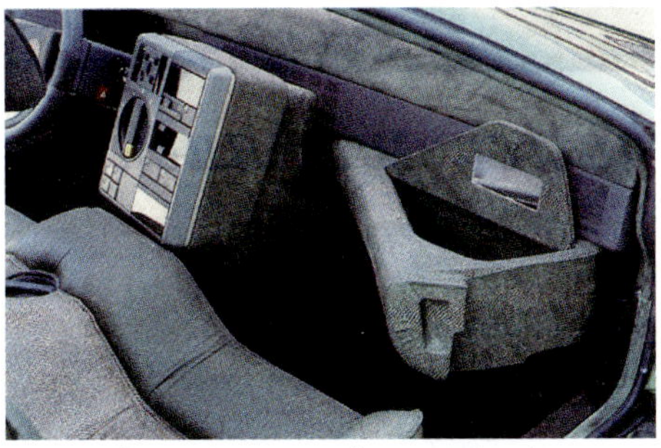

Ungewohntes Armaturenbrett und rechts ein ausschwenkbares Handschuhfach samt Make-up-Spiegel (rg).

Die Sitzlehnen lieβen sich um eine vertikale Achse schwenken und gaben damit Zugriff zu zusätzlichen Ablagen (rg).

Mit dem Car Design Award

Im Jahr 1985 wurde zum zweiten Mal der internationale «Car Design Award» vergeben. Initianten dieser Auszeichnung waren die Stadt Turin und die Region Piemont, während die schwedische SKF-Gruppe als Preisstifter fungierte. Die Jury bestand aus Fachjournalisten aus elf Ländern (I, CH, D, E, F, GB, J, NL, S, 2x US) und zwei Behördenvertretern. Jurypräsident war in jenem Jahr der Autor. Die Wahl für das beste im Vorjahr (1984) präsentierte Autodesign fiel bei den Serienwagen auf den Ferrari Testarossa und bei den Einzelschöpfungen auf den Bertone Ramarro. Seite an Seite konnten bei der Siegesfeier Nuccio Bertone und Sergio Pininfarina ihre Preise entgegennehmen.

Volvo-Coupé – diesmal deutlich im Bertone-Look

Zeitloses Bertone-Design im Verbund mit Merkmalen der schwedischen Marke; wie die Limousine 760 bei 277 cm Radstand 479 cm lang (vo).

Im Jahr 1985 verzichtete Bertone darauf, den Dreamcar Ramarro – wie von der Fachwelt erwartet – auch auf dem internationalen Automobilsalon von Genf vorzustellen. Denn man wollte eine andere Neuheit möglichst nicht in den Schatten stellen: Der Volvo 780 war die Coupéversion der 1982 von den Schweden eingeführten Top-Baureihe 760. Doch anders als im Falle des 1977 lancierten Volvo 262 C, der eine offensichtliche Ableitung der Volvo-Limousinen 262/264 war, hatte nun die Carrozzeria Bertone mehr Freiheit, ein 4/5-sitziges Coupé nach eigenem Stil zu entwerfen. Immerhin hatte dessen italienisches Design vor allem hinsichtlich Kühlergesicht und Beleuchtungsoptik unverkennbar auf die skandinavische Marke hinzuweisen. Das Hauptziel für dieses neue Modell bestand darin, den Coupé-begeisterten US-Markt neu zu erobern.

Es war vor allem ein Merkmal, das am 262 C gestört hatte: Er besaß zwar eine coupégerecht herabgesetzte Dachlinie, aber im Vergleich zu ihr verlief die von den Limousinen übernommene Gürtellinie zu hoch. Diesem stilistischen Nachteil war für den Volvo 780 leicht beizukommen, denn auch die Limousinen 760/740 zeigten eine gegenüber der Motor- und Kofferraum-Oberkante deutlich abgesenkte Gürtellinie. Damit ließ sich bei unverkennbarer Modellverwandtschaft für das Coupé ebenfalls ein lichter Pavillonteil schaffen, dessen Transparenz durch die schmalen vorderen Dachträger und die lackierten Fensterrahmen noch unterstrichen wurde. Die gestreckte Motorhaube des auf dem 277-cm-Radstand der Limousinen basierenden Coupés wirkte sportlich, während das kantige Stufenheck für einen eher traditionellen Look sorgte.

Wie bei den Limousinen war der Stoßschutz ringsum bis an die Radausschnitte geführt, und auch der seitliche Zierstab entsprach der bei den Limousinen getroffenen Lösung. Selbst die Gesamtlänge blieb mit 479 cm unverändert, während sich die Höhe um nur einen auf 140 cm verminderte. Manche Bauteile des Volvo 780 stammten aus Schweden, und selbstverständlich wurde auch die gesamte Mechanik angeliefert. Je nach Land wurden unterschiedliche Antriebseinheiten montiert, wie sie auch bei den Limousinen 760/740 zu haben waren.

Als Standardmotor galt der von Peugeot/Renault/Volvo gemeinsam in Frankreich hergestellte PRV-V6 mit 2x1 obenliegenden Nockenwelle, Leichtmetallblock und -Zylinderköpfen, Benzineinspritzung Bosch K-Jetronic, 2849 ccm und 156 PS (mit Katalysator 147 PS). Vorgesehen wurde auch die Version mit Bosch LH-Jetronic, Abgasturbolader Garrett T3 (2458 ccm und 165 PS).

Angeboten wurde der Volvo 780 außerdem mit dem von VW hergestellten Turbodieselmotor (6 Zyl., 2383 ccm, 107 bis 112 und später 129 PS), und in Italien gab es ihn zudem mit einem steuergünstigen Vierzylinder-Turbomotor von Volvo. Bei den potenteren Modellen diente ein 4-Stufen-Automatgetriebe als Kraftübertragung.

Luxuriöser Innenraum mit feinste Lederverarbeitung, dazu Holzfurnier aus elf Schichten Buchenholz und darüber einer Ulmenwurzelschicht (rg).

Volvo 780 «am Spieß»: Nicht nur eine neue Produktionshalle, sondern auch noch ungewöhnlich raffinierte Montage-Hilfsvorrichtungen (rg).

Entwicklungsarbeit «in langer Hand»

Nachdem die Herstellung des Coupés 262 C im August 1981 ausgelaufen war, fragte Nuccio Bertone in Schweden an, ob nicht auf neuer Basis eine Fortführung der Verbindung zwischen den beiden Firmen möglich wäre. Damit war man bei Volvo durchaus einverstanden. Bereits im Monat darauf begann man bei Bertone mit den Entwurfsarbeiten, und auf der Grundlage zahlreicher Kontakte bahnte sich eine neue Zusammenarbeit an. Nachdem die große Volvo-Limousine 760 im Februar 1982 vorgestellt worden war, begannen im Mai bereits die Engineering-Arbeiten für das neue Coupé. Als oberste Maxime galt für Volvo ein möglichst hohes Qualitätsniveau. Gegenüber diesem Anspruch wurde ein betont sportliches Erscheinungsbild zurückgestellt. So erkannte man denn das Modell 780 auf den ersten Blick als Volvo und wurde in keiner Weise an die futuristisch-revolutionären Bertone-Dreamcars erinnert.

Bemerkenswert, was Ingemar Örtendahl, einer der Volvo-Direktoren, anläßlich der Pressevorstellung in Grugliasco 1986 festhielt: Er bezeichnete den 780 als exklusivstes Modell der Markengeschichte. Denn noch nie sei so viel Aufwand in die Qualitatssicherung investiert worden. Dies wenngleich der Entscheid zum Bau dieses Autos in eine Zeit fiel, da die Auto- und Erdölzukunft in Frage gestellt wurde. Als relativ kleiner Hersteller sah man aber eine Chance, mit Wagen geringen Produktionsvolumens , aber hohem Prestigewert die notwendige Rentabilität zu erzielen. Volvos Marktforschung sah für die vorausliegenden Jahre ein schnelles Wachstum für das Segment der Ober- und Luxuswagenklasse voraus.

Eigens Bau einer neuen Montagehalle

Um den höchsten Qualitätsansprüchen entsprechen zu können, errichtete die Carrozzeria Bertone eigens für den Volvo 780 eine gänzlich neue Produktionshalle. Dies war dank der Landreserven möglich, die dem Unternehmen in Grugliasco zur Verfügung standen. In ihr sollten die für 1987 geplanten 4000 geplanten Wagen entstehen. Die Entwicklungskosten für das Projekt 780 wurden je zur Hälfte von Volvo und Bertone aufgebracht. Bertone übernahm zudem Design, Konstruktion, Einkauf und Produktion; die Carrozzeria wandte sich hierzu an den internationalen Kapitalmarkt.

Nur der mechanische Unterbau samt Plattform und Spritzwand wurde aus Schweden angeliefert. Sämtliche Aufbaukomponenten wurden eigens für das Coupé hergestellt, wobei einzig das Pressen der Karosserieteile einem außenstehenden Unternehmen im Großraum Turin anvertraut wurde. Dieses presste die gesamten Seitenpartien praktisch in einem Stück. Von den rund 1500 Bertone-Mitarbeitern waren 1986 etwa 300 in der Produktion des Volvo 780 tätig. In der neuen Halle war die Endmontage untergebracht, mit der sich 60 Leute befassten. Die Volvo-Arbeiter wurden aus dem Grundbestand der Bertone-Belegschaft eigens ausgewählt. Die im Frühling 1986 fertiggestellte Halle für den Volvo 780 belegte gut 17'000 m2 der insgesamt 90'000 m2 umfassendenden Bertone-Werkfläche. Laufend befanden sich in ihr 30 Wagen in Arbeit, doch lag die Produktionskadenz noch im Anstieg.

Anläßlich der erwähnten Pressevorstellung hielt Nuccio Bertone in einer Ansprache fest, dass sein Werk im Vergleich zu den Industriegiganten durchaus noch in der Lage sei, den Wert handwerklicher Arbeit zu nutzen und den «Faktor Mensch» zum Ausdruck zu bringen. Auch für ihn sei das neue Coupé das bisher beste in seinen Werkanlagen hergestellte Produkt. Zwar wurde jedes Montageteil bereits von Volvo einer eingehenden Qualitätskontrolle unterzogen, doch erfolgte teils stückweise in Grugliasco eine weitere Überprüfung. Am Ende des Montagebandes – so war weiter zu erfahren – wurde jeder Wagen unter die Lupe genommen, wozu «stets mindestens zwei Schweden» dabei waren. Danach wurde jedes Exemplar einem 10 bis 15 km langen Straßentest unterzogen.

Im Verlaufe der 780-Entwicklung wurden u. a. die Fahrwerk- und Klimatisierungsabstimmung weiter ausgefeilt. Zudem wurde im 780 eine HiFi-Stereoanlage der Extraklasse eingebaut.

Eine ausgewogene, unaufdringliche Coupésilhouette, etwas weniger kantig als die Werkslimousine: Volvo 780, 1985 (V6, 2849 ccm, 156/147 PS – bw).

Auch von hinten klar erkennbare Volvo-Charakteristik mit den typischen horizontal wie kubisch betonten Heckleuchten (vo).

Mit noch ungewohnter Luxusausstattung

Zur serienmäßigen Ausstattung zählten praktisch alle Zubehöre, die damals zu haben waren, so ABS (Antiblockiersystem), automatische Niveauregulierung, Scheinwerfer-Wisch- und Wascheinrichtung, Memory-Vorrichtung für die Position der Vordersitze, diese waren elektrisch einstell- und heizbar, ebenso die Außenspiegel, automatische Temperatureinstellung, Geschwindigkeitsregler, elektrisches Glasschiebedach, gepolsterte Nackenstützen vorne und hinten... Zu der hochwertigen, aus zinkbeschichtetem Stahlblech bestehenden Karosserie passten im Innenraum die aus elf Holzschichten verwirklichten Zierelemente. Und für die Lederauskleidung wurde ein achtmal längerer Zeitaufwand benötigt als für übliche Ledersitze, was sich aus der raffinierten handwerklichen Faltengebung erklärte.

Der Typ 780 war der erste Volvo, bei dem die Scheiben polyurethanverklebt nach dem Schweizer Gurit-System eingebaut wurden. Damit Glas und Fensterrahmen zur harmonischen Einheit wurden, wurden die B-Säulen und die Fensterrahmen mit einer Aluminiumflocken enthaltenden metallisierten, mattschwarzen Farbe lackiert, die stets in gleichbleibendem Winkel aufgespritzt werden musste. In punkto Rostschutz und den weiteren Anforderungen an die Langzeitqualität setzte Bertone mit dem Volvo 780 für sich selbst neue Maßstäbe.

All diese Eigenheiten führten dazu, dass «die Herstellung eines Volvo 780 weit aufwen-

Zu den Prototypen zählte auch eine Version mit kariertem Kühlergrill (rg).

Der Volvo 780 im Konkurrenzumfeld

«Mangels Konkurrenzfähigkeit» wurde der Volvo 780 in Deutschland gar nicht auf den Markt gebracht. Sein anvisierter Preis wurde als vergleichsweise zu hoch erkannt. Das Tummelfeld für dieses Oberklassecoupé waren vordergründig die USA, wo die Marke Volvo besonderes Ansehen genoss. In Europa galten Italien, Spanien, Österreich und vor allem die Schweiz als potentielle Abnehmerländer. Hier ein Preisvergleich im Konkurrenzumfeld:

1986/87 (Zyl./ccm/PS)	**DM**	**SFR**
Volvo 780 (V6/2849/147)		75'000.-
Audi Quattro (5/2144/200)	40'385.-	36'300.-
BMW 628 CSi (6/2788/184)	61'100.-	
BMW 635 CSi (6/3430/185)	70'250.-	62'500.-
Cadillac Eldorado (V8/4085/132)		64'500.-
Jaguar XJ-S (V-12/5344/265)	83'900	80'100.-
Maserati Biturbo E (6/2490/181)	64'935.-	56'500.-
Mercedes-B. 300 CE (6/2962/180)	60'000.-	60'770.-
Opel Monza 3.0i C (6/2967/156)	42'680.-	36'125.-
Toyota Supra 3.0i (6/2954/191)		39'200.-

(Quelle: «Alle Autos der 80er Jahre»).

diger ist, als jene aller anderen Modelle, die je bei Bertone in Serie gebaut wurden. In dergleichen Zeitspanne, da ein Coupé 780 entsteht, werden zwei bis zweieinhalb Targacoupés X1/9 produziert!» Weiter erläuterte Ing. Paolo Caccamo, Geschäftsführer der Carrozzeria Bertone, während eines Rundgangs in der neuen Halle, dass die zugekauften Ausrüstungsteile wertmäßig zu 55 % aus Deutschland stammten. Hierzu zählten beispielsweise der Chromstahl, die Gussräder, die Sitzgestelle, das Armaturenbrett, das Glasschiebedach und nicht zuletzt auch das Leder.

1988 erhielt das Modell 780 parallel mit dem 760 eine Multilink-Hinterachse, und 1990 kam eine Differenzialsperre hinzu. Bis zu diesem letzten Baujahr entstand der Volvo 780 in 8518 Exemplaren (s. auch Nachgang 5 auf Seite 299: Interview mit Nuccio Bertone u.a. zum Thema Volvo 780).

UNTERWEGS:

Mit dem Volvo 780 auf Probefahrt

Der Autor, damals Redakteur der Schweizer «Automobil Revue», hielt in seinem Fahrbericht unter anderen Bemerkungen fest:

«Das Interieur des Volvo 780 wirkt dank dem abgesteppten feinen Leder und dem Edelholzfurnier ungemein luxuriös und wohnlich... Zwischen den hinteren Sitzmulden kann zur Not ein fünfter Insaße mitreisen... Die Einstellautomatik lässt die Vordersitze nach dem Vorklappen der Lehnen wie von Geisterhand geführt nach vorne gleiten. Dadurch wird das Ein- und Aussteigen nach bzw. von den Hintersitzen stark erleichtert... Das Instrumentarium ist übersichtlich; nur die Musik-Spezialanlage mit den unzähligen winzigen Tästchen in der Mittelkonsole ist nicht gerade autogerecht... Die Rundsicht aus dem Coupé ist einwandfrei... Während sich die Türscheiben elektrisch versenken lassen, sind die hinteren Seitenscheiben fix montiert. Da aber von Haus aus eine Klimaanlage mit automatischer Temperaturanpassung eingebaut ist, erübrigt sich sommers Dauerdurchlüftung...

In der in Italien Probe gefahrenen Ausführung mit Katalysator standen 147 PS zur Verfügung... Für ein Coupé mit 1½ Tonnen Leergewicht ist dies keine besonders sportliche Voraussetzung. Als Beschleunigungszeit von 0 auf 100 km/h werden vom Werk 11,2 s genannt und als Spitze vergleichsweise bescheidene 177 km/h... Dennoch ist bei Autobahnfahrt ein recht zügiges Vorankommen möglich. Der Federungskomfort bewegt sich auf hohem Niveau, und die Lärmdämmung des Motors ist vorbildlich; es gibt nur wenige Windgeräusche. Bei höheren Tempi vermittelt der Karosserieaufbau einige leichte Vibrationen...

Der Getriebeautomat harmoniert gut mit der Fahrzeugart. Die als Overdrive ausgelegte vierte Stufe lässt sich mit einem Knopf seitlich am Wählhebel ausschalten. Bei vollem Beschleunigen liegt der Schaltpunkt von der ersten in die zweite Stufe bei rund 70 km/h, entsprechend etwa 4900/min; in die dritte Stufe wird – wiederum nach Tacho – bei höchstens 115 km/h bzw. 5400/min geschaltet. Die zweite Getriebestufe lässt sich mit Kickdown bis 105 km/h zurückholen...

Die Servolenkung vermittelt ein genügendes Maß an Fahrgefühl. Auch beim Volvo 780 beeindruckte das fein arbeitende Antiblockier-Bremssystem durch die im Endeffekt spursichere und maximale Verzögerung, auch wenn wir sie nicht auf nasser Fahrbahn erproben konnten... Mit dem von ihm ausgestrahlten Nimbus von Solidität, Qualität und Luxus, aber auch dank seines schmucken, wenig ambitiösen Designs verkörpert der Volvo 780 ein ebenso alltags- wie familien- und langstreckentaugliches Oberklassefahrzeug individuellen Zuschnitts.» *(«AR» vom 23.10.86).*

Zum Ritmo- das Opel-Kadett-Cabrio

Im August 1984 hatte Opel die erneuerte Kadett-Baureihe E lanciert. Sie war größer, geräumiger, stabiler und sicherer ausgelegt und dennoch leichter als die Vorgängermodelle. Ermöglicht hatte dies nicht zuletzt die von General Motors, der amerikanischen Mutterfirma, vorangetriebene CAD/CAM-Technologie (*Computer Aided Design / Computer Aided Manufacturing* = Konstruieren bzw. Herstellen mit Computerhilfe). Abgesehen von der erhöhten Arbeitspräzision ließ sich die 1979 begonnene Entwicklung damit um vier Monate abkürzen.

Nicht nur dem Leichtbau, auch der Aerodynamik kam für die Kadett-E-Reihe große Bedeutung zu: 1200 Stunden Windkanalarbeit erbrachten schon für die Basisversion einen cw-Wert von ausgezeichneten 0,32, während die Spoiler-bewehrte Version gar auf 0,30 kam. Zu den Fortschritten im Produktionsbereich zählte eine neue Klebetechnik, die dem Kadett E einen kostengünstigen Austausch von Karosserieteilen verhieß. Im August 1985 kamen zu den Schrägheck-Kadett mit zwei oder vier Seitentüren plus Heckklappe und den traditionellen, Caravan geheißenen drei- oder fünftürigen Kombi eine viertürige Stufenhecklimousine und ein Cabriolet hinzu. Auch diese Karosserievielfalt trug dazu bei, dass der Kadett E zum «Auto des Jahres 1985» gekürt wurde.

Schon frühere Opel Kadett hatte es als Cabrio gegeben; sie wurden meist von kleineren deutschen Karosseriefirmen angefertigt. Der Erfolg der in größerem Umfang bei Karmann gebauten Offenvarianten des

VW Golf und des Ford Escort ermutigte die Opel-Verantwortlichen, mit Bertone ein substanzielles Lieferabkommen zu treffen. Für die notwendige Karosseriestabilität und eine sichere Verdeckauflage wurde auch in diesem Falle das System mit mittlerem Überrollschutzbügel gewählt. Dass der Offen-Golf deswegen als «Erdbeerkörbchen» belächelt wurde, konnte kein Hinderungsgrund sein!

Die Verdeckhülle überragte die Gürtellinie nur geringfügig; das Bertone-Cabrio Opel Kadett GSi wurde bis 1993 hergestellt (4 Zyl., 1998 ccm, 115 PS – ow).

Herausforderung für die Opel-Konstrukteure

Die Feinentwicklung des Cabrios dauerte allerdings bis zum Frühling 1987. Denn das Ausarbeiten der computerdefinierten Knautsch- und Sicherheitszonen war für die Opel-Konstrukteure eine heikle Aufgabe. Es ging darum, trotz Wegfall des Blechdachs und unter Beibehalt einer günstigen Aerodynamik optimale Steifigkeit zu erzielen. Bei 252 cm Radstand beschränkte sich die Länge des Cabrios auf die just 4 m des Schrägheck-Kadett. Es erhielt jedoch ein Stummelheck, dessen Konturen jenen des Karosserieendes der 422 cm langen Viertürlimousine entsprachen. Deren Stufenheck wurde von Opel werbewirksam als «Formheck» bezeichnet. Das Cabrio mit der wenig, d. h. nur um 12 cm, über das Heck hinaufragenden Verdeckhülle fand bei der Vorstellung auf der IAA Frankfurt im September 1985 allgemeine Zustimmung.

Das Bertone-Cabrio wog knapp 1000 kg und damit – wegen der notwendigen Versteifungselemente – 80 kg mehr als eine entsprechende Limousine. Fürs Offenfahrvergnügen war eben das einem weiteren Insassen entsprechende Zusatzgewicht in Kauf zu nehmen. Aus dem sechs Möglichkeiten umfassenden Kadett-Motorenprogramm beschränkte sich die Auswahl auf den 1796-ccm-Einspritzmotor mit 100/115 PS sowie eine 75-PS-Variante des 1598-ccm-Vierzylinders; 1987 wurde es auch mit dem 1998-ccm-Motor und 115 PS erhältlich. Bertone baute das Opel-Cabrio in einer Tageskadenz von 50 bis 60 Exemplaren. Opel wünschte einen Ausstoß von jährlich 10'000 Exemplaren. Mit 11'981 Einheiten brachte das Jahr 1990 den Höhepunkt. Bis 1993 wurde eine Gesamtproduktion von 58'677 Kadett-Cabrios erreicht. Darauf folgten die Cabrio- und später auch Coupévarianten des Opel Astra.

Fiat Fiorino und Munkeln von einem Stufenheck-BX

In der auf Seite 199 erwähnten neuen Werkhalle in Grugliasco setzte Bertone für die Montage des Volvo-Coupés seine erfahrensten Mitarbeiter ein, während neuangestelltes Personal sich mit den übrigen Produkten befasste: den Bertone-Modellen X1/9 und Ritmo Cabrio... sowie mit dem Fiat Fiorino. Dieser Ende 1977 von der Fiat Automoveis SA in Brasilien lancierte Lieferwagen basierte auf dem Fiat 147, der brasilianischen Version des 1971 in Turin herausgebrachten genialen Kleinwagens Fiat 127. Der Fiorino besaß einen hinter den Vordertüren angesetzten Kastenaufbau und bot somit vielfältige Transportmöglichkeiten. Ab 1983 basierte er auf dem modernisierten Fiat 127/147. Seine Montage für den italienischen Markt – wie auch der Zusammenbau des Modells Fiat 127 Rustica und weitere Auftragsarbeiten – füllten bei Bertone auf willkommene Weise Lücken in der Produktionskapazität. Aber viel Aufhebens machte man daraus verständlicherweise nicht..., schließlich war man bei der Carrozzeria Bertone edlere Automobile gewohnt!

In der Fachpresse wurde immer mal wieder über «Erlkönige» berichtet, und es gab manche mehr oder weniger zuverlässige Meldungen über geplante neue Modelle. Dazu zählte schon 1985 das Gerücht, dass Citroën eine «Version trois volumes» des Modells BX auf den Markt bringen werde. Auf Deutsch handelte es sich somit um eine viertürige Stufenheck-Limousine als Ergänzung zum Fünftürmodell BX, das es ab Mitte 1985 auch als Kombi gab. Manche Hersteller boten sowohl kurze Schrägheckmodelle der Kompaktklasse (in Deutschland «Golf-Klasse») und auf gleicher Basis Stufenheckmodelle an. Während etwa Opel den Kadett sowohl mit Schräg- wie mit Stufenheck baute, wählten andere Marken getrennte Modellbezeichnungen, so Fiat Ritmo/Regata, VW Golf/Jetta, Ford Escort/Orion, Renault 11/9. Der Stufenheck-BX erwies sich allerdings als Mär; der PSA-Konzern setzte auf eine klare Image-Trennung: Peugeot mit klassischem Stufenheck, Citroën mit modernem Fließ- oder Schrägheck samt Klappe.

Im August 1985 vorgestellt: Opel Kadett GSi in der Ausführung Cabriolet mit Überrollschutzbügel der Carrozzeria Bertone (4 Zyl., 1796 ccm, 115 PS – bw).

Citroën BX mit Stufenheck, so wie ihn sich 1986 der Berufsdesigner Pavel Husek aus Prag vorstellte (rg).

Nuccio Bertone verriet spannende Zukunftspläne

Viel Wahrheit steckte hingegen hinter der Nachricht, dass Bertone an einem Nachfolger für das hauseigene Modell X1/9 arbeite. Bei diesem als «Projekt 1820» bezeichneten Fahrzeug sollte es sich angeblich um ein zweitüriges GT-Coupé mit 2+2 Sitzen handeln, mit vorne liegendem Motor und Vorderradantrieb. Es hatte also keine Ähnlichkeit mit dem 1978—1980 entstandenen Prototyp X1/10. Man denke an einen 2-Liter-16-Ventil-Motor mit 130 bis 140 PS, wurde nun, Mitte der Achtzigerjahre, erwähnt. Damals gab es beispielsweise im Fiat Ritmo Abarth 130 TC einen 2-Liter-DOHC-Motor mit 130 PS, allerdings nur mit acht Ventilen. Das Design sollte nicht zu radikal sein, um eine möglichst breitgefächerte Käuferschicht anzusprechen. Immerhin könnte so ein GT-Coupé ein wenig an den Bertone-Dreamcar Delfino gemahnen...

In dem während der Präsentation der Volvo-780-Montage im Oktober 1986 gewährten Interview (s. Seite 299) sprach der Autor Nuccio Bertone auch auf das Projekt 1820 an: «Wird der neue Bertone-Sportwagen in der Tat eine Abkehr vom Mittelmotor zum Vorderradantrieb bringen, oder ist gar ein 4x4-Konzept zu erwarten?»

Dazu die Stellungnahme von Nuccio Bertone: «Das ist sehr schwierig zu beantworten. Wir haben ja mit Autos unter eigenem Markennamen einige Erfahrung. Da es sich nicht um ein Fahrzeug handelt, das wir im Auftrag einer anderen Firma herstellen, gehen wir ein großes Risiko ein, das vollständig auf unserem Schultern lasten wird. Am Volvo 780 hingegen sind Volvo und wir je zur Hälfte beteiligt. Daher müssen wir mit dem Eigenprojekt äußerst vorsichtig vorgehen. Wir entwickeln einen Wagen mittlerer Größe, der auch in den USA aufgenommen werden kann, da wir in Amerika unseren wichtigsten potenziellen Markt besitzen. Daher soll unser neues Auto zu einem Preis produziert werden, der für uns eine Sicherheit für das Zurückholen der Investitionen bedeutet. Wir rechnen heute für dieses Projekt mit einem Kapitalbedarf von 40 bis 50 Milliarden Lire (50 bis 60 Mio. SFR)». Wie Nuccio Bertone dem Autor schon 1985 sagte, «dürfte dieses Eigenmodell seine volle Produktionsreife erst im Verlaufe des Jahres 1988 erreichen.»

Getrennte Fahrangaben- und Funktionsmodule sorgten für ungewohnt klare Info (rg).

Bertone Zabrus in einer Werbeaufnahme 1986 (bi).

Der Traum der Sportkombifans hieß Zabrus

Nein, der Stufenheck-BX kam nicht! Dafür aber eine völlig gegenteilige Konzeptstudie auf BX-Basis: der Zabrus. Was für Zoologen eine in ganz Europa verbreitete schwarze Käferart ist, wurde für die Freunde der Sportkombigattung zu einem Idol, zu einem alle Wunschvorstellungen erfüllenden Traumauto. Wäre es doch nur in Serie gegangen! Leider blieb es ein im Mai 1986 auf dem Autosalon von Turin gezeigtes Einzelstück..., wie schon der 1976 für Alfa Romeo vorgeschlagene Sportkombi namens Tour. Diesem Aufbaukonzept trauerten manche Kenner nach. Der Reliant Scimitar GTE war der letzte Vertreter dieser Karosserieart, und seine Produktion sollte 1986 auslaufen, wie dies im Vorjahr bereits mit dem Lancia (Beta) HPE geschehen war. Immerhin gab es neu den Honda Accord Aerodeck, und der Volvo 480 ES war angekündigt.

Wie bereits früher erwähnt, vereint der Sportkombi – manchmal auch als Kombicoupé bezeichnet – die Vorteile eines schmissigen gestreckten Designs mit dem Platzangebot eines familienfreundlichen Kombis. Er ist sozusagen ein Sportwagen ohne «unnützes Heck» bzw. man kann ein solches Auto sowohl für den Transport von vier bis fünf Personen ohne Gepäck nutzen wie auch als Zweisitzer für die Ferienreise mit viel Gepäck. Das macht ihn weit nützlicher als jedes reine Sportcoupé. Des Herstellers Kunst aber besteht darin, diesem Konzept zu einem harmonisch zum Gesamtdesign passenden «Hinterteil» zu verhelfen. Mit dem Zabrus hatte Bertone diese Aufgabe optimal erfüllt.

Dieser Meinung war auch Jacques Calvet, Generaldirektor von PSA, Hersteller von Peugeot und Citroën. Er hatte sich – wie Bertones PR-Chef Gian Beppe Panicco dem Autor verriet – in einem Brief begeistert über den Zabrus geäußert. Entsprungen war der Zabrus gänzlich auf Bertone-Eigeninitiative. Citroën erhielt von diesem Projekt erst Kunde, nachdem es bereits angelaufen war und Bertone die Lieferung der Mechanik beantragte. Eigentlich hätte Nuccio Bertone ganz gerne wieder einmal einen Ferrari nach seinem Geschmack eingekleidet. Aber er verzichtete schließlich auf die reizvolle Vorstellung, die feste Beziehung Ferrari/Pininfarina mit «einem Stein des Anstoßes» zu belasten.

Entschluss – Ideen – Festlegung – Umsetzung

An einer Sitzung im Juli 1985 beschloss die Bertone-Leitung auf dem Turiner Salon im Mai 1986 mit einer neuen Konzeptstudie aufzuwarten. Die Sitzungsteilnehmer wurden aufgefordert bis nach dem Sommerurlaub Ideen zu sammeln. Der Entscheid fiel Anfang September, und von Anfang an wurde festgelegt, ein weit stärker auf Gebrauchstüchtigkeit ausgerichtetes Versuchsfahrzeug zu verwirklichen, als dies mit dem Ramarro der Fall war. Zudem galt das Postulat «mehr Komfort und mehr Platz als in einem Coupé».

In kurzer Frist entstanden Skizzen, Pläne, 1:5-Modelle, das 1:1-Modell und schließlich der Prototyp. Bei Kundenaufträgen ist der Vorlauf länger, weil dann auch Demonstrationsmodelle aus Holz, Clay oder Epowood als Diskussionsgrundlage und zum Ausfeilen dienen müssen. Auch offene Konturmodelle für die Innenraumbestimmung werden benötigt, bevor mit CAD/CAM-Computerhilfe ein Produktionsmodell anvisiert werden kann. Für Serienfahrzeuge werden üblicherweise in Handarbeit zehn bis zwanzig Prototypen solcher Produktionsmodelle gebaut.

Als Plattform wählte Bertone für den Zabrus die Topmotorisierung der Citroën-BX-

Entstehung des 1:1-Modells in den Bertone-Studios in Caprie im Susatal; da ist künstlerisch-handwerkliche Präzisionsarbeit gefragt (bw).

Gerundete Konturen, horizontale Elemente: konsequentes Design auch von vorne betrachtet (bw).

Baureihe, nämlich jene aus dem in 220 Exemplaren gebauten Modell BX 4 TC: Sie verband die hydropneumatische Federung samt automatischer Niveauregulierung und der ziemlich direkt ausgelegten Servolenkung mit Vierradantrieb, längs eingebautem Einspritzmotor, elektrischem Kompressor sowie Abgasturbolader. Damit standen für diesen Sportkombi 200 PS und einzigartige Fahreigenschaften zur Verfügung. Bei 261 cm Radstand (Normal-BX mit Quermotor: 265 cm) maß der Zabrus 430 x 188 x 137,5 cm (BX: 451 x 183 x 136 cm).

Modelle im Auftrag — geheim, schnell, teuer

Bei der Carrozzeria Bertone entstanden Mitte 80er Jahre fünf bis zehn Produktionsmodelle pro Jahr. Nicht alle hatten auch den Bau von Prototypen zur Folge. Solche im Auftrag der Autohersteller konstruierten Produktionsmodelle oder Prototypen bekam kein Außenstehender je zu Gesicht. Sie wurden strikte unter Ausschluss der Öffentlichkeit den Auftraggebern abgeliefert, die sie meist zu Vergleichszwecken mit Prototypen aus den eigenen Designstudios und solchen von anderen unabhängigen Designfirmen nutzten.

Die Stärke von Unternehmen wie Bertone lag in der Möglichkeit, Prototypen dieser Art in einer erstaunlich kurzen Zeit zu realisieren. Dies galt natürlich auch für die in Eigenregie gebauten Dreamcars und Zukunftsstudien: Der Zabrus war das Produkt aus dreiviertel Jahr Arbeit; insgesamt wurden 21'500 Stunden aufgewendet... wobei die Belegschaft für diese besonders spannende Arbeit auch zu (bezahlter) Überzeit bereit war. Klar, dass diese Arbeitszeit nicht mit einem bloß die Lohnkosten berücksichtigenden Stundensatz zu multiplizieren war! Zur Erinnerung: Für den Ramarro hat Bertone den Aufwand auf 24'000 h und 500'000 $ beziffert.

Alles aus Stahlblech und mit Elektronikideen!

Besonders stolz war man bei Bertone, dass für sämtliche Aufbauteile nach wie vor Stahlblech verwendet wurde. Hocherfahrene Facharbeiter verhalfen dem Karosseriekleid in sorgsamer Handarbeit zum plangerechten Zuschnitt. Vergessen waren jene Experimente mit glasfaserverstärktem Kunststoff (GFK), aus denen Dreamcars wie der Navajo von 1976 und der Sibilo von 1978 entstanden waren. Es waren bis dahin vor allem die zahlreichen englischen Hersteller von Kleinserie-Sportwagen, die sich um die Entwicklung von GFK-Karosserien verdient gemacht hatten. Man wies bei Bertone immerhin darauf hin, dass das rings um die Zabrus-Karosserie geführte Längsband bei einem Serienfahrzeug aus stoßabsorbierendem Kunststoff hergestellt würde.

Wieder einmal eine überraschend neue Bertone-Idee wurde beim Zabrus mit dem Dachhimmel verwirklicht: Aus der Erkenntnis, dass Mitfahrer bei langen Autobahnfahrten oft stundenlang im Liegesitz oder auf den Fondsitzen dösend zum Dachhimmel blicken, wurde diesem echte Handwerkskunst verpasst. Sie bestand aus einem mit winzigen bunten Lederplätzchen zusammengefügten gleichmäßigen Mosaik. Schöpfer war Gianfranco Togno, Italiens berühmtester Pelzmacher. Das Dach wurde aufgeschraubt; sein hinterster Teil wurde bis zum Autosalon von Paris im Herbst 1986 noch mit der geplanten Öffnungsmechanik versehen.

Auch der Zabrus erhielt ein Armaturenbrett, das dem Digitalzeitalter vorgriff. Es war allerdings noch fiktiv konstruiert, weil das Umsetzen der vorgesehenen Funktionen bei den Elektronikfirmen noch viel zu viel Zeit

Typische Sportkombiform, Schrägflügel- bzw. Scherentüren nach «Art des Hauses»; durchgezogenes breites Karosserieband auch am Heck, Türen mit in das Dach hineingreifenden Oberfenstern, kaschierte Hecklichter: Bertone Zabrus, 1986 (4 Zyl., 2141 ccm, 200 PS – bw).

Weit vorne liegende Anzeigemodule, Elektronikgeräte mit CD-Player und ausklappbarem Bildschirm u. a. für Straßenkarten (bw).

Der längs eingebaute Hochleistungsmotor aus dem Citroën BX 4 TC war eine Weiterentwicklung des Motors im Peugeot 505 Turbo Injection (rg).

in Anspruch genommen hätte. Unter anderem wurde daran gedacht, dass künftige Autos mit einem von Compact-Disc-Straßenplänen gespeisten Wegfindungssystem ausgerüstet sein dürften. Wie weitsichtig dies doch war! Der CD-Player rechts in der Mittelkonsole war denn auch für die Wiedergabe elektronischer Straßenkarten auf einem vor dem Schalthebel ausklappbaren Bildschirm gedacht. Der entsprechende Navigationsspeicher fand sich vor dem Beifahrer, während im mittleren Anzeigemodul die Funktionskontrollen und im linken Modul die Fahrwerte aufleuchten konnten. Ebenso war eine hochentwickelte Musikanlage eingeplant.

Und dann als ganz besonderer «Gag» ein Infrarot-Zellensystem, das automatisch für die optimale Fahrersitzhöhe sorgte: Der Sitz wurde so lange in die Höhe geschoben, bis die Frisur (oder die Kopfhaut) des Fahrers die Infrarotstrahlen unterbrach. Da der Bewegungsweg begrenzt war, bestand keine Gefahr, dass man sich beim Hinüberbeugen zum Handschuhfach plötzlich am mosaikdekorierten Dachhimmel befand... Leider hatte die gesamte Sitzverstellung schon vor Antritt der Probefahrt den Dienst quittiert.

UNTERWEGS:

Zabrus-Probefahrt auf Nebenstraßen

Der Autor durfte den Zabrus im August 1986 auf Nebenstraßen im Susatal einer Probefahrt unterziehen. Hier auszugsweise die gewonnenen Eindrücke:

«Die nach alter amerikanischer Idee ausdrehbaren Vordersitze erlauben ebenso bequemen Einstieg wie die nach langjähriger Bertone-Idee nach vorne oben hochschwenkenden Türen. Auch in den Wagenfond gelangt man ohne große Verrenkungen. Verblüffend ist vor allem das Platzangebot, das man auf allen vier Einzelsitzen hat. Dies gilt sowohl für den Beinraum wie für die Kopffreiheit vorne und hinten sowie auch in der Breite.

Der Eindruck von Geräumigkeit wird durch die ungewöhnlich weite Distanz zum Armaturenbrett noch unterstrichen. Weil dieses so weit vom Fahrer weg platziert und mit entsprechend großen Anzeigen versehen ist, muss sich die 'Blickbrennweite' der Augen beim Wechsel von der Straßenbeobachtung auf die Instrumente nur minimal verändern. Die Rundumsicht ist vorzüglich, doch kann die stark abfallende Motorhaube nicht überblickt werden. Der Kofferraum ist übrigens geräumiger, als man dies von außen vermutet.

Die 200 PS der Citroën-Mechanik bringen den Zabrus natürlich äußerst flott voran. Während man vom Kompressor kaum etwas bemerkt, manifestiert sich das Einsetzen des Turbos durch deutlich vernehmbares Pfeifen. Vor allem aber fällt das laute Arbeitsgeräusch der Kraftübertragung auf. Die Servolenkung wirkt in Citroën-Manier sehr direkt, ja erinnert an die Zeiten des SM-Coupés, während die hydropneumatische Federung auch im 4x4-BX für guten Komfort sorgt.

Man gerät im Zabrus allerdings bald einmal ins Schwitzen, weil die gesamte Lüftungsanlage noch nicht angeschlossen ist. Bei langsamer Fahrt öffnet Gian Beppe Panicco, der mich als Beifahrer assistiert, daher kurzerhand die Tür. 'So sind wir doch damals, 1971, streckenweise auch mit ersten Lamborghini Countach gefahren', erinnert er mich.

Für höhere Geschwindigkeiten ist der Zabrus noch nicht vorbereitet... Beim Überrollen von starken Straßenunebenheiten dringt aus dem Unterbodenbereich gelegentlich ein Ächzen..., doch die erwarteten typischen Prototyp-Klappergeräusche bleiben aus. Die kurze Probefahrt beweist, dass der Zabrus einem realistischen Fahrzeugkonzept entspricht. Zudem bietet er reichlich Platz für vier Personen und ein ungemein attraktives Design!» *(Aus «auto exklusiv», September 1986).*

Links: Die drehbaren Vordersitze erleichterten den Zugang zu allen vier Plätzen (Drehsitze gabs erstmals beim Dreamcar Packard Predictor von 1956! – rg) .

Unten: Nach dem Muster von US-Station Wagons war die Heckklappe horizontal zweigeteilt (rg).

Rechts: Auch die Dorfjugend interessierte sich für den Zabrus (rg).

Ausdruck von Nüchternheit: Skoda Favorit

Schlichte, klare Zweivolumenform + Schrägheck: Skoda Favorit, 1987 (4 Zyl., 1289 ccm, 62 PS – bw).

Die Pkw-Herstellung des Industriekonzerns Skoda reicht in die Zwanzigerjahre zurück. Als in der Nachkriegszeit die Tschechoslowakei entstand, wurde Skoda zum bedeutendsten Autohersteller des Ostblocks. 1964 setzte der Automobilzweig des Staatsunternehmens Skoda mit dem neu geschaffenen Modell 1000 MB auf die Heckmotorbauweise, wenngleich längst ein Trend zum Vorderradantrieb bestand. Diesem war auch das damalige kommunistische Bruderland DDR verschrieben. Erst mit dem 1987 auf der Internationalen Maschinenbaumesse in Brünn vorgestellten Modell Favorit stellte auch Skoda auf den modernen Frontantrieb um.

Mit der Gestaltung der Karosserie wurde die Carrozzeria Bertone beauftragt. Auch Tatra, die zweite Automarke der Tschechoslowakei, hatte für ihr ab 1970 entwickeltes neues Modell 613 italienisches Design angepeilt, und zwar bei Vignale; der Heckmotor wurde für die große Staatslimousine allerdings beibehalten!

Der für eine breitere Motorisierung bestimmte Skoda sollte ein möglichst schlichtes und zweckmäßiges Karosseriedesign erhalten. Bertone hatte auch weit moderner gestaltete Aufbauformen vorgeschlagen, doch die Wahl fiel auf ein unauffälliges Zweivolumendesign mit keilförmig ansteigender Motorhaube und Heckklappe. Mit 245 cm Radstand und 381,5 cm Länge lag der Favorit größenmäßig zwischen den VW Polo und Golf. Sein vorne quer eingebauter 1289-ccm-SV-Vierzylindermotor mit 62 PS Leistung entstammte den Topmodellen der Heckmotorbaureihe. Die Serienherstellung lief nur mit etwelcher Verzögerung an. 1991 ging Skoda an die Volkswagen AG. Sie sorgte für Qualitätsverbesserungen und setzte das von Bertone asymmetrisch platzierte Markensignet in die Frontmitte. Das Modell Favorit wurde bis 1995 weitergebaut.

Gemäß der Firmenchronik brachte das Jahr 1987 Nuccio Bertone nebst den Kontakten zu Skoda bemerkenswerte Begegnungen, so den Besuch seiner Betriebe durch König Gustav von Schweden und das Treffen mit Lee A. Iacocca (s. Bild hierzu auf Seite 206). Dieser Tycoon der amerikanischen Automobilindustrie war 1978 von Henry Ford II. wegen Meinungsverschiedenheit gefeuert worden und hatte darauf die Chrysler Corporation vor dem Untergang gerettet. Und am 23. April besiegelte Iacocca die Integration der Sportwagenmarke Lamborghini in die Chrysler Corporation.

(Fast) das Ende des Heckmotors

Als das Jahr 1987 den neuen Skoda brachte, bedeutete dies praktisch das Ende des Heckmotors für Personenwagen des täglichen Gebrauchs. Die letzten Neukonstruktionen von Heckmotorautos waren der originell gestaltete Hillman Imp von 1963 (später auch Sunbeam Imp) und der Skoda 1000 MB von 1964. Der als Gegengewicht zum Mini von BMC gedachte Imp vermochte sich nicht durchzusetzen und verschwand 1976 von der Bildfläche. Mit dem Favorit wurde 1987 auch das Ende des Heckmotor-Skoda eigenläutet. Abgesehen von Kleinstautos gab es weltweit nur noch drei traditionelle Heckmotorkonstruktionen:

- den als «Käfer» legendär gewordenen Volkswagen,
- den wie Skoda ebenfalls in der Tschechoslowakei gebauten Tatra 613 und
- den Porsche 911.

Alle drei verbanden sich mit den Namen von zwei großen Automobilpionieren: jenem des Tatra-Konstrukteurs Hans Ledwinka und jenem des VW-Schöpfers Ferdinand Porsche. Der «Käfer» wurde noch bis 2003 in Mexiko hergestellt; mit 21'529'464 in 20 Ländern gefertigten Exemplaren wurde er zum Modellrekordhalter!

Doch halt: In der Neuzeit gab es eine kaum bemerkte Rückkehr des Heckmotors, nämlich mit dem 2014 eingeführten Smart Forfour, einer viersitzigen Ableitung des Kleinstmobils Smart, und seinem Parallelmodell Renault Twingo der Drittauflage.

Nuccio Bertone bei der Vorstellung des Skoda Favorit 1987 in der Tschechoslowakei (bw).

Hoher Besuch: Nuccio Bertone und König Gustav aus dem «Volvo-Land» Schweden (bw).

Eine von vorne bis hinten und von oben nach unten ungewohnte Fahrzeugsilhouette: Bertone Genesis, 1988 (V-12, 3929 ccm, 350 PS – bw).

Genesis – Minivan-Zukunftsvision par excellence

In der Originalsprache wurde der im April 1988 auf dem Turiner Autosalon gezeigte Bertone Genesis als *una station-wagon monovolume* bezeichnet. Aber er war viel mehr als das: Eine Design- und Technikkreation, die weit in die Zukunft wies, die selbst noch neben den Top-SUV (Sport Utility Vehicles bzw. Geländekombi) von 2018 – wie sie inzwischen von Alfa Romeo, Audi, Bentley, BMW, Jaguar, Lamborghini, Mercedes-Benz, Porsche und Volvo angeboten wurden – eine glänzende Figur geboten hätte.

Man muss sich allerdings vergegenwärtigen, dass damals, 30 Jahre früher, der Trend zu den SUV noch gar nicht angebrochen war. Man sprach von den aufkommenden Minivans, einer missglückten Bezeichnung, die im deutschen Sprachraum eine ebenfalls falsche, werbegelenkte Übersetzung in Großraumlimousine fand. Der Autor verschrieb sich von Anfang an dem Begriff Großraumkombi, denn jede dieser Konstruktionen war im ursprünglichsten Sinne dieses Wortes als Kombi ausgelegt. Die Silhouette des Genesis ließ sich mit Einvolumen-Trapezform umschreiben, und auch der Begriff Halbfrontlenker war anwendbar.

Eigentlich gingen die SUV im folgenden Jahrhundert den gleichen Weg: Sie erhielten eine im Vergleich zu den Minivans = Großraumkombi niedrigere Dachlinie und wirkten damit sportlicher, womit sie dem ersten Buchstaben von SUV optisch gerecht wurden, während der zweite Buchstabe U (Utility) = Nützlichkeit seine Berechtigung behielt. Im Unterschied zum Minivan bzw. Großraumkombi wurde beim SUV bzw. Geländekombi primär auf Vierradantrieb gesetzt. Der Genesis besaß hingegen Hinterradantrieb, und sein Lamborghini-Motor war vorne eingebaut. Der erste durch den Lufteinlass vor dem hinteren Radausschnitt unterstützte Eindruck hatte auf ein weiteres Bertone-Mittelmotorkonzept schließen lassen.

Als wegweisend moderner geformter Großraumkombi gab es 1988 erst den Renault Espace auf dem Markt, während der Pontiac Trans Sport noch als Konzeptstudie galt. Mit

Mit neuem `Lambo-Boss`: Lee A. Iacocca (bw).

Der kaschierte Kühlergrill ließ über die Motorlage Zweifel aufkommen (rg).

Wie schon beim Zabrus waren die Heckleuchten unsichtbar untergebracht; die Heckscheibe war zweidimensional gewölbt (rg).

Zum Außendesign passend ein raffiniert neudurchdachtes Innenraumkonzept (bw).

152 cm Wagenhöhe verlief die Genesis-Dachlinie bereits viel niedriger, und der Innenraum wurde nicht auf möglichst viele Insassen ausgelegt, sondern auf das bestmögliche Raum- und Komfortgefühl für eine fünfköpfige Reisegruppe oder Familie. Zukunftsgerichtet dachte Nuccio Bertone an ein neues Marktsegment parallel zu den leistungsbetonten Gran-Turismo-Wagen. Diesem Anspruch entsprach denn der 3929-ccm-V-12 aus dem bis 1978 gebauten Lamborghini Espada, ebenso das 3-Stufen-Automatikgetriebe Chrysler Torqueflite, wie es ab 1974 in den Lamborghini mit vorne eingebautem V-12-Motor zu haben war.

Voller kühner, glanzvoller Aufbauideen

Die Espada-Struktur wurde für den Genesis – das symptomatisch gewählte altgriechische Wort steht für Schöpfung, Entstehung und Geburt – gänzlich neu ausgelegt. Einzig der Radstand von 265 cm wurde beibehalten. Die Architektur begann mit einem aerodynamisch ausgeprägten Bugteil mit weit auseinander liegenden Fahrer- und Beifahrersitzen. Zwischen ihnen war das Gehäuse für die mächtige Antriebseinheit eingebettet, und daraus ergab sich bei 447,5 cm Länge eine für damals beträchtliche Gesamtbreite von just 2 m. Diese Sitze thronten über den Kästen für die 16-Zoll-Vorderräder (hinten waren gar 17-Zoll-Felgen montiert). Daher erfolgte der Einstieg wie bei Frontlenker-Nutzfahrzeugen über den vorderen Radausschnitt.

Eine verblüffend neue Idee verkörperten die Vordertüren: Sie waren an der vertikalen Mittelachse der riesigen Panorama-Frontscheibe angelenkt. Da sie außenbündig eingesetzt war, fiel die Zweiteilung dieser Scheibe aus schrägem Blickwinkel nicht auf. Ihre beidseitig weit in die Seiten hineingewölbten Hälften waren gleichzeitig Teil von Flügeltüren, die den Zugang zu den Vordersitzen ermöglichten. Solche Gebilde hatte die Autowelt noch nie gesehen! Ebenso neuartig und zum Gesamtdesign hervorragend passend waren die vertikal in die Fensterpfosten integrierten vorderen und hinteren Türöffner. Eine Detaillösung übrigens, die Zukunft haben sollte.

Das durch Schiebetüren zugängliche hintere Passagierabteil war so geräumig, dass man auf den beiden hintersten Sesseln sowie dem weiter vorne angeordneten fünften Einzelsitz die Beine voll nach vorne ausstrecken konnte. Sie waren elektrisch um 7 cm längsverstellbar. Mit weiteren Tasten konnten die Lehnen dieser drei Sitze zu Schlummerliegen gewandelt werden, und eine dritte Taste ließ hinten gepolsterte Beinstützen ausfahren. Die Lehne des Beifahrersitzes glitt auf Knopfdruck um 8 cm nach vorne und drehte sich dann automatisch um 180° um ihre Achse, um einen Rückwärtsplatz zu bieten. Und weil überdies der zentrale Mittelsitz als Einheit um seine Vertikalachse drehbar war, ließ sich eine Konferenzbestuhlung einrichten (diese großartige Möglichkeit wurde bereits auch mit einem umkehrbaren Beifahrersitz für den Renault Espace angeboten). Weil der fünfte Sitz auf dem Kardantunnel aufgesetzt war, verhinderte er zwar eine parallele Beinhaltung, doch ließ er sich zu einer Tischfläche umklappen.

Innenraumdesign mit künstlerischem Flair

Das Innenraumdesign wirkte durch die skulpturartige Gestaltung der fünf mit bügelförmigen Kopfstützen dotierten Sitze wie auch dank seiner Farbgebung in Rot, Weißgrau und Schwarz spannungsvoll attraktiv. Die Auskleidung mit Alcantara erbrachte stellenweise neuartige Lichteffekte. Fotochromatische Scheiben verhinderten ein übermäßiges Aufheizen und unterstützten so die Klimaanlage. Die horizontal zweigeteilten Seitenfensterumrisse bildeten einen Kontrast zu der leicht nach hinten ansteigende Gürtellinie. Dies erbrachte überlagerte Keilformen mit ins Dach hineingebogenen oberen Seitenfensterteilen; diese schlossen sich nahtlos an die mobile Panoramafrontscheibe an.

Das unten abgeflachte, von asymmetrischen Speichen getragene Lenkrad steckte auf einer langgestreckten Konsole. Daneben, in die Armaturenbrettmitte gerückt, befanden sich die vorgesehenen elektronischen Anzeigen sowie eine ausklappbare Tastatur. Hinter dem Fahrersitz war unter Klappen verborgen die mit einem durchdachten Audiosystem gekoppelte TV/Videoanlage untergebracht. Den hintersten Passagieren stand auf Kopfhöhe je ein Lautsprecher zur Verfügung. Weitere Lautsprecher größerer Abmessungen wa-

Der Blick durch die geöffnete Heckklappe über den Kofferraum hinweg nach vorne (bw).

Frontscheibenhälften und Vordertüren in Einem; eine noch sie gesehene kühne Lösung, hier gleich aus zwei Perspektiven gezeigt! (bw/rg).

ren unten in den ausgewölbten Seitenwänden eingelassen. Diese Soundanlage erlaubte die gleichzeitige Nutzung von zwei getrennten Unterhaltungsprogrammen: vorne CD/Radio, hinten Video/TV. Auf Außenspiegel wurde beim Genesis verzichtet. Man dachte offenbar an ein Rückblick-Kamerasystem (wie bei anderen Zukunftsstudien). Weitere durchdachte Einzelheiten unterstrichen den auch in dieses Bertone-Einzelstück eingebrachte Ideenreichtum..., dessen Verwirklichung rund 30'000 Arbeitsstunden verlangt hatte!

UNTERWEGS:

Mit gedrosseltem Krafteinsatz voraus

Auch mit dem Genesis konnte eine Probefahrt unternehmen werden. Dies mit der in Anbetracht des siebenstelligen Fahrzeugwertes gebührenden Zurückhaltung. Hier auszugsweise die in der «Automobil Revue» Nr. 50 vom 8. Dezember 1988 festgehaltenen Eindrücke:

«Es lässt sich vorne leichter einsteigen, als dies der erste Anschein erwarten ließ. Man muss zwar das karosserienahe Bein deutlich in die Höhe schwingen, um auf den exakt über dem Radhaus liegenden Sitz zu gelangen. Anderseits erlauben die je eine Hälfte der riesigen Frontscheibe mitumfassenden schrägen Flügeltüren den Einstieg ohne Kopfeinziehen... Anstatt wie in einem Lamborghini-Sportwagen mit ausgestreckten Beinen in Bodennähe zu sitzen, ist man im Genesis auf einer Sitzhöhe platziert, die gute Verkehrsübersicht gewährt. Dennoch hat man die Beine hier ebenfalls bequem ausgestreckt, ja fast ein wenig hochgelagert. Man nimmt so eine anatomisch korrekte Haltung ein und fühlt sich überaus komfortabel aufgehoben...

Ebenfalls weit in die Zukunft gerichtet: Konsole mit Audiosystem sowie TV/Video-Anlage (rg).

Der Bertone Genesis war fahrtüchtig, wie dies am Lenkrad und anschaulich bewiesen wurde (rg).

Die vertikal zweigeteilte Panoramascheibe vermittelt in der Tat 'Weitwinkelsicht'. Überraschend ungewohnt ist vor allem, wie nahe man vor das Fahrzeug sieht, ohne sich vorzubeugen... Da die oben relativ nahe beim Fahrer liegende Frontscheibe aus Plexiglas gefertigt wurde, sind kleine Verzerrungen im Sichtfeld hinzunehmen... Durch die vom breiten Gehäuse des Motor/Getriebe-Strangs gegebene deutliche Trennung zwischen Fahrer- und Beifahrersitz ergibt sich ein neuartiges Raumgefühl.

Auch wenn der Lamborghini-Motor seine V-12-typische begeisternde Akustik von sich gab, so bereitete der vorsichtige erste Gasantritt nach dem Einlegen der D-Stufe eine kleine Enttäuschung. Im Verein mit dem Torqueflite-Automat gaben sich die mindestens 350 PS als eher lahm. Doch es handelte sich ja noch nicht um einen voll erprobungsbereiten Prototyp, sondern vielmehr um eine fahrbare Zukunftsidee. Und für eine solche erwies sich die Fahrwerksabstimmung bereits als gut gelungen. Die erwarteten, von unebener Straßenoberfläche ausgelösten Stöße drangen nur gedämpft an den über dem linken Vorderrad platzierten Fahrersitz durch. Die Lenkung erwies sich wegen des zu wenig adaptierten Servos als schwergängig, doch konnten Kurven bei aller gebotenen Zurückhaltung genau angepeilt werden. Zwischen Gas- und Bremspedal galt es einen kleinen Steg «ohne Stolpern» zu übersteigen. Man kam jedoch mit dieser ungewöhnlichen Konstruktion problemlos zurecht und hätte gerne eine weit ausgedehntere Fahrt unter die schmucken und breiten Sporträder genommen.»

Der fünfte Sitz, verstell- und drehbar, war über dem Kardantunnel installiert (rg).

Und als Mitfahrer im Wagenfond...

Weiter im Text ist zu lesen: «Was einem als Passagier auf einem der Hintersitze zunächst auffällt, sind die gewölbten Seitenwände, die optisch an die Atmosphäre in einem Privatjet erinnern. Zu einem völlig neuen automobilen Raumgefühl tragen auch die großzügigen Innendistanzen bei. Man sitzt mit ausgestreckten Beinen, ohne den Mitfahrenden je in die Quere zu kommen... Die bequeme Sitzposition dürfte in der Tat zu einer erhöhten und vor allem entspannten Bereitschaft zur Kommunikation unter den Insaßen führen. Wenn man sich zudem mit nach hinten gerichtetem Beifahrer- und Mittelsitz wie in einem Salon gegenübersitzt, ist das Gespräch leichter und direkter, als wenn man wie in Marschformation hintereinander gereiht seine Worte nur nach vorne oder seitwärts richten kann...

Die Probefahrt hat davon überzeugt, dass einem Auto dieser Art ohne Zweifel schon heute ein Marktpotenzial gegeben wäre. Nicht nur faszinieren seine gleichsam einer anderen Welt entsprungene Form und sein bei kompakten äußeren Abmessungen großzügiger Innenraum, auch seine einzigartige Verbindung zwischen sportlichem Hochleistungs-Reisefahrzeug und vielseitig einsetzbarem Transportgerät eröffnen dem Autofreund neue Perspektiven: Möge spätestens das Jahr 2000 einen solchen verlockenden Kompromiss zwischen Großraum- und Sportkombi ins Angebot bringen!» – Als Ergänzung: s. auch Nachgang 6 auf Seite 300: «Die Design-Philosophie hinter dem Zukunftsprojekt Genesis».

Sprung in eine neue Sparte: der Freeclimber

War dies nun das für 1989 verheissene ‹Projekt 1820››, über das inzwischen eifrig spekuliert wurde? Nuccio Bertone hatte 1986 bestätigt, «ein Fahrzeug mittlerer Größe zu entwickeln, das auch auf dem amerikanischen Markt Aufnahme finden würde». Allgemein wurde angenommen, dass es sich um einen Sportwagen als Nachfolger des X1/9 handeln werde... Doch im Frühling 1988 schloss Nuccio Bertone mit der in Osaka beheimateten Daihatsu Kogyo Co., Ltd. einen Vertrag über die jährliche Herstellung von 2000 bis 3000 Geländewagen mit BMW-2,4-Liter-Turbodieselmotor. Wegen der viel diskutierten Handelsrestriktionen gegenüber Japan sollte der Anteil an EG-Komponenten (Europäische Gemeinschaft) für die Bertone-Version des Daihatsu Rocky bei über 60 % liegen. Ihr Verkauf war für Italien, Frankreich, die Schweiz und Spanien vorgesehen und wurde später auch auf Deutschland ausgedehnt. Ein Export nach den USA wurde hingegen ausgeschlossen.

Im Februar 1989 wurde der Name dieses italienischen Daihatsu-Derivats bekanntgegeben: Bertone Freeclimber, eine glänzend gewählte Bezeichnung! Dass in diesen kompakten Geländekombi an Stelle des serienmäßigen 2-Liter-Vierzylindermotors ein kraftvoller Sechszylinder-Turbodiesel von BMW eingebaut wurde, war eine verheissungsvoll neuartige Kombination. Auf diese Weise bediente Bertone seine Werkanlagen mit einem Produktionsmodell, das die Zukunft vorwegnahm, statt mit weiteren Konzeptstudien wie dem Genesis weit in die Zukunft zu blicken. Die Herstellung des X1/9 war im Herbst 1988 endgültig eingestellt worden, wie bereits zuvor jene des Ritmo-Cabrios. Nuccio Bertone errechnete sich gute Chancen, mit dem Freeclimber eine neue Marktnische zu erobern. Aber er konnte wohl kaum erahnen, dass diese Art Autos unter der US-Bezeichnung SUV für Sport Utility Vehicle auf etlichen europäischen Märkten eine mächtige Position erobern, ja geradezu zu einem Modeprodukt avancieren würde.

Ein attraktiv gestaltetes Freizeitauto mit Vierradantrieb; und auch für die Fahrt zum alpinen Ferienhaus bestens geeignet: Bertone Freeclimber, 1989 (6 Zyl., 2443 ccm, 115 PS – bw).

Nur der Zeitpunkt stimmte nicht; der SUV-Boom setzte erst nach der Jahrtausendwende ein und öffnete Konstruktionen dieser Art weit die Tore, nicht zuletzt auch in Form von gepflegten bis luxuriösen «4x4-Stadtautos», mit denen «die Dame des Hauses» die Kinder zur Schule brachte und Einkäufe besorgte. Niemand konnte wissen, dass die holde Weiblichkeit plötzlich ausgeprägten Gefallen an einer hohen Sitzposition und der damit gebrachten verbesserten Verkehrsübersicht finden würde... Bei Männern lagen alsbald eher die großkalibrigen SUV bzw. Geländekombi im Trend. Zugegeben, als die SUV Europa zu erobern begannen, gab es sie mit mehr Eleganz als nur im «Kantendesign».

Als Lieberhaberstück für den Freizeiteinsatz

Nuccio Bertone dürfte damals, Ende der Achtzigerjahre, ebenso an den Freizeiteinsatz eines solchen Fahrzeugs wie auch an einen ganz konkreten Bedarf wie zum Beispiel für die Besitzer von Zweitliegenschaften im schneereichen Alpenraum gedacht haben. An Leute, die sich ein geländetüchtiges Auto mit der Leistungskraft und dem Komfortniveau einer Limousine wünschten und die nicht unbedingt in einem mächtigen Jeep Cherokee

Angebot kleiner und mittelgroßer SUV 1989/90

	Radst.	Abmessungen	Motor*	ccm	PS	SFR ab
Bertone Freeclimber	**253**	**415x165x189**	**6D**	**2443**	**115**	**55'000**
Daihatsu Rocky St.Wagon	221	378x158x184	4BE	1998	91	28'690
Daihatsu Rocky lang	**253**	**410x158x192**	**4BE**	**1998**	**91**	**32'690**
Isuzu Trooper	230	408x165x180	4BE	2559	114	31'100
Jeep Wrangler Laredo	237	388x168x175	4BE	2464	106	34'210
Lada Niva Luxe	220	372x168x164	4B	1569	80	18'300
Land Rover 90	236	388x179x199	4B	2494	84	
Mitsubishi Pajero	235	400x168x182	4B	2555	103	33'290
Nissan Patrol	240	424x180x180	6D	2826	115	35'000
Suzuki Vitara Wagon	220	360x164x167	4BE	1590	80	21'490
Toyota Land Cruiser II	231	397x169x189	4BE	2367	114	29'990
1992:						
Bertone Freeclimber 2	**218**	**379x174x172**	**4BE**	**1596**	**100**	

*) Anzahl Zylinder; Diesel, Benzin, Einspritzung

In diesem umfangreichen Angebot an kompakten bis mittelgroßen SUV bzw. Geländekombi gab es durchaus Platz für ein gepflegtes Individualfabrikat.

Ausgangspunkt für die Konstruktion des Bertone Freeclimbers war der Daihatsu Rocky 4WD in der Version Wagon (4 Zyl., 1998 ccm, 91 PS – wb).

Das stilvoll aufgewertete Armaturenbrett des Freeclimbers (bw).

Auch Feuerwehrdienste zählten zur Freeclimber-Kundschaft (bw).

oder Wagoneer oder in einem Toyota Land Cruiser unterwegs sein wollten. Dass Bertone sich für Daihatsu als Partner entschied, dürfte damit in Verbindung stehen, dass der bei ihm entworfene Innocenti Mini 1982 unverhofft Daihatsu-Technologie eingepflanzt erhielt. Damals nämlich, als Alejandro de Tomaso die englischen Mini-Motoren durch japanische Dreizylinder ersetzte.

Die Basis für den Bertone Freeclimber lieferte der Daihatsu Rocky 4WD. Mit diesem hatte die Toyota-Tochtermarke 1984 das winzige Geländeauto Taft abgelöst. Ab 1987 gab es den Rocky in einer weiterentwickelten Neuauflage und weiterhin mit zwei Radständen. Bei dem als Station Wagon bezeichneten längeren Modell zeigte sich der hintere Karosserieteil in Form eines aufgesetzten, den vorderen Dachteil leicht überragenden Hardtops, in das Schiebefenster und ein darüberliegendes Längsfenster integriert waren. Statt durch eine Heckklappe war der Gepäck- bzw. Laderaum durch eine nach rechts aufschwenkende Hecktüre zugänglich.

Den Rocky 4WD gab es sowohl mit 2-Liter-Vierzylindermotor mit oder ohne elektronischer Benzineinspritzung wie auch mit einem 2,8-Liter-Turbodieselmotor. Dieser war jedoch ebenfalls ein Vierzylinder. Bertone nahm sich daher die Mühe, in seinen SUV einen Sechszylinder-Turbodieselmotor von BMW einzubauen; schließlich bestand für ihn ja auch eine traditionsvolle Beziehung zu München. Mit diesem 115 PS und ein Drehmoment von 220 Nm liefernden Motor stand ein optimales Antriebsaggregat für ein Fahrzeug zur Verfügung, das sich sowohl für die Fahrt abseits asphaltierter Straßen wie für die Autobahnreise eignete.

Kastenrahmen, Starrachse mit Blattfedern...

Wie für Geländewagen üblich, bestand der Unterbau des Rocky alias Freeclimber aus einem Kastenrahmen mit Traversen. Die Hinterräder wurden an einer Starrachse mit Blattfedern geführt, und die Bodenfreiheit wurde mit minimal 18 cm angegeben. Die Stoßdämpfer waren in drei Stufen einstellbar. Der zuschaltbare Vorderradantrieb und ein Reduktionsgetriebe sorgten für die Geländetüchtigkeit. Auf Wunsch waren eine längere Gesamtuntersetzung, eine Differenzialbremse oder eine mechanische Differenzialsperre erhältlich. Das Leergewicht wurde für den Bertone Freeclimber mit ca. 1575 kg angegeben; für den Daihatsu Rocky Wagon mit Dieselmotor waren es 1455 kg. Die gepflegtere Ausstattung verlangte ihren Tribut. Das deutlich höhere Leistungsniveau des BMW-Motors versprach dennoch vergleichsweise flottes Vorankommen. In identischer Auslegung war dieser Turbodiesel auch in die BMW-Limousinen 324 td und 524 td eingebaut. Für den Freeclimber wurden eine Spurtfähigkeit von 0 auf 100 km/h in 13 s und eine Spitze von 152 km/h genannt.

Vom Original-Rocky «made in Japan» unterschied sich der Freeclimber äußerlich durch den eigens gestalteten Kühlergrill und schmucke Leichtmetallfelgen, vor allem aber durch eine attraktive Zweifarben-Metalliclackierung mit speziellem Oberflächenfinish. Zur Ausstattung zählten nebst einer Servolenkung eine Klimaanlage, ein Sonnendach, getönte Scheiben, Fensterheber, Zentralverriegelung und Alcantara-Sitzüberzüge.

Im recht umfangreichen Marktsegment der kompakten bis mittelgrossen SUV war der Bertone Freeclimber ein echter Exote (s. Tabelle). In den Bertone-Werkanlagen in Grugliasco, wo damals täglich 50 Kadett-Cabrios und 15 Volvo 780 auf die Räder gestellt wurden, sollten nun jährlich an die 3000 Free-

Kleiner und günstiger: ab 1992 gebauter Freeclimber 2 (4 Zyl., 1596 ccm, 100 PS – bw).

Auch als Freizeitauto in der Agglomeration machte der Bertone Freeclimber 2 eine gute Figur (bw)

climber entstehen. Von diesen sollten 400 bis 500 Exemplare nach Japan reexportiert werden, womit sich ein Nettoanteil europäischer Komponenten von 70 % erreichen ließ.

Ab Dezember 1990 war der Freeclimber auch mit dem 129 PS starken 2-Liter-Sechszylinder-Benzinmotor von BMW erhältlich. Wer noch mehr Power wünschte, konnte ihn sogar mit dem 2693-ccm-Sechszylinder-Benziner bestellen, der zwar ebenfalls 129 PS, aber 230 statt 164 Nm lieferte und immer noch um 10 % günstiger angeboten wurde als die Turbodiesel-Ausführung. Auf einzelnen Märkten wurde er Freeclimber auch als Cabrio und/oder mit Hardtop angeboten.

Der von den PSA- und Citroën-Verantwortlichen genehmigte Bertone-Entwurf, auf den im Studio in Caprie unterschiedliche Klein- und 1:1-Modelle entstanden (cw).

Er war das letzte Eigenmodell: Freeclimber 2!

Im Frühling 1992 kam mit den Automobilsalons von Genf und Turin zusätzlich das Modell Freeclimber 2 hinzu. Anstatt als «Wagon» präsentierte es sich als «Hardtop-Cabrio». Es basierte auf dem gegenüber dem Rocky kleineren Feroza, den die Japaner im Herbst 1988 vorgestellt hatten. Dieser identisch konstruierte Geländewagen besaß nur 217,5 cm Radstand gegenüber den 220,5 und 253 cm des Rocky, von denen der letztere Wert auch dem ersten Freeclimber zukam. Entsprechend reduziert gaben sich die Karosserieabmessungen (s. Tabellenende). Ein wesentlicher Punkt bestand jedoch darin, dass auch der Freeclimber 2 mit einem BMW-Motor ausgestattet wurde. Zwar hatte sich der «ideologische» Konkurrenzkampf zwischen der EG und Japan inzwischen abgeschwächt (Japans Automobilindustrie begann in England «Transplants» aufzubauen), doch es war auch eine Prestigefrage, dass das individuelle Bertone-Geländemodell über einen besonders hochwertigen Motor verfügte.

Wie schon der Freeclimber (1) bot der preisgünstigere Freeclimber 2 im Vergleich zum japanischen Original einen verfeinerten Kühlergrill mit Doppelscheinwerfern, eigenständige Räder sowie eine feinere Lackierung und Innenausstattung. Vor allem aber unterschied er sich äußerlich durch eindrückliche Radhausauskragungen. Sie steigerten die Breite auf 174 cm, wogegen es beim Feroza 158 oder 163,5 cm waren.

Es war ja geplant, jährlich 2000 bis 3000 Freeclimber herzustellen. Doch die Nachfrage hielt sich in Grenzen. Von 1989 bis 1992 entstanden 2795 Exemplare der ersten, größeren Freeclimber-Version. Und von 1992 bis 1993 kamen 2860 Freeclimber 2 hinzu; er stand 1994/95 noch allein im Angebot. Insgesamt entstanden in Grugliasco somit 5655 – vom Marktpotenzial aus gesehen verfrühte – Bertone-SUV. Mit dem Freeclimber verschwand der Begriff Bertone auch als Markename. Schwacher Trost: die Eigenmarke von Konkurrent und Freund Pininfarina war schon zehn Jahre früher untergegangen.

Design für einen zweiten Citroën, den XM

Es war in der zweiten Hälfte März 1989, als ein neuer großer Citroën von Stapel gelassen wurde: Der Typ XM löste das 1974 lancierte Modell CX ab. Dieses hätte eigentlich schon längst seinen Nachfolger finden müssen, aber innerhalb der PSA waren andere Prioritäten aufgetaucht. 1975 war Citroën von Peugeot übernommen worden, woraus die PSA Peugeot Citroën entstand. Von Ende 1978 bis Frühling 1987 zählte auch die wiedererweckte Marke Talbot zu PSA. Dass sich aus der damaligen Modellvielfalt für den PSA-Präsidenten Jean-Claude Parayre schwierige Koordinationsaufgaben stellten, lässt sich unschwer verstehen.

Die Verzögerung des CX-Nachfolgers brachte zwar das Problem, dass auch die Ablösung der obersten Peugeot-Baureihe 505 in die Nähe rückte. Anderseits ergab sich daraus auch eine logische Konsequenz, nämlich die Entwicklung der neuen Spitzenmodelle beider Marken auf rationelle Weise vereint voranzutreiben.

Dies bedeutete für die Peugeot-Seite allerdings die Abkehr von der Tradition, zumindest für die größten Modelle am Hinterradantrieb festzuhalten. Umso wichtiger war es, den beiden Konzern-Topmodellen zu gänzlich unterschiedlichem Design zu verhelfen, wie dies bereits in der Mittelklasse und bei den Kleinwagen der Fall war. Prinzipiell war klar, dass der neue große Peugeot unter traditioneller Pininfarina-Mitarbeit ein Stufenheck erhalten würde, sein Gegenstück von Citroën aber auch von hinten gesehen gänzlich anders aussehen musste. Ganz so, wie sich in den Dreißigerjahren schon der Traction Avant und ab 1955 die Designikone DS von der Umgebung abhoben.

<u>Links:</u> 1990 wurde der Citroën XM zum «Auto des Jahres» gewählt (cw).

<u>Unten:</u> Nuccio Bertone mit einem Citroën XM in Topausstattung vor dem Designstudio in Caprie (bw).

Das bei Bertone ausgearbeitete Cockpit mit Fahrdatenprojektion über dem Instrumententräger (eine Art Head-up-Vorläufer) wurde nicht übernommen… (cw).

Links: In der Werbung wurden dem Citroën XM die Attribute «Ausdruckskraft, Charakter, Persönlichkeit, Eigenständigkeit» zugeschrieben… und dies zu Recht (Modell V6, 2975 ccm, 170 PS – ci).

Die Stilrichtung des BX diente als Vorbild

Schon mit dem 1982 vorgestellten Citroën BX hatte Bertone ein eigenständiges, von der damals üblichen Stilrichtung abweichendes Design verwirklicht. 1984 konnte nun das Bertone-Designstudio in Caprie gegen die beiden PSA-eigenen Designzentren antreten. Zufällig zeigten sowohl die Bertone-Skizzen wie die Entwürfe der hauseigenen Citroën-Designer eine Gemeinsamkeit, nämlich den «Hüftschwung» in der Gürtellinie oberhalb des hinteren Radhauses. Diese Eigenheit war im Bertone-Entwurf mit einem ausgeprägt kantigen Ansatz kombiniert und sorgte für den Unterschied. Wie Bertone-Chefdesigner Marc Deschamps später schilderte, schuf er die entsprechende erste Skizze im Oktober 1984 im Flughafen Paris Charles-de-Gaulle, beim Warten auf den Rückflug nach Turin. Sein Entwurf zeigte bereits jene klar erkennbaren Konturen, wie sie darauf von PSA-Präsident Jacques Calvet und Citroën-Chef Xavier Karcher auserwählt wurden. Sowohl die Citroën-eigenen Vorschläge wie ein von Marcello Gandini ausgearbeiteter Entwurf mit aerodynamischem Fließheck wurden nicht weiterverfolgt.

Zu den Besonderheiten des neuen großen Citroën zählte die als «Lichtgürtel» bezeichnete Rundumverglasung der Karosserie. Sie basierte auf einer vergleichsweise tief durchgezogenen Gürtellinie, die zu hohen, für viel Licht sorgenden Seitenscheiben verhalf. Zwischen den Fondsitzen und der Heckklappe gab es (für die Topausführung) sogar eine 13. Glasscheibe. Und ja, auch die Heckklappe war bei diesem Fahrzeugkaliber noch ungewöhnlich. Sie hatte 1965 mit dem epochalen Renault 16 auch in der Mittelklasse Eingang gefunden. Für die Innenausstattung lagen nicht weniger als sechs Entwürfe zur Wahl. Einer hypermodernen Armaturenbrettversion mit Schalteransammlung auf der Lenkradspeiche und auf beidseitigen Auslegern sowie den Entwürfen von Bertone und Gandini wurde eine vergleichsweise schlichte Lösung vorgezogen, die Bob Matthew aus der PSA-Abteilung Vorentwicklung ausgearbeitet hatte (s. Fotos oben und rechte Seite oben).

Die XM-Vorgänger mit Fließheck:

Citroën DS (Modell DS 20, 1970 – wb)

Citroën CX (Modell GTI Turbo, 1985 – wb)

Der XM war eine raffiniert-aufwendige Konstruktion, die unter Einsatz modernster elektronischer Entwicklungs- und Konstruktionsmethodik entstand (cw).

... wohl aber der PSA-konzerninterne Vorschlag von Bob Matthew mit fünf Schaltertasten auf der Lenkradspeiche und bedienfreundlichen Drehschaltern (cw).

Für die asiatischen wie für internationale Märkte bestimmte Stufenhecklimousine mit mustergültigem Bertone-Design: Daewoo Espero, 1989/90 (4 Zyl., 1998 ccm, 100 PS – bw).

Entstehungswege für ungleiche Zwillinge

Die Modellbezeichnung XM wurde erst im November 1988 endgültig festgelegt. XM klang sowohl an das Vorgängermodell CX wie an das zum Begriff gewordene Luxuscoupé SM von 1970 an. Für die Entwicklung der gemeinsamen Citroën/Peugeot-Plattform ermöglichte ein bis dahin nie gekannter Computereinsatz (mit den Systemen Catia und Cray XMP) einen willkommenen Gewichtsabbau mit gleichzeitig wesentlich erhöhter Torsionsfestigkeit des Aufbaus. Zudem ließen sich modernste Produktionsmethoden ausarbeiten. Sie ermöglichten die hohe Montagepräzision, wie sie die großen Glasflächen im Verein mit dem fünftürigen Karosserieaufbau des XM erforderten. Dem Citroën XM kam zudem das Hydractive-Federungssystem als Weiterentwicklung der hydropneumatischen Federung zugute. Fortschritte im Bereich der elektronischen Steuerung hatten inzwischen allerdings auch konventioneller Federung zu einem erhöhten Komfortniveau verholfen.

Die Motorenauswahl für den XM reichte vom 1998-ccm-Vierzylinder (in drei Varianten) über den 2138-ccm-Diesel- und den 2088-ccm-Turbodiesel-Vierzylinder (beide mit 12 Ventilen) bis zum 2975-ccm-V6 von PRV (Peugeot/Renault/Volvo).

Die XM-Karosserie, so wie sie bei Bertone entworfen und im Citroën-Forschungs- und Entwicklungszentrum in Vélizy ausgefeilt wurde, erreichte übrigens den ausgezeichneten Cw-Wert von 0,28. Die flache, keilförmige Front trug ebenso dazu bei wie das Fließheck mit der Abrisskante in Flügelform über dem kurzen hinteren Karosserieüberhang. Der neue große Citroën präsentierte sich in einem völlig eigenständigen Stil, wie er für die nun just 70-jährige Marke traditionell und typisch war... und den Designliebhaber unverzüglich ansprach. Das als solches unerkannte Schwestermodell Peugeot 605 wurde ein halbes Jahr später, im Herbst 1989, auf der IAA Frankfurt vorgestellt. Den XM baute Citroën bis 2000 in 333'4000 Exemplaren.

Automarke aus Südkorea – da war doch was?

Nuccio Bertone verfügte in jedem Land Westeuropas, in dem Automobile entwickelt wurden, über eine direkte Verbindung. Zudem arbeitete er mit General Motors in Amerika, mit Skoda in der Tschechoslowakei und mit Mazda sowie Daihatsu in Japan. Aber was war mit Südkorea? Dort hatte sich doch inzwischen längst ebenfalls eine bedeutende eigene Automobilindustrie etabliert... Ja, es gab auch einen Kunden in dieser aufstrebenden Nation in Fernost, nämlich Daewoo. Diese Firma hatte eine ziemlich verzwickte Geschichte, und 1983 erfolgte ihre Umbenennung in Daewoo Motor Co. Ltd. Im Jahr darauf verbandelte sie sich mit General Motors und erstellte alsbald in Pupyong neue automatisierte Werkanlagen. Sie dienten der Lizenzherstellung von Opel-Modellen, die in den USA als Pontiac abgesetzt wurden.

1989 fasste Daewoo in Osteuropa Fuß, und 1992 kam es zur Trennung von GM. Doch 1999 krachte die in Riesenschritten zu einem mächtigen Industriekonglomerat (ähnlich Samsung oder Hyundai) angewachsene Daewoo-Gruppe in einem Milliardenschuldenskandal zusammen..., worauf der Autozweig 2001 zurück an GM ging.

Aber schon 1989 entstand unter der hoffnungsfrohen Modellbezeichnung Espero eine vorbildlich modern und ausgewogen gestaltete viertürige Daewoo-Mittelklasselimousine. Handelte es sich um einen Geheimauftrag für Bertone oder wurde bloß vergessen, diese Designleistung in den Annalen der Carrozzeria aufzuführen? Jedenfalls kam der Verfasser dem Espero auf die Spur, als er im November 1991 als einer der ganz wenigen Fachjournalisten zur Eröffnung der ersten Middle East International Motor Show nach Dubai eingeladen war. Sie fand im Dubai World Trade Centre statt und hatte mit 6100 m2 Netto-Ausstellfläche ein bescheidenes Ausmaß, ebenso wie Dubai selbst noch keineswegs dem späteren Gigantismus verschrieben war.

Zwar glänzten etliche Luxusfabrikate, wie etwa Ferrari, Cizeta (mit quergestelltem V-16-Mittelmotor, s. Seite 178) und Bentley (mit dem Hooper-Spezialaufbau Empress II) für den nötigen Glamour. Aber für die einzigen Weltpremieren sorgte Daewoo mit dem vom Suzuki Alto abgeleiteten Kleinwagen Tico und dem erwähnten Espero, auch wenn deren Produktion längst angelaufen war.

Der Espero bestach durch seine schlichte Front mit um die Ecken gezogenen Scheinwerfergehäusen, mit dem markanten auf den Flanken fortgesetzten schwarzen Stoßschutzbalken und vor allem durch die originellen dritten Seitenfenster, die scheinbar nahtlos in die Heckscheibe übergingen. Bei 262 cm Radstand war der Espero 461,5 cm lang. Angetrieben wurde er von einem 2-Liter-OHC-Motor über die Vorderräder. Er verhalf dem Ansehen der Marke Daewoo zu wesentlichem Auftrieb. Allerdings entschied General Motors 2011 sämtliche Daewoo-Modelle unter die Marke Chevrolet zu stellen.

Wichtigste Weltpremiere in Dubai 1991: der Daewoo Espero (rg).

Nivola: Corvette als Bertone-Mittelmotorthema

General Motors hatte in seinen Forschungs- und Designstudios in Michigan bereits eine ganze Reihe von Hochleistungs-Versuchssportwagen entwickelt, alle mit einem als Mittelmotor eingesetzten V8 aus dem Chevrolet Corvette. Den Anfang machte der 1959 entstandene CERV I (Corvette Engineering Research Vehicle Number One), der als Monoposto für den Einsatz beim legendären Indianapolis-Rennen gedacht war. Es folgten der Zweisitzer CERV II, der Astro II, der Corvette XP und 1977 der Aero-Vette. Einen weiteren Schritt verkörperte das Coupé Corvette Indy von 1986 und 1988, auf den Anfang 1990 der CERV III folgte. Auch er zeigte klar erkennbare Corvette-Designmerkmale.

Der von Bertone zum Genfer Salon 1990 gebrachte Nivola war ein Corvette-motorisierter Mittelmotorzweisitzer mit abnehmbaren Dacheinsatz. Einen Anklang zum Rennsport vermittelte zumindest der Name: Nivola war der Kosename von Tazio Nuvolari, und weil dieser zu den Größten der Rennsportgeschichte zählende Fahrer im Cockpit stets ein gelbes Hemd trug, griff man auch zu einem solchen Karosserielack. Wie für den Ramarro-Keil von 1984 setzte Bertone auf die Corvette-Mechanik. Aber nun wurde der kraftstrotzende V8 längs zwischen den Sitzen und den Hinterrädern eingebaut, und er war damit bereits die 18. Bertone-Mittelmotorkonstruktion.

Das Design des Nivola war auffallend neuartig: Der Grundriss zeigte ausgeprägte seitliche Wölbungen, und der Glaspavillon war gegenüber den Karosseriepartien unterhalb der Gürtellinie stark eingezogen. Hinzu kam die riesige, weit nach vorne gezogene Windschutzscheibe. Weil zudem die Wagenfront in der Linie der Scheibe nach vorne absank, ergab sich eine Einvolumensilhouette, die einzig durch den kleinen Heckscheibenabsatz unterbrochen wurde. Diese niedrige, schräggestellte Rückscheibe verhalf — so lässt sich hier erwähnen — zu einer neuen Karosserieart neben den Coupés mit diversen Targadachvarianten. Die Luftzufuhr zu den schräggestellten Kühlern erfolgte durch einen unter der Front verborgenen Schacht, während die Motorluft beidseits vor den hinteren Radhäusern eingefangen wurde. Originell war die rund um das Hinterdeck geführte schwarze Karosseriesicke, die auch die Heckleuchten aufnahm.

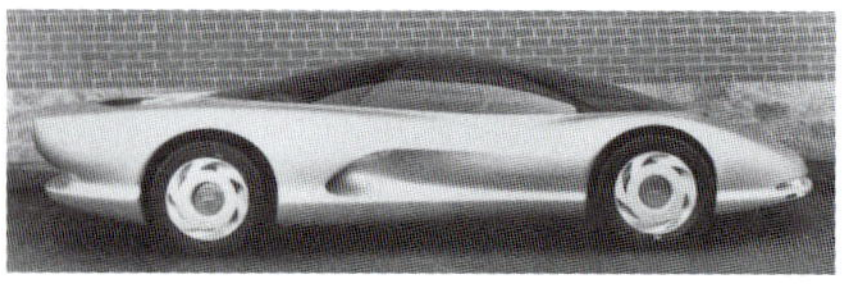

GM-Concept-car Chevrolet Corvette Indy von 1986/88 (V8, 5732 ccm, 385 PS – wb).

Ein kompaktes Hochleistungscoupé, das ohne Dacheinsatz zum Spider wurde: Bertone Nivola, 1990 (V8, 5732 ccm, 380 PS – bw).

Mit der DOHC-36-Ventil-Mechanik des ZR1

Selbstverständlich diente dem Nivola der jüngste Corvette-Motor als Antriebsaggregat, nämlich der V8 aus dem 1989 herausgebrachten ZR1. Dieses bot statt der altvertrauten zentralen nun 2x2 obenliegende Nockenwellen und vier Ventile je Zylinder. Zusammen mit der elektronischen Benzineinspritzung resultierte ein Leistungssprung auf 380 PS aus 5732 ccm.

Statt des Corvette-Sechsganggetriebes wurde ein neues Fünfganggetriebe von ZF eingebaut. Die Gewichtsverteilung wurde mit 40:60 % angegeben. Man wies bei Bertone darauf hin, dass der serienmäßige ZR1 binnen 4,3 s auf 60 mph (96,5 km/h) beschleunigen könne, während der Ferrari F40 für den Sprint auf 100 km/h 4,56 s benötige... Somit wurde Gleichwürdigkeit in den Raum gestellt.

Für den Nivola konstruierten Bertones Ingenieure einen Rahmen aus Vierkantrohren. Hierzu verwendeten sie ultrahochfesten Stahl des Typs 25 CD 4. Dies ermöglichte es, ein niedriges Gewicht mit hoher Verwindungsfestigkeit zu vereinen. Für den erwähnten Corvette Indy von 1986 hatten die GM-Konstrukteure bereits eine Kohlefaserstruktur verwirklicht. Die mechanischen Elemente aus dem Original-Corvette benötigten in beiden Fällen aufwendige Anpassungen an die Mittelmotorbauweise.

Die Aufhängungen wurden für den Bertone Nivola nicht nur angepasst, sondern mit einer elektronisch gesteuerten Hydropneumatik ergänzt. Dieses von Way Assauto (ITT) entwickelte System mit elastischem Federungselement und in einem Stoßdämpfer enthaltenen Luftkissen sorgte für ein belastungsunabhängiges Aufbauniveau. Beibehalten wurde das Bosch-ABS. Die für eine solche Neukonstruktion heikle Fahrwerksabstimmung vertraute Bertone den Formel-1-Spezialisten der Firmen Nova Progetti und Albatech an.

Schon frühe Entwurfskizzen verrieten die Idee von den nach unten aufmachbaren Türklappen (bw).

Fast wie ein «Pfeilkeil» gibt sich der Bertone Nivola aus der Froschperspektive (bw).

Eigenwillig gestaltetes Innenraumdesign mit auffallenden Grafik elementen (bw).

Rechts: Ungewohnt: die Kleinformat-Fernleuchten der ausklappbaren Doppelscheinwerfer (bw).

Heckabschluss mit rundum laufender Sicke (bw).

Einmal mehr zweckmäßig neues Ideengut

Der langgestreckte Wischerarm für die ebenso ausgedehnte Frontscheibe fügte sich in Ruhestellung nahtlos in den Glasrahmen ein. Er soll effektiv funktioniert haben. Ungewöhnlich waren auch die Scheinwerfer gestaltet; es handelte sich zwar nach Bertone-Tradition um Klappscheinwerfer, aber sie bestanden aus doppelten Lichtkörpern, die ausgeklappt einen etwas skurrilen Anblick ergaben. Super war hingegen die Lösungsidee für das bei reinen Zweisitzer-Mittelmotorwagen meist prekäre Kofferraumproblem. Die im Grundriss auffallenden seitlichen Auswölbungen waren nämlich schlicht und einfach als Kofferräume ausgebildet. Sie ließen sich unabhängig von den Türen – durch leichtes Hochziehen und Ausklappen der Karosseriehaut – nach außen öffnen. Wie genial doch: Fahrer und Beifahrer(in) traten mit ihren Taschen und kleinen Gepäckstücken seitlich ans Auto, zogen die Gepäckklappe auf, stellten ihre Utensilien hinein, machten den «Kofferdeckel» wieder zu und gleichzeitig die gesamte Türe auf. Dass da noch nie jemand draufgekommen war!

Diese Innovation brachte es allerdings mit sich, dass der Nivola, wie schon etliche frühere Bertone-Dreamcars, mit 198 cm als ziemliches «Dickschiff» auftrat. Bei 255 cm Radstand war er bescheidene 420,5 cm lang und 110 cm niedrig; zum Vergleich das Targa-Coupé Corvette ZR1: Radstand 244,5 cm, Außenmaße 450,5 x 188 x 118,5 cm. Und eine weitere Innovation erstaunte beim Nivola, und sie war im Gegensatz zu den seitlichen Gepäckklappen tatsächlich eine Zukunftsvision: Die Sitze im eigenwillig-luxuriös gestalteten Innenraum besaßen in den Sitzanschlagleisten integrierte Massagevibratoren. «Orthopäden sind der Meinung, dass dieses System die Müdigkeit und den Stress einer langen Reise lindern können,» wurde diese Einrichtung begründet. Wer zudem als Frischluftfreund offen fahren wollte, konnte den relativ kleinen Dacheinsatz auf die Motorabdeckung verbannen.

Nach dem Genfer Salon 1990 wurde der Nivola zur vollständigen Fahrtauglichkeit weiterentwickelt.

Der Blick von oben auf den Nivola offenbart den stark gerundeten Grundriss und den deutlich einwärts verlegten Pavillonteil (bw).

«Wegweiser für ästhetische und konstruktive Zukunftslösungen»

In seinem für Bertone verfassten 90-Jahre-Jubiläumsband zum Thema «Stile/Industria/Design» stellt Luciano Greggio die Frage, warum ein Unternehmen derart großen finanziellen Aufwand und so viel Energie in die Entwicklung und den Bau von Prototypen steckt, von denen jeder 20'000 bis 30'000 Arbeitsstunden bedarf? Warum Forschungsprogramme durchführen, die so aufwendig sind, dass sie nicht einmal in den Finanzplänen einiger der bedeutendsten Autohersteller figurieren?

«Weil die aus diesen Projekten entstehenden Wagen nie in sich selber vollendet sind,» erläuterte Nuccio Bertone, «sondern fortlaufend ästhetische und konstruktive Lösungen für eine Übernahme in die Massenproduktion aufzeigen. Und weil diese Prototypen uns zu einer engeren Beziehung und Zusammenarbeit mit den wichtigsten Herstellern verhelfen, was sich auch in unserer Produktion von speziellen Nischenmodellen niederschlägt. Hinzu kommt, dass wir auf dem Gebiet fahrbarer Prototypen eine lange und fast einzigartige handwerkliche Tradition verkörpern, die über all die Jahre angewachsen ist. Überdies sind wir die älteste Karosseriemanufaktur in Italien, und auch das hat seinen historischen Wert und darf uns mit stolzer Genugtuung erfüllen.»

Entwurf im typischen Bertone-Stil: flache, abfallende Motorhaube, schlichte Front, einarmiger Scheibenwischer (bw).

Ein Designvorschlag mit schmälerem drittem Seitenfenster (cw).

Kompakt und trotzdem geräumig: so lautete Europas Erfolgsrezept (Citroën ZX Volcane, 1991 - cw).

Die Kompakten

Das Erscheinungsbild des Autos auf den Straßen Europas hat ab der Nachkriegszeit bis gegen Ende des 20. Jahrhunderts einen wesentlichen Wandel erfahren. Es war zunächst vom Aufkommen eines markanten dominierenden Autodesigns gekennzeichnet: jenes des aerodynamisch geprägten Volkswagen. Erst in den Siebzigerjahren begann dieser liebevoll «Käfer» geheißene deutsche Bestseller in der Bundesrepublik, in den Niederlanden, in Österreich, in der Schweiz und in etlichen weiteren Ländern seine verkehrsdominierende Position allmählich zu verlieren.

Auch wenn der VW-Käfer in Deutschland noch bis 1978 weitergebaut wurde (in Brasilien und Mexiko noch weit länger), so fand er 1974 doch seinen langerwarteten Nachfolger und zwar im VW Golf, dessen Karosserie von Giorgetto Giugiaro entworfen worden war. Er hatte 1965 Bertone verlassen und seine Eigenfirma Ital-Design gegründet. Genauso wie die fließenden Linien des VW-Käfers in die Zeit des sich ausdehnenden Autobahnnetzes passten, so brachte der kubisch-gedrungene VW Golf den Bedarf nach verbesserter Innenraumnutzung bei verringertem Parkplatzangebot zum Ausdruck. Dass auch der Golf zum europäischen Bestseller wurde, war allerdings nicht nur seinem rundum ansprechenden Design, sondern auch dem systematisch aufgebauten Volkswagen-Vertriebsnetz zu verdanken. Denn Modelle mit kompakten, auf optimale Raumnutzung ausgerichteten Proportionen hatte es bereits vor dem Golf gegeben, schon mit dem Austin A 40 Farina von 1958, dem Autobianchi Primula ab 1964 und dem Simca 1100 von 1967.

Auch der VW Golf vereinte die «Zweivolumen-Viertürkarosserie mit Heckklappe» in gekonnter Weise mit Zweckmäßigkeit und hohen Nutzwert, und er wurde so zu einem Leitfaden für weitere Konstruktionen aller marktführenden europäischen Hersteller. Die «Kompaktklasse» – in Deutschland kurzerhand als «Golf-Klasse» apostrophiert – wurde zum tragenden Bestandteil des Automarktsegmentes C. Nur im südlichen Europa, allen voran Frankreich und Italien, blieb um 1990 das Kleinwagensegment B weiterhin marktbestimmend, so mit dem Renault 5, dem Peugeot 205 und dem Fiat Uno.

Endlich auch Citroën in der Kompaktklasse!

Es war an einem der Pressetage, die der Eröffnung des Genfer Salons von 1991 vorangingen. Da begab sich Nuccio Bertone mit seinem PR-Direktor Gian Beppe Panicco zum Citroën-Stand, wo beide noch vor jedem Publikumsandrang in Ruhe ihr jüngstes Kind betrachteten: den Citroën ZX. Maestro Bertone, vom Autor aus einiger Distanz still beobachtet, strich mit dem Zeigefinger rund um das dritte Seitenfenster, gleichsam als würde er dessen Konturen – die unter den Designexperten zu Diskussionen führten – noch persönlich unterstreichen. Der ZX war am 25. Januar 1991 vorgestellt und darauf im März in Genf dem breiten Publikum vor Augen geführt worden.

Der kantig gehaltene ZX füllte die Lücke, die der bis 1986 gebaute, aerodynamisch disponierte GSA im Citroën-Programm hinterlassen hatte. Bei 254 cm Radstand war er nur 407 cm lang; beim GSA waren es 255 bzw. 418 cm. Damit passte der ZX exakt in das Umfeld der Kompaktklasse, die inzwischen das Marktsegment C zum dominierenden Absatzfeld des europäischen Automobilhandels avancieren ließ. PSA Peugeot Citroën verfügte bereits über ein weiteres Modell in diesem Segment, nämlich den im Herbst 1985 lancierten Peugeot 309 (247/405 cm), der ursprünglich als Talbot entwickelt worden war.

Hauptkonkurrenten des ZX waren nebst dem «309» der Renault 19 (254,5/415,5 cm), der VW Golf (347,5/398,5 cm), der Ford Escort (252,5/403,5 cm), der Opel Kadett (252/400 cm) und der Fiat Tipo (254/396 cm, Nachfolger des Ritmo). Alle großen Autohersteller Europas hatten sich auf diese meistverkaufte Klasse einschwören müssen. Hierzu verpflichtete sie der Erfolg des Golf, dessen Anfänge auf den von Giorgetto Giugiaro silhouettierten «Ur-Golf» von 1974 zurückgingen. Es war verblüffend, wie sich die Umrisse, Dimensionen und Proportionen all dieser sich heftig konkurrenzierenden Fabrikate glichen. Einer der Hauptunterschiede lag darin, ob ihre Designer zwei oder drei Seitenfenster vorgesehen hatten. Golf, Kadett, Peugeot 309 und Renault 19 hatten in ihrer viertürigen Ausführung mit Heckklappe nur zwei Fenster je Seite, wogegen Escort, Tipo und ZX dank drittem Seitenfenster einen besseren Rundumausblick boten. Es war kein Wunder, dass sich all diese Modelle, zumindest für Laien, recht ähnlich sahen und man sich bei Bertone mit dem Vorwurf «ungenügender Individualität» konfrontiert sah.

Markeninterne Grundlagen plus Bertone-Stil

Für das Projekt ZX entwickelten die Designstudios sowohl von Bertone in Caprie wie von Citroën in Vélizy diverse Entwürfe und 1:1-Modelle. Schon Anfang 1986 wurde bei Bertone ein Modell mit ringsum geführtem Fensterband vollendet, und im gleichen Jahr entstand ebenfalls in Caprie das direkt aus Polystyrol skulpturierte 1:1-Modell eines ZX mit nur zwei Seitenfenstern. Eine vom Citroën-Designer Donato Coco vorgelegte Stilrichtung vereint mit den Bertone-Vorschlägen führte Ende 1986 zum Festlegen des an die bestehenden Modelle der Marke angelehnten ZX-Designs. Zu dessen stilistischen Eigenheiten zählten – Bertone-typisch – die stark schräggestellte Windschutzscheibe, die von einem einzelnen Scheibenwischer bestrichen wurde, und die stark abfallende Motorhaube mit der schlichten Frontgestaltung. Eine bemerkenswerte Innovation, die wohl auf das Citroën-Konto ging, war die Längsverstellbarkeit der hinteren Sitzbank. Sie ermöglichte die Wahl zwischen mehr Beinraum und schrägeren Sitzlehnen oder einem erweiterten Kofferraumvolumen. Hingegen wurde der ZX im Gegensatz zu den größeren Citroën mit einer herkömmlichen Stahlfederung ausgestattet.

Citroën ZX in der sportlich ausgerichteten Topausführung Volcane, 1991 (hier in einer digital aufbereiteten Werbeaufnahme; 4 Zyl., 1905 ccm, 122-130 PS – cw).

Es gab den ZX auch zwei- bzw. dreitürig (teils als Coupé bezeichnet) in diversen Leistungsstufen (hier das Spitzenmodell 2L/16V, 1993; 4 Zyl., 16 Ventile, ,1998 ccm, 155 PS - cw).

Es gab den ZX in vier Ausstattungsstufen und mit 1361-, 1580- und 1905-ccm-Vierzylindermotoren (75 bis 130 PS). Für 1992 kamen ein 1124-ccm- und Dieselmotoren hinzu, 1993 zudem ein 1998-ccm-Aggregat (auch mit 16 Ventilen und 155 PS) sowie ein 1905-ccm-Turbo-Diesel-Motor (90 PS). Zudem gab es den ZX auch dreitürig und als fünftürigen Kombi.

Citroën fabrizierte diese Baureihe bis 1997 in 1'675'892 Exemplaren.

Armaturenbrett zeitgemäß mit Ablage (bw).

Um mit der aufkommenden Turbo-Diesel-Technik vertraut zu werden, kaufte der Autor 1992 diesen Citroën ZX Aura (4 Zyl., 1905 ccm, 90 PS – rg).

Vom Rennsport inspiriert sorgte die Luftführung durch den Kühler anschließend für zusätzlichen Anpressdruck: Bertone Emotion, 1991 (theoretisch: 4 Zyl., 2174 ccm, 268 PS – bw).

Wieder mal etwas auf englischer Basis

Bertone pflegte Kontakte zu allen bedeutenden Autoherstellländern, von Italien über Deutschland, Frankreich, England, Schweden und der Tschechoslowakei bis nach den USA und sogar nach Japan. Zu England gab es allerdings seit dem 1967 entstandenen Jaguar Pirana – abgesehen vom indirekten Mini-Kontakt via Innocenti von 1974 – keine schöpferische Verbindung mehr. Gut, dass da ein anderer berühmter britischer Name in der Bertone-Agenda auftauchte: Lotus. Dieser Name war für Sportwagenfreunde längst ein Begriff geworden, hatte sich dem breiten Publikum aber erst durch den Formel-1-Rennstall ins Gedächtnis gerückt. Denn dessen Boliden standen während langer Jahre stets mit an vorderster Front im Grand-Prix-Einsatz.

Von oben betrachtet zeigte der Glaspavillon Eiform; die Rundumverglasung war mehrfach gewölbt und außenbündig in den Aufbau eingefügt (hier noch in der Ausführung «Bertone-Blau» - bw).

Colin Chapman (1928--1982) hatte als kleiner Sport- und Rennwagenfan 1947 mit Trials- bzw. Geländesportwagen angefangen und 1955 die Lotus Car Limited gegründet. Seine raffinierten Straßensportwagen wiesen sich ebenso durch fortschrittliche Technik wie durch Leichtbauweise und entsprechende Leistungsfähigkeit aus. Zudem zählte Lotus zu den Pionieren der Kunststoffkarosserie. 1975 wurde das Modell Esprit lanciert, ein Mittelmotorcoupé, dessen bestechende Keilform von Giorgetto Giugiaro entworfen worden war. Es basierte auf einem aufwendigen Gitterrohrahmen und wurde mit einem hauseigenen 2-Liter-Motor mit zwei obenliegenden Nockenwellen und 16 Ventilen bestückt. Dieser stetig weiterentwickelte Zweisitzer diente Bertone als Basis für eine weitere Designschöpfung seiner Mittelmotor-Prototypreihe.

Diese nun für Lotus bestimmte Designschöpfung erhielt die keiner Erläuterung bedürfende Bezeichnung Emotion. Damit folgte sie der Lotus-Tradition alle Modellnamen mit dem Anfangsbuchstaben E zu versehen. Allerdings bekam der Emotion sein Design sozusagen aus zweiter Hand. Denn dieser keilförmige Entwurf für ein hochsportliches Mittelmotorcoupé war ursprünglich für die Wiedergeburt der Marke Bugatti bestimmt. An diesem Projekt arbeitete ein Team von 25 ausgewiesenen Spezialisten, das von Ing. Paolo Stanzani geleitet wurde, dem einstigen Generaldirektor von Lamborghini. Doch

Zum Vergleich: der Lotus Esprit mit auf das Jahr 1975 zurückgehendem Giugiaro-Design (Bild: Esprit Turbo Commemorative Edition, 1988 (4 Zyl., 2174 ccm, 218 PS – wb).

den Zuschlag für das Design des erst im September 1991 vorgestellten Bugatti EB 110 gewann Marcello Gandini, Bertones früherer Chefdesigner, während die Vorschläge von Giorgetto Giugiaro (Ital-Design), Paolo Martin (selbständiger Designer wie Gandini) und eben auch Marc Deschamps (Bertone) unterlagen...

Der Bertone Emotion, wie er sich als Mock-up-Modell in dem 2018 eröffneten Bertone-Museum präsentiert. Das stark nach vorne gerückten Cockpit betont die Mittelmotorbauweise (rg).

Als aerodynamisch ausgefeilte Zukunftsvision

Natürlich ergab sich aus der Logik der Mittelmotorlage auch für den Emotion eine Keilform. Doch welcher Gegensatz zu dem mit Ecken und Kanten behafteten – und inzwischen ein wenig in die Jahre gekommenen – Lotus Esprit! Auch wenn der Emotion in allen Dimensionen etwas kleiner war, so entsprach seine Stilrichtung doch einer Evolution des Nivola. Denn auch bei ihm war das «Glashaus» von der Gürtellinie weg deutlich nach innen gerückt. Zudem lief es hinten strömungsgünstig eiförmig Richtung Längsachse aus. Hinzu kamen – mit einem Rennfahrzeug vergleichbar – Kühlluftdurchsatz-Öffnungen unten in der Front und als Auslass nach oben unmittelbar hinter dem Bug. Diese Luftführung diente zugleich einem erhöhten Anpressdruck. Seitlich an der Karosserie wurde die Luft durch tiefe Schlitze zum Mittelmotor geleitet. Das auf dem Heck aufgelegte Flügelwerk sorgte für einen geschwindigkeitsabhängigen Anstellwinkel und zusätzlichen Abtrieb. Auch es wies auf die ausgiebigen Windkanalversuche hin, die man der Silhouette des Emotion angedeihen ließ.

Von oben gesehen zeigte sich der Pavillon bis auf das dreieckige Dachteil rundum verglast. Die vier nahtlos außenbündig ineinander übergehenden Front-, Tür- und Heckscheiben waren allesamt ins Dach hineingebogen und fix montiert. Einer wirkungsvollen Klimaanlage kam somit besondere Bedeutung zu. Technisch basierte der Emotion – dies leider nur in der Theorie, denn er blieb ein Mock-up-Modell ohne Antriebsaggregate – auf der Struktur und Technik des Lotus Esprit. Mit diesem stimmte auch der Radstand von 244,5 cm überein. Die Karosserieabmessungen erreichten beim Emotion 406 x 190 x 108 cm, dies im Vergleich zu den 433 x 186 x 115 cm des Lotus Esprit. Dessen 2174-ccm-Vierzylindermotor mit 16 Ventilen, Lotus-eigener elektronischer Saugrohreinspritzung und Garrett-Abgasturbolader samt Ladeluftkühler kam übrigens auf eine Leistung von 268 PS bei 6500/min.

Der Emotion verkörperte Bertones Vision von einem Lotus Esprit, Modell 2000. Seine Premiere feierte der Emotion Mitte Januar 1991 auf der großen Auto-Show von Detroit. – Die prestigereiche Marke Lotus war im Januar 1986 von General Motors übernommen worden. Gewiss hätte Nuccio Bertone nichts gegen eine Serienversion des Emotion eingewendet. Aber bei GM hatte man andere Prioritäten, und via die in Italien neuerwachte Prestigemarke Bugatti (!) wurde die Lotus Cars Limited 1996 an die Hersteller der malaysischen Großserien-Pkw-Marke Proton weitergereicht...

Südkalifornien – auf den Fersen von Turin

Schon ab den späteren Achtzigerjahren zeichnete sich für die berühmten Autodesignstudios im Großraum Turin eine heranwachsende Konkurrenz ab: In Südkalifornien, rund um Los Angeles, entstanden nicht weniger als 15 Designzentren der großen Automarken und dazu kamen noch unabhängige Studios. Diese Häufung hatte zwei Ursachen:

Zum einen hatte sich die Erkenntnis durchgesetzt, dass «viel Licht und Luft» schöpferische Fähigkeiten fördern bzw. eine klimatisch freundliche Umgebung Designtalente zu Höchstleistungen anspornen kann.

Anderseits war das international bekannte Art Center College of Design in Pasadena angesiedelt. Und diese Institution galt als die Nummer-1-Talentschmiede für die Automobilindustrie bzw. deren Designstudios.

Zwar siedelte die Automobilindustrie in Kalifornien nicht ihre eigentlichen Entwicklungs- und Designzentralen an, jedoch bedeutungsvolle Zweigstudios..., die beispielsweise auch die Aufgabe von auswärtigen Designberatern – wie Bertone, Pininfarina oder Ital-Design – übernehmen konnten! Je internationaler die Autokonzerne aufgebaut waren, umso mehr Designstudios standen ihnen zur Verfügung. Auf jene in Kalifornien – mit viel eitel Sonnenschein und der ebenso belebenden Nähe zum Pazifik – wurden besonders große Hoffnungen gesetzt.

Von den auf der Greater Los Angeles Auto Show im Januar 1992 vorgestellten Wagen wurden bereits zehn Serienmodelle der «Designwiege» Kalifornien zugeschrieben. Zu den unabhängigen Studios zählte jenes des Schweizers Mark Stehrenberger und des Franzosen Alain Clénet. Das Art Center College of Design führte anderseits damals eine Zweigschule in La Tour-de-Peilz oberhalb Vevey auf der Schweizer Seite des Genfersees. Und Mercedes-Benz gründete ebenfalls in jener Epoche ein Zweigstudio in Como am Comersee/Italien. – Die plötzliche Konzentration von Designstudios in Südkalifornien war ein Stück weit wohl auch dem ausgesprochenen Nachahmungstrend der Autohersteller zuzuschreiben. Wer sich (wie der Autor) vor Ort ein Bild machen konnte, fand das Umfeld allerdings echt verlockend. Diese relativ kleinräumige kreationsbezogene Spezialisierung war gewissermaßen ein Vorläufer des Silicon Valleys.

Designstudios in Südkalifornien, 1992:

BMW Designworks/USA, Newbury Park
Chrysler Pacifica, Carlsbad
Ford California Concepts Center, Valencia
General Motors Advanced Concepts Center, Newbury Park
Honda Research of America, Torrance
Hyundai America Technical Center, Fountain Valley
Isuzu Technical Center of America, Cerritos
Mazda R & D of North America, Irvine
Mercedes-Benz Advanced Design, Irvine
Mitsubishi MMA Services, Cypress
Nissan Design International, San Diego
Subaru Technical Center, Garden Glove
Toyota Calty Design Res. Newport Beach
Volkswagen/Audi Design C., Simi Valley
Volvo Monitoring & Concept C., Camarillo

Apropos Kalifornien: Schon im Juli 1989 war Nuccio Bertone vom Art Center College of Design der 'Doctor of Science' verliehen worden; rechts College-Leiter David R. Brown (bw).

Möglicher Buggy einer neuen Ära: Bertone Rush mit türloser Offenkarosserie und Trittmulden (1992; 4 Zyl., 903 ccm, 41 P1 – bw).

Im der Entwurfsphase des Rush hatten die Bertone-Designer noch etwas andere Vorstellungen (bw).

Erinnerung an einstige Buggyzeiten

Die Buggies – Offenautos mit Minimalkarosserien – hatten ihren Ursprung in den Fünfziger- und Sechzigerjahren in Kalifornien. Als Grundlage diente ihnen der Plattformrahmen des VW-Käfers. Zu den vielen Autokreateuren, die sich dem Thema Buggy auch auf anderer Grundlage widmeten, zählte die Carrozzeria Bertone, die 1970 auf der technischen Basis ihres Seriencoupés Simca 1200 S das Designstück Shake schuf. 22 Jahre danach fand Nuccio Bertone zu dieser Art frugalem Vergnügungsauto zurück. Inspirieren ließen sich seine Designer diesmal von den bummeligen Konturen ferngesteuerter kleiner Spielzeugautos.

Der Anstoß zum Rush (= Ansturm) – so der gewählte Name – kam von Fiat: Der Turiner Industrieriese hatte Italiens Karosseriefirmen dazu eingeladen, auf der Basis des neuen Kleinstautos Cinquecento ein «Spaßmobil» zu entwickeln. Der neue Fiat 500 war im Dezember 1991 vorgestellt worden. Bei 220 cm Radstand und 322,5 cm Kürze konnte er fünf Erwachsene aufnehmen. Anstatt des im Fiat 126 eingebauten 704-ccm-Zweizylinder-Heckmotors mit 26 PS bot er diesen Antriebssatz nun in Verbindung mit Vorderradantrieb und 31 PS... oder noch besser mit 903-ccm-Vierzylindermotor und 41 PS. Wie schon der Fiat 126 – der 1972 den kugeligen Fiat 500 abgelöst hatte – entstand der Cinquecento (in Buchstaben statt Ziffern geschrieben) in dem jungen Fiat-Werk in Südpolen, wo das Produzieren noch kostengünstiger war als in Norditalien.

Auch mit der Front-, Seiten- und Sitzgestaltung wurden neue Formideen verwirklicht (bw).

Nebenbei bemerkt: Für den Cinquecento hatte die damals von Ing. Paolo Cantarella geführte Firma Fiat Auto alternativ zu den Zwei- und Vierzylindermotoren auch eine Ausführung mit Elektroantrieb geplant. Schade, wurde schließlich darauf verzichtet! Die Wiedereinführung des Elektroautos durch einen Großhersteller wäre Anfang Neunzigerjahre, gut zwanzig Jahre vor dem von Renault und Nissan vollzogenen ersten Schritt in die neue Elektrozeit, eine bewundernswerte Pioniertat gewesen.

Fiat-Initiative brachte faszinierende Ideenpalette

Die Fiat-Herausforderung, Designideen für ein die Fahrfreude junger Benutzer förderndes Individualauto umzusetzen, wurde von acht Karosseriefirmen angenommen. Diese präsentierten auf dem Automobilsalon Turin im April 1992 ihre durchwegs originellen Kreationen, deren Spektrum vom offenen Buggy (Bertone) über ein Zweisitzercabrio (Itca/Maggiora/Stola), ein Dreisitzercoupé (Coggiola), einen Dreisitzer mit Zentrallenkung und gläsernen Flügeltüren (Idea Institute), einen Fünfsitzer mit Einvolumenkarosserie (Ital-Design), einen Pick-up mit Vierradantrieb (Pininfarina) und einen Zweisitzer mit Tandemsitzen und Velotransportplatz auf der rechten Seite (Zagato) bis zu einer Kleinausgabe des Londoner Taxis mit Schiebetüren (Boneschi) reichte.

Es war schlicht faszinierend, was das Publikum und die Fachwelt auf dieser Autoschau zu sehen bekam: Für einmal nicht hochgestochene Supersportwagen oder Luxustraumlimousinen, sondern Kleinstwagen (Marktsegment A), deren Konzept keineswegs nur junge, sondern auch gestandene Autofreunde als begehrenswert empfanden. Eigentlich schade, dass sich daraus – mit Fiat-Unterstützung – keine Umsetzungen in die Kleinserie ergaben! Denn Nischenprodukte zu einem erschwinglichen Preis, darin lag für unabhängige Karosseriefirmen stets noch ein Marktpotenzial.

Den Bertone Rush umschrieben seine Schöpfer als «emotionale und spektakuläre Version des Cinquecento» und als «Spielzeug, das die Phantasie für die Freizeit stimuliert». Sein Design wirkte frisch und frech und deutete klar auf das mögliche Einsatzgebiet auch abseits befestigter Wege und auf Sandpisten hin. Hierzu dienten die großzügige Bodenfreiheit, die extrem kurzen Karosserieüberhänge und die winzigen «cycle fenders» bzw. Kotflügel, die just etwa einen Drittel des Radumfangs bedeckten. Der Unterteil der Flanken und der ausgeprägte Stoßschutz in der Front waren in Kontrastfarbe gehalten, und das Kühlergitter wie die kleinformatigen Doppelscheinwerfer zeigten sich zuunterst in dieses «Maul» eingeschoben. Passend ungewöhnlich waren auch die mitten in den ovalen Grundriss eingefügten Einzelsitze. Das Heck mit auslaufenden Kopfstützen – auf der Entwurfsskizze noch mit aufgesetztem Deckel dargestellt – versprach großzügigen Stauraum für Freizeit- und Hobbyutensilien.

Grundlage aus Polen: Fiat Cinquecento, 1992 (4 Zyl., 903 ccm, 41 PS – auch mit Zweizylindermotor und beinahe sogar in einer Version mit Elektroantrieb... – fw).

Auf dem Entwurfsbild zeigte der Bertone Blitz noch eine dem zurückversetzten Beifahrersitz entsprechende asymmetrische Windschutzscheibe (bw).

Ungewöhnlich teilverschalte Vorderräder und zwischen den Hinterrädern angeordneter Elektrotriebsatz: Bertone Blitz, 1992 (2 x 72 Volt, 2 x 28 kW - bw).

Perfekt zusammenfließende Linien und am Heck gestufte Abrisskanten (bw).

Ein Elektroblitz, der weit in die Zukunft zielte

Für die großen Turiner Designstudios – Bertone, Ital-Design und Pininfarina – war es eine Ehrensache, den stadteigenen Automobilsalon 1992 nicht bloß mit einem Fiat-initiierten Kleinwagen, sondern auch mit weitergehenden Design- und Konstruktionsstudien zu beehren..., wenngleich der Turiner Salon inzwischen an internationaler Relevanz verloren hatte. Bertone und Pininfarina setzten beide auf kleine Sportspider mit neuartigen Antriebskonzepten. Während Pininfarina für sein Modell Ethos einen 1,2-Liter-Dreizylinder-Zweitaktmotor wählte, wandte sich Bertone dem Elektroantrieb zu. Auch bei GM glaubte man eine Zeit lang an die Wiedergeburt des Zweitakters, denn auf der Auto Show Detroit 1990 hatte der weltgrößte Autokonzern neben weiteren Konzeptstudien das Kleincabrio Micro CDS-2 gezeigt. Dessen Kraftquelle, ein 1,5-Liter-Dreizylinder gänzlich neuer Konzeption stammte von der australischen Orbital Engine Company, mit der nun auch Pininfarina zusammenarbeitete. Es gab keine Zweitakt-Renaissance! Aber auch Bertone konnte nicht mit Sicherheit voraussehen, welche Zukunft der von ihm gewählten Antriebsart – nämlich mit Elektromotor – bevorstand.

Dass für die Bertone-Kreation der Name Blitz gewählt wurde, bedeutete eine nette Abwechslung zu den auch im lateinischen Sprachraum um sich greifenden Anglizismen. Es gibt ja nur wenige deutsche Worte, die internationale Verbreitung gefunden haben. Zu ihnen mag neben dem Rucksack der Blitz zählen. Bertone hatte seinen «Vierrad-Blitz» in

Der elektrotypische Unterschied

Zu dem schon damals als wesentlich erkannten Umweltvorteil des Elektroautos kam eine bis dahin wenig beachtete Eigenschaft hinzu: das eklatante Beschleunigungsvermögen. Denn im Gegensatz zum Verbrennungsmotor, der seine größte Kraft bei mittleren bis hohen Drehzahlen entwickelt, ist der Elektromotor schon beim ersten Berühren des Fahrpedals «voll da».

Nuccio Bertone begründete denn das mit dem Blitz gegebene Fahrvergnügen in der möglichen Nutzung der Beschleunigungskraft. Hohe Fahrtempi waren schon bei der in den frühen Neunzigerjahren erreichten Verkehrsdichte kaum mehr realisierbar. Umso genussvoller war der mit dem Blitz verheissene, ansonsten nur von Supersportwagen erreichbare Beschleunigungswert von 6 s für den Spurt auf 100 km/h. Und dies ohne umweltstörenden Motorenlärm!

<u>Oben:</u> *Die Pfeil- und Keilform des Blitz im Profil: einmal mehr Bertone-Scherentüren (bw).*

<u>Links:</u> *Fließende Linien auch im Cockpit und für das Armaturenbrett, unten abgeflachtes Lenkrad (bw).*

Form einer 1:1-Maquette schon auf dem Genfer Salon 1992 angekündigt, vollständig aufgebaut bekamen ihn Fachwelt und Publikum aber erst im April in Turin zu sehen. Das hochsportliche Erscheinungsbild des Blitz unterstrich, dass sich ein Elektroauto nicht bloß für den Stadtverkehr, sondern selbst für flotte Fahrt auf der Autobahn eignen konnte.

Mit ausgeklügelter Leichtbaustruktur

Den Beweis, dass sportliches Fahrvergnügen selbst im Verein mit geräuscharmem Elektroantrieb geboten werden kann, hatte General Motors ebenfalls bereits im Januar 1990, jedoch nicht in Detroit, sondern auf der Los Angeles Motor Show, mit dem kleinen GFK-Stromliniencoupé namens Impact geliefert. Bei ihm sorgten zwei kräftige Elektromotoren für Vorderradantrieb. Der ebenso mit zwei Elektromotoren dotierte Bertone Blitz besaß hingegen Hinterradantrieb. Sein Unterbau wurde von der im Rennwagenbau versierten Firma Albatech aus extraleichten Stahlrohren 25CD 4 konstruiert. Er wurde durch Glasfaserplatten mit Epoxydharz und einem Kern aus Roacell verstärkt. Die Karosserie entstand aus einem Verbund von Epoxydglas und Nomex, dessen Teile im Autoklav «gebacken» wurden. Für die Innenteile fand Kohlenfaserstoff Verwendung. Der gesamte Aufbau entstand in enger Zusammenarbeit mit der Firma Belco Avia.

Gegenüber dem in Genf ausgestellten ersten Blitz-Modell wurde das Design dieses Spiders bis zum Salon von Turin deutlich ausgefeilt. Die stark geänderte, nun schnabelförmige Front erinnerte an einen Formel-Rennwagen. Neben diesem Bug steckten die Vorderräder nach vorne unverhüllt in Seitenverschalungen, die in ihrem Unterteil als Batterieträger ausgebildet waren. Dem Ein- und Ausstieg dienten in bewährter Bertone-Manier Scherentüren. Wegen der breiten Cockpitumrahmung waren sie entsprechend massiv ausgeformt.

Beibehalten wurde auch die versetzte Sitzanordnung: Wie bei Zweisitzer-Rennwagen der automobilen Urzeiten war der Beifahrersitz (bzw. damals Mechanikerplatz!) zurückgeschoben angeordnet, so dass dem Fahrer mehr Rundsicht und Bewegungsraum zukam. Auf die deswegen vor dem Beifahrer verlängerte Windschutzscheibe wurde bei der Umsetzung des Entwurfs wohl aus ästhetischen

Originelle Polsterauflagen auf den Sitzschalen, aber zunächst noch konventionelle Batterien (rg).

Der Antrieb durch die beiden hinter den Sitzen angeordneten Elektromotoren erfolgte über Ketten auf die Hinterräder (rg).

Gründen verzichtet. Die Scheinwerfer fanden sich an der Basis der sehr flach gestellten Frontscheibe. Im Cockpit fielen das zum aerodynamisch strukturierten Hinterdeck passend schwungvoll gestaltete Armaturenbrett mit unten abgeflachtem Parallelspeichen-Lenkrad und futuristischen Digitalanzeigen auf. Statt eines Schalt- oder Wählhebels dienten im Cockpitboden angeordnete Schieber für Vor- und Rückwärtsfahrt sowie Parkstellung.

Der Bertone Blitz in seiner endgültigen, für die Werkssammlung bestimmten Ausführung mit Scheinwerfern in ungewohnter Anordnung an der Basis der Windschutzscheibe (rg).

Pionierleistung im Elektroantriebsbereich

Auch wenn die Blitz-Antriebseinheit etwas weiter nach hinten gerückt war, so schloss sie sich doch der Bertone-Mittelmotortradition an. Für den Elektroantrieb sorgten zwei Gleichstrommotoren mit Reihenschlussversorgung. Arbeitsspannung und Leistung wurden mit 72 Volt bzw. 28 kW je Motor angegeben. Es war eine Rekuperationsbremse (für Stromrückgewinnung) eingebaut, und vorne fanden sich belüftete Scheibenbremsen. Die Kraftübertragung auf die Hinterräder erfolgte über Ketten (1:4,6). Der Begriff «Kettenantrieb» mochte Geschichtskenner an automobile Urzeiten gemahnen. Er war jedoch schon mit dem 1966 eingeführten GM-Luxuscoupés Oldsmobile Toronado mit Vorderradantrieb aus der Vergessenheit geholt worden.

Eine ungewöhnliche Neuerung verkörperte beim Blitz das von Bertone als «natural-elektronisch» bezeichnete Differenzial: Dank der Reihenschlussversorgung der beiden Motoren mit Gleichstrom ergab sich bei Geradeausfahrt eine hälftige Verteilung der Gesamtspannung von 144 Volt. In Kurven verteilten sich Spannung und Stromstärke autonom in Abhängigkeit der Drehgeschwindigkeit der Antriebsräder. Dadurch erhielt das kurvenäußere Rad mehr Leistung als das innere, auch wenn das Drehmoment gleichblieb. Die nach Bertone-Design hergestellten Leichtmetallräder stammten von OZ, während die von Goodyear gelieferten Reifen (vorne 165/45/14 auf 6-Zoll-Felgen, hinten 205/45/16 auf 7-Zoll-Felgen) «als sichtbare graphische Synthese» Profile in Form gedruckter Schaltungen zeigten.

«Früher oder später Teil unseres Lebens!»

Für die Speicherung der im Blitz schlummernden beachtlichen Leistungsfähigkeit war ein 120-teiliger Nickel/Cadmium-Batteriesatz von 230 kg Gewicht vorgesehen. Allerdings waren in jener Ausführung, wie sie auf dem Turiner Salon vorgestellt wurde, in den massiven Schwellen noch herkömmliche Blei/Säure-Batterien eingebaut. Mit dem für Rahmenstruktur und Karosserie genannten angegebenen Gewicht von nur 420 kg ergab sich ein Startgewicht von immer noch erstaunlich günstigen 670 kg. Entsprechend wurde für das Beschleunigungsvermögen auf 100 km/h ein herausragender Wert von 6 s genannt, während die Spitze mit 130 km/h zu Buche stand. Angegeben wurde auch die Batterieladezeit: binnen drei Stunden zu 80 % und innerhalb fünf Stunden zu 100 %. – Bei 207 cm Radstand war der Blitz 342,5 cm lang, 168 cm breit und 95 cm hoch. Mit ihm vermittelte Nuccio Bertone einen Einblick in die künftig möglichen alternativen Konstruktions- und Antriebstechnologien, dies – einmal mehr – mit bemerkenswerter Weitsicht.

Goodyear-Reifen in Extraanfertigung mit «gedruckter Schaltung» als Profil (rg).

Dieser Zukunftsglaube äußerte sich auch in einem von Bertone über den Blitz in Italienisch und Englisch veröffentlichten Faltprospekt..., allerdings mit weit unterschätztem Zeitbedarf: «Die ZEV (Zero Emission Vehicle) stehen schon vor der Tür! Im Jahr 2000 könnten wir alle bereits eines besitzen. Es handelt sich um nichts Außerirdisches, wie manche denken mögen. Vielmehr werden ZEV früher oder später Teil unseres Lebens sein. Wachsende Umweltprobleme (Verschmutzung, Vergeudung, zur Neige gehende Rohstoffe) zwingen Regierungen und Autohersteller zu einer neuen Sicht auf den Individualverkehr. Mit dem Blitz zeigt Bertone auf, dass auch ZEV aufregend und attraktiv sein können...» - Zwar hatte Kalifornien damals bereits vorgesehen, dass 1998 2 % der neuzugelassenen Autos Elektroantrieb haben sollten, aber auch im Jahr 2000 hatte die angestammte Automobilindustrie noch keine E-Modelle im Angebot!

Der von Fiat angekündigte Cinquecento mit Elektroantrieb blieb aus, aber Nuccio Bertone schuf einen hochattraktiven Elektro-Sportflitzer (bw).

Luciano D'Ambrosio wurde neuer Chefdesigner von Stile Bertone (wb).

Nach der Ära Deschamps: Luciano D'Ambrosio

Nuccio Bertone hatte schon früher erklärt, wie er es mit seinen Mitarbeitern halte: Das Bertone-Design entstehe im Team und er stehe für alle hinter seinem Namen stehenden kreativen Kräfte gerade. Giorgetto Giugiaro und Marcello Gandini waren bekannt und berühmt geworden und hatten sich am Ende selbständig gemacht. Marc Deschamps, der 1978 von Marcello Gandini das Szepter als Chefdesigner übernommen hatte, trat während der 14 Jahre bis zu seinem Austritt 1992 kaum je nach außen in Erscheinung. Nach seinem Weggang von Bertone war er zunächst für die Carrozzeria Coggiola und darauf für den Turiner Zweig der westfranzösischen Design- und Karosseriefirma Heuliez tätig, bevor er sich 2001 als freischaffender Designer etablierte.

Luciano D'Ambrosio, mit Jahrgang 1955 elf Jahre jünger als Deschamps, trat als Bertone Chief Exterior Design dessen Nachfolge an. Er war somit immerhin schon 37 Jahre alt und mit etlicher Erfahrung dotiert. Seine Sporen hatte er bei bedeutenden Autoherstellern und Designstudios – darunter Ford und Ital-Design – sowohl bei der Karosserie-Innen- wie bei der -Außengestaltung abverdient. Er zählte auch zu den ausgewählt prominenten Preisrichtern bei einem Wettbewerb für Design-Stipendien, der 1991/92 vom Art Center College (Europe) ausgeschrieben worden war. Nachstehend seine damals veröffentlichten persönlichen Ratschläge an Designstudenten, die eine sowohl zeitgemäße wie zukunftsgerichtete Geisteshaltung widerspiegelten:

«Die Notwendigkeit, eine weniger belastete Umwelt zu schaffen, bedeutet, dass Designer versuchen müssen, neue Lösungen zur Optimierung von Treibstoffverbrauch und Reibungswiderstand sowie zum Recycling von Autobestandteilen zu finden. Unsere Aufgabe ist es, Fahrzeuge zu gestalten, die nicht nur Lösungen all dieser Probleme verkörpern. Sie müssen dem Autofahrer auch Spaß am Fahren bieten sowie individuell und attraktiv aussehen.»

Die vier bei der Carrozzeria Bertone entworfenen Citroën-Baureihen: BX (1982—1994), XM (1989—2001), ZX (1991—1997) und Xantia (1993—2001 – bw).

Und dann Citroën zum Vierten: Xantia

Der Citroën Xantia wurde zwar im November 1992 vorgestellt, zählte aber – wie alle nach der Sommerpause eingeführten Neuheiten – zum Modelljahr des Folgejahres, also 1993. Er war der Nachfolger des just zehn Jahre zuvor auf den Markt gebrachten Citroën BX, der aber in etlichen Modellvarianten vorerst noch weitergebaut wurde. Im Gegensatz zum BX zeigte der ebenfalls bei Bertone gestaltete Xantia eine Dreivolumenkarosserie, wie sie in der Mittelklasse weit verbreitet war. Doch das kurze Stufenheck war gekonnt angefügt, verhalf dieser fünftürigen Limousine zu italienisch-französischem Flair und stellte sich stilistisch passend zwischen ZX und XM. Im Vergleich zum BX wuchs der Radstand von 265,5 auf 275 cm, während die Gesamtlänge von 424 auf 444,5 cm zunahm. Trotz seines Stufenhecks bot auch der Xantia eine Heckklappe. Dies war in der Mittelklasse ungewöhnlich und fand nur beim 1989 eingeführten Daihatsu Applause eine Parallele.

Auch für die Designentwicklung des Xantia stand Bertone in Konkurrenz zu den PSA-eigenen Stilzentren in Carrières und Vélizy. Deren Vorschläge boten ein höheres Heck bzw. ein drittes Seitenfenster. Das Bertone-Design kam bei den Verantwortlichen jedoch besser an. Es wurde mit einem schlichten, auf Zweckmäßigkeit und Qualität ausgerichteten Armaturenbrett und Innenraum vereinigt. Das Fahrwerk des Xantia basierte auf der hydropneumatischen Einheit Hydractive 2, wie sie für den XM entwickelt worden war, und wie bei diesem bot die Hinterradaufhängung einen Selbstlenkeffekt. Von Beginn an gab es diesen Mittelklasse-Citroën mit dem 1761-ccm-OHC-Leichtmetallmotor mit elektronischer Benzineinspritzung (103 oder 101 PS), mit dem analogen 1998-ccm-Aggregat (123 oder 121 PS) oder mit dem gleichen Zweiliter, aber mit DOHC und 16 Ventilen (155 oder 152 PS). Mitte 1993 kamen 1905-ccm-Dieselversionen hinzu (71 PS ohne, 92 PS mit Turbo).

Mit dem im Herbst 1994 vorgestellten Xantia Activa erreichte das Hydractive-Sys-

Gestreckte Eleganz in der Mittelklasse: Citroën Xantia 2.0i, 1993 (4 Zyl., 1998 ccm, 123 PS – bw).

Dank stark gewölbter Rückscheibe wirkte das Stufenheck von der Seite nicht zu kurz (cw).

Zum Modelljahr 1998 wurde der Frontunterteil des Citroën Xantia neu moduliert; hier eine Topausführung Activa mit sportlichem Flügel auf der Heckklappe (ci).

tem einen neuen Höhepunkt: Dank elektronischer Steuerung ließ sich jegliche Karosserieneigung unterbinden. Mitte 1995 kam ein Break = Kombi hinzu, und nachdem im gleichen Jahr auch ein 2088-ccm-Turbo-Diesel mit 12 Ventilen (109 oder 110 PS) eingeführt worden war, folgte im März 1997 als Topmodell der Xantia-Baureihe der Activa V6 mit 2946-ccm-DOHC-V6 (190 oder 194 PS). Weitere Entwicklungsphasen: Dezember 1997 mit neuer Frontgestaltung, September 1998 HDI-Diesel mit Direkteinspritzung... Zum Modelljahr 2001 wurde der Xantia von der Baureihe C5 abgelöst. Deren in PSA-Eigenregie verwirklichtes Design wirkte neben den anderen Citroën-Modellen eher fad.

Schnittig-elegant und langgestreckt: so gab sich der «bügelfreie» Opel Astra Cabrio von 1993 (4 Zyl., 1799 ccm, 116 PS – bw).

Opel-Cabrio neu «bügelfrei» auf Astra-Basis

Im Juli 1991 hatte Opel seine Kadett-Baureihe durch den Astra abgelöst. Den ersten Kadett hatte es bereits 1936 gegeben, 1979 erfolgte die Umstellung auf Vorderradantrieb. Der Namenswechsel auf Astra bedeutete zwar keine revolutionäre Erneuerung, aber immerhin eine grundlegende Weiterentwicklung der populärsten Opel-Baureihe. Diese belegte weiterhin die Kompaktklasse und mit Stufenheck ab Frühjahr 1992 ebenso wieder die untere Mittelklasse. Unter der einfachen Bezeichnung Cabrio wurde der bei Bertone aufgebaute «Offen-Kadett» vorerst weiter angeboten.

1993 erfolgte auch in Grugliasco die Umstellung auf die Astra-Basis. Das von Opel gegebene Design zeigte sich vor allem im Frontbereich fließender bzw. weniger kantig. Für die Offenvariante musste die Fahrzeugstruktur von Grund auf neu ausgelegt werden. Die wesentliche Änderung im Vergleich zum Kadett-Cabrio bestand im Verzicht auf den Überrollschutzbügel. Er war zwar der Karosserieversteifung und als Verdeckauflage dienlich, brachte aber beim Offenfahren eine wesentliche ästhetische Beeinträchtigung. Natürlich sorgten Opel und Bertone für alle konstruktiven Maßnahmen, um die erforderliche Verwindungssteifigkeit beizubehalten. Plattformstruktur, Längsträger, A-Säulen – insgesamt rund 45 % aller Blechelemente – erfuhren Verstärkungen oder Änderungen und brachten auch ein höheres Gewicht: Während der gleich lange viertürige Stufenheck-Astra 1020 kg auf die Waage brachte, waren es beim Cabrio 1120 kg. Die Versteifungselemente, weitere Teile sowie das gefütterte Verdeck entstanden in Grugliasco, wo die Vollcabrios mit den aus Bochum angelieferten Serienteilen komplettiert wurden.

«Bügelfreie» viersitzige Cabriolets vergleichbarer Art gab es auf dem kontinentaleuropäischen Markt ab Genfer Salon 1991 auch von Audi und ab Herbst 1992 von BMW. Diese waren etwas größer, stärker motorisiert und vor allem deutlich teurer. Ford Escort und VW Golf blieben dagegen immer noch «Henkel-Cabrios», ebenso der zu den Kleinwagen zählende Peugeot 205. Zum Modelljahr 1993 kamen als weitere 4/5-sitzige Cabrios ohne Bügel der Renault 19 hinzu, ein Jahr später der Peugeot 306 und der deutlich längere Saab 900.

Bei 251,5 cm Radstand erreichten die Karosseriemaße des Opel Astra Cabrio 424 x 171 x 139 cm. Im Gegensatz zum just 4 m langen Kadett-Vorgänger entsprach es damit der Astra-Limousinenversion mit Stufenheck. Es standen drei Motoren zur Wahl: 1389, 1598, 1799 ccm; die Leistungsspanne reichte von 71 bis116 PS. Ab August 1996 erhielt dieses Cabrio in Serie ein elektrisch betätigtes Vinyl-Verdeck sowie ein Windschott.

1998 erschien der Opel Astra in Neuauflage (Typ G; s. Seite 247), und die Herstellung des Bertone-Cabrios (der Auflage F) lief in jenem Jahr aus. Zuletzt wurde es mit den drei Motorvarianten 1389 ccm (DOHC, 16V, 90 PS), 1598 ccm (OHC, 75 PS) und 1799 ccm (DOHC, 16V, 116 PS) angeboten. Von 1993 bis 1998 entstand es in 52'346 Exemplaren.

Das Astra-Cabrio der bis 1998 hergestellten ersten Serie F, hier mit aufgespanntem Windschott für verminderten Zugwind (ow).

Fiat Punto als kleinstes «Cabrio der Träume»

Klein, aber fein, so gab sich der Fiat Punto Cabrio, hier in der Ausführung S 60 (1994; 4 Zyl., 1242 ccm, 60 PS – fw).

Unter den Kleinwagen des Marktsegments B hielt ab 1986 der Peugeot 205 das Monopol als Viersitzcabrio. Auch er trug einen Überrollschutzbügel. Ab 1987 gab es ihn sogar als 205 CTI mit 115 PS starkem 1580-ccm-Motor. Damit galt er nicht mehr «bloß als Frauenauto», eine Bezeichnung, die damals noch nicht gleich als Beleidigung aufgefasst wurde. Den 205 mit Stoffdach gab es bis 1994. Das Zeitalter der genialen «Klappdachcabrios» begann erst 1996 mit dem zweisitzigen Mercedes-Benz SLK. Und auf ihn folgte im Herbst 2000, wiederum im Kleinwagensegment, der Peugeot 206 CC = Coupé/Cabriolet, der auch für familientaugliches Offenfahren eine neue Ära einläutete.

In der Zwischenzeit, d. h. im Herbst 1993, wurde der Fiat Punto lanciert, und ihn gab es ab Mai 1994 auch als Cabrio... ohne Bügel. Fiat war und blieb der weltweit führende Klein- und Kleinstwagenhersteller. Der Punto (Punkt) fügte sich zwischen die Kleinstwagen Fiat 126 (184 cm Radstand, 310,5 cm Länge) und Cinquecento (220/322,5 cm) einerseits und neben den Kleinwagen Panda (216/341 cm) und Uno (236/369 cm) in die Fiat-Angebotspalette ein. Der Punto (245/376) sollte den Uno bis 1995 allerdings schrittweise ablösen. Sowohl als drei- und fünftürige Steilhecklimousine wie als Cabrio stammte das Design des Punto von Giorgetto Giugiaro (Ital-Design). Hergestellt aber wurde das Cabrio, wie jenes auf der Opel-Astra-Basis, bei Bertone in Grugliasco. Die für Cabrioversionen unvermeidlichen Karosserieversteifungen umfassten stärkere Längsträger unterhalb der Türen, Versteifungen des Bodens, einer zusätzlichen Traverse unter und einer Stahlstütze hinter den Rücksitzen. Dank extrem massivem Windschutzscheibenrahmen bestand das Punto-Cabrio sogar den Überrolltest nach US-Norm 216. Sein Leergewicht lag denn mit 960 kg um 95 kg höher als jenes des identisch motorisierten dreitürigen Punto.

Wiedersehen mit dem BAT-Trio

Man erinnere sich: Von 1953 bis 1955 schuf Bertone die von Franco Scaglione entworfenen spektakulären Stromliniencoupés BAT 5, BAT 7 und BAT 9, alle auf der technischen Basis des Alfa Romeo 1900 Sprint (s. Seiten 33/34). Dieses in die Designgeschichte eingegangene Trio tauchte am 1./2. Mai 1993 überraschend im Rahmen einer Sonderausstellung und -versteigerung in den USA auf. Die «Blackhawk 93» in Danville, 55 km östlich von San Francisco, umfasste Raritäten aus der legendären Blackhawk Collection sowie über 200 Liebhaberwagen, die aus diversen Gegenden der USA, aus Europa und Asien ausgesucht wurden.

Wie verlautete, konnten die drei BAT-Einzelstücke «im Paket» erstanden werden, dessen Wert auf mindestens 8 Mio. Dollar veranschlagt war. Allerdings wurde das Trio niemandem zugeschlagen. Von den 243 angebotenen Wagen wurden 123 verkauft. Auf die höchsten Preise kam ein anderes Trio, nämlich gleich drei Mercedes-Benz 300 SL Roadster, die es auf 160'650 bis 204'750 $ brachten. Schön, dass diese drei Bertone-Kunstwerke wieder zurückkamen!

Nach aufwendigen Konstuktionsprinzipien

Dieses Cabrio wirkte mit seiner keilförmigen Gürtellinie ungemein schnittig. Bei seiner Entwicklung wurden hohes Komfortniveau und gute Funktionalität angestrebt. Die Luftverwirbelung im Innern bei offenem Verdeck sollte möglichst tief gehalten und bei geschlossenem Dach eine größtmögliche Temperaturisolierung und ein niedriges Luftgeräuschniveau erreicht werden. Die Rahmenteile des Dachs waren auf dessen möglichst einfache Handhabung und gegen das Entstehen von cabriospezifischen Resonanzen ausgerichtet. Das Verdeck selbst bestand aus drei Schichten und es schloss sich wasser- und luftdicht an die vier vollversenkbaren Seitenscheiben an. Für das eigens entwickelte Fensterführungssystem galt ein Toleranzwert von unter 1 mm. In geöffnetem Zustand verschwand das Verdeck in einem Fach hinter der Rücksitzlehne. Von einer Persenning umhüllt ragte es nur wenig über die Gürtellinie hinaus. Bei geschlossenem Verdeck ergab sich eine attraktiv-elegante Schräghecksilhouette. Nach Bertone-Angaben konnte der Verdeckmechanismus gemäß Testversuchen schadlos 10'000 Öffnungs- und Schließvorgänge überstehen.

Den Käufern des wie üblich mit quer eingebauten Frontantriebseinheiten motorisierten Punto-Cabrios standen, nebst frühlingsfrischen Karosseriefarben, zwei Motor- und Ausstattungsvarianten zur Wahl: das Modell S 60 mit 1242 ccm und 60/58 PS oder der ELX 90 mit 1581 ccm und 90/88 PS; Letzterer besaß Multipoint- statt Zentraleinspritzung. Über die unterschiedliche Ausstattung gibt die Textbox «Was es 1994 alles gab» auf Seite 228 Auskunft. – Wie für die Cabrioversion des Opel Astra übernahm Bertone auch für den «Offen-Punto» den gesamten Produktionszyklus: Zusammenbau der Karosserie, Einbau der mechanischen Aggregate, Lackierung und Karosserieausrüstung. Dieser Aufbauprozess endete mit einer minutiösen Nachkontrolle nach Maßgabe der Auftraggeber Fiat bzw. Opel.

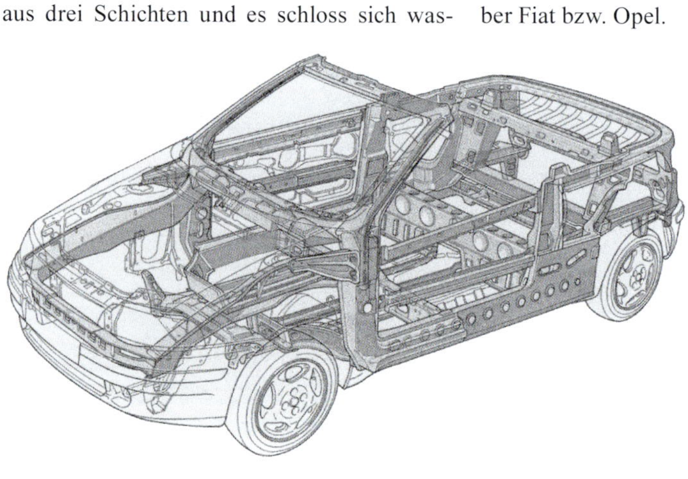

Links: Um die gleiche Steifigkeit wie bei den 3/5-türigen Limousinen zu erreichen, erhielt das Punto-Cabrio Unterbauverstärkungen und einen extra massiven Windschutzscheibenrahmen (fw).

Für die Probefahrt stand dem Chronisten dieser Fiat Punto Cabrio S 60 zur Verfügung (rg).

Kurz und attraktiv geformt: Der von Bertone 1994 geschaffene Vorschlag für ein Coupé namens Fiat Punto Racer (bw).

Zusammen mit dem kleinsten, für das Cabrio nicht erhältlichen Punto-Motor mit 1108 ccm und 55/54 PS war auf Wunsch ein 6-Gang-Getriebe erhältlich. Es ermöglichte eine besonders sparsame Fahrweise. 6-Gang-Getriebe waren damals in der Regel erst für hochkarätige Sportwagen, wie etwa Porsche, zu haben. Bertone plante im ersten Jahr 15'000 Punto-Cabrios auf die Räder zu stellen. Es wird geschätzt, dass bis 1997 rund 40'000 Einheiten entstanden sind. Bereits auf dem Genfer Salon 1995 präsentierte Fiat das überaus attraktive Sportcabriolet namens Barchetta. Dieser bei der Carrozzeria Maggiora in Chivasso montierte, nur unwesentlich größere und ebenfalls preisgünstige Zweisitzer dürfte dem Punto-Cabrio das Wasser abgegraben haben.

UNTERWEGS:

Mit dem Fiat Punto Cabrio auf Tuchfühlung

Fiat bot der Fachpresse anlässlich der Vorstellung des Punto-Cabrios in Italien Gelegenheit zur Probefahrt, und auch der Autor war dabei. Hier auszugsweise die in der «Automobil Revue» vom 19. Mai 1994 veröffentlichten Eindrücke:

«Eine erste Probefahrt mit dem derzeit preisgünstigsten Cabriolet vermittelte einen sehr positiven Eindruck. Wenngleich man sich fragt, warum Fiat für das Cabrio S den 60-PS-Motor mit Zentraleinspritzung statt der 75-PS-Variante mit Multipoint-Einspritzung gewählt hat, muss man diesem Offen-Punto ein durchaus genügendes Leistungsverhalten zugestehen. Selbst an Steigungen vermag er flott zu beschleunigen, und innerorts brilliert sein Motor durch Geschmeidigkeit, die einem echten «Cabrio-Promenieren» auch im obersten Gang förderlich ist.

Wie bei jedem Cabrio sind beim Befahren von nicht ganz ebenem Belag am Lenkrad leichte Vibrationen spürbar... Die Windschutzscheibe mit den festmontieren Dreieckfenstern gewährt guten Schutz vor Zugwind. Werden die Seitenscheiben hochgekurbelt, ist gar nur noch ein Windzug im Haar spürbar... Die Persenning beschneidet die Sicht hinter den Wagen nur geringfügig. Das geschlossene Verdeck beeindruckt durch seine an einen üblichen Dachhimmel erinnernde glatte, weich gepolsterte Innenschicht... Es überzeugt durch effiziente Geräuschdämpfung. Die Sichtbehinderung schräg nach hinten ist eher kleiner als bei anderen viersitzigen Cabriolets.

Mit zwei rechts unter dem Kofferdeckel angeordneten Zugknöpfen lassen sich die Hintersitze zwecks Laderaumerweiterung entriegeln... Auch ohne Übung lässt sich das Verdeck binnen einer Minute öffnen und innerhalb von 40 Sekunden schließen... Es faltet sich sozusagen automatisch in den Verdeckkasten hinein. Dank der Einfachheit der Verdeckmechanik kann man sehr wohl auf eine elektrische Dachbetätigung verzichten. Ebenso wenig vermissten wir beim Cabrio S die Servolenkung, denn dieses Modell lässt sich auch von Damenhänden ohne besondere Kraftanstrengung parkieren...»

Beide Hintersitze ließen sich zur Vergrößerung des 200 dm3 fassenden Kofferraums einzeln hoch und ihre Lehnen umklappen (fw).

Die Heckseite des Punto Coupé wirkte sportlich attraktiv, ja aggressiv! Leider blieb es bloß beim Prototyp... (bw).

Dazu ein Coupéversuch mit Namen Racer

Wie schon für den Cinquecento zwei Jahre zuvor schrieb Fiat auch für den Punto unter Italiens Karosseriefirmen zum Turiner Salon 1994 einen «Derivate-Wettbewerb» aus. Bertone schuf einen Racer genannten Coupévorschlag. Schon 1968 hatte Bertone für Coupévarianten des Fiat 850 Sport Spider diese Bezeichnung verwendet. Für den Racer wurden zahlreiche Aufbauelemente des Punto Cabrio verwendet, was günstige Voraussetzungen für eine allfällige Umsetzung in Kleinserie bedeutete. Dazu zählten auch die eigens für das Cabrio angefertigten Heckleuchten. Der Racer fiel durch seine sportlichen Radhausauskragungen auf, die zudem durch eine Schwellerleiste verbunden waren. Die Gürtellinie mündete in einen kecken Heckflügel aus, der in Luftschlitzen unterhalb des hinteren Stossschutzes eine «aggressive» Parallele fand.

Doch auch der Racer blieb ein Einzelstück; Fiat hatte ja schon im November 1993 ein eigenes, etwas größeres Viersitzercoupé auf den Markt gebracht, dessen Modellbezeichnung schlicht und einfach Coupé lautete. Im Segment der Kleinwagen wurden nur von einigen asiatischen Marken Coupéversionen hergestellt, während von europäischer Seite auf der IAA Frankfurt 1993 immerhin der Opel Tigra angekündigt worden war. Zu ihm hätte der Fiat Punto Racer eine attraktive Alternative verkörpert. Doch Kleincoupés fanden keine rentable Marktnachfrage. Der in Spanien gebaute Tigra verschwand 2000 wieder von der Bildfläche..., ebenso wie ein Jahr später der 1997 lancierte Ford Puma.

Was 1994 zu haben war

Es ist aufschlussreich, was 1994 bei Luxusausstattungen selbst beim Kleinwagen Fiat Punto Cabrio bereits zu haben war. Das Modell ELX 90 bot folgende Ausrüstungen, die beim S 60 nicht dabei waren:

14- statt 13-Zoll-Räder, ABS, Servolenkung, elektrisches Verdeck, elektrische Fensterheber vorn, Zentralverriegelung mit Fernbedienung, höhenverstellbares Lenkrad, höhenverstellbarer Fahrersitz, verstellbare Kreuzstütze, Drehzahlmesser, Tageskilometerzähler, Mini-Check-Control, Mittelkonsole mit Luftauslass, wärmedämmende Verglasung, Radio-Voreinrichtung, Nebellampen, Seitenschürzen, Außenspiegel in Wagenfarbe, Airbag Fahrerseite.

Mehrpreispflichtig waren auch beim ELX 90: Leichtmetallfelgen (SFR 850.--), Metalliclackierung (390.--), Radio/Tonband mit Lenkradbedienung (850.--), Klimaanlage (1850.--), Airbag zusätzlich auf der Beifahrerseite (Fr. 650.--). Etliche mit Elektronik verbundene Zubehöre waren also noch vergleichsweise teuer! Hier zum Vergleich die Fahrzeugpreise in SFR:

Fiat Punto (17 Mod.)	15'250 bis 23'750.--
Fiat Punto Cabrio S 60	23'300.--
Fiat Punto Cabrio ELX 90	27'500.--

Ein besonders geschätzter Ehrentitel...

Zu den diversen Auszeichnungen, die Nuccio Bertone zukamen, zählte auch der Ehrentitel für Architektur, der ihm 1993 vom Polytechnikum Turin verliehen wurde. Diese von Bertone besonders geschätzte Auszeichnung war äußerst sinnvoll. Denn nicht nur hatte Nuccio Bertone seine Ausbildung in Turin absolviert, sondern er hatte sich ja selbst zu einem «Automobilarchitekten par excellence» entwickelt. Kaum etwas liegt näher beieinander als die Außengestaltung von Gebäuden einerseits und von Automobilen anderseits..., jener beiden Aufenthaltsorte des Menschen, die seine intensivsten Tätigkeiten umfassen: leben, arbeiten, fahren!

...und der «Oscar» in Automotive Design

Am 19. Juni 1994 wurde Nuccio Bertone in der amerikanischen Automobilhochburg Detroit mit dem «Lifetime Automotive Design Achievement Award» geehrt, einer Auszeichnung, die in Sachen Design dem «Oscar» der Filmwelt gleichkam. Bei diesem Anlass, dem 1500 Gäste einschließlich führender Persönlichkeiten aus der US-Autowelt beiwohnten, wurde zahlreiche Bertone-Designleistungen, vom Alfa Romeo Giulietta Sprint bis zum Lamborghini Miura, sowie Sammelstücke aus amerikanischem Privatbesitz ausgestellt.

Luxuriöser Hochleistungs-Viersitzer, mit durchgehenden Flügeltüren gleichwertig mit einer Viertürlimousine: Bertone Karisma, 1994 (6-Zyl.-Boxer, 3600 ccm, 250 PS – bw).

Die Limousine, der man den Porsche kaum ansah

Der Sinn des aus dem Griechischen stammenden Wortes Charisma lässt sich in etwa mit anmutiger Ausstrahlung umschreiben. Weil es jedoch als Name für eine Bertone-Schöpfung auf deutscher Basis gewählt wurde, erhielt es den Anfangsbuchstaben K! Dass der auf dem Genfer Salon 1994 vorgestellte Bertone Karisma auf dem Porsche 911 Carrera basierte, zeigte er ausschließlich in der Frontansicht und auch dies nur ansatzweise. Eine großformatige viersitzige Limousine mit Heckmotor und Stufenheck, ja, da musste man weit zurückdenken, etwa an die von 1959 bis 1969 gebauten Chevrolet Corvair.

Eine stilvolle Ausrichtung auf Neues und Unerwartetes, dies dürfte bei der Realisierung des Karisma für Nuccio Bertone und seinen Chefdesigner Luciano D'Ambrosio ausschlaggebend gewesen sein. Mit dem Thema Porsche hatte sich Bertone schon 1966 befasst, als auf Basis des Typs 911 ein zweisitziges Cabriolet mit langgezogenem Heck entstanden war (s. Seite 88). Diesmal kam die Länge der Mitte zu, denn der Radstand wurde von 227 auf 280 cm, also um nicht weniger als 53 cm gestreckt. So ließ sich ein feudaler Innenraum für vier Personen erwirken. Im Jahr 1994 den Porsche 928 GTS mit vorne eingebautem 5,4-Liter-V8 und Hinterradantrieb zum Viersitzer auszudehnen, wäre wohl weniger originell gewesen. Aber der 911er mit seiner kardantunnelfreien flachen Plattform bot für diesen Wandel ideale Voraussetzungen. Natürlich musste dieser Unterbau mit erheblichen Versteifungen dotiert werden. Es hätte sich auch angeboten, mit Fastbackdesign eine an den Original-Porsche anklingen-

Gewisse Porsche-Anklänge zeigten sich nur an der Front; die Flügeltüren öffneten für bequemen Ein- und Ausstieg genügend hoch (bw).

Kontrastfarbe und dekorative Technikelemente auf dem Hinterdeck symbolisierten die Lage des luftgekühlten Boxer-Heckmotors (bw).

Diese frühe Entwurfsskizze zeigt die für den Karisma vorgesehenen generösen Raumverhältnisse (bw).

Bequemster Zugang zu allen vier Sitzen, Porsche-Armaturen, Lederinterieur (aufgenommen beim Conours d'Elégance Villa d'Este 2002 – rg).

de Fahrzeugsilhouette zu schaffen, aber mit Stufenheck hob sich der Karisma noch weit deutlicher ab. Nein, man wollte keine Porsche-Ähnlichkeit bewirken!

Eine wesentliche Eigenheit des Karisma bestand in der Wahl von durchgehenden Flügeltüren. Sie erinnerten an Bertones revolutionären Lamborghini Marzal von 1967, bei dem Vorder- und Hintersitze ebenfalls durch gemeinsame Flügeltüren zugänglich waren. Diesmal wurde allerdings auf einen durchsichtigen Unterteil verzichtet, und die Schwellen lagen leicht höher. Die Flügeltüren öffneten sich für bequemen Ein- und Ausstieg genügend hoch. Sie waren dank Wegfalls der B-Säulen als durchgehende skulpturierte Flächen harmonisch in die Fahrzeugflanken eingefügt. Ein sich nach hinten vertiefender Einzug in der unterer Hälfte führte zu dem als Trichter ausgebildeten Lufteinlass für den Heckmotor.

Leider kein Ersatz für den Espada...

Die flache Front mit tiefliegendem Stoßschutz gab sich eher unauffällig. Ihre kleinformatigen Doppelscheinwerfer steckten unter zweifach gewölbten Plexiabdeckungen. Die Bertone-typisch riesig dimensionierte Windschutzscheibe mündete in ein sich nach hinten leicht verschmälerndes Glasdach. Wie bei früheren Mittelmotorkonstruktionen war die an die ungewöhnlich angeordnete Heckscheibe anschließende flache Karosseriepartie in Kontrastfarbe gehalten, und in den Motorraumdeckel eingelegte Stilelemente symbolisierten die Motorenteile, in diesem Falle jene des luftgekühlten 3,6-Liter-Sechszylinder-Boxermotors. Mit einem Fastbackdesign hätte sich diese «technische Veranschaulichung» nur schwerlich realisieren lassen. – Durch den Wegfall der Mittelpfosten und einer zentralen Konsole wirkte der Innenraum besonders geräumig. Ausgewählte Materialien in Form von Leder und Wurzelholz sowie dezente Farben sorgten für ein betont gepflegtes Ambiente.

Der Bertone Karisma war eine Hochleistungslimousine, wie sie auf dem Automarkt nur beschränkt zu finden war. Zu einem Vergleich bot sich allenfalls der im November 1993 lancierte Aston Martin Lagonda an, während der ebenfalls im Vorjahr in Genf vorgestellte viertürige Bugatti EB 112 nur ein Prototyp blieb. Ferrari führte zwar seine 1960 mit dem Modell 250 GT 2+2 begonnene und inzwischen beim 456 GT angelangte knapp viersitzige Baureihe fort, doch fehlte von italienischer Seite ein vollwertiger Viersitzer der Extraklasse, wie ihn der mit großartigem Bertone-Design entwickelte, 1968 in Genf eingeführte und bis 1978 gebaute Lamborghini Espada 400 GT verkörperte. Unter der abfallenden Front des Karisma, in der sich auch der Benzintank befand, verblieb nur wenig Platz fürs Gepäck. Zum Ausgleich stand hinter den Hintersitzen ein zweiter Kofferraum zur Verfügung, so dass sich diese Konzeptstudie durchaus für eine Reise zu viert anbot.

Dennoch, der Schritt vom stilrein kantigen Espada zu den verfließenden Linien des Karisma wäre eine Super-Evolution gewesen! Hier noch ein paar Vergleichszahlen: Radstand Espada 265 cm, Karisma 280 cm, (911 Carrera 227 cm); Gesamtlänge 474, 452 (424,5) cm. Der Espada und der Karisma (mit seinen dickwandigen Flügeltüren) waren mit 186 cm just gleich breit (911: 173,5 cm), während die Dachhöhe bei den drei Vergleichswagen 118,5, 134,5 bzw. 130 cm erreichte.

Karisma in der 'Durchsicht'; aus diesem Blickwinkel gesehen kommt auch das Raddesign zur Geltung; Kofferraum und Benzintank waren in der aerodynamischen Front untergebracht (bw).

Wie ein Kampfjet ohne Flügel: Aerodyamik aus dem Fiat-Windkanal, Verbundmaterialien aus dem Flugzeugbau – der Bertone ZER noch als Modell (bw).

Zurück zu Rekordfahrten... jetzt mit Elektropower!

1992 hatte Bertone in Genf und Turin mit dem der Zukunft verschriebenen Elektrospider Blitz für Aufsehen gesorgt. 1994 stand auf dem Salon von Turin ein noch viel spektakuläreres Automobil, nämlich ein langgestrecktes, zigarrenförmig aerodynamisch ausgebildetes Geschwindigkeits-Rekordfahrzeug mit der Bezeichnung ZER für Zero Emission Record. Klar, dass da die Kenner der Geschichte an den Bertone Abarth 750 zurückdachten, mit dem 1956 auf der Piste von Monza zwanzig Geschwindigkeitsrekorde in drei Hubraumklassen herausgefahren wurden.

Damals wurde selbstverständlich mit hochgetunten Verbrennungsmotoren gefahren, während nun auf Elektroantrieb gesetzt wurde. Zur gleichen Zeit konstruierte auch die Familie Campbell des berühmten Rekordfahrers Malcolm Campbell ein Elektrorekordauto, mit dem die bei 175 mph = 281,7 km/h angelangte Rekordmarke von amerikanischem in englischen Besitz zurückgeholt werden sollte.

Im Jahr 1899 wurde erstmals die 100-km/h-Grenze durchbrochen und zwar mit Elektroantrieb: «La Jamais Contente» von Camille Jenatzy erreichte 105,88 km/h (rg).

Dank extremer Aerodynamik kam der ZER auf eine Stirnfläche von bloß 0,62 m2 (bw).

Wie schon im Blitz wurden im ZER «zunächst» weitgehend herkömmliche Blei/Säure-Batterien eingesetzt. Zwar handelte es sich auf optimierte Einheiten, doch musste das Fahrzeug grundsätzlich auf das Mitführen einer geballten Ladung Batterien ausgerichtet werden. Dazu wurde von Bertone hervorgehoben, dass im hauseigenen Forschungs- und Entwicklungszentrum in Caprie eine «ideale Plattform entstanden ist, die sich für die Verbesserung zahlreicher Kategorienrekorde jeder Antriebsart und Energiequelle eignet». Das gesamte Fahrzeug wurde bei Bertone in Eigenregie konstruiert. Einzig Elektromotor und Batterien wurden angeliefert, sowie die Spezialreifen der Dimension 115/70-16; diese stammten von Michelin, und sie waren auf einen besonders geringen Rollwiderstand ausgerichtet.

Mit 36 Batterien 360 km/h im Visier

Ziel war die Kreation eines Elektroprototyps von technisch und stilistisch richtungsweisender Aerodynamik. Zahlen bewiesen, dass diese Vorgabe weitgehend erreicht war: Für den Luftwiderstandsbeiwert wurde ein Rekordwert von Cw 0,115 gemessen; entsprechend klein blieb die Stirnfläche mit nur gerade 0,62 m2. Der ZER war denn auch wesentlich kleiner, als es die zeitgenössischen Fotos vermuten lassen: Bei 420 cm Länge war er 99 cm schlank und bescheidene 81,5 cm hoch.

Nuccio Bertone hob hervor, dass diese Werte dank der von Fiat ermöglichten Arbeit im Windkanal und dank der leichtgewichtigen Verbundstoffmaterialien aus dem Armeeflugzeugbau ermöglicht wurden. Er lobte in diesem Zusammenhang die konstruktiven Eingebungen des langjährigen Innenraum-Chefdesigners Eugenio Pagliano. Ihm kam zugute, dass die Modellfliegerei sein großes Hobby war, und er damit über ein besonders ausgeprägtes Gefühl für die Aerodynamik verfügte. Gemäß Bertone-Beschleuigungsdiagramm sollten die erreichten Aerodynamikwerte und das Gewicht bei einer Leistung von 150 kW für eine Geschwindigkeit von 100 m/s bzw. 360 km/h gut sein. Die 150 kW Leistungsspitze hatten 36 Blei/Säure-Batterien zu liefern, und beim Motor handelte es sich um eine bürstenlose Gleichstromeinheit, die von einem Kleincomputer gesteuert wurde. Für die Klasse 2 wurde das ZER-Gewicht wie folgt aufgeschlüsselt:

Plattform mit Rädern, Bremsen usw.	210 kg
Karosserieschale	30 kg
Motor, Kraftübertragung, Elektronik	120 kg
Batteriesatz	600 kg
Insgesamt	**960 kg**

Der ZER bei Rekordfahrt auf der 12,6 km langen Kreisrundstrecke von Nardò in Süditalien: Zum Verzögern diente ein Bremsfallschirm (bw).

Gemäß FIA (Fédération Internationale de l'Automobile) bestanden für diese geplanten Rekordangriffe drei Klassen, nämlich bis 500 kg, 501 bis 1000 kg und über 1000 kg. Der ZER wurde für die mittlere und obere Klasse vorgesehen. Doch als Erstes wollten die Bertone-Leute den bestehenden absoluten Geschwindigkeitsrekord für Elektrofahrzeuge brechen, nämlich die erwähnten 281,7 km/h. Mit dem errechneten Potenzial stand diesem Ziel wenig im Wege. Ebenso gut erreichbar erschien der anvisierte neue Distanzrekord, der bei bescheidenen 113,5 km lag, und den man auf runde 200 km erweitern wollte. Während man für die Höchstgeschwindigkeiten – wie üblich – den legendären Salzsee in Utah vorsah, plante man die Distanzrekorde auf der kreisförmigen, 12,6 km langen und mit überhöhten Rändern versehenen Hochgeschwindigkeitsstrecke von Nardò im süditalienischen Apulien zu erreichen. Bei der Vorstellung des Rekordfahrzeugs hoffte Bertone noch auf Sponsoren, belief sich doch das vorgesehene Budget auf 2 Mia. Lire (entsprechend 1,7 Mio. SFR).

200 km/h, 304 km/h, 465 km mit einer Ladung

Am 2. Oktober 1994 legte der ZER mit Oscar De Vita am Lenkrad in Nardò in einer Stunde 199,882 km zurück, womit der Rekord für Elektrofahrzeuge in der Klasse bis 1000 kg gebrochen war. Spektakulär war die Verwendung eines Bremsfallschirms. Siebeneinhalb Monate später, am 21. Mai 1995, wurde wiederum in Nardò – und nicht wie ursprünglich geplant auf Utahs Salzwüstenpisten – auch zum Angriff auf den Geschwindigkeitsrekord für Elektrowagen angesetzt, und wiederum war De Vita erfolgreich: Er erreichte 303,977 km/h! Im Jahr darauf gelang ein weiterer aufsehenerregender Beweis der im Elektroantrieb schlummernden Leistungsfähigkeit, indem mit dem ZER mit einer einzigen Batterieladung bei einer Durchschnittsgeschwindigkeit von 120 km/h eine Fahrdistanz von 465 km erreicht wurde.

Bemerkenswert bleibt, dass all diese Leistungen mit herkömmlichen Blei/Säure-Batterien erzielt wurden, wenngleich schon damals mit Nickel/Kadmium- und Zink/Silber-Batterien experimentiert wurde, nicht zu sprechen von dem inzwischen erreichten Niveau in der Batterietechnologie. Nicht nur die Batterien, auch der Elektromotor entsprach damaligem Standard. Man muss in diesem Zusammenhang aber auch auf die Anfänge der Automobilgeschichte zurückblenden: Sämtliche Geschwindigkeitsrekorde wurden ab 1898 mit Elektroantrieb aufgestellt, und 29. April 1899 durchbrach der Belgier Camille Jenatzy im französischen Achèves mit seiner zigarrenförmigen Konstruktion namens «La Jamais Contente» («die Niezufriedene») erstmals die 100-km/h-Grenze: Er kam auf sensationelle 105,88 km/h (s. auch Seite 43). 1902 wurde dieser Weltrekord zunächst von einem Automobil mit Dampfantrieb überboten und erst danach mit Verbrennungsmotoren...

Nuccio Bertone anerbot Fiat die Entwicklung eines Elektroautos auf ZER-Marketingbasis. Aber wie schon im Falle des Punto-Racer-Coupés sah die seit Ende 1990 von Paolo Cantarella geleitete Fiat Auto SpA in einem solchen Fahrzeug ein zu großes Risiko.

Auf eindrückliche Weise diente der ZER Bertone auch als Werbeträger (bi).

Ein modernes, aber dennoch in der Tradition sportlicher Gan-Turismo-Coupés liegendes Design: Bertone Kayak, 1995 (5 Zyl., 2446 ccm, 175 PS – bw).

Sitze und Innenausstattung stammten von Bertone, doch das Instrumentarium wurde vom Kappa Berlina übernommen (bw).

Das Kayak-Coupé kam zu spät

Anfang Oktober 1994 hatte die Marke Lancia das zur oberen Mittelklasse zählende Modell Kappa eingeführt. Kappa ist die griechische Bezeichnung des Buchstabes K, und der Neuling wurde denn zunächst kurzerhand als Lancia k propagiert. Die viertürige Stufenhecklimousine löste die Modellreihe Thema ab, wirkte zwar moderner, aber weniger individuell als der Lancia Thema, dessen Design dem Status der seit 1969 zum Fiat-Konzern gehörenden Liebhabermarke weit eher Rechnung trug. Wie der Thema vertrat der Kappa die inzwischen auch in die Mittelklasse vorgedrungene Schule des Vorderradantriebs mit raumsparendem Quermotor. Ungewöhnlich war die Verwendung von Fünfzylinder-Benzinmotoren, wie sie 1976 von Audi «erfunden» und erst ab 1989 auch von Honda und alsbald wenigen weiteren Marken eingeführt wurden. Im Kappa gab es sie mit zwei obenliegenden Nockenwellen und 20 Ventilen und zwar mit 1998 oder 2446 ccm Hubraum (145 bzw. 175 PS). Zudem standen zwei bereits bekannte Motoren zur Wahl: 4 Zyl., 16V, 1995 ccm, Turbo (205 PS), V6, 24V, 2959 ccm (204 PS) sowie und ebenfalls neu: 5 Zyl., OHC, 10V, 2387, Turbodiesel (124 PS).

Wie für den Thema, dessen charakterstarkes Design von Giorgetto Giugiaro (Ital-Design) stammte, war auch für den Kappa eine fünftürige Kombiversion zu erwarten. Doch Bertone dachte weiter, nämlich an ein Coupé auf Kappa-Basis. Coupéableitungen waren im Feld der europäischen Mittelklassewagen rar geworden. Es gab sie weder von Alfa Romeo noch von Fiat. Bei BMW gab es den 320i Coupé und bei Mercedes-Benz das E-Coupé, während Opel mit dem Calibra immerhin eine eigenständige Coupélinie anbot. Da erkannte Bertone zu Recht eine Marktlücke.

Das Original-Coupé Lancia Kappa, wie es im April 1996 auf dem Salon von Turin eingeführt wurde (lw).

Ein Design in ringsum gelungener Harmonie

Das in Caprie entworfene und aufgebaute Coupé mit der an den Namen Kappa angelehnten Bezeichnung Kayak war eine echte Schönheit, eine Designschöpfung für Automobilliebhaber im traditionellsten Sinne. Großartig die ganz auf horizontale Elemente ausgelegte Frontgestaltung: Das klassische Lancia-Kühlergitter, beim Kappa bereits in die Breite gezogen, zeigte sich beim Kayak als flacher, über die volle Breite durchgezogener Kühlergitterstreifen, unter dessen beidseitigen Enden die Scheinwerfer gänzlich verborgen blieben. Nuccio Bertone hatte hierzu absichern lassen, dass die Lichtstärke keine Einschränkung erfuhr. Unter dem kräftigen Stoßschutzbalken fand sich ein zweiter durchgezogener Lufteinlass. Die langestreckt abfallende Motorhaube im Verein mit der stark geneigten Frontscheibe betonte die sportliche Eleganz, die auch dem seitlichen Erscheinungsbild mit der ebenfalls die Horizontale betonenden Zierleiste und der bogenförmigen Fenstersilhouette eigen war. Das wunderbar gerundete und relativ kurze Heck passte perfekt in diese Kayak-Harmonie. Sozusagen das Tüpfelchen auf dem i war das eigenwillige, auf einer dreieckigen Nabenabdeckung beruhende Raddesign mit drei Gruppen von vier axialen Schlitzen.

Für den Kayak wurde der Kappa-Originalradstand von 270 cm beibehalten. Dies galt auch für die Gesamtlänge von 468 cm, während die Höhe des luxuriös-komfortablen Viersitzers um just 10 auf 136 cm abgesenkt wurde. Ausgestattet war der Kayak mit dem 175 PS leistenden 2446-ccm-Fünfzylin-

Auch das allseits gerundete, straffe Heck wirkte überzeugend; im Hintergrund haben sich hier Nuccio Bertone und seine Gattin Lilli postiert (bw).

Auch aus ungewohnter Perspektive begeisterte der Kayak durch seine runde Ebenmäßigkeit (bw).

Wie eine aus einheitlichen geometrischen Motiven zusammengefügte Skulptur: Bertone Slalom, 1996 (4 Zyl., Turbo, 1998 ccm, 204 PS – rg).

dermotor. Auf dem Genfer Salon im Vorfrühling 1995 war er eine vielbewunderte Überraschung. Nicht nur die stets noch zahlreichen Lancia-Fans freuten sich auf die Serienversion, in diesem gelungenen Coupédesign lag ohne Zweifel ein weiteres Marktpotential.

Doch der Kayak kam zu spät. Lancia, zu welcher Marke Bertones letzter direkter Kontakt noch auf die vor zwei Jahrzehnten beendeten Stratos-Zeiten zurückging, hatte bereits ein im eigenen Designstudio entworfenes Coupé in petto. Es wurde auf dem Salon Turin 1996 vorgestellt und bei der Carrozzeria Maggiora produziert. Aus Kostengründen besaß es zahlreiche von der Berlina übernommene Karosseriekomponenten. Es fand denn auch nicht die erhoffte Nachfrage und verschwand schon 1999 wieder von der Bildfläche. – Wie der Autor erfuhr, hätte auch «l'Avvocato» Giovanni Agnelli, das legendäre Oberhaupt des Fiat-Konzerns, nach seinem Besuch des Bertone-Standes auf dem Genfer Salon 1995 dem Kayak den Vorzug gegeben.

ISO 9001: Bertone zuerst!

Viel war gegen Ende des 20. Jahrhunderts von der internationalen Qualitätsnorm ISO 9001 die Rede. Wer sie erreichte, durfte zu Recht stolz darauf sein. Dies galt auch für das Bertone-Werk in Grugliasco, dem diese Norm 1995 attestiert wurde. Es war die Belohnung dafür, dass die Carrozzeria Bertone nicht nur in allen Belangen höchsten Anforderungen entsprach, sondern auch stets auf die zeitgemäße Anpassung des gesamten Produktionsprozesses bedacht war. Darin eingeschlossen waren auch hohe Investitionen im Sinne des Umweltschutzes, so für die hochmoderne Wasseraufbereitungsanlage der Lackierabteilung. Bertone erreichte die Norm ISO 9001 übrigens als erster Autohersteller Italiens!

Ein Calibra nicht wie die andern

Im August 1988 hatte Opel den Nachfolger der traditionell gewordenen Mittelklasse-Modellreihe Ascona vorgestellt. Statt des romantischen Tessiner Ferienortsnamens trug er die ebenso technisch wie aggressiv klingende Phantasiebezeichnung Vectra. Auch ihn gab es als Fastback und mit Stufenheck. Das hauseigene Design beider Versionen war ebenso elegant wie strömungsgünstig, konnte doch der Luftwiderstandsbeiwert von Cw 0,38 auf 0,29 bis 0,31 gesenkt werden. Der Auftritt dieser Limousinen wirkte modern attraktiv, und dank drittem Seitenfenster bot auch die Stufenheckversion ausgezeichneten Rundblick.

Auf der gleichen technischen Basis lancierte die Adam Opel AG ein Jahr später auf der IAA Frankfurt 1989 den Calibra und damit den Nachfolger des symbolhaft gewordenen Manta-Coupés. Auch Calibra war ein wohlklingendes Kunstwort, vor allem aber bot dieser Neuling eine ungemein gut gelungene Keilsilhouette, die einen geräumigen vier- bis fünfsitzigen Innenraum umhüllte. Weil der Calibra nicht nur als Manta-Nachkomme galt, sondern auch als Nachfolger des ebenfalls seit rund zwei Jahren nicht mehr hergestellten großen Monza-Coupés, war er in der Modellskala etwas höher angesiedelt. Mit dem Calibra hatte das von Wayne Cherry angeführte internationale Opel-Designteam ein schmissig elegantes Mittelklasse-Coupé verwirklicht. Zudem galt dessen Luftwiderstandsbeiwert mit Cw 0,26 für die Basisversion mit 115 PS starkem 2-Liter-Motor als Rekordwert für Serienfahrzeuge.

Ließ sich ein so gelungener Wurf noch attraktiver machen? Ja, mit einer Sportkombi- oder Kombicoupéform statt Stufenheck!

Original-Opel Calibra (hier als Modell 1997): ein ebenfalls geglücktes Design! (ow)

Denkpause sonntags im Designstudio

Im Band «Stile», der 2002 zum 90-Jahr-Jubiläum der Carrozzeria Bertone veröffentlicht wurde, berichtet Verfasser Luciano Greggio über eine Art Geständnis, das ihm Nuccio Bertone anvertraut hatte und das über die Hingabe des Maestro zu seiner Berufung beredtes Zeugnis ablegt:

«Manchmal an einem Sonntag gehe ich in das Designstudio; ich setze mich auf einen Stuhl und blicke auf die verwirklichten Modelle um mich herum. So ziehe ich neue Inspiration in mich hinein, wie eine religiöse Person, die sich in Einsamkeit die Leben der Heiligen durch den Kopf gehen lässt. Ein Objekt in der Gegenwart anderer zu betrachten, bewirkt andere Eindrücke und Gefühle, als wenn man es alleine, ohne äußere Einflussnahmen in Augenschein nimmt. Wenn ich mit meinen Leuten zusammen bin, dann diskutiere ich mit ihnen, ermutige oder kritisiere sie. Dann habe ich nicht diesen freien, unbelasteten Geist, wie wenn ich mich in aller Stille auf ein Problem konzentrieren kann: Nur dann tauchen die Lösungsmöglichkeiten eine nach der andern in meinem Bewusstsein auf.»

Der zweiteilige Glaseinsatz im hinteren Dachbereich verläuft parallel zur Seitenfenstersilhouette (bw).

Der Slalom als «Gran-Turismo-Limousine»

Es war just diese Aufgabe, die man sich bei Bertone vornahm. Als Hersteller des Astra-Cabriolets stand man ja mit der deutschen General-Motors-Tochter ohnehin in engem Kontakt. Natürlich wählte man die potenteste Variante als Plattform für diesen mit Slalom bezeichneten Bertone-Dreamcar. Zwar stand der Calibra schon recht früh auch mit Opels 2498-ccm-V6-Motor mit 24 Ventilen und 170 PS zur Wahl, aber auf der IAA 1991 wurde die noch schnellere Version Turbo 4x4 eingeführt, deren 1998-ccm-Motor mit 16 Ventilen und KKK-Abgasturbolader auf 204 PS kam.

Angekündigt wurde der Slalom von Bertone als «Gran-Turismo-Limousine, die das Mitnehmen einer größeren Freizeitausrüstung ebenso ermöglichen soll, wie den Transport von Arbeitsgeräten». Vorgestellt wurde er auf dem Genfer Salon 1996, und er war Bertones zweiter Sportkombi-Prototyp nach dem Zabrus von 1986. Dieser beruhte auf dem Citroën BX-4TC und bot somit dessen Vierradantrieb.

Für Designfans bot der Slalom eine Reihe ungewohnter Stileigenheiten. Zu ihnen zählte in erster Linie die Seitenansicht mit der gleichmäßig nach hinten absinkenden Dachlinie und der parallel dazu folgenden oberen Fensterlinie. Dazu kamen die spitz aufeinander ausgerichteten Ecken dieser Fenstersilhouette mit dem dreieckigen Schlusslichtgehäuse. Dann die riesigen nach hinten gezogenen Plexiglasverschalungen der Scheinwerfer und Frontlichter, die sich Wasserfällen gleich neben dem Opel-typischen Kühlergrill entfalteten. In ihrem hintersten Teil wandelten sich diese Plexipartien zu Luftschächten. Eine weitere Besonderheit war das vom Dachende her eingefügte zweiteilige, sich nach vorne verjüngende Glaselement, das dem Innenraum auch hinten zu Tageslicht verhalf. Im Interieur sorgte die um 60 cm nach vorne verschiebbare hintere Sitzlehne für die Variabilität des Kofferraums.

Typisch abgesteppte Bertone-Komfortpolsterung (bw).

Mit dem Slalom hatten sich Nuccio Bertone und Luciano D'Ambrosio, sein «Chef für Außendesign», hochoriginell neuartige Formelemente ausgedacht und glanzvoll zu einer dem langgezogenen Dreieck verschriebenen Skulptur vereint. Alle Einzelpartien passten geometrisch perfekt zusammen, und dazu zählten auch die seitlichen Sicken und die vertikale Biegung des Heckabschlusses. Bei unverändertem Radstand von 260 cm war der Slalom 464,5 cm lang (Calibra: 449 cm), 186 cm breit (169 cm) und 132 cm hoch (identisch). – 1996 war der Calibra schon etwas in die Jahre gekommen, und 1998 wurde er ersatzlos vom Markt genommen.

Genau da hätte sich doch nun die Chance ergeben, mit dem Slalom unter dem Opel-Markenzeichen bei Bertone ein exklusiv-sportliches Liebhaberauto herstellen zu lassen, einem Imageträger par excellence! Doch diese Möglichkeit war Rüsselsheim und Detroit wohl zu riskant.

Italiens Carrozzieri 1996

Zu dem Wettbewerb, Designstudien auf dem Fiat Bravo/Brava aufzubauen, lud Fiat 1996 folgende Karosseriefirmen ein:

Bertone, Boneschi, Coggiola, Fioravanti, Giannini, Idea Institute, Ital-Design, Pininfarina, Zagato sowie das hauseigene Fiat Styling Center. Mit Ausnahmen von Giannini (Rom) und Zagato (Mailand) waren sie alle in Turin angesiedelt. Und die «Fiat-Stadt» war weiterhin die Hochburg des Designs. Denn die inzwischen in großer Zahl in Südkalifornien angesiedelten Designstudios (s. Seite 219) waren fast durchwegs im Eigenbesitz von Autokonzernen.

Leonardo Fioravanti, der bei Insidern für seine Ferrari-Entwürfe längst legendär gewordene Chefdesigner von Pininfarina, hatte sich 1991 selbständig gemacht, so wie schon 1968 Bertones vormaliger Chefdesigner Giorgetto Giugiaro seine Firma Ital-Design gegründet hatte. Die 1996 vom Centro Stile Fiat ausgearbeitete Bravo-Designstudie wurde bei der Carrozzeria **Maggiora** verwirklicht. Diese war inzwischen Hersteller des Fiat Barchetta und von Lancia-Spezialmodellen. Eine bedeutende Rolle kam in Turin weiterhin der Carrozzeria **Ghia** SpA, die unter Führung von Filippo Sapino zum Ford-Konzern zählte.

Schon ab 1928 hatten sich Italiens Karosseriefirmen in einer Untergruppe der Anfia, des nationalen Verbandes der Automobilindustrie, zusammengeschlossen. Zu den Gründern zählten Namen, die als Hersteller von Spezialfirmen in die Automobilgeschichte eingingen: Bertone, Boneschi, Ghia und Savio. Alsbald kamen Pinin Farina und Zagato hinzu.

Während 1946 erst 700 Spezialkarosserien die Werkstätten dieser Firmen verließen, waren es 1961, dem Höhepunkt des italienischen Wirtschaftswunders, bereits 50'000. Damals wurden drei Zweige gegründet: Personenwagen und Derivate, kommerzielle Fahrzeuge sowie Busse. Zum ersten dieser Zweige zählten 1997 folgende 23 Betriebe:

Aricar, Bertone, Boneschi, Bonfanti, Cecomp, Coggiola, Fioravanti, Fontauto, Ghia, Giannini, Golden Car, G-Studio, Idea Institute, Ital-Design, Maggiora, Marazzi, Mariani, Opac, Pininfarina, Repetti, Savio, Stola, SZ Design.

In diesen Unternehmen wurden rund 5000 Personen beschäftigt, und wenn die Zulieferfirmen mitgerechnet wurden, waren es an die 10'000. Der Jahresumsatz des Pkw-Zweiges erreichte 2000 Mia. Lire (was 1,7 Mia. SFR entsprach). Präsident der Karosseriegruppe war um 1997 übrigens Giorgetto Giugiaro, einstiger Bertone-Chefdesigner und danach Ital-Design-Gründer.

Der «zivile» Bertone Enduro 4x4 in Goldfarbe mit schwarzem Dekorkeil. (Inzwischen gelangten alle Varianten in das Bertone-Museum im Westen von Mailand -- rg).

Mehr Spannung für Fiats Kompaktklasse!

Fiats Einstieg in die Kompaktklasse erfolgte 1978 mit dem Ritmo, einem Zweivolumenmodell mit stilistisch gelungenem eigenständigen Design. 1988 wurde es vom Tipo abgelöst, moderner geformt und mit sechs Seitenfenstern, die für hervorragende Rundsicht sorgten. Und Im August 1995 folgte mit dem Bravo ein weiterer Schritt in die Moderne, wenn auch wieder mit nur vier Seitenfenstern. Wenig überzeugend war die Idee, die dreitürigen Modelle als Bravo und die fünftürigen als Brava zu bezeichnen. So wie sich die Modellbezeichnungen – Ritmo, Tipo, Bravo – verwässerten, so verharmloste sich auch das Design, nämlich von der ausdrucksvollen Form schrittweise zur Massenware. Gut, dass Bertone sich des Bravo annehmen und ihn zu einem «Off-road-Coupé» wandeln konnte, dessen gerundete Formen und spitz auslaufende Dreiecke ein Stück weit an den Slalom anklangen.

Wie schon 1992 und 1994 hatte Fiat zu dem nur noch im Zweijahresrhythmus durchgeführten Automobilsalon von Turin unter den italienischen Karosserie- und Designfirmen einen Wettbewerb um Derivate einer neuen Modellreihe ausgeschrieben. Diesmal war das im August 1995 vorgestellte Duo Bravo/Brava an der Reihe, und wiederum ging es um reine Designstudien, die im Prinzip nicht für eine Serienherstellung vorgesehen waren. Immerhin hatte sich Fiat das Recht vorbehalten, die vermittelten Ideen allenfalls nutzen zu können. Denn den Karosseriefirmen wurden ein Bravo/Brava frei zur Verfügung gestellt und zudem je 100 Mio. Lire (an die 80'000 SFR) vergütet. Dies war übrigens der gleiche Betrag wie schon vier Jahre zuvor, obwohl Italiens Inflation seit damals 16 % erreicht hatte.

Nachträglich entstand bei Bertone auch noch diese weitere (aber weniger überzeugende) Version des Enduro 4x4 mit kurzem Stufenheck! (rg)

Geländecoupé in ziviler und in Raidversion

Als ihren Beitrag am Fiat-Bravo-Wettbewerb hatte sich die Carrozzeria Bertone ein Geländecoupé ausgedacht. «Geländesportwagen» im eigentlichen Sinne – also nicht die später zum weltweiten Begriff gewordenen SUV = Sport Utility Vehicles – waren in den USA schon verschiedentlich als Concept-cars entstanden, und mit dem Suzuki X-90 wurde ein solches Gefährt sogar bereits in Serie gebaut. Bertone taufte sein zweckmäßig mit beträchtlicher Bodenfreiheit versehenes 2+2-sitziges Geländecoupé auf den sinnvollen Namen Enduro 4x4, und selbstverständlich war für dessen Konstruktion auch ein Vierradantrieb angedacht. Dem Antrieb diente die Topmotorisierung aus dem Bravo/Brava-Programm, nämlich einer jener nun in Mode gekommenen Fünfzylindermotoren. In diesem Fall besaß er 20 Ventile, 1998 ccm und bot 147 PS. So ließ sich einerseits im Gelände traktionssicher und anderseits auf der Straße sportlich-schnell vorankommen.

Der Bertone Enduro im bunten Kleid für den Wüstenraideinsatz (5 Zyl., 1998 ccm, 147 PS – bw).

So sahen die Bertone-Designer einen möglichen Enduro-Raideinsatz (bw).

Auf dem Turiner Automobilsalon 1996 wurden im Ausstellungszentrum Lingotto sämtliche von den Karosseriefirmen verwirklichten Bravo/Brava-Spezialversionen zu einer Sonderausstellung vereint. Dort zeigte sich der Bertone Enduro 4x4 in goldgelbem Farbton mit einem aus dem vorderen Radhaus auslaufenden schwarzen Dreieckteil und silbergrauen unteren Karosserierändern. Auf seinem eigenen Salonstand aber stellte Bertone den Enduro 4x4 in einer Version für den Raideinsatz mit bunten Dekorstreifen zur Schau. Dadurch trat die klare Form des Karosseriekörpers mit den äußerst kurzen, der Geländetauglichkeit entgegenkommenden Überhängen etwas in den Hintergrund. Bei unverändertem Radstand von 254 cm war der Enduro 4x4 deutlich kürzer als der 403 cm lange Bravo. Im Gegensatz zur «zivileren» Version besaß die Raidversion beidseits zylinderförmig in die Front eingefügte Zusatzscheinwerfer. Beiden Versionen gemeinsam war das in die Front in Überdimension «eingeritzte» Fiat-Markenzeichen mit den fünf schräggestellten Balken.

Die Erfindung des kompakten Hochdachkombi

Geländecoupés in der Art des Bertone Enduro 4x4 fanden keine Verbreitung. Aber wer hätte gedacht, dass die nächste Entwicklung der Carrozzeria Bertone das Tor zu einer gänzlich neuen Fahrzeugkategorie öffnen würde? Hochdachkombi hatte es schon etwa in Form des ab 1970 gebauten Volvo 145 Express oder von Mercedes-Benz-Spezialkombi deutscher Karosseriefirmen gegeben, nicht aber Klein- oder Kompaktwagen mit höher gesetztem Dach. Dass sich durch eine solche Veränderung erweiterte Transportmöglichkeiten ergaben, war erstaunlicherweise bis anno dazumal noch niemandem in den Sinn gekommen.

Bertone hatte ja schon diverse Male für Citroën gearbeitet, zuletzt 1992 für das Modell Xsara. Im Juli 1996 lancierte Citroën den Berlingo. Er ersetzte nicht nur bisherige Kasten- bzw. Lieferwagen, sondern wurde als «neues Konzept zwischen Lieferwagen und Monospace» propagiert. Monospace, was nichts anderes als Einvolumenkarosserie bedeutet, ist die französische Bezeichnung für Minivan bzw. Großraumkombi. Der Berlingo war bei Bertone entworfen und mitentwickelt worden. Anfänglich wollte ihn Citroën mit üblichen Türen ausstatten, doch Bertone setzte sich für hintere Schiebetüren ein. Es gab ihn schließlich in drei-, vier- und fünftüriger Ausführung.

Die vergleichsweise hohe Gürtellinie fiel dank der Graphikelemente weniger stark auf (bw).

Rechts: Weiteres Citroën/Bertone-Gemeinschaftsmodell; zudem neue Fahrzeugkategorie: Citroën Berlingo, 1996 (4 Zyl., 1360 ccm, 70 PS – bw).

Vom Lieferwagen bis zum Coupé de Plage

Zunächst als Lieferwagen klassiert, fand der Berlingo erst 1999 Eingang im Jahreskatalog der «Automobil Revue». Als vielseitiges Familien- und Freizeitfahrzeug gedacht, bot er einzigartige Transportmöglichkeiten für Hobbygerätschaften ebenso wie für Feriengepäck. Bei 269 cm Radstand, 411 cm Länge, 172 cm Breite und nicht weniger als 180 cm Höhe ergab sich ein Transportvolumen von 3 m3 und eine Nutzlast von 800 kg. Dabei wurde er mit all den für Pkw üblichen technischen Sicherheits- und Komfortmerkmalen ausgestattet. Anfänglich standen 1124- und 1360-ccm-Benzinmotoren (60 bzw. 70 PS) sowie 1769- und 1905-Dieselaggregate (60,5 bzw. 71 PS) zur Wahl, später kam auch der schon fast sportliche 1762-ccm-Motor (90 PS) hinzu.

Schon bald gab es unter der Bezeichnung Partner bei der PSA-Schwestermarke Peugeot ein Parallelmodell zum Berlingo. Und schon 1997 schuf Renault das Konkurrenzmodell Kangoo..., worauf etliche weitere Autokonzerne ihrerseits kompakte Hochdachkombis in ihr Angebot aufnahmen. – Doch schon 1996 hatte Bertone den Berlingo auch zu einem Coupé de Plage abgewandelt: Dieses war eine Art Pick-up, vorne mit zweisitzigem Cockpit, dahinter zwischen zwei Seitenwandholmen mit abgerundeten Fenstern eine Ladefläche, auf der sich Liegestühle nutzen ließen oder die Surfbretter aufgeschnallt werden konnten.

Freizeitfahrzeug in noch ausgeprägterer Form: die Konzeptstudie Bertone Berlingo Coupé de Plage, 1996 (bw).

Ebenso wie man sich diverse Motorisierungsvarianten vorstellen konnte, regten auch die Einsatzmöglichkeiten die Fantasie an (bw).

Bertones künftige «Design-Machine»

Im Verlaufe des Jahres 1996 erweiterte Stile Bertone in Caprie seine Anlagen um 6000 m2 auf beinahe den doppelten des bisherigen Umfangs. Es ging um eine Neustruktur, die es den auftraggebenden Autoherstellern ermöglichen sollte, in abgeschirmten Bereichen bei größtmöglicher Diskretion und unter flexiblen Arbeitsbedingungen aktiv an eigenen Projekten teilzunehmen. Dieser von Bertone etwas burschikos als «Design-Machine» bezeichnete Design- und Entwicklungsbereich bot den Industriekunden einen autonomen Einsatz von modernsten elektronischen Design- und Bearbeitungseinrichtungen (CAD/CAM usw.). Hierzu stand zudem hochqualifiziertes Fachpersonal zur Verfügung, das sich für jede Entwicklungsphase einsetzen ließ. Diese Dienstleistungsabteilung wurde ab 1997 schrittweise in Dienst genommen, doch wurde ihre Funktionsweise erst 2004 in den Details nach außen vermittelt.

Gebäudemäßig beträchtliche Erweiterungen, die ab 1996 entstanden und allmählich in Betrieb genommen wurden (bw).

In Bertones «Design-Maschinerie» sollten den Kunden aus der Automobilindustrie diskret abgeschirmte «Zellen» zur Verfügung stehen (bw).

Die Designwelt in Trauer: Hinschied von Nuccio Bertone

Am 25. Februar 1997, in seinem 83. Lebensjahr, verstarb Nuccio Bertone, für die Fachwelt überraschend. Eine Erkrankung hatte sich gegen Ende des Vorjahres angekündigt. Auf dem Turiner Salon im Mai 1996 war er letztmals in der Öffentlichkeit aufgetreten.

In der «Automobil Revue» vom 6. März 1997 schrieb der Autor (dieses Buches) unter dem Titel «Überragende Persönlichkeit»:

«Im Verlaufe der vergangenen Jahre und Jahrzehnte konnte die 'AR' nicht nur mehrmals Concept-cars und Prototypen der Carrozzeria Bertone probefahren, sondern auch mit Nuccio Bertone persönlich sprechen. Er erwies sich stets als eine überragende, gepflegte Persönlichkeit, die sich mit ruhiger Stimme offen auszudrücken wusste. Er verstand es, Sachverhalte leicht fassbar zu erläutern, und er gab stets präzise Antworten...

Nuccio Bertone besaβ stets den Blick auf das Ganze; alle Elemente der von seinen – zuletzt um Generationen jüngeren – Designern vorgeschlagenen Lösungen mussten harmonieren, und immer wurde unter seiner Führung grundsätzlich Neues geschaffen. Auch im hohen Alter hatte Nuccio Bertone noch klare Zukunftsvisionen.»

Das wohl schönste, anfangs der Neunzigerjahre entstandene Porträt von Nuccio Bertone: Es zeigt ihn mit jenem aufmerksamen und entschlossenen Blick, der seinen Charakter widerspiegelte; und gleichsam symbolisch weist er hier in die einzuschlagende Richtung (bw).

Kontakte zunehmend anspruchsvoll

Im Verlaufe seiner einzigartigen Karriere als Formschöpfer und Unternehmer verstand es Nuccio Bertone, seine Stellung gegenüber den Auftraggebern laufend den sich ändernden Zeiten anzupassen.

«In den vergangenen Zeiten hat sich die Produktionstechnik in allen Sektoren mit zunehmendem Tempo verändert,» so hielt er in einem seiner letzten der Presse gewährten Interviews fest. «Immer häufiger kontaktieren uns die Autohersteller mit umfangreichen Vorgabelisten, auf denen genau definierte Anforderungen festgehalten sind. Für ein neues Modell sind zahlreiche Faktoren zu berücksichtigen, die alle sorgsam abzuwägen sind. Auf diese Ansprüche professionell einzugehen, ist zu einer Voraussetzung für unsere Tätigkeit geworden. Unsere Designarbeit muss der Funktionalität, den Sicherheitsansprüchen, der Aerodynamik, dem Komfort, der Zuverlässigkeit und der Wirtschaftlichkeit genügen; aber gleichzeitig erwartet man von uns Außergewöhnliches, das sich nicht ohne weiteres definieren lässt, aber seinen Ausdruck im Zusammenspiel von Formgebung, Proportionen, Einzelheiten und Farbtönen findet und das einzigartiges Talent reflektiert...».

Unter dem Titel «Er war der Doyen des Autodesigns» äußerte sich 'AR'-Korrespondent Luca Cifferi in derselben Ausgabe:

«Bertones erfolgreichster Zögling, Giorgetto Giugiaro von Ital-Design sagte zum Hinschied des Altmeisters: 'Er hinterlässt eine enorme Lücke; und ebenso groβ ist die Fülle der unter ihm entstandenen Automobilformen. Er war das Musterbeispiel eines seriösen, zurückhaltenden und gutherzigen Menschen.'

...Schrittweise verwandelte Bertone Junior das kleine Unternehmen, in dem einzelstückweise Karosserieaufbauten hergestellt wurden, in ein integriertes Design- und Entwicklungsunternehmen, das den groβen Autoherstellfirmen mit Design, Modellbau, Engineering und Prototypenkonstruktion zur Verfügung steht. Zudem baute er eine eigene Produktionskapazität für jährlich 15'000 bis 20'000 Liebhabermodelle auf...

Während seiner ersten Jahre bei der Carrozzeria Bertone hatte Nuccio Bertone eine Anzahl Einzelstücke entworfen. Doch diese Entwürfe waren bei einem Brand während des Zweiten Weltkriegs vernichtet worden... Nuccio Bertone verstand es stets, seine Designer zur guten Form zu motivieren, und unzählige Male hat er 'deren Bleifstift persönlich geführt'...

Bertone verfügte über ein phänomenales Gedächtnis. In ihm hatte er nicht nur die Designdetails aller weltweit gebauten Personenwagen, sondern auch die Namen der Leute aus der Autoindustrie, mit denen er im Verlauf der nahezu 60 Jahre zu tun hatte, registriert... Wenn Nuccio Bertone in seinem Leben etwas zu bedauern mochte, so kam dies mit folgenden Worten zum Ausdruck: 'Gerne hätte ich für Ferrari mehr getan'.»

In seinem schlicht mit «Bertone» betitelten Buch berichtete Decio Giulio Riccardo Garugati zum Hinschied von Nuccio Bertone:

«Sergio Pininfarina würdigte ihn wie folgt: 'Er war ziemlich älter als ich, um zwölf Jahre, wenn ich mich korrekt entsinne. Dies bedeutete einen wesentlichen Unterschied, als ich meine Arbeit aufnahm: meine 24 gegen seine 36 Jahre, meine 36 gegen seine 48. Das ist eine Differenz, die ich stets fühlte und die sich erst in jüngster Zeit verflachte. Nuccio lehrte mich, seine groβe Passion zu anerkennen, seine Hingabe zum Produkt. Er anerkannte meines Vaters Führungsposition unter Italiens '*carrozzieri*'. Papa war eine kraftvolle Persönlichkeit, und nach seinem allzu frühen Hinschied übernahm Nuccio diese Leitstellung und erfüllte sie wirkungsvoll.

Nach dem Ableben meines Vaters bestand mein Lebensziel darin, sein würdiger Erbe zu sein. Doch Nuccio war ein strenger und unentwegter Konkurrent. Hinzu kam, dass ich ein '*Ferrarista*' war, während er sich mit der Lamborghini-Technik befasste; er war der erste Autohersteller, der sich dem Mittelmotor verschrieb, womit er den Fahrzeugschwerpunkt deutlich absenkte. Es gab eine Zeit, da der Miura und der Marzal das Pininfarina-Design alt aussehen lieβen... Meine Herausforderung war damit umso gröβer, doch er blieb äuβerst fair. Wir anerkannten uns gegenseitig, und dies war von seiner Seite bewundernswert, da ich doch der weit Jüngere war...'»

Mit Paolo Caccamo und Roberto Piatti

Der Hinschied von Nuccio Bertone brachte für die gesamte Firmengruppe notgedrungen eine enorme Herausforderung. Die vier Tätigkeitszweige umfassende Carrozzeria Bertone zählte rund 1500 Mitarbeiter und verzeichnete 1996 einen Umsatz von 540 Mia. Lire (rund 450 Mio. Franken). Nuccio Bertone hinterließ seine 59-jährige Frau Lilli und seine beiden Töchter, die beide im Familienunternehmen tätig waren: Barbara, mit einem MBA-Diplom, war in der Abteilung industrielle Produktion tätig, und Marie-Jeanne, mit einem Architekturabschluss, arbeitete in der Design-Abteilung Stile Bertone.

Geschäftsführer der Carrozzeria Bertone war schon seit dem Jahr 1976 Paolo Caccamo; Nuccio Bertone hatte ihn damals als tüchtigen Organisator bei der Firma Innocenti kennengelernt. Diese war nach dem Niedergang als Tochter des englischen Leyland-Konzerns von der Nuova Innocenti SpA abgelöst worden, deren Sanierung – wie schon im Falle von Maserati – Alejandro de Tomaso zugesprochen wurde. Und es gab eine weitere Parallele: Als Giorgetto Giugiaro von Bertone zur Carrozzeria Ghia wechselte und diese kurz darauf von De Tomaso übernommen wurde, verließ auch Giugiaro den argentinisch-italienischen Markengründer.

Bertone-CEO Paolo Caccamo wurde nach dem Ableben von Nuccio Bertone zusätzlich Chairman bzw. Vorstandsvorsitzender der in Grugliasco niedergelassenen Firmengruppe. Er konnte auf die immense Erfahrung von Dr. Gian-Beppe Panicco zählen, seit 1968 bei Bertone und als PR-Direktor zur rechten Hand des Maestros geworden. Die Witwe Lilli Bertone wurde Vize-Vorsitzende der Carrozzeria Bertone.

Ing. Paolo Caccamo wurde Präsident und CEO in einer Person (hier aufgenommen 1998 — bw).

Im folgenden Jahr, 1998, ergab sich eine weitere Änderung in der Führungsstruktur von Bertone: Roberto Piatti wurde Managing Director von Stile Bertone. Er war schon 1996 von Nuccio Bertone persönlich engagiert worden, um Stile Bertone neu aufzustellen und hierzu die Ausstattung und die Arbeitsabläufe im Designbereich der Neuzeit anzupassen. Denn noch hatte das CAD = *Computer Aided Design* in den Bertone-Studios nicht wirklich Einzug gehalten! Piatti hatte am Politecnico Torino Maschineningenieur studiert, verfasste Fachartikel für «Car & Design» wurde übrigens zum Jurykollege des Autors bei den jährlichen Vergaben der *Car Design Awards Torino and Piemont*. Als Management Director der von der Carrozzeria Bertone unabhängig agierenden Stile Bertone SpA koordinierte Piatti ab 1998 die Arbeit von Luciano D'Ambrosio als Chief Exterior Design und von Eugenio Pagliano als Chief Interior Design.

Links: Nuccio Bertone mit Zeichenblatt (Porträtstudie des Autors, aufgenommen 1984 – rg).

Rückblick auf den spannenden Alfa-Übernahmekampf

Seit dem 1983 geschaffenen Dream- bzw. Concept-car Delfino und der 1984 entstandenen Berlina Alfa Romeo Alfa 90 hatten sich keine offiziellen Kontakte der Carrozzeria Bertone zur großen Marke aus Mailand ergeben. Doch in der Zwischenzeit erfuhr Alfa Romeo radikale Änderungen: Bei der Staatsholding IRI hatte man erkannt, dass sich die prekäre Situation ihrer Autofirma mit dem traditionsreichen Namen nur durch Anlehnung an einen Großkonzern lösen ließ. Nachdem bereits Verhandlungen u. a. mit General Motors und der Chrysler Corporation geführt worden waren, begannen im Frühling 1986 ernsthafte Abklärungen mit der Ford Motor Company. Henry Ford II. hatte schon in früheren Jahren heißes Verlangen nach dem Besitz der Marke Ferrari manifestiert und später gar Fiat ins Visier genommen, doch nun war Alfa Romeo das neue Wunschziel des zweitgrößten US-Autokonzerns.

Es ergab sich ein Seilziehen zwischen dem von Italiens Parlament unterstützten Fiat-Konzern – angeführt von Cesare Romiti, Geschäftsführer der Fiat-Holding, und Vittorio Ghidella, Leiter der Fiat Auto SpA – und dem IRI-Vorsitzenden Romano Prodi, der den Ford-Weg gehen wollte. Fiat-«Oberhaupt» Giovanni Agnelli und Cesare Romiti bemühten sich im September 1986 bei Regierungschef Bettino Craxi in Rom um eine «nationale Alfa-Rettungsaktion», und Ende Oktober legten sie ihre Karten auf den Tisch: Fiat wollte Alfa Romeo mit der Fiat-Tochter Lancia zusammenlegen und bot rund das Doppelte von dem, was Ford zu zahlen bereit war. Zudem verpflichtete sich Fiat zu Investitionen, die fast fünfmal so hoch waren wie der Kaufpreis. Immerhin sollte die Zahl der Alfa-Mitarbeiter von 34'000 auf 29'000 reduziert werden. Zum 1. Januar 1987 nahm die neue Firma Alfa Lancia Industriale – ebenso wie die Fiat Auto SpA von Vittorio Ghidella geführt – ihre Tätigkeit auf.

Anlässlich des Turiner Salons des Jahres 1994 verkündete Paolo Cantarella, der seit Ende 1990 die Geschicke des Fiat-Automobilsektors leitete, eine «Neulancierung» der Marke Alfa Romeo. Hierzu sollten die Gesamtinvestitionen bis 1996 die Marke von 5 Bio. Lire (rund 5 Mia. Franken) erreichen. Nicht nur in die Alfa-Modellreihen wurde investiert, ebenso in das Image und zu diesem Zweck in rennsportliche Aktivitäten, wie sie mit der Marke in traditioneller Verbundenheit standen. Unter diesen verheissungsvollen Vorzeichen, die überdies ein Ende der damaligen Wirtschaftskrise am Horizont erscheinen ließen, war die erneute Verbindung zu Bertone, nur ein kleiner Nebeneffekt.

Apropos «zweitgrößter Automobilkonzern»: 1998 verlor die Ford Motor Co. diesen Status an die Volkswagen-Gruppe.

Weiteres Pionierkonzept: SUV-Kompaktwagen

Verkörperte als hochmodern geformter kompakter Geländekombi eine neue Idee: Bertone Sportut auf Basis Alfa Romeo 145 (bw).

Der erwähnte erneuerte Kontakt zwischen Alfa Romeo und Bertone hätte 1997 mit einem Sportut geheissenen Prototyp auf dem Genfer Salon zum Ausdruck kommen sollen. Doch der unerwartete Tod des großen Maestros Nuccio Bertone veranlasste in jenem Jahr verständlicherweise zum Fernbleiben des legendären Designernamens. Der noch unter Bertones persönlicher Obhut entwickelte Sportut – ein Kürzel für Sport Utility Vehicle = SUV) – entstand auf der Basis des Alfa Romeo 145 und war ein eigentlicher Vorbote auf die SUV bzw. Geländekombi der Klein- und Kompaktwagenklasse.

Bis 1993 hatte Bertone seine eigenen kleinen Freeclimber-Geländewagen hergestellt. Sie basierten auf den Daihatsu-Modellen Rocky und Feroza und verknüpften Geländetauglichkeit mit Design und Komfort. Der Sportut aber ging in eine neue Richtung: Er verband ein richtungsweisend-modernes Kompaktwagendesign mit den durch den Vierradantrieb und eine hohe Bodenfreiheit gegebenen Voraussetzungen für das Durchkommen abseits befestigter Straßen.

Ein voll geländetauglicher Pkw also..., und so etwas hatte es tatsächlich schon einmal gegeben, nämlich in Form des 1958 herausgebrachten Moskwitsch 410, eine Kombination von Vierradantrieb, Geländeuntersetzung und der hochgesetzten Stufenheckkarosserie des Typs 407. Jene russische Konstruktion mit 45 PS leistendem 1,4-Liter-Motor war 406 cm lang. Der Sportut brachte es auf 414 cm, und auch er glänzte mit großzügigem Bodenabstand. Sein Entwurf ging natürlich bereits auf die Vorjahre zurück, doch Klein- und Kompakt-Geländekombi – und nicht bloß Geländewagen herkömmlicher Art – lagen offenbar auch in Japan in der Luft. Dies zeigte sich in den 1997 lancierten Modellen Suzuki Vitara und Daihatsu Terios. Noch aber konnte niemand ahnen, dass sich da ein neues Marktsegment ankündigte, nämlich die Gattung der «hochgesetzten agilen Stadtwagen», die nach der Jahrtausendwende selbst bei den deutschen Premiummarken ihren Ausdruck fanden, im Form des BMW X3 (ab Herbst 2003) und des Audi Q3 (2011).

Der Original-Alfa 145, hier als Q4, 1996 (4 Zyl., 1969 ccm, 150 PS – aw).

Bertones innovativer Alfa-Romeo-Vorschlag

Alfa Romeo hatte die Baureihe 145/146 als Nachfolger der Modellreihe 33 im Juli 1994 (Modell 145, dreitürig) bzw. Dezember 1994 (Typ 146, fünftürig) lanciert. Sie besaßen zunächst noch die 1351- und 1712-ccm-Boxermotoren aus der 33er-Baulinie. Diese wurden im November 1996 durch neue Reihen-Vierzylinder abgelöst. Es handelte sich um eigens für Alfa Romeo geschaffene Neuentwicklungen und nicht etwa um überarbeitete Fiat-Aggregate, wie dies heutzutage weltweit konzernintern gehandhabt würde. Es gab sie mit 1371, 1599, 1747 und 1969 ccm, alle mit «Alfa-traditionellen» doppelten obenliegenden Nockenwellen und überdies mit vier Ventilen je Zylinder. Elektronische Benzineinspritzung war inzwischen eine Selbstverständlichkeit. Die Leistungsspitzen erreichten 103, 120, 140 bzw. 150 PS, was die sportliche Ausrichtung unterstrich. Außerdem gab es noch eine 1929-ccm-OHC-Dieselversion mit 90 PS. Lediglich der 1747-ccm-Motor fand sich auch in den Lancia-Modellen Delta und Dedra (mit 131 PS). Und immerhin teilten die 145/146 ihren 254-cm-Radstand mit dem Fiat-Duo Bravo/Brava.

Der Sportut war auf Vierradantrieb ausgelegt, wenngleich ein solcher zwar noch beim Alfa 33, nicht aber bei den Typen 145/146 im Angebot stand. Unter Luciano D'Ambrosio war ein attraktives, von Rundungen bestimmtes Design für einen fünftürigen Kompaktwagen mit Steilheck entstanden. Ein solches besaß auch der Alfa 145, und seine horizontal betonte Silhouette erinnerte an einen Sportkombi. Während die Höhe der 145/146 übliche 143 cm erreichte, war der Sportut 160 cm hoch, was vor allem der erhöhten Bodenfreiheit zuzuschreiben war. Mit 180 cm war der Sportut 9 cm breiter als die Original-Alfa. Seine Länge von 414 cm lag zwischen jener der Alfa 145/146 mit 406 und 423,5 cm. Zweckentsprechend waren aber vor allem die Böschungswinkel günstiger ausgelegt.

Der Bertone Sportut zeigte eine Reihe neuer Designideen. Dies begann mit dem beidseits des Alfa-Wappenschilds über die Doppelscheinwerfer gezogenen Zierbügeln, gefolgt von dem in Kontrastfarbe gehaltenen Blecheinsatz, der sich an die silberfarbene vordere Radhausumrandung anschloss. Hinzu kamen die außen auf der Motorhaube persikopartig aufgepflanzten Außenspiegel.

Mit ungewöhnlich ins Dach hineingewölbter Heckscheibe (bw).

In der 1:1-Umsetzung zeigte der Sportut noch einige Änderungen, so die periskopartig aufgesetzten Rückblickspiegel (bw).

Die Rückseite mit der in das Dach hineingebogenen Heckscheibe und dem elegant in die Heckklappe eingefügten Reserveradfach sorgte für eine besonders originelle Note. Und dann gab es da noch ein Detail, das bewies, dass man sich bei Bertone auch an frühere Innovationen aus eigenem Hause erinnerte: Die senkrecht stehenden, an das zweite Seitenfenster angefügten Türöffner gemahnten an die 1988 beim Minivan Genesis vorne wie hinten getroffene Lösung. Erstmals in Serie gab es solche Türgriffe bei dem im Herbst 1989 eingeführten großformatigen, fünftürigen Geländekombi Nissan Pathfinder..., und ab Herbst 1997 fanden sich vertikale Türgriffe auch an den Hintertüren der neu eingeführten Stufenhecklimousine Alfa 156; sie unterstrichen eine «coupéhafte Anmutung»!

Freude an flotter Form selbst beim Pick-up!

Ford und Chevrolet belieferten den amerikanischen Automarkt mit den beiden meistgekauften Modellreihen..., und es handelte sich bei beiden um Pick-ups! Diese auf gut Deutsch Pritschenwagen geheißene Karosserieart besitzt in den USA eine generationenalte Tradition, von der auch die Marken Dodge und GMC profitieren. Man besitzt einen Pick-up nicht nur als Zweitwagen, sondern gerade auch bei jüngeren Zeitgenossen als das universell einsetzbare Transportmittel, für den Sprint zum Date ebenso wie zur Wochenendreise, zur Einkaufsfahrt ebenso wie für das Mitnehmen von Hobbygeräten, und wenn's mit der Familie sein muss, dann eben mit einem Doppelkabinen-Pick-up.

Aber abgesehen vom Kühlergesicht sehen diese leichten US-Nutzfahrzeuge alle etwa gleich aus. Dies brachte die Bertone-Leute auf die Idee, für einmal einen Pick-up zu schaffen, der ebenso aufregend aussah wie ein hochsportlicher Roadster..., und aus dem Zusammenzug von Pick-up und Roadster ergab sich denn die Bezeichnung Pickster!

Zur Idee des Picksters kam es im Juli 1997, als BMW mit Bertone über Konstruktion und Herstellung des «bedachten» Motorrads C1 diskutierte. Man wollte einen auf BMW-Technologie basierenden Concept-car verwirklichen, der keine der von BMW hergestellten Karosseriearten kompromittierte und auch nicht einen kommenden neuen Sportwagen verkörpern konnte. So kam man auf das Thema Pick-up und somit nach dem Hochdach-Kleinkombi Citroën Berlingo und dem Kompakt-SUV Alfa Romeo Sportut auf eine weitere neue Sparte, jene des Sport-Pick-ups.

Anfänglich war geplant, den Pickster auf dem in den USA hergestellten BMW-Sportzweisitzer Z3 in der Ausführung M Roadster mit 320 PS starkem 3,2-Liter-Reihensechszylinder aufzubauen. Aber man sah bald ein, dass sich aus diesem Cabrio der 4-m-Klasse kein Pick-up herauskristallisieren ließ. Daher beschaffte man sich einen BMW 528i Touring und streckte dessen Plattform von 283 auf 306 cm Radstand. Mit 483 cm Gesamtlänge wurde der Pickster noch um 3 cm länger als der größere der beiden Münchner Kombis. Daraus ergab sich eine Ladefläche von amerikanischem Ausmaß. Dazu passte die Breite von 197 statt 180 cm. Sie ermöglichte es, mächtige 21-Zoll-Felgen mit Michelin-PAV-Reifen unterzubringen, die überdies ein Reserverad erübrigten.

Die Pickster-Verwirklichung nahm bescheidene drei Monate Zeit in Anspruch. Er zählte zu den Stars auf dem Turiner Salon des Jahres 1998.

In dieser frühen Entwurfsskizze präsentierte sich der Pickster noch keineswegs mit einer BMW-typischen Front (bw).

Mit seiner langgestreckten Silhouette wirkte der Pickster ungemein attraktiv (1998; 6 Zyl., anfangs 2793 ccm 193 PS; später 3201 ccm 321 PS — bw).

UNTERWEGS:

Probefahrt vermittelte abstraktes Autofeeling

Wieder einmal bot Bertone dem Autor die Möglichkeit zu einer Probefahrt am Lenkrad eines unbezahlbaren Einzelstückes. Und diesmal durfte nicht nur in der Umgebung des Bertone-Designstudios herumgekurvt, sondern sogar ein Stück Autobahn im Susatal befahren werden. Der Pickster erwies sich denn als bereits viel fahrtüchtiger als frühere Konzeptstudien, was nicht nur dem Fahrspass zugutekam, sondern auch die aufgehalste Verantwortung leichter tragen ließ. Nachstehend Auszüge aus dem in der «Automobil Revue» Nr. 32 vom 6. August 1998 veröffentlichten Bericht:

«Von Concept-cars ist man ein ebenso futuristisches wie unvollendetes Cockpit gewöhnt. Doch immerhin bietet der Pickster bereits einige funktionierende Einrichtungen. So lässt sich die Sitzlehnenneigung elektrisch verstellen, (noch) nicht aber die Sitzdistanz zum Lenkrad. Die Instrumente in Form von elektronischen Anzeigekurven und großformatigen Digitalwerten sind (vorerst) bloß grafisch aufgetragen. In Armaturenbrettmitte verbergen sich zwei aufklappbare Motorüberwachungsinstrumente mit herkömmlichen Analoganzeigen.

Dankbar ist man aber dafür, dass die Lüftungsanlage samt der elektrisch absenkbaren seitlichen Fensterausschnitte funktionieren. In der Pickster-Kabine bleibt man somit selbst bei hochsommerlichem Wetter vom radikalen Saunaeffekt anderer Konzeptstudien verschont. Für abstraktes Autofeeling wird dennoch gesorgt, und zwar vor allem durch die längsgeteilten und zudem gespreizten Sitzauflagen. Welche Gedankengänge den oder die Designer zu dieser Lösung geführt haben, ist schwer auszumachen. Die Oberschenkel werden von den beiden mit feinem Leder überzogenen Sitzkissenhälften zwar gut abgestützt, aber man fühlt sich (wie ein V-Motor) zu einer Spreizhaltung in vorbestimmtem Grad gezwungen...

Durchzugsstark und leicht beherrschbar

Unter der Pickster-Motorhaube steckte bei der Probefahrt noch der 2,8-Liter-Motor aus dem BMW 528i. Den bereits eingetroffenen 3,2-Liter-M-Motor mit 320 PS sollte er zur Mondial Paris im Oktober erhalten. Doch auch mit 193 PS macht der Pickster gute Figur. Den attraktiv prasselnden Auspuffton hat er der M-Maschine bereits vorweggenommen. Auf leichten Gaspedaldruck sprintet der noch etwas schwergewichtige Prototyp durchzugsstark von dannen. Trotz der Länge von 480 cm und einer Breite von beinahe 2 m lässt er sich leicht dirigieren. Eine Angewöhnung verlangen die oben in den Seitenscheiben verankerten Außenspiegel. Sie vermitteln aber guten Rückblick über die breiten Hüftflanken des Karosseriekörpers hinweg.

Eindrücklicher Bertone-Stand der Turiner Schau 1998 (bw).

<u>Unten:</u> Der Heckflügel über dem Haltenetz war auch absenkbare Ladekante (rg).

Lenkung, Schaltung und Bremsen sind BMW-like problemlos. Nur mit der Fahrwerkabstimmung klappt's noch nicht. Auf unebenem Straβenbelag vollführt der Aufbau leichte Wippbewegungen. Hiervon abgesehen gibt sich die Federung angenehm sportlich straff. Die Sicht auf die «Faksimile-Armaturen» ist einwandfrei. Hingegen müssen sich die Pupillen auf den unmittelbar hinter dem Lenkrad aufragenden Bildschirm des Navigationssystems umstellen. Der Satelliten-basierte TEC-mobility Route Planner von Magneti Marelli funktioniert tatsächlich und besticht durch klare Karten- und Standortwiedergaben.

Alle wollten einen Blick erhaschen

Natürlich findet der extravagant geformte, auffallend gefärbte Pickster im Turiner Vorortsverkehr gebührende Beachtung. Auf der Überholspur der Autobahn wird bereitwillig Platz gemacht. Von allen Seiten wollen Italiens zahllose Autofans von diesem hochsportlichen Einzelstück einen Blick erhaschen.

Zum Abschluss wird das Lenkrad Bertones PR-Manager Gian Beppe Panicco überlassen, um auch die möglichen Mitfahrfreuden auf dem aufklappbaren «Schwiegermutter-

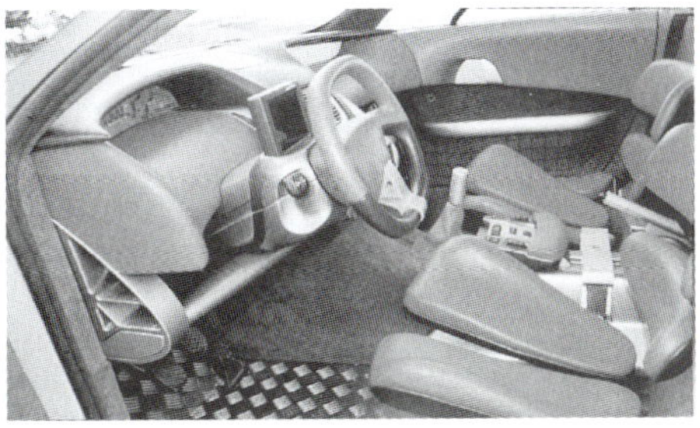

Das futuristische Cockpit war weitgehend in blauem Leder gehalten (bw).

Trotz Trittmulde war das Entern der hinteren Sitzbank beschwerlich (rg).

sitz» auf der Ladepritsche zu erkunden. (Diese Zusatzsitze sind wie jene im Cockpit aufwendig ausgeformt und mit blauem Leder überzogen.) Der Einstieg über die Trittmulde vor dem Hinterrad braucht gezielten Beinschwung. Etwas einfacher wäre der Ein- und vor allem Ausstieg via die elektrisch absenkbare Heckflügel-Ladekante. Selbst bei zügiger Fahrt könnte der sommerliche Aufenthalt unmittelbar hinter der senkrechten Heckscheibe durchaus angenehm sein. Weil aber die Seitenscheiben vor den hinteren Dachträgern in ebenso stilvolle wie sinnlose Löcher ausmünden, bekommen die Rücksitzpassagiere zusätzliche Portionen Frischluft verpasst...»

Mit Paolo Caccamo im Gespräch

Auf dem Automobilsalon von Turin im Mai 1998 interviewte der Autor Paolo Caccamo (sowie Sergio Pininfarina) zu den Themen Corporate Identity und Markenerkennbarkeit. Mr. Caccamo als Vorsitzender und Generaldirektor der Carrozzeria Bertone antwortete:

«Es gibt Hersteller, die ein genau definiertes 'Familyfeeling' entwickelt haben und ohne Zweifel dabeibleiben werden. Zu den berühmtesten Beispielen zählen etwa Jaguar, Mercedes, BMW. Diese Marken pflegen ihr Erscheinungsbild und unterziehen es nur einer behutsamen, langsamen Entwicklung. Man kann diese Marken unverzüglich erkennen. Anderseits gibt es Marken, die äuβerlich praktisch keine Familienzugehörigkeit zum Ausdruck bringen. Dies mag daran liegen, dass sie sich auf keine langen Traditionen berufen können.»

Zu dem 1998 lancierten, betont ungewöhnlich geformten kompakten Minivan bzw. Groβraumkombi Fiat Multipla äuβerte sich Paolo Caccamo: «Der Multipla ist gewiss eine Ausnahme. Denn bei anderen Fiat-Modellen, wie dem Punto und dem Bravo/Brava, gibt es durchaus gemeinsame Identitätsmerkmale. Und Fiat dürfte in dieser Stilrichtung fortfahren. Der kommende neue Punto, den ich bereits gesehen habe, ist klar als Punto und auch als Fiat erkennbar... Auch bei den anderen Marken der Fiat-Gruppe zeigt sich eine ausgeprägte Markenidentität, so bei Alfa Romeo mit weniger gerundeten, sondern gestreckten Linien und natürlich typischem Kühlluft-einlass. Ebenso strahlt Lancia einen eigenen Charakter aus. Der Prototyp Dialogos mit seinem Bezug zur Vergangenheit unterstreicht Fiats Absicht, auch dieser Marke verstärkt zur eigenen Persönlichkeit zu verhelfen.»

Auf die Frage «Worin liegt die Zukunft unabhängiger Designstudios wie Bertone: vollständig neue Formideen zu entwickeln oder den Herstellern auf ihren bestehenden Linien Evolutionswege aufzuzeigen?» antwortete Paolo Caccamo:

«Dies hängt ganz von den Wünschen der Auftraggeber ab. Wir haben beispielsweise für Jaguar gearbeitet und dabei einen typischen Jaguar entwickelt. Und wir haben für Citroën gearbeitet und Wagen dieser Marke entwickelt, und dasselbe gilt für Fiat oder für General Motors Europe. Eine der wichtigsten Qualitäten der Designer besteht darin, sich den unterschiedlichen Bedürfnissen der Kunden anzupassen. Das gilt nur dann nicht, wenn für eigene Entwürfe gearbeitet wird. So etwa im Falle des Picksters, den man wohl gleich als einen Concept-car von Bertone erkennen dürfte. Er entspricht wie schon frühere Eigenschöpfungen unserer spezifischen Stilrichtung.»

Natürlich war der Kühlergrill des Pickster von den BMW-«Nieren» inspiriert (rg)..., aber gefiel möglicherweise später auch Pontiac-Designern:

Pontiac Grand Prix, 2004 (wb).

Pontiac Montana SV6, 2006 (wb).

Kompakt-Minivan Fiat Multipla, ab 1998: mutiges Abweichen von den Normen» (fw)...

...und Concept-car Lancia Dialogos, 1998: Manifest für die Traditionswahrung (lw).

Der Bertone Bella zeigte eine faszinierend ungewohnte Silhouette; seine Basis entstammte dem Alfa Romeo 166 (1999; 4 Zyl., 1969 ccm, ca. 175 PS – rg).

Bella war nur der – harmlose – Vorname!

Das nächste Luciano D'Ambrosio zuzuschreibende Meisterstück hieβ schlicht und einfach Bella. Längst war es ja eine Kunst geworden, passende, prägende oder symptomatische Modellnamen zu finden. Warum also in die Ferne schweifen, wenn das Gute so nahe liegt: «Bella!» ist ein Ausruf, der Italienern sozusagen im Blute liegt, ob es nun um Frauen oder Autos geht (pardon, das galt noch im letzten Jahrtausend) . Und dieser bzw. diese Bertone Bella – ein reinrassiges Sportcoupé – wie es 1999 zum Automobilsalon von Genf gebracht wurde, war nicht nur begeisternd schön, sondern zudem einzigartig charaktervoll! Diese zugespitzte Front, deren kraft- und schwungvolle Kanten ein stilisiertes, halbwegs nach oben gerichtetes Alfa-Wappenschild umrahmten; diese vier in die Flanken übergehenden Schlitze, die unten dem Lufteinlass oben als flachmöglichster «Auslug» für die Scheinwerfer dienten...

Und einen völlig ungewohnten Anblick bot der Bertone Bella erst recht von der Seite: Die Türkonturen folgten unteren Schweller-Prägekanten und stiegen hinten schräg zur Dachlinie hinan, während die dreieckförmigen, nahtlos an die gleichmäβig gerundete Panorama-Frontscheibe anschlieβenden Seitenfenster ein wenig an eine Flugzeugkanzel erinnerten, aber im Automobildesign ein Novum verkörperten. Zugegeben, diese Lösung sorgte nicht für eine optimale Rundsicht, aber sie fügte sich mit dem Flieβheck zu einem eindrücklichen grafischen Kunstwerk zusammen. Etwas profaner ausgedrückt: Die hinter den leicht eingezogenen Türen nach auβen gewölbten hinteren Radhäuser vermittelten jenen sinnlichen Aspekt, wie sie die Freunde leistungsfähiger Sportmobile erwarteten. Das bereits ab dem vorderen Dachbereich markant absinkende Fastback verhalf seinerseits zu einer tempobetonten Optik.

Den Anstoβ zu diesem Dream- und Concept-car gab Signora Bertone, die Witwe des groβen Maestro. Warum nicht wieder einmal ein Coupé auf Alfa-Basis verwirklichen? Ihr Vorschlag wurde vom Bertone-Management positiv aufgenommen. Denn so konnte man an die bei Bertone geschaffenen traditionellen 2+2-sitzigen Alfa-Coupés zurückerinnern, an den 1963 auf der IAA Frankfurt vorgestellten Giulia GT, der als «Bertone-Coupé» in die Geschichte einging, aber auch an den 1967 entstandenen und von 1970 bis 1977 im eigenen Haus aufgebauten Alfa Romeo Montreal.

. Zuletzt hatte Bertone 1983 mit dem Delfino ein Sportcoupé auf Alfa-Basis vorgeschlagen. Der Bella von 1999 hätte eine glänzende Ober- oder Luxusklasse-Ergänzung zum damaligen Viersitzercoupé Alfa Romeo GTV verkörpert.

Einwärts gezogene Türen und harmonische Wölbungen beidseits des weit vorne angesetzten Fastbacks; die Rückleuchten blieben gänzlich kaschiert (rg).

Dank neuartiger Lichttechnik ließen sich die Scheinwerfer halbwegs in Schlitzen verbergen; diese bildeten eine optische Parallele zu den Lufteinlässen (rg).

Auf der jüngsten Alfa-Romeo-Berlina

Entstanden war der Bella auf der Basis des Alfa Romeo 166. Von dieser im Herbst 1998 lancierten viertürigen Stufenhecklimousine der oberen Mittelklasse mit Quermotor und Frontantrieb wurde der Unterbau mit unverändertem 270-cm-Radstand übernommen. Während die Berlina 472 cm Länge erreichte, war der Bella nur 445 cm lang. Breite und Höhe wichen mit 189,5 und 131 cm weniger stark von der Viertürlimousine ab (181,5 und 142 cm). Von den fünf Motoren, die für dieses Modell zur Wahl standen, war der 2-Liter-16-Ventil-Basismotor eingebaut. Mit einigen Eingriffen hatte man diesem Vierzylinder zu etwas mehr als den serienmäßigen 155 PS verholfen. Geplant war ursprünglich allerdings der Einbau des «standesgemäßen» 3-Liter-V6-Motors mit 24 Ventilen und 226 PS.

Während die Designer für die Lackierung des Bella einen distinguierten beigegrauen Ton wählten, verhalfen Sie dem klassisch-sportlich gehaltenen Innenraum mit rotem Armaturenbrett- und Innenraumüberzug zur Kontrastnote. Vor allem aber hatte man sich für eine optimale Raumnutzung Neues einfallen lassen. Hierzu bezog man sich auf eine in den USA durchgeführte Erhebung. Sie zeigte, dass «die +2-Sitze vor allem für das Gepäck und nur in 3 % aller Einsätze für Passagiere genutzt wurden». Darum schuf man eine Vorrichtung, mit der sich die Fondsitze einzeln zu abgedeckten – und somit von außen nicht einsehbaren – Kofferraumverlängerungen wandeln ließen. Hierzu konnten die Rücklehnen vertikal nach oben angehoben und die Sitzflächen nach vorne gekippt werden. Dank eingebauten Stoßdämpfern ließ sich dieser Vorgang auf einfachste Art auslösen. Mit zwei Insaßen konnten sogar Fahrräder mit demontiertem Vorderrad mitgeführt werden.

UNTERWEGS:

Überzeugender Kontakt mit der «Bella Macchina»

Auf einer von PR-Direktor Gian Beppe Panicco im Susatal auch mit dem Bella ermöglichten ausgiebigen Probefahrt überzeugte diese veränderbare hintere Sitzkonfiguration. Bei üblicher 2+2-Anordnung boten diese Hintersitze zwar genügend Beinraum, aber der Kopfraum reichte nur für etwa bis 160 cm große Kinder. Hier einige weitere vom Autor in der «Automobil Revue» Nr. 33 vom 12. August 1999 veröffentlichte Feststellungen:

«Die stilvoll gestalteten vorderen Sportsitze vermitteln schlanken Personen auch seitwärts genügend Halt. Problematisch sind hingegen die dreieckförmigen metallisierten Stoffeinsätze auf den lederüberzogenen Sitzflächen und -lehnen. Ihre raue Struktur dürfte Bekleidungsstoffen auch Dauer zusetzen... Doch dies ist der einzige unrealistische Stylinggag. Ansonsten wirkt das in Rot gehaltene Cockpit sportlich-elegant und attraktiv. Das von der Alfa-166-Limousine übernommene Instrumentarium wurde durch ein originelles Lenkrad und einen eigenen Schaltknauf ergänzt. Die Türverkleidungen präsentieren sich gekonnt ausgeformt. Die Rundsicht aus dem Wagen ist weit besser, als man dies von außen erwartet.

Türkonturen als grafisches Kunstwerk (rg).

Das im Bella eingebaute, leicht getunte Vierzylinderaggregat weiß zu gefallen. Und zwar umso mehr, als dieser Motor ein begeisterndes Röhren intoniert, wenn man mal kräftig durch die Landschaft prescht. – Von all' den Bertone-Concept-cars, die in den vergangenen Jahren Probe gefahren werden konnten, ist der Bella gewiss der am perfektesten aufgebaute Prototyp. Nur Lenkung und Federung bedürfen noch der Feinabstimmung... Falls man in der Fiat-Konzernzentrale den glücklichen Entschluss fassen sollte, den Bella in die Serie zu überführen, ließen sich jetzt noch vorhandene Mängel mit Leichtigkeit eliminieren. Von Bertone wurden bei der Realisierung dieses Designvorschlages alle Voraussetzungen für eine Produktionsaufnahme bereits berücksichtigt. – Übrigens hatte Gian Beppe Panicco den Bella im vergangenen April nach einer Präsentation in Frankreich durch den Montblanc-Tunnel persönlich ins Susatal zurückgefahren..., zwei Stunden vor der Brandkatastrophe in diesem Alpentunnel!»

Das Armaturenbrett und die Türinnenseiten entstammten dem Alfa Romeo 166 (rg).

Rechts: Eine geniale Kippvorrichtung verwandelte die Notsitze in zusätzlichen Kofferraum (rg).

Zu den Stars der Sonderschau «Carrozzieri Italiani» anläßlich des Fiat-100-Jahr-Jubiläums zählte der Nachbau des ersten von Nuccio Bertone entworfenen und im Renneinsatz gefahrenen Wagens: der Bertone Fiat 500 Barchetta von 1947 mit Fiat-500-ccm-Vierzylindermotor (rg).

Diesen Bertone Fiat 1100 Coupé mit hocheleganten Fließheck von 1953 setzte Nuccio Bertone 1956 (nach leistungssteigerndem Tuning durch Stanguellini) bei der 5. Rally Sestriere ein. Auch er wurde zur «100-Jahre-Fiat»-Sonderausstellung gebracht (rg).

100 Jahre Fiat – Bertone feierte mit

Längst war F.I.A.T. = *Fabbrica Italiana di Automobili Torino* zu Italiens Wirtschaftsfaktor No. 1 geworden. Da gebührte es sich, dass ihr 1999 gefeiertes 100-Jahr-Jubiläum zu einem italienischen Großereignis wurde. Es kam u. a. durch vier Sonderausstellungen zum Ausdruck, die an vier Orten der Piemont-Metropole organisiert wurden und historisch-industriellen wie auch sozialen Aspekten gewidmet waren. Drei von ihnen dauerten vom Sommer bis zum 7. November 1999. Hinzu kam als fünfte Sonderschau eine von den *Carrozzieri Italiani,* den legendären Karosseriefirmen, organisierte Präsentation, die allerdings nur vom 10. bis 19. Juli dauerte. Auf den Plätzen Carignano und Carlo Alberto, beidseits des historisch bedeutungsvollen Palazzo Carignano im Herzen der Stadt, wurden unter weißen Zeltdächern «70 *capolavori per Fiat dal 1899 al oggi*» (70 für Fiat ausgeführte wegweisende Arbeiten von 1899 bis heute) zur Schau gestellt.

Auch Konstruktionen von längst untergegangenen Karosseriefirmen gab es zu bewundern. Nur das Werk des großen Nachkriegsdesigners Giovanni Michelotti konnte nicht präsentiert werden, weil sich kein von ihm geschaffenes Fiat-Produkt auftreiben ließ. Die einzelnen «Carrozzieri» veranschaulichten ihre Unternehmen zusätzlich auf Schautafeln. Neben einst käuflichen Modellen mit Spezialkarosserien und serienmäßig bei den Karosseriefirmen hergestellten Sondermodellen waren an dieser einzigartigen Schau auch Concept-cars aus jüngerer Zeit zu sehen. Einen Kontrast dazu bildete der Nachbau der ersten von Nuccio Bertone konstruierten Barchetta und ein ebenfalls von ihm verwirklichtes und rennsportlich eingesetztes Fiat-1100-Coupé. PR-Direktor Gian Beppe Panicco vertrat anläßlich der Eröffnungsfeier als «Alter Ego» den verstorbenen Maestro.

Die gesamte Fiat-Elite und weitere Turiner Persönlichkeiten waren an der Eröffnungsfeier zum 100-Jahr-Jubiläum von Fiat präsent. Mit weißem Haar: «L'Avvocato» Gianni Agnelli (1921—2003), Patriarch aus der Agnelli-Familie, die schon 1899 bei der Fiat-Gründung maßgeblich beteiligt war (wb).

Neues Abkommen mit Lamborghini

Nachdem die Prestigemarke Lamborghini im Vorjahr von der VW-Konzernmarke Audi übernommen worden war, wurde Anfang 1999 zwischen der Automobili Lamborghini SpA und der Stile Bertone SpA ein Abkommen unterzeichnet, wonach die beiden Firmen «künftig bei der Realisierung neuer Projekte zusammenarbeiten werden». Dies wurde anlässlich des Genfer Salons 1999 mitgeteilt. Damit wurde an eine lange Tradition angeknüpft, die von der Design-Entwicklung und dem Bau des Lamborghini Miura durch Bertone im Jahre 1966 bis zur Konstruktion des futuristischen Großraumkombis Genesis auf Lamborghini-Mechanik im Jahr 1988 reichte. – Später war über dieses Abkommen leider nichts mehr zu vernehmen...

Gianni Agnelli, oberster Chef des Fiat-Konzerns, begrüsst Gian Beppe Panicco als «Alter Ego» von Nuccio Bertone; dazwischen Paolo Cantarella, Vorstandsvorsitzender von Fiat Auto (wb).

Eleganz mit kurzem Stufenheck: Der Opel Astra G war als Bertone-Coupé unaufdringlich schick (1999, Basismotor 4 Zyl., 1796 ccm, 116 PS – bw).

Verlockendes Offenfahren: Zum Jahrgang 2001 kam das Astra-Cabrio in Zweitauflage hinzu (Toppmotor 4 Zyl., Turbo, 1998 ccm, 190 PS – bw).

Neuer «Nischen-Astra» zunächst als Coupé

Zum Modelljahr 1998 brachte Opel die kompakte Modellreihe Astra in Neuauflage auf den Markt; intern wurde sie als Astra G bezeichnet. Der Radstand wuchs von 252 auf 261 cm, und die Gesamtlänge legte von 405 auf 411 cm zu. Die viertürige Stufenhecklimousine wuchs hingegen nur gerade um einen auf 425 cm, und sie war, ebenso wie der Station Wagon bzw. Kombi, zur unteren Mittelklasse zu zählen. Alle Karosserieversionen zeigten sich moderner geformt und fielen durch ihre Radhausumrandungen auf. Die Hecklichter waren neu vertikal statt horizontal gruppiert. Sowohl bei der Schrägheck- wie bei der Stufenhecklimousine wurde nun auf das dritte Seitenfenster verzichtet. Nebst technischen Verbesserungen gab es vor allem neue Motoren.

Das von 1993 bis 1998 von Bertone gebaute Opel-Cabriolet basierte auf dem Astra F. Auf dem Astra G wurde auf der IAA Frankfurt 1999 eine Bertone-Coupéversion des neuen Astra vorgestellt. Ihr Stil ähnelte dem Design des dreitürigen Astra-Grundmodells, dessen Schrägheck einen kurzen Stufenabsatz aufwies. Das Coupé zeigte ein klar abgesetztes Stufenheck, und sein zweites Seitenfenster war deutlich kürzer. Die Außenabmessungen erreichten 426,5 x 171 x 139 cm. Drei Motoren standen zur Wahl: 1796 ccm, 116 PS; 2198 ccm, 147 PS; 1998 ccm, Turbo, 190 PS – übrigens alle mit DOHC und vier Ventilen je Zylinder!

Auf dem Genfer Salon des Jahres 2001 – ein Jahr nachdem bei Bertone die Produktion des Coupés angelaufen war – kam auch ein neues Astra-Cabrio hinzu. Wie schon das Coupé hob es sich von den «normalen» Astra an der Front durch ein Gitter vor dem unteren Kühllufteinlass ab. Das Flankendesign entsprach jenem bei den Großserien-Astra. Wesentliche Unterschiede zum früheren Astra-Cabrio bestanden in dem vollständig unter einem flachen Deckel verschwindenden Verdeck. Es wurde elektrisch betätigt. Statt einer Verdeckhüllle überragten nun zwei hintere Überrollschutzbügel die Gürtellinie. Je nach Ausführung wurden sie mit einem Kopfstützpolster kombiniert. Wie die neuen Astra mit geschlossenen Karosserien erhielt auch das Cabrio einen deutlich steifer ausgelegten Unterbau. Parallel zum Coupé gab es das Cabrio nun auch mit einem 1598-ccm-Motor (16V, 101 PS; Leistung des 1796-ccm-Motors neu 125 PS. Es gab die bis 2005 in Grugliasco aufgebauten Bertone-Opel in diversen luxuriösen Sonderausführungen.

Produktion Bertone-Opel

1985-1992	Opel Kadett GSi Cabrio	58'677
1993-1998	Opel Astra F Cabriolet	52'346
2000-2005	Opel Astra G Coupé	69'402
2001-2005	Opel Astra G Cabriolet	66'600
Total (Opel-Werkangaben)		**247'025**

Astra Coupé wie Cabriolet gab es in diversen Sonderversionen: hier aus den Bertone-Beständen ein Coupé mit adrettem Heckflügel (rg).

CC statt Cabrios...?

Auf dem Automobilsalon von Turin im April 1996 hatte Mercedes-Benz den SLK vorgestellt: Ein Zweisitzer-Sportwagen der 4-m-Klasse. Seine Einzigartigkeit lag im Dach, nämlich einem Hardtop = Dach aus festem Material, das sich auf Knopfdruck hinter den Sitzen versenken ließ..., ganz wie ein Stoffverdeck. Auf ein solches aber wurde beim SLK verzichtet; er war der erste Sportzweisitzer, der gleichzeitig Coupé und Cabrio war. Schon ab 1984 hatte sich auch die Frankfurter Firma B+B mit diesem Thema befasst.

Wohlverstanden, versenkbare Metalldächer hatte Peugeot schon 1937 angeboten, und 1957 brachte Ford USA den Fairlane 500 Rectractable. Aber dies waren großformatige Luxuscabrios. Der Mercedes-Benz SLK versprach hingegen eine neue Ära für das Offenfahren im Kompaktformat. Im Herbst 2000 folgte Peugeot mit dem Modell 206 CC = Coupé-Cabriolet und fand damit auch gleich das Kürzel für diese Karosserieform. Der 206 CC war bereits ein – wenn auch knapper – Viersitzer. Je länger so ein Dach, umso schwieriger war es, einen stabilen Versenkmechanismus zu verwirklichen. Immerhin folgte 2003 Renault dem Peugeot-Beispiel und schuf ein CC auf der Basis des Mégane II.

Nachdem 2005 die Produktion der Opel-Astra-Coupés und -Cabrios ausgelaufen war, lancierte Opel im Frühling 2006 den in Eigenregie entwickelten Astra Twin Top. Auch mit ihm waren nun die Funktionen Coupé und Cabriolet in einem Modell vereint. Zudem ließen sich damit – und dies spielte eine mitentscheidende Rolle – eigene Produktionskapazitäten nutzen. Für Bertone ein verpasster Anschluss, also! – Ein schwacher Trost immerhin: Auch wenn VW mit dem Eos und u. a. Ford und Volvo dem CC-Trend folgten, hielt die Nachfrage mit dem Angebot nicht Schritt. Denn Sportautopuristen hielten am Stoffverdeck fest.

Die Proportionen des als Stadtwagen konzipierten Mazda Neospace ließen auf einen «Crossover» schließen. Allerdings war diese Bezeichnung 1999 noch längst nicht in Europa angelangt (bw).

Rechts: Der neuartig durchdachte Heckzugang ermöglichte erleichtertes Beladen z. B. mit Rollkoffer (wb).

Im Auftrag umgesetzt: Mazda-Konzeptstudie

Schon in den Sechzigerjahren hatte Bertone Designstudien für Mazda-Serienwagen geliefert. Die 1964 verwirklichte viertürige Mittelklasselimousine Mazda Luce – im Export später als Mazda 1500 bezeichnet – trug maßgebend zum Aufstieg dieser japanischen Marke auf dem internationalen Automobilmarkt bei. Inzwischen verfügte die Herstellfirma Toyo Kogyo in Europa über ein eigenes Designzentrum. Von diesem wurde Ende der Neunzigerjahre eine Stadtautostudie entwickelt, die knappe Außenabmessungen mit einem großen und flexiblen Innenraum verband. Hierzu zählte der Verzicht auf Mittelpfosten in Verbindung mit nach hinten öffnenden Hintertüren. Dies erbrachte einen freien seitlichen Zugang sowohl zu den Vorder- wie zu den Hintersitzen.

Während diese Besonderheit der mit Neospace bezeichneten Mazda-eigenen Konzeptstudie auf Karosseriekonfigurationen zurückging, wie es sie schon zu den Zwischenkriegszeiten gab, war eine weitere gebrauchsfreundliche Lösung neu: Der Heckstoßschutz ließ sich zu einer Rampe ausklappen. So ließen sich etwa Rollkoffer, Rasenmäher, Kinderfahrräder oder selbst Hobbygeräte ohne Räder bequemer einladen. Während diese Idee auch bei anderen Herstellern keinen Eingang in die Serie fand, erlebte der mittelpfostenlose Aufbau tatsächlich eine kleine Renaissance, so u. a. bei dem 2002 vorgestellten Mazda RX-8 mit Zweischeiben-Wankelmotor, einer der ungewöhnlichsten Designschöpfungen jüngerer Zeit.

Der Neospace erhielt einen 1,5-Liter-Vierzylindermotor mit (bei Ottomotoren noch kaum verbreiteter) Direkteinspritzung, und sein CVT-Getriebe war «neuartig kombiniert». Das Fahrwerk war zukunftsgerichtet bereits mit einer «dynamischen Stabilitätskontrolle» (DSC) versehen. Und schließlich ergänzten Michelin-Pax-Sicherheitsreifen die Ausstattung, womit auf ein Reserverad verzichtet werden konnte.

Und ja, zum fahrbaren Prototyp umgesetzt wurde der Mazda Neospace in den Bertone-Studios in Caprie. Dort wurde mehr und mehr auch verwirklicht, was in den Design- und Entwicklungsstudios der großen Autohersteller zu Papier gebracht worden war. Hierüber wurde in der Regel allerdings Stillschweigen vereinbart. – Auf der IAA 1999 war der Mazda Neospace eine der drei Neuheiten mit Bertone-Hintergrund, dies neben dem Opel Astra Coupé und dem BMW C1, dem «Motorrad mit Dach» (s. Seite 307), die beide für die Herstellung in Grugliasco bestimmt waren.

Das ebenfalls von Mazda vorgegebene Neospace-Armaturenbrett mit den weit vorne unterhalb der Windschutzscheibe angeordneten Anzeigeinstrumenten erinnerte an frühere Bertone-Concept-cars (bw).

Slim = schlanke Ideen zum Thema Zukunft

Bereits vor und um die Jahrtausendwende machte sich die Fachwelt Gedanken über den Straßen- und besonders den Stadtverkehr der Zukunft. Es wurden Verkehrs- und Parkraum sparende Kleinstautos für den Stadteinsatz entwickelt, und es wurden revolutionäre Transportsysteme angedacht, in denen sowohl Individualautomobile wie Kurzzeit-Mietfahrzeuge ihren Platz fanden und wo der Elektroantrieb sozusagen mit fliegenden Fahnen seine Renaissance erlebte.

Hierzu wurde bereits damals ein dichtes Netz von Batterieladestationen vorgesehen, das den Verkehrsteilnehmern bzw. Autofahreren den benötigten «Treibstoff» liefern sollte. Es ist bemerkenswert, dass ebenfalls schon zu jener Zeit an die Möglichkeit der Induktionsladung gedacht wurde. Denn bereits 1995 hatte Peugeot eine Tulip geheißene Zukunftsvision dieser Art vorgestellt, und ebenso arbeiteten technische Hochschulen an neuen Verkehrslösungen.

Ganz in diese Richtung wies die nächste automobile Konzeptstudie, die von Bertone zum Genfer Salon des Jahres 2000 gebracht wurde. Es handelte sich somit nicht um einen umwerfend rassigen Sportwagen, wie er ein Jahr zuvor durch das Coupé Bella verkörpert worden war. Nur die Wahl einer simplen Bezeichnung erinnerte an die Vorjahreskreation: Statt Bella lautete sie nun kurz und einfach Slim = schlank! Und auch diesmal traf der Name voll und ganz den Kern: Denn der Bertone Slim war nur 110 cm breit und besaß Tandemsitze. Diese wurden durch je eine Vorder- und Hintertüre auf der rechten Seite bestiegen. Zum Ein- und Ausstieg waren zudem – wie bei der Plexiglaskanzel eines Jagdflugzeugs – rundverglaste, auf Schienen geführte Seiten- und Oberteile nach hinten zu verschieben. Gewiss eine technisch aufwendige wie auch besonders attraktive Lösung!

Bertone Slim in zwei Ausführungen, vorne mit nach hinten geschobenen «Plexiglas-Kanzelteilen» (2000; 2 Zyl., 505 ccm, 20 PS – bw).

Am Anfang des Slim-Aufbaus stand ein aus soliden Rohren zusammengefügtes «Skelett» (rg).

Ein Quadricycle-Design der Superlative

Bei aller dimensionalen Bescheidenheit – 227 cm Radstand, 320 cm Gesamtlänge und 132 cm Höhe – war der Slim ein faszinierendes «Designerstück», ein gänzlich ungewohntes, aber dank seiner Zweckmäßigkeit einleuchtend geformtes Auto. Mit ihm brachte Bertones Exterior-Designer Luciano D'Ambrosio die Vielseitigkeit seines Vorstellungsvermögens endgültig unter Beweis. Zum Zeitpunkt des Genfer Salons 2000 hatte D'Ambrosio die Stile Bertone SpA allerdings bereits verlassen...

Der Bertone Slim war nicht nur auf minimalen Verkehrsraum ausgerichtet, er erschloss sich auch der Fahrzeugkategorie der Miniautos, die in Frankreich unter der Bezeichnung Quadricycles oder Voiturettes besonders erfolgreich waren. So wie in Japan den Microcars wurden diesen Winzlingen in der EU bestimmte Zulassungsprivilegien geboten. Sie durften schon von 14-Jährigen gefahren werden und dienten Senioren oder Behinderten, die nur die theoretische Fahrprüfung bestanden. Abmessungen und Motorleistung waren strikten Vorschriften bzw. Limiten unterworfen.

Dem mit einer CVT-Automatik kombinierten Antrieb diente im Slim ein im Heck eingebauter Zweizylinder-Dieselmotor des auf die Motorisierung von Quadricycles spezialisierten italienischen Herstellers Lombardi, der es auf 4 kW = 5,4 PS brachte. Zum Fahrwerk zählten McPherson-Aufhängungen und Scheibenbremsen. Eine Version mit 505 ccm und 20 PS durfte ab 16 Jahren gefahren werden... und für den Slim wurde natürlich auch an einen Elektroantrieb gedacht! – Tandemsitze gab es in der Geschichte der Kleinstautos übrigens schon bei frühen Peugeot- oder Wanderer-Modellen und in der Nachkriegszeit beim Messerschmitt-Kabinenroller.

Nahe Einvolumenform mit stumpfer, genau auf das Seitendesign abgestimmter Front, linke Seite ohne Türen, kaschierte Heckleuchten – aus dieser Perspektive wirkte der Bertone Slim besonders konsequent «wie aus einem Guss» geformt (bw).

Raum sparen – oder nicht?

Bis zum Jahr 2000 und darüber hinaus sind die Pkw in Europa stets länger und breiter geworden. Der erste VW Golf aus dem Jahr 1974 maß bei 240 cm Radstand 370,5 x 161 x 141 cm. Der ab August 1997 gebaute Golf IV brachte es bei 251,5 cm Radstand bereits auf 415 x 173,5 x 144 cm. Zwar wurden die Menschen immer etwas größer... und auch dicker. Doch für die Autohersteller ging es auch darum, mit den Sicherheitsanforderungen in Bezug auf Knautschzonen Schritt zu halten, und die zunehmende Breite wurde sogar mit dem dadurch ermöglichten Einbau von Airbag-Vorhängen gerechtfertigt. Ebenso bedeutend war zudem der optische Repräsentationswert einer Karosserie: Kein Hersteller wollte riskieren, seine Wagen der einzelnen Marktsegmente (B = Kleinwagen, C = Kompaktklasse usw.) kleiner erscheinen zu lassen als jene der Konkurrenz!

Die Ideen eines Querdenkers

Nur wenige Konstrukteure hatten den Mut, gegen die Folgen des zunehmend enger werdenden Verkehrs- und Parkraums anzukämpfen. Zu ihnen zählte der begnadete Technikentwickler und Erfinder Ing. Willy E. Salzmann aus Solothurn CH (1921—2006). Mit dem Prototyp Soletta, der heute vom Swiss Car Register betreut wird, hatte er bereits 1956 auf dem Autosalon von Genf eine revolutionäre Kleinwagenkonstruktion zur Diskussion gestellt. Er befasste sich später mit der Entwicklung von Kleinstautos mit Einvolumenkarosserie bis hin zu Einspurfahrzeugen, die vor allem in der Breite auf einen minimalen Platzbedarf kamen. Zu seinen Patentanmeldungen zählte ein Pendelkolbenmotor, und für sein Mitte der 90-Jahre entwickeltes «ultrakompaktes 2+2-sitziges Einspur-Windei» sah er einen «neuartigen Zweitakt-Schwebekolben-Pleuellader-Schiebermotor (SPS)» vor, den er mit der ETH Zürich entwickelte hatte... Der Autor unterstützte Ing. Salzmann bis ums Jahr 2000 in seinen Bemühungen bei der Autoindustrie Gehör zu finden, so bei Kontakten mit der Entwicklungsabteilung von Renault.

Giuliano Maria Biasio, der neue Chief Exterior Design in Caprie (wb).

Exterior Design: Stabübergabe an Giuliano Biasio

Das Jahr 1999 bedeutete für Stile Bertone einen Designerwechsel. Wie seine einstigen Vorgänger Giugiaro und Gandini empfand auch Luciano D'Ambrosio den Wunsch, sich selbständig zu machen. Er gründete LDA Design, wurde alsbald zudem Designchef des Studios für Advanced Design von Honda Auto in Mailand, worauf 2005 eine analoge Charge für das European Design Studio des chinesischen Autoherstellers Changan in Turin folgte...

D'Ambrosios Nachfolger für das Exterior Design wurde Giuliano Maria Biasio, mit Jahrgang 1962 um sieben Jahre jünger, aber mit Bertone schon seit vielen Jahren vertraut. Er war, was man einen geborenen Autofan nennen konnte, denn er las in seiner Jugend intensiv Automagazine und vertiefte sich in das Zeichnen von Karosserieformen. Dies brachte ihm einen Job in der Fiat-Designabteilung. Aber als er mit seiner Ausbildungsschule die Carrozzeria Bertone besuchen konnte, geschah das Wunder: Er zeigte PR-Direktor Gian Beppe Panicco seine mitgenommenen Entwurfszeichnungen und wurde von diesem gleich Nuccio Bertone vorgestellt. Der große Maestro erkannte – einmal mehr – aus dem vorgelegten Material das vielversprechende Jungtalent. Diesem bot er umgehend eine Anstellung an, dies allerdings unter einer altbewährten Bedingung: Biasio musste einwilligen, zunächst während zwei Jahren im Produktionsbetrieb Grugliasco tätig zu sein, um so das Entstehen von Automobilen vom ersten Schraubendreh aus zu begreifen.

Im Herbst 1979 trat Giuliano Biasio im Werk Grugliasco an, und als Zwanzigjähriger sah er seinen Traum verwirklicht: Mitglied des Designteams bei Stile Bertone in Caprie. Zwecks Horizonterweiterung wechselte Biasio 1992 – in Übereinstimmung mit Bertone – zum Turiner Zweig der Groupe Heuliez, Frankreichs führender Design- und Karosseriefirma. Dort traf er wieder auf Marc Deschamps. Als sich gegen Ende 1996 Nuccio Bertones Gesundheit verschlechterte, bewog dessen Familie Biasio zur Rückkehr. Während Giuliano Biasio 1997 neuer Chef Exterior Design wurde, amtierte Eugenio Pagliano wie eh und je als der hochtalentierte, allen Anforderungen gewachsene «Innenraum-Designchef».

Weitere Revirements unter Lilli Bertone

Wie schon an früherer Stelle erwähnt, ergab sich 1998 eine weitere Änderung in der Führungsstruktur von Bertone, indem Roberto Piatti zum Managing Director von Stile Bertone berufen wurde. U. a. als Fachjournalist bei «Car & Design» brachte er die Voraussetzungen für profunde Branchenkenntnisse mit, und er bewies sich auch selber als talentierter Schöpfer richtungsweisender Designkonzepte. Nach dem Hinschied von Nuccio Bertone im Frühling 1997 wurde Paolo Caccamo nicht nur CEO von Bertone, sondern auch Vorstandsvorsitzender der Gruppe. Doch im Juni des Jahres 2000 setzte die Witwe Lilli Bertone und Vize-Vorsitzende mit Bruno Cena einen neuen CEO ein. Darauf wechselte Paolo Caccamo im Herbst 2000 in das Führungsgremium der aufstrebenden Design- und Entwicklungsfirma Idea Institute SpA in Moncalieri.

Von manchen Beobachtern war die Position der Witwe Bertone unterschätzt worden. Da damals General Motors der wichtigste Kunde war, wurde gar darüber spekuliert, dass der US-Autokonzern die gesamte Bertone-Gruppe übernehmen könnte. Doch weit gefehlt. Aus dem Schatten tretend, hatte Lilli Bertone die Geschicke des traditionsreichen Unternehmens in die Hand genommen, wozu sie sich auf eine Mannschaft von ausgewiesenen Spezialisten abstützen konnte. Eine auf jahrzehntelange Erfahrungen zurückblickende enge Bertone-Mitarbeiterin erläuterte später: «Nuccio Bertone hatte seinerzeit alle Geschehnisse daheim mit seiner Frau besprochen. Darum ist sie heute dazu befähigt, unsere Firmengruppe zu leiten.»

Ebenfalls im Herbst des Jahres 2000, nämlich auf dem inzwischen Mondial geheißenen Automobilsalon von Paris, kam der Name Bertone mit einer «verborgenen» Neuheit zum Zug. Wie im Falle des Mazda Neospace handelte es sich allerdings nicht um eine Eigenentwicklung, sondern bloß um eine Umsetzung: Es ging um ein von der deutschen Nfz.-Zulieferfirma Edscha unter der Bezeichnung Klapp-Top auf den BMW 320 zugeschnittenes Coupé-Cabrio-Dachsystem. Mit ihm wurde veranschaulicht, wie das genial versenkbare Festdach des Mercedes-Benz 300 SLK sich auch für einen Viersitzer verwirklichen ließ. Allerdings feierte gleichzeitig auch der Peugeot 206 CC (= Coupé-Cabrio) Premiere, und dies bereits als Serienmodell...

Im Zeichen des «Drive-by-wire»: der Filo

Unter den geschilderten, etwas komplizierten personellen Veränderungen entstand 2001 die Konzeptstudie Filo, für deren Erscheinungsbild erstmals Giuliano Biasio verantwortlich war. Der Anstoß für die Konzeption dieses Fahrzeugs kam von Stile Bertones Managing Director Roberto Piatti. Er formte mit Biasio fortan ein mehr und mehr eingespieltes Team. Den technischen Ausgangspunkt für den Filo lieferte das seit Januar 1999 produzierte Opel-Modell Zafira. Es war der erste Kompaktvan (kompakte

Der Bertone Filo im Entwurfsbild; auf den ersten Blick lässt die Silhouette eher auf einen Kleinwagen denn auf einen Kompaktvan schließen (bw).

Links: Edscha Klapp-Top: Raffiniertes im Kofferraum versenkbares Dachsystem, nach deutschen Plänen bei Bertone verwirklicht (rg).

Bertone Filo mit Zukunftstechnik auf der Basis des Opel Zafira (2001; 4 Zyl., 1796 ccm, 125 PS – bw).

Wenngleich seine Motorhaube einen deutlichen Absatz aufwies, so war der Filo doch dem Einvolumendesign zuzuordnen. Die Frontgestaltung wies deutliche Opel-Markenattribute auf, während die im vorderen Türbereich heruntergezogene Gürtellinie zu einer ungewohnten Seitenansicht verhalf. Dies galt auch für die Struktur der Karosserieflanken, die in klarem Gegensatz zu jener des serienmäßigen Opel Zafira stand. Bei diesem folgten Fenster- und Türlinien klar definierten horizontalen Vorgaben. Nicht zu überzeugen, weil funktionslos, vermochte beim Filo die nach hinten ansteigende schwarze Abdeckung auf den Seitenscheiben! Dass seitliche Einprägungen nicht nur der Karosserieversteifung, sondern ebenso dem Erzeugen reizvoller Lichteffekte dienen können, wurde erst in jüngerer Zeit als probates Designelement anerkannt. Aus dieser Perspektive war der von den Bertone-Leuten gestaltete Filo einmal mehr eine Pionierleistung.

Minivan) von General Motors, dies zu einem Zeitpunkt, da das Erfolgspotenzial dieser von Mitsubishi in Japan eingeführten, für Europa noch neuen Fahrzeugkategorie nicht vorauszusehen war. Pionier war der im Herbst 1996 lancierte Renault Scenic, auf den zwei Jahre später der sechssitzige Fiat Multipla folgte.

Noch bedeutsamer war, dass der Filo in Zusammenarbeit mit SKF, dem auf die Schwedischen Kugellagerfabriken zurückgehenden Industriekonzern bzw. deren Tochterfirma Sarma entwickelt wurde. Mit dem Filo entstand ein Forschungsprototyp, der das «Drive-by-wire» auf dem damals höchsten Niveau verkörperte. Darauf wurde denn mit der Bezeichnung Filo = Draht oder (englisch) Wire lakonisch hingewiesen. Selbst die superdirekt ausgelegte Lenkung arbeitete elektronisch, und daher ließ sich die Lenk- und Bedienungseinheit beliebig vor den linken oder rechten Frontsitz schwenken. Im Ruhezustand wurde sie zwischen den Vordersitzen untergebracht. Mit der in Flugzeugcockpits verwendeten Doppelsteuerung hatte diese Lösung somit nur entfernt zu tun. Wohl aber gemahnte die Handhabung mit Drehgriffen statt Pedalen an das Motorradfahren. – Bei heutigen «Normalautos» sind Gas- und Bremspedale inzwischen längst zu elektronisch unterlegten Bauteilen geworden...

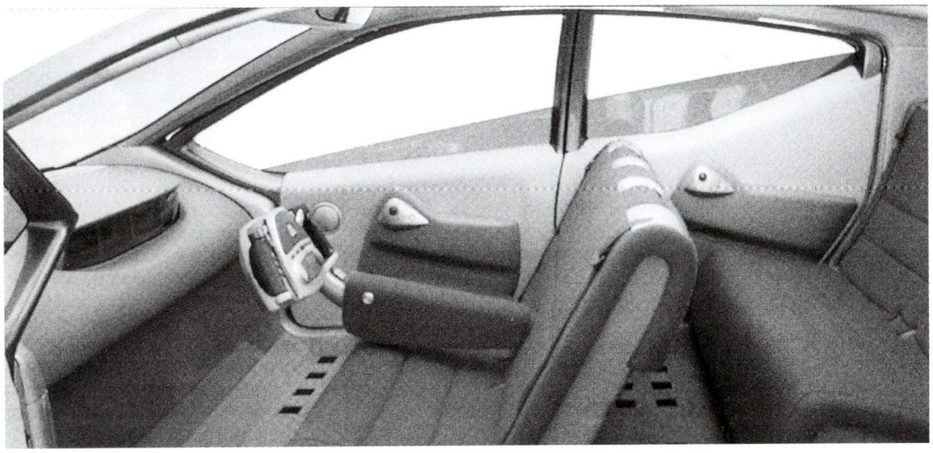

Die Bedienungselemente des Bertone Filo ließen sich aus einer Zwischenposition vor den linken oder den rechten Vordersitz schwenken (bw).

Der Original-Opel Zafira gab sich als zeitgemäß und vernunftbetont gestalteter Kompaktvan (1999; 4 Zyl., 1796 ccm, 115 PS – rg).

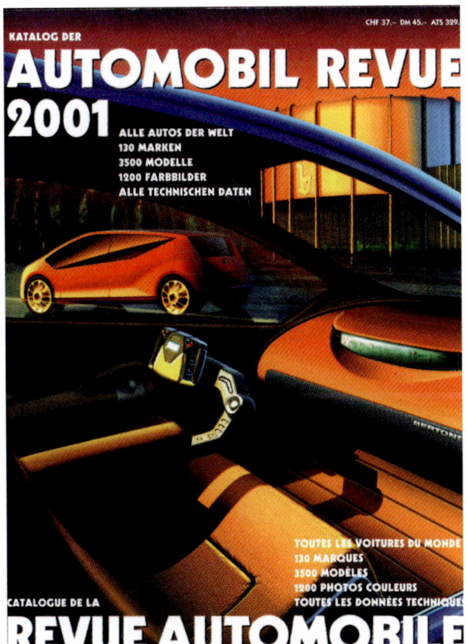

Diese Filo-Darstellung mit dem «Schwenkarm» diente als Titelbild für den «Automobil-Revue-Katalog» 2001 (bw).

Farbenpracht auch auf der als Bildfortsetzung nach rechts dienenden Innenklappe des «AR-Katalogs» (bw).

Auf ersten Entwurfsskizzen zeigte der Novanta ein weniger hohes Heck, aber keilförmige Seitenfenster-Teilabdeckungen (bw).

Alles ganz anders, aber nicht schöner

Mit Volvo hatte die Carrozzeria Bertone schon zwei Phasen intensiver Zusammenarbeit erlebt. Aber Schweden besaß ja noch eine zweite Automarke, nämlich Saab, deren Produktion in der Nachkriegszeit den Flugzeugbau ergänzte. Während Jahrzehnten war Saab Europas kleinster Hersteller von zwei- und viertürigen Familienlimousinen. Denn alle übrigen Marken mit noch kleinerem Ausstoß bauten Sportwagen. Von 1990 bis 2010 war Saab mit General Motors liiert, und 2002 entstanden in Schweden 124'200 Saab, wogegen Volkswagen europaweit auf 1'789'278 Pkw kam. Klar, dass Saab somit ein Fabrikat war, das Liebhaber ansprach. Und Saab-Fahrer zeichneten sich häufig ebenso wie ihr Auto durch ein eigenständiges Erscheinungsbild aus, etwa als Pfeifenraucher oder Bartträger. Zudem zählten sie besonders oft zu einem exquisiten Berufsstand wie Ingenieur, Architekt, Arzt oder Schriftsteller.

Die im Jahr 2002 traditionsgemäß zum Genfer Salon gebrachte Bertone-Neuheit basierte denn auf dem im Juni 1997 vorgestellten großen Saab-Modell 9-5, das als viertürige Stufenhecklimousine und als fünftüriger Kombi mit 370,5 cm Radstand gebaut und mit einem 3-Liter-V6-Motor bestückt wurde. Das gelungene, markentypische 9-5-Design war eigenen Formgestaltern zu verdanken. Roberto Piatti und Giuliano Biasio, die Bertone-Design-Verantwortlichen in Caprie, hatten zum Ziel, einen ebenso eindrücklich und individuell gestalteten Prototyp auf die Räder zu stellen, wie dies die Leute oben in Nyköping zuwege brachten. Nur eben mit anderen Stilmitteln. Einzig die Kühlergitterform mit dem horizontalen Chromstab in der Mitte gemahnte an die Marke Saab.

«Drive-by-wire» und 90-Jahr-Jubiläum

Wie schon beim Filo im Vorjahr spielte die schwedische Technologiefirma SKF auch bei dieser Konzeptstudie die maßgebende Rolle für den Einbezug zukunftsgerichteter «Drive-by-wire»-Bedienungselemente. Aus den mit dem Filo erzielten Erfahrungen hatten sich bereits Weiterentwicklungen ergeben. Mit der Bezeichnung Novanta (= 90) erinnerte die Carrozzeria Bertone an ihr 90-Jahr-Firmenjubiläum, das 2002 zu feiern war. Der Novanta sollte darstellen, was man unter einem Auto der Zukunft verstehen konnte: Eine vereinfachte Bedienung dank einer nicht mehr auf mechanische Verbindungen angewiesenen Motor-, Lenk- und Bremstechnologie; die Bremsen funktionierten elektromechanisch statt hydraulisch. Hinzu kam ein optimierter Soundgenuss für Fahrer und Mitfahrer, und hierfür sorgten in diesem Prototyp Nokia und Bose.

Diese auf den Gebrauch ausgerichteten Zukunftsperspektiven wurden beim Novanta mit einem gänzlich neuartigen Fahrzeugdesign kombiniert. Hierzu zählte nicht die kantige, auf rundum optimalen Stoßschutz ausgerichtete massive Karosseriehülle, sondern auch die für bequemsten Zugang sorgenden gegenläufigen Seitentüren. Solche hatte schon die von Mazda entwickelte und von Bertone verwirklichte Konzeptstudie Neospace von 1999 geboten. Aber mittelpfostenfreie Viertürkarosserien hatte Bertone ja schon zu Be-

In seinem endgültigen Entwurf verkörperte der Novanta ein charaktervolles aber gewöhnungsbedürftig neuartiges Limousinendesign (bw).

Bei Nichtgebrauch ließen sich Lenkrad und Bedieneinheit in die Fahrertüre schwenken. So wurde der Novanta zum «Aufenthaltsraum»..., längst vor der Ära selbstfahrender Autos (bw).

Der Bertone Novanta, so wie er zur Premiere auf dem Genfer Salon 2002 bereitstand: Basis Saab 9-5 (V6, 2962 ccm, 200 PS – bw).

Bertone nach 90 Jahren

Zum 90-Jahr-Jubiläum Mitte 2002 gab Bertone folgende Situation bekannt:

«Die Unternehmensgruppe besteht aus vier Bereichen (die interaktiv zusammenarbeiten und der Autoindustrie vollumfänglich Produktionsprojekte vermitteln können):

Carrozzeria Bertone: Serienproduktion von Nischenmodellen in ausgewogener Roboter- und Handarbeit; Prototypenbau, Fahrzeugentwicklung.

Stile Bertone: Design, Concept-cars, Modellbau, Machbarkeitsstudien, Industrialisierung.

Tecnodesign: Product- und Prozessengineering.

Socar-ICS: Herstellung von Windschutzscheiben, auch für Busse; spezialisiert auf stark gebogene Glaspartien.

Belegschaft: 2300 Personen.

Jahresproduktion: 40'000 bis 45'000 (vor allem Opel Astra Coupé und Cabriolet).

Jahreskapazität: ca. 70'000 Fahrzeuge.»

ginn der Dreißigerjahre auf der Basis von Fiat- und Lancia-Modellen gebaut.

Zu den «vorausgesehenen» Technologien zählten auch die Scheinwerfer in Form von lichtemittierenden Querstäben, die sich optisch an den Saab-Markenbalken anfügten. Auf der Motorhaube fand sich ein Luftauslassgrill, wie es ihn schon in früheren Jahren etwa auf der Heckhaube von Bertones Mittelmotor-Dreamcars gab. Ganz neu war die Abwesenheit von jeglichen Türgriffen. Nicht nur die Schlossentriegelung, auch das Öffnen und Schließen der vier Novanta-Türen hatte ferngesteuert zu erfolgen! Besonders gewöhnungsbedürftig präsentierte sich die kubisch-gedrungene Heckansicht. Auf ersten Skizzen hatte sie noch weniger «hochformatig abgeschnitten» gewirkt. Anderseits war auf ihnen eine ebenso merkwürdige keilartig ansteigende Drapierung der Seitenfenster vorgesehen, wie sie beim Filo umgesetzt wurde. Analog zu anderen Bertone-Einzelstücken blieben die Hecklichter unter der Lackfarbe versteckt. Einen Lichtblick brachte die unten auf allen vier Karosserieseiten eingesetzte metallfarbene Zierleiste. Ebenso ein Highlight verkörperten die großformatigen Räder mit dem in Karosseriefarbe gehaltenen Querbalken. Im Vergleich zum 481 cm langen Original-Saab 9-5 war der Novanta nur 445 cm lang, was dem radikal abgeschnittenen Heck zu verdanken war.

Blickfang: riesiges Luftauslassgitter auf der Motorhaube (rg).

Jubiläumsfeiern... ohne Pagliano und Panicco

Das Forschungsfahrzeug Novanta diente SKF intensiver Erprobung neuer Technologien und erwies sich als treffsicherer Ausblick auf die zukünftige Automobilsteuerung. Vom selbstfahrenden Auto hatte man allerdings noch nicht die geringste Ahnung! – Einen ersten Höhepunkt für das 90-Jahr-Jubiläum verkörperte Ende April eine großartige Bertone-Sonderausstellung beim Concours d'Elégance Villa d'Este. Am 7. Juni 2002 fand in Caprie die offizielle Feier im Beisein von Größen der Design- und Karosseriesparte statt. In seiner Ansprache erinnerte Giorgetto Giugiaro daran, dass er an Wochenenden seiner Militärdienstzeit häufig den Besuch von Nuccio Bertone erhalten habe, um Projekte weiterzuschmieden. Nuccio sei ihm wie ein Vater gewesen. Sergio Pininfarina seinerseits unterstrich, dass alles, was Bertone schuf, auch für das gesamte Turiner Karosseriegewerbe als Referenz gedient habe. Ebenso würdigten Bruno Sacco, der frühere Chef des Mercedes-Benz-Designs und Hans-Peter Forster, der oberste Opel-Chef, das Werk Bertones.

2002 war auch das Jahr, da Eugenio Pagliano, der Chefdesigner für das Innendesign, in Pension ging. Er hatte sich während 35 Jahren um die Entwicklung von Bertone-Prototypen jeder Art äußerst verdient gemacht. Seine Fachkompetenz ebenso wie sein Einfallsreichtum waren zur Legende geworden.

Schon im Vorjahr hatte sich auch Dr. Gian Beppe Panicco verabschiedet. Mit 33 Jahren Betriebstreue war er zu einem wesentlichen Faktor im Bertone-Führungsgremium geworden. Er wurde zu Nuccio Bertones rechter Hand und kannte das Unternehmen aus allen Perspektiven. Ihm verdankte der Autor, der Bertone regelmäßig als Fachjournalist besuchte, profunde und präzise Informationen, die seiner laufenden Berichterstattung ebenso wie im Rückblick für dieses Buch von entscheidender Bedeutung waren. Von 2017 bis 2019 kam es noch anläßlich des Genfer Salons jeweils zu persönlichen Treffen.

Nachfolger von Dr. Panicco wurde Dr. Daniele Cornil. Wie es der Zufall so will, gab es auch zu ihm eine «traditionelle Verbindung»: Cornils Vater Etienne war einst aus Belgien nach Italien ausgewandert, und von dort berichtete er als technischer Fachjournalist u. a. für die «Automobil Revue».

Rechts: Radikale Zukunftsvision: die kantige Novanta-Heckpartie; weder Schräg- noch echtes Stufenheck (wb).

Der von Bertone vorgeschlagene Alfa Romeo GT lief neben dem Alfa 147 im süditalienischen Pomigliano d'Arco vom Band (2003, z. B. 4 Zyl., 1970 ccm, 165 PS – aw).

Nur Vorentwurf für Alfa statt Eigenproduktion

Er entstand im Jahr 2003 und verkörperte alle Hoffnungen der Carrozzeria Bertone, wieder in Serie ein kompaktes Alfa-Coupé herstellen zu können..., wie einst ab 1954 mit dem Giulietta Sprint, der für Bertone den Beginn der Industrialisierung gebracht hatte. Doch das bei Bertone bis zum Moke-up-Modell entwickelte Coupé fand zwar Bewunderung und Zustimmung bei den Verantwortlichen von Alfa Romeo. Aber sie sahen in diesem Zusatzmodell vor allem eine Möglichkeit, die eigene Produktionskapazität wieder besser zu nutzen. Alfa stand nicht allein, auch andere europäische Hersteller sahen sich im Konkurrenzkampf herausgefordert. Folgende Zahlen veranschaulichen die damalige Situation für die Mailänder Marke:

Jahr	Alfa-Romeo-Produktion
1990	222'198
1995	156'900
1999	208'336
2000	206'836
2001	213'638
2002	187'446

Da war es verständlich, dass man kein zusätzliches Modell «auslagern» wollte. Denn noch standen die zusammen mit Pininfarina entwickelten Sportmodelle GTV und Spider im Angebot. Sie hatten zum Genfer Salon 2003 sogar ein sanftes Restyling und neue Motoren erhalten. Auf der gleichen internationalen Autoschau wurde auch das von Bertone entworfene, simpel und einfach Alfa Romeo GT genannte Coupé vorgestellt. Die cleveren Bertone-Fachleute hatten sich bemüht, möglichst viele Unterbaukomponenten, Karosseriepress- und Innenraumteile sowie das Instrumentarium von dem im Sommer 2000 lancierten Kompaktmodell 147 zu übernehmen. Von ihm stammten die Karosseriefront samt Scheinwerfern, Motorhaube, Seitenpaneele und Türstruktur. Und selbstverständlich ließen sich die gleichen Antriebsaggregate verwenden, wie in den «normalen» Alfa. Hergestellt wurde der GT neben dem Modell 147 im süditalienischen Werk von Pomigliano d'Arco, das ab 1968 für den ingeniösen Alfasud aufgebaut worden war.

Der von Bertone entwickelte Alfa Romeo GT wurde im Herbst 2003 auf dem Automarkt eingeführt. Auch wenn GTV und Spider Anfang 2004 noch auf den Preislisten aufgeführt waren, so wurde der neue GT doch vorübergehend deren Nachfolger. Technisch basierte er auf der im Herbst 1997 vorgestellten viertürigen Stufenhecklimousine 156, die der Mittelklasse zuzuschreiben war und mit Quermotor und Frontantrieb dem allgemeinen Standard entsprach. Mit ihr teilte er den Radstand von 259,5 cm, doch war das Coupé mit 449 cm Länge sogar noch um 5 cm gestreckter als die Berlina. Dies dank der von den Bertone-Designern dem GT verliehenen Eleganz. Der

2005 entstand auch noch eine Spider-Version des GT; sie blieb Einzelstück (bw).

GT war denn ein vollwertiger Fünfsitzer und strafte die Bezeichnung Coupé Lügen!

Alfa GT Spider fand keine Gegenliebe

Für den Alfa Romeo GT standen vier Motoren zur Wahl: 1.8 TS 16V (1747 ccm, 140 PS); 2.0 JTS 16V (Direkteinspritzung, 1970 ccm, 165 PS); 3.2 V6 24V (3179 ccm, 240 PS); 1.9 JTD M-Jet (Turbodiesel, 1910 ccm, 150 PS). Auf dem Vergleichsmarkt Schweiz wurde der GT in acht Motor- und Ausstattungsversionen angeboten. Schon nach einem Jahr, auf dem Genfer Salon 2005, kam mit dem Alfa Romeo Brera ein eigentliches neues Coupé ins Angebot. Mit 252,5 cm Radstand und 441,5 cm Länge war es kürzer als der GT, doch bot es stärkere Motoren. Und ab Genf 2006 gab es vom Brera abgeleitet auch einen Spider, womit das traditionelle Angebot der Mailänder Marke wieder komplett war.

Während übrigens der Alfa 147 im Jahr 2001 den Titel «Auto des Jahres» erhielt, wurde der Alfa GT auf der Triennale von Mailand 2004 als «Coupé più bella del mondo» («weltschönstes Coupé») ausgezeichnet. Von 2003 bis 2010 wurde es in 80'832 Exemplaren gebaut..., eine Zahl die der Carrozzeria Bertone in Grugliasco etliche Sorgen hätte ersparen können! – Zudem sollte sich erweisen, dass der Alfa Romeo GT das letzte von den Bertone-Formenschöpfern entwickelte Auto war, das effektiv den Weg in die Serienfertigung fand. Denn eine 2005 entstandene wunderschöne Cabrioableitung des GT blieb Prototyp und Alfa Romeo zog die Offenversion des Brera als neuen Spider vor. So wurde das GT-Cabrio schließlich von Witwe Lilli Bertone, wie zuvor schon der Alfa GT, als persönliches Auto genutzt.

Etliche Karosserie- und auch Innenraumteile des GT entstammten dem Alfa Romeo 147 (2001, z. B. 4 Zyl., 1598 ccm, 120 PS – aw).

Rundum gelungenes Coupédesign, aber bei aller Eleganz ein echter Fünfsitzer! (aw).

Gänzlich neuartige von der Frontscheibenoberkante bis zum Heck gleichmäßig absinkende Silhouette, die gleichzeitig durch Eleganz, Individualität und Aerodynamik begeistert: Bertone Birusa, 2003 (Mechanik BMW Z8; V8, 4941 ccm, 400 PS – rg).

BMW Z8 mit langem Radstand: Birusa

Auf dem Genfer Salon im März 2003 brillierte die Carrozzeria Bertone SpA mit der Konzeptstudie eines Supersportwagens. Zwar kam der Elektronik auch bei diesem Einzelstück große Bedeutung zu. Doch im Gegensatz zu Filo und Novanta stand nun wieder – wie bei Bertone gewohnt – die Ästhetik des Designs mit im Vordergrund. Den Anstoß hierzu gab Lilli Bertone, die inzwischen 65-jährige Präsidentin der Bertone Group. Sie hatte den Beschluss durchgesetzt, dass nun wieder einmal ein echter, Emotionen weckender Sportwagen zum Genfer Salon zu bringen sei. Im Kreise der Direktion trug sie entscheidend zur Wahl des endgültigen Projekts bei... Und überdies bestimmte sie die typische blaue Bertone-Farbe und den aus dem Piemonteser Dialekt stammenden Namen: Birusa ist vom Adjektiv *biross* abgeleitet, mit dem man eine ideenreiche schlaue Person beschreibt. Nur gerade die Frontgestaltung wies entfernt auf die ausländische Verbindung hin, nämlich auf die Marke BMW, mit der Bertone seit 1960 in Verbindung stand.

Nach Einsicht in die Birusa-Pläne war man in München zur Lieferung eines Z8 für dieses Designexperiment bereit. Schon 1969 und 1970 (Spicup bzw. Garmisch) sowie 1998 (Pickster) waren bei Bertone Concept-cars mit BMW-Mechanik entstanden. Das im Jahr 2000 auf den Markt gebrachte Topsportmodell Z8 Roadster mit vorne eingebautem V8-Motor (4941 ccm, 32 Ventile, 400 PS) war ein komfortbetontes Zweisitzercabrio mit in Space-Frame-Bauweise konstruierter Aluminiumkarosserie. Für den Birusa wurde der Radstand samt Space-Frame von 250,5 auf 285 cm gestreckt, während die Gesamtlänge mit 440 cm unverändert blieb. Auch eine längere Kardanwelle musste eingebaut werden. All diese aufwendigen Anpassungen wurden von den hauseigenen Spezialisten in den Bertone-Ateliers ausgeführt.

Das Design des Birusa verkörperte ein Fastbackcoupé mit leicht nach hinten ausschwingender Dachlinie. Merkmale waren die gestreckten Proportionen und der ungewohnt knapp gehaltene hintere Überhang. Statt der leicht zugespitzten BMW-Front des Z8 zeigte sich die zweigeteilte Kühleröffnung beim Birusa rechteckig flach eingebettet. Darüber fanden sich horizontal keilförmig in die Seiten einlaufende Schlitze mit Beleuchtungsträgern, in deren äußeren Enden die Scheinwerfer platziert waren. Die obere Fensterlinie folgte konsequent dem Dachverlauf. Dieser erreichte bereits am oberen Ende der weitflächigen Windschutzscheibe seinen Kulminationspunkt. Die untere Fensterlinie folgte hingegen einem kurzen Knick nach unten, verlief darauf schräg nach oben und mündete zusammen mit der oberen Fensterlinie über dem hinteren Radauschnitt in ein spitzes Dreieck aus.

Am Heck, an das Glasschiebedach anschließend, kein üblicher Kofferdeckel, sondern eine abklappbare Rampe! (rg)

Schräg angelenkte, großformatige Flügeltüren verhalfen zu bequemem Zugang. Ihre Kinematik war neu- und einzigartig (rg).

Für noch mehr optische Spannung sorgte ein Chromstab, der hinter dem vorderen Radausschnitt aus der Flanke herauswuchs und die gesamte Seitenscheibenfläche bis zu dem besagten Dreieck zweiteilte. Diese Chromblende kaschierte zugleich Motorluft-Auslassöffnungen und Türdrücker. – Mit dem Birusa hatte Giuliano Maria Biasio seinen Weg gefunden und seine erste Bertone-Meisterleistung hingebracht!

Raffinierte Tür-, Glasdach- und Hilfssysteme

Zu diesem an keine anderen Sportwagenschöpfungen erinnerndem aggressiv-dynamischen Erscheinungsbild kamen technische Detaillösungen, die ebenso bewundernde Zustimmung fanden. Dazu zählten die Flügeltüren. Nein, es waren diesmal nicht «Eingelenk-Schrägflügeltüren» bzw. Scherentüren, wie sie Bertone 1968 beim Dreamcar Carabo eingeführt und später beim Lamborghini Countach in Serie gebracht hatte. Vielmehr handelte es sich um eine neue Art Flügeltüren, deren vorderer Arm unten vor der Windschutzscheibe angelenkt war, während der hintere Arm ins Dach hineinreichte. Um Gewicht zu sparen und gleichzeitig an Steifigkeit zu gewinnen, hatte man diese elektrisch bedienten Flügeltüren bereits aus Kohlefasermaterial statt aus dem üblichen GFK (glasfaserverstärkten Kunststoff) hergestellt. Ebenfalls in die Zukunft wiesen die anstatt der Außenspiegel eingebauten Videokameras. Zudem war im Birusa ein Infrarot-Nachtsichtgerät eingeplant. Weitere Ausblicke in kommende Zeiten vermittelten die Sprachsteuerung (s. Textbox «Des Fahrers Stimme...») und die mit 20 Zoll noch ungewohnt mächtigen Bertone-Aluminiumräder.

Ein von der Firma Inalfa entwickeltes Dachsystem machte den Birusa zu einer Art Cabriocoupé. Es bestand aus einem zweiteiligen gläsernen Sonnendach, das die Heckscheibe mitumfasste und sich vollumfänglich öffnen ließ. Bei geschlossenem Dach sorgten die laminierten Sicherheitsglasflächen für einen lichtdurchfluteten Innenraum und schützten gleichzeitig vor UV-Einstrahlung. Zum Öffnen verschoben sich die beiden Glasdachteile mit Sensoren elektronisch gesteuert über Kabel in Schienen und mit einer automatischen Kippvorrichtung unter den Kofferdeckel. Die Bedienung konnte auf Knopfdruck, durch Fernsteuerung oder auch durch Stimmbefehl erfolgen. Für die Fertigung der beiden Glasdachteile wurden von der zur Bertone-Gruppe zählenden Firma Socar-ICS höchste Präzisionsanforderungen erfüllt: Hierzu wurde eine einzige großflächige Glasscheibe hergestellt, die darauf mit der Wasserstrahlmethode mit 4000 Atmosphären Druck zweigeteilt wurde. Für die ebenfalls aus einer Einzelscheibe herausgeschnittenen Seitenfenster diente eine neue Chromatic-Beschichtung von Solutia, die u. a. erhöhte Sicherheit und verbesserte Geräuschdämpfung bot.

Mit Kofferraumplatz für den Segway!

Der in den USA entwickelte Segway Human Transporter (HT) hatte seinen Weg noch längst nicht nach Europa gefunden. Doch mit dem Birusa wurde dieses gänzlich neue Kurztransportmittel bereits erstmals in das Konzept eines Autos mit einbezogen. Das batteriebetriebene «Einachstrotinett» Segway, das sich durch einfaches Nachvorne- bzw. Rückwärtsneigen seines Benutzers beschleunigen und abbremsen lässt, eröffnete neue Verkehrsperspektiven: Nämlich die Möglichkeit, vom Parkplatz aus mit kürzestem Weg- und Zeitaufwand direkt an den Arbeitsplatz, zum Treffen oder zum Einkauf zu rollen. Bertone motivierte die Segway-Entwickler zur Kreation einer Birusa-kompatiblen Version, und diese wurde in Caprie in passendem Stil eingekleidet, mit Schaumstoff und Alcantara-Überzügen, wie sie sich auch im Birusa fanden. Zudem wurde dieser Segway wie der Birusa mit Beleuchtung, einer Navigationseinheit und einem Bose-Stereosystem ausgestattet. Da konnte sich der Benutzer selbst auf verschlungenen Fahrkorridoren nicht verirren...

Der Kofferraum des Birusa bot Schublade und Rampe, womit das Beladen erleichtert und das Einfahren des Segways ermöglicht

Links: Freundlich-helles, schlichtes Cockpit, Dreiviertelkreis-Lenkrad, zentrale Anzeigen, Rückblickmonitore statt Außenspiegel, kantenfrei von der einen zur anderen Sitzmulde geschwungene Polsterfläche (rg).

Unten: Das zweiteilige, die Heckscheibe mitumfassende elektrische Glasschiebedach machte den Birusa zum Cabriocoupé... wie von früher (rg).

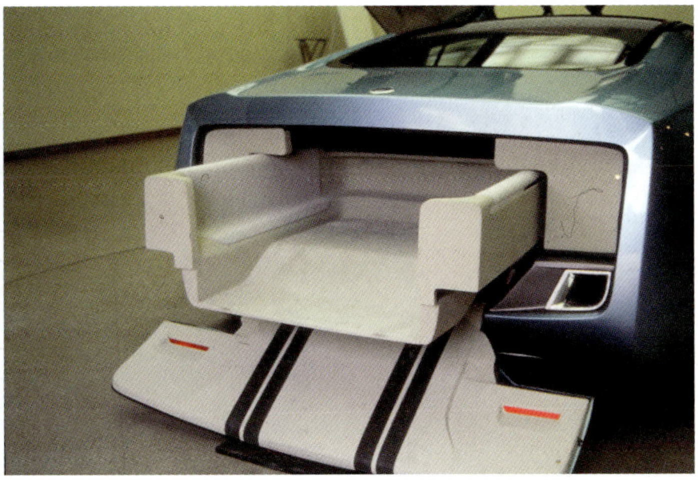

Über die Rampe konnte ein Segway-Elektrostehroller eingefahren bzw. in den Kofferraum gelegt werden; auch die Schublade funktionierte elektrisch (rg). – Rechts: Sogar für den Segway entwarf man bei Bertone eine luxuriöse Verkleidung (bw).

Des Fahrers Stimme als Steuergerät

Bertones Concept-cars dienten schon stets nicht allein der Veranschaulichung neuer Designideen, sondern ebenso als Träger von Zukunftstechnologien. Dies war beim Birusa besonders ausgeprägt der Fall. Nebst neuartiger Flügeltüren und einem raffinierten mobilen Glasdachsystem fanden neuentwickelte Autoscheiben Verwendung (s. Haupttext) sowie eine noch ungewohnte Sprachsteuerung.

Das im Birusa eingebaute VoxDrive-System der Firma Loquendo hieß «Automatic Speech Recognition and Text To Speech» und erkannte die Stimme des Fahrers sowie weiterer als «berechtigt» geltender Personen. Es ließ sich auf mehrere Sprachen ausrichten und vermochte verschiedene Befehle auszuführen. Zudem konnte es antworten. Seine Dialogfähigkeit ging so weit, dass es bei kritischen Befehlen noch eine Bestätigung verlangte. Zur Sicherheit musste zur Aktivierung des Systems ein Knopf gedrückt werden. Die Stimmtechnologie von Loquendo beruhte auf einer bereits dreißigjährigen Entwicklungsarbeit.

wurden. Das eigens auf den Birusa ausgerichtete Bose-System umfasste elf Neodymium-Lautsprecher, die sich dank ihrer Kleinheit und des leichten Gewichts auf optimale Weise einbauen ließen. Hinzu kamen zwei unter den Sitzen platzierte Bassmodule. Die Polsterung der beiden anatomisch ausgeformten Fauteuils verlief – bei Bertone nicht erstmals – nahtlos über eine Mittelkonsole. Diese mündete an ihrem vorderen Ende als Instrumententräger bogenförmig in das Armaturenbrett aus. Besonders ungewöhnlich war das oben abgeflachte Dreiviertelkreis-Lenkrad. Sobald die elektrischen Flügeltüren aktiviert wurden, glitten die Sitze automatisch nach hinten bzw. wieder nach vorne. Die Innenraumauskleidung entstand in Zusammenarbeit mit der damals neu etablierten Abteilung Trend & Design der Alcantara SpA. Sie hatte auch die neuartig geprägten Überzüge beigesteuert.

UNTERWEGS:

Sportive Gefühle am Dreiviertelkreis-Lenkrad

Im Frühling nach dem Genfer Salon 2003 konnte der Verfasser dem Birusa inner- und außerhalb des Bertone-Geländes in Caprie auf den Zahn fühlen. Dies nachdem Giuliano Biasio, der 41-jährige Designdirektor, seine jüngste Schöpfung mit großer Überzeugungskraft eingehend erläutert hatte..., und nachdem der Autor als wohl einer der ersten Europäer ein ihn faszinierendes «Proberollen» mit dem Segway unternehmen konnte. Hier die Quintessenzen aus der «Automobil Revue» vom 19. Juni 2003:

«Der elektrisch gesteuerte Bewegungsablauf der Flügeltüren erweckt noch mehr Aufmerksamkeit als seinerzeit die legendären Flügeltüren des ersten Mercedes-Benz 300 SL. Da die Türen eine breite Seitenfläche samt Dachausschnitt freigeben, ist der Einstieg trotz niedriger Fahrzeughöhe ausnehmend bequem. Zudem gleiten die Schalensitze beim Ein- und Aussteigen elektrisch nach vorn und zurück... Das futuristische Cockpit wirkt dank der hellen Farben freundlich. Wenn schon zentrale Anzeigeinstrumente, hätte man sie stärker zum Fahrer abwinkeln können. Das Lenkrad ist entschieden zu hoch angeordnet... Weil es als Dreiviertelkreis ausgebildet ist, fasst man beim Lenken anfänglich immer wieder in das oben «offene Loch»...

Motor ein Genuss – noch fehlt alle Dämpfung

Mit dem ebenfalls originell geformten Schaltknauf ist das Bedienen des 6-Gang-Getriebes mit genau definierten Ebenen reiner Genuss. Der just 400 PS leistende, gewaltige Kraft vermittelnde 4.9-Liter-V8 bollert allerdings weit über Gebühr laut. Das gesamte Birusa-Cockpit wird zur Resonanzhülle, sobald ein wenig aufs Gaspedal gedrückt wird. Wüsste man's nicht besser, würde man sogar auf einen hinter den Sitzen eingebauten Mittelmotor tippen. Auch ein aufdringliches Pfeifgeräusch dringt an die Ohren. So sind eben Prototypen, wenn sie noch nicht mit den üblichen, spezifisch abgestimmten Dämmmaterialien bestückt sind...

Beim Birusa dämpft vorerst auch die überaus harte Federung das Fahrvergnügen. Jede kleine Vertiefung im Straßenbelag wird mit einem Knall quittiert. Ein Glanzstück ist hingegen das durchgehende zweiteilige Glasschiebedach. Dank seiner weitflächigen Transparenz vermittelt es selbst in diesem zweisitzigen Interieur ein großartiges Raumgefühl, und in geöffnetem Zustand lässt sich angenehme Frische, kaum aber ein Luftzug verspüren... So hervorragend sich der Rückblick hinter die linke Wagenhälfte via Monitor am linken Armaturenbrettende darbietet, so wenig dienlich ist der bloß Spiegelungen vermittelnde Bildschirm rechts außen. Eine grandiose Sache ist übrigens auch die im Birusa verwirklichte Musikanlage mit Dolby-Surround-Effekt. Sie wurde eigens vom italienischen Bose-Repräsentanten, einem ursprünglich aus Neapel stammenden Amerikaner, vorgeführt. Noch nicht zum Funktionieren gebracht war hingegen die Sprechsteuerung des Birusa.»

Nur die zweiteilige Kühleröffnung erinnerte entfernt daran, dass unter dem Bertone-Kleid die Mechanik eines BMW Z8 steckte (rg).

Pfeile verwiesen auf die diskret in den Längszierstab integrierten Tasten für das elektrische Türöffnen und -schließen (rg).

Bei wesentlich mehr Innenraum wuchs der Radstand des Jet 2 gegenüber dem Aston Martin Vanquish um 21 auf 290 cm und die Gesamtlänge um 21,5 auf 488 cm (V-12, 5935 ccm, 466 PS – bw).

Unten: Auf dieser Entwurfsskizze zeigt sich die Auslegung samt Entlüftung des dreiteiligen Glasdaches (bw).

Jet 2 – Bertones Aston Martin Nr. 6

Von 1953 bis 1957 hatte Bertone nicht weniger als vier Aston Martin DB 2/4 zum rennsportlichen Barchetta, luxuriösen Cabrio oder Coupé gewandelt, und 1961 entstand auf der Basis des DB 4 GT ein als Jet bezeichnetes 2+2-Coupé eigenständiger Formgebung. 43 Jahre nach dem von Giorgetto Giugiaro gestalteten Jet erfolgte – nun auf dem Genfer Salon 2004 – die Vorstellung des Bertone Jet 2. Ausgangspunkt war der Aston Martin Vanquish (Bezwinger), das Topmodell der Marke aus Newport Pagnell, die sich seit 1987 im Besitz der Ford Motor Company befand: mit 5935-ccm-V-12-Leichtmetallmotor, DOHC, 48 Ventilen und 466 PS. Abgesehen von einem um 21 auf 290 cm verlängerten Radstand wurde der Unterbau weitgehend originalgemäß übernommen. So entstand der Jet 2 statt als «ziemlich knappes» 2+2-sitziges Coupé als ein «nahezu echt» viersitziger Sportkombi. Dieser Karosserieart hatte Bertone auf überzeugende Art bereits 1986 mit dem Zabrus auf der Basis des Citroën BX gehuldigt.

Gemäß dem von Bertone eigens veröffentlichten Prospekt war der Jet 2 ein «custom-built» vehicle in a «made-to-measure» suit by a great tailor...», also ein extra angefertigtes Fahrzeug im Maßanzug eines großen Modeschöpfers. Bei diesem handelte es sich um die 1925 gegründete Firma Foglizzo. Sie war von der Firmenchefin Lilli Bertone persönlich ausgewählt worden; ohnehin sollte dieser «Spezial-Aston» ihr als persönliches Auto dienen. Erwähnt wurde, dass der Beibehalt der Originalmechanik unter der Karosseriehaut die Investitionen limitiert und jene Elemente nicht verändert, die für eine Typengenehmigung maßgebend sind. Diese Aussage reflektiert, dass man bei Bertone ernsthaft an die Auflage einer Kleinserie des Jet 2 dachte. Zitiert wird in dieser Broschüre auch Dr. Ulrich Bez, CEO von Aston Martin: «Wir müssen stets alle Möglichkeiten unserer Marke ausloten, und dieser Bertone Jet 2 ist ein sehr interessantes Konzept. Es enthält eine Anzahl Ideen, die wir vielleicht für die Zukunft in Erwägung ziehen können. Daher unterstützt Aston Martin dieses Projekt.» In der Tat hat Dr. Bez darauf den Fortgang der Jet-2-Aufbaus mit mehreren Besuchen in Caprie mitverfolgt.

Auch bei seiner weich gerundeten Einbettung in die Front ließ sich die Herkunft des Kühlergrills klar erkennen: Aston Martin (rg).

Man träumte von 30 bis 90 Exemplaren

Das Konzept für den Jet 2 wurde von Bertones Managing Director Roberto Piatti festgelegt, während Chefdesigner Giuliano Biasio die Konturen schuf. Nur die Front sollte unverkennbar auf die Marke Aston Martin hinweisen. Einzelne Stilelemente wie die fließenden Linien und der «muskulöse Hüftschwung» mochten zwar vom Jet des Jahres 1961 inspiriert sein, doch stieg die Gürtellinie leicht durchgebogen konsequent nach oben an, während die Dachkontur in passend sanftem Bogen ans Heck führte, um dort in ein Schrägheck überzugehen, das sich – von hinten gesehen – als eine furios-elegante Designschöpfung zeigte: mit einem horizontalen Doppelband, das oben die Heckscheibe und darunter die voll integrierten Rücklichter umfasste. Diese Umrandung der vorgesehenen, aber noch nicht ausgeführten Heckklappe verkörperte ein Äquivalent zur traditionellen Aston-Martin-Kühlergitterform.

Der Jet erwies sich als eine Neuinterpretation des Sportkombidesigns, allerdings ohne die Geräumigkeit der Shooting Brakes, wie sie in den 60er-Jahren von Harold Radford auf Aston-Martin-Basis gebaut wurden oder wie sie der Schweizer Beat Roos um die Jahrtausendwende einzelstückweise aus modernen Aston-Coupés verwirklichte. Die Zusatzsitze hinter dem luxuriös gehaltenen, mit blauem Leder ausgekleideten sowie mit Edelholz und Aluminium verzierten Cockpit ließen sich völlig plan in die Ladefläche umlegen. Diese bestand aus Birnbaumholz und trug Längszierleisten aus Aluminium, ganz nach dem Vorbild der Riva-Luxusboote aus der Nachkriegszeit..., womit dem Jet 2 doch noch ein Stück Retrolook gegeben war.

Mit dem vergrößerten Innenraum wuchs die Fahrzeuglänge von 466,5 auf 488 cm. Frontscheibe samt Rahmen, die Türen sowie das Armaturenbrett entstammten unverändert dem Original-Vanquish. Für die Bertone-Motorhaube und alle sich an das dreigeteilte Glasdach anschließenden Karosserieflächen wurde glasfaserverstärkter Kunststoff verwendet (für ein Serienmodell wurde Verbundmaterial vorgesehen).

Dem Jet 2 hätte sich durchaus eine Marktnische öffnen können. Denn 2002/2003 hatte die Mailänder Karosseriefirma Zagato von dem Aston Martin DB 7 als Sonderausführung ein Coupé sowie den AR 1 (= American Roadster) hergestellt und zwar in je 99 Exemplaren! Leider aber blieb der Jet 2 aller Demarchen zum Trotz ein Einzelstück. Dass auch ein moderner Sportkombi im Supercarbereich seine Verkaufschancen hatte, bewies sieben Jahre später der auf dem Genfer Salon 2011 vorgestellte Ferrari FF. Er besaß eine mit dem Jet 2 vergleichbare Silhouette und ebenfalls einen V-12-Motor. FF stand für vier (four) Sitze und für den ersten Ferrari-Vierradantrieb. Schon 2012 fand der FF allein in Deutschland über 100 Käufer, und bis 2016 wurde er in vielen hundert Exemplaren abgesetzt (Ferrari gibt Produktionszahlen nach Modellen nicht mehr bekannt).

Die Umrandung von Heckscheibe samt voll integrierter Hecklichter verkörpert ein stilistisches Äquivalent zum Aston-Kühlerrahmen (rg).

UNTERWEGS:

Fuhr sich schon erstaunlich seriennah

In der «AR» vom 9. Juni 2004 hielt der Verfasser fest: «Unter allen bisher gefahrenen Bertone-Einzelstücken ist der Jet 2 jener Prototyp, der die größte Seriennähe erreicht hat. – Die vom Jet 2 an den Tag gelegte Reife ist darauf zurückzuführen, dass der Unterbau – abgesehen vom gestreckten Radstand – fast originalgemäß übernommen wurde. Der frühere Fachausdruck Spezialkarosserie feiert in dieser Konstruktion eine Renaissance.» Der Jet 2 durfte denn ausgiebiger bewegt werden als frühere Bertone-Concept-cars. Zu den Sprints auf Überlandstraßen kamen Ortsdurchfahrten und sogar eine wunderbare Gebirgsfahrt mit unzähligen engen und weiten Kurven: Denn vom Beifahrersitz aus dirigierte Bertones PR-Manager Dr. Daniele Cornil den Autor hinan zum 962 m hohen Sacra di San Michele, dem Hausberg von Caprie. Hier die damaligen Fahreindrücke:

«Die für den zweiten Jet geformten, zweifarbig mit feinstem Leder bespannten Sitze bieten auch seitlich sicheren Halt. Für Großgewachsene müssten sie wohl tiefer verankert sein. Der Zugang zu den aufklappbaren Fondsitzen gelingt nur schlanken und ranken Personen. Zwar wäre auch hinten dank der horizontal durchgezogenen Dachlinie genügend Kopffreiheit gegeben, doch der Beinraum reicht nur gerade für Halbwüchsige.

Kleine Vorbehalte vs. V-12-Hochgenuss

Die speziell gestalteten Anzeigeinstrumente harmonieren zwar in Form und Farbe mit dem Armaturenbrett, doch sie sind mangels Kontrastwirkung schlecht ablesbar und neigen zu Reflexen. Das helle Oberteil des stilvollen Armaturenbretts spiegelt sich bei Sonnenlicht in der Windschutzscheibe... Die Klimaanlage erweist sich als ungenügend (Glasdach!), und es sind kleine Nebengeräusche auszumachen. Doch all diese für eine Serienversion ausräumbaren Vorbehalte werden vom Fahrgenuss bei weitem übertrumpft. Nach kürzester Zeit hat man den Jet 2 sicher im Griff. Der 5935-ccm-V-12 mit 466 PS bei 6500/min gibt zwar beim Anlassen ein vernehmbares Stakkato von sich, aber es lässt sich problemlos sachte losfahren und in den Verkehr einfädeln. Wird auf freier Bahn beschleunigt, wandelt sich das diskret-dumpfe Grollen ab 3000/min zu einem feurigen Crescendo, dessen tiefe Tonlage restlos begeistert. Das ist Musik!

In das automatisierte 6-Gang-Getriebe des Jet 2 kann mit dem Schaltwippen beidseits hinter dem Lenkrad eingegriffen und so der Schaltpunkt nach eigenem Wunsch bestimmt werden. Der Motorlauf wird dabei, gleichsam zum Atem holen, nur ganz kurz unterbrochen. Beim Herunterbremsen schaltet das Getriebe von selbst in den für das Wiederbeschleunigen geeigneten Gang zurück... Eine digital aufleuchtende rote Zahl im Instrumentenfeld zeigt den eingelegten Gang an.

Auf schmaler Bergstraße vermittelt die Servolenkung präzises Lenkgefühl. Nur bei Langsamfahrt verursachen Schlaglöcher kurze Vibrationen am Lenkrad. Die Federung ist – wie für einen GT üblich – straff abgestimmt, aber gleichzeitig komfortorientiert, und sie schüttelt die Insassen nie durch. Die kraftvolle Bremsanlage lässt sich weich dosieren, und die Sicht nach hinten erweist sich dank der wenig geneigten Sportkombi-Heckscheibe als vorbildlich...!»

Der Ferrari FF von 2011 war nur geringfügig länger als der Jet 2 (V-12,6262 ccm, 660 PS, 4x4 – wb).

Das zentrale Bedienungslayout erleichterte den Einbau von Links- oder Rechtslenkung; Leder, Holz und Aluminium bestimmten das Ambiente (rg). – Rechts: Die hinteren Einzelsitze ließen sich plan in die Ladefläche abklappen (rg).

ADN als eine Gefahr im Trend der Zeit

DNA ist die englische Bezeichnung von *Desoxyribonukleïnsäure* (DNS) und spielt bekanntlich in vielen Krimis eine besonders spannende Rolle. In französischer Sprache heißt DNA jedoch ADN, und diesen Begriff verwendete PSA (Peugeot und Citroën) für das am 7. Oktober 2004 in Vélizy bei Paris in Betrieb genommene neue Design-Center, das *Automotive Design Network = ADN*. Gerade in Sachen Design hatte PSA zur Jahrtausendwende viel Mut bewiesen und damit ebenso wie mit technischen Innovationen Erfolg geerntet: Von 2,5 Mio. im Jahr 2000 gebauten Pkw hatte sich der weltweite PSA-Ausstoß 2003 auf 2,93 Mio. erhöht. Trotz Konjunkturflaute konnten Tausende neuer Arbeitsplätze geschaffen werden.

Das ADN verhieß eine noch schnellere Modellablösungskadenz und eine weitere Stärkung der Position im internationalen Konkurrenzkampf. Die Dimensionen des aus einem Architekturwettbewerb hervorgegangenen dreistöckigen Gebäudes waren eindrücklich: Auf 220 m Länge und 65 m Breite vereinten sich hier die Designtätigkeiten von Peugeot und Citroën..., allerdings in strikt getrennten Räumlichkeiten, «die inspirierende Nähe ohne beengendes Nebeneinander gewährleisten und gesundes Wetteifern fördern», wie der Autor an der Einweihung vernahm. Nur die Kompaktklasse wurde weiterhin in Sochaux entwickelt.

In Vélizy ließen sich 1100 Personen beschäftigten, 900 davon als ständige Mitarbeiter. Es waren 20 Nationen und alle Berufsgruppen der Fahrzeugkonstruktion vertreten. Zu den 70'000 m2 des ADN zählten auch ein 900 m2 großer Präsentationsraum, ein Auditorium und mehrere Terrassen, auf denen sich Fahrzeuge – von außen unsichtbar – bei Tageslicht begutachten ließen. Zudem stand ein 500 m2 belegendes Virtual Reality Center zur Verfügung, wo sich u. a. Designelemente des Autoinnenraums dreidimensional erörtern ließen... In das ADN wurden 130 Mio. Euro investiert. Es eröffnete Perspektiven ganz neuer Dimension; da konnten die Turiner Traditionsstudios nicht mehr mithalten!

Dies betraf in direkter Weise auch Pininfarina und Bertone. Denn wie in früheren Kapiteln dargestellt, waren auf der Basis jahrzehntelanger Tradition einerseits Peugeot mit Pininfarina, anderseits Citroën mit Bertone liiert. Nun aber ging es über die bewährte gemeinsame Plattformpolitik der beiden Marken hinaus um eine weitere Rationalisierung der fortlaufenden Modellentwicklung. Würde da eine Zusammenarbeit mit «Turin» überhaupt noch in Betracht gezogen? Auf diese substanzielle Frage erhielt der Verfasser vor Ort den Bescheid, dass «für die Vorevaluation neuer Modelle weiterhin auch die italienischen Designstudios gegen die eigenen Kreateure mitkonkurrieren können...» Tröstende Worte, die aber das mächtige ADN-Zentrum gleichwohl als eine Existenzbedrohung für Turin erscheinen ließen. Denn dieser bedeutsame Schritt von PSA lag im Trend der Automobilindustrie, möglichst alle Ziele in Eigenregie zu erreichen.

Stile Bertone propagiert seine «Flexibility»

Im kleineren Format besaß Bertone ja bereits ein «ADN» der eigenen Art: 1996 hatte man die Betriebsfläche in Caprie um 6000 m2 erweitert und damit nahezu verdoppelt. Der zusätzliche Raum diente den Kunden aus der Automobilindustrie für individuelle, vom Einblick durch die Konkurrenz abgeschirmte Design- und Entwicklungsarbeiten. Diese Abteilung war ab 1997 schrittweise in Dienst genommen worden. Aber erst 2004 – wahrscheinlich auch durch das im Bau befindliche mächtige ADN-Zentrum von PSA dazu angeregt – veröffentlichte die Stile Bertone unter dem Titel «Flexibility to the Letter» («Anpassungsfähigkeit wörtlich genommen») eine im Hochformat 15 x 35 cm gehaltene Informations- und Werbebroschüre. Sie war eine hervorragend gestaltete gründliche Selbstdarstellung, welche die Möglichkeiten dieses Unternehmens exakt und aufschlussreich vermittelte. Wer sich in die sowohl ingenieurtechnischen wie betriebswirtschaftlichen Darstellungen vertiefte, konnte sich von der in die Neuzeit getragenen und zweifelsohne konkurrenzfähigen Traditionsfirma ein ge-

Beispiel eines sorgsam entworfenen luxuriös-elegant wirkenden Sportwagencockpits (bw).

Master Models ließen sich 1:1 in «hard resin» oder aus anderen Kunstmaterialen formen (bw)

«Independent Areas» wurden die abgeschirmten Gebäudeteile für Kunden genannt (bw).

Stile Bertone bot auch schöpferische Innenraumgestaltung für die Flugzeugindustrie (bw).

Damaliger Blick in das Designstudio von Stile Bertone; doch auch jüngste Digitalhilfen standen zur Verfügung (bw).

Ausführung und Montage sämtlicher Details, hier am Beispiel des Prototyps Opel Insignia von 2003 gezeigt (bw).

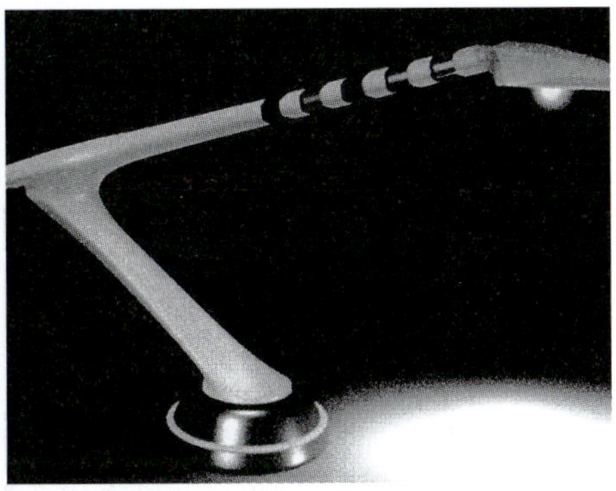

Ebenso warb man (wie schon einst) als Bootsentwerfer und als Designatelier für Gebrauchsartikel (z. B. Tischlampen, Gasherde usw. — bw)

46 Kunden in 18 Ländern

Bemerkenswert, wie viele Kundennamen Bertone in der Broschüre «Flexibility to the Letter» inzwischen aufzählen konnte:
Italien: Alfa Romeo, Fiat, Iveco, Lamborghini, Lancia, Piaggio
Deutschland: BMW, Opel, Porsche, VW
England: Bentley, Rolls-Royce, Rover
Frankreich: Citroën, Michelin, Renault, R&K Computer,
Schweden: Saab, SAS, Scania, Volvo
Finnland: Nokia
Spanien: M. Iberica
Tschechien: Skoda
Belgien: Etap
Türkei: Otoyol, Tofas
USA: Bose, General Motors, Motorola, Raytheon
Kanada: Alcan
Brasilien: Incepa
Indien: Tata
Japan: Daihatsu, Honda, Mazda, Toyota
Korea: Asia M., Daewoo, Kia, Samsung
China: Changhe, Hainan Sundiro, SAIC, Chery
Südafrika: Delta M.

naues Bild machen. Dieser Prospekt wirkte als herausfordernde Antwort auf das ADN von PSA.

Auf einer 25 Positionen umfassenden, mit «Flow Chart» bezeichneten Grafik wurde der gesamte Tätigkeitsfluss der Stile Bertone in Gemeinschaft mit Bertone Engineering, Carrozzeria Bertone und Socar-ICS dargestellt. Über den Sinn des Engineerings informierte ein Kreislauf mit den Fachausdrücken Advanced Engineering, Feasibility Engineering, 3D Mathematical Surface Development, Body in White and Trim Layout Drawings, BIW and Trim Part Drawings, Structural Analysis, Mechanical Layout Engineering, Wiring Harness Installation, Manufacturing Engineering, Cost Analysis, Quality Engineering. Mit dem Hinweis auf die Ausrüstung mit Hardware und Software wurde auf die Kompetenz hingewiesen: 3 state-of-art 5-axis milling machines (Fräsmaschinen); most advanced specialist software: Alias, Icem-Surf, Catia, Unigraphics, I-MAN.

Ja, diese Broschüre war durchgehend in Englisch gehalten und somit für die gesamte internationale Fachwelt verständlich. Denn es ging um das Bewerben bei der weltweiten Automobil- und Zulieferindustrie. Dazu zählte u. a. auch die Darstellung von «Independent Areas», wie sie bei Stile Bertone in den Gebäulichkeiten von Caprie zur Verfügung standen: Vertrauliche Bereiche, in denen sich «Top Secret Projects» verwirklichen ließen, wo sich aber auch Designer, Modellbauer und Ingenieure weiterbilden konnten. Mit dabei war auch die «Virtual Reality» nach jüngster Technologie, mit der den Bertone-Kunden Vergleichsmöglichkeiten zwischen echten und virtuellen Modellen geboten wurden, bis hin zum 1:1-Bereich.

Fremddesignpläne in verblüffender Vielfalt

Diese Broschüre brachte überdies einigen Aufschluss über jene Concept-cars, die nicht dem Schöpfergeist der eigenen Bertone-Designer entsprangen, sondern auf den Computerbildschirmen der «Großen» in der Automobilindustrie entworfen worden waren, und in Caprie ihre Umsetzung erfuhren. Denn in dieser Sparte sah die hochspezialisierte Firma Stile Bertone den wesentlichen Teil ihrer Zukunft: Realisieren von anderswo ausgeklügelten Formen und Konzepten in kürzester Zeit und mit rationell eingesetzten technischen und handwerklichen Mitteln..., auf eine Art und Weise, wie sie eben gerade den «Großen» trotz ihrer schier unbeschränkten Mittel verschlossen blieb! –

Auch zum Thema «Auftrags-Concept-cars» können hier einige damals unter dem Siegel der Verschwiegenheit in Caprie entstandene Einzelstücke im Bild gezeigt werden; zu ihnen zählte schon der Mazda Neospace von 1999, der auf Seite 248 im Detail

«Insgeheim» bei Bertone umgesetzt: Konzeptstudie Opel Maxx, 1995 in Genf zur Diskussion gestellt (wb).

IAA und Tokio 2001: Concept-car Saab 9-X, Entwurf in Schweden, Bau in Caprie (bw).

Für GM: Prototyp Hy-wire (2002, Hydrogen drive-by-wire) mit Brennstoffzellenantrieb (bw).

Concept-car Opel Insignia, 2003: variabler Innenraum, elektr. Türen, frühe LED-Scheinwerfer (bw).

Erster serienmäßiger 4x4-Panda: Herbst 2004; hier der Prototyp nach Fiat-Plänen (bw).

Prototyp Hummer H3T als zweitüriger Pick-up von 2004; ab 2008 viertürig auf US-Markt (bw).

beschrieben werden konnte, und u.a. der Lancia Thesis mit verlängertem Radstand (Bild s. Seite 305).

Mit und für GM: ein mysteriöses Karussell

Im Jahr 2004, da diese famose Hochformatbroschüre aufgegleist wurde, entstand bei Bertone auch das «Karussell» bzw. das Projekt GM CARousel: Hierzu diente eine von General Motors entwickelte Plattform für ein Fahrzeug mit Brennstoffzellenantrieb. Schon im Januar 2002 hatte GM den ebenfalls bei Bertone verwirklichten Concept-car Hy-wire – Bezeichnung abgeleitet von «Hydrogen drive-by-wire» – vorgestellt, der im Herbst 2002 auch auf dem nun Mondial genannten Automobilsalon von Paris ausgestellt war.

Für diesen weit in die Zukunft weisenden fahrbaren Prototyp wurden Unterbau, Design und die Integration der elektrischen Systeme in den USA verwirklicht, während die Brennstoffzellen-Antriebseinheit dem Forschungszentrum in Mainz-Kastel entstammte. Die pedalfreie By-wire-Technik war hingegen – wie schon für die Concept-cars Filo und Novanta – das Werk von SKF in Schweden.

In der bloß 25,5 cm hohen (bzw. dicken) Plattform des GM Hy-wire waren sowohl die Brennstoffzellen wie die Batterien und der elektromotorische Antrieb der Vorder- und der Hinterräder voll integriert. Ebenso ermöglichten ihre elektronischen Kontrollsysteme ein synchrones Lenken aller vier Räder. Sie eignete sich daher für den Aufbau vielfältigster Karosserieformen. Und darum ging es im Prinzip bei dem von Bertone bearbeiteten CARousel. Mit einer in der Mitte eingebauten, mit zwei Komfortsitzen bestückten Drehscheibe wurde dargestellt, wie sich ein Innenraum für Pkw, Station Wagon oder gar Kleinbus konfigurieren ließ. Für diese «Übungen» wurden die CAD-Entwürfe erstmals direkt in die dreidimensionale materielle Wirklichkeit umgesetzt.

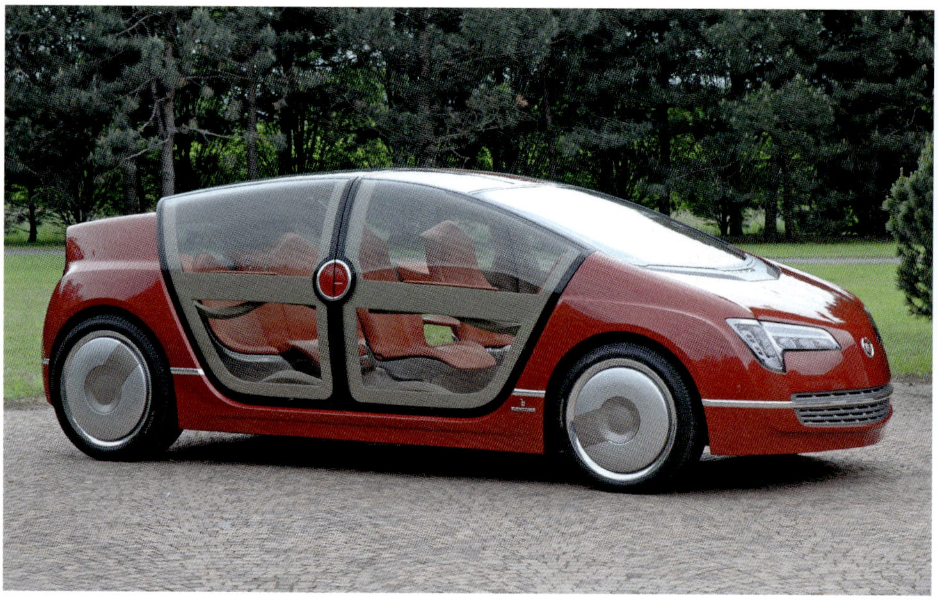

Der mächtige, gut 5 m lange Villa besaß eine aerodynamisch günstig geformte Einvolumenform. Die betonten Türfensterumrandungen prägten sein eigenwilliges Erscheinungsbild (rg).

Durch Zufall zum Elektropioniermodell: Villa

Nebst der bereits erwähnten Spiderversion des 2003 entwickelten, aber nicht in Produktion gegangenen Coupés Alfa Romeo GT stand das Bertone-Jahr 2005 ganz im Zeichen einer weiteren spektakulären Konzeptstudie, nämlich des Einvolumen-Crossovers Villa. Von dieser imposanten Konstruktion war schon im Vorfeld des Genfer Salons die Rede gewesen. Das prestigevolle Cadillac-Markensignet an der Fahrzeugnase schien dann auf dem Bertone-Stand zu bestätigen, dass unter der Karosserie dieser viel beachteten Designschöpfung die Mechanik des Luxus-Geländekombis SRX steckte. Die Plattform des zu den Crossovers gezählten Cadillac SRX entstammte der Sigma-Serie, die sich sowohl für Hinter- wie Allradantrieb eignete und die General Motors auch für die Oberklasselimousine Cadillac STS sowie weitere Konzernmodelle verwendete.

Als dann am 10. Mai 2005 der Autor den Villa in Caprie nicht nur in näheren Augenschein nehmen, sondern gleich auch probefahren durfte, war die Überraschung riesig: Denn statt des erwarteten Fauchens eines 325 PS liefernden 4,6-Liter-V8-Motors, ließ sich nur das sanfte Säuseln eines Elektromotors vernehmen! Ing. Roberto Piatti, Managing Director der Stile Bertone SpA, sorgte für die Aufklärung. Man hatte die Konstruktion des Concept-cars Villa anhand der Originalpläne für den Cadillac SRX bereits weitgehend vorangetrieben. Aber im Gegensatz zu den jahrelangen Kontakterfahrungen mit General Motors, dem weltgrößten Autohersteller, verzögerte sich die zugesagte Lieferung des SRX. Als die Zeit vor dem Genfer Salon zusehends knapp wurde, entschloss sich die Bertone-Führung zur Konstruktion eines eigenen Unterbaus. Und diesen bestückte man mit einem zwischen den Hinterrädern eingebrachten Elektroantrieb! So entstand – eigentlich durch Zufall – eine nicht nur designmäßige, sondern auch antriebstechnische Pionierleistung par excellence!

«Luxusvilla» mit repräsentativem Eintrittstor...

Auch ohne V8 ließ sich eine Probefahrt in der Parklandschaft rund um die ausgedehnten Bertone-Studioanlagen unternehmen. Zwar kam im Villa noch keine Hightech-Batterietechnik zur Anwendung, dennoch bewies dieses grandiose Einzelstück «entwicklungsfähige Substanz», wie dies im Juni 2005 in der «Automobil Revue» mit etlicher Untertreibung ausgedrückt wurde. Noch konnte niemand voraussehen, dass binnen nur zehn Jahren eine solche Art Elektroauto käufliche Realität sein würde, nämlich in Form des Tesla Model X, der ebenfalls als familienfreundlicher Crossover zwischen Limousi-

Ein «Skateboard» in Superdimension: General Motors CARousel als Grundlage für ein Brennstoffzellenauto mit Joy-stick-Bedienung der Zukunft, 2004 von Bertone mit kompletter Bestuhlung und Andeutungen von Radhäusern sowie Karosserieabschlüssen versehen (rg).

Die vier Schwenk-Schiebetüren verschafften einen optimalen, ja «aufrechten» Zugang für alle vier bis fünf Insassen (rg).

ne und Geländekombi bzw. SUV konzipiert wurde. Beim Villa stand allerdings nicht der Elektroantrieb im Vordergrund, vielmehr war er ein Automobil, das ein zur Gänze neuartiges Karosseriekonzept für jede Art von Großraumkombi zum Ausdruck brachte.

Mit dem Villa hatten sich die Bertone-Kreateure zum Ziel gesetzt, die für Luxusautomobile unabdingbare emotionale Seite auf ungeahnt neue Weise einwirken zu lassen. Das von Roberto Piatti zusammengestellte Pflichtenheft umfasste Ideen, die mit allem Hergebrachten brachen und verblüffende Wege in die Zukunft wiesen. Zu einer grundlegenden Erkenntnis zählte für Piatti, dass alle Autos bislang stark «gesichtsbetont» waren: «Man betrachtet sie, man erkennt sie, und man klassiert sie vor allem aus der Frontperspektive. Der Seitenansicht aber kommt sekundäre Bedeutung zu, dem wichtigen Zutritt zum Innenraum wird zu wenig Rechnung getragen.» Bei Bertone zielte man daher auf eine Aufwertung des Einstiegs. Schließlich verkörpert der Eingangsbereich beim traditionellen Privathaus ebenso wie beim modernen Firmensitz oder beim Luxushotel ebenfalls den Status der Besitzer bzw. der Kundschaft.

Die Fokussierung auf ein repräsentatives «Portal» musste zwangsläufig mit einer weiteren radikal neuen Wertung einhergehen. Beim Villa – und nun kommt aus, wie treffend die Namenswahl war – stand nicht mehr der Ausdruck von fahrerischer Dynamik im Vordergrund. Vielmehr wurden mit seinem Design bequemste Zugänglichkeit, Geräumigkeit und Wohnlichkeit sowie generöse Sichtverbindung zur Außenwelt herausgehoben.

Bei geöffneten Türen wie ein Blütenkelch

Aus diesem ungewohnten Betrachtungswinkel bot sich eine ebenso unkonventionelle Lösung an: Vier großflächige, zweiteilig gläserne Portale, die diese Bezeichnung auch wirklich verdienten. Wie Flügeltüren umfassten diese Tore zudem einen weiten Dachausschnitt. Doch dies erforderte – für Bertone einmal mehr – auch die Entwicklung eines neuartigen Öffnungsmechanismus, der den angestrebten ungehinderten Zutritt ermöglichte. Die genialen Techniker aus Caprie waren ja schon die Pioniere der Schrägflügel- bzw. Scherentüren, wie sie erstmals 1973 mit dem Lamborghini Countach in die Serienherstellung kamen. Die für den Villa verwirklichte neue Türkinematik basierte auf drei hydraulisch betätigten Armen, die komplexe, aufeinander abgestimmte Bewegungsabläufe ermöglichten und so die Glastore bogenförmig nach oben und seitlich verschoben.

Mit sich öffnenden Blütenblättern vergleichbar enthüllten die vier Türen den großzügig dimensionierten Innenraum, der sich denn überaus bequem, ja, erhobenen Hauptes betreten ließ. Nein, da war kein klein machendes Einziehen des Kopfes nötig, und ebenso gediegen konnte der Fahrzeuginnenraum auch wieder verlassen werden. Einziger Wermutstropfen: bei Regen riskierten die gepflegten Sitzüberzüge nass zu werden. Der Portaleffekt des Villa wurde durch die grafische Aufteilung der Glastüren mit ihren in Kontrastfarbe zum Karosserielack gehaltenen Einrahmungen zusätzlich unterstrichen. Waren Vorder- und Hintertüren geschlossen, so ergab sich im Zentrum der vier Glasflächen ein kreisrunder «Logoträger». Er eignete sich ebenso für Besitzerinitialen wie für ein Firmensignet. Abgesehen von einem der senkrechten Heckscheibe zuzuschreibenden Einschnitt zeigte der Villa eine Einvolumensilhouette.

Senkrecht eingefügte Heckscheibe, einen kleinen Absatz bilden auch die Türdachteile, Cadillac-Wappen über der Modellbezeichnung (rg)

Verdienstvolle Mitakteure

Abgesehen von den Verdiensten, die sich die Bertone-Leute mit dem Gesamtkonzept und den weit in die Zukunft gerichteten Detaillösungen holten, wirkten auch einige Zulieferfirmen äußerst wirkungsvoll am Projekt Villa mit:

Bose: Der zentrale 23-Zoll-Monitor für das Einfangen des vorausliegenden Verkehrsbildes mit integrierten Fahrangaben sowie die raffinierte Audioanlage mit einer Vielzahl Kleinlautsprechern verlangte nach aufwendigen neuen Lösungen.

Finnlamex: Das Herstellen der in das Dach gebogenen und zugleich längs gekrümmten Türfenster erwies sich als eine ganz besondere Herausforderung für die hochspezialisierte Glasfirma.

Michelin: Die Reifen für die mächtigen 22- bzw. 24-Zoll-Räder (245/40 bzw. 305/35) waren Extraanfertigungen. (Supercarreifen im «20er-Bereich» waren noch nicht auf dem Markt).

Statt eines Armaturenbretts diente ein zentraler 23-Zoll-Monitor als Informationsträger. Licht- und Luftschlitze brachten einzigartiges Ambiente (rg).

Auf ihren Innenseite trugen die horizontalen Türbalken Armlehnen; gleichzeitig blieb der Schlossmechanismus kaschiert (rg).

Monitor-Ablenkungsgefahr vorausgesehen!

Die außergewöhnliche Geräumigkeit des Villa wurde durch die gläserne Umhüllung noch unterstrichen. Bei Bertone sprach man gar von einer «Kristallkugel». Aber es waren vor allem der gegenüber dem Cadillac SRX von 295,5 auf 320 cm verlängerte Radstand und der Verzicht auf ein übliches Armaturenbrett, die für zusätzlichen Raum sorgten. Für dessen Gestaltung hatte man sich vom Möbeldesign inspirieren lassen. Dies hatte zu einer schlichten Ausstattung und klaren Übersichtlichkeit geführt.

Den freien Raum unterhalb der riesigen, weitgehend flachen Windschutzscheibe dominierte ein 23-Zoll-Bildschirm. Dieser beeindruckende Monitor mit 58-cm-Diagonale diente für alle damals schon möglichen und nutzbaren Funktionen wie digitale Fahranzeigen, Navigation, Touristikauskünfte, Rückfahrsicht und Klimabedienung. Zudem konnte er den Insassen TV und Videofilme vermitteln. Überdies wurde er in überraschender Weise für einen Sicherheitszweck genutzt: Auf ihm erschien, sozusagen als Duplikat, der von einer Frontkamera eingefangene Ausblick, wie er sich dem Fahrer durch die Windschutzscheibe präsentierte.

Wenn der Fahrer somit den Blick vom Verkehrsgeschehen weg auf den Bildschirm lenkte, um sich kurz der Navigation oder anderen Informationen zuzuwenden, konnte er dennoch eine unvermittelt auftauchende Gefahr erkennen und rechtzeitig reagieren. Das damals noch gänzlich neue, mit Monitoren auf dem Armaturenbrett gegebene Ablenkungsproblem war damit zu einem wesentlichen Teil gebannt! Alle abrufbaren Funktionsanzeigen wurden – ähnlich einem Head-up-Display – über das laufende Fahrbild eingeblendet. Die gefahrene Geschwindigkeit blieb permanent ablesbar.

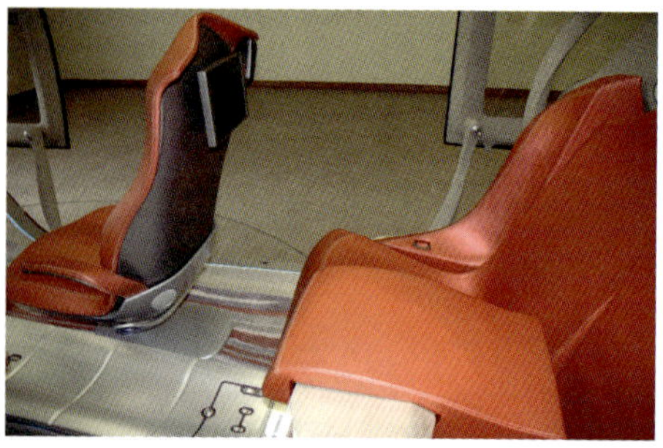

Geräumigkeit ebenfalls im Fond; der Mittelsitz ließ sich zu einem Arbeitstablett anheben; Monitore auch in den Vordersitzlehnen (rg).

Zwar funktionierte diese Anlage noch nicht vollumfänglich in dem geschilderten anvisierten Umfang. Doch Bertone und die spezialisierten Zulieferer wiesen bereits auf weitere künftige Möglichkeiten hin, so auf eine Infrarotprojektion, mit der sich bei Nacht und Nebel kaum sichtbare Hindernisse auf den Bildschirm holen lassen. Da war keine Utopie, sondern eine geballte Ladung Vorausahnung und Zukunftswissen mit im Spiel...!

Designer-Fauteuils und sinnvolle Grafikelemente

Mit dem Öffnen der Fahrertüre schwenkte das Lenkrad samt seiner langen, unter keinem Armaturenbrett verschwindenden Trägersäule nach oben, was den Zugang weiter erleichterte. Der zwischen den als «Designer-Fauteuils» geformten Vordersitzen durchgezogene Mitteltunnel trug die Bedienungstasten einschließlich jener für die elektrische Sitzverstellung. Die hintere Sitzbank war als zwei- bis dreisitziges Sofa gestaltet. Aus dem hochfahrbaren schmalen Mittelsitzteil ließ sich für den Passagier auf der linken Seite nicht nur ein kleiner Arbeitstisch, sondern auch ein Keybord herausziehen, das mit dem in der Vordersitzlehne integrierten Computermonitor gekoppelt war. Auch die Rückseite der rechten Vorderlehne trug einen Bildschirm. Die beiden hinteren Sofalehnen konnten wie bei Flugzeugsitzen schräggelegt werden. – Wie sie bei späteren «Executive-Limousinen» zu haben waren, wurden mit dem Villa bereits Arbeits- und Schlummermöglichkeiten propagiert.

Die zahlreichen Schlitze im Frontbord unterhalb der Windschutzscheibe, in den Flanken des Mitteltunnels und in den Türrahmen dienten nicht bloß als Grafikelemente, sondern erfüllten gleich drei Aufgaben: Primär dienten sie der Belüftung und Klimatisierung. Zudem waren in ihnen die Lautsprecher eines raffinierten Audiosystems verborgen. Und überdies beherbergten sie eine Vielzahl von Neonröhren, deren blaues Licht nächtlicherweile ein ganz ungewohntes Ambiente heraufbeschwor.

Auf die Frage, ob ein solches Luxusgefährt je die Chance für eine Serienherstellung finden könnte, wies Roberto Piatti darauf hin, dass ein Concept-car stets die Grenzen des Möglichen ausloten muss. Er erwähnte aber auch, dass die Türunterseiten nur mit einem Rammschutz den Sicherheitsanforderungen entsprechen könnten. Zudem müssten die Türscheiben bei ihrem Übergang in das Dach mit sich gegenseitig abstützenden Längsbalken dotiert werden. Ob die Insassen die «Beinsicht für Außenstehende» akzeptieren würden, blieb eine offene Frage; abgedunkelte untere Türfenster wären eine naheliegende Lösung gewesen. Vor allem aber verlangte der Villa von Luxusautoh erstellern wie von ihren Käufern gänzlich neue Vorstellungen.

Dank Elektroantrieb lautlos absolvierte Probefahrt in einem lichtdurchfluteten, komfortbetont dimensionierten Innenraum (wb).

Ebenso individuell wie attraktiv geformt: der Bertone Suagnà; doch Fiat verzichtete..., was für Bertone eine weitere Enttäuschung bedeutete (uk).

Grugliasco ohne Auftrag: Anfang vom Ende

Bei seinem Besuch im Mai 2005 ahnte der Verfasser noch nicht, dass ihm das Einzelstück namens Villa den letzten intensiven, mit einer Probefahrt verbundenen Kontakt mit einer Bertone-Schöpfung brachte. Dass diesem gänzlich neuen Dimensionen verschriebenen Concept-car statt des Elektroantriebs später ein 2-Liter-Vierzylindermotor einverleibt wurde, hatte damit allerdings nichts zu tun. Auch nicht die Tatsache, dass die schmucken Cadillac-Markenzeichen weiterhin am Villa prangen durften..., wenngleich die Zusammenarbeit mit General Motors nun ihr Ende fand. Dies nicht nur in Caprie, sondern vor allem in den Werkanlagen der Carrozzeria Bertone in Grugliasco: Dort lief die Produktion der Opel-Astra-Coupé- und Cabrioversionen 2005 endgültig aus. Im Frühling 2006 lancierte die deutsche GM-Tochter mit dem Opel Astra Twin Top eine kombinierte Neuauflage der bisherigen Bertone-Nischenmodelle, nämlich ein Coupé mit versenkbarem Metalldach. Und diese Neuauflage wurde von Opel in Eigenregie hergestellt, zwecks verbesserter Auslastung der eigenen Produktionskapazitäten, in diesem Fall des GM-Werks in Antwerpen. Zudem führte Opel inzwischen zwei Sportzweisitzer im Modellprogramm: seit 2002 den in Amerika gebauten, vom Pontiac Solstice abgeleiteten Speedster und ab 2004 den bei Heuliez in Westfrankreich konstruierten Kleinwagen Tigra Twin Top mit versenkbarem Festdach.

Bertones letzte Hoffnung auf eine Nachfolge durch das vorgeschlagene Alfa-GT-Coupé- und/oder -Cabriomodell hatte sich – wie erwähnt – zerschlagen. Dem Konkurrenten Pininfarina ging es besser: Er durfte für Ford das Focus-Coupé-Cabriolet mit elektrischem Klappdach herstellen, das im März 2006 auf dem Genfer Salon vorgestellt wurde.

In den Jahren 2000 bis 2005 hatte Bertone 136'000 Coupés und Cabriolets auf der Basis des Opel Astra G verwirklicht. Sie bildeten den Abschluss einer 1954 mit dem Coupé Alfa Romeo Giulietta Sprint eingeleiteten Tätigkeit, der Herstellung von Nischenmodellen für die Automobilindustrie. Bertone zählte alsbald zu den Großen, ja wurde zum Größten dieses Industriezweiges. Zum Bestseller wurde mit 160'000 von 1972 bis 1988 produzierten Exemplaren der Fiat X1/9 (ab 1982 unter der Bertone-Eigenmarke). Das Werk in Grugliasco machte sich aber auch einen Namen als Ursprungsort etlicher grandioser Oberklasse- und **Luxussportwagen**, so mit

6999 Alfa Romeo 2600 Sprint (1962—1966)
6004 Fiat Dino Coupé (1967—1972)
1225 Lamborghini Espada (1968—1978)
3925 Alfa Romeo Montreal (1970—1977)
2826 Dino 308 GT 4 (1973—1980)

Von 1954 bis 2005 baute Bertone rund 702'000 Serienwagen (die detaillierte Produktionstabelle mit einigen gerundeten Zahlen bis 2006 auf Seite 293 im Buchanhang weist 703'857 Einheiten aus).

Zwar hatten sich im Verlaufe der Jahre schon wegen der häufigen Marken- und Modellwechsel stete Fluktuationen im Produktionsumfang ergeben. Doch zum Jahresende 2005 war die Lage in Grugliasco mehr als bedrohlich. Schon 2003 galten von den 1700 registrierten Mitarbeitern 700 von Juli bis November als entlassen, während die übrigen nur jeden zweiten Tag beschäftigt waren. Der Jahresausstoß sank 2003 von den im Vorjahr erreichten 35'000 Einheiten auf bloß noch 22'000. Der CEO Bruno Cena wurde in der Folge entlassen, und Lilli Bertone übernahm dessen Charge persönlich. Doch auch sie fand keine neuen Auftraggeber, und 2005 rollten nur noch 6077 Opel und Vauxhall (unter welcher Marke die Opel im Vereinigten Königreich stets gehandelt wurden) vom Band, nachdem es im Vorjahr noch 9600 gewesen waren. Der in Italien geltende Mitarbeiterschutz sorgte dafür, dass von den 1500 verbliebenen Mitarbeitern schließlich 1400 den Status «vorübergehend entlassen» erhielten. Als Folge trat ab dem Produktionsende im Dezember 2005 ein zwei Jahre dauerndes staatlich garantiertes Kündigungsschutzprogramm in Kraft, das den Arbeitnehmern unter die Arme griff – so wie früher schon bei Produktionsausfällen in der Automobilindustrie die «Cassa Integrazione» das Arbeitslosengeld finanzierte.

Vorschlag für Fiat: ein Grande Punto CC

Nur in Caprie nahm das Leben – glücklicherweise – seinen Fortgang. Prompt zum Automobilsalon von Genf 2006 wurde traditionsgemäß eine Neuentwicklung vorgestellt, diesmal ein Coupé-Cabrio (CC) bzw. Festdachcabrio, wie es Mercedes-Benz 1996 mit dem SLK und alsbald Peugeot mit dem 206 CC vorgelebt hatten und wie es inzwischen im Trend lag... und wie es jüngst Opel in Eigenregie und Pininfarina für Ford entwickelt hatten. Geometrie und Mechanik dieses zweiteiligen Klappdachs stammten von der deutschen Firma CTS = Car Top System, und als Ausgangspunkt diente der im September 2005 auf der IAA in Frankfurt vorgestellte Fiat Grande Punto, ein noch der Kleinwagenklasse zuzurechnendes Zweivolumenmodell, das sowohl drei- wie fünftürig zu haben war.

Der an Fiat gerichtete verwandelbare Prototyp erhielt den Namen Suagnà. Wie einst

Der Bertone Suagnà zeigte bei geschlossenem Dach ein vergleichsweise hohes Stufenheck; offen kam die Keilform besonders stark zum Ausdruck (bw).

der Ausruf Countach und auch der Modellname Birusa war diese Bezeichnung dem Piemonteser Dialekt entnommen, und er bedeutete – je nach Quelle – «peinlich genau» oder einfach «elegant». In letzterem Fall dürfte sich Suagnà aus dem historisch naheliegenden französischen soigné für «gepflegt» ableiten. Was den Suagnà hervorhob: Er war das erste echt viersitzige Coupé-Cabrio im Marktsegemt B (Kleinwagen). Denn die entsprechenden Modelle von Peugeot, Mitsubishi und Nissan waren bloβ 2+2-sitzig und jene von Opel und Daihatsu gar reine Zweisitzer. Ein viersitziges Punto-Cabriolet hatte es bereits ab 1994 gegeben... wie erinnerlich bei Bertone gebaut! Allerdings bot es nur ein herkömmliches Stoffverdeck.

Der Suagnà erinnerte aber auch an das im Herbst 2000 auf dem Mondial in Paris vorgestellten, von Bertone mit dem deutschen Klapp-Top von Edscha realisierten Coupé-Cabrio auf der Basis des BMW 320 (s. Seite 250); auch es war in oranger Farbe gehalten...

Die von Bertone-Designer Giuliano Biasio verwirklichte Formgebung des Suagnà durfte mit Fug und Recht als extravagant bezeichnet werden. Sie präsentierte sich konsequent als Keil, was sowohl bei geöffnetem wie bei geschlossenem Dach zum Ausdruck kam. Die Gürtellinie war auf Höhe der Windschutzscheibe mit einem «Hick» nach unten gezogen und umrandete am Heck die Hintersitzlehnen. Eine Besonderheit bestand in dem beinahe senkrecht eingefügten Heckfenster. Es lieβ sich auch bei geschlossenem Dach öffnen, was einen erhöhten Luftdurchsatz ins Wageninnere ermöglichte. Zudem konnte es bei Offenfahrt hochgefahren werden, womit es dann als Windschott diente. Echt originell hatte Biasio zudem die kühlergrillfreie Front mit den Bumerang-förmigen weiβen Kontraststreifen gestaltet. Sie kaschierten neuartige LED-Scheinwerfer, die somit – analog zu jüngeren Bertone-Concept-cars – nicht als «des Autos Augen» in Erscheinung traten. Für den sportlichen Look sorgten Räder mit fünf Doppelspeichen in der für Kleinwagen ungewohnten 18-Zoll-Dimension.

Bei 251 cm Radstand brachte es der Fiat Grande Punto auf 403 cm Länge. Der Suagnà war hingegen 417 cm lang, was dem schwungvollen vorderen Überhang zuzuschreiben war. Es gab den Grande Punto mit bis zu 1368-ccm-Vierzylinder-Benzinmotor (16 V, 95 PS) oder gar einem Turbodiesel-Vierzylinder mit 1910 ccm (130 PS). – Doch entgegen allem Markttrend war Fiat ausgerechnet jene europäische «Massenmarke», die trotz reichhaltigem Kleinwagen- und Kompaktmodellangebot auf eine Offenversion verzichtete!

Dann das überraschende Mini-Trostpflaster

Nachdem sowohl Alfa Romeo wie Fiat, beide für neue Nischenmodelle in Frage kommenden einheimischen Hersteller, Bertone im Stich lieβen, tat sich überraschenderweise doch noch eine Türe auf: In Grugliasco konnte eine Sonderserie von 2000 Mini der Extraklasse aufgebaut werden! Inzwischen war auch die «Nebenproduktion» des BMW C1, jenes neuartigen Motorrollers «mit Dach», ausgelaufen. Da kamen die Bayern auf die Idee, in das Modellprogramm ihrer englischen Tochtermarke Mini eine supersportliche Sonderausführung einzufügen und deren Aufbau Bertone anzuvertrauen.

Der Nachfolger des auf das Jahr 1959 zurückgehenden genialen Original-Mini war unter der BMW-Ägide 2001 herausgebracht worden und deutlich gröβer und geräumiger. Statt 203,5 cm Radstand und 305,5 cm Länge maβ der Neue 246,5/362,5 cm. Schon im Herbst 2001 wurden dem Type One mit 1598-ccm-Motor und 90 PS die leistungsge-

Wechselhafte Zeiten für Auftragshersteller

Um 2005, als die Situation der Carrozzeria Bertone kritisch wurde, gab es in Europa noch sechs unabhängige Auftragshersteller, die Nischenmodelle für die-Autoindustrie bauten: Karmann in Deutschland (Chrysler/VW), die in wenigen Jahren zum Groβunternehmen gediehene austro-kanadische Firma Magna in Österreich (DaimlerChrysler/BMW/Saab), Heuliez in Frankreich (Opel/Vauxhall), Valmet in Finnland (Porsche), Pininfarina (Ford/Mitsubishi) und Bertone in Italien.

Matra zählte nicht mehr dazu, denn mit der Ende 2002 lancierten, für die Produktion in Renault-Eigenregie ausgelegten Neuauflage des Groβraumkombis Espace wurde Matra Automobiles die Existenzgrundlage entzogen. Matra konzentrierte sich fortan auf die Entwicklung von Kleinstmobilen. Anderseits präsentierte Volvo im Sommer 2005 das zur Mittelklasse zählende Coupé-Cabrio C70, das nicht nur mit Pininfarina entwickelt wurde, sondern für das Pininfarina im schwedischen Udevalla eigens ein Montagewerk aufbaute.

Der Cooper S Works GP erhielt eine exklusive Metallic-Lackierung in Graublau mit Dach und Zierteilen in 'Pure Silver' sowie roten Spiegelgehäusen. Er war der stärkste Mini, der bis dahin ab Werk zu haben war (2006; 4 Zyl., 1598 ccm, 218 PS - mw).

Das letzte Bertone-Serienmodell aus Grugliasco: Die 2000 im Jahr 2006 montierten Mini Cooper S Works mit GP-Kit beschlossen nach 45 Jahren die 1961 gestartete Produktionsgeschichte der Karosseriefirma! (bw)

steigerte Variante Cooper mit 116 PS und sogar eine Kompressorversion Cooper S mit 163 PS zur Seite gestellt. Diese traditionellen Zusatzbezeichnungen erinnerten an die Rennwagenmarke von John Cooper. Bereits Anfang 2005 wurde überdies der Cooper S Works angekündigt, dessen Leistung bei gleichbleibendem Hubraum nun mit einem maximalen Ladedruck von 1,0 statt 0,8 bar auf 210 PS anstieg, während der «normale» Cooper S inzwischen auf 170 und alsbald 175 PS kam. Die Bezeichnung Works bezog sich auf einen imaginären Werksrenneinsatz.

Anläßlich des offiziellen Mini-Jahrestreffens von Ende Oktober 2005 in Misano an der Adria wurde als weitere Steigerung der Cooper S Works mit GP-Kit vorgestellt. Er basierte auf dem Cooper S Works, und er war jener Non-plus-ultra-Mini, der ab Mai 2006 in Grugliasco produziert wurde. Er sollte ab Juli in Deutschland zu einem Preis um die 30'000 € zu haben sein. Dem Mini Cooper S Works GP (Grand Prix) wurden dank Änderungen am Ladeluftkühler und an der Motorabstimmung nun sogar eine Leistung von 218 PS bei 7150/min, 245 Nm maximales Drehmoment und eine Spitze von 240 km/h zugesprochen. Dieses mit einem eigenen Sound verbundene Leistungspotenzial war für die Kleinwagenklasse einzigartig!

Bloβ eine glückliche Verschnaufpause

Bei Bertone sorgte man für das adäquate Erscheinungsbild. Hierzu erhielten die unlackiert aus England angelieferten Karosserien einen mit dem Kühlergrill kombinierten imposanten Frontspoiler, ein eingerahmtes GP-Zierelement an der Motorhaube über dem Grill, eine Heckschürze sowie einen vom Dachende abstehenden Heckflügel. Nebst diesem Aerodynamikpaket sorgten auch tiefer heruntergezogene Seitenschweller und ein verkleideter Unterboden für verbesserte Abtriebswerte an Vorder- und Hinterachse. Hinzu kamen eigens entwickelte, besonders leichtgewichtige 18-Zoll-Aluminiumräder mit vier Doppelspeichen und vor Plattfuβ gesicherten Reifen der Dimension 204/40. Das Sportfahrwerk dieses jüngsten Top-Mini umfasste auch eine Hochleistungs-Bremsanlage mit rot lackierten vorderen Bremssätteln. Ein Sperrdifferenzial wurde serienmäβig, eine Dynamische Stabilitätskontrolle (DSC) auf Wunsch eingebaut.

Der Gewichtseinsparung dienten auch hintere Längslenker aus Aluminium statt Stahl. Insgesamt ergab sich durch den GP-Kit eine Gewichtsverminderung um gut 40 auf rund 1100 kg. Sie war jedoch vor allem Eingriffen im Innenraum zuzuschreiben: Dieser beschränkte sich nämlich im Unterschied zu sämtlichen englischen Mini auf nur zwei Plätze, nämlich zwei Recaro-Schalensitze mit schwarzem Lederüberzug samt roten Ziernähten. Dahinter ergab sich reichlich Ablageraum. Ebenfalls aus Gewichtsgründen wurde auf Teile des Dämmmaterials verzichtet und in der Regel die Klimaanlage weggelassen; doch wurde sie auf Wunsch gleichwohl eingebaut, dies ohne Mehrpreis! – Der Mini Cooper S Works GP-Kit war eine echte kleine «Superbombe» und damit ein Liebhaberstück par excellence! Der Groβteil der 2000 Exemplare gelangte in die USA, während für Italien selbst nur 200 Einheiten reserviert waren. Auβerdem wurde dieser ganz besondere Mini nach Groβbritannien, Japan, Deutschland sowie in wenigen Exemplaren auch in die Schweiz geliefert.

Auszulasten vermochte der 2000 Einheiten umfassende BMW-Auftrag das Werk der Carrozzeria Bertone nur teilweise und für beschränkte Zeit. Wie sich Roberto Piatti, der damalige «Nochdirektor» von Stile Bertone auf Anfrage erinnerte, fanden von den weit über tausend «vorübergehend Entlassenen» nur etwa 85 eine Beschäftigung in den Montageanlagen und rund 50 weitere in der Lackierabteilung und Logistik. Das Mini-Projekt brachte während einem Jahr etwas Leben

Bertone-Mini – schon 40 Jahre früher

Bereits ab Ende 1965 hatte die mit dem Mini-Hersteller BMC zusammenarbeitende Renn- und Tuningfirma Cooper mit dem Austin Cooper S VIP eine Mini-Sonderversion angeboten: Nebst zusätzlichen PS bot sie von Bertone innen und auβen aufgewertete Designelemente. Sie wurde offenbar ausschlieβlich in Groβbrtiannien kommerzialisiert.

Dass der Mini Cooper S Works GP-Kit gerade auch bei Kurvenfahrt am Berg viel Spaβ bereitete, versteht sich von selbst (mw).

Es gab den Works mit GP-Kit sowohl mit Rechts- wie mit Linkslenkung; Sport-Lederlenkrad mit Multifunktion (Radio/CD - mw).

nach Grugliasco zurück, wobei die eigentliche Produktion sechs Monate in Anspruch nahm. Es handelte sich somit bloß um eine Verschnaufpause vor einem erneuten Stillstand... In die gleiche Epoche fiel zudem eine weitere Personalrochade bei der Stile Bertone SpA in Caprie (s. Textbox rechts).

Statt Vier- nur Zweisitzer, aber mit hochsportlichen Schalensitzen von Recaro (mw).

Eine kleine Besonderheit bestand in der zünftigen Querstrebe im Kofferraum! (mw)

An der «ganz besonderen Nase» mit dem GP-Signet ließ er sich ebenfalls erkennen (rg).

Ein Ausstieg mit Zukunft

Sie tun inzwischen das, was die Zukunft von Bertone hätte sein können: Das Entwerfen und Entwickeln von Zukunftsautomobilen für die weltweite Automobilindustrie.

Im März 2006 verließen Roberto Piatti als Geschäftsführer und Giuliano Biasio als Chefdesigner Stile Bertone in Caprie. Das vorzüglich harmonierende schöpferische Duo, das zur eigentlichen Seele der Bertone-Aktivitäten geworden war, hatte sich dazu entschieden, sein eigenes Designstudio und Entwicklungszentrum aufzubauen. Diesen Schritt hatte 1965 – also gut vier Jahrzehnte zuvor – schon Giorgetto Giugiaro unternommen... und seine Firma Ital-Design zu größtem Erfolg gebracht. Wie er siedelten Piatti und Biasio ihr Unternehmen in der Industriegemeinde Moncalieri im Süden von Turin an. Sie verliehen ihrem Betrieb den ambitiösen Namen Torino Design, und wie Ital-Design verzichteten sie auf einen eigenen Produktionsbetrieb.

Die Torino Design Srl – zu 90 % von Piatti und zu 10 % von Biasio gehalten – warb 2018 mit den treffenden Prädikaten «Independent – Private – Italian». Bertone gab es nicht mehr, Pininfarina wurde vom indischen Mahindra-Autokonzern dominiert... und Ital-Design war Teil des Volkswagenkonzerns geworden. Mit rund 70 Mitarbeitern, darunter ausgewiesenen Spezialisten, wurde 2017 ein Umsatz von 8 Mio. € erreicht. Torino Design bearbeitete ein weites Feld von Tätigkeiten, vom Styling bis zu CAS-3D-Modellen und von Machbarkeitsstudien bis zu 1:1-Modellen und fahrbaren Prototypen.

«Wir haben inzwischen über 200 Projekte entwickelt und über 200 1:1-Modelle für Kunden in aller Welt auf die Räder gestellt», verlautete aus Moncalieri. Nebst Pkw, vom Kleinwagen über den Großraumkombi bis zum Supersportwagen, waren darunter auch Nutzfahrzeuge bis zum Schwerlastwagen und sogar Flugzeuge. Wie Pininfarina fand auch Torino Design zahlreiche neue Kunden in China, Indien, Fernost und zudem in Russland. – All' solche Erfolge sollten Bertone verwehrt bleiben.

Roberto Piatti und Giuliano Biasio, Gründer von Torino Design (wb).

Vom Chef Innenraumdesign zum Design Director: David Wilkie (wb).

Mit einem Schotten namens David Wilkie...

Der Mini Cooper S Works GP bzw. dessen spezifisches Outfit war das letzte Werk, das Giuliano Biasio für Bertone entwarf. Schon im Februar 2006 wurde David Wilkie bei Stile Bertone zum neuen Verantwortlichen sowohl des Außen- wie des Innendesigns. Mit Jahrgang 1958 zählte er bereits zu den erfahrenen Formgestaltern, und diesem Metier hatte er sich schon in jungen Jahren verschrieben. Während seines Studiums von Product Design in Glasgow, seiner schottischen Geburtsstadt, war ihm der Name Bertone schon längst zum Begriff geworden. Seine Weiterbildung zum Industriedesigner erfolgte am bekannten Royal College of Art in London.

1988 landete David Wilkie bei der Ford-Designtochter Ghia in Turin und 2003 holte ihn Roberto Piatti von dort zu Stile Bertone, wo er anstelle von Eugenio Pagliano die Leitung des Innenraumdesigns übernahm. In dieser Funktion entwarf er das Interieur zweier besonders gegensätzlicher Modelle, nämlich jenes des Individual-Kleinwagens Alfa Romeo Mito und jenes des Prestige-Sportcabriolets Ferrari California. Diese Modelle kamen allerdings erst im Frühling 2008 bzw. im Januar 2009 auf den Markt. Nach dem Weggang von Piatti und Biasio von Anfang 2006 avancierte Wilkie zum Design Director. Ihm zur Seite stand in dem rund ein Dutzend Designer, Techniker und Modellbauer umfassenden Team als Vizedirektorin Marie Jeanne Bertone, die ältere der beiden Töchter von Lilli und Nuccio.

Erlebter Lehrgang in Vernunftdesign

Hier sei in der chronologischen Abfolge der Ereignisse bei Bertone ein «Blick zurück» gestattet: Dass auch Kleinwagen hübsch und elegant daherrollen können, haben Autodesigner stets von neuem bewiesen. Dass anderseits einzig und allein simple Kastenform optimale Raumnutzung bieten kann, liegt in den Naturgesetzen. Also galt es, Kleinautoeleganz auf kürzest mögliche Länge auszurichten: Schräg- statt Fließheck, Blechprägungs-, Zier- und Farbeffekte statt Formexzesse.

Der Autor erinnert sich an jenen Schock, der ihm in noch recht jungen Jahren, nämlich im August 1961, der in der Fachpresse vorgestellte Renault R4 bereitet hatte. Da gab es doch den ungemein elegant gestalteten Renault Dauphine, und nun war ein Nachfolger des Renault 4 CV angekündigt worden, des ab 1947 hergestellten Kleinwagens. Selbstverständlich musste dieser Neuling doch ebenso formvollendet wirken wie das Modell Dauphine, aber halt eine Spur kleiner. Stattdessen präsentierte Renault mit dem R4 einen kantighohen Kasten, fast eine Miniaturisierung des Autodesigns der frühen Dreißigerjahre...

In den folgenden Jahren änderte sich diese aus einer falschen Erwartungshaltung entstandene Meinung grundlegend: Der Renault R4 wurde zu einem rollenden Beweis dafür, dass Design auch durch seinen Nutzeffekt gefallen, ja sogar überzeugen kann. Die Zweckmäßigkeit seines Gesamtkonzeptes und der Verzicht auf alles Überflüssige machte ihn sympathisch und am Ende selbst bei anspruchsvollem Publikum beliebt. In einem 1978 von Albrecht Graf Goertz (1914—2006), dem Formschöpfer u.a. der BMW 507 und 503, gewährten Interview stellte sich heraus, dass sowohl er wie der Autor R4 Enthusiasten waren.

Der 1980 auf dem Genfer Salon vorgestellte erste Fiat Panda entsprach einer an den Renault 4 erinnernden Designphilosophie. Er reihte sich zwischen die Fiat 126 und 127 mit betontem Schrägheck ein und hob sich durch seine eckigen, aufrechten Formen deutlich von ihnen ab. Sein Schöpfer war kein Geringerer als der einstige Bertone-Zögling Giorgetto Giugiaro. Er erhielt für das Panda-Design den Compasso d'Oro 1981. Im Jahr 2003, wiederum auf dem Genfer Salon, erschien der Fiat Panda in fünftüriger Neuauflage. Und auf dessen technischer Basis entstand bei Bertone 2006/07 das hochsportive Einzelstück Barchetta.

Bertone Barchetta, 2007 – nach einem halben Jahrhundert – als eine Art Wiedergeburt, nun auf Panda- statt auf Topolino-Basis: 4 Zyl., 1368 ccm, 100 PS – bw).

Renault R4L, 1964: Kastenform wie Anfang 30er Jahre (4 Zyl., 845 ccm, 26,5 PS – wb).

Fiat Panda, 1980: hoch, kantig, Kühlergrill asymmetrisch (4 Zyl., 903 ccm, 45 PS – fw).

Von den Barchetta 1 und 2 zum Barchetta 3

Es war auf dem Genfer Salon 1995, als Fiat unter dem Modellnamen Barchetta ein neues Sportcabriolet vorstellte. Nach dem traditionellen italienischen Sprachgebrauch handelte es sich eigentlich um einen Spider, denn Barchetta (= Schiffchen) steht in Fachkreisen für offene Rennsportkarosserien ohne Komfortmerkmale. Diese Bezeichnung trug auch Nuccio Bertones allererste Eigenschöpfung, nämlich jener grandios geformte rennsportliche Zweisitzer, den er aus einem schon 1936 erstandenen Fiat 500 Topolino entstehen ließ und mit dem er – wie auf Seite 24 in diesem Buch geschildert – ab 1946 seine ersten Sporen im Motorsport abverdiente.

60 Jahre später erhielt nun David Wilkie den Auftrag, im Gedenken an diese wegweisende Schöpfung von Nuccio Bertone ein Auto zu schaffen, wie es Nuccio in der Gegenwart hätte gestalten können: Ein offener Sportzweisitzer mit begeisterndem Design auf der Basis eines Fiat-Kleinwagens, einen «Barchetta 3» sozusagen. Denn hinter diesem Auftrag verbarg sich auch die Möglichkeit, Fiat für eine Neuauflage des 1995 lancierten und bis 2005 angebotenen Modells Barchetta zu interessieren. Dieses Sportcabriolet war im Fiat-eigenen Designstudio entworfen und bei der Carrozzeria Maggiora hergestellt worden.

Fiat Panda 100 HP, 2006: Vernunft + Charme gepaart (4 Zyl., 1368 ccm, 100 PS – fw).

Das «Vernunftauto» Panda als Ausgangspunkt

Auf dem Genfer Salon 2000 hatte Fiat einen neuen Kleinwagen in die Welt gesetzt, den man als «visionären Schritt» klassieren konnte: Ein hohes, kantiges Dreitürauto, dessen kastenförmige Silhouette an den 1963 auf der IAA Frankfurt lancierten Renault R4 zurückdenken ließ: Ebenso auf optimierte Nutzung des Innen- wie auch das Parkraums ausgerichtet und ebenso unprätentiös motorisiert (s. Kapitel «Erlebte Lektion in Vernunftdesign»). Der vom Bertone-Zögling Giugiaro entworfene kleine Fiat bekam den Namen des putzigen «Chinabären» Panda und fand einen über die traditionellen Fiat-Fahrer hinausgehenden Käuferkreis. Dies ermutigte Fiat, 2003 eine fünftürige Neuauflage zu lancieren, und sie war es, die dem bei Bertone entstandenen Fiat Barchetta als Ausgangspunkt diente. Von der Nachfrage ermutigt, hatte Fiat mit dem Panda 100 HP im Herbst 2006 sogar eine Sportversion hinzugefügt, deren Motor dem

Barchetta-Ideen: Lenkrad + Anzeigen gerundet viereckig, «Schaltgriff» und «Hebelpedale» (wb).

Nochmals eine weitere Art Bertone-Flügeltüren, nämlich am Heck angelenkte Scherentüren, dazu mit Glas- bzw. Plexiglaseinsatz (wb).

Barchetta ein dem äußeren Erscheinungsbild entsprechendes Leistungsvermögen verhieß.

Die aus Aluminiumsegmenten – primär einer unteren und einer oberen Schale – zusammengesetzte silberglänzende Karosserie des Bertone Barchetta kontrastierte mit den in Schwarz gehaltenen Radhausumrandungen, unter denen großformatige, mit fünf Breitspeichen versehene Sporträder als Blickfang wirkten. Eine neuartige Besonderheit des sanft nach vorne abfallenden offenen Aufbaus waren die am Heck angelenkten, sich über die hinteren Radausschnitte absenkenden Scherentüren. Sie waren auf Sitzhöhe transparent ausgeführt. Dreieckige Stilelemente ergaben sich aus den Schwellenverbreiterungen, aus den in ihnen integrierten Abgasöffnungen wie auch beim Übergang von der ultraflach gestellten Frontscheibe in das Armaturenbrett. An die Kopfstützen schloss sich mit zwei Auswölbungen ein Überrollschutzbügel an.

In dem mit feinem braunen Leder ausgekleideten Innenraum fielen das schmucke Lenkrad in Form eines abgerundeten Vierecks, die dazu passenden Anzeige- und Bedienelemente auf dem Armaturenbrett und eine völlig ungewöhnlicher Getriebeschaltträger mit Handgriff auf. Die Mittelkonsole zwischen den Sitzen trug versenkte Schalter samt einem Handyfach, und dieses bereits mit Ladeanschluss. Neuartig war überdies die verstellbare, auffallende hebelartige Pedalerie. All' diese stilistischen Innovationen wiesen darauf hin, dass Chefdesigner David Wilkie für das Interior Design stets noch ein besonderes Faible besaß!

Gegenüber dem Fiat Panda 100 HP stieg das Leergewicht von 975 auf rund 1100 kg. Mit den generöseren Überhängen übertraf der Bertone Barchetta die Originallänge von 357,5 cm des Panda 100 HP um einige weitere Zentimeter. Der bis 2005 erhältliche Fiat Barchetta hatte es auf 389 cm Länge gebracht..., aber wie sich leider erweisen sollte, hatte die Fiat-Leitung keine Lust auf eine Barchetta-Neuauflage.

Ergänzung zu Scagliones historischer BAT-Reihe

Auf dem Turiner Automobilsalon von 1953 hatte ein Einzelstück für das große Aufsehen gesorgt; man sah in ihm sogar eine Revolution des Autodesigns: Der Bertone BAT 5 war ein Ausbund an Aerodynamik und Formästhetik, wie man es bis dato noch nie gesehen hatte. Und er war eine jener meisterlichen Schöpfungen, die Bertone und die Fachwelt dem Designgenie Franco Scaglione zu verdanken hatten. BAT stand für Berlinetta Aerodinamica Tecnica, und auf den BAT 5 folgten 1954 und 1955 – wie im vorliegenden Buch auf den Seiten 33 bis 35 nachzublättern – die BAT 7 und 9. Und nun, ein halbes Jahrhundert später, erhielt diese historisch einzigartige «Dreamcarserie» ein Anschlussmodell, den BAT 11.

Ermöglicht wurde diese 2007 verwirklichte weitere Würdigung großartiger vergangener Zeiten dank dem Auftrag eines jungen und vermögenden Autodesign-Enthusiasten aus den USA: Dr. Gary Kaberle war nämlich der Besitzer des BAT 9, den er in den Neunzigerjahren – mit persönlichen Ratschlägen von Nuccio Bertone – einer vollständigen Restauration unterzog, ihn danach auf Ausstellungen zeigte, aber später aus finanziellen Gründen verkaufen musste. Dabei kam der BAT 9 in den Besitz eines Sammlers in Las Vegas, der schon die beiden früheren BAT besaß! Dieser spannende Sachverhalt war einem 2008 in der italienischen Fachzeitschrift «Auto & Design» erschienen Bericht zu entnehmen. Weil er diesem unersetzlichen Einzelstück nachtrauerte, entschloss sich Mr. Kaberle nach etlichen weiteren Jahren, bei der Firma Bertone einen Ersatz bzw. ein Nachfolgemodell in Auftrag zu geben.

David Wilkie vertiefte sich mit Erfolg und Bravour in das Ideengut von Franco Scaglione. Das auf der Basis seiner Entwürfe ausgearbeitete Kleinmodell wurde in der flugtechnischen Fakultät des Polytechnikums von Turin auf den aerodynamischen Effekt geprüft. Doch welchem der drei Vorbilder kam der BAT 11 am nächsten? Die besonders auffallenden, ab Flankenmitte nach hinten anstei-

Rechts: Eine Entwurfsskizze für den neuen Fiat Barchetta in den Farben Italiens (bw).

Links: Barchetta von 2007 aufgenommen 2018 im Eingangsbereich des Bertone-Museums beim Mailänder Flughafen von Malpensa (rg).

genden Heckflossen waren sowohl vom BAT 5 wie vom BAT 7 inspiriert. Auch der senkrechte Mittelsteg auf der Heckpartie zählte zu den BAT-Eigenheiten. Die Seitenflächen wölbte Wilkie noch stärker aus, als dies Scaglione in den Fünfzigerjahren tat; doch verzichtete er auf jegliche seitlichen Einprägungen.

Ein bemerkenswerter Unterschied lag darin, dass die Räder im 21-Zoll-Format nicht unter Abdeckungen steckten, sondern vorne wie hinten unter dem schräg geschnittenen Karosserieabschluss hervorlugten und so ihre kunstvoll angelegten metallschimmernden, jedoch ebenfalls aus Verbundmaterial bestehenden Speichen zur Geltung brachten. Für den vollen Radeinschlag schwenkten die vorderen Radhausverschalungen elektronisch gesteuert ein Stück weit nach außen. Im Gegensatz zu Scagliones BAT 5/7/9 verhalf der aktuelle Bertone-Designchef dem BAT 11 zu einer Front, die ihn klar als Alfa Romeo definieren ließ. Die schräg nach vorne oben öffnenden Türen und ein von zwei schwungvollen horizontalen Trägern gekennzeichnetes Armaturenbrett sowie ein kantig gestaltetes Lenkrad verkörperten weitere passende Eigenheiten.

Wie schon die «Ur-BAT» basierte auch der BAT 11 auf einem besonders sportiven Unterbau von Alfa Romeo. Auf eine Mail-Anfrage antwortete Wilkie 2018, dass der Alfa Romeo 8C Competizione die Grundlage bildete. Dieser war im März 2007 auf dem Genfer Salon vorgestellt worden und teilte sein Fahrwerk mit jenem des Maserati Coupé GranSport. Der 8C besaß ein Stahlmonocoque und 265 cm Radstand, der BAT 11 basierte jedoch auf dem um eine Spur längeren Radstand des Maserati. Im Gegensatz zum 4,2-Liter-V8 des Maserati besaß der Alfa Romeo 8C einen 4,7-Liter-V8, auch er mit vier obenliegenden Nockenwellen und 48 Ventilen. Aus 4691 ccm resultierten 450 PS bei 7000/min, und das 6-Gang-Getriebe war beim Alfa mit einer roboterisierten Schaltung zu haben. Die Außenabmessungen des BAT 11 wurden mit runden 490 x 190 x 120 cm angegeben.

Ganz im Stile der BAT 5, 7 und 9 der Fünfzigerjahre, aber von vorne klar als Alfa Romeo erkennbar: BAT 11, 2007 (V8, 4691 ccm, 450 PS – wb).

Die Insolvenz und ihre dramatischen Folgen

Im Mai 2007 ernannte Lilli Bertone als Vorsitzende der Bertone-Gruppe ihre jüngere Tochter Barbara gemäß einer Presseinfo zum Geschäftsleiter (Managing Director) der Carrozzeria Bertone SpA.

Barbara Bertone, 1968 in Turin geboren, hatte die Wirtschafts- und Handelsschule absolviert und war inzwischen Mutter von zwei Kindern. Sie war bereits während 15 Jahren innerhalb und außerhalb von Bertone tätig gewesen. Im Jahr 2000 war sie zum Chef des Finanzcontrollings avanciert. Lilli Bertone, inzwischen 72 Jahre alt, hob hervor, dass Barbara nun zu einem «der entscheidensten Momente der Geschichte der Carrozzeria Bertone» zur Geschäftsleitung bestimmt worden sei.

Was unter dieser Formulierung zu verstehen war, erhellte spätestens im November 2007. Denn zu diesem Zeitpunkt musste die Bertone-Gruppe wegen der über drei Jahre anhaltenden Verluste den Antrag auf Insolvenz stellen. Einige Details der darauffolgenden verwirrlichen Begebenheiten sind dem 2011 erschienenen aufschlussreichen VS-Research-Buch «Automobilhersteller ohne eigene Marke – Aufstieg, Krise und Perspektive» von Kathrin Loer zu entnehmen. Demnach kündigte im Dezember 2007 der eingesetzte Konzernmanager Gian Mario Rossignolo (der früher bei Fiat und Telecom Italia tätig war) seine Bereitschaft an, Bertone für einen symbolischen Euro zu übernehmen. Doch nachdem von Investor Domenico Reviglio ein analoges Angebot vorlag, gab Lilli Bertone am 1. Januar 2008 bekannt, 65 % der Carrozzeria Bertone und 100 % von Stile Bertone an

David Wilkie und seine jüngste Schöpfung 2007 vor den Studios von Stile Bertone in Caprie (wb).

Links: Der BAT 11 wie seine ein halbes Jahrhundert früher entstandenen Vorbilder mit ausgeprägten Heckflossen samt mittlerem Längssteg (wb).

Reviglio zu verkaufen. Von der Carrozzeria wollte sie selbst 35 % behalten, und am 23. Januar 2008 wurde ein entsprechender Vertrag unterzeichnet.

Aber Nuccio Bertones Witwe hatte die Rechnung ohne ihre Töchter gemacht. Sie legten ihr Veto ein, «weil Lilli Bertone nicht über alle Anteile verfügen könne», und das Gericht stoppte den Verkauf. Wegen der familieninternen Uneinigkeit wurde schließlich ein neuer Geschäftsführer eingesetzt. Das Jahr 2008 war damit der Ausgangspunkt einer kaum enden wollenden Familienfehde. Wie auch noch ein Jahrzehnt später aus dem Insider-Umkreis zu erfahren war, stellten sich Lilli Bertone und ihre Töchter samt den Schwiegersöhnen hinsichtlich des Erbes stets noch auf drei unvereinbare Standpunkte.

Lilli Bertone verhieß radikale Neustruktur

Bei Stile Bertone plante man, den Dream- bzw. Concept-car BAT 11 auf dem Genfer Salon 2008 vorzustellen; doch «mangels Kasse» musste die traditionsgemäße Präsenz am internationalsten aller Automobilsalons – wie schon nach dem Hinschied von Nuccio Bertone im Jahre 1997 – kurzfristig abgesagt werden. Der vierte BAT wurde dann bloß an einem salonexternen Anlass präsentiert. Mit einer Pressemitteilung ließ Lilli Bertone als Vorsitzende der Stile Bertone SpA am 13. Februar 2008 verlauten, dass «dieser heute Morgen gefasste schmerzvolle Entschluss» der Genfer Salonleitung mitgeteilt worden sei. Weiter war diesem Pressebulletin zu entnehmen:

«Dem Firmenmanagement steht eine vollständige Restrukturierung bevor. Deshalb sind wir nicht in der Lage, an einem Anlass teilzunehmen, der solchermaßen im öffentlichen Blickpunkt steht.» Dies die Aussage von Lilli Bertone. Zudem wolle man dem Umstand Rechnung tragen, dass die in den vergangenen Wochen veränderte Pressestimmung zu einem zurückhaltenden Medienkontakt raten lasse. «In jüngster Zeit war ich Zielscheibe von Angriffen durch gewisse Zeitungen und einige Gewerkschaftssektionen,» erklärte Lilli Bertone, «orchestrierte Angriffe, deren Zweck nicht im Interesse des Unternehmens liegen konnte und die vielleicht nur scheinbar den Minderheits-Anteilsbesitzern zuzuschreiben waren. Sie reflektierten jedoch klar die Absicht, mich und mein geschäftliches Vorgehen zu diskreditieren».

In dem Pressetext folgten Zurückweisungen von ungerechtfertigten Vorwürfen und der Hinweis, dass sie, Lilli Bertone, stets für das Wohlergehen der Firma gesorgt und u.a. sogar aus der eigenen Tasche für Kapitalaufstockungen gesorgt habe... «Carrozzeria Bertone hat in nur drei Jahren wegen ruinösem Management seinen gesamten Umsatz

Bertone Mantide: Ein eigenständiges, reichlich spektakuläres Design, das dem ex-Pininfarina-Designer Jason Castriota zuzuschreiben war (V8, 6162 ccm, 647 PS – Wikipedia).

verspielt, und Stile Bertone hat in bloß zwei Jahren 70 % des Umsatzes trotz umfangreich vorhandener flüssiger Mittel zunichte gemacht. Dieses durch nichts entschuldbare katastrophale Resultat hat mich veranlasst, vergangene Woche den Geschäftsführer zu entlassen.»

«Auch ich habe Fehler gemacht,» fügte Lilli Bertone abschließend hinzu, «indem ich den Ratschlägen der Manager im Familienkreis folgte, mich nicht um Geschäftsführung und Finanzen zu kümmern. Bei der Carrozzeria haben nun die von der Regierungsseite gestellten Sachwalter das Szepter übernommen, und ich bin sicher, dass sie die beste Lösung für die industrielle Zukunft des Unternehmens finden werden. Bei Stile Bertone, wo ich 75 % Anteil halte, wird die Neuausrichtung der Führungsstruktur dem Unternehmen einen Neustart auf dem internationalen Markt des Advanced Designs ermöglichen.»

Die Chefdesigner reichten sich die Türklinke

Letztere Aussage blieb allerdings zunächst in der Luft hängen. Denn 2008 war auch das Jahr, da David Wilkie Stile Bertone verließ. Ein Ersatz ließ sich unter den gegebenen Umständen nicht so bald herbeirufen. Wilkie war hingegen – wie zuvor schon Roberto Piatti und Giuliano Biasio – eine erfolgreiche weitere Karriere beschieden. Zunächst schloss er sich dem Designer Murat Gunak an, einem seiner Berufsfreunde. Dieser war für das Design des geplanten Schweizer Elektroautos Mindset engagiert worden. Wilkie entwarf nun den Innenraum dieses raffinierten 2+2-Sitzers. Leider scheiterte dieses vielversprechende Projekt an den benötigten Finanzen. Rückblickend kann man sagen, dass es zu früh gestartet worden war. Darauf befassten sich Gunak und Wilkie mit dem französischen Elektrokleinwagen Mia mit revolutionärem Einvolumen-Design; auch er brachte es trotz Staatshilfe auf keinen grünen Zweig. Im Jahre 2014 avancierte Daniel Wilkie schließlich zum Design-Director des vier internationale Entwicklungsstudios umfassenden CNH-Industrial-Konzerns. Dieser war 2012 aus dem Zusammenschluss von CNH Global mit Fiat Industrie entstanden, der auf Nutzfahrzeuge aller Dimensionen ausgerichteten Parallele zu Fiat Chrysler Automobiles.

Der Mantide landete im Internet statt in Genf

Der Nachfolger von David Wilkie wurde Anfang 2009 in der Person des früher bei Pininfarina tätigen Designers Jason Castriota gefunden. Zwar hielten auch in jenem Jahr die nach Genf gereiste Fachwelt und die Designfans vergeblich nach dem Bertone-Stand Ausschau. Doch sorgte Castriota dafür, dass Stile Bertone selbst in dieser schwierigen Übergangszeit eine Neukreation vorweisen konnte, nämlich den Mantide (Bezeichnung in Anlehnung an das «rabiate» Insekt Gottesanbeterin). Aber statt in der Rhonestadt gelangte er bloß via YouTube-Video an die Öffentlichkeit! Der Mantide basierte auf dem Anfang 2008 auf der International Motor Show von Detroit in Neuauflage lancierten ultimativen Chevrolet Corvette ZR1, dessen Aluminium-V8 mit zentraler Nockenwelle es bei 6162 ccm dank Kompressor auf 647 PS bei 6500/min brachte.

Weil Bertone über den Mantide kaum etwas verlauten ließ, musste man sich die Informationen auf elektronischem Weg, das heißt von Wikipedia, beschaffen. Zwar soll man in Caprie von einer zehn Exemplare umfassenden Auflage geträumt haben, doch blieb es bei dem recht spektakluär geformten Einzelstück für den Autosammler Dan Watkins, der diesen Auftrag offenbar finanzierte. Gegenüber dem ZR1 bot der Mantide nicht nur eine wesentlich effizientere Aerodynamik, sondern er war mit 1420 kg auch just 100 kg leichter. Dies war der umfassenden Verwendung von Kohlefasermaterial sowohl für alle Karosserieteile wie auch für den Innenraum samt Sitzen und sogar den Rädern zuzuschreiben.

Nebst Flügeltüren zeigte der Mantide von den hinteren Radhäusern aufschwingende und in das Dach einmündende Seitenflügel, und der Heckabschluss wurde von einem vertikal aufgesetzten Blech- bzw. Kohlefaserdreieck gebildet. Nein, solche Designeigenheiten hatte man bis dahin noch nirgends gesehen. Hinsichtlich hinteren Seitenflügeln ließ sich allenfalls ein Vergleich mit dem Bertone Navajo von 1976 anstellen. Gemäß Angaben erreichte der Mantide Tempo 100 binnen 3,2 s und eine Spitze von 351 km/h.

Erlösendes Machtwort von Regierungsseite

Nachdem ein früheres Übernahmeangebot von Fiat für die Produktionsanlagen in Grugliasco abgelehnt worden war, erfolgte im August 2009 ein erlösendes Machtwort von Italiens Wirtschaftsminister Claudio Scajola. Die Bertone-Gruppe sollte ihre Neustruktur endgültig unter den Fittichen von Fiat erlangen. Im Jahr 2004 war der italienisch-kanadische Karrieremanager Sergio Marchionne an die Fiat-Spitze gerückt und hatte alsbald Italiens traditionelle Autogruppe mit der Chrysler Corporation zur Fiat Chrysler Automobiles (FCA) vereint. Von seiner Seite kam das überzeugendste Sanierungsprogramm, zudem steckte Bertone tief in den roten Zahlen und stand daher unter amtlicher Aufsicht. Fiat durfte die Bertone-Gruppe für 18 Mio. Euro kaufen, musste aber auch die über 1100 Mitarbeiter übernehmen und sich verpflichten, in den folgenden drei Jahren 150 Mio. Euro zu investieren. Das Werk in Grugliasco eignete sich ideal für die Herstellung von Nischenmodellen, und hierzu wurde vordergründig an die Marke Maserati gedacht.

Stile Bertone hingegen wurde «dank kreativem Personal und hochqualifizierten Fachkräften ein offensives Weitergehen auf dem Weg eines konzeptionell-künstlerischen Dienstleisters» zugestanden. Zudem wollte man den in Caprie vorhandenen Erfahrungsschatz weiterhin für die Zusammenarbeit mit der Produktion in Grugliasco nutzen. Der Einstieg von Fiat eröffnete somit ebenso eine gesicherte Basis wie auch neue Perspektiven. Und man konnte sogar ein Stück weit damit spekulieren, dass Bertones Erfahrungen mit General Motors nun vom amerikanischen FCA-Markenquartett Chrysler, Dodge, Ram und Jeep genutzt werden konnten...

Der letzte Chefdesigner kam aus Kalifornien

Zumindest nach außen wurde nicht bekannt, ob man in Caprie zu FCA-US-Designstudios in Wettbewerb treten konnte. Dafür stammte aber der neue – und wie sich erweisen sollte – letzte Chefdesigner von Bertone aus Kalifornien: Michael Vernon Robinson... Nachdem Lilli Bertone die Carrozzeria Bertone in Grugliasco an Fiat alias FCA abgetreten hatte, kündigte sie im September 2009 die schon im Februar 2008 in Aussicht gestellte Neustruktur für Stile Bertone in Caprie an: Nebst Design und Entwicklung von Automobilen sollten künftig auch Transportation Design einschließlich Schienenfahrzeuge sowie Product Design ins Visier genommen werden. Neuer Managing Director wurde Marco Filippa; die Bertone-Töchter aber waren nicht mehr mit dabei!

Besonderes Interesse verdiente in dieser anspruchsvollen Konstellation die Stellung des neuernannten Chefdesigners, dem nun das Beherrschen eines deutlich vergrößerten Spektrums oblag: Michael Vernon «Mike» Robinson, Jahrgang 1956, war in der Region Los Angeles aufgewachsen und hatte sich zunächst dem Pferdesport verschrieben, bevor er sich in Seattle dem Automobil zuwandte. Den Anstoß gab der Poster eines Stratos Zero von 1970, von dem er erst später herausfand, dass er einer Firma namens Bertone zuzuschreiben war. Für ihn stand forthin fest, dass er Autodesigner werden wollte. Als 23-jähriger wanderte er nach Italien aus, startete seine Weiterbildung bei Open Design, darauf Ghia, wo er als seinen ersten Concept-car den Vignale TSX-4 entwarf. Darauf kam er in die Designstudios von Fiat und wurde 1996 Design

Neuer Bertone-Chefdesigner: Michael V. Robinson (spätere Aufnahme – wb).

Director des Centro Stile Lancia. Als solcher trug er entscheidend zum Design des 2001 auf der IAA Frankfurt vorgestellten Lancia Thesis bei. Im nächsten Schritt avancierte Mike Robinson zum Design Director von Fiat..., und in der gleichen Charge trat er 2009 bei Stile Bertone an.

Robinsons Bertone-Erstling hieß Pandion

Mike Robinsons 2009/2010 entstandene erste Design-Schöpfung bei Bertone war ein Dreamcar bzw. ein hochsportliches Einzelstück namens Pandion. Diese aus der griechischen Mythologie stammende Bezeichnung trägt auch der Fischadler, und dessen schlanker Körper in Verbindung mit den langgestreckten Flügeln führte zu dieser Namensgebung. Der Pandion war dem 100. Geburtstag von Alfa Romeo gewidmet: 1910 war der erste Alfa (noch ohne Romeo) als Modell 24 HP in Produktion gegangen, ein offener Tourenwagen mit 4084-ccm-Vierzylindermotor mit seitlicher Nockenwelle, stehenden Ventilen und 42 PS Leistung. Das Jubiläumsauto von Bertone besaß den Motor aus dem Alfa Romeo 8C Competizione, der als 4691-ccm-V8 modernsten Zuschnitts 450 PS zur Verfügung hielt. Es handelte sich somit um eine gleiche Maschine, wie sie auch im BAT 11 von 2007 eingebaut war.

Die Bezugspunkte zu Alfa Romeo in der Bertone-Geschichte waren zahlreich. Sie begannen 1945 mit einem auf dem 6C 2500 aufgebauten Spider (s. Seite 23), und sie führten ab 1954 mit dem Coupé Giulietta Sprint zur industriellen Dimension. In jüngerer Zeit hatte Bertone bei der seit 1986 zum Fiat-Konzern zählenden Sportwagenmarke vergeblich um Goodwill geworben. Nachdem nun mit der Übernahme der Produktionsanlagen in Grugliasco durch die FCA-Gruppe die Namen Bertone und Alfa Romeo unter einem gemeinsamen Dach standen, wurde das Projekt Pandion zu einer Art von «familieninternem

Unternehmensziel neu definiert:
Individualanfertigungen auf höchstem Niveau

Bertone war nicht die einzige Autodesign- und Konstruktionsfirma, die ihre Zukunft in Superluxus-Sportmodellen sah. Denn inzwischen hatten sich auch die Carrozzeria Zagato in Mailand und die 2006 auf holländische Initiative neu gegründete Carrozzeria Touring auf diese Marktsparte ausgerichtet hatten: Die Verwirklichung auf Kundenwunsch von sportlich-luxuriösen Liebhaberwagen mit traditionsbezogenem Hintergrund, aber modernen Zuschnitts, einzelstückweise oder in Kleinstauflagen. Ein solches Geschäftsmodell ließ sich finanziell besser verkraften als der Bau von Concept-cars auf pure Eigeninitiative. Die Kreationen von Bertone hoben sich in diesem Umfeld durch phantasievolle Innovationskraft ab.

Zur Gänze ungewohnte «Vogelknochenstruktur» für den Mitteltunnel und in den «Klappmessertüren»: Bertone Pandion, 2010 auf dem Genfer Salon (V8, 4691 ccm, 450 PS – wb).

Pandion-Cockpit mit passenden Elementen: Lenkrad, Pedalen und Armaturen (fb).

Jubiläumsgeschenk». Dieses war dem betont sportlich ausgerichteten Ruf von Alfa Romeo zweifelsohne dienlich, und es verhalf dem historisch geprägten Zusammenspiel der beiden groβen Autonamen aus Mailand und Turin zu neuem Leben auf geänderter Ebene.

Ebenso aufsehenerregend wie unpraktisch

Der Bertone Pandion war in jeder Hinsicht aufsehenerregend. Er besaβ nicht nur eine aggressiv-sportliche Grundform, sondern zeigte in seinem Innern zudem strukturelle Eigenheiten, wie sie bis dahin im Autobau noch nie zu sehen waren. Hatte sich Mike Robinson von jenen aufregend gestalteten, ab den Neunzigerjahren modisch gewordenen «naked» Supermotorrädern inspirieren lassen, die ihr Inneres unverkleidet zur Schau stellten und so den Eindruck unverhüllter Leistungsfähigkeit erweckten? Nein, sein Aufbaukonzept orientierte sich an der Vogelknochenstruktur generell und wohl insbesondere jener des Fischadlers! Als Basis diente die um 9 auf 285 cm Radstand verkürzte Plattform des Maserati GT; der identisch motorisierte Alfa Romeo 8C wurde inzwischen nicht mehr produziert.

Am auffallendsten an dem groβenteils aus leichtgewichtigem Kohlefasermaterial konstruierten Aufbau waren die Scherentüren. Sie waren – wie schon jene des von Robinsons Vorgänger Wilkie entworfenen kleinen Barchetta – nicht vor oder hinter dem Cockpit, sondern am Heckabschluss bzw. den hinteren Radkästen angelenkt. Diese Türform erinnerte an die Klingen eines Klappmessers und umfasste nahezu die gesamte Karosserielänge. Voll geöffnet ragten die Pandion-Türen rund 3,5 m himmelwärts! Zwar war es dank der völlig geöffneten Seiten möglich, sich selbst in einer Garage oder Einstellhalle niedergeduckt und mit eingezogenem Kopf in die Sitzschalen einzufügen. Aber bequemes Ein- und Aussteigen war nur im Freien oder allenfalls in Ausstelltempeln wie jener des Genfer Salons möglich. Dies galt besonders auch für die hinteren Notsitze, denn der Pandion war als 2+2-Coupé ausgelegt.

Von der Seite betrachtet gemahnte der Pandion durch seine bogenförmige Zweifarbigkeit an einen dahinfliegenden Bumerang. Die von den Karosseriepartien umrahmte, zugespitzte Kühlerfront erinnerte in ihrer Formgebung und mit dem feinen Gitterwerk deutlich an Alfa Romeo. Analoge Gitterfragmente fanden sich auch zwischen den je sieben zahnartigen Radspeichen. Der Designphantasie waren kaum Grenzen gesetzt!

Rechts: Hochgeklappt auf dem Genfer Salon; der Höhenbedarf für Innenräume war beträchtlich (rg).

Unten: Bumerang-förmige Farbteilung, Alfa-Romeo-Bug in neuartigem Stil (bw).

Werbeschaustück – Promotionstour – Auktion...

Nach dem Genfer Salon machte der Pandion auch auf der Automobilausstellung von Peking seine Aufwartung. Danach sorgte er beim legendären Concours d'Elégance von Pebble Beach in Kalifornien, wo 2010 ebenfalls der 100. Geburtstag von Alfa Romeo gefeiert wurde, für großes Aufsehen. Und eine anschließend in Kalifornien gefilmte Wüstenfahrt wurde zum YouTube-Hit.

Auch das autointeressierte Publikum im Vorderen Orient bekam den Bertone Pandion zu sehen, so im Januar 2011 auf der erstmals in internationalem Rahmen durchgeführten Qatar Motor Show. Dies zwei Jahrzehnte nachdem Bertone im arabischen Raum eine Weltpremiere gefeiert hatte, nämlich mit dem im November 1991 auf der 1. Internationalen Automobilausstellung von Dubai vorgestellten Daewoo Espero. Dr. Daniele Cornil, bei Bertone nach wie vor für die Öffentlichkeitsarbeit zuständig, erläuterte: «Mit seiner Präsenz in Katar unterstreicht Bertone den Anspruch, in Italiens bester Handwerkstradition automobile Einzelstücke zu verwirklichen, die sich an einen exklusiven Kreis vermögender Kenner und Sammler richten, die in solchen Wagen ein Kunstwerk und Objekt reinen Gefühlsausdrucks erkennen.»

Pandion: Kamera statt Außenspiegel (fb).

Nachdem der Pandion mehrere Jahre in einem hölzernen Container im Zolldepot von Genua verbracht hatte, wurde er einer notwendig gewordenen Auffrischung unterzogen. Diese besorgten die gleichen Spezialisten, die ihm einst auch zur fahrtüchtigen Existenz verholfen hatten. Doch Stile Bertone in Caprie sollte alsbald untergehen... Mit dem Ziel, diesem grandiosen Einzelstück zu einer neuen Zukunft zu verhelfen, kam der Pandion am 23. Mai 2018 im Rahmen der Auktion «Auto e Moto Classiche» der Turiner Firma Aste Bolaffi in Mailand zur Versteigerung. Mit einem Ausgangspunkt von 240'000 Euro und nach einem beachteten Bieterduell wurde er schließlich für stolze 575'000 Euro (inklusive Verkaufsprämie) zugeschlagen. Allerdings hatte das italienische Ministerium für Kulturgut nur Stunden vor Auktionsbeginn eingegriffen und u. a. den Verkauf des Pandion wie auch des zwei Jahre später entstandenen Bertone Nuccio an ausländische Bieter untersagt. Denn diese Einzelstücke galten – wie auch eine Riesenzahl gleichzeitig versteigerter Bertone-Entwurfskizzen – als nationales Kulturgut und durften nicht außerhalb des Landes gelangen. Ohne diese Einschränkung wäre das Auktionsergebnis möglicherweise noch höher ausgefallen!

Das Szepter weiterhin in der Hand: Lilli Bertone, aufgenommen 2010 (bw).

Eine Design-Auszeichnung mit Gewicht!

Anlässlich des 26. Festival Automobile International in Paris wurde Lilli Bertone im Februar 2011 mit dem «Grand Prix du Design 2011» geehrt. Diese Auszeichnung war zwar vor allem in den Fachkreisen und weniger beim großen Publikum ein Begriff. Die hinter diesem Anlass stehenden Persönlichkeiten illustrierten aber doch die Bedeutung, die dieser Ehrung zukam: So wurde die Festival-Jury von Architekt Jean-Michel Wilmotte präsidiert, und ihm zu Seite standen der einstige Formel-1-Spitzenpilot Alain Prost und die Stylistin Chantal Thomass. In der Jury saßen zudem ausgewiesene französische Fachjournalisten, darunter der Autohistoriker und Designspezialist Serge Bellu.

Bestimmt war diese Auszeichnung «für eine außergewöhnliche Persönlichkeit, die sich während des vergangenen Jahres aktiv für die Pflege und die internationale Verbreitung von gutem Autodesign eingesetzt hat. Indem sie diesen Preis Signora Bertone verleiht, bringt die Jury ihre Freude darüber zum Ausdruck, dass einer der berühmtesten und renommiertesten Namen des italienischen Designs seine Renaissance erlebt.»

Mit ihren Dankesworten wies Lilli Bertone auf das im folgenden Jahr bevorstehende 100-Jahr-Jubiläum hin und auch darauf, dass Bertone in diesem Zeitraum über 170 Autokonzepte geschaffen habe. Nett, wie die wackere Witwe sich weiter äußerte: «Kreativität, so wie sie Nuccio Bertone verstand, nämlich als Verbindung von technischer Neuerung und stilistischer Eingebung, war stets unser Markenzeichen und das Symbol unseres italienischen Naturells. Wir werden diesen Weg weiterbeschreiten. Und wir werden Sie weiterhin erstaunen lassen..., auch in den nächsten hundert Jahren!»

Konzentration auf Caprie: Die Weiterexistenz der Firma Bertone war auf die nun überdimensionierten Designateliers und Werkstätten von Caprie im Susatal ausgerichtet (bw).

Jaguar im Doppel für Straße und Rennpiste

Im Hinblick auf den Genfer Salon von 2011 kündete Bertone unter den Bezeichnungen B99 und B99 GT zwei Jaguar-Konzeptstudien an. Diese reichlich gesucht wirkenden Modellnamen wurden mit B für Bertone und 99 Jahren erklärt. Denn im Jahr darauf stand das 100-Jahr-Jubiläum der Karosseriebau- und -entwicklungsfirma an. Bei Bertone hatte man sich bereits viermal mit der Marke Jaguar befasst: 1957 mit einem in vier Exemplaren gebauten Coupé auf Basis des XK 150 (s. Seite 46), danach mit den Einzelstücken FT (1966, Basis S-Type), Pirana (1967, Basis E-Type) und Ascot (1977, Plattform XJ-S). Für die beiden B99-Versionen des Jahres 2011 waren Michael Robinson als Design-Director und der Brite Adrian Griffith als Chefdesigner zuständig.

Der in traditioneller Karosseriearbeit aus Aluminiumblech handgeklopfte B99 war eine viertürige Stufenhecklimousine, deren Design deutlich an die traditionellen Jaguar-Limousinen erinnerte, wie sie den bis auf das Jahr 1968 zurückgehenden XJ-Modellen eigen war. Diese schwungvoll-elegante Stilrichtung mit über dem Hinterrad leicht ausgewölbter Gürtellinie zeigte sich mit dem modernen Jaguar-Kühlergesicht vereint. Ungewöhnlich waren die nach hinten öffnenden Fondtüren, die für einen freien seitlichen Zugang sorgten. Die Außenmaße der Luxuslimousine wurden mit 450 x 195 x 135 cm angegeben. Sie waren somit deutlich «sportlicher» ausgerichtet als jene der zeitgenössischen Jaguar-Saloon XF (496 x 187,5 x 146) und XJ (512 x 189,5 x 145 cm). Während diese Serienmodelle auf 291 bzw. 303 cm Radstand kamen, waren es beim B99 nur 280 cm. Der vordere Überhang war betont kurz, jener hinten jedoch eher lang.

Binnen weniger Monate zwei «Cars of Cats»

Das Designteam um Robinson hatte die Arbeiten gegen Ende Oktober 2010 mit einer Entwurfphase eingeleitet, die unter dem Titel «Cats to Cars» stand. Mit «Katzen» war natürlich der südamerikanische Markennamengeber gemeint. Der Jaguar ist schließlich ein Symbol für Spannkraft und Reaktionstempo, aber auch für die Eleganz seiner anschleichend langsamen bis blitzschnell zuschlagenden Bewegungsabläufe. Diese Vorstellungen in das Design einer komfortbetonten Limousine umzuwandeln, war gewiss eine anspruchsvolle Herausforderung! Sie zeigte konsequenterweise nicht etwa den Weg zu einer aerodynamisch abfallenden Keilfront, wie sie manchen modernen Viertürlimousinen eigen war, sondern zu einer prägnant markentypisch geformten Jaguar-Frontpartie.

Der nicht nur senkrecht, sondern sogar leicht einwärts geneigt montierte Kühlergrill sorgte für eine attraktiv-aggressive Optik. Dieser feinmaschige Grill trug eine breite Chromumrandung. Die als eine Art Augenbrauen sichtbaren Scheinwerferöffnungen waren ein typisches Merkmal jüngster Bertone-Schöpfungen. Es wurde mit einem antiquierten Jaguar-Symbol kombiniert, nämlich mit der auf der Fronthaube aufgepflanzten Jaguar-Skulptur. Um deren Gefährlichkeit buchstäblich aus dem Weg zu räumen, sorgten Sensoren für ihr blitzschnelles Versenken, sobald ein Hindernis oder eine Person zu nahe geriet.

Luxuriös-elegante Viertürlimousine ohne Mittelpfosten mit traditionellen Jaguar-Stilmerkmalen; die Front mit leicht nach vorne geneigtem und gerahmtem Kühlergrill war eine Neuinterpretation des aktuellen Seriendesigns (bw).

In origineller Parallele zur Front zeigte sich auch die Heckgestaltung mit einem Rahmenmotiv zwischen den Schlussleuchten (bw).

Die Suche nach der ultimativen Jaguar-Limousine startete unter dem Titel «From Cats to Cars» (bw).

An dieser Stelle muss freilich wieder einmal eine Klammer geöffnet werden: Manche geniale Vorrichtungen dieser Art wurden für Konzeptstudien wohl bis in alle Details ausgedacht, aber mangels Mitteln nicht bis zur Funktion gebracht. Für die Umsetzung der abtauchenden Raubkatze wäre wohl eine auf Elektronik spezialisierte Zulieferfirma zuständig gewesen. Beim B99 gab es aber nicht

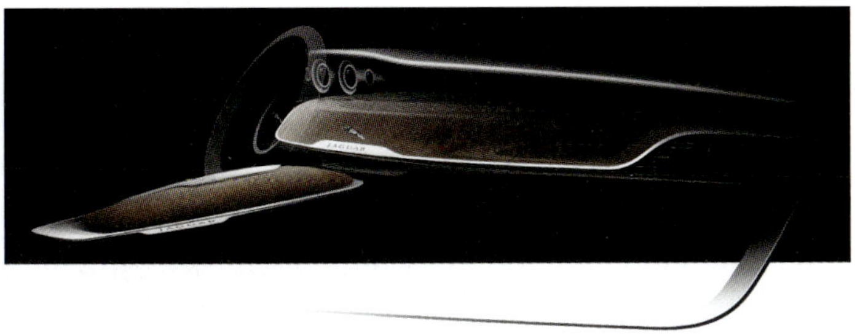

Oben: Armaturenbrett im Entwurf mit zylinderförmigen Anzeigenträgern und schwungvoller Dekoration (bw).

Rechts: Ausgeführtes Armaturenbrett: Edelholz, Leder und Aluminium; stilvoll modern, kaschierte Elektronik (bw).

eine Andeutung für jenen Schacht, in den die Kühlerfigur hätte verschwinden können, wie er etwa für die «Flying Lady» auf den Rolls-Royce-Kühlern vorhanden war. – Eine ungewöhnliche Lösung verkörperte die B99-Heckwand: Sie widerspiegelte die abgerundeten Konturen des Frontgrills, und auch in ihrer Mitte war das Jaguar-Markenzeichen angebracht. Anstelle von Außenspiegeln trug der B99 (wie schon der Pandion aus dem Vorjahr) Rückblickkameras. Einen merkbaren optischen Einfluss auf das Erscheinungsbild hatten auch die großformatigen Räder mit sieben chromgleissenden Doppelspeichen. Sie hoben sich klar von der bordeauxroten Karosseriefarbe ab. Der gesamte Aufbau der Bertone-Jaguar entstand aus Aluminiumblech.

Von außerordentlicher Handwerkskunst zeugte auch der dunkelbraun gehaltene Innenraum des B99: Das beidseits in die Türen ausmündende Armaturenbrett besaß einen lackierten afrikanischen Ebenholzbelag, der von einem dekorativen handgebürstetem Aluminiumrahmen eingefasst war. Die Anzeigeinstrumente waren in vier zylinderförmigen Aluminiumgehäusen untergebracht. Erst mit dem Druck auf den Startknopf erwachten sie zu raffiniertem digitalem Leben. Im Armaturenbrett kaschiert untergebracht war zudem ein Infotainment-Bildschirm. Der Bedienungsknauf für die automatische Kraftübertragung diente auch der Infotainment-Bedienung. Ebenfalls mit viel innovativem Geschick verwirklichten die Bertone-Techniker die mit einem Mechanismus versehene Mittelkonsole; sie diente als «multi-purpose»-Armstütze und barg in sich überdies ein Kühlfach für zwei Champagnerflaschen. Sitze und Seitenwände zeigten sich mit zwei unterschiedlich getönten und strukturierten Lederarten überzogen. U.a. bot der überaus raffinierte B99-Innenraum auch eigens entwickelte Beleuchtungseffekte.

Hybridantrieb nach Bertone-eigener Idee

Bei allem äußeren und inneren Aufwand war das B99-Double weit mehr als eine weitere Designübung. Vielmehr hatte man für ihren Antrieb ein eigenes Hybridsystem entwickelt: Zwei beidseits bei der Hinterachse montierte Elektromotoren mit je 150 kW (204 PS) Leistung trieben die Hinterräder an, und ein ebenfalls nicht näher bezeichneter «leichtgewichtiger» Verbrennungsmotor mit 1400 ccm und 125 kW (170 PS) diente für die «range extension». Insgesamt standen somit 425 kW bzw. rund 575 PS zur Verfügung. Da der Verbrennungsmotor unterwegs den Lithium-Ion-Batteriesatz nachlud, erreichte die theoretische Reichweite runde 700 km, während sich mit reiner Elektropower 100 km zurücklegen ließen.

Bei üblichem Hybridantrieb von damals, wie etwa beim Toyota Prius oder beim Lexus LS 600h, lieferte der Verbrennungsmotor den Großteil der Antriebskraft, und ein Elektromotor sorgte für Zusatzleistung. Eine Ausnahme bildete der Ende 2010 in die Serienproduktion gegangene Chevrolet Volt alias Opel Ampera mit Elektroantrieb und einem Vierzylinder als Range Extender. Für dieses ökologisch besonders fortschrittliche Konzept bezog man sich bei Bertone auf die schon 1992 und 1994 entwickelten Elektro-Versuchsfahrzeuge Blitz und ZER.

Entgegen dem Fahrwind ... und dem Mainstream

Es brauchte schon etwas Mut, um die Front bei einem zukunftsgerichteten Dream- oder Concept-car entgegen dem allgemeinem Trend nicht in aerodynamischer Keilform, sondern senkrecht stehend zu gestalten: dem Fahrwind entgegengesetzt und damit buchstäblich gegen den vielgenannten «Mainstream». Mehr noch, das Designteam um Mike Robinson neigte das typische Markengesicht ihrer Jaguar-Limousine sogar leicht einwärts, so als würde es direkt auf die vorausliegende Fahrbahn blicken. Damit wurde an das traditionelle Bild einstiger Jaguar-Saloons erinnert.

Einwärts geneigte Kühlergitter waren zuletzt eine Eigenheit von Mitsubishi-Modellen. So zeigte die Mittelklasselimousine Galant in der bis 2003 angebotenen Version eine deutlich nach vorne geneigte obere Kühlergitterpartie. Bei einzelnen weiteren Mitsubishi-Modellvarianten war die Einwärtsneigung noch ausgeprägter. Sie wurde zu einem unverkennbaren prägnanten Markenerkennungsmerkmal. Von Designliebhabern wurde diese Eigenheit gerne zur Kenntnis genommen..., unter dem Motto «Schön, wenn nicht alle gleich aussehen!» -

Schon dem Jaguar FT von 1966 verhalf Bertone zum einwärts geneigten Kühlergesicht (s. Seite 89 - br).

Bis 2001 im Angebot: «Neigegrill» des Mitsubishi Galant (wb).

In jüngster Zeit hat übrigens Peugeot SUV-Modelle kreiert, die ihre prägnante «Charakternase» ebenfalls senkrecht in den Wind strecken!

Vielversprechender Strukturplan für den B99 GT: ein fürwahr raffiniert durchdachter Hybridbolide... (bw).

Für den B99 GT wurde ein vom luxuriös ausstaffierten B99 wesentlich abweichendes Cockpit mit Überrollschutzkäfig entworfen (bw).

B99 GT: glanzvoll simulierter Bolide

Nach Bertone-Angaben war der B99 GT der böse Gegenpart zum B99, parallel zum berühmten Duo «Dr. Jekyll and Mr. Hyde» von Robert Louis Stevenson. Dass sich die GT-Version tatsächlich auf einer Rennstrecke austoben konnte, blieb bloß ein Gedankenspiel, glänzend simuliert mit digital manipuliertem Bildmaterial. Real aber war das bereitgestellte Modell, für das die Vordertüren, das «Greenhouse» (Oberteil mit den Glaspartien), Front- und Heckhauben des B99 dupliziert wurden.

Der B99 GT war 10 cm niedriger und lag nur gerade 5 cm über Boden, was mit einem gänzlich flachen Unterboden ermöglicht wurde. Um die mächtigen Pirelli-P-Zero-Rennreifen der Dimension 325/30x19 unterzubringen, hatte man die Karosserie auf runde zweieinhalb Meter verbreitert. Vorne zerteilte ein gewaltiger Frontspoiler die Luft, und am Heck war ein kastenförmiges Flügelgebilde aufgebaut, das die hochrennsportlich- aerodynamische Gesamterscheinung des B99 GT allerdings erheblich störte!

Für den Antrieb des in Silbergrau und Grasgrün gehaltenen Rennboliden hatte man für das Hybridsystem einen eklatanten Leistungsschub vorgesehen: «Zwei zusätzliche Lucchi-Elektromotoren» sorgten für Vierradantrieb und eine Maximalleistung von 725 kW entsprechend 986 PS... Gemäß Adam Riese hätten ja vier Elektromotoren zusammen 816 PS erbracht, und da hätte man doch auch dem 170 PS liefernden Vierzylinder-Range-Extender ein paar weitere «Pferde» einpflanzen können, um die 1000-PS-Grenze zu erreichen. Dies hätte dann auch die auf dem herrlich dramatischen Rennszenenbild aus der linken Wagenseite entweichende Stichflamme (des Hybrid-Elektroautos) gerechtfertigt!

Spektakuläre Illusion: Offenbar dank des Vierzylinder-Range Extenders darf der Hybrid-B99 GT zumindest beim fiktiven Renneinsatz mit Stichflamme bluffen (bw)!

Abgesehen von der Höhe und dem eindrücklichen Spoiler erhielt die Front des B99 GT ein zum B99 analoges Design (bw).

Am Luftleitwerk am Heck verweist das stilisierte «b» auf die Herkunft (rg).

Die ausgedehnten Parkanlagen des 5-Sterne-Hotels Villa d'Este in Cernobbio am Comersee erwiesen sich schon in der Zwischenkriegszeit als grandioser Austragungsort für Automobil-Schönheitskonkurrenzen, damals noch für Neuwagen. In der Neuzeit entwickelte sich der dortige Concorso d'Eleganza für Oldtimerwagen zu den renommiertesten Anlässen dieser Art (rg).

Der große Aderlass beim Familiensilber

Dass Bertone auch ohne die Last der Produktionsanlagen in Grugliasco weiterhin mit roten Zahlen zu kämpfen hatte, konnte bei dem eindrücklichen Umfang des in Caprie zur Verfügung stehenden Design- und Entwicklungszentrums nicht verwundern. Was wohl seit der Aufteilung der beiden Bertone-Standorte Grugliasco und Caprie in der Luft lag, wurde im Frühling 2011 verwirklicht: Einige besonders wertvolle Einzelstücke aus der Bertone-Werkssammlung kamen zwecks Mittelbeschaffung zur Versteigerung. Es war klar geworden, dass die hauseigenen Dream- und Concept-cars inzwischen einen besonders hohen Sammelwert verkörpern mussten. Die Bertone Collection war sozusagen zum Familiensilber mutiert..., doch ein «Aderlass» war unvermeidlich.

Hierzu die Hintergründe: Weil zu der von Fiat Chrysler Automobiles (FCA) übernommenen Carrozzeria Bertone in Grugliasco nicht nur die Fabrikanlagen, sondern auch der Name Bertone sowie das historische Gut in Form der Bertone-Werkssammlung einschließlich einstiger Entwurfskizzen und Pläne zählten, musste Lilli Bertone tief in ihre private «Schatulle» greifen, um sich den Sitz von Stile Bertone in Caprie gesamtheitlich eigen zu machen. Anderseits bestanden – offiziell noch nicht bestätigte – Pläne, die Bertone-Werkssammlung unter den Status «Nationales Kulturerbe» zu stellen. Weil die Übernahme des Museumsbestandes als finanzieller Kraftakt das Vermögen der Witwe deutlich überstieg, konnte sie sich mit dem für geschütztes Kulturgut zuständigen Ministerium darauf einigen, vorab die sechs am wertvollsten eingeschätzten Dream- und Concept-cars per Auktion zu Geld zu machen.

Die Regierungsstelle erwählte hierzu die renommierte amerikanische Firma RM Auctions, die erstmals eine Versteigerung im Rahmen des traditionellen Concorso d'Eleganza Villa d'Este in Canobbio am Comersee plante. Bei diesem Anlass östlich von Como trafen sich jeweils Oldtimerfans und -kenner aus allen Teilen Europas und der USA. Und es war bekannt, dass im stattlichen Park der Villa d'Este ausschließlich seltene bis exklusivste Fahrzeuge zu bewundern waren. RM Auctions brachte zudem beste Voraussetzungen, um für diese Versteigerung international effizient die Werbetrommel zu rühren.

Nuccio Bertone wollte lange Zeit keine Werkssammlung

«Sie benötigen nur wertvollen Platz,» so lautete Nuccio Bertones Antwort, wenn ihn Gian-Beppe Panicco, seine rechte Hand und PR-Direktor, auf den Erhalt der Einzelstücke und Liebhaberautos aus dem eigenen Haus beschwor. So kam es denn während langer Jahre vor, dass sich Bertone von einzelnen Unikaten und von persönlich gefahrenen Modellen sozusagen für ein Trinkgeld trennte, froh darüber, dass sie nicht «herumstehen» mussten.

Nur mit Mühe vermochte Dr. Panicco seinen Chef schließlich davon zu überzeugen, dass die Carrozzeria Bertone und Stile Bertone ihre bedeutsamen Schöpfungen in einer hauseigenen Sammlung vereinigen sollten. Dieses nicht für die Öffentlichkeit vorgesehene Hausmuseum wurde denn allmählich aufgebaut und fand in Caprie seinen Standort. Hierzu kaufte der PR-Direktor sogar einzelne Fahrzeuge zurück, glücklicherweise zu einem Zeitpunkt, da sie von dem später erreichten hohen Sammelwert noch weit entfernt waren.

Erst im Jahre 2003 – mit der Einrichtung neuer, für mitwirkende Auftraggeber bestimmten Arbeitsräume – wurde der «Ausstellungsraum für die private Sammlung» in Caprie offiziell aufgeführt. Sie umfasste gegen 80 Fahrzeuge. Nachdem einige zwecks Geldbeschaffung verkauft wurden, blieben bei Schließung der Anlagen von Caprie im Jahre 2016 immerhin an die 70 Bertone-Wagen übrig.

Eine ganze Anzahl epochaler Bertone-Einzelstücke aber blieb von der Ende 2011 als «Nationales Kulturerbe» deklarierten Sammlung ausgeschlossen. Denn diese waren fest in Sammlerhand, davon etliche in den USA oder in der Schweiz. Als auf dem Genfer Salon 2018 wegen Ausbleibens der Marke Opel unverhofft Ausstellplatz zu füllen war, organisierten Experten des Swiss Car Registers eine integrierte Sonderschau mit historischen Spezialkarosserien und Designeinzelstücken. Zu ihnen zählten auch die Bertone-Schöpfungen Testudo von 1963, Marzal von 1967 und Sibilo von 1978.

Eine Oldtimerauktion der Superlative

Es war am 21. Mai 2011, als RM Auctions in den Anlagen der Villa d'Este 32 ausgewählt hochkarätige Sammelstücke zum Aufruf brachte. Und neben den besonders raren Ferrari, Bugatti, Rolls-Royce usw. standen sechs Wagen aus der Bertone Collection zur Wahl. Die 32 versammelten Kostbarkeiten vereinten einen Schätzwert von beachtlichen € 31'540'000.- und damit einen Durchschnittswert, der knapp unter einer Million lag. Nebst der historischen Bedeutung wurde selbstverständlich auch der Zustand in Rechnung gestellt. Nur ein einziges dieser rollenden Sammelstücke wurde unterhalb der 100'000-€-Grenze eingestuft, der Bertone Sibilo nämlich. Es ging um eine Oldtimerauktion der Superlative!

24 der 32 Wagen konnten je einem neuen Besitzer zugeschlagen werden. Eine Verkaufsquote von 75 % ist bei einem so hohen Preisniveau als ausgezeichnetes Resultat zu werten. Auch alle fünf Bertone-Autos fanden ihre Liebhaber, wie folgende Verkaufsresultate zeigen:

Bertone-Unikat (*)	**Zu**schlagspreis
Testudo, 1963 (S. 68)	€ 336'000.—
Marzal, 1967 (S. 96)	€ 1'512'000.—
Stratos 0, 1970 (S. 125)	€ 761'600.—
Bravo, 1974 (S. 160)	€ 588'000.—
Sibilo, 1978 (S. 176)	€ 95'200.—
Athon, 1980 (S. 184)	€ 347'200.—

**) Buchseite*

Der Bertone (Lamborghini) Marzal erzielte bei der denkwürdigen Versteigerung beim Concorso d'Eleganza Villa d'Este von 2011 mit über 1,5 Mio. € das Bestresultat (bw). Auch diese einzigartige Heckmotorkonstruktion fand sich 2018 erneut auf dem Genfer Salon! (rg)

Von den mit den sechs Bertone-Wagen erzielten 3,64 Mio. € gingen 12 % als Kommission an RM Auctions. Somit verblieben immerhin noch 3,2 Mio € für die «Bertone-Kasse»... Es wurde überliefert, dass sich Giorgetto Giugiaro persönlich um den Testudo bemühte, war dieses mit der Mechanik des Chevrolet Corvair ausgestattete Einzelstück doch seine erste echt futuristische Konzeptstudie. Der Marzal kam als ein Meisterstück von Marcello Gandini verdienterweise auf das höchste Zuschlagsresultat, was allerdings auch darauf zurückzuführen war, dass einige besonders teuer veranschlagte Verkaufskandidaten auf der Strecke blieben. Während die meisten dieser Bertone-Einzelstücke in die benachbarte Schweiz gelangten, kam der Stratos Zero zu einem Sammler in Kalifornien.

Der 1963 entstandene Bertone Testudo ging bei der bedeutsamen Versteigerung von 2011 ebenfalls noch als «Schnäppchen» weg, nämlich für 336'000 €. 2018 wurde er im Rahmen einer Sonderschau auf dem Genfer Salon ausgestellt (rg).

Bertone Collection wurde «Nationales Kulturerbe»

Die Auktion beim Concorso d'Eleganza Villa d'Este von 2011 hatte in den Fachkreisen weltweit Aufsehen erregt. Daher tauchte auch die Frage auf, ob es künftig zu einem weiteren Abbau der im Verlaufe von Jahrzehnten firmenintern angesammelten Bertone-Kreationen kommen werde. Doch die Fans konnten aufatmen: Noch im gleichen Jahr wurden alle vor 1985 entstandenen und verbliebenen Schätze der Bertone-Oldtimersammlung offiziell unter den Schutzstatus «Nationales Kulturerbe» gestellt. Dies war italienischen Enthusiasten und Kennern ebenso zu verdanken wie einsichtigen Behörden. Sie alle hatten erkannt, dass die unter der Bezeichnung «Bertone Collection» in der Fachwelt des Designs und der Autohistoriker zum Begriff gewordene Sammlung von noch 78 Fahrzeugen sowohl ideell wie finanziell von unschätzbarem Wert war. Nachdem sie im Bertone-Design- und Entwicklungszentrum von Caprie im Susatal während langer Jahre sozusagen ein räumliches Schattendasein gefristet hatte, war sie im Jahr 2005 in einem eigenen Ausstellungsflügel vereint worden. Dieser wurde an den Ende der Sechzigerjahre von Nuccio

Bertone «persönlich entworfenen» und 1971 in Betrieb genommenen Gebäudekomplex angefügt.

Im Hinblick auf das 100-Jahr-Jubiläum war von Bertone-Seite bereits die Gründung der «Fondazione Nuccio e Lilli Bertone» angekündigt worden sowie die Absicht, die Sammlung in Caprie dem Publikum zugänglich zu machen. Dann, am 2. November 2011, gab die Witwe Bertone die Nachricht, dass das italienische Ministerium für Geschichte und Kultur die Bertone Collection als Teil der nationalen Kunstgeschichte unter Schutz gestellt habe, an die Fachpresse weiter. Lilli Bertone erläuterte u. a.: «Der Rechtsbeschluss des italienischen Ministeriums erreicht uns in einem sehr speziellen Moment. Wir sind inzwischen die einzige unabhängige Autodesignfirma Italiens, und wir werden im nächsten Jahr unser 100-Jahr-Jubiläum feiern. Wir begrüssen die offizielle Anerkennung durch die Regierung mit großer Genugtuung, denn sie vermittelt eine klare Botschaft: All unsere Anstrengungen, die wir unternahmen und weiterhin tagtäglich unternehmen, um unsere Unabhängigkeit zu erhalten und insbesondere um den Wert unseres Unternehmens zu steigern, ohne es aus Italien auszulagern.»

Auf dem Genfer Salon 2011 mit dem Jaguar B99 GT...: Das letzte Bertone-Führungstrio, von links Marco Filippa (CEO bzw. Geschäftsführer), Lilli Bertone sowie Sandro Colella (Managing Director) – bw).

Eine kalkulierte Flucht nach vorne

Und die Bertone-Präsidentin fuhr fort. «Das Bertone-Museum verkörpert eine Verpflichtung im Wert von 2,2 Mio. Euro. Eine große Investition, die Teil einer breiter angelegten strategischen Planung ist, mit dem Zweck das Unternehmen im internationalen Markt weiter zu stärken und dabei unsere weltbekannte 'Italian-ness' zu unterstreichen. Wir engagieren sechzig neue Ingenieure für unser Designstudio in Caprie, und wir haben zwei neue Zweigbüros eröffnet: eines in Peking und eines in München, um so unseren Hauptkunden besser dienen zu können.» Weiter wurde in der Mitteilung in Aussicht gestellt, dass das Bertone-Museum während der 100-Jahr-Feiern an einem Sonntag, nämlich am 13. November 2012, dem Publikum zugänglich sein werde...

Warum aber wurde die Bertone Collection so unerwartet plötzlich unter staatlichen Schutz gestellt? Denn es gab ja auch eine Pininfarina-Sammlung und auch Giorgetto Giugiaros Firma Ital-Design erfreute sich einer «Werkskollektion». Offiziell vermittelt wurde der Anstoß zu dieser regierungsseitigen Maßnahme nicht, und er wurde verständlicherweise auch von Bertone nicht ausgeleuchtet. Aber Insider konnten sich ausmalen, dass die hinter Stile Bertone stehenden finanziellen Probleme längst nicht ausgestanden waren. Es zeichnete sich ab, dass der – teils bereits erfolgte – Verkauf einzelner Sammelstücke für eine Sanierung nicht ausreichen würde und am Ende eine Auflösung der gesamten einzigartigen Kollektion im Raum stand. Um einer solchen aus kultur- und industriegeschichtlicher Sicht wie auch aus dem Blickwinkel der Auto- und Designenthusiasten katastrophalen Situation vorzubeugen, war der vom italienischen Ministerium für Geschichte und Kultur getroffene Beschluss mehr als nur begrüßenswert. Die von Lilli Bertone verkündete Anstellung von 60 weiteren Ingenieuren verkörperte hingegen eine verwegene Flucht nach vorne, auch wenn dahinter reale Pläne für eine wesentliche Verbreiterung der Designaktivitäten standen. Doch inzwischen nahm die Geschichte des Bertone-Designs im Hinblick auf das 100-Jahr-Jubiläum glücklicherweise ihren Fortgang!

Der bei Bertone gezeigte Optimismus manifestierte sich bereits Anfang Oktober 2011 – also einen Monat bevor der «Kulturschutz» für die Bertone Collection allgemein bekannt wurde – mit der Anstellung eines weiteren Designtalents: Carlos Arroyo Turon. Er vervollständigte das aus Mike Robinson als Design Director und Adrian Griffith als Chefdesigner bestehende Team.

Arroyo, 1974 in Granada geboren und in Barcelona und Turin zum Transportation-Designer ausgebildet, war bei Mercedes-Benz und Hyundai-Kia tätig gewesen. Von Marco Filippa, dem Bertone-CEO, wurde er als «führender europäischer Spezialist für asiatisches Design» vorgestellt.

...und auf dem Genfer Salon 2012 mit einem neu gebauten Zweitexemplar des Bertone Jet 2 von 2004: Sozusagen als Kontrapunkt zur spektakulären Neuheit namens Nuccio... (rg).

Ein wundervolles Gemälde, wie es sich Autofanatiker schöner kaum vorstellen können: Entwurfsrendering für den Bertone Nuccio von 2012 (bw).

Zum 100-Jahr-Fimenjubiläum: der Nuccio

Er entstand in Einvolumenform, wirkte echt spektakulär und umfasste ganz in traditioneller Bertone-Manier revolutionär neue Ideen. Mit der Modellbezeichnung Nuccio – dem vom Taufnamen Giuseppe abgeleiteten Rufnamen des Firmenchefs und Sohn des Firmengründers – wollte Lilli Bertone ihrem 1997 verstorbenen Gatten ein besonderes Denkmal setzen. Dieser Dream- und Concept-car sollte eine Parallele zu den revolutionären Einzelstücken Carabo von 1968 und Stratos Zero von 1970 bilden, und auch der Lamborghini Countach von 1971 wurde als Vorbild in Sachen Einvolumendesign aufgeführt. «Der Nuccio verkörpert eine einzigartige Formsprache, die klar in die Zukunft weist», lautete das Credo aus Caprie.

Noch vor dem Genfer Salon 1997 hatte Lilli Bertone ihrem Gemahl versprochen, dass sie das Unternehmen in seinem Namen für immer weiterführen werde. Diese Zusage hatte sie bis dahin strikte eingehalten und Bertone hartnäckig und mutvoll ins neue Jahrhundert geführt. Die Entwicklung des Nuccio hatte Lilli Bertone Schritt um Schritt mitverfolgt, und sie sah in dieser Konzeptstudie die moralische Bestätigung für ihre Anstrengungen, den Namen Bertone als einen führenden Begriff im internationalen Cardesign hochzuhalten. In der Tat wirkte der Nuccio als eine kraftstrotzende Skulptur, die der «Bertone-DNA» durchaus entsprach, wie dies die Ankündigung zur Premiere auf dem Genfer Salon 2012 verhieß. Wohl aus Anlass des 100-Jahr-Jubiläums brachte Lilli Bertone zudem ihren 2004 entstandenen und inzwischen persönlich genutzten Bertone Jet 2 auf den Genfer Salonstand.

Mit «verschwiegener» Ferrari-Power

Der Nuccio wurde als voll funktionsfähiger Sportzweisitzer bzw. Berlinetta konstruiert. Wenn die Herkunft seines 4,3-Liter-V8-Mittelmotors auch mit keinem Wort erwähnt wurde, so ließ sich doch unschwer vermuten, dass es sich wohl um das 4297-ccm-Aggregat aus dem Ferrari California handelte, in dem dieses Aluminium-Antriebsaggregat mit 2x2 obenliegenden Nockenwellen und 32 Ventilen allerdings vorne (aber mit Getriebe an der Hinterachse) eingebaut war. Für den Nuccio wurde die Leistung mit 480 PS angegeben (California: 460 PS). Bei 260 cm Radstand erreichten die Nuccio-Karosseriemaße 480 x 195 x 122 cm.

Wenn der doch so renommierte Name Ferrari vermieden wurde, hatte dies auch damit zu tun, dass «der 100. Geburtstag der Firma Bertone deren Unabhängigkeit unterstreichen» sollte. Der als Höhepunkt zur Feier konstruierte Concept-car musste daher als «reine Eigenleistung ohne jede Bindung an einen anderen Markennamen oder einen anderen Automobilhersteller» in Erscheinung treten.

Nach dem Genfer Salon sollte der Bertone Nuccio denn auf eine Werbetour entsandt werden, so zunächst zum Automobilsalon von Peking und danach zum neuerstandenen nationalen Automobilmuseum in Turin, wo im Mai 2012 nebst einem Galaabend auch eine bis im Sommer dauernde Bertone-Sonderausstellung geplant war

Das Design des Cockpits, hier deutlich erkennbar in der Entwurfsskizze: mit brückenartiger Mittelkonsole, einschließlich Aluverstrebungen beidseits der Sitze (bw).

Spektakuläres Design mit flacher Frontscheibe wie einst beim Stratos Zero; der Nuccio zeigte klare Einvolumenform: es gab weder Fronthauben- noch Heckabsatz. Die Flankenprägungen harmonierten in spannender Weise mit der Gesamtsilhouette dieses Mittelmotorautos (V8, 4,3 L, 480 PS —bw).

Parallelen zum revolutionären Stratos Zero

Der Nuccio war zweifarbig gehalten, in Dunkelgrau kombiniert mit Orange. Nebst dem «Bertone-Blau» war Orange Nuccio Bertones Lieblingsfarbe, und dies kam an etlichen früheren Konzeptstudien zum Ausdruck. Die Seitenansicht des Nuccio bot eine unverkennbare Parallele zu dem 42 Jahre früher entstandenen legendären Stratos 0 (s. Seiten 125/126). Bei beiden zog sich die ausgedehnte Frontscheibe fast flach über das weit vorne angeordnete Cockpit. Sie war oben breiter als unten, womit sich nach außen strebende A-Säulen ergaben, die bogenförmig nahtlos in die hinteren Dachträger ausmündeten. Allerdings war die Windschutzscheibe beim Nuccio nicht Teil einer Fronttüre, sondern der Einstieg erfolgte in üblicher Manier durch Seitentüren. Es resultierte eine völlig ungewohnte, ästhetisch begeisternde und überaus futuristisch anmutende Fahrzeugsilhouette. Die hinteren Dachsäulen formten mit der Seitenstruktur beidseits einen muldenartigen Lufteinlass für den Mittelmotor, und auch diese von den Designern als «Krokodilsaugen» bezeichnete stilistische Eigenheit war bereits ein Merkmal des ersten Stratos.

Das in Orange gehaltene Dach war nach dem System der in der Architektur wegweisenden Tensile-Struktur konstruiert, die hier erstmals im Autobau zur Anwendung kam. Es war leichter und stabiler als herkömmliche, auf Trägersäulen aufgebaute Dächer. Zudem erhielt es eine transparente Sirallico-Schutzschicht. Zu den graphisch dargestellten Prägungen in den Türflanken passten die ebenfalls «künstlerisch» gestalteten beidseitigen «viralen» Lufteinlassöffnungen in der Front. Solche nicht in herkömmlicher Weise rein zweckmäßig geformte Öffnungen fanden sich auch am Heck und selbst im Innenraum des Nuccio. Sie verkörperten eine Alternative zu den üblichen der Geometrie verschriebenen Elementen.

Wieder einmal kühne neue Ideen!

Bemerkenswert waren auch die bei Bertone gepflegten LED-Beleuchtungseinheiten. Sie bestanden an der Front wie am Heck aus dreiteiligen «light bars» (Lichtbalken). Bertone hatte sich zudem ein Frontbremslichtsignal patentieren lassen: Wenn der Wagen abgebremst wurde, so verstärkte sich die Lichtintensität der Tagfahrscheinwerfer drastisch und signalisierte damit Benutzern von Fußgängerstreifen, dass sich das herannahende Auto verlangsamte. Eine Vorrichtung, die sich natürlich nur bei starker Verbreitung dieses Systems als nützlich erweisen konnte.

Das Cockpit des Nuccio wurde von einer breiten Mittelkonsole dominiert, die sich zwischen Fahrer- und Beifahrersitz aufsteigend schwungvoll nach vorne auf das Armaturenbrett legte. Sie trug in Ergänzung zum Instrumentengeviert vor dem Fahrer kleinere Anzeigeuhren sowie die Bedienungselemente für Klima und Audio. Zudem fand sich auf der Mittelkonsole der «Start/Stopp»-Schalter. Das Triptronic-Getriebe wurde hingegen mit einem unterhalb des Lenkrades angewinkelten Schalthebel bedient. Den sportlichen Ambitionen entsprechend informierten die Instrumente analog. Die mit orangefarbenem Leder überzogenen Sportsitze besaßen zwecks höherem Komfortniveau einen «mikrogelochten» Schaumstoffinhalt. Y-förmige Aluminiumstreben an den Türinnseiten und am Mitteltunnel verhalfen dem Cockpit zu einer optimalen Sicherheitsstruktur.

Auch von hinten betrachtet faszinierte der Bertone Nuccio durch die Komposition von gänzlich ungewohnten Formen und Linien sowie die kühne Farbgebung (bw).

Auf dem Genfer Automobilsalon war der Nuccio noch als Modell ohne Motor, aber ansonsten vollständig ausgerüstet, zu sehen (rg).

Eine weitere Besonderheit bot der Nuccio mit seinem Rückblicksystem. Zu ihm zählte eine Kamera, die das Geschehen hinter dem Wagen auf einen 26-Zoll-LCD-Bildschirm transferierte. Dieser war nicht etwa im Armaturenbrett, sondern hinter den Sitzen montiert und via einem üblichen Innenspiegel einsehbar. Dieser LCD-Monitor ersetzte das Heckfenster, das bei Mittelmotorwagen ohnehin nur beschränkten Durchblick bieten kann. Gemäß Bertone-Angaben handelte sich dabei um die erste «virtual reality»-Anwendung in einem Auto... Und es wurde auch gleich darauf hingewiesen, dass diese Technologie künftig weitere optische Dienstleistungen ermöglichen werde, bis hin zur Sicht auf den im eigenen Auto steckenden Hochleistungs-Mittelmotor! – Für Bertone-Chefdesigner Michael «Mike» Robinson war der Nuccio die ultimative Antwort auf den Bertone Stratos Zero, dessen Bild ihn in jungen Jahren zu seinem Beruf und seiner Berufung geführt hatte.

Für einen Sammler bestimmt, dann versteigert

Genau wie der zwei Jahre früher entstandene Bertone Pandion kam der Nuccio am 23. Mai 2018 in Mailand zur Versteigerung durch die Auktionsfirma Aste Bolaffi. Ihrem Verkaufskatalog war an weiteren Details zu entnehmen, dass dieser höchst außergewöhnliche Dream- und Concept-car auf dem Genfer Salon 2012 noch nicht als vollendetes Fahrzeug, sondern als Modell ohne Antriebseinheit ausgestellt wurde. Der endgültige, fahrbare Nuccio war erst Ende April in Peking zu sehen. Bei Unterbau und Mechanik handelte es sich gemäß Aste Bolaffi um einen Ferrari 430 F1 von 2006. Ferrari habe allerdings verlangt, dass alle Markensignete und -schriften mit Alustreifen abzudecken seien; denn die Marke mit dem sich aufbäumenden Pferd war dem Bertone-Konkurrenten Pininfarina verpflichtet!

Äußerlich unterschied sich der «echte» Nuccio vom Genfer Modell durch zusätzliche Scheinwerfer, die den LED-light-bars hinzugefügt wurden. Inzwischen hatte man bei Bertone sogar einen exklusiven, handgemachten Reisekoffer angefertigt und mit demselben orangefarbenen Leder überzogen, wie es die Sitze zierte. Seine Abmessungen waren perfekt auf den Frontkofferraum abgestimmt. Ebenfalls von Bertone-Seite wurde zudem vermerkt: «... und für den glücklichen Sammler, der diesen Wagen kaufen wird, hat der bekannte Modeschöpfer Lanificio Cerruti zwei Kaschmirjacken mit Nuccio-Gravuren entworfen...»

Nach der Peking-Show wurde dieses Einzelstück am Concorso Italiano von Monterey in Kalifornien präsentiert, wo es mit zwei Design-Awards ausgezeichnet wurde, und ab dem 29. Juni bis zum 14. Oktober erlebte es auf der angekündigten Bertone-Jubiläumsausstellung «100 Jahre Car Design» im Turiner Nationalen Automuseum seine «Italien-Premiere». Dies zusammen mit einer Auswahl Serienmodelle, wie dem ab 1954 gebauten Alfa Romeo Giulietta Sprint, dem Lamborghini Miura (1966), dem Lancia Stratos HF (1972) und dem 40 Jahre zuvor lancierten Fiat X1/9. Zudem wurde eine Anzahl Concept-cars bzw. Einzelstücke aus der Bertone Collection gezeigt, bis hin zum Jaguar B99 von 2010.

Und ja: bei der Auktion in Mailand wurde – bei einem Schätzwert von 320'000 – ein Preis von 240'000 Euro erzielt, einschließlich des Genfer Schaumodells und des «Sonderzubehörs»; ein enttäuschendes Resultat, das auf die Auktionseinschränkungen zurückzuführen war.

Faszinierend war auch die Heckansicht. Statt durch eine Heckscheibe erfolgte der Blick nach hinten mittels LCD-Bildschirm... und Innenspiegel (rg).

Die spätere, fahrbare Ausführung des Bertone Nuccio erhielt oberhalb der mehrteiligen «light bars» (Lichtbalken) zusätzliche Scheinwerfer (fb).

Sportlich-stämmig gab sich die als Shooting Brake (Sportkombi) bezeichnete Abwandlung des Aston Martin Rapide: Bertone Jet 2+2, 2013 (V-12, 5935 ccm, 477 PS – bw).

Aston Rapide alias Jet 2+2 von Bertone Officina

Der Nuccio wurde zum Star der Motor Show von Katar, die vom 28. Januar bis 2. Februar 2013 stattfand. Zudem wurden dort die Einzelstücke Pickster (BMW-Basis) von 1998, Jet 2 von 2004 und B99 von 2010 ausgestellt. Zudem vermittelte Bertone dem zahlungskräftigen arabischen Publikum einen Einblick in seine «Product-Design»-Aktivitäten. Im Vordergrund stand das Modell des Hochgeschwindigkeits-Eisenbahnzugs Frecciarossa 1000 («roter Pfeil», s. Bild im Nachgang 10 auf Seite 306). Zu sehen waren in Katar zudem Entwürfe und Kleinmodelle von Gebäuden, die bei Bertone auf dem Gebiet der Luxushotels und Privatresidenzen ausgearbeitet worden waren. Darin dürften sich auch die ambitionierten Personalerweiterungspläne reflektiert haben.

Allen Widerständen zum Trotz verstand es Lilli Bertone auch im Jahre 2013, eine neue Designkreation zum Genfer Salon zu bringen. Verwirklicht wurde sie von der neuen Abteilung «Bertone Officina» (Werkstatt), die eigens als hochspezialisiertes Atelier für den Bau von Einzelmodellen in der historischen Bertone-Tradition ausgestattet wurde. Sie sollte Wunschanfertigungen für Spezialkunden dienen und gleichzeitig veranschaulichen, wie Bertone den Autoherstellern zur Hand gehen konnte, um aus eigenen Serienmodellen «custom-built cars» (Sonderausführungen) abzuleiten. Dies nach dem Vorbild der Fünfziger- und Sechzigerjahre, aber mit modernen Qualitäts- und Sicherheitsstandards.

Mit dem Dream- bzw. Concept-car des Jahrgangs 2013 wurde einerseits dem 100-Jahr-Jubiläum der Marke Aston Martin wie auch den 60 Jahren Zusammenarbeit mit der berühmten englischen Sportwagenmanufaktur gedacht. In der Tat hatten Lionel Martin und Richard Bamford 1913 ihren ersten Sportwagen konstruiert. Doch für die Vollendung ihres zweiten Wagens mussten sie wegen des Ersten Weltkriegs bis 1919 warten. 1947 wurde ihr Werk vom Industriellen David Brown übernommen, wonach ab 1949 alle Modelle die Initialen DB erhielten. 1953 entstanden gleich zwei Aston Martin DB 2/4

Die Heckklappe des Jet 2+2 zeigte markante, bis in die Seitenflächen eingebogene Prägungen, die auch die Heckleuchten umfassten. Der Dachabschluss trug eine kurze Abrisskante (bw).

mit Bertone-Karosserien: ein Prototipo Spider nach Entwurf von Franco Scaglione und ein 2+2-sitziges Cabriolet gemäß Design von Giovanni Michelotti (s. Seite 35). 1955 folgte ein Zweisitzercabrio mit Panoramafrontscheibe (Seite 43) und 1957 schloss sich ein Coupé mit Panoramaheckscheibe an (Seite 46), beide ebenfalls auf DB-2/4-Basis. Übrigens wurde einer dieser vier «Bertone-DB 2/4» schon 1989 in Monterey/Kalifornien für die nette Summe von 510'000 $ (damals 862'000 SFR) versteigert. – 1961 kam der als Jet bezeichnete DB 4 GT als 2+2-Coupé (s. Seite 59), und 2004 fügte Bertone mit dem Jet 2 auf der Basis des Aston Martin Vanquish einen großartigen 2+2-sitzigen Shooting Brake = Sportkombi hinzu.

Der luxuriöse viersitzige Innenraum war mit ausgewähltem zweifarbigem Ledermaterial ausgeschlagen (bw).

Bertones Aston Martin «very special» Nr. 7

Die somit bereits siebente Aston-Martin-Spezialkarosserie des Jahres 2013 kam nicht allein, sondern Bertone Officina baute auch gleich noch ein zweites Exemplar des Jet 2 von 2004! Der Neue erhielt ebenfalls eine passende Bezeichnung, nämlich Jet 2+2. Dies auf Wunsch seines Auftraggebers, des englischen Sammlers Barry Weir. Wie aus dem Internet zu erfahren ist, hatte dieser Autoenthusiast in der Mobil-Home-Sparte ein Vermögen gemacht, und später fuhr er mit dem seiner Gattin gehörenden Aston Martin DB 2/4 des Jahrgangs 1954 in just 80 Tagen um die Welt, was als Oldtimerrekord registriert wurde.

Der Jet 2+2 basierte auf dem Aston Martin Rapide und war – wie schon der Jet 2 – ebenfalls als Shooting Brake ausgelegt, auch wenn er mit vier Seitentüren dieser Bezeichnung nicht entsprach. Während der Original-Rapide ein Fastback mit Heckspoiler besaß, wurde dem Jet 2+2 ein gerundetes Schrägheck mit kombigemäßer Heckklappe verliehen. Der 2009 auf der IAA Frankfurt lancierte Aston Martin Rapide war der erste viertürige «Aston» seitdem die Produktion des einzigartigen Aston Martin Lagonda 1990 ausgelaufen war. Diese an die einstige Marke Lagonda erinnernde Luxuslimousine hatte bei ihrer Vorstellung auf der London Motor Show 1976 mit ihrem futuristisch-kantigen Design erhebliches Aufsehen erregt: Begeisterung bei Fans moderner Autoarchitektur und Ablehnung bei «Traditionalisten».

Eine Alternative zum serienmäßigen Aston Martin Rapide zu kreieren, war eine fabelhafte Herausforderung, die bewanderte Designer sicherlich auch an das Modell Lagonda zurückdenken ließ. Wieder auf gestreckte harte Linien zurückkommen, das war allenfalls die Frage. Doch der Auftraggeber war offenbar vor allem vom Jet 2 und dessen Stilrichtung angetan. Mr. Weir beteiligte sich persönlich an der Entwicklung des Projekts Jet 2+2 «von den ersten Phasen der Formfindung bis zum Aufbau des Wagens in der Werkstatt», wie es im Entstehungsbericht heißt. Er wählte nicht nur die Lackierung, sondern auch die zweifarbige Lederausstattung und Cockpit-Auskleidung, die mit handpolierten Aluminiumprofilen ergänzt wurde.

Aston Martin Lagonda,1990: von 1976 bis 1990 gebaute Luxuslimousine in aufsehenerregend-futuristischem Kantenstil (V8, 5341 ccm, 309/268 PS – wb).

Aston Martin Rapide, 2012: lieferte die Grundlage für den Bertone Jet 2+2; noch mit einem «zweistöckigen» Kühlergitter (V-12, 5935 ccm, 477 PS – wb).

Aston Martin Rapide S, 2013: verjüngte Zweitauflage des Rapide, erhielt einen hohen einteiligen Kühlergrill wie der Jet 2+2 (V-12, 5935 ccm, 558 PS – wb).

So zeigte sich der zum Jet 2+2 gewordene Aston Martin Rapide auf dem Genfer Salon 2013 (rg).

Original verblieben: 4 Türen und 12 Zylinder

Im Gegensatz zu dem horizontal zweigeteilten Kühlergitter des Rapide erhielt der Jet 2+2 den unverkennbar traditionell geformten einteiligen Aston-Martin-Grill. Allerdings war er weit höher als in jener aerodynamischen Ausführung wie sie inzwischen die Coupé-Varianten der englischen Prestigemarke aufwiesen. Unterschiedlich war auch die Frontscheibe, die beim Jet 2+2 dank einer oben anschließenden schwarzen Farbpartie optisch in das Dach hineinwuchs. Der stilistische Hauptunterschied ergab sich durch die hinteren Dachträger: Sie stützten sich auf den wuchtigen Radhäusern ab und verbanden die winzigen dritten Seitenfenster mit der schräggestellten, von einer feinen Abrisskante überdachten niedrigen Heckscheibe.

Gegenüber dem Rapide sorgte der Dachverlauf des Jet 2+2 für deutlich mehr Kopfraum über den hinteren Einzelsitzen. Diese waren wie in einem Kombiwagen üblich umlegbar. Eine zweiteilige elektrisch bediente Abdeckung sorgte dafür, dass bei umgelegten Rücksitzen eine vollständig ebene, großzügig dimensionierte Ladefläche entstand. Abmessungen für den Jet 2+2 wurden nicht genannt. Bei 299 cm Radstand erreichte das Basisfahrzeug Rapide Außenmaße von 497 x 183 x 135 cm. Ja, und beim Motor handelte es sich um einen V-12 mit 2x2 Nockenwellen und 48 Ventilen; aus 5935 ccm Hubraum resultierten 477 PS. Gleichzeitig mit dem Jet 2+2 kam in Genf auch der Rapide S zur Premiere, nun mit 558 PS und hohem einteiligen Kühlergrill, der jenem des Jet 2+2 entsprach!

Mitte 2013 kam Bertone ein weiteres Mal zu Ehren: Am 21. Juli wurde bei den Kensington Gardens, im Herzen von London, die Jubiläumsschau «100 Jahre Aston Martin» eröffnet. Zu ihr zählte ein «Bertone corner», in dem die drei «Jet-Aston» vereint ausgestellt waren: der DB 4 GT Jet von 1961, der Vanquish Jet 2 von 2004 und der brandneue Rapide Jet 2+2...

Das bittere Ende einer großartigen Epoche

Der Aston-Martin-basierte Jet 2+2 sollte der letzte Dream- und Concept-car von Bertone sein. Im März 2014 stand keine weitere, die Fachwelt begeisternde Neuheit aus Caprie auf dem Genfer Salon. Vielmehr war dies der Monat, da Bertone – zum zweiten Mal – Insolvenz anmelden musste. Da bis Ende April kein Übernahmeangebot eintraf, kam es Anfang Mai 2014 zur Vollstreckung des Insolvenzverfahrens... Damit fand ein eminent wichtiges Kapitel der Autodesigngeschichte sein abruptes Ende! Nuccio Bertone, Sohn des Firmengründers Giovanni, hatte seit der Nachkriegszeit die Formgebung des Automobils geprägt; dies zusammen mit den von ihm auserwählten und geförderten Designtalenten. Just ein Dutzend von ihnen hat sich nebst dem großen Maestro unvergänglich in die Annalen des Autodesigns eingetragen (s. Seite 5)!

Lilli Bertone, 1935 in Alessandria geborene Ermelinda Cortese, sowie ihre Tochter Barbara waren 2013 nach einem langwierigen Gerichtsverfahren bereits für den 2007 erfolgten finanziellen Zusammenbruch des Familienkonzerns verantwortlich gemacht worden. – Hier sei nur noch kurz auf die weitere Laufbahn des letzten Bertone-Designchefs eingegangen, so wie sie in diesem Buch auch bei den früheren freiwilligen Abgängen erwähnt wurde: 2003 war Michael Vernon Robinson neben Giorgetto Giugiaro und Marcello Gandini in die Car Designer Hall of Fame des Museo Nazionale dell'Automobile in Turin aufgenommen worden. Er hatte Bertone zu einem schöpferischen Neustart verholfen. Während seiner Zeit in Caprie waren auch etliche Designentwürfe für die immer zahlreicher gewordenen Autohersteller in China entstanden. Schade, dass sie nicht publik gemacht werden konnten!

Was noch von Bertone hätte sein können...

Michael Robinson wurde nach seiner Bertone-Zeit Partner der Firma ED Design, einem in Grugliasco (!) angesiedelten Unternehmen, das sich vielfältigen Designsparten verschrieben hatte. Und er verhalf dem Genfer Salon – nach dem Unterbruch von 2014 – im Frühjahr 2015 zu einem weiteren spektakulären Einzelstück: einem für die Zukunft gedachten Zweisitzer-Sportwagen im Sinne des autonomen Fahrens. Er war fensterlos und die Innenseite vor den Insassen war auf die Projektion durch Rundumkameras auf Oled-Folien der befahrenen Umgebung ausgerichtet. Weil sich ein solches System nicht nur für den Renneinsatz, sondern auch für den Personentransport eignete, wurde zudem an die Projektion von «spannenden Videofilmen» gedacht, wenn beispielsweise durch «langweilige Landschaft» zu reisen oder Pendlerstrecken zurückzulegen waren.

Ausgedacht und als Konzeptstudie verwirklicht wurde dieser fensterfreie und natürlich elektrisch angetriebene Hochgeschwindigkeitsbolide namens Torq unter Robinsons Leitung von der ED-Sparte CE = Center of Excellence. Noch waren die weltweiten realen Versuchsfahrten mit autonomen Straßenfahrzeugen nicht eingeleitet worden, und die Formel-E-Rennserie als Alternative zu den Formel-1-WM-Läufen lag ebenfalls noch in der Ferne. Umso revolutionärer und weitsichtiger war damals, im Jahre 2015, das Torq-Projekt!

...und was ebenfalls von anderer Seite kam

Doch schon auf dem Genfer Salon 2013 war die neue Entwicklungsfirma Akka Technologies aus Lyon mit dem eigenwillig gestalteten Kleinstauto Link & Go in Erscheinung

Von ED Design statt von Bertone: Der 110 cm niedrige fensterlose Torq mit «Raubvogel-Schnabelfront», Bravourstück des Ex-Bertone-Chefdesigners Mike Robinson auf dem Genfer Salon 2015 (rg).

Für den autonomen Stadtverkehr der Zukunft: das visionär-futuristische Einvolumen-Konzeptfahrzeug Akka Link & Go 2.0 mit für 2014 höchstentwickelter Technologie (rg).

Kurzstrecken-Komfortkabine für Pendler-, Einkaufs- und Freizeitverkehr der Zukunft. Der Akka Link & Go 2.0 wurde zum Vorbild für spätere Concept-cars anderer Firmen (rg).

getreten. Es war auf eine Batteriereichweite von 200 km und die Möglichkeit eines autonomen Einsatzes ausgerichtet. Dazu zählten u.a. ein roboterisierter Kontaktarm für das Nachladen und ein hochentwickeltes Kommunikationssystem. 2014 zeigte Akka in Genf dann auch in Sachen Design eine Pionierleistung: mit dem Link & Go 2.0, einer deutlich größeren, futuristisch-attraktiv geformten Einvolumenlimousine.

Diese auch für Fahrgemeinschaften gedachte Konzeptstudie war ebenfalls auf das selbsttätige Fahren und Parkieren ausgelegt. Für die autonome Fahrt sorgte eine Anzahl mit Kameras und Lasern verknüpfter Sensoren, die das Fahrzeug zu jedem Zeitpunkt und in jeder Situation in einem 360-Grad-Umfeld überwachten und entsprechend lenkten. Hierzu dienten einerseits die auf dem damals ultimativen Niveau stehenden Elektroantriebs-, Batterielade- und Energierückgewinnungssysteme, und anderseits vier einzeln angetriebene und gelenkte Räder sowie eine vollumfängliche Steuerung «by wire», also ohne mechanische Verbindungen.

So jedenfalls wurde der Akka Link & Go 2.0 in dem vom Autor verfassten und in der «Automobil Revue» erschienen Bericht über den Genfer Salon 2014 geschildert. Warum dies hier erwähnt wird? Weil es just die französische Firma Akka Technologies war, die zwei Jahre später Bertone übernahm. Zwar hatte sich schon früher auch der indische Industriekonzern Mahindra & Mahindra für Bertone interessiert, doch war keine Einigung zustande gekommen. Im Dezember 2015 stieg die Mahindra-Gruppe darauf bei Pininfarina ein, denn der einstige Hauptkonkurrent von Bertone stand seit einiger Zeit ebenfalls auf finanziell «wackligen Füßen», auch wenn er es nicht zum Konkurs kommen ließ.

Die Akka Technologies SA zählt zu den führenden Ingenieur- und Technologieberatungsfirmen, beschäftigt 15'000 Mitarbeiter und ist mit einem Heer von Technikspezialisten weltweit tätig. Diese sind vor allem auch in den Sektoren Luftfahrt und Eisenbahn bewandert. In jüngerer Zeit hat sie auch in Deutschland expandiert. Mit Bertone plante sie die Aktivitäten für ihre Kundschaft in Form von Dream- und Concept-cars auf das Gebiet des Automobils auszuweiten. Für die Rechte an dem legendären Namen Bertone soll sie angeblich einen Millionenbetrag bezahlt haben.

Bekannt wurde, dass Akka für die Tätigkeiten in Turin einen Designdirektor bestimmt hat und zwar Luciano D'Ambrosio, der von 1992 bis 2000 Chefdesigner von Bertone gewesen war! Während aber von der vermehrt mit fernöstlichen Autoherstellern zusammenarbeitenden Firma Pininfarina weiterhin jährlich technisch und stilistisch wegweisende Prototypen zum Genfer Salon gebracht werden, herrschte diesbezüglich bei Akka und Bertone Funkstille.

Im weiten Areal des Volandia Parco e Museo del Volo beim Flughafen Mailand-Malpensa weist seit Frühling 2018 dieser Wegweiser zum Bertone-Museum (rg).

Seit Frühling 2018: Bertone Collection im Museum

Zwar war die Bertone Collection schon an einem Sonntag im November 2012 – anläßlich der 100-Jahr-Bertone-Feiern – für das Publikum geöffnet worden. Doch galt dies bloß als ein lokaler Anlass, auch wenn damals bereits der Begriff Museum verwendet wurde. Nachdem die Sammlung zum Nationalen Kulturgut deklariert wurde, hatte man allgemein erwartet, dass die verbliebenen 78 Fahrzeuge dem Publikum zugänglich gemacht würden. Doch mit der Sammlung in Caprie geschah lange Zeit nichts. Nach dem Konkurs blieben die ausgedehnten Anlagen in Caprie verwaist, und man rätselte, was mit ihnen geschehen würde.

Umso größer war die Überraschung, als im April 2018 unvermittelt die Integration der Bertone Collection in den Volandia genannten Museumskomplex beim Flughafen von Mailand-Malpensa bekannt wurde. Im Jahre 2016, zwei Jahre nach dem Konkurs von Bertone, hatte der Automotoclub Storico Italiano (ASI) die Collection Bertone käuflich übernommen. Diese Vereinigung hat sich dem Erhalt von Automobilen und Motorrädern verschrieben, die für Italiens Kulturgeschichte von besonderer Bedeutung sind. Da war es selbstverständlich, dass die Exponenten dieser Vereinigung die Vorgänge bei Bertone mit größter Aufmerksamkeit mitverfolgten.

Sichergestellt dank heroischem Entschluss

In dem Buch «The Bertone Collection» von Gautam Sen und Michael Robinson, das im Februar 2018 auf der jährlichen Fachausstellung Rétro-Mobile in Paris vorgestellt wurde, erhellt Roberto Loi aus dem ASI-Führungsgremium die Hintergründe: Ungeachtet des ihr zugekommenen Schutzes als Nationa-

Flugzeug und Auto auf einer Stoffplane beim Eingang zur Collezione ASI Bertone, der jüngsten Abteilung innerhalb der Volandia-Anlagen (rg).

les Kulturgut wurde die Sammlung von dem für den Fall Bertone zuständigen Konkursamt im September 2015 zu einer Internetauktion ausgeschrieben. Da klingelten bei dem Automotoclub Storico die Alarmglocken! Um den Erhalt der Collection Bertone sicherzustellen, ließ Roberto Loi den nationalen ASI-Aufsichtsrat einberufen. Der minimale Auktionsbetrag war von Amts wegen auf € 1'587'200 festgesetzt worden, wozu noch die Mehrwertsteuer und Gebühren kamen. Die ASI-Spitze einigte sich intern auf eine maximale Obergrenze von € 3'440'000. Es wurden 40 Angebote eingereicht, und sie lagen alle unterhalb dieses Höchstbetrags, den Roberto Loi und seine Leute zur Rettung der Bertone-Sammlung festgelegt hatten.

Es war dies ein heroischer Kraftakt von Seiten engagierter Förderer und Kenner geschichtsvollen nationalen Kulturguts. Mit ihm retteten sie kunstvolle industrielle Zeugnisse epochaler Vergangenheit! Für den Automotoclub Storico war von Anfang an klar, dass er für die Bertone-Sammlung einen geeigneten Museumsraum finden wollte. Der Standort Caprie war als Besuchsziel ohnehin zu abgelegen.

Fündig wurde man schließlich im Volandia, Parco e Museo del Volo (Park und Museum des Fliegens), einem ebenso lehrreichen wie unterhaltsamen Besuchszentrum für Jung und Alt, das vor einigen Jahren in der Gemeinde Somma Lombardo in ehemaligen Hallen des historischen italienischen Flugzeugbauers Caproni in der Provinz Varese eröffnet wurde. Es erstreckt sich entlang der Start- und Landepisten des Mailänder Flughafens Malpensa. Ab dem Terminal 1 gibt es im zweiten Stock sogar einen Fußweg zu den historischen Volandia-Gebäuden. Unter diesen wurde eigens ein Pavillon für die Bertone-Sammlung eingerichtet. Am 8. April 2018 konnte der Automotoclub Storico Italiano sein Bertone-Museum mit dem aus Caprie bravourös in Sicherheit gebrachten Ausstellungsgut eröffnen und einem breiten Publikum zugänglich machen.

Eindrücklich gestaltete Museumsstände sind spärlich; hier ein Lamborghini Countach, 1987, vor einem Lamborghini Miura S, 1967, und einem passenden Wandbild (rg).

Bertone-Einzelstücke unter Landesfahnen und solchen des Automotoclubs Sotrico: die Konzeptstudien Emotion von 1991 (links) und Blitz von 1992 (rg).

Gleich beim Volandia-Haupteingang, neben der Cafeteria und dem Souvenirladen mit reichhaltigen Angebot an Flugzeug- und Auto-Fanartikeln steht eine der letzten Bertone-Schöpfungen: Der B99 GT von 2011 (rg).

Das Bertone-Museum vermittelt teils ungewohnte Ansichten, so auf die kantige Heckpartie des Bertone Runabout von 1969, einem Vorläufer des in den Bertone-Fabrikhallen gebauten Bestsellers Fiat X1/9 (rg).

Lancia Stratos HF, 1975; im Hintergrund rechts ein Bertone-Zeichenbrett mit Querschnittsplänen und links der 2005 als Replika gebaute Alfa Romeo Giulia «Nostalgia», 1963 (rg).

Gelbe Scheinwerferabdeckungen, wie einst in Frankreich allgemein üblich, beim Bertone Camargue von 1972, entstanden auf der technischen Basis des Citroën-Serienmodells GS (rg).

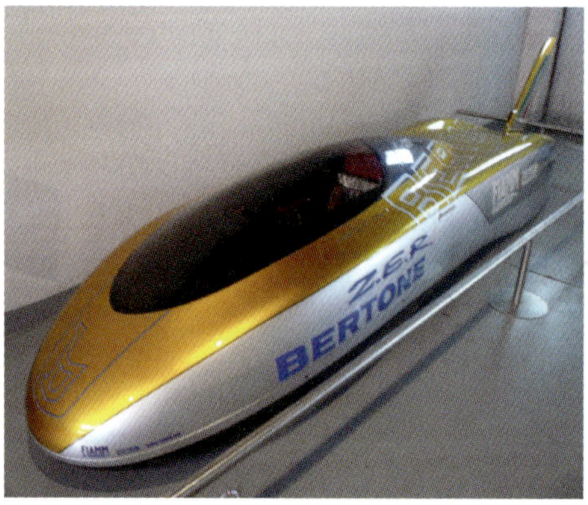

Ebenso wie der Blitz erinnert in der Collezione ASI Bertone auch der Rekordbolide ZER von 1994 an die in Caprie entwickelten visionären Elektroautos (rg).

Der ASI ist gesamtitalienisch ausgerichtet. Dennoch mag mancher Auto- und Designliebhaber aus dem Piemont bedauern, dass die Erinnerung an den fabelhaften Namen Bertone nun in der Lombardei – nahe von Mailand, der angestammten Konkurrenzstadt von Turin – beheimatet ist. Es ist so, also wäre ein historischer Begriff von Stuttgart nach München, von Salzburg nach Wien oder von Bern nach Zürich verlegt worden. Zwischen der Schweizer Grenze und dem Bertone-Museum liegen übrigens nur etwa 50 km, gleichviel wie zwischen der Stadt Mailand und ihrem Flughafen, wogegen sich zwischen Turin und der «Collection» eine Distanz von gut 130 km ergibt. – Ein Besuch lohnt sich auf jeden Fall!

Bertone-Archiv nun in privater Sammlerhand

Es gibt weltweit eine Großzahl von vermögenden Autoenthusiasten, die sich dem Sammeln von exklusiven Oldtimerwagen verschrieben haben. Besonders zahlreich sind sie in den USA, aber auch in England – wo die Passion für die Automobilgeschichte ihren Ursprung hatte –, in Deutschland oder der Schweiz. Unter Italiens Oldtimersammlern ragt Corrado Lopresto heraus. Er hat sich voll und ganz dieser Leidenschaft verschrieben. Der Architekt und Unternehmer aus Mailand hatte sich als 18-jähriger sein erstes Auto, einen zu restaurierenden Fiat Ballila, angeschafft. Er fand bald heraus, dass sich kaum

Neben Bertone gab es auch Bertoni!

Neben der Ausstellung der Bertone-Fahrzeuge hat der Automotoclub Storico Italiano originellerweise gleich auch noch eine Abteilung eingerichtet, die dem Künstler Flaminio Bertoni gewidmet ist. Denn Bertoni war ebenso ein «Autoformgestalter» wie Bertone, und da er im Jahre 1903 in Masnago zur Welt gekommen war, stammte er aus der Museums-Standortregion Varese. Flaminio Bertoni absolvierte bei der Carrozzeria Macchi (später AerMacchi) eine Tischlerlehre bevor er in deren Spenglerabteilung kam. Zudem ließ er sich in den Studios eines Malers und eines Bildhauers weiterbilden.

1923 zog er nach Paris, wo er bei verschiedenen Karosseriefirmen tätig war. 1932, inzwischen als Skulpteur anerkannt, wurde Flaminio Bertoni von André Citroën engagiert, für den er das wegweisende Design des technisch legendären Citroën Traction Avant entwarf, der ab 1934 die Automobilwelt revoluzionierte. In den Krisenjahren arbeitete er auch für weitere Automarken wie Panhard, Unic, Minerva und Renault. Indessen war er überdies als Maler und Bildhauer aktiv, und seine Werke wurden in Pariser Galerien ausgestellt.

1937 entwickelte Bertoni ein aerodynamisch betontes Dreirad-Kleinauto, das erst 1954 als Mathis 333 vorgestellt wurde. Ab 1939 beteiligte er sich an der Entwicklung des Citroën 2 CV, der 1948 auf dem Automobilsalon von Paris vorgestellt wurde. Und schließlich erlebte 1955 gleichenorts der Citroën DS 19 seine Weltpremiere, ein Auto, das durch seine Form und Technik einen der vordersten Ränge in der Geschichte der Motorisierung belegt. Flaminio Bertoni, dessen Formgeber, verstarb 1964 in Paris.

In einem von der amerikanischen Fachzeitschrift «Car and Driver» im Dezember 2016 veröffentlichten Interview wurde dem großen einstigen Bertone-Designer Marcello Gandini die Frage gestellt: «Welchen anderen Designer, wenn überhaupt, bewundern Sie?» – Seine Antwort: «Mehrere, aber der vielleicht eindrücklichste unter ihnen war Flaminio Bertoni mit seinen Citroën-Designs.»

Umgeben von einigen seiner Gemälde und Skulpturen wird im Volandia-Museumskomplex auch des Autodesigns von Flaminio Bertoni gedacht; hier ein Citroën 11 BL als Traction Avant des Jahrgangs 1947 (rg).

Auch der 1955 in Paris zur Weltpremiere gebrachte Citroën DS 19, eine Ikone der Automobilgeschichte, kommt in den Flaminio Bertoni gewidmeten Räumen neben der Bertone-Sammlung zu Ehren (rg).

jemand für die dem Publikum unvertrauten Prototypen und Kleinserienmodelle interessierte und solche Raritäten daher günstig zu haben waren. So spezialisierte er sich denn ab den 70er Jahren auf solche Einzelstücke und setzte sich damit in Gegensatz zu den meisten anderen Sammlern, die sich vor allem für Prestigemarken wie Ferrari und Maserati begeisterten.

Corrado Lopresto wandte sich anderen italienischen Autonamen zu, wie Alfa Romeo, Lancia, Osca oder auch Isotta-Fraschini. Es gelang ihm Raritäten aufzustöbern, wie etwa einen Alfa Romeo 1750 Gran Sport mit einer von Mario Revelli di Beaumont futuristisch gestalteten Offenkarosserie oder einen von Franco Scaglione ebenso attraktiv geformten Alfa Romeo, um zwei Autodesigner zu nennen, die auch für Bertone tätig waren. Inzwischen ist die Collezione Lopresto zu einem in Kennerkreisen weltweiten Begriff geworden. Mitte 2018 wurde zudem bekannt, dass das verbliebene Bertone-Archiv von Corrado Lopresto übernommen worden ist.

Der ab 1975 in wenigen Exemplaren für Fiat-Werkbesuche entstandene «Visitors Bus» auf der Basis des kleinen Frontlenker-Lieferwagens Fiat 850 T war ein Vorläufer der Minivans (1977; s. S. 165 – rg). .

Luzern bot eine Collezione-Lopresto-Sonderschau

Am 19. Oktober 2018 wurde im Verkehrshaus Luzern, dem meistbesuchten Museum der Schweiz, eine temporäre Sonderschau mit zehn Fahrzeugen aus der Collezione Lopresto eröffnet. Sie fand ihren Platz in der Abteilung Straßenverkehr, unmittelbar neben der permanenten Ausstellung der Sport- und Geländewagen von Monteverdi, der letzten Schweizer Automarke. Unter den Lopresto-Schaustücken fanden sich auch zwei Bertone-Raritäten: der Dream- und Concept-car Sibilo auf Basis des Lancia Stratos von 1978 und einer der in nur wenigen Exemplaren gebauten Fiat 850 «Visitors Bus» für Fiat-Werksbesucher aus dem Jahr 1977. Die Wagen dieser dem Thema «Italo-Design 1968—1978» gewidmeten Sonderschau präsentierten sich im Verein mit epochegemäßen Gebrauchsobjekten wie Radio/TV, Kleinmöbeln und bunten Kleidungsstücken. Damit verhalf eine renommierte Szenengrafikerin der Ausstellung «zu einer Seele».

Treffend der Beschrieb des Bertone Sibilo in Luzern: «Er treibt das Konzept des monolithischen Autos auf die Spitze; nicht einmal das Profil der mit der Karosserie verschmolzenen Scheiben ist erkennbar» (1978; s. Seite 176 – rg).

Die Eröffnung dieser Sonderausstellung, der auch Corrado Lopresto beiwohnte, wurde für eine Kontaktnahme mit dem fließend Englisch sprechenden Kurator der Collezione Lopresto, Michele P. Casiraghi, genutzt. Gemäß seinen Auskünften begann die Sammlung in den 90er Jahren so richtig anzuwachsen, und sie umfasste inzwischen an die 150 Wagen.

Zu dieser umfngreichen Kollektion zählten etliche Bertone-Schöpfungen. Als die wichtigsten unter ihnen führte Mr. Casiraghi auf: den Sibilo auf Lancia-Stratos-Basis, die Alfa Romeo 6C 2500 SS von 1947 (s. Seite 23), Giulietta Sprint Speciale in Prototypform von 1957 (Seite 47) und Giulietta Spider Prototyp Nr. 004 von 1955 (Seite 41).

Das durch seine dynamisch geschwungenen vorderen und hinteren Radhäuser imponierende Alfa-Coupé aus dem Nachkriegsjahr 1947 konnte Corrado Lopresto in den frühen 2000er Jahren einem Freund abkaufen; dieses Einzelstück hatte ein europäischer Sammler in den 90er Jahren aus den USA zurückgeholt! Und was das Bertone-Archiv betrifft: Es wurde – ebenso wie 2016 die Bertone Collection – aus der Konkursmasse heraus zu Geld gemacht und fand bei Corrado Lopresto einen würdigen neuen «Kulturgut-Verwalter». Vorerst bestand es 2018 allerdings noch aus einer raumfüllenden Masse an Kisten mit Zeichnungen.– Das in prominente Sammlerhand gebrachte Bertone-Archiv ebenso wie der Alfa 6C 2500 SS als das wohl älteste erhaltene Bertone-Prunkstück führen symbolisch zurück an die Wurzeln der Firmengeschichte und bilden damit einen passenden Abschluss für den Hauptteil dieses Buches.

Anzufügen ist allerdings noch ein letzter Akt: Am 17. November 2018 versteigerte das Auktionshaus Aste Bolaffi in Padua **Bertone-Memorabilia:** Werbematerial in Form von vielen hundert Prospekten, Posters und Presseinfos, Kleinmodelle (im Maßstab 1:43 bis 1:5), gewonnene Trophähen, meterhohe Bertone-Signete, Ersatz- und Formteile..., ein Ausverkauf großartigster Fanartikel zu teils sogar weit über der Schätzung liegenden Preisen!

Ein für die Nachkriegszeit unerhört spektakuläres Luxusfahrzeug: Alfa Romeo 6C 2500 SS (= Super Sport) Coupé Bertone (1947; 6 Zyl., 2443 ccm, 105 PS; s. Seite 23 – cl).

Aerodynamisch geschwungene Radhäuser vorne wie hinten, nur ein Fenster pro Seite; weil es noch kaum gebogenes Glas gab, wurde die Heckscheibe dreigeteilt in die Karosseriewölbung einbezogen (cl).

Prächtiger Innenraum mit rotem Leder, ein hochsportliches, gepflegtes Ambiente; die Rechtslenkung war für die damaligen Luxuswagen Italiens selbstverständlich (cl).

Für Fans und Kenner ein großartiger Anblick: die Gehäuse der zwei obenliegenden Nockenwellen, Vergaser- und Lufttrichterbatterie... da gab's noch was unter der Motorhaube! (cl)

«Pokaljagd» als Hobby

Manche Oldtimersammler halten ihre rollenden Schätze diskret versteckt, andere stellen sie dagegen gern zur Schau oder – aus anderer Perspektive gesehen – wollen sie mit der Öffentlichkeit teilen. Einzelne machen es sich zum Spass, mit ihren exquisiten Sammelstücken an den international renommierten Concours d'Elégance aufzutreten und Lorbeer bzw. Pokale zu gewinnen. Zu ihnen zählt etwa der aus Litauen stammende Multimillionär Saulius Karosas. Er besitzt u.a. außergewöhnliche Einzelstücke aus Italien und England. Sein Spezialgebiet aber sind die bis in die Dreißigerjahre vom Berliner Karosseriewerk Erdmann & Rossi auf deutschen Spitzenmarken aufgebauten Spezialkarosserien. Er stöbert sie weltweit auf und lässt sie in seinem in Deutschland für den Eigenbedarf etablierten Restaurationsbetrieb in jenen Non-plus-ultra-Zustand versetzen, der auf den Concours d'Elégance hohe und höchste Auszeichnungen sicherstellt. An solchen Anlässen veranschaulicht sein aus Frankreich stammender, im Musée National de l'Automobile in Mülhausen groß gewordener Restaurierungsleiter den Jurymitgliedern jeweils mit umfangreichen Fotoalben den alles umfassenden Erneuerungsprozess dieser «Best-of-Show»-Kandidaten. Diese sind in den Verzeichnissen der Concours meist schlicht unter «SK Collection» registriert.

Das Sammeln von Pokalen kann sich auf zwei Arten abwickeln: Man meldet sich persönlich zur Teilnahme an den Concours d'Elégance und genießt dann auch die gesellschaftliche Komponente solcher Ausschreibungen: Auftritt mit oder ohne Dame vor Publikum, Galabankett mit auserwählten Speisen in gepflegtem Ambiente, Kontakte zu Gleichgesinnten und zu Kennern aus der Jury. Man kann (als vielbeschäftigter Unternehmer) aber auch bloß seinen Mechaniker oder Gärtner an den Ort der Pokalvergebung delegieren – Auch der ausschließlich auf italienische Vierrad-Preziosen spezialisierte Sammler Corrado Lopresto versteht es, seinen zahllosen historischen Einzelstücken zum ultimativen Glanz zu verhelfen, so dass sie an Schönheitswettbewerben regelmäßig zu Siegerpokalen verhelfen. – Der Autor durfte als Jurymitglied in Ludwigsburg und Basel sowohl Autos aus der SK Collection wie aus der Collezione Lopresto zu Auszeichnungen mitverhelfen.

Ende des Buchhauptteils

***

Anhang →

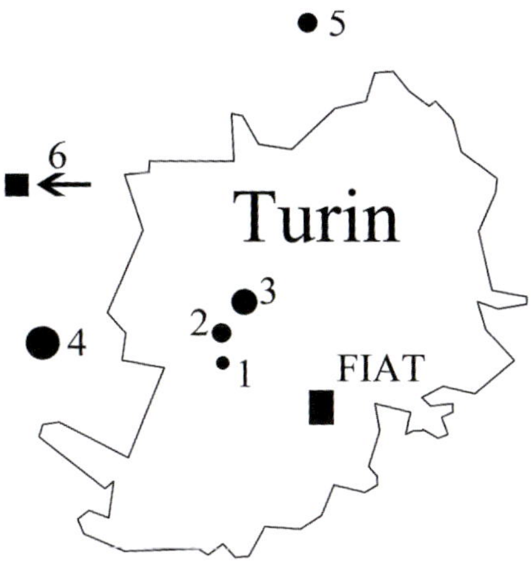

Standorte der Bertone-Produktion

1 = ab 1912: Via Villarbasse 32, Borgo San Paolo; 3 Mitarbeiter
2 = ab 1920: Via Monginevra 119; 20 Mitarbeiter, 1600 m2
3 = ab 1934: Corso Peschiera 225; 150 Mitarbeiter, 3000 m2,
ab 1954: 385 Mitarbeiter, 8000 m2,
ab 1959: 550 Mitarbeiter
4 = ab 1961: **Grugliasco,** 720 Mitarbeiter, insges. 300‘000 m2
Jahreskapazität 7500 Karosserien
um 1965 Tagesausstoß bis 120 Fiat 850 Spider
um 1967: 900 Mitarbeiter, 70/Tag, 55‘000 m2 überbaut
(inkl. 10‘000 m2 in Mappano/Caselle)
um 1970: 1600 Mitarbeiter, 140/Tag, Jahresausstoß 31‘000
um 1977: 1500 Mitarbeiter, Jahreskapazität 18‘000 Wagen,
62‘000 m2 überbaut
1979/80: 1700 Mitarbeiter, von 90 auf 120 Fiat X1/9/Tag
um 1987: 1500 Mitarbeiter, Jahreskapazität 20‘000 Wagen,
90‘000 m2 überbaut
5 = 1959—1971: **Mappano** (für NSU- und Simca-Kleincoupés)
ab 1970: 53‘000 m2
6 = ab 1972/75: **Caprie,** Design- und Entwicklungszentrum
Stile Bertone SpA; 75‘000 m2; 50, später 140 Mitarbeiter

Erstes und spätere Firmensignete

Bei Bertone gebaute Serienmodelle

1948 - 1950	Stanguellini (Fiat 1100) Berlinetta	ca. 50
1949 - 1953	Siata Amica	ca. 20
1949 - 1953	Fiat 1100 (E/TV) Spider	106
1951 - 1953	Fiat 1400 St. Leger	20
1951 - 1953	Fiat 1400 Western Arrow	16
1952 - 1954	Arnolt-MG TD Coupé	67
1953 - 1954	Arnolt-MG TD Spider	36
1953 - 1959	Arnolt-Bristol Roadster/Coupé	ca.145
1953 - 1954	Fiat 1100/103 TV Coupé Smart	202
1954	Fiat 1100/103 TV Spider	8
1954 - 1965	Alfa Romeo Giulietta Sprint	27’142
1957 - 1962	Alfa R. Giulietta Sprint Speciale	1252
1959 - 1962	NSU Sport Prinz [1])	2715
1960 - 1962	Alfa Romeo 2000 Sprint	700
1961 - 1965	BMW 3200 CS	597
1962 - 1964	Alfa Romeo Giulia 1600 Sprint	7107
1962 - 1966	Alfa Romeo 2600 Sprint	6999
1962 - 1971	Simca 1000 Coupé / 1200 S	24’853
1962 - 1970	Iso Rivolta GT [2])	770
1963 - 1974	Iso Rivolta Grifo..[2])	412
1963 - 1965	Alfa Romeo Giulia 1600 Sprint Speciale	1400
1965 - 1972	Fiat 850 (Sport) Spider	124’660
1966 - 1973	Lamborghini Miura P 400	ca. 800
1967 - 1972	Fiat Dino Coupé	6004
1968 - 1978	Lamborghini Espada 400 GT	1225
1969 - 1974	Iso Rivolta Lele	317
1970 - 1977	Alfa Romeo Montreal	3925
1971 - 1977	Lancia Stratos HF	491
1972 - 1988	Fiat X1/9 [3])	160’000
1973 - 1982	Maserati Khamsin	425
1973 - 1980	Dino 308 GT 4 [4])	2826
1974 - 1977	Maserati Quattro Porte II	5
1977 - 1980	Volvo 764 TE	260
1977 - 1981	Volvo 262 C	6622
1981 - 1987	Bertone Ritmo Cabrio	15’000+
1985 - 1991	Volvo 780	ca. 12’000
1985 - 1992	Opel Kadett GSi Cabrio	58’677
1989 - 1992	Bertone Freeclimber (4x4)	2795
1992 - 1993	Bertone Freeclimber 2	2860
1993 - 1997	Fiat Punto Cabrio	ca. 40’000
1993 - 2000	Opel Astra Cabrio F	52’346
2000 - 2005	Opel Astra Cabrio G	66’600
2000 - 2005	Opel Astra Coupé	69’402
2006	Mini Cooper S Works GP	2000
Total		**703’857**

[1]) bis 1967 weitere 18`116 durch Drauz in Heilbronn
[2]) spätere Exemplare von Iso Rivolta selbst hergestellt
[3]) 1982 - 1988 unter Bertone-Eigenmarke weitergebaut
[4]) Produktion bei Scaglietti in Modena weitergeführt

Bestseller mit 160´000 in 17 Jahren gebauten Exemplaren: der X1/9 (bw).

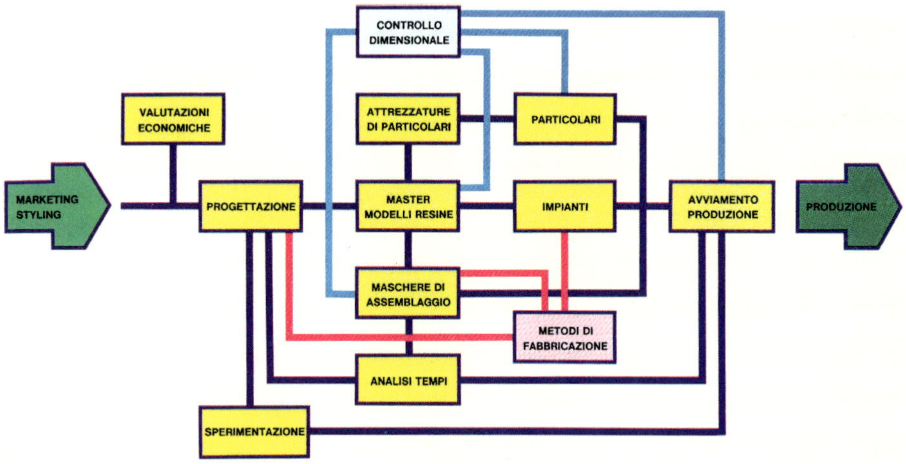

Dieses Diagramm veranschaulicht den Kreislauf der Abläufe von der Kreation eines Modells (Marketing/Design, grüner Pfeil links) bis zu seinem Produktionsbeginn (grüner Pfeil rechts).

Produktions-Vor- und -Abläufe, ± 1975

Bertone-Werk in Grugliasco; Mitarbeiterzahl 1500, Gesamtfläche 167'000 m2, davon 45'000 überbaut.

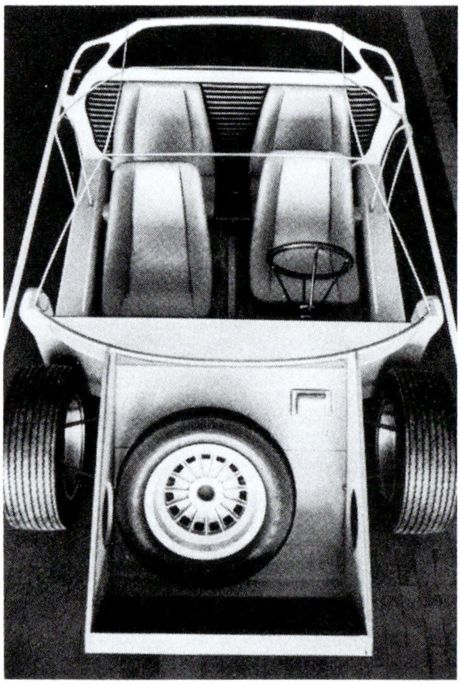

Raum- und Sitzmodell: Es vermittelt eine genaue 1:1-Vorstellung von den Innenabmessungen, der Sitzposition von Fahrer und Beifahrer sowie der ergonomischen Voraussetzungen für die Fahrzeugbedienung (hier am Beispiel des Lamborghini Urraco).

Links: Blick in die Entwicklungsabteilung, wo die Konstruktions- und Produktionspläne entstehen.

Rechts: Mit einem Präzisionsgerät werden die exakten Abmessungen von Kunstharz-Modellteilen überprüft.

Unten rechts: Karosserien rollen von der einen zur anderen Fertigungsphase (Fiat X1/9).

Ein sogenanntes Mock-up-Modell im Maßstab 1:1, aus Holz oder Kunstharzmaterial; es dient der Herstellung des ersten Prototyps und dies ebenfalls in Handarbeit (Lamborghini Marzal).

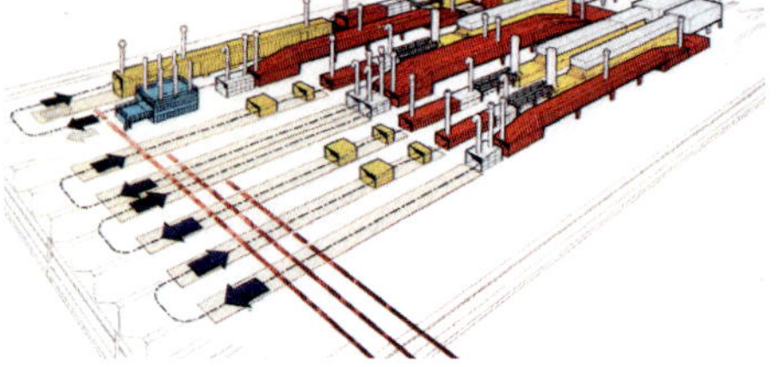

Links: Im Spritzwerk: Produktionslinien 1. Entfettung, Phosphatierung, Passivation, Elektrophorese; 2. Antidröhnbehandlung, Unterbodenschutz, Grundierung; 3. Lackierung.

Mittelmotor!

Am 20. April 1969 berichtete die **«New York Times»:** «...die beste Lösung ist konsequenterweise der Mittelmotor. Aber sein Nachteil liegt darin, dass er nur Platz für zwei Insassen bietet, weil seine Bauweise nicht genug Innenraum erbringt. Doch nun haben Bertone und Lamborghini die Lösung des Problems gefunden: mit dem P 250 Urraco, dem ersten für die Serienherstellung bestimmten Wagen, der mit quergestelltem Mittelmotor und einem Innenraum für vier Personen ausgestattet ist... und zudem mit seinem Design und Charakter einen echten italienischen Vollblut-GT verkörpert.»

DIMENSIONI DIMENSIONS DIMENSIONS ABMESSUNGEN mm	MIURA 1966	PANTHER 1967	CARABO 1968	RUNABOUT 1969	URRACO 1970	STRATOS prototipo 1970	GO 1970	COUNTACH 1971	STRATOS HF 1971	BERTONE X1/9 1972	DINO 308 GT4 1973	TRAPEZE 1973	BRAVO 1974	NAVAJO 1976	RAINBOW 1976	SIBILO 1978	ATHON 1980	JALPA 1981
PASSO EMPATTEMENT WHEEL BASE ACHSSTAND	2504	2400	2350	2100	2450	2220	2200	2520	2160	2202	2550	2430	2250	2430	2450	2280	2455	2450
LUNGHEZZA LONGUER LENGTH LAENGE	4390	4220	4176	3450	4250	3580	3335	4100	3670	3830	4320	4080	3735	3800	4310	3823	3970	4320
LARGHEZZA LARGEUR WIDTH BREITE	1780	1800	1785	1700	1760	1870	1780	1850	1700	1570	1800	1830	1880	1860	1860	1896	1888	1880
ALTEZZA HAUTEUR HEIGHT HOEHE	1100	990	990	1080	1115	840	920	1040	1120	1170	1180	1100	1035	1050	1050	1030	1070	1120
POSTI N. de PLACES SEAT SITE	2	2	2	2	4	2	2	2	2	2	4	4	2	2	2	2	2	2

* = misura al volante - mesure au volant - height at steering wheel - Bodenhöhe bis zum Lenkrad

MIURA 1966

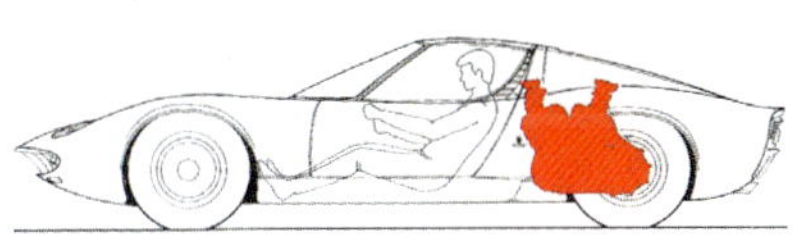

PANTHER 1967

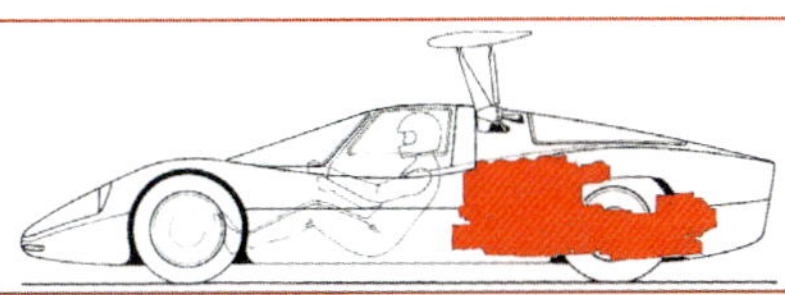

CARABO 1968

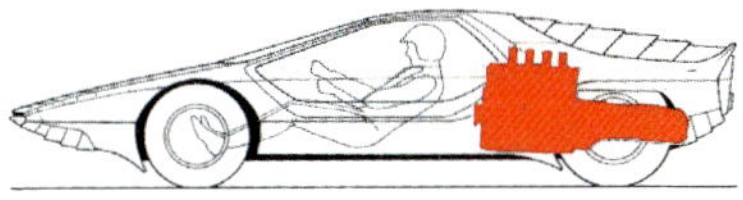

RUNABOUT 1969

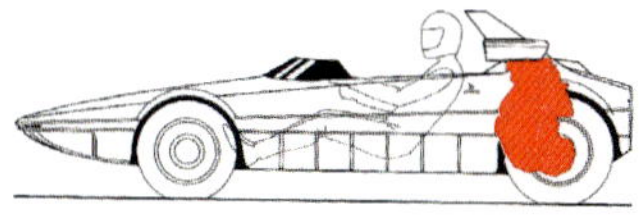

URRACO 1970

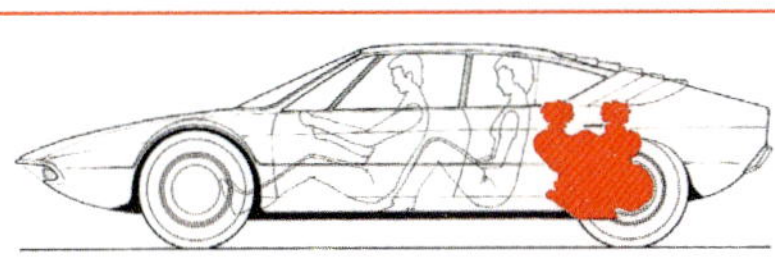

STRATOS prototipo 1970

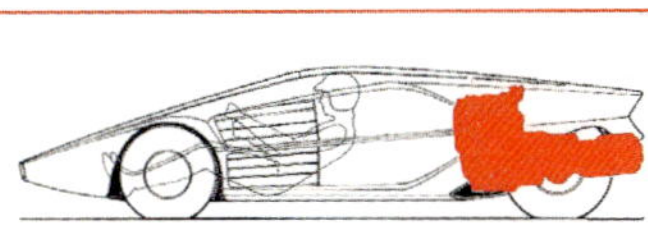

GO 1970

COUNTACH 1971

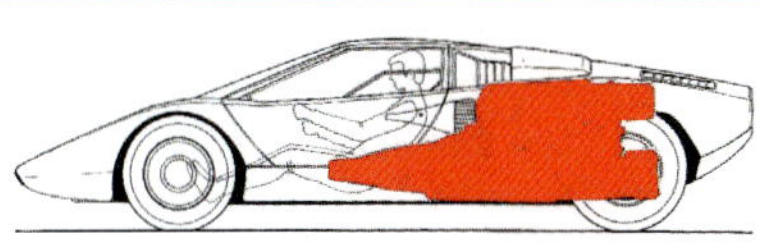

STRATOS HF 1971

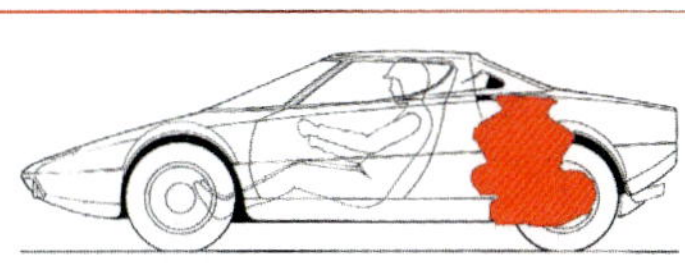

BERTONE X1/9 1972

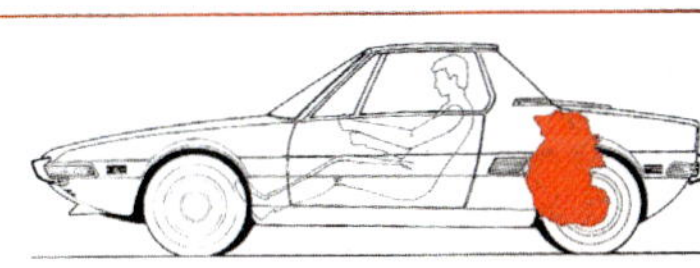

DINO 308 GT4 1973

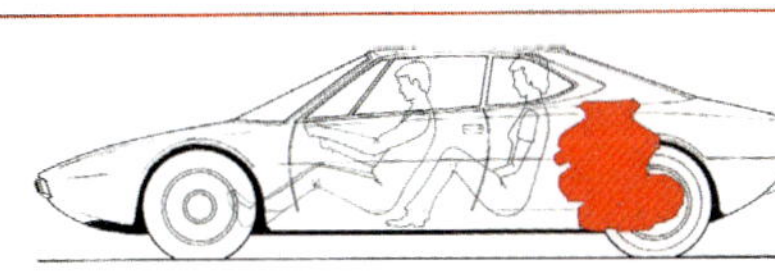

TRAPEZE 1973

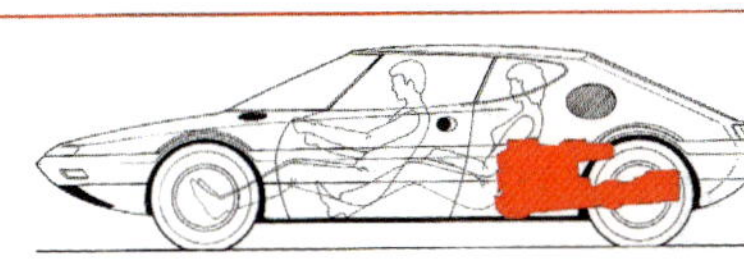

BRAVO 1974

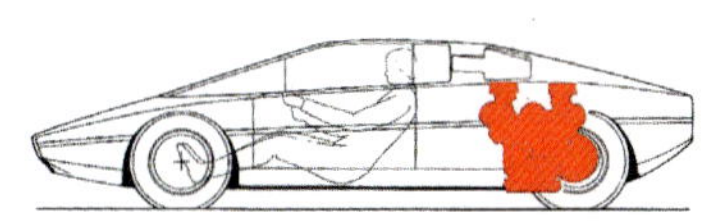

NAVAJO 1976

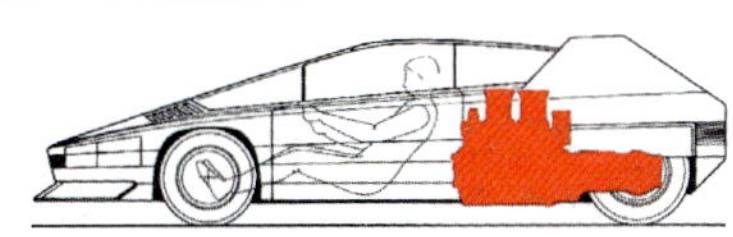

RAINBOW 1976

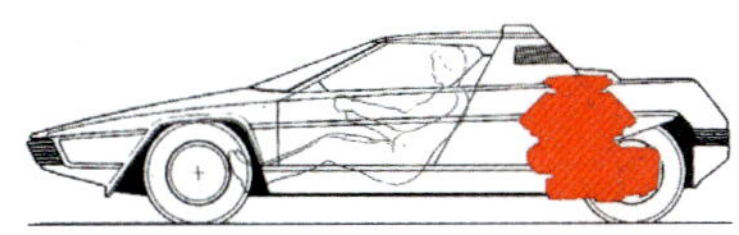

SIBILO 1978

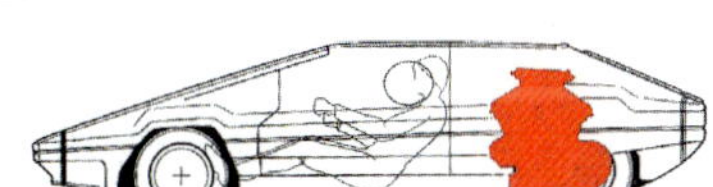

ATHON 1980

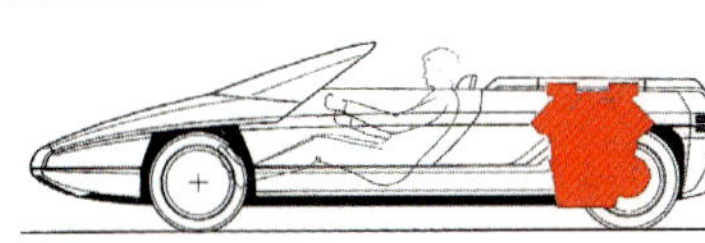

JALPA 1981

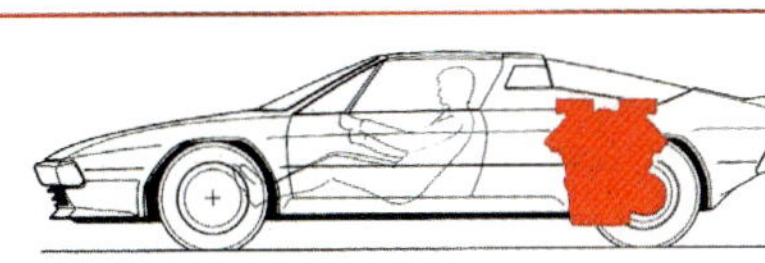

Interview mit Nuccio Bertone über den Ramarro:

«In erster Linie elegant und exklusiv»

Einer der innovativsten und aufwendigsten Dreamcars: Bertone Ramarro, 1984; im Hintergrund Nuccio Bertone (rg).

Der Bertone Ramarro (s. Seiten 195 bis 197) wurde dem Autor 1984 bei seinem ersten Besuch auf dem Gelände des Bertone-Design-Zentrums in Caprie individuell vorgestellt. Dabei bot sich die Gelegenheit, mit Nuccio Bertone ein Gespräch zu führen. Es ging vordergründig um den Dreamcar Ramarro, doch beantwortete der große Meister, assistiert von seinem PR-Direktor Dr. Gian Beppe Panicco, auch Fragen zu allgemeinen Designthemen. Nachstehend das in der «Automobil Revue» vom 13. September 1984 veröffentlichte Interview:

*

«Was oder wer veranlasste Sie zur Konstruktion des Ramarro?»

«Es ging anfänglich darum, ein Auto zu entwerfen, das anlässlich des Turiner Salons die Besucher begeistern würde. Wir dachten zunächst an die Spezialkarosserie für einen Ferrari. Der Turiner Salon hätte ursprünglich im April durchgeführt werden sollen. Doch dann wurde die Verschiebung auf den November bekannt, und unser neuer Importeur in den USA stimmte uns zu, als Transformationsbasis ein amerikanisches Auto zu wählen. Die vordergründige Zielsetzung bestand nun darin, einen amerikanischen Wagen im italienischen Kleid zu zeigen und damit gleichzeitig auch dem Namen Bertone in der Neuen Welt zu einem erhöhten Bekanntschaftsgrad zu verhelfen. In Nordamerika werden ja unsere Mittelmotor-Zweisitzer X1/9 ebenfalls nicht mehr unter der Marke Fiat, sondern als Bertone verkauft.

Ein Freund in den USA, der zu General Motors gute Verbindungen hat, anerbot sich, die Weichen für die Beschaffung eines GM-Wagens zu stellen. Es war recht naheliegend, dass man dabei an einen Chevrolet Corvette dachte. So konnten wir den ersten nach Europa gelangten Corvette der neuen Generation – er war auf dem Genfer Salon 1983 ausgestellt – kaufen. Es machte mir besonderes Vergnügen, wieder einmal einen Amerikaner Wagen nach unserer Idee umzugestalten. 1962 hatten wir auf der Basis des Chevrolet Corvair den Testudo geschaffen, und 1965 folgte ein Bertone-Mustang.»

Die Herausforderung

«Muss man aber dem heutigen Chevrolet Corvette, wie er Anfang 1983 vorgestellt wurde, nicht eine besonders gelungene Form zugutehalten?»

«Ja, er ist bestimmt ein Wagen, der gefällt. Gerade darum verkörperte er für uns eine große Herausforderung. Als der Wagen bei uns eintraf und wir ihn einer eingehenden Besichtigung unterzogen, machten sich meine Mitarbeiter denn etliche Sorgen darüber, ob es uns gelingen werde, noch etwas 'Besseres' zu kreieren. Doch dann haben wir uns mit großem Enthusiasmus an die Neugestaltung gemacht. Im September vergangenen Jahres wurden die ersten Entwürfe zu Papier gebracht. Per Ende März sollte das Projekt vollendet sein!»

«Ist ein halbes Jahr die übliche Zeit, die Bertone für die Bereitstellung eines Prototyps benötigt?»

«Ja, es werden üblicherweise sechs Monate benötigt, doch haben wir auch schon in der halben Zeit eine Neukonstruktion auf die Räder gestellt.»

«Können Sie uns sagen, wie viele Arbeitsstunden für den Bau des Ramarro benötigt wurden?»

«Rund 24'000»

«Der Wagen erlebte seine Premiere auf der Schau von Los Angeles. Wie waren die Echos auf diese Alternative zum Original-Corvette in Amerika?»

«Nun, zunächst einmal hat unser amerikanischer Freund uns mitgeteilt, dass die GM-Leute außerordentlich daran interessiert wären, unseren Wagen sehen zu können. Wir fürchteten zunächst, dass diese Spezialisten, die ihre Wagen in langjähriger Arbeit entwickeln, unsere teils ungewohnten Lösungen – wie den ins Heck verlegten Kühler oder die Schiebetüren – einer eher ablehnenden Kritik unterziehen würden. Doch als der Wagen im GM-Entwicklungszentrum in Detroit vorgeführt wurde und später in einer Hotelhalle auch den Leuten von Ford, Chrysler und American Motors vorgestellt wurde, erzielten wir durchwegs positive Stellungnahmen.»

Viel Gesprächsstoff

«Waren es vor allem die Leiter der Designabteilungen, die sich den Ramarro ansahen?»

«Während einer Woche empfingen wir Hunderte von Leuten aus der amerikanischen Autoindustrie. Sie entstammten den Designabteilungen, aber auch den Direktionsbüros, und sie vertraten die unterschiedlichsten Führungsniveaus. So ergaben sich äußerst anregende Diskussionen. Zudem organisierten wir vor Eröffnung der Auto Expo Los Angeles eine Pressekonferenz, die von gegen 70 Fachjournalisten besucht wurde.

Unsere Verbindung zu General Motors hatte sich übrigens schon vor unserer Präsentation im GM-Design-Zentrum als sehr freundschaftlich erwiesen. Noch bevor die GM-Verantwortlichen eine Ahnung davon hatten, wie unser Prototyp aussehen würde, anerboten sie uns ihre technische Hilfe, und sie entsandten denn einen Techniker, der uns bei den Abschlussarbeiten beistand. Schließlich wurde uns im Austausch auch die jüngste Ausführung des 5,7-Liter-V8-Einspritzmotors zur Verfügung gestellt. Im GM-Windkanal wurden dann Messungen des Luftwiderstands vorgenommen, die uns das Lob der Spezialisten einbrachten.»

«Kann man den cw-Wert bereits nennen?»

«Offiziell noch nicht, doch haben wir den Luftwiderstandsbeiwert gegenüber dem Original-Corvette verbessern können: Während der Serienwagen auf ungefähr cw 0,325 kommt, sind es beim Ramarro deutlich unter 0,3.»

«Was gefällt Ihnen beim Original-Corvette nicht?»

«Nun, dieser Wagen wurde nach einer bestimmten Philosophie konstruiert, die auf einer der Vergangenheit angehörenden Tradition aufbaut. Der Corvette hat es im Verlauf eines Vierteljahrhunderts auf die für europäische Begriffe unglaubliche Verkaufszahl von nunmehr 750`000 Exemplaren gebracht. In der jüngsten Ausführung ist der Corvette eine Extrapolation früherer Modelle. Er vermittelt seinem Besitzer den Eindruck, in einem Rennfahrzeug zu sitzen. Er appelliert somit an eine Kundschaft, die den Autosport liebt, ohne selbst aktiv am Motorsport teilzunehmen. Er ist ein 'Muskelwagen'...»

Freude an der Form

«Aber im Vergleich zu seinen Vormodellen ist der heutige Corvette doch wesentlich weicher geformt?»

«Ja, ja, bestimmt; doch er strahlt immer noch Aggressivität aus! Unser Ramarro hingegen bietet in erster Linie Eleganz, und er soll bei aller Sportlichkeit dem Fahrer Freude an seiner sehr feinen, exklusiven Form vermitteln. Hierauf sind auch das Armaturenbrett, die Sitze sowie der Pavillon mit seinen stark bombierten Fensterflächen ausgerichtet.»

«Wie beurteilen Sie den heutigen Stil amerikanischer Personenwagen?»

«Abgesehen etwa vom Chevrolet Corvette und vom Pontiac Fiero – der eigentlich eine Vergrößerung unseres X1/9 ist – fällt die große Uniformität bei den Limousinen auf. Es gibt keine besonders begeisternden Linien. Einzig der Cadillac Seville hebt sich etwas von der Masse ab. Allgemein sind die Motorhauben unnötig langgezogen, und die zur Verfügung stehende Baulänge wird kaum rationell genutzt. Auch die Fahrersitzdisposition vermag europäischen Vorstellungen nicht zu genügen. Doch entspricht dies eben einer amerikanischen Weltanschauung. Wenn ein Amerikaner ein Auto kauft, so wünscht er, dass das ausgegebene Geld sich in der Wagengröße widerspiegelt. Doch sind auch die weiten Distanzen, die mit zum Teil limitierten Geschwindigkeiten zurückgelegt werden müssen, dafür verantwortlich, dass der Amerikaner Wert auf große und komfortable Wagen legt. Um den in den USA vorherrschenden Anforderungen gerecht zu werden, scheinen den amerikanischen Herstellern die Wege zur Originalität offenbar weitgehend verbaut zu sein.»

Die persönliche Bindung

«Besteht aber nicht auch für die nach optimaler Aerodynamik suchenden europäischen und japanischen Fabrikate eine Gefahr der Uniformität?»

«An sich schon, doch besitzt der Europäer in weit höherem Maße als der Amerikaner eine persönliche Bindung zu seinem Fabrikat. Dies erklärt den Erfolg von Marken wie BMW, Alfa Romeo, Lancia, Jaguar oder Rover. Jene Hersteller, die es verstehen, ihren Wagen ein markenspezifisches Aussehen zu erhalten, dürfen auf unserem Kontinent mit guter Markentreue ihrer Kunden rechnen.»

«Welches Land bietet heute, vom Standpunkt des Designers betrachtet, das ausgewogenste Modellangebot?»

«Es ist sehr schwierig, ein Klassement zu erstellen. Die einzelnen Länder haben sich auf das unterschiedliche Temperament ihrer hauptsächlichsten Kunden auszurichten. Im oberen Bereich der Modellskala kommt der Ästhetik besonders viel Bedeutung zu. Diese muss sich aber stets am Vormodell orientieren. Es geht darum, die Charakteristik einer Modellreihe zu erhalten. Jene Marken, die eine Tradition der Eigenständigkeit pflegen, wie etwa Mercedes-Benz, BMW, Jaguar, Rover oder Citroën, vermitteln mehr Persönlichkeit als die stärker auf die Kommerzialisierung ausgerichteten Fabrikate, wie etwa Ford, Opel, Talbot usw. Renault sucht wie Fiat eine vermehrte Markenidentität auszustrahlen...»

«Hat es sich gerade Fiat bei der Kreation eines Erkennungszeichens mit den fünf schräggestellten Metallstrichen im Kühlergitter nicht ein wenig leicht gemacht?»

«Fiat ging es darum, von der früheren Vielfältigkeit in der Frontgestaltung abzukommen. Die gewählte Methode ist in der Tat wenig raffiniert. Vor allem erlaubt sie es nicht, die gehobeneren Modelle des Angebots deutlich von den einfacheren Typen abzuheben. Dies kann von den Käufern der teureren Fiat als Nachteil empfunden werden, weil diese sich auf den ersten Blick kaum von einem Panda unterscheiden. Doch auch bei Ford und Opel sieht man sich beim Bemühen um ein markentypisches Aussehen diesem Problem gegenübergestellt.

Bei all den neu hinzugekommenen und noch kommenden Modellen – und es sind ihrer mehr, als die Märkte aufzunehmen vermögen – zeichnet sich eine Hinwendung zu gewissen einheitlichen Merkmalen ab. Diese sind nicht zuletzt in der Aerodynamik begründet. So wird heute zum Beispiel durchwegs auf die

Darstellung der vielfältigen Design-Vorarbeiten bis hin zum 1:1-Modell für den Ramarro im Bertone Centro Stile in Caprie (bw).

Auch produktionstechnisch neue Ideen: die halbwegs über den Mittelmotor geführte Sitzbank mit schwenkbaren Rücklehnen (bw).

Rechts: Ausformen des Ramarro-Frontteils als Beispiel für unzählige Herstellungsetappen (bw).

klassischen Regenrinnen verzichtet. Sie erhöhen unnötig die Produktionskosten und verursachen Windgeräusche. In diesem Trend ist nicht zuletzt eine Harmonisierung zwischen dem Stil und den Bedürfnissen der Herstelltechnik zu erkennen.»

Erster Besuch in Caprie

«Der Fahrer unseres Ritmo-Cabriolets bog unvermittelt in eine Seitenstraße ein, rollte an einem Steinbruch entlang und hielt vor einem fernsehbewachten Gittertor. Eine kleine Brücke führte über eine Art Burggraben. Doch was sich drüben, halbwegs von Bäumen verdeckt, dem Auge darbot, war keine Burg, sondern ein modernes Gebäude unaufdringlicher Architektur. Nicht die kleinste Firmenschrift und auch nicht das «b»-Signet wies hier auf das noch neue Bertone-Designzentrum hin.

Der unter der schlichten Bezeichnung Stile SpA firmierende Betriebszweig der Carrozzeria Bertone wurde vor zwei Jahren beim Dorf Caprie im Valle de Susa fertiggestellt, 25 km vom Bertone-Werk in Grugliasco entfernt. In dieser Oase der Ruhe wirken 60 bis 70 Leute, darunter fünf oder sechs eigentliche Designer. Diese Denk- und Kreationszentrale ist eines der bedeutendsten Designunternehmen. Sein Leiter ist Nuccio Bertone (68), dessen Vater Giovanni 1912 das Karosseriewerk gegründet hatte.

Nuccio Bertone wählt die zu entwickelnden Themen, fällt die Entscheidungen und bestimmt das tägliche Weitergehen an den in Arbeit befindlichen Projekten. Er wacht über ein Team schöpferischer Fachleute, deren Ausbildung er teils selbst an die Hand genommen hat: Seit Bertone in Caprie tätig ist, hat der große Maestro über ein Dutzend talentierte junge Leute aus der Umgebung zu «Blechformern» ausgebildet; wohlverstanden, nicht zu Karossiers nach heutigem Verständnis dieses Berufs, sondern zu Handwerkern im traditionellen Sinn, «Designer», so sagt man bei Bertone, «gibt es mehr als genug. Das Problem liegt darin, den für die handwerkliche Karosseriearbeit benötigten Nachwuchs zu erhalten.»

«Aber ist darin – für die skifahrenden Schweizer Autokäufer – nicht auch ein Nachteil zu sehen: Mehr und mehr müssen eigens auf die einzelnen Modelle ausgerichtete teure Dach- und Skiträgerkonstruktionen gekauft werden.»

«Sie haben vollständig Recht. Doch der Fehler liegt hier bei den Konstrukteuren. Sie sollten dafür sorgen, dass übliche Ski- und Gepäckträger montiert werden können.»

«Ließen sich nicht neue Verstaumöglichkeiten für Skis im Wageninnern entwickeln, zum Beispiel unter den Sitzen?»

«Ja, heute, da auch größere Wagen Frontantrieb besitzen und da die Skibindungen niedriger geworden sind, wäre dies denkbar. Einen Schritt in dieser Richtung verkörpern bereits die Durchlässe in der Mitte der hinteren Sitzbanklehnen, wie sie einige Wagen besitzen.»

Keine Blickfang-Zubehöre

«Die Kreation von Karosserie-Verbreiterungsteilen durch sogenannte 'Veredelungsfirmen' ist zu einem großen Geschäft geworden. Wäre es für Bertone nicht auch denkbar, exklusive Spoilersätze für den nachträglichen Anbau zuschaffen?»

«Es gibt bereits eine größere Anzahl Hersteller solcher Karosserie-Zubehörteile. Sie arbeiten teils mit Designbüros zusammen. Soweit diese Teile die Aerodynamik einer Karosserie zu verbessern vermögen und nicht bloß als Blickfang dienen, kann es sich um eine durchaus seriöse Angelegenheit handeln. Wir selber wollen jedoch den Accessoirefirmen keine Konkurrenz machen, sondern ziehen auch dieser Sparte Entwicklungsarbeiten vor, von denen zum Beispiel Fiat oder andere Großserienhersteller profitieren können...

Anderseits würde ich niemals eine Originalkarosserie bis zu jener Unkenntlichkeit kaschieren, wie man sie etwa auf der Frankfurter IAA zu sehen bekommt. Solche Unterfangen würden unserem Renommee schaden. Hingegen haben wir für Zubehörhersteller beispielsweise schon Leichtmetallräder entworfen. Apropos Spoiler: solche Elemente müssen von Anfang an in das Gesamtdesign einbezogen werden; bloßes Anfügen an die Karosserie stört die Harmonie des Erscheinungsbildes.»

«Wenn Sie das mit der Erschaffung des Ramarro verfolgte Konzept mit jenem für die ersten, vor rund zwei Jahrzehnten erschienenen Bertone-Einzelstücke vergleichen, wo liegen dann die hauptsächlichen Unterschiede?»

«Wir haben immer danach getrachtet, etwas grundsätzlich Neues zu schaffen. Wenn wir beispielsweise den 1967, also vor 17 Jahren, entstandenen Lamborghini Marzal in Betracht ziehen, so sehen wir, dass wir im Grunde genommen stets eine einheitliche Entwicklungslinie verfolgt haben. Hingegen sind bei unseren heutigen Entwürfen die Fensterflächen nicht mehr von der Karosserie abgesetzt, sondern in diese *(außenbündig)* integriert.

Was die Autoscheiben betrifft, so sind gerade auf diesem Gebiet in den kommenden Jahren sowohl in den USA wie in Europa große Fortschritte zu erwarten. Sie bedingen von Seiten der Glashersteller allerdings riesige Investitionen: Neuartige Oberflächenbehandlungen, die Anwendung von Fibercarbonaten und eine auf den Lichteinfall reagierende photochemisch variierende Glasfärbung werden dem Autodesign neue Möglichkeiten eröffnen. Wir bei Bertone stehen mit der Zulieferindustrie ebenso in zukunftsgerichtetem Kontakt wie mit der Autoindustrie selbst.»

Innovativ ebenso in den Details: Instrumente und Bedientasten sowie Getriebewahlscheibe (!) in einem quadratischen Kasten (rg).

Interview mit Nuccio Bertone 1986

Gedanken über Volvo 780 und die Designer

In Zusammenhang mit der Präsentation der neuen, für die Montage des Volvo 780 bestimmten Werkhalle in Grugliasco gewährte Nuccio Bertone im Oktober 1986 (damals 72-jährig) dem Autor für die «Automobil Revue» ein Exklusivinterview (hier auszugsweise wiedergegeben):

«In welcher Jahresfrequenz soll der Volvo 780 entstehen?»

«Im laufenden Jahr dürften wir auf einen Ausstoß von 800 Volvo 780 kommen. Im nächsten Jahr sollen es 4000 sein, was wir mit einer täglichen Kadenz von 20 Wagen erreichen werden. Ursprünglich war eine Tageskadenz von 15 Wagen vorgesehen, doch dann hat uns die Volvo Car Corporation ersucht, ein größeres Produktionsvolumen vorzusehen, und wir haben unsere neuen Herstellungseinrichtungen entsprechend angepasst. Doch derzeit spricht man bereits von einer möglichen Erhöhung auf 5000 Wagen jährlich. 4000 Einheiten können noch von einer einzigen Arbeitsschicht bewältigt werden; man müsste also eine zweite Schicht in Erwägung ziehen.»

Für Nord- wie für Südländer

«Gab es hinsichtlich Gestaltung unterschiedliche Auffassungen zwischen Bertone und Volvo? Mussten Kompromisse eingegangen werden, um den skandinavischen Geist mit dem südländischen Formempfinden unter einen Hut zu bringen?»

«Nein, durchaus nicht. Als Diskussionsgrundlage hatten wir drei Modelle verwirklicht. Beim gewählten Formkonzept handelte es sich um die zuletzt kreierte Variante. Während es sich beim Coupé 262 C von 1977 um ein Fahrzeug handelte, dessen Unterteil mit jenem der Limousine übereinstimmte, wünschte Volvo für das Nachfolgemodell ein etwas sportlicheres Konzept.»

Volvo 780, vorgestellt in Genf 1985 (vo).

«Wird somit der Volvo 780 sowohl den Süd- wie den Nordländern gleichermaßen gefallen?»

«Ich denke, dass dieser Wagen in jedem Land eine Oberschicht von Leuten ansprechen wird. Vor allem Leute mit einem gewissen kulturellen Niveau dürften sich für dieses Modell interessieren. Nur wer sich von Qualitätsautomobilen keinen Begriff machen kann, wird den Volvo 780 nicht richtig einzuschätzen wissen.»

«Gibt es Einzelteile an der Karosserie des Coupés 780, die von den Limousinen 760/740 übernommen werden konnten?»

«Nein, absolut keine – mit einer Ausnahme: nämlich die Türgriffe und -schlösser! Diese stammen aus Deutschland.»

«Welche Modelle betrachten Sie als die wichtigsten Konkurrenten zum Volvo 780?»

«Ich sehe sie vor allem in den deutschen Spitzenprodukten in der Art der BMW-Coupés und jener von Mercedes-Benz. Wir wissen natürlich, dass zwischen diesen beiden Fabrikaten ein steter Konkurrenzkampf um die Lancierung neuer Modelle besteht. Bei Volvo kann man sich hingegen nicht gleichzeitig auf mehrere Projekte abstützen.»

Designer wie engagieren?

«Auf was achten Sie beim Anstellen eines neuen Designers? Auch auf seine äußere Erscheinung, beispielsweise?»

«Ein Kandidat, der sich gut präsentiert, mag bei gleichen Fähigkeiten sympathischer wirken als ein anderer. Doch ist dies natürlich nicht entscheidend. Wichtig ist zunächst einmal die Liebe zum Design, und zwar nicht nur aus dem Wunsch heraus, für jedermann etwas kreieren zu können, sondern aus einer persönlichen Begeisterung. Dann aber spielen auch der gute Wille und mit ihm die für die Anwendung benötigte Intelligenz eine Rolle. Dies sind neben der eigentlichen Begabung die wichtigsten Voraussetzungen.»

Hier fügte Dr. Gian Beppe Panicco, der für PR zuständige Bertone-Direktor hinzu: «Was Nuccio Bertone vielleicht nicht selber sagen mag: Er hat bisher noch nie bereits arrivierte Berufsdesigner angestellt. Auch Giugiaro und Gandini waren gänzlich unbekannt, als sie bei Bertone ihre Karriere begannen.» Und Nuccio Bertone bestätigte, dass beide noch ein «Niemand» waren, als sie bei ihm zu arbeiten begannen. «Auch nach zwei Jahren Mitarbeit wusste Giorgetto Giugiaro noch nicht, ob er sich dem Kunstmalen oder dem Design zuwenden sollte.»

Bertone unterstrich in diesem Gespräch, dass alle Kreationen weiterhin aus einer intern geformten Gruppe heraus erarbeitet werden. «Wir verfügen in unseren Gruppen in der Regel über genügend Talentnachwuchs. Seit dem vergangenen September arbeitet bei uns beispielsweise ein begabter junger Mann, der die Kunst- und Designschule in Turin besuchte und seine Ausbildung durch harte Nebenbeschäftigung selber finanzierte. Ich hatte ihn angestellt, nachdem er mir ganze Kartonmappen voller gelungener Eigenentwürfe vorgestellt hatte; dies in Übereinstimmung mit meinen Mitarbeitern, da ich ohne deren Einverständnis niemals jemanden einstelle.»

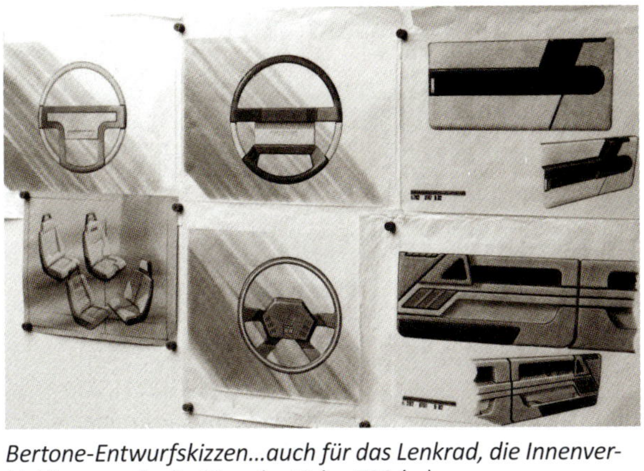

Bertone-Entwurfskizzen...auch für das Lenkrad, die Innenverkleidung sowie die Sitze des Volvo 780 (rg).

Der Maestro anläßlich des Treffens in Grugliasco 1986 (rg).

Design-Philosphie hinter dem Zukunftsprojekt Genesis

Der endgültigen Form bereits stark angenäherte Darstellungen (bw).

Mit dem Anfang 1988 angekündigten, von langer Hand vorbereiteten Projekt – dessen Name und Motorisierung noch nicht bekannt gegeben wurde – wollte die Carrozzeria Bertone SpA an so wegweisende Designleistungen anknüpfen wie den Alfa Romeo Giulietta Sprint der Fünfzigerjahre, den Lamborghini Miura der Sechziger- und den auf ihn gefolgten Countach der Siebzigerjahre. Mit dieser auf dem Turiner Autosalon vorzustellenden Neuheit verhieß Bertone «ein Fahrzeug, das eine hinsichtlich Lebensstil, Arbeit und Milieu gänzlich veränderte Welt» widerspiegeln sollte. Allerdings war vorgesehen, dass zumindest zwei Aspekte, wie sie für Exklusivautos galten, unverändert erhalten blieben, nämlich höchstes Leistungsvermögen und außergewöhnliche Formgebung (s. Seiten 206 bis 208).

Man war bei Bertone überzeugt, dass auch der Autokäufer des Jahres 2000, soweit er sich vom großen Durchschnitt abhob, Wert auf persönlichen Stil und Sportlichkeit legen werde. «Er wird sich weiterhin jener Einrichtungen bedienen wollen, deren Benutzung ihm täglich Freude bereitet*, und dies sowohl im privaten wie im beruflichen Bereich.»* Zu diesen 'Einrichtungen' werde ohne Zweifel weiterhin das individuelle Transportmittel zählen, wurde von Bertone festgehalten. Die Akteure dieses schöpferisch ungemein aktiven Designstudios waren zudem überzeugt, dass ein solches Zukunftsauto in beträchtlichem Umfang mit modernen Kommunikationsmitteln dotiert sein werde: von der Superstereoanlage über das Funktelefon bis hin zur elektronischen Wegfindung via Satellit. Dies jedenfalls verhieß das Jahr 1988 bereits für die nächste Zukunft, als Bertone seine wegweisende Konzeptstudie mit ersten Skizzen ankündigte.

Der Genesis diente auch als Werbeträger (bw).

Das Beispiel Genesis in einer Broschüre

Seine Lebens- und Arbeitsphilosophie hielt Nuccio Bertone, assistiert von Gian Beppe Panicco, im Frühling 1988 am Beispiel des Projektes Genesis in einer aufwendig gestalteten und gedruckten Broschüre fest. Sie umfasste 22 im Querformat gehaltene A4-Seiten mit Dutzenden farbigen Entwurfsskizzen und in vier Sprachen gehaltenen Texten. Daraus sind folgende Sequenzen entnommen:

«Jede menschliche Initiative ist durch einen Anfang mit höchster Konzentration und größter Schöpfungskraft gekennzeichnet. Dies ist die spannungsreichste und fesselndste Phase, nämlich jene, da eine Idee bzw. ein Konzept entwickelt wird. Später treten die Maschinen, die Computer, die Roboter, die Konstruktion, die Prüfungen, die Produktion usw. in Erscheinung. Am Anfang steht nur der Mensch mit seinen Gedanken, seiner Seele, seiner Berufserfahrung, und er ist zu großen und fragilen und zur gleichen Zeit zu einfachen wie komplexen Erkenntnissen fähig. – Diese Dokumentation ist jener einzigen, aufwühlenden und nicht wiederholbaren Phase gewidmet: der Entwicklung des Projektes Genesis.»

«Die Vorstellungskraft ist eine der kennzeichnendsten Eigenschaften des Menschen. Traum, Fantasie, seelische Empfindungen sind Belohnung und Auszeichnung für unseren Geist. Die Fähigkeit, die eigenen Gedanken schweifen zu lassen, ins Blaue hinein zu träumen, sich darüber zu wundern und dann der Versuch, unsere Träume zu verwirklichen, haben ihren Ursprung in unserer Kindheit sowie in unserer menschlichen, intelligenten Natur.»

«Die Zukunftsorientierung und die gefühlsmäßige Erkenntnis neuer Konzepte verkörpern den Höhepunkt künstlerischer

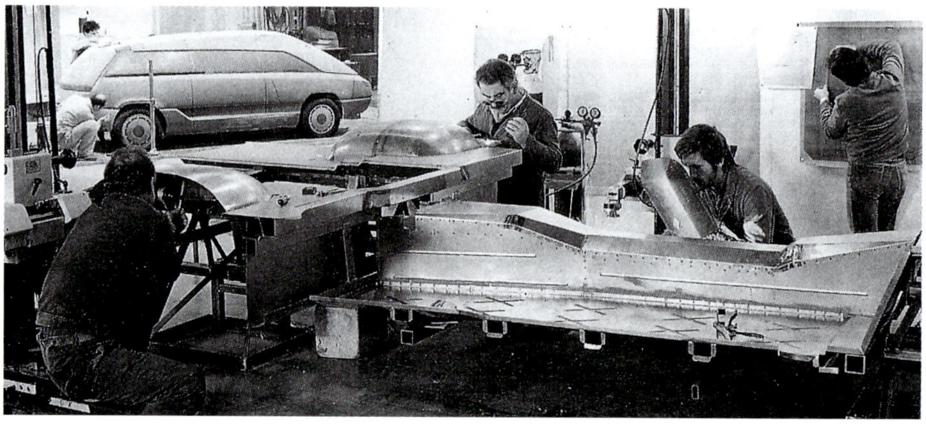

So entstand die Unterbaustruktur; die Anlagen in Caprie umfassten erstklassig eingerichtete Studios und Werkstätten. Im Hintergrund die 1:1-Maquette des Genesis (bw).

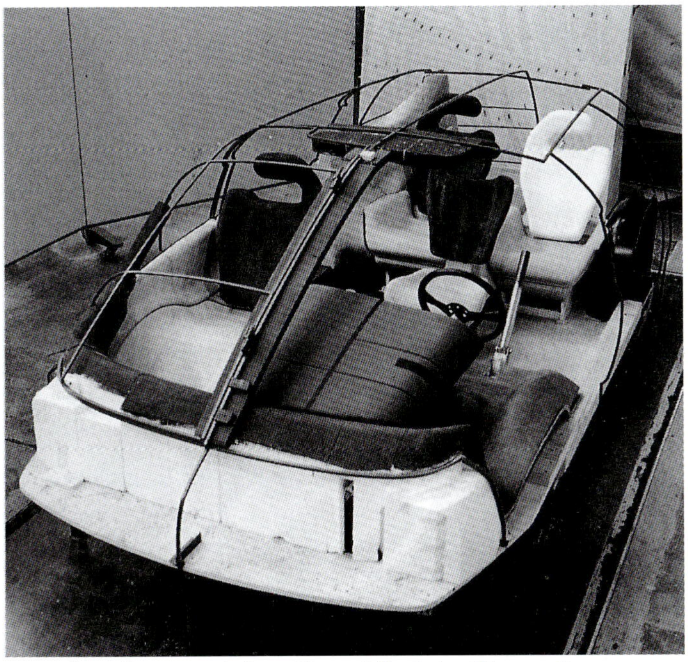

Das aufwendig ausgearbeitete Sitzmodell mit den filigranartig angedeuteten Karosserieumrissen bestätigte die Großzügigkeit der für den «Dream-+Concept-car» Genesis vorgesehenen Innenraumauslegung (bw).

Die Fronttüren waren gleichzeitig Teil der Windschutzscheibe. Auf die betreffende Frage unterstrich Nuccio Bertone, dass sich Stabilitätsprobleme in Bezug auf Crashtests dank CAD meistern ließen (bw).

Schöpfungsfähigkeit. Die Verwirklichung gewonnener Erkenntnisse ist der nächste Schritt: die mühselige und ungewisse Arbeit, um einer Idee, die in unseren Gedanken bereits zur Vollendung gelangte, Gestalt zu geben. Miura, Countach und Stratos sind in der Automobilgeschichte anschauliche Beweise dieses schöpferischen Vorgangs, mit dem Erkenntnis und Traum in die Wirklichkeit umgesetzt werden.»

Für gänzlich veränderte Lebensverhältnisse

«Mit dem Genesis beabsichtigt Bertone einen Schritt weiterzugehen und einem Miura oder Countach der Zukunft zur Form zu verhelfen. Selbstverständlich andersartig, fortschrittlich und damit in enger Übereinstimmung mit den durch und durch veränderten Lebens- und Arbeits- sowie Umweltverhältnissen. Die Grundzüge dieses besonderen Marktsegmentes bleiben jedoch die gleichen wie heute: sehr hohe Leistungsfähigkeit + außergewöhnliche Eigenheiten = Freude/Fahrvergnügen.»

«Das Projekt Genesis ist ein bewusst provozierender Vorausblick auf das Fahrzeug, das uns im Jahr 2000 erwartet. Bei der Umsetzung seiner Ideen muss der Designer den Grenzen und den Fesseln der technologischen Möglichkeiten und der heutigen Mechanik Rechnung tragen. Dies kann sich leicht als ein allzu enges Kleid für den angepeilten Form- und Konzeptsprung erweisen. Denn die Fantasie überschreitet schnell einmal die Grenzen der Realität.»

«Der Bertone Genesis repräsentiert die Erkenntnisse und die Vorstellungen für einen Gran-Turismo-Wagen des Jahres 2000. Er verkörpert eine neue Fahrzeugart, die dank gehobenem Niveau an Wohnlichkeit und Komfort einerseits und höchstem Leistungsvermögen anderseits schnelles Reisen bei ausgeprägtem Fahrvergnügen ermöglichen wird. Damit wird er die individuelle Mobilität und gleichzeitig das Leben besser und angenehmer gestalten.»

«Für das Außen- und das Innendesign wurden zwei getrennte Designteams eingesetzt» *(Nuccio Bertone)*

Noch phantasievoll geprägte Vorentwürfe für das Erarbeiten des Genesis-Innenraumdesigns (bw).

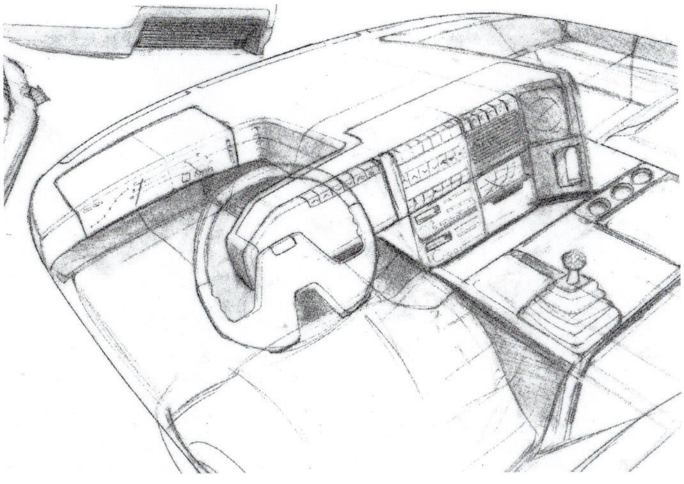

Eine bereits wesentlich konkreter gehaltene, technisch umsetzbare Armaturenbrettzeichnung (bw)-

Titelbild in «auto exklusiv» 1/1990: Giorgetto Giugiaro (hinter dem von ihm entworfenen Maserati Ghibli); Marcello Gandini mit dem Lamborghini Miura.

Der Vergleich Giugiaro vs. Gandini

Anfang 1990 veröffentlichten diverse Automobil-Fachzeitschriften eine Gegenüberstellung der beiden größten Bertone-Designer: Giorgetto Giugiaro und Marcello Gandini. Sie lieferte u.a. die Titelgeschichte für die Ausgabe Januar 1990 des Schweizer Monatsheftes «auto exklusiv». Diese Fachschrift erschien als «Magazin der Automobil Revue» von November 1983 bis Juni 1992, und der Autor (dieses Buches) war ihr Produktionschef.

Verfasser dieses Vergleichs war der italienische Fachjournalist Luca Ciferri, der die beiden Meister des Autodesigns persönlich gut kannte. «Mit großer Ehrlichkeit geben beide Nuccio Bertone das Verdienst, sie zu Persönlichkeiten auf dem Gebiet des Designs geformt zu haben.» Dies hält Ciferri gleich zu Beginn seiner Ausführungen fest.

Zunächst waren sie noch Lehrlinge!

Ciferri informierte sich auch bei Nuccio Bertone, und aus dessen Schilderungen ging hervor, dass seine hintereinander bei ihm tätigen Chefdesigner zunächst ihre Lehrzeit zu absolvieren hatten. Zu Giugiaros erstem Entwurf, dem Alfa Romeo 2000 Sprint sagte Bertone: «Er zeichnete eine Türe, und ich musste ihm erklären, dass man sie nicht öffnen könne; die Grundlagen als Karosseriebauer fehlten ihm eben.»

Über den Anfang der Zusammenarbeit mit Gandini berichtete Bertone: «Für den Genfer Salon 1966 waren gleich drei Wagen bereitzustellen: Lamborghini Miura, Jaguar FT und ein Porsche-911-Roadster. Im Prinzip entsprangen diese Karosseriestudien meinen eigenen Ideen; Gandini half mir, war aber noch ein Neuling. Konstruktionszeichnungen und Baupläne waren völlig neu für ihn...» Zum Miura erläuterte Bertone weiter: «Genaugenommen beruht die Schönheit dieser Berlinetta mit Mittelmotor auf dem glücklichen Zusammentreffen der Proportionen, die vom Radstand, von den Spurweiten, von der Mindesthöhe und der Lage des Motors vorgegeben waren. Der Zeichenstift floss ganz natürlich über diese Hindernisse hinweg».

Mit gegensätzlichen Charakterzügen

In seinem Bericht hielt Luca Ciferri fest, dass Nuccio Bertone beide Naturtalente entdeckt hatte und zur beruflichen Reife brachte, doch dass die beiden Piemonteser stark gegensätzliche Charaktereigenschaften mitbrachten. Von Gandini ließ er schildern, wie die verschiedenen Formgestalter zu Werke gehen: «Jene die mit ihrem Stift einem Umriss folgen, den sie vorher zu Papier gebracht haben, jene, die sich auf den Ursprung zurückbesinnen und die sich ergebende Form bei sich selber suchen, und jene, die mit hinter dem Kopf gefalteten Händen zur Decke hinauf träumen und die süsse Empfindung des Kreativen auf sich einwirken lassen und erst die fertigen Gedankengänge aufs Papier skizzieren...»

Gegenüber dieser poetischen Designphilosophie klangen Giugiaros Berufsvorstellungen nüchterner: «Die Herstellung von Großserienautos war seit jeher ein Tummelfeld der Ingenieure, die mit ihren ökonomischen, strukturellen und funktionellen Berechnungen zu regelrechten Architekten jedes Einzelteils wurden. Während der verflossenen Jahre haben wir schöpferisch Tätigen es geschafft, uns ein größeres Stück aus dem 'Entscheidungskuchen' abzuschneiden, was die äußere Form anbelangt...» Er fügt allerdings auch hinzu, dass sich über die Notwendigkeit der Funktion schwer diskutieren lässt..., «viel weniger jedenfalls als über die ästhetische Reinheit. – Heute liegt meinen Vorstellungen eine technische Vorbildung zugrunde: Ich reifte durch das Verständnis, dass Autos Gegenstände sind, die komponiert werden wollen...»

§§§

Wenngleich Giugiaro und Gandini zu Konkurrenten wurden – Giugiaro baute mit internationalem Erfolg seine Firma Ital-Design auf, während sein Nachfolger Gandini bis in die Achtzigerjahre Bertone treu blieb -, so zollen sich die beiden Spitzendesigner gegenseitig größten Respekt. Dies kam in dieser spannenden Gegenüberstellung klar zum Ausdruck.

Links: Glückliche Zeiten (um 1985): Nuccio Bertone mit seinen Töchtern Marie-Jeanne (geb. 1967, links) und Barbara (geb. 1968 – bw).

Rechts: Nuccio Bertone empfing in Caprie Chuck Jordan, den obersten Design-Chef von General Motors (80er Jahre); auch durch Opel wurde GM zu einem wichtigen Bertone-Partner – bw).

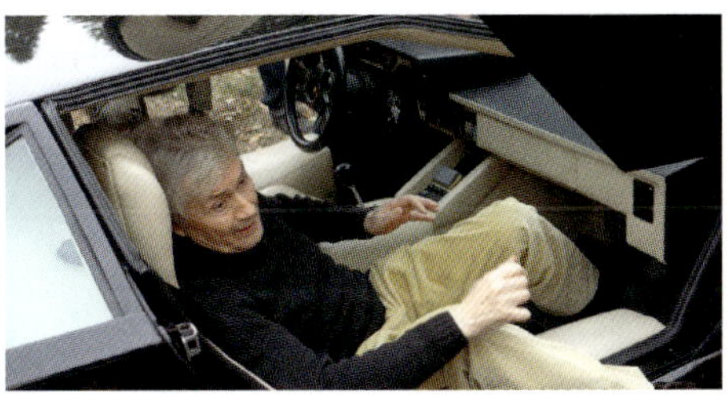

Marcello Gandini 2017 in einem Lamborghini Countach (br).

2 Fragen an Marcello Gandini

Für den Autor stellte Branko Radovinovic dem 79-jährigen Marcello Gandini im Oktober 2017 folgende Fragen:

«Während Ihrer Zeit bei Bertone entwarfen Sie über 50 Automodelle. Welches war das Bedeutendste?»

M. G.: «Der Miura; weil er so revolutionär war und vollständig anders als alle übrigen Supersportwagen. Auch war er eines meiner ersten sehr erfolgreichen Designs; es hat meine ganze Karriere in Bewegung gesetzt.»

«Wie charakterisieren Sie Nuccio Bertone?»

M. G.: «Er war eine sehr mutige Persönlichkeit, die zu 100 % an mich glaubte und mir volle Designfreiheit ließ. Dies war durchaus ein Risiko da ich noch sehr jung und unerfahren war. Zudem waren diese Prototypen sehr kostenintensiv. Trotzdem hat mich Bertone einfach machen lassen.»

Ford GT 40, Genfer Salon 1967: v. l. Claude Sage (Scuderia Filippinetti), Bertone, Gandini (bw).

Zum 90-Jahr-Bertone-Jubiläum überreichte Lilli Bertone beim Concorso s'Eleganza Villa d'Este 2002 eine Preisskulptur in Form eines Stratos-Zero-Karosserieteils für den Alfa Romeo 2000 Sportiva (1954, s. S. 41) des Alfa-Raritätensammlers Gérald Bugnon (rg).

Cingolani war ein Technikgenie!

In seinem ersten, 1980 unter dem Titel «Nachkriegswagen» erschienen Buch zeigte der Verfasser auch einen Kleinstwagen-Prototyp als Beispiel für die zahlreichen neuen Design- und Konstruktionsideen jener Epoche. Das 1952 von einem gewissen Ezio Cingolani in Italien verwirklichte Dreiradwägelchen mit 125-ccm-Rollermotor im Heck hob sich durch seine Originalität und Eleganz von etlichen damals tatsächlich in Serie gegangenen Kleinstautos und Rollermobilen aus Deutschland, Frankreich und auch England wohltuend ab. Alsbald wurde Ezio Cingolani von Bertone engagiert, und zwar nicht etwa als Designer, sondern als jener Kopf in der Carrozzeria, der es verstand, sogar die anspruchsvollsten Vorstellungen der Designschöpfer in die Tat umzusetzen. Cingolani verhalf selbst kompliziertesten Konstruktionen zur Funktion, und dies schon zu den Zeiten der Stardesigner Scaglione und Giugiaro. Bertone-PR-Direktor Gian Beppe Panicco: «Ezio Cingolani war kein leichter, aber ein außergewöhnlicher Mitarbeiter, über ihn existieren zahlreiche Anekdoten, vor allem aber war er ein genialer Techniker!»

Nachbau 2005: Fenomenon Stratos, angekündigt auf dem Genfer Salon und als Prototyp auf der IAA vorgestellt (rg).

Nachbau 2019: MAT New Stratos, auf dem Genfer Salon als eines der ersten von 25 individuellen Exemplaren ausgestellt (rg).

Lancia Stratos «Replikas»

Es gibt wenige Modelle, deren Design die Autofans so sehr faszinierte, wie der Lancia Stratos HF, jenes 1971 unter Bertone-Designer Marcello Gandini entstandene Meisterwerk: Ein auf den Wettbewerbseinsatz ausgelegtes Mittelmotor-Zweisitzercoupé, eine reine «Fahrmaschine» ohne jede Komfortmerkmale. Die Faszination bei Liebhabern wie bei Konstrukteuren für diesen schnellen flachen Keil – sowie auch seine Rarität – hat im Verlaufe der Zeit zur Kreation mehrerer Nachbauten geführt. Dazu zählte der auf der IAA Frankfurt des Jahres 2005 vorgestellte Fenomenon Stratos. Von der Londoner Firma Fenomenon Ltd. wurde eine Kleinserie mit V8-Mittelmotor geplant. Bemerkenswert war die (wie in alten Zeiten) mittengeteilte Frontscheibe! Das in Frankfurt gezeigte Exemplar trug eine Bemalung, die den einstigen Alitalia-Rallyewagen entsprach. Wie verlautete, habe sich Fenomenon sowohl die Stratos-Rechte wie jene am Alitalia-Dekor gesichert. Der Original-Stratos-HF entstand von 1974 bis 1977 in 490 Einheiten (s. Seiten 135/136).

Auf dem Genfer Salon 2018 überraschte eine als New Stratos bezeichnete Replika. Unter einem deutschen Entwicklungsteam entstanden, wurde sie von der in Turin niedergelassenen Firma MAT = Manifattura Automobili Torino verwirklicht. Deren Promotoren wiesen sich als erfolgreiche Konstrukteure im Bereich von Supersportwagen in Einzelanfertigung aus. Im März 2019 wurde der New Stratos erneut in Genf gezeigt. Der Bau einer Serie von 25 individuell nach Kundenwunsch ausgestatteten Exemplaren war nun angelaufen. Beim Mittelmotor handelte es sich um einen V8 mit 4308 ccm und 540 PS; als Basis diente der Ferrari 430 Scuderia. Bei 240 cm Radstand erreichten die Karosseriemaße 418 x 197 x 124 cm, und das Leergewicht wurde mit 1247 kg angegeben (Original-Stratos HF: 218 cm, 371 x 175 x 111 cm, ca. 980 kg).

Lancia Stratos HF im Alitalia-Dekor beim Raid Suisse-Paris 1992 (V6, 2418 ccm, 190 PS – rg).

Immer wieder Iso Rivolta

Für die bei Bertone geformten Iso Rivolta und Grifo gab es viele Wiedergeburtsversuche; so auf den Salons von Tokio 2017 und Genf 2018 mit dem Iso Rivolta Vision GT Zagato. Seine Kohlefaserstruktur umhüllte einen Chevrolet-Corvette-V8 (6162 ccm, 850 PS - rg).

Lamborghini Miura mit Zinkelementen

Für die Autoshow von Montreal des Jahres 1970 ließ die amerikanische Forschungsorganisation Ilzro, ein Institut für die Entwicklung und Anwendung von Zink- und Bleilegierungen, den Miura Spider bei Bertone neu aufbauen. Dieser wurde total zerlegt, und alle Teile, die sich einigermaßen dazu eigneten, entstanden darauf aus Zink oder Blei: Karosserieteile, Vergaser, Einlasskollektor, Auspuffsystem, Wasserkühler, Ölwanne, Ölpumpe, Stirnrad- und Ventildeckel, Aschenbecher, Schlusslichter usw. Wie Rob de la Rive Box (einst Arbeitskollege des Autors) in seinem Buch «Lamborghini – Träume auf vier Rädern» berichtete, wurde das als «ZN 75» bezeichnete Fahrzeug allen großen Autoherstellern in den USA, Europa, Japan und Australien zur Begutachtung vorgestellt, später kam es in ein Museum in Boston. Doch 1989 wurde dieses einmalige Versuchsfahrzeug in Los Angeles versteigert und erzielte 850'000 $ (damals 1,43 Mio. SFR). Aufgebracht wurde dieser «Rekordbetrag» von einer Gruppe europäischer Investoren.

Bertone war in vielen Bereichen tätig:

Im Herbst 1995 beauftragte ihn die Stadt Venedig, die Infrastruktur des gesamten Transportsystems zu Lande und zu Wasser sowie die Ausstattung der neuen Fährboote zu entwickeln.

Stoßstangen, Schlusslichter, Nummernrahmen, Auspuffanlage, Räder samt Flügelradmuttern wurden aus Zink hergestellt: Miura als ZN 75 von Ilzro (wb).

Dieser als Bertone-Cabriolet gebaute Lancia Aprilia wurde nachträglich von «unbekannt» zum Coupé umgebaut; aufgenommen in der Schweiz 1950 (V4, 1486 ccm, 48 PS – fh).

Schon 1952 verhalf Bertone einem Aurelia B 15 zu langem Radstand (s. S. 29); ca. 2003 baute Bertone nach Lancia-Plänen diese Limousine Lancia Thesis (V6, 2959 ccm, 215 PS – bw).

Einer der letzten von 36 bis 1954 karossierten Arnolt-MG Convertible beim Concours d'Elégance von Basel 2004 (4 Zyl., 1250 ccm, 55 PS – rg).

Lamborghini Countach LP 400 S, 1979, Sondermodell mit Signatur von Ferruccio Lamborghini beim Italiauto 2017 (V-12, 3929 ccm, 375 PS – rg).

Hinter- bzw. nebeneinander auf einer Automesse die beiden bekanntesten Namen des Autodesigns: Bertone und Pininfarina; im Vordergrund der legendär gewordene Bertone Lamborghini Marzal – rb).

Eine Sonderausführung im Racing-Look des ab 1970 gebauten Lamborghini Jarama, und auf dem Bild zudem ein Autogramm des Werks- und Testfahrers Bob Wallace (V-12, 3929 ccm, ca. 400 PS? – br).

Von Bertone geschaffener erster Prototyp des Espada im Lamborghini-Museum u.a. mit Flügeltüren (br).

Zum 50. Geburtstag des Miura schuf der belgische Designer Luc Donckerwolke 2016 diese moderne Interpretation der Lamborghini/Bertone-Ikone. Sie steht im Lamborghini-Museum (br).

Karosserie von Giovanni Bertone: Fiat 15 Ter, 1921 (4 Zyl., 4398 ccm, 40 PS bei 1800/min, 47 km/h, doppelte Hinterradreifen – bw).

Lastwagen mit Bertone-Aufbau: Lancia Pentajota 254, 1928 (4 Zyl., 4940 ccm, 70 PS bei 2200/min, leer 2450 kg – bw).

Stigler-Bertone-Elektrolieferwagen 1935: Wirtschaftssanktionen der League of Nations zwangen u.a. Italiens Post zum Elektroantrieb (bw).

Vom Velo bis zum Heli:

Bertone schuf nicht nur Pkw!

Von Bertone wurden schon in frühen Zeiten nicht nur Pkw bzw. deren Aufbauten gebaut, sondern bald einmal auch Nutzfahrzeuge. Zu ihnen zählten beispielweise schon 1921 ein Autobus auf dem Chassis des Fiat-Typs 15 Ter. Auf ihn folgte ein Busaufbau für das Autowerk SPA. Für 1927 findet sich in der Werkliste der mit und für Lancia entwickelte Pentajota 254 mit 4724 oder 5025 mm Radstand. Eine «substanzielle Anzahl» Pentajota 254 karossierte Bertone übrigens für die Sowjet-Union. In den Dreißigerjahren entstanden auch größere Busaufbauten auf Lancia- und Fiat-Chassis.

In der Nachkriegszeit baute Bertone hingegen fast ausschließlich Pkw-Karosserien. Die Ausnahmen verkörperten Zweiräder und Lkw-Kabinen. 1967 entstand der für Innocenti bestimmte Motorroller Lui, und 1999 wurde der BMW-Roller C1 vorgestellt, der sich durch sein Bogendach von allen anderen Motorrädern abhob. Hingegen wurde kaum bekannt, dass Bertone ebenfalls 1999 einem weiteren Zweirad die Form gab: nämlich einem versuchsweise mit Opel konstruierten Elektrofahrrad mit Rahmen aus Kohlefasermaterial, zweifarbig in Schwarz und Gold, sowie kaschiertem Motor und vorderem Teleskopdämpfer. Diese beiden motorisierten Zweiräder sind in der Collezione Bertone ausgestellt. – Nebst Fahrzeugen in der angestammten Sparte des Transportation Designs schufen Bertone-Mitarbeiter gelegentlich zudem Gebrauchsgegenstände bis zur Brillenfassung und dem Kugelschreiber.

In der Spätphase zu Beginn der Zehnerjahre begann Bertone seine Designaktivitäten auf weitere Gebiete auszuweiten. So entstand 2012 die strömungsgünstige Form des Hochgeschwindigkeitszugs Frecciarossa 1000. Die letzte große Bertone-Arbeit neben der Concept-car-Entwicklung war der Luftfahrt gewidmet: Auf der International Air Show in Le Bourget bei Paris wurde im Juni 2013 das Project Zero präsentiert. Es war gemeinsam von zwei Teams realisiert worden, das eine geführt von Mike Robinson, dem Chefdesigner von Bertone, das andere von James Wang, Vizepräsident Forschung und Entwicklung von Agusta Westland. Das Resultat war ein 14 m breiter Deltaflügel mit zwei Rotoren, die für vertikales Starten und Landen sorgten und auf Flughöhe für schnellstes Vorankommen in Horizontallage gebracht wurden. Ein System, das «alle existenten Flugmaschinen überflüssig machen könnte», wie vielversprechend in Aussicht gestellt wurde.

Touringbus in elegantem Bertone-Design: Fiat 635 RNL, 1937 (6-Zyl.-Diesel, 8355 ccm, 80 PS bei 1700/min, 58 Sitze, brutto 9700 kg – bw).

Warum nicht: Selbst ein Schutzhelm erhielt das Bertone-Designsignet (um 1975 - bw).

Eher überraschen mochten Brillenfassungen aus den Bertone-Studios (um 1975 - bw).

Lancia Eptajota, Benzin-Tanklastwagen mit Bertone-Aufbau, 1931 (bw).

Stilistisch wie technisch raffinierter Kugelschreiber (Aurora, 1981 - rg).

Für BMW die C1

Die BMW C1 war das «Motorrad ohne Dach», an dem die Bayrischen Motorenwerke ab 1992 laborierten. 1997 war man soweit, und in Bertone fand man ein Unternehmen, das die von BMW entwickelte Maschine in die Serienherstellung nehmen konnte. Der Markteintritt erfolgte mit der IAA Frankfurt 1999. Das «Dach über dem Kopf» erlaubte es, dieses Zweirad auch ohne Helm zu fahren. Es wurde von 2000 bis 2003 in den Versionen 125 (125 ccm, 15 PS) und 200 (176 ccm, 18 PS) hergestellt. BMW fand 33'714 C1-Käufer.

Für den Auto- und Rollerhersteller Innocenti (Lambretta!) entwarf Bertone 1967 den «Miniroller» Lui (= «er»). Der Prototyp entstand binnen 3 Monaten; 1968/69 produzierte Innocenti ca. 30'000 Einheiten; es gab den Lui sowohl mit 50- wie mit 75-ccm-Motor (bw).

Rechts: ***Aus einem Prospekt***

Ein um 1975 gedruckter Prospekt machte auf diverse in den Bertone-Studios für die Zulieferindustrie entworfene Autozubehöre aufmerksam: Radfelgen, Alu/Leder-Sportlenkrad, muldenförmige Sportsitze, Konsolen und besonders schmucke Radzierdeckel (bw).

Links:

«Truck oft he Year»!

Wie zu den Frühzeiten arbeitete man bei Bertone auch viel später wieder am Lkw-Design: 1996 wurde ein neuer Scania-Lastwagen mit bei Bertone entworfenem Fahrerhaus zum «Truck of the Year».

Rechts: Überzeugendes Kabinendesign für einen Iveco-Frontlenker von 2003 (bw).

Im Jahr 1969 entstanden bei Bertone als «große Abwechslung» die Konturen der Luxusjacht Crestliner Italia (bw).

Zu den letzten Bertone-Entwürfen zählte der 2013 vorgestellte Hochgeschwindigkeitszug Frecciarossa 1000 (bw).

Italiens Karosseriedesign und die Haute Couture

1954 – *Der Alfa Romeo Giulietta Sprint bedeutete für Bertone den großen Sprung in eine substanzielle Serienproduktion (s. Buchseite 38 – bw).*

Was haben Mode und Autodesign – oder genauer ausgedrückt Haute Couture und Karosseriegestaltung – gemeinsam? Dass sie Zeit und Vergänglichkeit reflektieren. Aber während in der Mode vergangene Stilrichtungen in abgewandelter Form stets wiederkehren, bleibt das Automobildesign unverrückbar mit der technischen Entwicklung verknüpft. Denn es kann sich den Fortschritten der Antriebs- und Verkehrserkenntnisse nicht entziehen, und seine Formgestaltung muss daher laufend angepasst zukunftsgerichtet zum Ausdruck kommen.

Oder anders ausgedrückt: Während die Mode bzw. Haute Couture einen seit Jahrhunderten zwar gewachsenen, aber prinzipiell gleich gebliebenen Körper umhüllt, muss sich das Karosseriedesign – seit Entstehung des Automobils Ende des 19. Jahrhunderts – laufend den unaufhaltsam ändernden technischen Voraussetzungen anpassen. Daher kommt der Entwicklung des Automobildesigns wesentlich größere kulturhistorische Bedeutung zu.

Immerhin gab es während einem großen Teil des 20. Jahrhunderts eine bemerkenswerte Parallele zwischen Haute Couture und Autodesign. Sie bestand darin, dass beide Disziplinen ihre Hochburgen besaßen. Während Paris für die Mode immer noch den Mittelpunkt verkörpert oder allenfalls in Mailand eine Konkurrenz findet, hat Turin für das Automobildesign – soweit dies von der Öffentlichkeit wahrgenommen werden kann – seit der Jahrtausendwende stark an Bedeutung verloren. Studios und Entwicklungsbüros sind zwar immer noch da, allen voran Pininfarina und Ital-Design, auch wenn diese ihre Unabhängigkeit verloren haben. Ja, es kamen sogar neue Konkurrenten hinzug, wie beispielsweise Torino Design (s. S. 268). Doch die schöpferische Arbeit spielt sich nun im Verborgenen ab, und Dream- oder Concept-cars treten kaum mehr als Werbeträger in Erscheinung. Und noch ein Zeitaspekt: Es gab eine Epoche, da gerade Italien und damit auch Turin weltweit in den Mittelpunkt kulturellen Geschehens rückte: Nämlich in den Fünfzigerjahren, als Autobegriffe wie Alfa Romeo Giulietta Sprint Furore machten und Italiens Filmdivas internationale Bewunderung fanden. Es war die Epoche des «Dolce Vita», die verbunden mit Klasse und Eleganz auch der italienischen Haute Couture zum Aufschwung verhalf... und zu noch vermehrter Beachtung italienischen Karosseriedesigns.

1957 — *Mitte Fünfzigerjahre schuf Bertone vier Spezialkarosserien auf Aston-Martin-Basis, darunter als einziges Coupé diesen Aufbau auf einem Aston Martin DB 2/4 Mark III (s. S. 46 – bw).*

1960 – *Der zweite von Bertone karossierte Ferrari basierte auf der legendären 250er-Modellreihe. Dieses Meisterstück von Giorgetto Giugiaro entstand für einen Industriellen aus Genua (s. S. 57 – bw).*

Links:
1959 – *Dieses Einzelstück auf Maserati 3500 GT wurde auf dem Autosalon Turin 1959 vorgestellt (s. S. 52 – bw).*

Rechts:
1961 – *Bei diesem BMW 3200 CS mit Bertone-Aufbau handelte es sich um ein bis 1965 in 597 Exemplaren gebautes Serienmodell (s. S. 61 - bw).*

Unten links:
1962 – *Dieser Bertone-Ferrari 250 GT wurde durch seine Rennsport-inspirierte Front berühmt (s. S. 66 – bw).*

Oben rechts:
1980 – *Ein Dreamcar: Bertone Athon, Premiere Salon Turin (s. S. 184 – bw).*

Rechts:
1966 – *Der Lamborghini Miura (hier als Rohkarosserie) war Gandinis Erstlings- und schon Meisterwerk (s. S. 84 – bw).*

Oben:
2000 — *Der Slim , Bertones Schlankster, auf dem Turiner Salon 2000 vorgestellt (s. S. 249 - rg).*

Rechts:
1971 – *Der Prototyp Lamborghini Countach LP 500 wurde für Werbeaufnahmen eigens nach Griechenland verbracht (s. S. 129 – bw).*

Bertone-Autowelt en miniature: Modellautos

Aus der rund 11'000 Modellautos umfassenden Sammlung im einstigen Monteverdi-Museum in Binningen bei Basel; obere Reihe: Bertone Testudo, 1963; Lamborghini Miura, 1966; untere Reihe: Bertone Runabout, 1969; Lancia Stratos HF, 1970; Bertone Bravo, 1974 (alle 1:43 – rg).

Zuerst war die Eisenbahn und dann das Auto. Parallel dazu lässt sich feststellen: Zuerst war die Modelleisenbahn, dann das Modellauto. Und die Welt des Modellautos hat sich grandios entwickelt, von einfachen Holzmodellen aus noch handwerklich arbeitenden Herstellungsbetrieben zum Beispiel im Deutschen Reich bis hin zu hochraffinierten Kunststoff-Qualitätsmodellen von kaum mehr überbietbarer Detailgenauigkeit... zum Beispiel aus der Volksrepublik China.

Wie bei den Autoherstellern haben sich auch bei den Modellautofabrikaten Marken etabliert, die sich zunächst in ihren Ursprungsländern und in vielen Fällen alsbald international einen Namen machten, so beispielsweise Dinky-Toys mit den Matchbox-Modellen, die ihre Laufbahn als Kinderspielzeug begannen, bevor sich auch «seriöse erwachsene» Sammler ihnen zuwandten. Von den Modelleisenbahnen abgeleitet setzte sich weltweit der Maßstab 1:43 durch (teils mit Abweichungen von 1:45 bis 1:42). Beliebt wurden auch größere Modelle im Maßstab 1:24. Heute werden vor allem Modellautos in 1:43-Verkleinerung sowie im Verhältnis 1:18 hergestellt. Vorwiegend in Deutschland sind zudem 1:87-Fabrikate verbreitet.

Hier geht es um eine (mehr oder weniger zufällige) Auswahl von Sammlermodellen, die mit Kreationen von Bertone zu tun haben. Nebst Modellen aus dem Büro des Autors sind auch Kollektionsstücke weiterer Sammlungen dabei, so etwa jener von Kurt Kraushaar, der sein Familienhaus in Brugg CH von oben bis unten zu einem systematisch aufgebauten Museum gewandelt hat. – Natürlich haben auch Modellautos ihren mehr oder weniger hohen Liebhaberwert..., und auch ihr Preis richtet sich einerseits nach der Raritätseinstufung und historischen Bedeutung des Originals, anderseits schlicht nach Angebot und Nachfrage. – Seinen 1:18-Lamborghini Countach hat der achtjährige Remo übrigens beim Schulbasar als echtes Schnäppchen erstanden: für 3 SFR!

Bertone Canguro, 1964, links geschlossen, rechts alles offen, 1:43, Politoys-M; Coll. Salis/Autor.

Links:
Bertone Stratos 0, 1970, 1:10; Original-Werkmodell ausgeführt im Bertone-Studio (br).

Unten:
Alfa Romeo Giulietta Sprint, 1954, 1:25, Holzskulptur von J. C. Baudier, No. 12/50 (rg).

Bertone L. Marzal, 1967, 1:43, Fabrikat unbekannt; Coll. Autor.

Bertone Stratos 0, 1970, 1:43, Mebetoys A-49 ; Coll. Salis/Autor.

Bertone Camargue, 1972, 1:43, Jet-car by Norev; Coll. Max Stoop.

Alfa Romeo Giulietta Sprint, 1954, 1:18, Mini-Miniera; Coll. Kraushaar.

Alfa Romeo 2600 Coupé, 1962, 1:43, Solido Ref. 125 (Coll. Autor).

Alfa Romeo 2600 Coupé, 1962, 1:18, Top Speed; Coll. Kraushaar.

Dino 206 GT, 1966, 1 :18, Anson; Collection Kraushaar.

Alfa Romeo Montreal, 1970, 1:43, Jet-car de Norev; Coll. Autor.

Alfa Romeo Montreal, 1970, 1:18, Auto-Art; Coll. Kraushaar.

Iso Grifo 7 Litri, 1968, 1:43, Corgi Toys; Coll. Kraushaar.

Citroën Xantia, 1992, 1 :18, Segem; Collection Kraushaar.

Citroën ZX Volcane, 1992, 1:43, Solido; Coll. Autor.

Lamborghini Countach, 1:43, Verem = Solido-Replika; Coll. Autor.

Lamborghini Countach, links geschlossen, rechts alles geöffnet, 1:18, Burago; Collection Remo (8).

Lamborghini Countach Phone, 1994 (verstecktes Telefon!), 1:18; Lamborghini Club America.

Mal zu, mal alles geöffnet: Lamborghini Countach LP 500, 1971, 1:43, Bandai No. 100; Coll. Autor.

Lamborghini Espada, 1968, links alles zu, rechts Türen, Motorhaube und Heckscheibe geöffnet offen, 1 :43, Politoys-M 587; Coll. Salis/Autor.

Lamborghini Miura P 400, 1966, links zu, rechts Türen offen, Front- und Heckpartie aufgestemmt, 1:43, Politoys-M; Coll. Autor.

Lamborghini Miura P 400, 1966, 1: 43, Corgi Toys; Coll. Kraushaar

Lamborghini Miura, 1:43, Darstellung auf Umschlag Solido-Katalog (br)

Lamborghini Miura, 1:43, in sieben Exemplaren auf einem Transport-Lkw (br)

Lamborghini Urraco, 1970, auch hier geschlossen und geöffnet, 1:43, Mebetoys A-4; Coll. Autor.

Lancia Stratos HF Rallye, 1:43; blau: Chardonnet (Mouton/Colconi), Solido No. 73 -- weiß/grün: Alitalia (Munari/Manucci, Monte Carlo), Conti-Models -- rot: Marlboro (Munari/Manucci, Tour Auto '73), Solido No. 27; Coll. Autor.

Bertones «**Concorso Grifo d'Oro**»

Im Jahr 1965 schrieb das Karosseriewerk Bertone unter dem Titel «Concorso Grifo d'Oro» erstmals einen Karosseriewettbewerb aus. Diese Bezeichnung lehnte sich an das bei Bertone entworfene mustergültig elegante Hochleistungscoupé Bizzarrini Berlinetta Grifo Stradale an. Beim Wettbewerb ging es um den Entwurf eines Coupés, und er fand nicht weniger als 700 italienische Teilnehmer. Für 1966 wurde der Concorso Grifo d'Oro gesamteuropäisch ausgeschrieben. Die Preisverleihung wurde auf den Automobilsalon von Turin im Oktober angesetzt.

Neu war für 1966 die Unterteilung in zwei Kategorien: Junioren (15 bis 20 Jahre alt) und «Senioren» (21 bis 25 Jahre). Die Anforderungen waren anspruchsvoll:

a) eine Planzeichnung im Massstab 1:10 je für den Seitenriss, die Front- und die Heckansicht sowie den Grundriss,

b) eine nach den Regeln der perspektivischen Sicht angefertigte Zeichnung künstlerischer Art im Format 50 x 60 cm),

c) ein dreidimensionales Modell im Massstab 1:10 aus beliebigem Material,

d) eine technische Beschreibung.

Es ging um den Entwurf eines zweisitzigen Gran-Turismo-Coupés, das für einen Motor von 2000 bis 2500 ccm und auf eine Höchstgeschwindigkeit von über 200 km/h ausgelegt war. Sieger bei den Senioren wurde Alexander Neumeister aus Stuttgart. Besonders bemerkenswert waren die Entwurfsskizzen des 18-jährigen Juniorsiegers Enrico Fumia aus Turin. Mit einem «Grifo d'Argento» belohnt wurde u. a. das Modell des Genfers Jacques Marchand. Einsendungen gab es von 1067 Teilnehmern aus 17 Ländern, und sie stammten zu 31 % aus Italien, 28 % aus Frankreich, 12 % aus Deutschland, 9 % aus den Niederlanden und ferner 1 % aus der Schweiz.

Modellbauwettbewerbe wurden zu jener Epoche beispielsweise auch von General Motors ausgeschrieben. Solche Ausschreibungen hatten zweierlei Effekte: Zum einen waren sie eine ausgezeichnete Publikumswerbung, weckten Aufmerksamkeit und bestätigten auch in der öffentlichen Meinung die Bedeutung des Designs bzw. des guten Aussehens von Automobilen. Zum andern wiesen die eingesandten Entwürfe auf die Träume künftiger Autofahrer hin, und gewiss waren etliche Pläne und Zeichnungen derart geglückt, dass sie den Berufsdesignern der Auto- und Karosseriehersteller als Anregung dienten...

Die heutige Jugend könnte man – dank inzwischen zur Verfügung stehender vielfältiger elektronischer bzw. digitaler Hilfsmittel – für eine neue Art des schöpferischen Mitmachens begeistern!

Bertone-Dokumente im Großformat

Es gab sowohl von Bertone-eigenen Serienmodellen wie von verschiedenen Einzelstücken (Dream- bzw. Concept-cars) Hochglanzprospekte, die inzwischen als gesuchte Automobilia-Sammelstücke gelten. Zudem ließ Bertone einige Drucksachen im Großformat entstehen, so 1984 eine Ramarro-Sammelmappe im Format 41 x 27 cm mit eingehefteten Farbfotodrucken von den Entwurfsskizzen, der Entstehung und den Details dieses Einzelstückes und zudem mit drei als Wandschmuck geeigneten Einzelblättern.

Eine im gleichen Großformat gehaltene rote Sammelmappe dürfte als besondere automobilhistorische Rarität gelten: Nuccio Bertone hatte nämlich Russell Brockbank eingeladen, seinen Betrieb in Grugliasco zu besuchen, als dort die Produktion des Fiat 850 Spider lief. Gleichzeitig durfte der große Cartoonist der Entstehung des Lamborghini Miura beiwohnen. Dies muss somit 1966 gewesen sein.

Russell Brockbank (1913—1979) stammte aus Kanada und war in jungen Jahren nach England gezogen. Seine Cartoons zu den Themen Automobil und Rennsport wurden zur Legende und stempelten diesen Künstler zum berühmtesten Humorzeichner der Automobilgeschichte. Dass ihn Bertone zu sich einlud, zeugt für seinen Sinn für Humor! Entstanden sind 16 Blätter, auf denen prickelnde Situationen festgehalten werden..., z. B. wenn ein Montagemitarbeiter mit dem 850 Spider auf winterliches Glatteis gerät.

Oben: Sammelmappen mit Kunstdruckblättern als Sammelobjekt: Ramarro und Brockbank (rq).

Rechts: Beispiel von Russell Brockbank, dem berühmtesten aller Autokarikaturisten: Bertone-Montagearbeiter auf Abwegen.

CARROZZERIA BERTONE
Il Presidente

Grugliasco, 20 Juin 1996

Cher M. Gloor,

Je viens à peine de recevoir Automobil Revue avec l'article sur la SLALOM.

Je désire vous remercier beaucoup de la façon dont vous avez mis en relief ma dernière création sur votre très important magazine.

Croyez cher Monsieur, à mon amitié la plus sincère.

Nuccio Bertone

Rechts: Auf einem Erinnerungskärtchen vereint: Die Unterschriften der Freunde und Geschäftspartner Ferruccio Lamborghini und Nuccio Bertone (br).

Caro Roger grazie mille per il servizio sulla mostra di Roma — lo ho veramente apprezzato

Persönliche Erinnerungen

In seiner Privatsammlung verwahrt der Autor auch einige Anerkennungen von Nuccio Bertone persönlich, so nebst Neujahrskärtchen etwa ein Telegramm vom 20.9.84, in dem sich N. B. für den «splendid article sur la Ramarro» bedankte und «congratulations pour la professionalité» übermittelte.

Gern erhalten wurde auch das Schreiben mit dem Briefkopf «Carrozzeria Bertone, Il Presidente» (s. Spalte links), mit dem sich N. B. für die «façon dont vous avez mis en relief ma dernière création» bedankte. Dies betraf die Konzeptstudie Slalom, und das Briefchen trägt das Datum des 20. Juni 1996; am 26.2. 97 verstarb Nuccio Bertone...

Von Giorgetto Giugiaro verwahrt der Verfasser ein Kärtchen mit eingeprägtem Ital-Design-Signet (unten links). Mit ihm bedankte sich G. G. mit «Caro Roger, grazie mille per il servizio sullo...». — Von dem umfangreichen Doppelband «giugiaro italdesign», erschienen 1987 als Catalogue Raisonné erhielt der Autor das mit G. Giugiaro signierte Exemplar Nr. 65. — Allerdings stand der berühmte Designer damals längst nicht mehr in Bertones Diensten!

<u>4 Fotos oben —</u> **Das Geburtshaus von Giovanni Bertone:**
Gian-Beppe Panicco, Bertones PR-Verantwortlicher von 1968 bis 2001, setzte sich dafür ein, dass das Geburtshaus des Firmengründers Giovanni Bertone als Kulturgut erhalten blieb. Er wurde dabei von Giorgetto Giugiaro unterstützt. Auf einer Gedenktafel (an der Säule im 4. Bild) hat die Gemeinde Mondovi im Jahr 2000 den Lebensweg von Giovanni Bertone (1884—1972) festgehalten mit dem Hinweis, dass er zusammen mit seinem Sohn weltweiten Ruhm erlangt hat (gp).

<u>Foto rechts —</u> **Die Grabstätte von Nuccio Bertone**
(1914—1997) in Moncalieri im Süden von Turin (gp).

<u>Foto unten —</u> **Familiensitz:**
Aus Sicherheitsgründen zog die Familie Bertone im Jahr 1940 in diese Liegenschaft in Castelvecchio zwischen Moncalieri und Maddalena (bw).

Wertentwicklung von Bertone-Produktionsmodellen

In der zweiten Hälfte des 20. Jahrhunderts hat sich der Handel mit Oldtimerautos wie auch deren Unterhalt zu einem Geschäftszweig von internationaler Bedeutung entwickelt. Seinen Ursprung hatte das Oldtimerhobby schon in den 20er Jahren in England, wo sich Liebhaber historischer Automobile zusammenschlossen und regelmäßige Treffen ins Leben riefen.

Als Oldtimer gelten Autos, die mindestens 30 Jahre alt sind. Je seltener und teurer sie als Neuwagen waren, umso stärker steigt ihr Wert an, vorausgesetzt ihre Marke findet in Kenner- und Liebhaberkreisen die nötige Anerkennung. Je höher diese Wertschätzung liegt, umso größer ist das Wertsteigerungspotential. In den späten 80er Jahren entwickelte das Oldtimerhobby allerdings einen ungesunden Zug zur Spekulation: Auch Leute ohne Hingabe für historische Technik und faszinierendes früheres Design begannen in Oldtimerautos zu investieren. Dies bloß mit der Absicht, sie mit hohem Gewinn weiterverkaufen zu können. Mit Hinblick auf einen verlockenden raschen Wertzuwachs wurden gar Kredite aufgenommen. Als Folge kam es 1989 zu plötzlichen drastischen Wertverlusten, von denen sich der Oldtimermarkt erst ab 1991 schrittweise zu erholen begann.

Seit diesem spektakulären Einbruch verlief der Wert von Oldtimerautomobilen ziemlich gleichmäßig aufwärts. Einige historische Spitzensportwagen erzielten in den vergangenen Jahren gar verblüffende Rekordpreise... bis in den zweistelligen Millionenbereich; Spitzenreiter wurde 2018 mit knapp 48 Mio SFR ein Ferrari 250 GTO. Erst in der zweiten Hälfte 2018 war eine Marktabschwächung feststellbar.

Die in der nachfolgenden Tabelle festgehaltenen (unverbindlichen) Angaben basieren auf erzielten Versteigerungs- und/oder Verkaufspreisen. Als Vergleichsbasis gilt in der nachfolgenden Tabelle «Zustand 2». Dieser entspricht einem erstklassigen, originalgemäßen Erhalt oder einer ebensolchen Restauration. Um die Wertentwicklung über die Jahrzehnte vergleichen zu können, stehen die Preise in Schweizer Franken.

(in SFR)		1977	1983	1990	2000	2010	2020	Neupreis
Alfa Romeo:								
Giulietta Sprint	1958-60		8'500	26'750	26'500	51'000	56'100	15'900 (1959)
Giulietta Sprint Veloce	1958-60				38'000	60'000	68'900	17'900 (1959)
Giulietta Sprint Speciale	1959-62				38'000	65'000		20'500 (1962)
Giulia Sprint	1962-63				22'800	40'800	51'600	15'450 (1963)
Giulia Sprint GT Veloce	1966-68			9'700	19'000	33'000	45'600	17'900 (1964)
Giulia Sprint Speciale	1963-65				34'200	65'000	135'000	22'250 (1964)
GTA 1300 Junior	1968-72				50'000	110'000	220'000	19'600 (1969)
1750 GT Veloce	1967-69				18'800	33'000	43'500	16'900 (1968)
2000 Sprint	1959-62			15'000	32'500	36'300	48'200	23'800 (1961)
2600 Sprint	1962-66	4'000	12'000	24'000	34'500	39'600	86'500	26'650 (1963)
Montreal	1970-77			21'000	30'400	43'000	88'900	39'500 (1972)
Bizzarrini Strada 5300	1963-69				160'000	455'000	1'050'000	48'900 (1965)
BMW 3200 CS	1962-65	7'900	20'000	49'000	43'000	51'000	125'000	39'500 (1962)
Dino / Ferrari 308 GT4	1974-80				38'000	44'200	96'300	62'500 (1975)
Fiat:								
850 Sport Spider	1965-68				11'300	12'800	16'200	8'975 (1966)
Dino Coupé	1967-69				22'800	33'000	61'500	33'500 (1968)
Dino 2400 Coupé	1969-72				24'300	36'200	63'600	38'250 (1972)
X1/9	1972-78				10'400	11'500	12'800	14'650 (1974)
X1/9 5 speed	1978-89				11'800	12'800	11'700	16'200 (1979)
Innocenti Mini 90	1974-82						7'200	9'600 (1975)
Innocenti Mini 120	1974-82						12'100	10'600 (1975)
Innocenti Mini De Tomaso	1976-82						11'100	12'450 (1979)
Iso Rivolta	1963-70	7'500	20'000	46'500	42'500	61'200	110'000	41'000 (1964)
Iso Grifo GL	1964-71	10'000	25'000	48'000	70'000	168'000	400'000	59'500 (1966)
Iso Grifo 7 litri	1968-70			70'000	93'500	224'000	570'000	68'500 (1969)
Iso Lele	1969-74			55'000	38'500	54'400	105'000	53'500 (1970)
Lamborghini:								
Miura P 400	1966 70			50'000	145'000	250'000	1'050'000	67'000 (1967)
Miura P 400 S	1968-71				175'000	325'000	1'220'000	68'500 (1969)
Miura P 400 SV	1971-72				200'000	430'000	2'470'000	75'500 (1972)
Espada 400 GT	1968-69		40'000	48'000	46'200	61'200	250'000	68'500 (1969)
Espada 400 GT II	1969-72					49'000	205'000	71'500 (1970)
Espada 400 GT III	1972-78					54'400	190'000	84'000 (1973)
Jarama 400 GT	1970-72		35'000	33'000	53'200	54'400	190'000	67'000 (1971)
Jarama 400 GTS	1972-78					61'200	200'000	79'000 (1973)
Urraco P 250	1970-75		31'000	60'000	42'500	44'200	140'000	52'500 (1973)
Urraco P 300 S	1974-79				46'200	51'000	155'000	62'500 (1975)
(Urraco) Silhouette	1976-79					64'600	200'000	69'000 (1977)
Countach LP 400	1975-78			79'000	78'000	126'000	1'050'000	115'000 (1975)
Countach LP 400 S	1978-82				78'000	112'000	580'000	130'000 (1978)
Countach LP 500 S	1982-85				86'000	112'000		192'000 (1983)
Countach S QV	1985-90				110'000	126'000		220'000 (1986)
Jalpa 3500	1981-88				46'000	61'200		92'000 (1983)
Lancia Stratos	1974-75				100'000	196'000	480'000	38'500 (1976)
Maserati Khamsin	1972-82				42'000	50'000	170'000	90'900 (1975)
NSU Sport-Prinz	1959-67			5'100	13'000	16'800	19'800	7'950 (1959)
NSU Wankel Spider	1964-67			9'000	18'500	22'700	35'000	10'950 (1966)
Simca 1000 Coupé	1962-67			3'000	8'300	12'800	18'500	9'990 (1965)
Simca 1200 S	1970-71				9'400	15'400	29'900	11'390 (1970)
Volvo 262 C	1977-81				15'500	21'100	21'000	44'350 (1978)

Quellen

1977 – 2000:
Eurotax Inter-Classic

2010:
Eurotax- Glass's Inter-Classic

2020:
Classic Data in SwissClassics 77-01/2020

Nicht abwärts, sondern unentwegt nach oben bewegen sich die Preise exklusiver Oldtimer-Liebhaberstücke. Zu diesen zählt in besonderem Maß das in der Lamborghini-Werksammlung ausgestellte erste Exemplar des ab 1972 hergestellten Miura P 400 SV (br).

Liste der 67 eingerahmten Ergänzungstexte (zusätzlich zur Bertone-Chronologie)

Liste der 83 eingerahmten Nicht-Bertone-Vergleichsmodelle

Literaturverzeichnis:

- Luciano Greggio: «Bertone – 90 years» (Catalogo / Design – ***dieser Doppelband diente als Leitschnur für das chronologische Erfassen der Bertone-Schöpfungen)***
- Giancarlo Perini in «Car Styling Special No. 19: Bertone»
- Decio Giulio Riccardo Carugati: «Bertone»
- Gautam Sen and Michael Robinson: «The Bertone Collection»
- «Automobil Revue», Wochenzeitung + Jahreskatalog
- «Architettura della carrozzeria» («Car Styling» 18/19/68)
- Carlo Biscaretti di Ruffia: «Carrozzieri di ieri - Carrozzieri di oggi»
- Diverse Autoren: «Les Maîtres de la carrosserie italienne»
- Ferdi Hediger: «Autos der 20er und 30er Jahre»
- Jean-Rodolphe Piccard: «Voitures de rêve»
- Kathrin Loer: «Automobilhersteller ohne eigene Marke»

Nach Marken und Designer:

- Catalogue: «All the Alfa Romeos» (Ed. Domus)
- David Owen: «Alfissimo!»
- Antoine Kohler: «Giulietta – 50 ans» (Biscione Romand)
- Roger Guyot et Christophe Bonnaud: «Citroën 80 ans de futur» -
- Alberto Martinez et Maurice Sauzay: «Citroën XM»
- Jess G. Pourret: «Ferrari 250 GT Competition»
- Catalogue: «All the Fiats» (Ed. Domus)
- Ray Miller: «Mustang Does It !»
- Perini/Rancati: Catalogue Raisonné «Giugiaro Italdesign»
- Giuliano Molineri : «Giorgetto Giugiaro» (Serie Car Men 5)
- Philip Porter: «Jaguar E-Type Biographie»
- Robert de la Rive Box: «Lamborghini – Träume auf vier Rädern»
- Wim H. J. Oude Weernink: «La Lancia»
- Richard Crump and Rob de la Rive Box: «Maserati Road Cars»
- Karl Ludvigsen: «Porsche... Renn- und Sportwagen»
- Serge Bellu: «Mario Revelli di Beaumont» («Auto e Design» 7/8/08)
- Eduard Hattima: «Franco Scaglione» («AutoZeit» 1/2016)
- Björn-Eric Lindh: «Volvo, The Cars from the 20s to the 80s»

Vom gleichen Autor:

- «Zukunftsautos der 80er Jahre»
- Buchserie «Alle Autos der 50er/60er /70er/80er Jahre»
- «Vergessene Autos – 300 untergegangene Marken»

Dank für vielfältiges Mittun gebührt...

...vor allem: Gian-Beppe Panicco, Branko Radovinovic, Ferdi Hediger, Simon Gloor und Andy Soldan;
zudem: Martin Aeschlimann, Eckhart Bartels, Heinz Baumann, Danilo Bianchi, Wolfgang M. Buchta, Gérald Bugnon, Oliver Buzzi, Michele P. Casiraghi, Ugo Fadini, Daniel Geissmann, Horst-Dieter Görg, Jean-Pierre Gosselin, Luciano Greggio, Joachim Griese, Walter Grimme, Ami Guichard, Pavel Husek, Jean-Marc Kohler, Kurt Kraushaar, Gernot Kronberger, Beat Leu, Hanspeter Leu, Christian Merz, Giulia Pareschi, Roberto Piatti, Adrian Rutsch, Adrian Scheidegger, Reinhard Schmidlin, Martin Sigrist, Max Stoop, Thomas Suter, Carl L. Wagner, David M. Wilkie.

Auch einzelne Fotos in diesem Buch sind dem Helferkreis zu verdanken; z.B. diese Aufnahme des Bertone (Lamborghini) Bravo von 1974, der sich während einiger Zeit in passendem Grün präsentierte (s. Seite 160 - fh)

Dem geneigten Leser (wie man ihn bis ins automobile Mittelalter bezeichnete) sei es anheimgestellt, die zum Karussell gereihten Bertone-Dreamcars selber zu identifizieren. Nur so viel sei erwähnt: Das Bild kann frühestens im Jahr 1977 entstanden sein (bw).

BERTONE

Namensregister

Alle 1290 Namen von Personen, Firmen, Organisationen, Produkten, Marken und Modellen mit den entsprechenden Buchseiten, auf denen sie mindestens einmal aufgeführt sind.

Mit der revolutionären Motortechnologie des NSU Ro 80: Bertone Trapèze (s. Seiten 153/154 - bw).

Der perfekte Keil: Bertone Carabo, 1968 (Basis Alfa Romeo 33 Stradale mit V8-Mittelmotor; s. Seiten 112/113 —bw).

Der Verfasser und Gestalter dieses Buches

Aus der Automobilindustrie kommend, wurde Roger Gloor 1963 Redakteur bei der «Automobil Revue» in Bern. Er arbeitete sich in sämtliche Ressorts sowie ins Testteam ein, spezialisierte sich auf die Sparte Automobilwirtschaft und baute auf Anregung von Chefredakteur Ing. Robert Braunschweig das Ressort Automobilgeschichte auf (samt Archiv). Später führte Gloor zudem den Redaktionsbereich Automobildesign ein. Ab 2002 wurde er als freier Automobiljournalist tätig, u.a. weiterhin für die «AR». Sein erstes Buch erschien 1980 unter dem Titel «Nachkriegswagen». Gloor ist Mitglied der Guild of Motoring Writers, und er erhielt Auszeichnungen der Society of Automotive Historians sowie 2015 den «Goldenen Kolben» des Forums für Fahrzeuggeschichte.

Das Rad der Zeit: Felgendesign mit grafischem Blumenmotiv beim Bertone Bella von 1999; eine für Produktionsmodelle erst viel später übernommene Anregung (rg).